TONGXIN DIANYUAN XITONG YU QINWU

通信电源系统与勤务

强生泽　杨贵恒　常思浩　陈雨　胥兵　编著

中国电力出版社
CHINA ELECTRIC POWER PRESS

内 容 提 要

本书详细阐述了通信局（站）电源系统的结构组成与供电方式，各系统（交流供电系统、直流供电系统、接地系统、防雷系统、机房空调系统、集中监控系统）的基本结构、技术要求与测试方法、设备选择与安装，通信电源系统的工程设计以及通信供电管理与勤务等与通信电源系统有关的核心内容，充分介绍了通信局（站）电源系统的基本理论、典型结构组成和技术发展趋势。

本书内容通俗易懂，实用性强，可以作为通信局（站）电源技术与管理人员的案头学习参考书，更是参加各级（通信）电力机务员职业技能鉴定的复习考试指南用书，还可以作为普通高等院校相关专业和职业技术院校通信电源专业的教学参考用书。

图书在版编目（CIP）数据

通信电源系统与勤务/强生泽等编著．—北京：中国电力出版社，2018.5（2020.9重印）
ISBN 978-7-5198-1654-4

Ⅰ.①通…　Ⅱ.①强…　Ⅲ.①电信设备—电源　Ⅳ.①TN86

中国版本图书馆 CIP 数据核字（2018）第 001352 号

出版发行：中国电力出版社
地　　址：北京市东城区北京站西街 19 号（邮政编码 100005）
网　　址：http：//www.cepp.sgcc.com.cn
责任编辑：马首鳌（010-63412396）
责任校对：常燕昆
装帧设计：张　娟
责任印制：杨晓东

印　　刷：三河市航远印刷有限公司
版　　次：2018 年 5 月第一版
印　　次：2020 年 9 月北京第二次印刷
开　　本：787 毫米×1092 毫米　16 开本
印　　张：30.75
字　　数：750 千字
印　　数：2001—3000 册
定　　价：88.00 元

前言

电源系统是整个通信网的动力之源，稳定的供电质量是通信设备发挥其优良性能的前提，也是确保通信畅通的必要条件，其作用是整体性、全局性和基础性的。虽然通信电源系统不是通信网的主流系统，但它却是整个通信网中最基本的一个组成部分。没有优质可靠的电源系统，任何先进的通信设备或网络都只能处于瘫痪状态。

本书是编者在总结多年教学实践和学术研究经验的基础上，结合通信局（站）电源系统与设备的最新发展方向，参考大量文献资料后，经过多次修订而成的。

全书共分 9 章。第 1 章概述了通信电源系统的结构组成、供电方式、通信电源技术与系统的发展趋势；第 2 章对高低压交流供电系统的结构组成、运行方式、常用高低压电气设备及其选择，以及改善供电质量的技术措施作了较为详细的介绍；第 3 章讨论了直流供电系统的配电方式和供电方式、典型直流供电系统的结构组成、直流供电系统的技术要求，并简要介绍了高压直流供电系统；第 4 章详细阐述了通信局（站）电源系统中接地的相关理论和技术，主要包括接地的类型与系统组成、通信局（站）的接地系统、接地电阻的测量、接地体的设计与安装等；第 5 章概述了雷电及其危害、防雷装置与器件的工作机理和配置原则以及通信电源系统的防雷措施等；第 6 章主要讲述了机房空调系统的热力学基础、制冷系统与控制系统原理与分析以及空调器的安装与维修等；第 7 章介绍了通信电源集中监控系统建设的一般要求以及中达和中兴两套集中监控系统的硬件构成与软件运用等；第 8 章介绍了通信电源系统工程设计中的负荷计算、电力线缆选用、系统设备的配置与布置、系统要素的连接、系统验收、通信电源系统可靠性设计等；第 9 章介绍了通信供电管理与勤务的组织管理、值班勤务、系统维护，并探讨了通信电源设备的割接、通信电源系统的故障防范与应急预案等。

本书由强生泽、杨贵恒、常思浩、胥兵（96175 部队）、陈雨（63851 部队）主编，向成宣、刘扬、任开春、张海呈、龚利红、金丽萍、杨波、赵英、张颖超、曹均灿、张瑞伟、文武松、聂金铜等参加编写，杨科目、雷绍英、邹洪元、陈昌碧、杨贵文、徐树清、杨芳、付保良、温中珍、余江、蒋王莉、张传富、杨胜、杨蕾、杨岱、杨鹏、王红、杨沙、杨洪、杨楚渝、王涛、吴伟丽等做了大量的资料搜集与整理工作。在编写过程中，中达电通股份有限公司的盖兵科先生和中兴通讯股份有限公司的李俊先生分别提供了有关中达和中兴电源集中监控系统较为详细的技术资料，在此表示衷心感谢！

本书内容通俗易懂，实用性强，可以作为通信局（站）电源技术与管理人员案头学习的参考书籍，更是参加各级（通信）电力机务员职业技能鉴定的复习考试指南用书，还可以作为普通高等院校相关专业和职业技术院校通信电源专业的教学参考用书。

随着电源技术的快速发展，通信电源系统新理论、新技术、新系统不断涌现，由于编者水平有限，书中难免有疏漏和不妥之处，恳请广大读者批评指正。

编　者

2017年5月

目 录

第1章 概　述

通信局（站）电源系统是为局（站）内各种通信设备及建筑负荷等提供用电的设备及保证这些设备正常运行的附属设备的总称。作为通信系统的动力之源，通信电源系统在各类通信局（站）中具有无可比拟的重要地位，没有电源系统，通信局（站）的通信就无法实现。一旦通信电源系统发生故障，就有可能导致通信中断，整个局（站）势必将陷入瘫痪状态，甚至可能导致全程全网的通信中断，造成相当大的经济损失和社会影响。为此，通信电源系统常被称为局（站）通信网系统的“心脏”和“血液”。

1.1　通信电源系统的结构组成

通信电源系统能稳定、可靠、安全地供电，是保证通信系统正常运行的重要条件。如果通信用电质量不符合技术标准的要求，就有可能产生电话串杂音增大、误码率增加、通信延误和差错、通信质量下降等不利影响。现代通信系统对供电质量的新要求，不仅促进了通信电源系统的性能提升，而且通信电源系统在供电方式上也在不断改进。

从结构上看，通信电源系统一般由交流供电系统、直流供电系统、防雷接地系统（接地系统、防雷系统）、机房空调系统（设备）以及监控系统等组成，如图 1-1 所示。

1.1.1　交流供电系统

交流供电系统包括变配电系统、备用电源系统（发电系统）、不间断电源系统（UPS）以及相应的交流配电等。变配电系统包括高、低压配电设备、变压器、操作电源等；备用电源系统包括发电机组及附属设备等；不间断电源系统（UPS）包括 UPS、输入输出配电柜、蓄电池组等。

交流供电系统可以有三种交流电源：变电站供给的市电、柴油（汽油）发电机组供给的自备交流电、交流不间断电源（UPS）经蓄电池逆变后供给的后备交流电。

在条件许可的情况下，通信局（站）的交流电源一般都应由高压市电电网供给。为了提高供电系统的可靠性，重要的通信枢纽一般都由两个变电站专线引入两路高压市电电源，一路主用，一路备用。

有高压引入的通信局（站）内通常设置有降压变电室，室内装设高、低压配电屏和降压变压器。通过这些变配电设备，先把高压交流电（大多数为 10kV，少数为 35kV）变为低压交流电（220/380V），然后再供给整流设备和其他交流负荷。

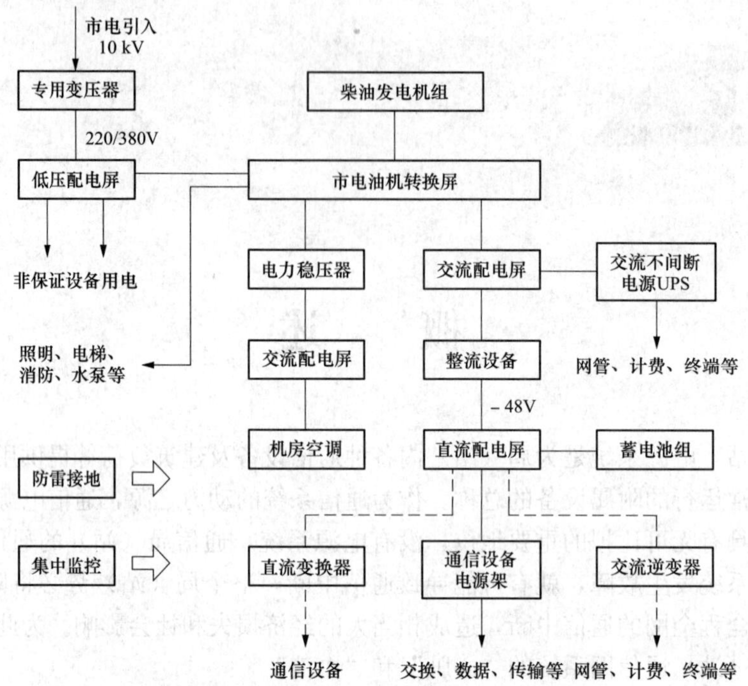

图 1-1　通信电源系统的结构构成

为了实现不间断供电，通信局（站）内一般都配有自备发电机组（一般为柴油发电机组，小型台站也有配备汽油发电机组的）。当市电中断时，通信局（站）可由柴油发电机组提供自备交流电。如果配置的是自动化柴油发电机组，则当市电中断后，机组能自行启动、调整并提供符合质量要求的交流应急电源。当然，由于市电比自备电站更为经济可靠，所以在有市电供给的情况下，通信电源系统一般都由市电电网供电。

市电和柴油发电机组的转换通常在低压侧通过市电/油机转换屏（automatic transfer switching equipment，ATS转换柜）自动（或人工手动）完成，并通过低压交流配电屏将低压交流电分别送到整流设备（高频开关电源）、空调设备和建筑保证负荷。在这一过程中，市电/油机转换屏具有监测交流电压和电流变化的作用，当市电中断或电压发生较大波动时，能够自动发出声（光）报警信号。

为了确保重要交流通信用电不中断、无瞬变，近年来，在通信电源系统中，交流不间断电源系统（UPS）被广泛采用。这种电源系统一般由整流器、蓄电池组、逆变器、静态开关以及检测控制电路等组成。市电正常时，市电经整流和逆变后，给交流通信设备供电，此时蓄电池处于并联浮充状态；当市电中断时，由蓄电池通过逆变器给通信设备供电，确保通信设备交流供电不中断。供电路径的转换由静态开关完成。

1.1.2　直流供电系统

直流供电系统主要由高频开关整流器和与之配套的交直流配电屏、蓄电池组、直流—直流变换器等设备及其供电母线所组成，直流供电系统的电压等级有－48V、24V、240V 等。

整流器的交流电源由交流配电屏引入，整流器的输出端通过直流配电屏与蓄电池和负载连接。当通信设备需要多种不同数值的直流电压时，可以采用直流—直流变换器将基础电源的电压变换为所需的电压等级。对于小容量的交流通信负荷而言，也可以采用逆变器完成对直流基础电源的电能变换。因直流供电系统中配置了蓄电池组，故可以保证通信供电不间断。

目前广泛应用的直流供电方式为并联浮充供电方式。并联浮充供电方式是指将整流器与蓄电池并联后对通信设备供电。在市电正常的情况下，整流器一方面给通信设备供电，另一方面又给蓄电池浮充电，以补充蓄电池组因大电流瞬间放电而失去的电量。在并联浮充工作状态下，蓄电池还能起到一定的滤波作用。当市电中断时，蓄电池单独给通信设备供电。由于蓄电池通常都处于充足电的状态，所以当市电中断时，可以由蓄电池保证在一定时间内不间断供电。若市电中断时间长，则应由备用机组提供交流电，以保证整流设备的电能供给。

并联浮充供电方式的优点是结构简单、工作可靠、供电效率高，但这种工作方式在浮充工作状态下的系统输出电压较高，而当蓄电池单独供电时的系统输出电压较低，因此负载端的电压变化范围较大。随着电源技术的不断发展，许多通信设备直流电源输入电压的允许变化范围已经做得很宽（36～72V），不仅可以适应直流供电系统电压的大范围变化，也使传统的尾电池升压调压、硅二极管降压调压等系统电压调整方式成为历史。

1.1.3　防雷接地系统

为了提高通信质量、确保通信设备与人身的安全，通信局（站）的交流和直流供电系统都必须装设防雷接地系统（装置），构成多级防雷接地体系。图 1-2 所示为通信局（站）电源系统防雷接地示意图。

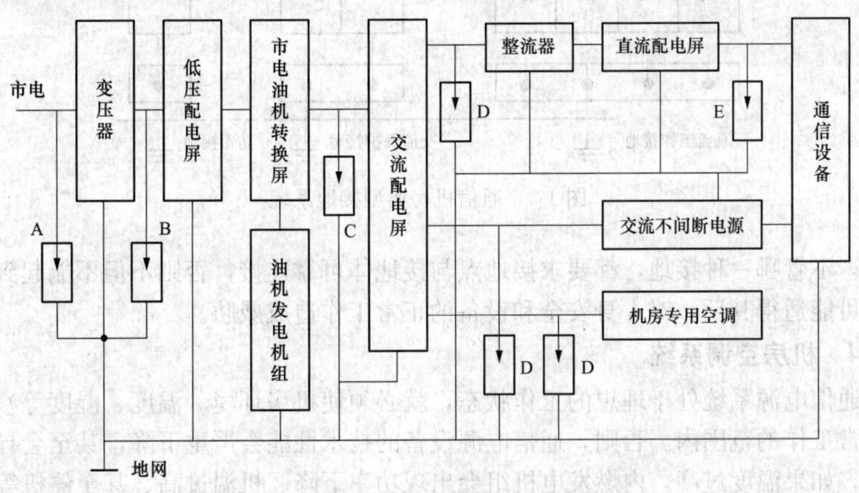

图 1-2　通信局（站）电源系统防雷接地示意图

注：A、B、C、D 为避雷器，E 为浪涌吸收装置

防雷和接地密不可分，接地的主要类型包括：交流工作接地、直流工作接地、保护接地和防雷接地等。

（1）交流工作接地。通信局（站）一般都由交流三相电源供电，为了避免因三相负载不平衡而使各相电压差别过大，三相电源的中性点（即三相变压器或三相交流发电机的中性点）都应当直接接地，这种接地方式称之为交流工作接地。接地装置与大地之间的电阻称为接地电阻，当变压器的容量在 100kVA 以下时，接地电阻应不大于 10Ω；当变压器的容量在

100kVA 及以上时，接地电阻应不大于 4Ω。

(2) 直流工作接地。在直流供电系统中，由于通信设备的需要，蓄电池组的正极（或负极）必须接地，这种接地方式称为直流工作接地。

(3) 保护接地。为了避免电源设备的金属外壳因绝缘损坏而带电，与带电部分绝缘的金属外壳或框架通常也必须接地，这种接地称之为保护接地。在一般情况下，保护接地的接地电阻应不大于 10Ω。

(4) 防雷接地。在通信电源系统中，为了防止因雷电而产生的过电压损坏电源设备，还必须设置用于泄放雷电电流突波能量的防雷接地装置，其接地电阻一般应小于 10Ω。当电源系统遭受雷击时，防雷地线中的瞬时电流很大，在接地线上将产生很高的电压降。

在通信系统中，通信设备受到雷击的机会较多，因此需要在受到雷击时使各种设备的外壳和管路形成一个等电位面，由于多数通信设备在结构上都把直流工作接地和防雷接地相连，无法分开，因此通信局（站）中各类通信设备的交流工作接地、直流工作接地、保护接地及防雷接地往往采用共用一组接地体的接地方式，构成联合接地系统。实践证明，这种接地方式具有良好的防雷和抗干扰作用。通信机房典型接地系统如图 1-3 所示。

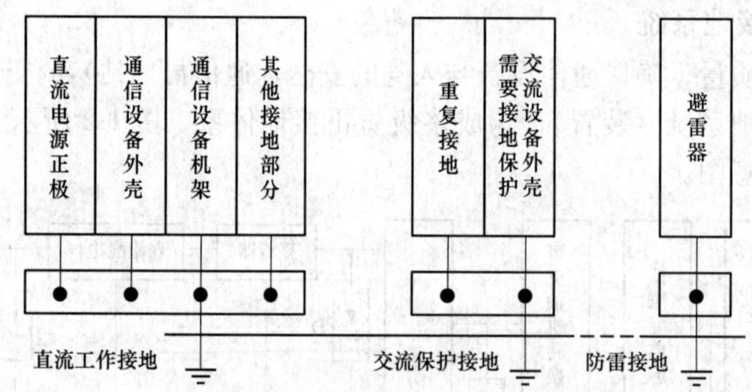

图 1-3　通信机房典型接地系统

显然，不管哪一种接地，都要求接地点与接地体可靠连接，否则不但不能起到相应的作用，反而可能适得其反，对人身安全和设备的正常工作造成威胁。

1.1.4　机房空调系统

要想通信电源系统处于理想的工作状态，就必须使机房环境（温度、湿度等）处于电源设备能正常工作的范围内。否则，通信电源设备的技术性能会严重下降，甚至会导致设备损坏。例如，如果温度过高，内燃发电机组会出现功率下降、机温过高、甚至停机等现象；如果温度过低，内燃发电机组会出现启动困难、排气冒白烟等故障现象。因此，在条件允许的情况下，通信电源设备机房应安装空调系统（设备）。

空调即空气调节（air conditioning），是指利用人工手段，对建筑/构筑物内环境空气的温度、湿度、洁净度、速度等参数进行调节和控制的过程。大型空气调节系统一般包括冷源/热源设备、冷热介质输配系统、末端装置以及其他辅助设备等。冷热介质输配系统主要包括水泵、风机和管路系统，末端装置则负责利用输配来的冷热量具体处理空气，使目标环境的空气参数达到要求；我们日常使用的空调，就是一个小型的空气调节系统。

1.1.5　集中监控系统

通信电源的集中监控系统是一个分布式计算机控制系统，是整个通信电源系统控制和管理的核心，它通过对监控范围内的各种电源设备、空调设备以及机房环境进行遥测、遥信和遥控，实时监测系统和设备的工作状态，记录和处理相关数据，及时侦测系统或设备故障类型、性质并适时通知维护人员进行处理，进行必要的遥控操作，改变或调整设备的工作状态，按照上级监控系统或网管中心的要求提供相应的数据和报表，从而实现通信局（站）的少人值守或无人值守，实现电源、空调及环境的集中监控与维护管理，从而提高电源系统的可靠性和通信设备的安全性。通信局（站）典型集中监控系统结构组成如图 1-4 所示。

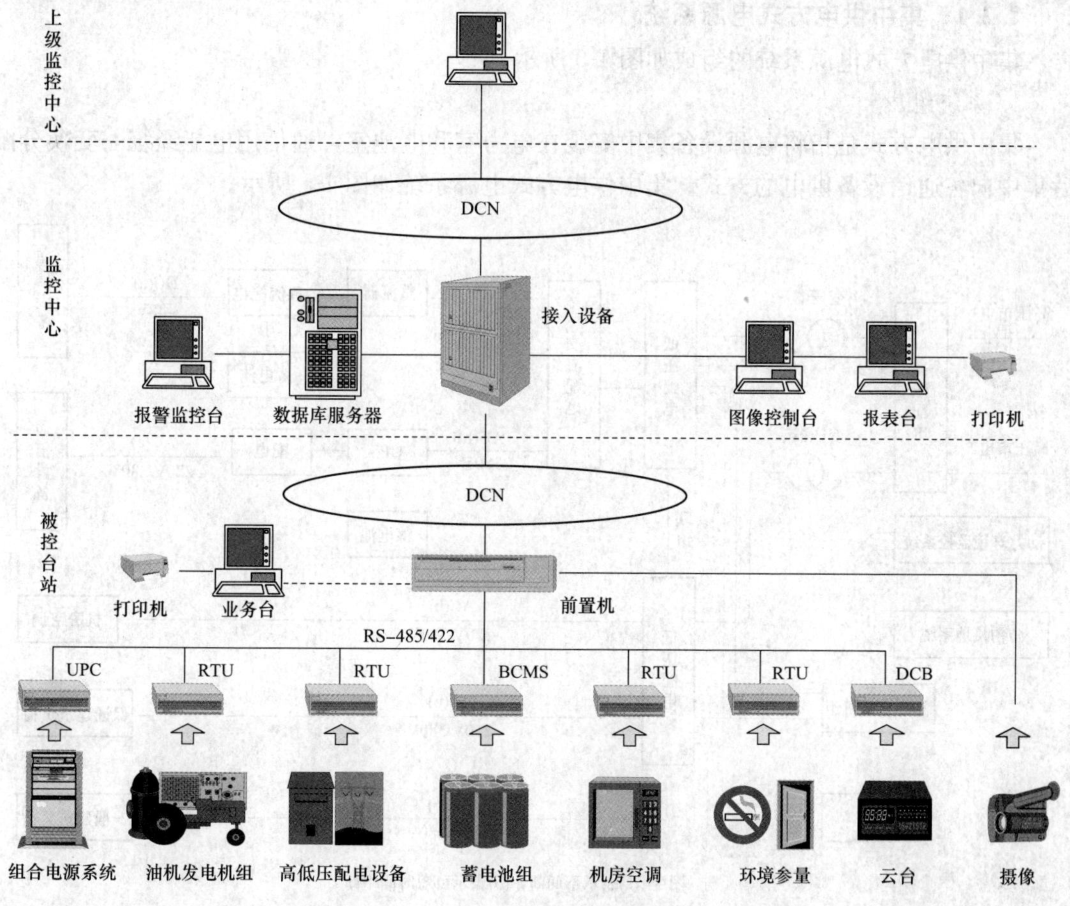

图 1-4 通信局（站）典型集中监控系统结构组成

1.2 通信电源系统的供电方式

根据我国通信行业标准《通信局（站）电源系统总技术要求》（YD/T 1051—2010），通信局（站）根据其重要性、规模大小可分为以下几类。

（1）一类局站：国家级枢纽、容灾备份中心、省会级枢纽、长途通信楼、核心网局、互联网安全中心、省级的 IDC（Internet Data Center）数据机房、网管计费中心、国际关口局。

（2）二类局站：地市级枢纽、国家级传输干线站、地市级的 IDC 数据机房、卫星地球站、客服大楼。

(3) 三类局站：县级综合楼、省级传输干线站。

(4) 四类局站：末端接入网站、移动通信基站、室内分布站等。

针对不同的局（站）类型，通信电源系统通常采用集中供电、分散供电和混合供电等三种不同的方式供电。一般而言，系统供电方式应尽可能实现各机房分散供电，设备特别集中时才考虑采用专设电力室集中供电，高层通信大楼可采用分层供电方式。

1.2.1 集中供电方式电源系统

集中供电方式电源系统的组成如图 1-5 所示。

1. 系统组成

集中供电方式是指将电源设备集中安装在电力室和电池室，通信用电能经统一变换分配后集中向各通信设备供电的方式。集中供电方式电源系统如图 1-5 所示。

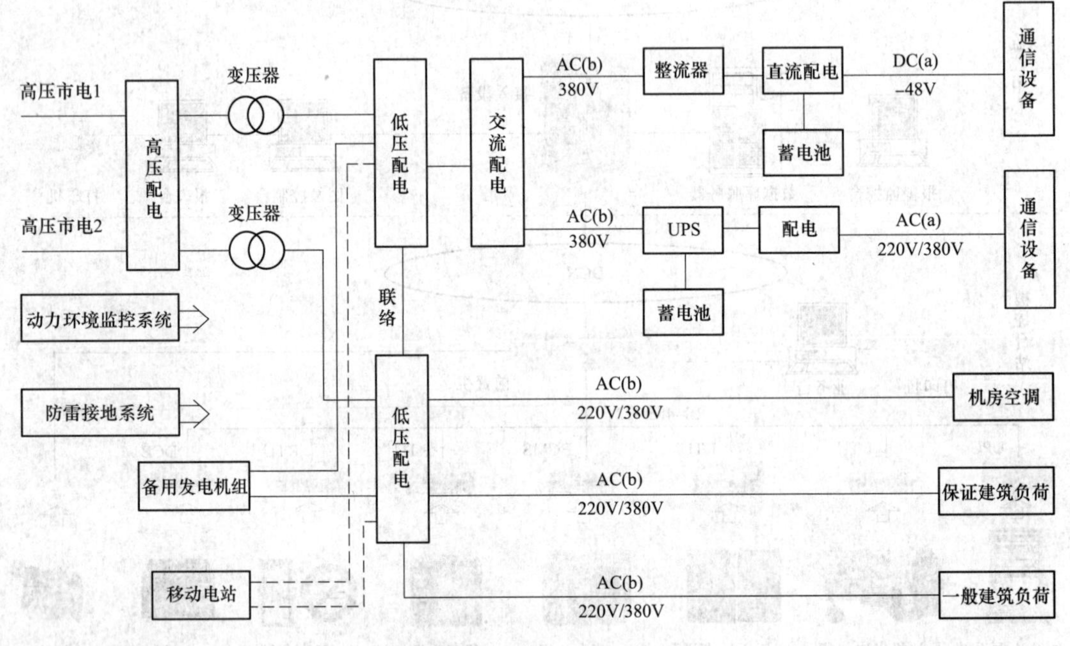

图 1-5 集中供电方式电源系统

集中供电方式电源系统中电源设备布放的最大特点是集中，电力室配置的设备包括交流配电设备、整流器、直流配电设备、蓄电池组等，各专业机房从电力室直接获得所需工作电压等级的直流电能，其他设备、仪表所需使用的交流电能通常也从电力室直接获取。

2. 系统特点

集中供电方式主要出现在通信电源系统发展的早期，当时的电源设备以晶闸管相控整流器和普通铅酸蓄电池为典型代表，体积庞大，质量大，工作噪声大，而且蓄电池还会对机房环境带来酸雾污染，因此只能将电源设备独处一隅。在条件允许的情况下，集中供电系统的整流器、配电屏、变换器、逆变器和各种电压等级的蓄电池组等电源设备可以分别集中放置在通信大楼底层的电力室和电池室，使这些电源设备为整栋大楼的通信设备供电。

由于电源设备集中布放不仅便于专人维护管理，而且无需考虑电磁兼容问题。蓄电池组独处一室，也不会对其他机房造成污染。一般而言，集中供电方式电源系统主要适用于容量不太大的通信局站，目前国内仍有部分通信局（站）采用集中供电方式进行供电。

但在集中供电方式中，电源设备远离通信负荷中心，直流输电线路长、损耗大，系统安装和运行费用较高，供电可靠性较差。随着通信技术的发展，通信设备对电源系统提出了更高的质量要求，集中供电方式存在的以下问题也越发明显。

（1）供电可靠性差。集中供电方式电源系统中电源设备集中布放，电能集中变换、集中分配，这种供电特点导致电源系统内的局部故障可能影响到整个通信系统供电的可靠性。同时，系统供电可靠性的保证与否完全依赖于蓄电池组的性能好坏，通常同一工作电压等级仅配置两组蓄电池组，蓄电池组的故障往往直接导致系统供电的崩溃。

（2）运维成本高。集中供电方式中，基础电源设备通常安放在通信大楼的底层，各类通信专业机房设置在其他楼层。为保证供电质量，必须采用截面较大的馈电线缆远距离向通信负荷供电，从而导致设备安装困难，线路消耗铜材太多，能量传输成本（包括配电线缆和机械结构附件等）以及安装成本偏高。图1-6所示列出了几种交换机材料成本及安装成本。

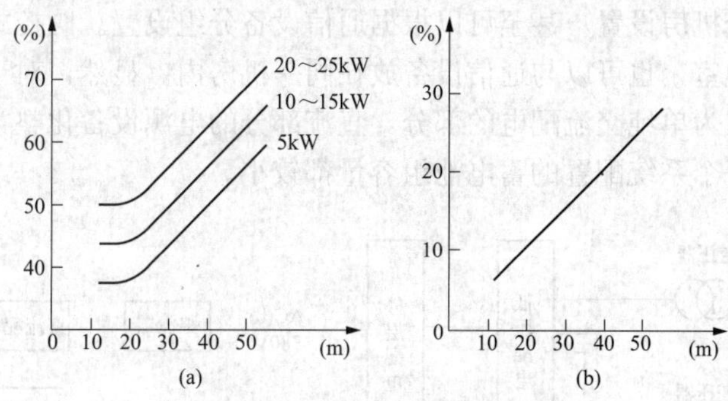

图1-6 集中式供电系统电缆成本

（a）电源的电缆成本与设备安装总成本的百分比；

（b）电缆成本占传统电源设备系统总成本的百分比

图1-6（a）表示的是配电线缆成本构成占电源设备安装总成本的比值，其百分比取决于交换机功率与供电距离；图1-6（b）表示的是电缆成本占电源设备总成本的比值与电缆距离呈正比变化，如电缆距离由20m增加至50m以上时，电缆成本则从约占总材料成本的10%增加到25%。

与此同时，长距离的直流馈电线路增大了线路压降，过长的馈电回路在线路上增加的电感量对直流供电系统的稳定运行也会产生一定影响。大多数台站采用无绝缘层汇流排平行铺设的布线方式，也使得线路很容易遭受雷击短路或人为短路故障，甚至可能引发火灾。这些都直接或间接地导致系统运行维护成本的增加。

（3）设备使用性能受限。集中供电方式中，各种通信设备共同使用同一直流供电系统，因而也将多种设备机架电源输入端子允许的电压变动范围都统一到某一种设备对工作电压的高限要求上，使机架电源输入端子允许电压范围变窄，相应功率器件耐热和耐压性不能得到充分运用，设备使用性能受限。不仅如此，各种通信设备共用一套直流供电系统，相互间的影响也使得系统的电磁兼容（EMC）性能变差。

（4）系统扩容不便。集中供电系统在设计时，电源设备容量的配置通常按终期负荷考虑，至少要保证10年后的负荷需求，因此在工程结束后的初期运行阶段，有大量的电源设备搁置待用；当系统扩容或更换设备时，有时甚至需要改建机房，容易造成极大的浪费。

此外，集中供电方式由于设备集中，因此需要单独设置电力室和电池室，而且电源设备正常工作所需要的温度、湿度等环境条件都需要得到保证，机房的荷重、防震及其他防御自然灾害的要求都需要单独考虑，机房基础建设投资与相关技术投资都非常大。而在分散供电系统中，上述问题可以得到较好的解决，分散供电是通信供电发展的方向。

1.2.2 分散供电方式电源系统

高频开关电源（系统）和阀控式密封铅酸蓄电池的出现使得通信电源系统采用分散式供电方式成为可能。

1. 系统组成

分散供电方式电源系统组成框图如图1-7所示。采用分散供电方式时，交流部分仍采用集中供电方式，其组成与集中供电方式相同，但需将直流供电系统的电源设备（整流器、蓄电池组、交直流配电屏）移至通信机房内，依据通信系统的具体情况有多种分设方法，可以分楼层设置，也可分机房设置，甚至可以根据通信设备分组设置。阀控式密封铅酸蓄电池组可以设置单独的电池室，也可以与通信设备放在同一机房内。显然，对于分散供电方式电源系统而言，电力室成为单纯交流配电的部分，直流部分的电源设备化整为零，在各个分设的直流供电系统中，每个系统配置的蓄电池组容量都较小。

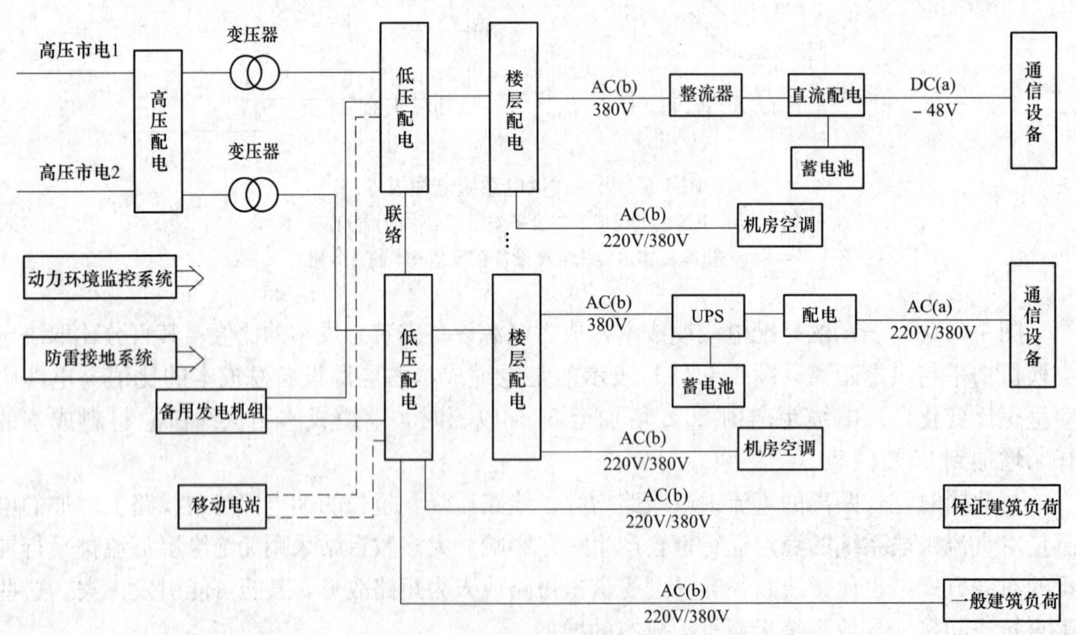

图1-7 分散供电方式电源系统

2. 系统特点

分散供电方式将所保障通信系统中的设备分为几部分，每一部分都由容量合适的电源设备供电，不仅能充分发挥电源设备的性能，而且还能大大减小因电源设备故障造成的不利影响。因此，在条件允许的情况下，新建或改造通信局（站）电源系统时应优先考虑采用分散供电方式的可行性。

分散供电方式电源系统的主要特点如下。

（1）供电可靠性高。采用分散供电方式，将规模很大的电源系统变为分散的、有并联冗余的多个小电源系统，这样一来，单个系统即使发生严重故障（如电池端头或主配电单元发生短路，或电池组中出现故障电池等），其影响的层面仅局限于其保障的设备范围，而不会像集中供电方式那样引起对变换设备供电的整个电源中断。只有在每个小系统全部发生故障时，系统才会瘫痪，事故影响范围的缩小，相当于提高了供电系统的可靠性。

（2）经济效益好。据有关统计表明，若将采用集中供电方式时各种容量局（站）的耗能或占地面积定为 100%，则采用分散供电时相应容量等级局（站）的耗能或占地面积会有较大幅度减少，其对比情况见表 1-1。

表 1-1　　分散供电时各种容量等级局（站）的耗能或占地面积

局（站）容量等级（A）	300	600	900
能耗（%）	72	84	85
占地面积（%）	68	70	70

分散供电的最大优点是节能。采用分散供电系统后，蓄电池与通信设备之间的距离将大为缩短，直流供电系统的线路损耗将大幅减小。同时，从电力室到各通信机房采用交流市电供电，从配电电力室到机房的传输线上，原先传输的直流大电流，现变为 380V 的交流，线路损耗自然会减小，因此采用分散供电系统可以大大提高系统馈线的送电效率。计算表明，在传输相同功率的情况下，380V 交流电流要比 48V 的直流电流小得多，在传输线上因压降造成的功率损耗只有集中供电方式的 1/64～1/49。

（3）能合理配置电源设备。实施分散供电方式设计时，电源设备可以与通信设备同时计划与安装，不需要为计划中的负荷扩容而增加电源设备数量，可以有效降低系统建设成本。更重要的是，分散供电方式电源系统中，各电源设备仅对特定的负荷配电，可以针对该负荷的供电需求合理地配置电源设备的性能指标，使通信用电更为经济高效。

需要注意的是，与传统集中供电方式相比，实施分散供电方式的先决条件较多，对市电供电的可靠性、设备的电磁兼容性、设备技术性能以及使用维护人员的技术水平均有较高的要求，因此也带来了一些新的维护和管理问题，必须引起业内人士的高度关注。

3. 系统形式

分散供电主要有以下三种形式。

（1）半分散供电方式。半分散供电有两种实现方式：①将直流供电系统的电源设备搬到通信机房内，为本机房的各种通信设备供电；②将电源设备在机房中再分成若干小的独立电源系统，每一个小电源系统包含相应的整流模块和蓄电池组，并向本机房部分通信设备供电。这两种情况都是把整流设备与蓄电池组以及相应配电单元等设备安装在同一房间（通信机房或邻近房间）内，故称为半分散供电方式。

半分散式电源设备布放如图 1-8 所示。图 1-8 中的电源机柜中主要包含整流模块、交直流配电单元以及保护装置等，柜中的直流配电单元用于将直流电源分配到每行通信模块系统的最末端。显然，在半分散供电方式中，由于电源设备与通信设备间的馈电线路很短，因此可以使用较小线径的馈电线缆。

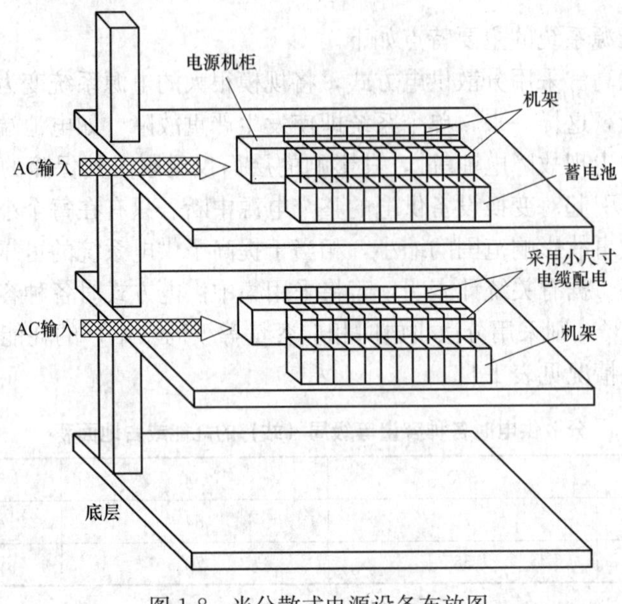

图 1-8　半分散式电源设备布放图

（2）全分散供电方式。在全分散供电方式电源系统中，每行通信设备机架内都装设了一个小的基础电源系统（包含整流模块、交流和直流配电单元和蓄电池组等），构成了完全独立的直流供电系统。

（3）分布式供电方式。通信系统可用度的提高需要采用具有更高可靠性的供电方式，分布式供电成为新供电方式的首选。分布式供电实际上是分散供电的进一步发展，它在每块线路板上都有一个小电源供电，电源的功率较小，发热量低，而且电源的发热量是平均散布在设备的机箱内的，散热容易，散热效果好，因而电源在高温状态的工作更为稳定可靠；同时由于电源的分散度进一步增加，电源自身故障所影响的范围亦越小，系统可靠性相应就越高。

事实上，采用分布式供电结构是通信供电在直流配电环节的一种发展趋势。

首先，随着新一代线性电路及逻辑电路的出现，通信系统板上的工作电压越来越低。就目前的情况来看，12V 及 5V 电路的使用开始减少，而 3.3V 和 2.5V 电路的使用则明显开始增加，在这种趋势下，因直流线路阻抗产生的配电电压损失在低工作电压系统中将变得更为明显和难以克服，此时只有采用分布式供电结构才能有效解决上述难题，因为 DC/DC 电源分散度越高，工作电流越低，线路馈电压降也就越低。

其次，通信系统电路中某些元件的工作方式对供电质量也提出了更高要求。例如，高速微处理器当由休眠状态转入正常工作状态时，其负载电流的变化速度可以高达 1000A/μs，这样高速的电流变化要求 DC/DC 电源最好就放置于最接近元件的位置上，缩短电源到负载的距离，以减小配电电线的寄生电感在负载电流高速变化时所产生的电压波动，最理想的做法当然是在每块线路板上都采用一个独立的电源进行供电。

此外，由于通信规模的发展速度非常快，为了能够跟上其发展速度，一个好的通信系统在设计之初就必须考虑其今后的扩充性，而将线路板的密度提高是一种非常简便的扩充方式。在这种思路下，供电方式的选择尤为重要。

显然，采用分布式供电结构将使相应的通信系统具有优良的扩充性。通信电源的供电方式从集中向分布式转变是一种必然趋势。

1.2.3　混合供电方式电源系统

对于地处偏远地区市电供电质量不高的通信局（站），如果有可以利用的自然能，通常可以将交流市电电源与太阳能光伏发电（或风力发电）组成混合供电系统。采用混合供电方式的电源系统主要由太阳能光伏发电系统、风力发电系统、低压市电、蓄电池组、整流配电设备及移动电站等组成，如图 1-9 所示。

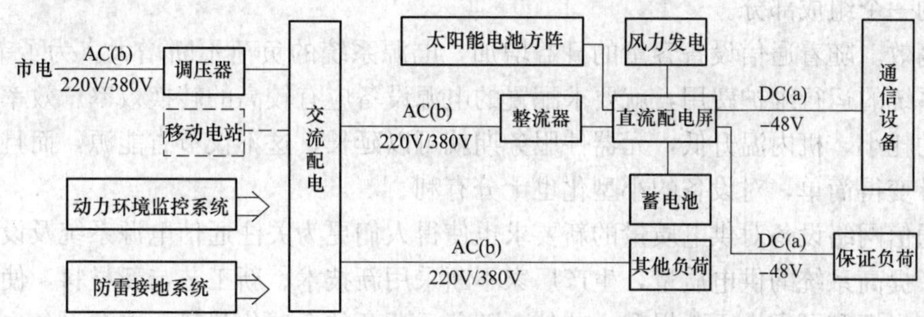

图 1-9　混合供电方式的电源系统

为了降低系统造价，对微波无人值守中继站、光缆无人值守中继站、通信基站等通信系统普遍采用市电与自动化柴油发电机组相结合的交流供电系统形式进行供电，市电供电中断后，柴油发电机在规定的时间内自行启动，保证交流电源不中断或只有短时间中断。在交流电源中断期间，通信设备的供电由蓄电池组保证。

需要注意的是，上述机站大部分都比较偏远，其市电质量较差，电压波动范围大，因此通常在市电引入端装设调压器或交流稳压器。

1.3　通信电源技术的发展

随着通信技术的快速发展和通信设备的不断更新，现代通信网络对电源系统供电质量的要求也越来越高。这些要求主要体现在以下四个方面。

（1）可靠。一般的通信设备故障，其影响面往往较小，是局部性的。但如果是电源系统发生故障，尤其是直流供电中断类故障，其影响则往往是全局的，甚至可能造成整个通信枢纽的通信全阻。而对于数字通信设备而言，即使是电源电压的瞬间中断也可能导致存储信息的丢失。为此，对通信供电的第一要求就是可靠，通常的做法是：交流通信设备一般都应当采用 UPS 电源系统供电，直流通信设备则采用整流器与蓄电池并联浮充的供电保障方式供电，通信电源系统要在各个环节有多重备份，包括“多路、多种、多套”的备用电源，以从系统结构上保证通信供电的可靠度。当然，组成电源系统的各种电源设备自身也应具有较高的工作可靠性。

（2）稳定。各种通信设备都要求供电电源电压稳定，不能超过允许的变化范围。电源电压过高会损坏通信设备中的电气元器件；电源电压过低通信设备又不能正常工作。尤其是对于计算机控制的通信设备，数字电路工作速度高，频带宽，对电压波动、瞬变电压等非常敏感。所以，电源系统必须有很高的稳定性。对直流供电系统而言，直流电压中的脉动杂音必须低于标准规定的允许值，否则会影响通信质量。同时，市电电网的电压瞬变对通信设备也有很大影响，原则上采用交流供电的通信设备都应配置稳压装置。

(3) 小型。随着集成电路技术的迅速发展和广泛应用，现代通信设备正在向小型化、集成化方向发展。为了适应通信设备的发展，电源装置也必须实现小型化、集成化。为了减小电源装置的体积和重量，近年来，各种集成稳压器以及无工频变压器的高频开关电源在通信电源系统中得到了越来越广泛的应用。对有些通信设备而言，其配套的通信电源甚至已经成为其结构的一个组成部分。

(4) 高效。随着通信设备容量的日益增加，电源系统的负荷不断增大。为了节约电能，降低电源系统的运行维护费用，就要求配置的电源设备应有较高的转换效率。效率高意味着设备本身功耗小，机内温升低，元器件服务期就可以延长，这不仅节省能源，而且也会使设备的热设计变得简单，对设备的小型化也十分有利。

新兴通信网络设备对供电质量的新要求也使得人们更为关注通信电源系统及设备的技术发展。为了提高系统的供电质量，生产厂家不断采用新技术、新工艺与新材料，使通信电源设备的电气指标和可靠性不断提升。此外，随着运营商的全球化趋势，电源设备也需要满足全球不同市场对产品的特殊要求。总的看来，通信电源技术发展呈现出以下几大趋势。

1.3.1 变换高频化

通信运营商设备不断增多、用电量加剧、机房面积紧张等客观因素的存在，对通信电源产品提出了高效率、高功率密度、宽使用环境温度的要求。这些都有赖于通信电源设备电能变换环节的高频化。

1. 新型功率器件不断涌现

功率器件的发展是电能变换技术发展的基础，一流的电源产品离不开先进的元器件及先进的工艺。目前较为先进的功率器件主要有功率场效应晶体管（MOSFET）和绝缘栅双极型晶体管（IGBT），前者是目前开关速度最快的器件，电压可达1200V，电流可达60A，频率可达2MHz；后者虽然开关速度不如前者，但耐压可达6.5kV，电流可达1.2kA。这两种器件今后的发展方向仍是扩大容量，减小内阻，提高开关频率，完善集驱动、控制、保护功能于一身的智能功率模块性能。

2. “软开关”技术发展迅猛

早期开关电路的控制技术主要是时间比率控制（TRC），包括PWM和PFM两种技术体制。其优点是控制简单，缺点是采用了硬开关技术。所谓“硬开关”，是指功率器件带着较大的电和热的应力工作。“硬开关”主要存在两个问题：①开关损耗大，且损耗与其开关频率成正比；②由于储能元件（包括分布电感和分布电容）以及开关器件的非理想特性等因素作用，其工作区域可能超过开关管的安全工作区。这两个技术瓶颈的共同作用使得变换器的效率提升空间受限，工作可靠性下降。

为了使开关电源能够在高频下高效率地运行，近年来，“软开关”的设计理念在业界提出并得到迅猛发展。所谓“软开关”，实质上就是在硬开关的基础上增加了LC谐振电路，所增加的谐振电路将迫使开关上的电流或电压迅速变为零，从而使开关变成零电压开关

(ZVS) 或零电流开关 (ZCS)。

目前谐振、准谐振等软开关变换技术的研究已趋于成熟稳定，其本质就是减小了过去硬开关模式下开关器件在开关过程中电压上升/下降和电流上升/下降波形交叠产生的损耗和噪声，实现了零电压/零电流开关。为此，其开关频率可以提高到兆赫级，开关电源的体积、质量进一步显著减小，电源系统的稳定性和效率得到了有效提升。

3. 其他变换技术层出不穷

早期的电能变换技术由于没有性能优异的功率器件作支撑，因此基本上采用的都是依托电力二极管的不控整流技术和晶闸管的相控整流技术。随着性能优异的全控型功率器件的出现，电能变换技术出现了由传统型向开关型的转变，给电能变换技术带来了革命性的变化。人们针对实现电能变换的各个环节展开了有针对性的研究，随之也就出现了为提高交流输入侧功率因数的功率因数校正技术、针对多个变换器并联工作的并联均流技术、为提高整流环节效率的同步整流技术、为提高变换效率和减少电磁干扰的准谐振变换和谐振变换技术等。这些电能变换技术都以脉冲宽度调制变换技术为基础，它们是实现电能变换装置体积小、质量轻、效率高、性能优的核心技术。

1.3.2　结构模块化

模块化已成为通信电源系统和设备的标准配置。通信电源模块化有两方面的含义：①指功率器件的模块化；②指电源单元的模块化。在实际线路设计中，由于变换电路工作频率的高频化，致使器件引线寄生电感、寄生电容的影响越加严重，对器件可能造成更大的应力作用（表现为过电压、过电流毛刺）。因此，为了提高系统的可靠性，通常把变换电路的相关部分做成模块结构，有时也包含器件的驱动、保护电路，构成了“智能化”的功率模块(IPM)，模块化结构既有利于缩小整机体积，又方便了整机的设计和制造。

现代通信电源系统中的高频开关电源系统通常采用分离式的模块结构，以便于不断扩容和分段投资。均流技术的应用可以使多个独立的模块单元并联工作，所有模块共同分担负载电流，一旦其中某个模块失效，其他模块再平均分担负载电流。这样不但可以轻松提高系统功率容量，在单一器件容量有限的情况下满足了大电流输出的要求，而且通过增加相对整个系统来说功率很小的冗余电源模块，便可以极大地提高系统可靠性。它不需要采用传统的1+1全备用（备份100%负载电流），而是根据容量选择模块数 N，配置 $N+1$ 个模块（即只备份了 $1/N$ 的负载电流）即可，大大降低了系统容量备份成本。此外，单个模块的故障不再对系统的正常工作产生直接的影响。

1.3.3　控制智能化

通信电源设备或系统的智能化，是指在单一的设备或系统中，利用各类传感器采集信息，并借助计算机对信息进行分析、判断和处理，通过自动化的执行机构执行规定的动作，其核心是计算机对信息的分析、判断和处理。随着计算机技术的日益普及和人类对人工智能技术的深化研究，通信电源设备或系统控制的智能化已初露端倪。

例如，在新型开关电源系统中，有专门的监控电路板分别对交流配电、直流配电的各种参数进行实时监控，能实现交流过电压、欠电压保护，两路市电自动切换，电池过、欠电压告警、保护等功能；甚至许多开关电源的每个整流模块内部都配有CPU，对整流器的工作状态进行实时监测和控制，如模块输出电压、电流测量，程序控制均浮充转换等。整流模块本身能实现过、欠电压保护，输出过电压保护等保护功能，并能进行一些故障诊断。

目前，市场上已出现了为通信局（站）电源系统实现网络化管理专门设计的电源控制系统，这类系统功能强大，往往集机房配电、隔离、接地、监测、管理于一体，能显著提升机房供电系统的安全性；可以对每一个机柜的用电及电源开关状态进行即时监测，并能根据用户需求提供每月的报表管理功能，进而将机房配电系统完全纳入机房管理系统；注重人性化设计，可以根据用户的需要提供在线热插拔支持，实现简单而又灵活的配电；通过网络电源管理平台可以准确即时地了解用电设备用电数据和环境监测数据（温度、湿度、烟雾等），可以全面管理设备信息和用户使用情况，并进行超细化备案，同时方便实现设备集中化远程管理和相关网络规划工作的部署与调配。管理中心的管理人员或其他用电设备的使用人员可以借助管理系统软件，查询每台用电设备实际消耗的电能，并能对单个设备的微环境进行查询和监测，随时了解设备周边的温、湿度等环境信息，有效避免了忽视散热死角，确保了重要服务器和其他主要设备的供电安全。

1.3.4 监控网络化

随着网络的日益发展，网络设备的管理维护需要大量人力、物力的投入，如通信设施所处的环境越来越复杂，人烟稀少、交通不便都增大了维护的难度，对电源设备的监控管理提出了新的要求等。通信电源的集中监控系统对系统动力设备和机房环境的状态量和控制量进行实时监控，利用 Internet 直接上传控制数据，利用友好的人机界面，维护人员能够方便地通过 Internet 得到需要的信息，如各种保护、告警和数据信息，从而进行相应的维护工作。

随着互联网技术应用的日益普及和信息处理技术的不断发展，通信系统从以前的单机或小局域系统发展至大局域网系统、广域网系统。作为支持保护通信互联网终端设备的基础电源设备的智能化水平有了很大的提升，已经具备了网络化管理能力。

从通信局（站）对电源系统的监控和管理方面来看，用计算机集中监控代替人工控制管理已成为通信电源设备管理的一个方向，实行集中监控可以对通信局（站）系统所有电源设备和机房空调进行遥控、遥测和遥信，进行实时监视和显示其运行参数，自动监测和处理系统内的各种故障设备，从而做到无人或少人值守，并有效提高通信供电的可靠性。事实上，许多电源设备自身具有完善的监控功能，配置有标准通信接口，很容易与后台计算机或与远程维护中心通过传输网络进行通信，交换数据，实现集中监控。

对分散供电方式直流电源系统而言，系统的集中监控尤为重要，因为分散式电源系统将电源设备分成了若干个小单元，涉及更多的冗余整流器、蓄电池组、分体空调。只有通过组网监控，才可能使设备的运行状态一目了然，才能充分发挥分散供电系统的优点。

在现代通信电源集中监控网系中，远程监控使维护人员在监控中心同时监视几十上百台设备，电源系统和设备一旦出现故障就会立即反映到监控中心，监控系统判别故障类型和危害等级，并自动呼叫维护人员进行适时处置。集中监控的应用大大提高了维护的时效性，减少了维护工作量，使系统供电质量得到有效提升。

1.3.5 系统数字化

数字化技术的发展和应用逐步凸显出了传统模拟技术无法实现的优势，如有效地缩小电源体积、降低成本、提高设备的可靠性和对用户的适应性、可以获得优化和稳定的控制参数、可以采用更加灵活的控制方式、消除模拟控制技术的器件离散性和温漂、减少器件数目、模块智能化程度更高、易于使用维护等。正是电源数字化的若干优点，才使得电源数字化具有了强大的发展动力。

通信电源设备的数字化，是指利用数字技术，以数字信号代替传统的模拟信号，控制通信电源设备功能总成完成指定操作和预定功能，达到改善和提高设备质量性能，使之具有信息数字化处理能力的目的，以适应现代通信网络技术的需要。

实现通信电源设备数字化的主要方法是“附加”和“嵌入”，前者是在已有设备中附加某些硬件，使其具有数字化功能；后者是先研制新系统，而后将其嵌入到通信电源系统中，如数字控制开关电源。第一种是单片机通过外接 A/D 转换芯片进行采样，采样后对得到的数据进行运算和调节，再把结果通过 D/A 转换后传到 PWM 芯片中，实现单片机对开关电源的间接控制；第二种是通过高性能数字芯片（如 DSP）对电源实现直接控制，数字芯片完成信号采样、A/D 转换和 PWM 输出等工作，由于输出的数字 PWM 信号功率不足以驱动开关管，因此需要通过一个驱动芯片进行开关管的驱动。现在市面上出现了为电源控制专门开发的电源控制处理器，它主要由高速 A/D 转换器、数字 PID 补偿器和数字 PWM 输出三部分组成。高性能数字式电源控制器的出现，使得通信电源设备的技术性能得到了有效提升。

1.3.6　防护全维化

考虑到电源设备复杂的运行环境，设备须满足相关的安全防护标准，才能保证电源设备及系统的可靠运行。

（1）安全性。安全性是电源设备的重要性能指标，电源设备入网运行需通过相关的安全认证，如 UL（Underwriter Laboratories Inc.，美国保险商试验所）、CSA（Canadian Standards Association，加拿大标准协会）、VDE（Verband der Elektrotechnik Elektronik Informationstechnik e. v.，德国电器电子及信息技术协会）以及 CCC（China Compulsory Certification，中国强制性产品认证制度）等。

（2）防雷保护。防雷设计是保证通信电源系统可靠运行必不可少的环节，一般情况下通信电源设备和系统必须采取系统防护、概率防护和多级防护等防雷措施，确保设备和系统免遭雷电突波的危害。

（3）三防性能。防潮、防盐雾和防霉菌设计通常简称为“三防”设计。工程上通常选用耐蚀材料，通过镀、涂或化学处理方法对设备表面覆盖一层金属或非金属保护膜，使之与周围介质隔离，从而达到防护的目的。一般在印制板上涂三防漆，在结构上采用密封或半密封形式与外部环境隔绝。

（4）电磁兼容性。良好的 EMC 指标可使电源设备与通信设备同处一个机房，使设备工作的电磁环境更加洁净，避免设备间相互的电磁干扰。

1.3.7　应用绿色化

为保护地球环境，1992 年联合国环境与发展大会将环境与发展问题结合起来，将“可持续发展”，即“低消耗、低污染、适度消费”的模式，作为全人类生存和发展的新模式，并赋予这种模式一个形象的名字“绿色”。

在通信电源产业中，人们也提出了产品应用绿色化的要求，并研究了实现的途径，给出了部分行业标准。要达到这一目标，首先是要研究实现通信电源设备绿色化的技术，包括高效率的能量转换技术、传导及辐射干扰控制技术、发电机组噪声抑制及排烟控制技术、科学合理的系统管理技术等，为通信电源设备的绿色化奠定基础。例如，降低电源的输入谐波，不但可以改善电源对电网的负载特性，减小给电网带来的污染，也可以减少对其他网络设备的谐波干扰；其次是要利用绿色化技术和绿色化理念实施设计，包括实用性、可靠性、维修性、保障性等方面的内容，使设计出的产品可以拆卸、分解，零部件可以翻新、重复使用，这样既保护了环境，也避免了资源的浪费，减少了垃圾数量。这方面需要产品满足 WEEE（Waste Electrical and Electronic Equipment Directive，报废的电子电气设备）、ROHS（Restriction of Hazardous Substances，关于限制在电子电气设备中使用某些有害成分）指令。WEEE、ROHS 指令包括两部分的内容，即涉及循环再利用的 WEEE 指令和限制使用有害物质的 ROHS 指令。实施 WEEE 指令最主要的目的就是防止电子电气废弃物，此外是实现这些废弃物的再利用、再循环使用和其他形式的回收，以减少废弃物的处理。同时也努力改进涉及电子电气设备生命周期的所有操作人员，如生产者、销售商、消费者，特别是直接涉及报废电子电气设备处理人员的环保行为。实施 ROHS 指令的目标是使各成员国关于在电子电气设备中限制使用有害物质的法律趋于一致，从 2006 年 7 月 1 日起，投放于市场的电子和电气设备不得包含铅、汞、镉、六价铬、多溴联苯（Polybrominated biphenyls，PBBs）和多溴二苯醚（Poly Brominated Diphenyl Ethers，PBDEs）等有害物质，这将有助于确保报废电子电气设备按合乎环境保护要求进行回收和处理。

1.4　通信电源系统的发展

随着信息技术的快速发展和数据业务的不断扩大，现代通信网络也处于不断的变革之中，这种变革主要表现为数据通信设备逐渐成为通信网络的重要组成部分。从供电体制看，使用交流电源的数据通信设备与传统的－48V 直流电源系统并不兼容，因而对通信电源系统提出了新的要求。除了既有的高可靠性、高可用度和高效率的基本要求外，新型通信电源系统还应该能同时提供直流电源和交流电源，以便同时满足传统通信网络设备和数据通信设备的供电要求，这种多种供电电压等级并存、交直流同时提供的新需求，使通信电源系统供电方案设计应用呈现出了多样性的特点。

1.4.1　传统的直流供电系统

通信网络设备目前大多采用传统－48V 直流供电系统，如图 1-10 所示。在这种供电系统中将－48V 直流电源供电到通信设备的电源输入端。－48V 供电系统属于安全特低电压（Safety Extra-Low Voltage，SELV）供电。供电系统由 $N+1$ 并联冗余高频开关整流模块和蓄电池组组成。在正常情况下，高频整流模块将输入交流电源变换为直流电后为通信设备供电，同时给蓄电池充电；市电故障时，由蓄电池放电供给通信设备。蓄电池的备用时间为 1～24h，典型值为 1～3h。－48V 直流供电系统可以采用集中供电方式和分散供电方式进行供电。

1.4.2　传统的数据通信交流供电系统

传统的数据通信设备电源采用 380V/220V 交流不间断电源（UPS）供电，如图 1-11 所示。一般采用由双变换 UPS 构成的 $N+1$ 并联冗余 UPS 系统，或采用 $2N$、2（$N+1$）双母线 UPS 供电系统。典型的 UPS 具有 15～30min 的蓄电池备用时间，一般还配置的有备用柴油发电机组。

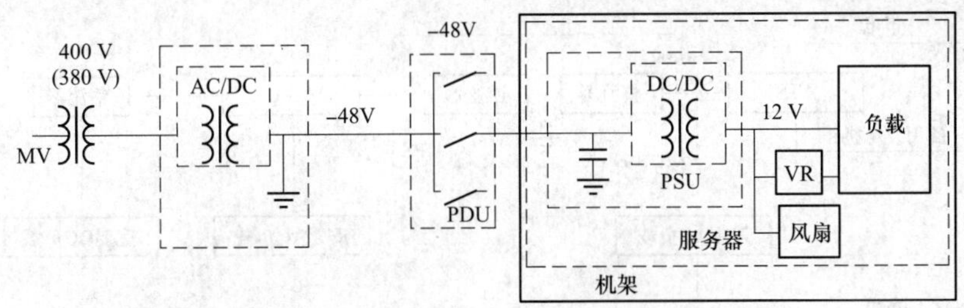

图 1-10　传统的－48V 直流供电系统

MV—中压配电变压器（Medium voltage distribution transformer）；

PDU—电源分配单元（Power Distribution Unit）；

PSU—电源装置（Power supply units）；VR—电压调节（调压）（Voltage Regulation）

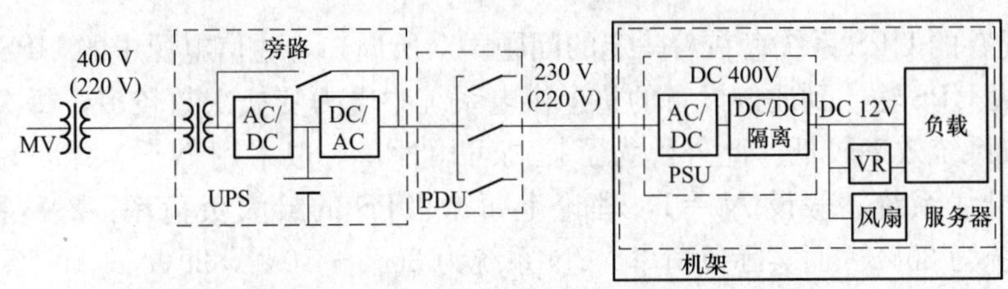

图 1-11　传统的数据通信交流供电系统

1.4.3　通信电源系统的发展趋势

随着信息技术的发展和数据业务的迅速扩大，通信网络正处于变革之中，主要表现为数据通信设备逐渐集成到电信设备中，与网络设备融合在一起。通信网络的变革必然影响到电源系统。数据设备要求使用交流电源，与通信网络传统的－48V 直流电源不兼容，因而要求电源系统同时满足通信网络设备和数据通信设备的要求，而且还要满足高可靠性、高可用性和高效率的要求。这是通信电源系统有待解决的重大问题。自 20 世纪 90 年代以来，国内外通信电源界一直关注和开展新的通信电源系统的研究，提出了许多新的电源系统结构，下面仅介绍交直流混合电源系统（Hybrid AC-DC system）和高压直流（HVDC）供电系统。

1. 交直流混合电源系统

图 1-12 所示是交直流混合电源系统（Hybrid AC-DC system）的组成框图。实际上这是一个可以满足交流负载要求的分布式冗余 UPS 供电系统。为了满足直流负载的要求，加上了两个由 UPS 供电的整流器系统，构成了－48V 直流电源系统（无蓄电池组）。当市电停电时，直流负载设备实际上是由 UPS 系统的蓄电池和备用发动机组支持的。这两套 UPS 的交流输入电源都是由市电和备用发电机组组成冗余电源系统，十分可靠，故 UPS 蓄电池的备用时间可以比较短（30min 以内）。该系统的可靠性较高，最重要的是它提供了最大的可维护性和故障容限，有较高的实用性。

在交直流混合电源系统中，数据设备直接由 UPS 供电，通信设备需要的－48V 直流电源是将 UPS 输出的交流电整流为直流而得到的。

2. 高压直流供电系统

(1) 高压直流（HVDC）供电系统的提出。图 1-12 所示的电源系统方案是以 UPS 为基

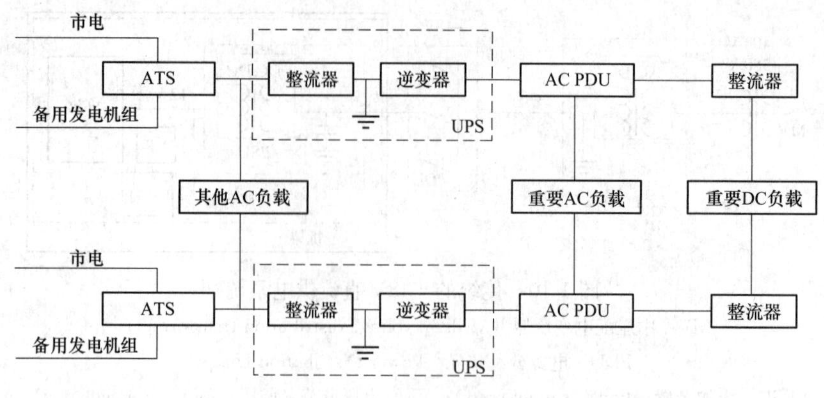

图 1-12　交直流混合电源系统

础的，然而现有的 UPS 系统存在着一定的问题。众所周知，通信电源中的 UPS 主要采用双变换 UPS。从 UPS 输入到通信设备的整个供电系统中电力变换次数较多，每次变换都有能量损耗，导致系统效率较低。此外，为了提高可用性，一般采用 $N+1$ 并联冗余或 $2N$ 和 $2(N+1)$ 双母线系统。假设 $N=1$，理论上每个 UPS 的最大负荷率：$2N$ 系统为 50%，$2(N+1)$ 系统为 25%。而实际负荷率：2N 系统为 30%～50%，2（$N+1$）系统为 15%～25%。在如此低的负荷率下，UPS 的系统效率将会从满载时的 90%下降到 80%或更低。此外，交流 UPS 系统存在单点故障，可靠性和可用性较低。

－48V 直流供电系统采用分散供电方式，一般来说，从可靠性和系统效率来看没有太大问题，但是当负荷很大时，其系统效率偏低。

为了提高供电系统的效率和可靠性，提出了可以替代这两种供电系统（特别是交流配电系统）的通信高压直流（High Voltage Direct Current，HVDC）供电系统。

近年来国际通信电源界普遍认为电信和数据设备的可靠、高效的供电系统是“高压直流供电系统（HVDC）”，也有人称其为 DC UPS。

通信 HVDC 供电系统的控制参数只有一个电压，电路简单，可靠性高。而传统的 AC UPS 电源的控制参数有电压、频率、相位和波形，电路复杂且有单点故障。

（2）通信高压直流供电系统的概念。高压直流（HVDC）供电系统是将高压直流电源供电到通信设备的电源输入端的供电系统。HVDC 供电系统的优点是系统效率高、可靠性高、节能、成本低、维护费用低。

（3）实现 HVDC 配电的基本条件。

1）必须有专用的 HVDC 电源系统（电压等级符合标准要求）。

2）服务器电源单元（装置）PSU 应能接受 HVDC 供电（交流供电的服务器的 PSU 的输入电路是全波或半波整流电路，在进行高压直流供电系统试验时，可以采用直接接入直流电源的方法，在正规工程中应采用直流供电的服务器）。实现通信 HVDC 供电系统的最大挑战是：服务器、路由器等必须有 HVDC 输入或 AC/HVDC 通用输入。

3）相关的连接器、断路器、接地等应符合相关标准规定的安全要求。

（4）高压直流供电系统的结构。图 1-13 所示是高压直流（HVDC）配电系统结构框图。采用 HVDC 的电源设备，将 HVDC（如采用 DC 300～400V）电源直接供电到通信设备的电源输入端（服务器 PSU）。由于电源变换级数少，因此供电电压高、电流小、系统效率高；因为电路简单，市电故障时蓄电池可以直接为负载供电，故可靠性高。

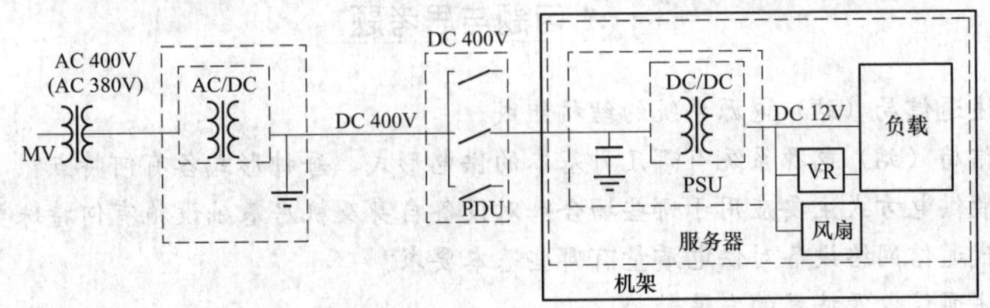

图1-13 高压直流（HVDC）供电系统结构框图

HVDC供电系统是未来信息和电信技术（ICT）设备供电系统的首选方案，需要一个世界范围内的标准，以便于实施。HVDC供电系统的标准应解决下列问题，其中最关键是供电电压等级的确定。

1）标称电压、工作电压、故障条件下的异常电压范围。

2）维护人员和设备的安全标准和要求，包括保护装置（熔断器、断路器等）。

3）供电系统的结构和指标，包括系统的接地和连接。

（5）高压直流供电系统的试验研究。目前中国联通、中国电信和中国移动三大电信运营商均已开展了高压直流（HVDC）供电系统的试验研究工作。

HVDC系统的电压等级是非常重要的指标，因为最高电压和最低电压的范围将影响电源标准的各个方面，包括系统效率、PSU的设计、电缆截面、产品成本、系统安全、元器件的选择等。

目前，确定HVDC电压的方法以及提出的电压等级和电压范围尚不统一。我国目前采用的HVDC供电系统电压等级和蓄电池系统的电压主要有以下两类。

1）标称电压：DC 240V。

蓄电池组：120只2V蓄电池（或20只12V蓄电池）。

浮充电压：DC 270V。

均充电压：DC 282V。

2）标称电压：DC 336V。

蓄电池组：168只2V蓄电池（或28只12V蓄电池）。

浮充电压：DC 378V。

均充电压：DC 394V。

（6）高压直流（HVDC）供电系统的发展应用。HVDC供电系统在供电安全和节能方面具有优势，是未来电信和数据中心供电系统的发展方向。在世界范围内，HVDC供电系统目前尚处于试验阶段。近年来，我国HVDC供电系统发展迅速，取得了很大的成绩，在电信部门已经有示范性工程运行；与此同时，相关的行业标准《通信用240V直流供电系统》（YD/T 2378—2011），《通信用240V直流供电系统配电设备》（YD/T 2555—2013），《通信用240V直流供电系统维护技术要求》（YD/T 2556—2013）以及《240V直流供电系统工程技术规范》（YD5210—2014）陆续出台，但仍需要解决应用中的相关具体问题，相信在不远的将来高压直流（HVDC）供电系统便会得到普及应用。

习题与思考题

1. 简述通信局（站）电源系统的结构组成。
2. 通信局（站）电源系统有哪几种基本的供电形式，每种形式各有何特点？
3. 分散供电方式主要应用于哪些场合？对设备自身及机房基础设施有何特殊要求？
4. 现代通信网络设备对供电质量有哪些基本要求？
5. 简述通信电源技术的发展趋势。
6. 简述通信电源系统的发展趋势。

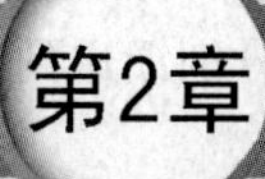

第2章 交流供电系统

通信局（站）电源系统的主用交流电源是市电，备用交流电源通常是柴油发电机组。通信局（站）交流供电系统一般由高压供电系统与低压供电系统两部分组成。通信局（站）用电通常接入的是10kV市电电网，10kV高压线路及其所连接的高压变电站组成高压供电系统；而380/220V低压馈电线路与低压配电设备组成低压供电系统。

根据市电供电条件、线路引入方式及运行状态，可以将市电根据其工作可靠性分为四类，其中一类市电的供电可靠性最高。通信局（站）电源系统一般要求引入二类以上市电作为交流主用电源，条件许可时还可从不同的市电电网引入两路市电，以提高供电可靠性。而柴油发电机组馈送至低压配电室的380/220V电源通常作为备用电源，仅限于在电网中断或检修期间启用。图2-1所示为某通信局（站）交流负荷的受电过程。

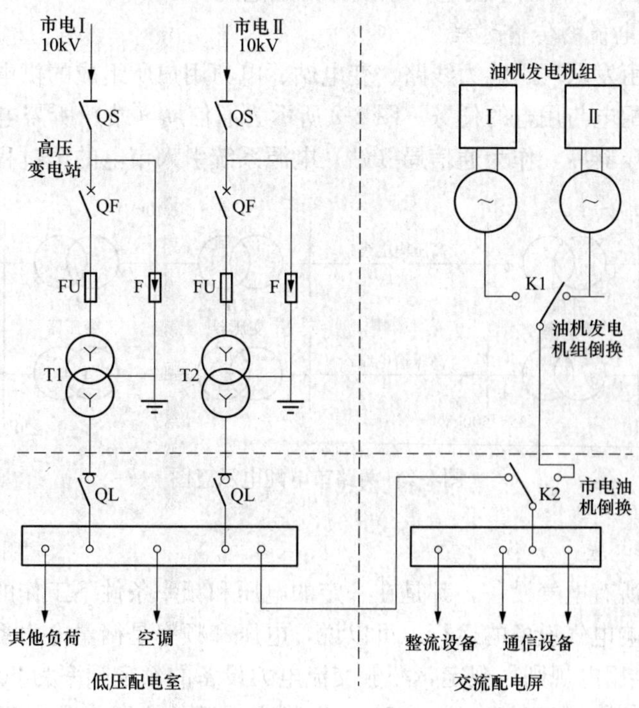

图2-1　通信局（站）交流负荷的受电过程

由图 2-1 可知，两路 10kV 高压市电由电缆引进局（站）内高压变电站，经高压隔离开关、高压断路器、高压熔断器，分别送至电力变压器降压后，再将 380/220V 的低压电馈送至低压配电室。低压市电与备用发电机组输出的交流电源经市电—油机转换分别馈送到交流配电屏，由其分配给整流器、交流通信设备以及通信保证交流负荷等。

2.1 高压交流供电系统

高压交流供电系统主要由高压供电线路、高压配电设备及变压器等组成。通常应根据通信局（站）的建设规模及用电负荷的特点建设不同类型的变电站。变电站作为通信局（站）的供电中枢，其设备的选用及系统的接线方式直接影响通信电源系统的运行质量。基本要求是：系统主接线应力求简单，能保证运行维护人员的操作安全；线路布局合理，便于在安全条件下进行维护，并适当考虑今后负荷容量的发展。

根据变压器的容量，可将高压交流供电系统划分为小容量高压供电系统和大容量高压供电系统两类。一般不含断路器的就是小容量高压供电系统；含有断路器的就是大容量高压供电系统。由于用电量不同，通信局（站）两类高压供电系统都有采用。

2.1.1 交流供电网络

通信局（站）电源系统接入的 10kV 市电电网属于高压电网。在电力系统中，各级电压的电力线路及其所联系的变电站称为电力网。通常用电压等级的高低来区分电网的种类，如电压在 220kV 以上者称为区域网，电压在 35～110kV 者称为地方电网，而包含配电线路和配电变电站、电压在 10kV 以下的电力系统称为配电网。

1. 电力系统中电能的传输过程

电力系统是指由发电厂、电力线路、变电站、电力用户所组成的供电系统。它肩负着发电、输电、变电、配电与用电的任务。图 2-2 所示为通信局（站）所需电能由发电厂经区域电网、两级降压变压器后，作为通信局（站）电源系统引入市电的全过程。

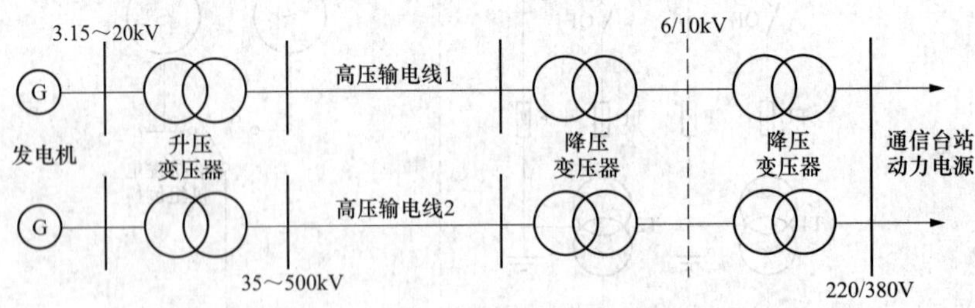

图 2-2 两路市电配电示意图

2. 电力系统的电压

电力系统中的所有电气设备，都是在一定的电压和频率条件下工作的。电力系统的电压和频率质量直接影响电气设备的运行。可以说，电压和频率是衡量电力系统电能质量的两个基本参数。《全国供用电规则》规定，一般交流电力设备的额定频率为 50Hz，此频率一般称为“工频”，频率偏差一般不超过±0.5Hz。但频率的调整主要靠发电厂来完成，作为市电电网的一个用户节点，通信局（站）电源系统更关心的是市电电压的质量。

电气设备都是设计在额定电压下工作的。电气设备的额定电压就是设备正常运行且能获得最佳经济效果的电压，如果设备的端电压与其额定电压有偏差，则设备的工作性能和使用寿命将受到影响。《标准电压》（GB/T 156—2007）规定了三相交流电网和电力设备常用的额定电压，具体见表 2-1。

表 2-1　　电力系统与设备的额定电压

用电设备	电网和用电设备额定电压（kV）	发电机额定电压（kV）	电力变压器额定电压（kV）	
			一次绕组	二次绕组
低压	0.22	0.23	0.22	0.23
	0.38	0.40	0.38	0.40
	0.66	0.69	0.66	0.69
高压	3	3.15	3 及 3.15	3.15 及 3.3
	6	6.3	6 及 6.3	6.3 及 6.6
	10	10.5	10 及 10.5	10.5 及 11
	35	13.8，15.75，18，20	13.8，15.75，18，20	38.5
	63	—	63	69
	110	—	110	121
	220	—	220	242
	330	—	330	363
	500	—	500	550
	750	—	750	—

电网（电力线路）的额定电压是国家根据国民经济发展的需要及电力工业水平，经全面的技术经济分析研究后确定的，是确定其他各类电力设备额定电压的基本依据。

对于用电设备来说，其额定电压应与电网电压一致。由于同一电压线路一般允许的电压偏移是±5%，所以考虑到补偿负荷电流在线路上产生的压降损失，发电机的额定电压比电网电压要高 5%。对变压器的二次绕组来讲，除上述补偿外，还要考虑变压器带额定负荷电流工作时其绕组上的压降损失，一般也按 5%考虑，因此，变压器二次绕组的额定电压比电网和用电设备的额定电压要高 10%。至于变压器一次绕组，因其接线端与电网直接相连，相当于一个用电设备，故其额定电压与电网相同。

3. 电网中性点运行方式

在三相交流电力系统中，电力系统的中性点（作为供电电源的发电机和变压器的中性点）有两种运行方式：①中性点非有效接地，或小电流接地；②中性点有效接地，或直接接地，大电流接地。电源中性点不同的运行方式，对电力系统的运行，特别是在系统发生最常见的单相接地故障时有明显的影响，而且还关系到电力系统二次侧保护装置或监察测量系统的选择与运行，因此有必要进行讨论和关注。

（1）中性点不接地。通信局（站）电源系统接入的 10kV 市电电网多采取电源中性点非有效接地的运行方式。图 2-3 所示是其在正常运行时电源中性点不接地的电路图和系统电压、漏电流的相量图。

系统正常运行时，三相线路的相电压 $\dot{U}_A$、$\dot{U}_B$、$\dot{U}_C$ 是对称的，三相线路的对地电容电

流 $\dot{I}_{C0}$ 也是平衡的，因此三相的电容电流的相量和为零，没有电流在地中流动。每相对地的电压，就等于其相电压。

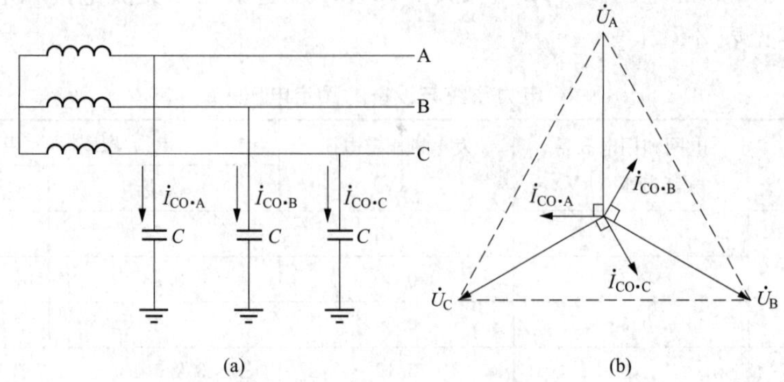

图 2-3　正常运行时的电源中性点不接地的电力系统

(a) 电路图；(b) 相量图

当系统发生某相接地故障时，如 C 相完全接地，系统电压平衡将被破坏，如图 2-4（a）所示。这时 C 相对地电压降为零，而 A 相对地电压 $\dot{U}'_A=\dot{U}_A+(-\dot{U}_C)=\dot{U}_{AC}$，B 相对地电压 $\dot{U}'_B=U_B+(-\dot{U}_C)=\dot{U}_{BC}$，如图 2-4（b）所示。可见，在 C 相完全接地时，完好的 A 相和 B 相对地电压都由原来的相电压升高到线电压，即升高$\sqrt{3}$倍。

另一方面，当 C 相完全接地时，系统的接地电流（电容电流）$\dot{I}_C$ 应为 A、B 两相对地电容电流之和。按图 2-4（a）所示的电流方向，应有

$$\dot{I}_C=-(\dot{I}_{C\cdot A}+\dot{I}_{C\cdot B}) \tag{2-1}$$

从图 2-4（b）的相量图可以看出，$\dot{I}_C$ 在相位上正好超前 $\dot{U}_C 90°$；而在量值上，由于 $I_C=\sqrt{3}I_{C\cdot A}$，又 $I_{C\cdot A}=U'_A/X_C=\sqrt{3}U_A/X_C=\sqrt{3}I_{C0}$，因此有

$$I_C=3I_{C0} \tag{2-2}$$

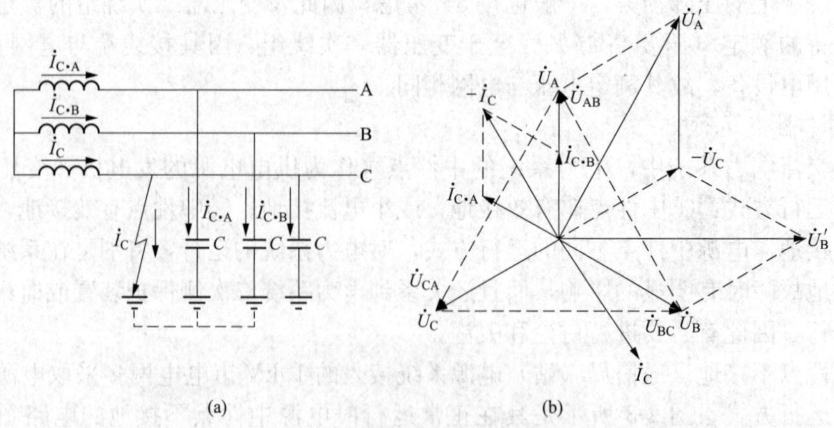

图 2-4　一相接地时的电源中性点不接地的电力系统

(a) 电路图；(b) 相量图

即一相接地的电容电流为正常运行时每相对地电容电流的 3 倍。

当然，在发生不完全接地（即经过一些接触电阻接地）故障时，故障相对地的电压将大于零而小于相电压。而其他完好的相相对地的电压则大于相电压而小于线电压，接地电容电流也比计算值小。

应该指出的是，对上述电源中性点非有效接地的电力系统，即使发生单相接地故障，由于线路的线电压无论相位和量值均未发生变化，这可以从图 2-4（b）所示的相量图中看出，因此三相用电设备仍能正常运行，这是电源中性点非有效接地运行方式电力系统最突出的优点。

当然，此系统也不允许在一相接地的故障情况下长期运行。因为如果在此期间另一相又发生接地故障的话，就形成了两相对地短路，导致系统回路间产生很大的短路电流，可能导致线路设备损坏。因此在电源中性点非有效接地的系统中，通常装设有专门的单相接地保护或绝缘监察装置，在发生一相接地故障时给予报警信号，以提醒值班人员及时处理，以免引起更大的事故。

我国电力系统运行维护规程规定：电源中性点非有效接地的电力系统发生一相接地故障时，允许暂时继续运行 2h。运行维护人员应争取在 2h 内查出接地故障并给予以及时修复；如有备用线路，应将负荷转移到备用线路上去。若经过 2h 抢修后接地故障仍没有消除，则应该切除此故障线路。

（2）中性点经消弧线圈接地。对于上述电源中性点非有效接地的电力系统，有一种情况是比较危险的，即在发生单相接地故障时，如果接地电流较大，在接地点出现了断续电弧，将可能引发线路的电压谐振现象，从而使线路上出现危险的过电压（可达相电压的 2.5～3 倍），这可能导致线路上绝缘较为薄弱地点的绝缘击穿。

为了防止单相接地时接地点出现断续电弧，引起过电压，在单相接地电容电流大于 30A 时，10kV 电网电源中性点必须采取经消弧线圈接地的运行方式。消弧线圈实际上就是一个铁芯线圈，其电阻很小，感抗很大。

图 2-5 所示是电源中性点经消弧线圈接地的电力系统在发生单相接地时的电路图和系统参数的相量图。

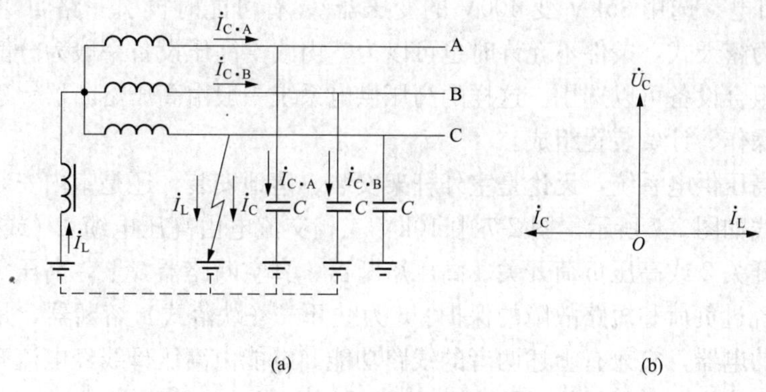

图 2-5　电源中性点经消弧线圈接地的电力系统

（a）电路图；（b）相量图

当系统发生一相接地故障时，流过接地点的电流是接地电容电流 $\dot{I}_C$ 与流过消弧线圈的

电感电流 $\dot{I}_L$ 之和。由于 $\dot{I}_C$ 超前 $\dot{U}_C 90°$，而 $\dot{I}_L$ 滞后 $\dot{U}_C 90°$，所以 $\dot{I}_L$ 与 $\dot{I}_C$ 在接地点互相补偿。当 $\dot{I}_L$ 与 $\dot{I}_C$ 的量值差小于发生电弧的最小电流（一般称其为最小生弧电流）时，电弧就不会发生，系统也就不会出现谐振过电压现象。

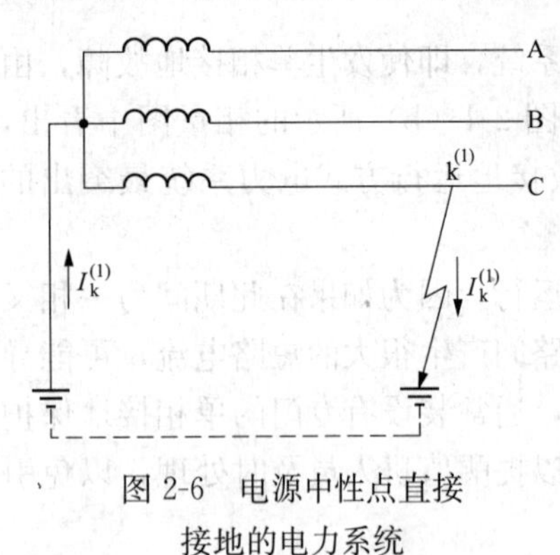

图 2-6　电源中性点直接接地的电力系统

（3）中性点直接接地。通信工程中，低压配电系统大多采用电源中性点直接有效接地的运行方式，如图 2-6 所示。这类电力系统在发生单相接地故障时，由于电源中性点直接接地，因此系统的单相接地故障实际上就导致了单相短路。单相短路电流 $I_k^{(1)}$ 比线路的正常负荷电流大得多，通常会使线路熔断器熔断或断路器自动跳闸，从而将短路故障部分切除，保证系统其他部分正常运行。

对 220/380V 低压配电系统来说，我国不仅广泛采用电源中性点直接接地的运行方式，而且从接地的中性点还引出有中性线（Neutral Wire，代号 N）和保护线（Protective Wire，代号 PE）。中性线（N 线）非常重要：①用来接用额定电压为相电压的单相设备；②用来传导三相系统中的不平衡电流和单相电流；③减少负荷中性点电位偏移。保护线（PE 线）的功能主要是防止发生触电事故，保障人身安全。通过公共 PE 线，将设备的外露可导电部分（指正常情况下不带电，但故障时可能带电又可被触及的导电部分，如金属外壳、金属构架等）连接到电源的接地点去，当系统中设备发生单相碰壳接地故障时，也会形成单相短路，使设备或系统的保护装置动作——熔断器熔断或断路器跳闸，切除故障设备，从而确保运行维护人员的人身安全。

2.1.2　小容量高压供电系统

1. 小容量高压供电系统的接线

（1）一般小容量高压供电系统的接线。负荷较小（750kVA 以下），但有条件且有必要接引高压市电的通信局（站），一般应引接一路 10kV 高压市电；如无 10kV 市电，也可以采用 35kV 的高压市电（选用 35kV 变 400V 的变压器）；有可能时再引一路 400V 低压市电。变电站设置一般为露天式，条件不允许时也可以为室内式。高压设备一般为分散安装，露天式的也有密闭式组合设备可以选用。这样的高压供电系统一般由高压熔断器、避雷器、电力变压器以及相关操作、计费装置组成。

一般小容量高压供电系统，无论是室外杆架安装、落地安装，还是室内安装，其供电系统主回路电气接线如图 2-7 所示。图 2-7 中 10kV 三相交流电由高压电缆 1（或架空引入线）引入，接至隔离开关 2 或高压负荷开关、高压熔断器、真空断路器 3 上，高压负荷开关和高压熔断器用于系统过负荷和短路故障的保护。6 为跌开式（跌落式）熔断器，是一种熔断器和隔离开关组合的电器，它兼有上述两者的线路功能。电能由高压母线经电流互感器 4 馈送至电力变压器高压绕组，其低压绕组输出 0.4kV 低压电能，经低压电缆 7、刀开关 11 或空气开关（断路器）9、低压熔断器 10、低压电流互感器 12 送至低压母线 8 完成分配。低压电流互感器 12 用来测量低压母线电流；5 为避雷器，用于限制高压进线上的雷击过电压，保护变压器高压绕组的安全。

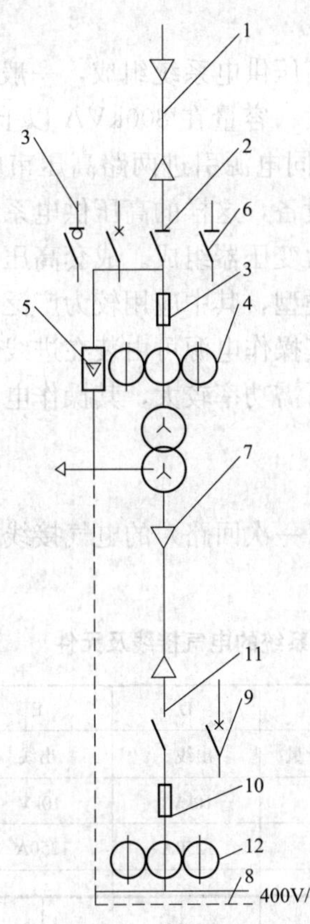

1	高压电缆
2	隔离开关GN2,CS6
3	高压熔断器RN1型 高压负荷开关FN2–10,CS4 真空断路器ZN–10
4	电流互感器LZZBJ9–10
5	避雷器HY5WZ1
6	跌开式熔断器RW7
7	低压电缆
8	低压母线
9	空气开关DW10,DZ10
10	低压熔断器RT0
11	刀开关HD12
12	电流互感器LMZT

图 2-7　小容量高压供电系统主回路电气接线示意图

在室外有避雷器和跌开式高压熔断器时，室内变电站的高压熔断器和隔离开关可用负荷开关代替。

为了使小容量通信局（站）的高压供电系统结构简化，电流、电压和电能等电参数一般都放在低压侧进行测量和计量。

（2）有高压计费要求的小容量高压供电系统的接线。当供电局要求高压计费时，应设计有高压计费要求的小容量高压供电系统。可以在一般小容量高压供电系统的基础上，为满足高压计费要求需要加装高压计费装置，如在一次回路中加装高压电压互感器和电流互感器，在二次回路中加装计费表等。

小容量高压供电系统大多安装在室外，系统中没有更多的控制和保护设备，多是手动操作。因此，在工程设计中只需完成设备或各种高低压电器等的安装设计；当设备安装在室内时，还要提出对土建的具体要求。

2. 小容量高压供电系统的运行

对于采用高压市电作为主用电源的小容量高压供电系统的通信局（站），一经投入运行，只在故障或检修需要时由相关部门的维护人员进行开、合操作。高压市电停电时，有低压市电作为备用电源的局（站），由维护人员进行倒换，使备用低压市电投入运行；没有低压市电作为备用电源的，维护人员启动备用油机发电机发电供给通信局（站），以保证负荷使用，直到高压市电恢复供电为止。

2.1.3 大容量高压供电系统

大中型通信局（站）的交流供电都由大容量高压供电系统组成，一般引入一路 10kV 或 35kV、甚至是 110kV 的高压市电。对于负荷较大（容量在 800kVA 以上）、地位重要的通信局（站），必要时接引两路高压市电，一般从不同电源引进两路高压市电。变电站设置一般为室内（含进楼）安装。高压设备一般为成套设备，这样的高压供电系统一般由成套高压柜（含进线、计量、测量、出线及联络柜）和电力变压器组成。成套高压设备的断路器操作机构有电磁、弹簧、液压、气动、电动机等多种类型，其中应用较为广泛的是电磁操作机构和弹簧操作机构。弹簧操作机构所需功率较小，其操作电源可由装在进线外侧的电压互感器或变电站用变压器提供交流电源；电磁操作机构所需功率较大，其操作电源应采用直流电源柜（含蓄电池柜）提供直流电源。

1. 一路市电供电的大容量高压供电系统

一路市电供电的大容量高压供电系统主回路（一次回路）的电气接线和一、二次电气元件见表 2-2，此系统可以有多种运行方式。

表 2-2　一路市电供电的大容量高压供电系统的电气接线及元件

编号		A	B	C	D	E	F
用途		避雷及测量	上进线	供电局计量	出线	出线	出线
额定电压		10kV	10kV	10kV	10kV	10kV	10kV
额定电流		1250A	1250A	1250A	1250A	1250A	1250A
一次回路方案		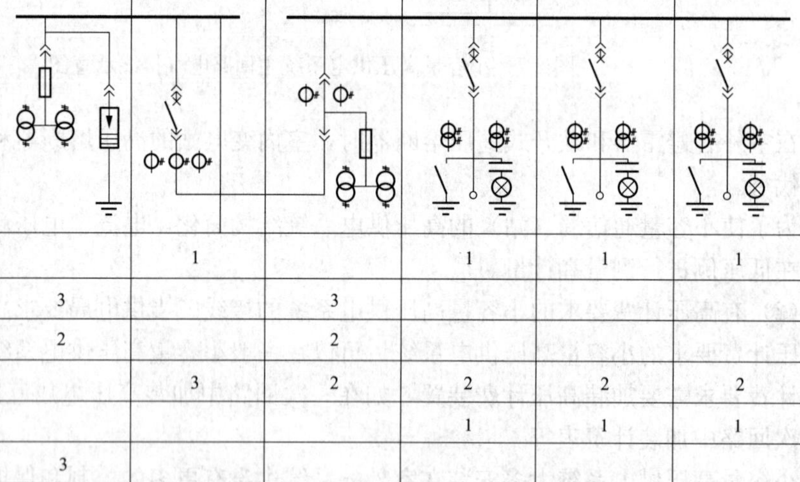					
一次元件	真空断路器		1		1	1	1
	高压熔断器	3		3			
	电压互感器	2		2			
	电流互感器		3	2	2	2	2
	接地开关				1		1
	避雷器	3					
	带电显示装置	1	1	1	1	1	1
二次元件	数字式多功能继电保护器		1		1	1	1
	电压表	1		1			
	电流表		3	3	3	3	3
	转换开关						
	有功电能表			1			
	无功电能表			1			

（1）对于仅有一路高压市电的大容量高压供电系统，该路市电就是主用电源；如无另引的低压市电，则以油机发电机组作为备用电源。主用高压市电电源故障或检修时，则启动备用油机发电机发电给通信局（站）供电，以保证负载供电需求，直到市电恢复供电为止。

（2）对于一路高压市电引入、又有另引的一路低压市电的大容量高压供电系统，该路高压市电就是主用电源，另引的低压市电作为高压市电备用电源。油机发电机组作为市电的备用电源。主用高压市电故障或检修时，备用低压市电给通信局（站）的负载供电。当备用低压市电也停电时，则启动备用油机发电机发电给通信局（站），以保证负载供电，直到其中一路市电恢复供电为止。

2. 两路市电供电的大容量高压供电系统

两路市电供电系统高压一次接线如图 2-8 所示。

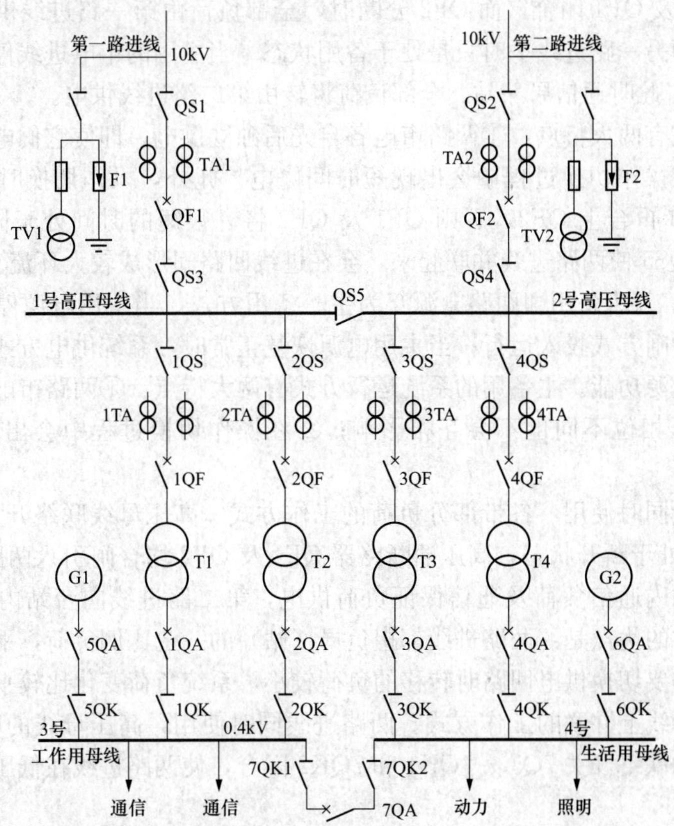

图 2-8　大容量通信局（站）双路进线时交流一次主接线图

图 2-8 中两路 10kV 高压进线分别引自两个变电站或两个供电区域，以保证在大多数情况下两路市电不会同时停电。每路进线都设有避雷器 F1 及 F2，用以吸收雷击过电压，并设有电压互感器 TV1 及 TV2，以便分别测量进线电压。

各路进线分别经油断路器 QF1 及 QF2 来操作切换，油断路器的前后级都设置有隔离开关 QS1、QS2 和 QS3、QS4，以保证维护油断路器时工作人员的安全。各路进线都设有两个或三个电流互感器，以便测量各路进线的电流的大小和消耗的电能。

两路进线分别通过各自的油断路器，接至各自的高压母线分段（1 号及 2 号）上。分段母线之间设有联络开关 QS5，各分段高压母线接至相应的电力变压器 T1、T2 及 T3、T4。各变压器的高压侧也装设有电流互感器 1TA～4TA 等，用以测量一次电流。其二次低压（0.4kV）电能经大容量空气断路器 1QA、2QA、5QA 和 1QA、4QA、6QA 及闸刀开关 1QK～6QK 接至分段低压母线 3 号及 4 号上。分段低压母线之间用空气断路器 7QA 实现联络，其两侧装设有闸刀开关 7QK1、7QK2 作为隔离开关使用。

两台油机发电机组 G_1 及 G_2 分别由低压断路器 5QA、6QA 和闸刀开关 5QK、6QK 接至各自的低压母线 3 号和 4 号上。

这种大容量通信局（站）双路市电高压进线系统可以有多种运行方式。

（1）主备用工作方式。

1）一主一备。一主一备是指平时通信局（站）的全部负荷都由某一路市电供电，如将 QS1、QS3、QS5 及 QF1 闭合，而 QF2 分断时，全部负荷由第一路进线供电。该路市电称之为主用市电，而另一路进线平时只是处于备用状态。当主用的市电进线停电时，立即断开 QF1 并合上 QF2，此时通信局（站）全部负荷将转由第二路进线供电。

这种运行方式有两大特点：①两路市电各自先后独立供电，即使它们电压相位不等也不会互相影响；②在操作切换过程中会出现短时间停电。此外，操作切换时还须注意操作顺序：应先断开 QF1 再合上 QF2，否则 QF1 及 QF2 将有很短的时间处于同时合闸的状态，并通过联络开关 QS5 使两路进线并联起来，会在进线回路间形成较大环流。

2）互为备用。互为备用即两路电源互为主、备用方式。当主用电源停电后，备用电源采用自动或手动合闸方式投入运行；当主用电源恢复正常时，系统供电方式不转换，此时主用线路充当备用电源功能。主备用的系统运行方式有两大特点：①两路市电各自先后独立供电，即使它们电压相位不同也不会互相影响；②在操作切换过程中会出现短时间的停电现象。

（2）两路进线同时使用，各带部分负荷的工作方式。高压母线联络开关 QS5 及低压母线联络开关 7QA 处于断开状态，高压油断路器 QF1 及 QF2 均合闸引入两路市电同时供电，第一路进线向台站内通信负荷及通信保证负荷供电，第二路进线向台站内生活用电负荷供电。这种供电方式的优点是：两路进线都担负局（站）的一定比例负荷，平时都在使用，互为热备用，因故需要切换供电回路时转移的负荷较小，系统负荷变化比较平稳。

（3）在低压母线上并联的工作方式。两路进线同时使用，高压母线的联络开关 QS5 断开，而低压母线的联络开关 7QA、7QK1 和 7QK2 闭合，使两路进线在低压母线上并联在一起工作。

当某一路进线（如第一路）停电时，系统立即断开该路的油断路器 QF1（当然这里需要有专门的保护电路），于是局（站）的全部用电由第二路进线保证，这一切换过程中间没有瞬间停电的现象，供电可靠性较高。

必须注意的是，在低压侧并联的供电方式中，当两路进线的相位和电压数值不同时，变压器中将流过附加的均衡电流。例如，当第一路进线电压较第二路高时，均衡电流自第一路进线流经变压器 T1、T2，经联络开关 7QA，再经变压器 T3、T4，流至第二路进线。这种均衡电流加大了变压器的绕组电流，使变压器的损耗有所增大，从而削弱了其承载负荷的能力。因此必须限制这种接线运行方式，限制两路电压间的矢量差。只有两路电压相差不大，均衡电流也在系统允许范围内时，才允许使用这种接线运行方式。

（4）在高压母线上并联的工作方式。两路进线同时使用，并合上高压母线上的联络开关 QS5，这时两路高压进线直接并联工作，把两路进线变成闭合电力网的组成部分，提高了通信电力网的可靠性。

但必须意识到，通信局（站）的容量相对于供电电网而言是很小的。当两路进线电压和相位差别比较大时，产生的均衡电流可能早已超出保护设备动作的数值，从而使油断路器 QF1 及 QF2 跳闸断开，因此采用这种工作方式的高压系统对其保护电路有特殊的要求，在实际工作中较少运用这种工作方式。

2.2　常用高压变配电设备及其选择

2.2.1　电力变压器

变压器是一种静止的电器，用以将一种电压和电流等级的交流电能转换成同频率的另一种电压和电流等级的交流电能。变压器最主要的部件是铁芯和绕组。输入电能的绕组叫一次绕组，输出电能的绕组叫二次绕组。一、二次绕组具有不同的匝数，但放置在同一个铁芯上，通过电磁感应关系，一次绕组吸收的电能可传递到二次绕组，并输送到负载，使一、二次绕组具有不同的电压和电流等级。

在电力系统中，将发电厂发出的电能以高压输送到用电区，需用升压变压器；而将电能以低压分配到各用户，需用降压变压器。通常输电高压为 110kV、220kV、330kV 和 500kV 等。用户电压则为 220V、380V 和 660V 等。因此，从发电、输电、配电到用户，需经 3～5 次变压，用以提高输配电效率。由此可见，对应发电厂的装机容量，变压器的生产容量将为 4～6 倍。因此在电力系统中变压器对电能的经济传输、灵活分配和安全使用具有重要意义。

1. 主要类型

电力变压器分类的方式有很多，常见的分类方式有以下几种。

（1）按绕组冷却介质分，有油浸式、干式和充气式三种。油浸式变压器又分为油浸自冷式、油浸风冷式、油浸水冷式和油强制循环冷却式四大类。

（2）按绕组导电材质分，有铜绕组变压器、铝绕组变压器、半铜半铝绕组变压器以及超导变压器等；过去应用多为铝绕组变压器，但目前低损耗铜绕组变压器应用广泛。

（3）按调压方式分，有无载调压（无激磁调压）和有载调压两类。

（4）按功能分，有升压变压器和降压变压器两种。

（5）按相数分，有单相和三相两大类。

（6）按绕组类型分，有双绕组、三绕组和自耦变压器三种。

2. 基本结构

（1）油浸式电力变压器。油浸式电力变压器的结构如图 2-9 所示。其主要组成部分及其功能分述如下。

1）铁芯。变压器铁芯由多层涂有绝缘漆、导磁性能好、轻薄的冷轧硅钢片（一般厚度为 0.35～0.5m）叠加而成，主要功能是导磁与套在铁芯上的绕组一起构成变压器的磁路部分。当有电流通过时，磁通的变化产生感应电动势。

三相变压器的铁芯，一般做成三柱式，直立部分称为铁柱，铁柱上套着高低压绕组，水平部分称为铁轭，用来构成闭合的磁路。

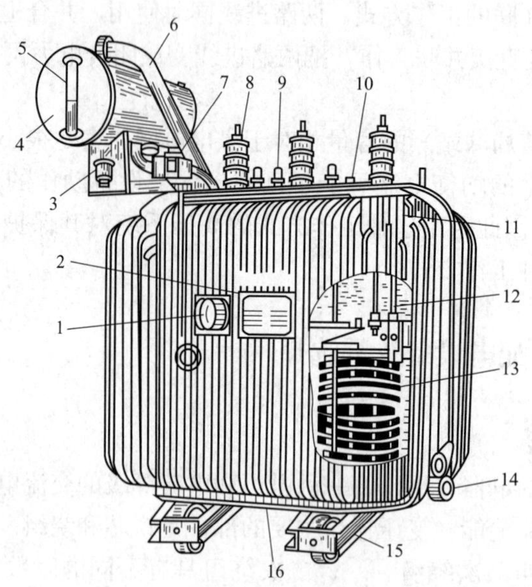

图 2-9　油浸式变压器结构图

1—信号温度计；2—铭牌；3—吸湿器；4—油枕（储油柜）；5—油标；6—防爆管；7—气体继电器；8—高压套管；9—低压套管；10—分接开关；11—油箱；12—铁芯；13—绕组及绝缘；14—放油阀；15—简易移动装置；16—接地端子

2）绕组。变压器的绕组又称为线圈，通常是用包有高强度绝缘物的铜线或铝线绕制的，有高压绕组和低压绕组之分。高压绕组匝数较多，导线较细；低压绕组匝数较少，导线较粗。

通常把低压绕组套在里面，高压绕组套在外面，目的是使绕组与铁芯绝缘。低压绕组与铁芯之间、以及高压绕组与铁芯之间，都用由绝缘材料做成的套筒分开，它们之间再用绝缘纸板隔离开来，并留有油道，使变压器中的油能在两绕组之间自由流通。

3）油箱。油箱是用钢板做成的变压器的外壳，内部装有铁芯和绕组，并充满变压器油。20kV 及以上的变压器在油箱外还装有散热片或散热管。

变压器油有两个作用：①绝缘，其绝缘能力比空气强，绕组浸在油里可加强绝缘，并且避免与空气接触，防止绕组受潮；②散热，变压器运行时，变压器内部各处的温度不一样，利用油面在温度高时上升、温度低时下降的对流作用，把铁芯和绕组产生的热量通过散热片或散热管散到外面去。

变压器油是一种绝缘性能良好的矿物油，按其凝固点不同可分为 10 号、25 号、45 号三种规格，凝固点分别为－10℃、－25℃、－45℃，应根据变压器装设点的气候条件进行选用。

4）油枕。变压器油箱的箱盖上装有油枕，油枕的体积一般为油箱体积的 8%～10%，油箱与油枕之间有管子连通。

油枕有两个作用：①可以减小油面与空气的接触面积，防止变压器油受潮和变质；②当油箱中油面下降时，油枕中的油可以补充到油箱里，不至于使绕组露出油面。此外油枕还能调节因变压器油温度升高而引起的油面上升，即当温度升高，油的体积膨胀时，油流入油枕；当温度降低，油的体积缩小时，油流回油箱。

油枕侧面装有油标，标有最高、最低位置。在油枕上还装有呼吸孔，使上部空间与大气相通。变压器油热胀冷缩时，油枕上部空气可以通过呼吸孔出入。

5）套管。变压器套管有高、低压之分，套管中有导电杆，其下端用螺栓和绕组末端相连，上端用螺栓和绕组首端相连，并用螺栓连接外电路。套管的作用是使从绕组引出的连线和箱盖之间保持适当绝缘。

6）电压分接开关。电压分接开关又叫无载调压开关，是调整变压器变压比的装置。

电压分接开关的几个触头分别连接在高压线圈的几个触头上，当电压发生变化时，可以通过改变电压分接开关位置的方式来改变高压线圈的匝数。由于高、低压电压的比值直接与绕组的匝数有关，这样就可以使低压侧尽可能得到规定的电压。

注意：调整电压分接开关位置必须在变压器与电网断开、处于停用状态时进行。

（2）干式电力变压器。干式电力变压器与油浸式电力变压器相比，其最大特点是没有油箱和繁杂的外部装置，不用冷却液，其铁芯和线圈不浸在任何绝缘液中，直接敞开以空气为冷却介质。其外形如图2-10所示。它主要由铁芯、线圈、风冷系统、温控系统和保护外壳等构成。

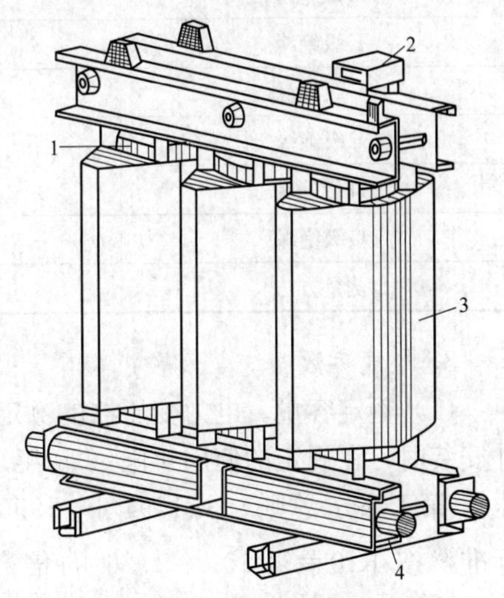

图2-10　干式变压器外形图

1—铁芯；2—温控器；3—线圈；4—冷却风机

1）线圈。干式变压器的线圈大部分采用层式结构，其导线上的绕包绝缘根据变压器产品的绝缘等级不同而分别采用普通电缆纸、玻璃纤维、绝缘漆等材料。环氧浇注/绕包干式变压器则在此基础上，以玻璃纤维带加固后，浇注/绕包环氧树脂，并固化成形。有的新型干式变压器采用的是箔式线圈，这种线圈由铜/铝箔与F级绝缘材料卷绕而成之后加热固化成形。箔式线圈具有力学性能好、匝间电容大、抗突发短路能力强、散热性能好等特点，因此在中小型变压器中得到比较广泛的应用。

2）铁芯。干式变压器的铁芯与油浸式变压器的铁芯相同。

3）金属防护外壳。干式变压器在使用时一般配有相应的保护外壳，可以防止人和物的意外碰撞，给变压器的运行提供安全屏障。根据防护等级的要求不同，保护外壳分为IP20和IP23两种外壳。IP23外壳由于防护等级要求高、密封性强，因而对变压器的散热有一定影响。

4）温控系统。干式变压器的温控系统可以分别对三相线圈的温度进行监控，并具有开启风机、关闭风机、超温报警、过载跳闸等自动功能。

5）风冷系统。当干式变压器的工作温度达到一定数值（该数值可以由用户自行设定）时，风机在温控系统的控制下自动开启，对线圈等主要部件通风冷却，使变压器在规定温升下运行，并能承受一定的过负荷。

干式变压器的绝缘类型主要有以下三类。

1）空气绝缘。与油浸式变压器相比，空气绝缘干式变压器的绝缘性和散热性较差，其绝缘材料一般采用E级或B级绝缘。

2）环氧树脂浇注绝缘。采用F级绝缘环氧树脂浇注绝缘，将高压线圈、低压线圈分别浇注成一个整体，具有力学性能好、电气性能佳、散热性能优良等特点。

3）环氧树脂绕包绝缘。绕组用F级绝缘环氧树脂及玻璃纤维，对变压器线圈分别绕包后固化制成。

干式变压器的温升限值见表2-3。

表2-3　干式变压器的温升限值

绝缘等级	变压器不同部位温升限值（℃）	
	绕组	铁芯和结构零件表面
Y级绝缘		90
A级绝缘	60	105
E级绝缘	75	120
B级绝缘	80	130
F级绝缘	100	155
H级绝缘	125	180
C级绝缘	150	>180
测量方法	电阻法	热偶计法

3. 电气参数

(1) 额定容量。电力变压器的额定（铭牌）容量是指变压器在规定的环境温度条件下室外安装时，在规定的使用年限（20年）内所能连续输出的最大视在功率（kVA）。《电力变压器 第1部分 总则》GB1094.1—1996规定，我国电力变压器产品容量采用国际通用的R10标准，按 $R10=\sqrt[10]{10}=1.26$ 的倍数增加，即系列产品容量应为100kVA、125kVA、160kVA、200kVA、315kVA、400kVA、500kVA、630kVA、800kVA和1000kVA等。

(2) 效率。变压器输出功率与输入功率的比值即为变压器效率（η），而变压器输入与输出功率的差值则为变压器功耗。

变压器的功耗包括主要铜损 P_{Cu} 和铁损 P_{Fe} 两大部分。

1）铜损 P_{Cu}。由于一、二次绕组具有电阻 r_1、r_2，当电流通过时部分电能转为热能，即 $P_{Cu}=I_1^2r_1+I_2^2r_2$。铜损大小可以通过变压器二次侧短路试验测出。

2）铁损 P_{Fe}。铁损是铁芯中涡流与磁滞所产生的损耗。由于电网频率和电压基本保持不变，故磁通 Φ_m 基本不变，因此铁损可以通过变压器二次侧开路试验测出。

通常情况下，变压器的铜损和铁损都比较小，所以变压器的效率较高，大容量变压器效率可达99%以上。

(3) 阻抗电压。阻抗电压表征变压器二次绕组在额定运行情况下一次侧电压的降落，可用一次侧额定电压 U_N 的百分比表示，为4%～7%。

测试方法是将二次绕组短路，并使二次侧通过电流达到额定值 I_{2N}，则此时一次侧所施加的电压值即为阻抗压降，或称短路电压。

(4) 短路阻抗（Z_K）标幺值。以某电气参量的额定值作为基准值，各电气参量对额定值的比值定义为其标幺值，用符号“*”表示。

变压器额定阻抗是额定电压 U_N 与额定电流 I_N 的比值，即

$$Z_N = U_N / I_N \tag{2-3}$$

故变压器的短路阻抗标幺值

$$Z_K^* = Z_K / Z_N = Z_K I_N / U_N = U_K / U_N = U_K^* \tag{2-4}$$

由此可见，变压器短路阻抗的标幺值与二次侧额定电流下短路电压的标幺值 U_K^*（即阻抗压降）是相等的。

用标幺值表示短路阻抗时一次绕组或二次绕组都相等，因此在变压器铭牌上只须标示出 Z_K^* 值，而无须标示出一次绕组或二次绕组的短路阻抗值。

（5）空载电流标幺值。变压器在空载时，其一次绕组类似于带铁芯的电感绕组，空载电流 I_0 用于产生空载时主磁通 Φ_m，则空载电流标幺值 I_0^* 为：

$$I_0^* = I_0 / I_{1N} \tag{2-5}$$

依据变压器等值折算，一次侧和二次侧空载电流标幺值相等，所以在变压器铭牌上仅标示出统一的 I_0^* 即可。

4. 联结方式

三相电力变压器的一、二次绕组可以有多种联结形式。

（1）星形联结（Y）。变压器一次绕组接成星形接法时，一般是将三个绕组的末端接在一起，构成公共的中性点，而三个首端则接三相电源；二次绕组接成星形时，末端接成中性点，首端获得对称的三相感应电动势。首端与首端之间的电压（流）称为线电压（流），首端与中性点之间的电压（流）叫作相电压（流）。在对称的三相交流电系统中，绕组接成星形时，线电压等于$\sqrt{3}$倍的相电压，线电流等于相电流。

我国变压器传统的联结方式通常是 Yyn0 联结，其联结方法与电压矢量如图 2-11 所示。由图 2-11 可见，采用 Yyn0 联结时，一次侧线电压 U_{AB}、U_{BC}、U_{CA} 相位差为 120°，其相电压 U_a，U_b，U_c 幅值比线电压分别小$\sqrt{3}$倍，各相对应线电压（如 U_a 对应 U_{AB}）超前相电压 60°，而相电压彼此间的相位差也为 120°。由于一次侧引线端 A、B、C 分别与二次侧引线端 a、b、c 为同名端，因此二次侧线电压 U_{ab}、U_{bc}、U_{ca} 分别与一次侧压 U_{AB}、U_{BC}、U_{CA} 同相位，而二次侧相电压 U_a、U_b、U_c 也分别与一次侧相电压 U_A、U_B、U_C 同相位，即一次侧与二次侧对应线电压或相电压均无相角差。

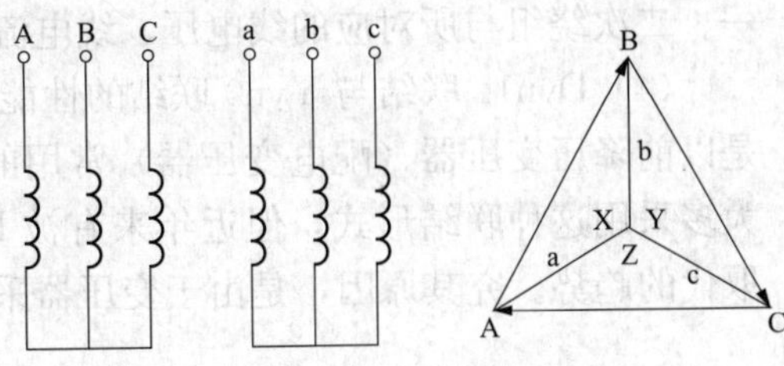

图 2-11　三相变压器 Yyn0 联结组别电压向量图

这种联结方式的优点是对高压绕组绝缘强度要求不高，制造成本较低。主要缺点是在接用单相大容量不平衡负荷时，中性线电流较大。所以 GB 1094 规定，容量在 1800kVA 以上的变压器，不允许采用 Yyn0 联结。

（2）三角形联结（△）。三角形接法是将三相绕组的首端和末端相互连接成闭合回路，

再从三个连接点引出三根线，连接电源（一次绕组）或负载（二次绕组）。

目前世界上大多数国家都采用△/Y（Dyn11）联结组别的变压器，如图 2-12 所示。由图 2-12（b）可见，其一次绕组与二次绕组对应的线电压相位差为 30°。图 2-13（c）所示是正相序接法，即 Ay-Bz-Cx；还有一种是反相序接法，即 Az-Cy-Bx。

二次绕组按△形接法接线时，三根引出线接负载，三个相电势对称，输出电压相等。三个绕组中电势之和等于零。如果有一相接反，则三个电势之和就等于相电势的两倍，会烧毁负载。使用△接法时，要求三相的负荷应相等，以保证三相绕组的电压、电流平衡。

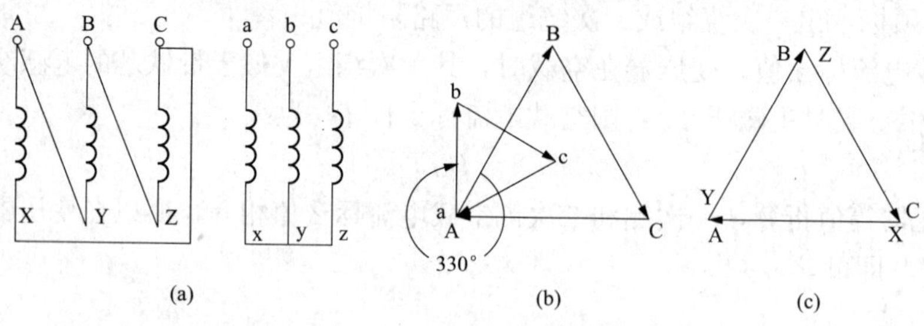

图 2-12　三相变压器三角形接线法

（3）联结组别的时钟表示法。变压器的联结组别可以用时钟来表示。把变压器一次侧（高压侧）的线电压矢量作为时钟上的长针，并且总是指着“12”，而以低压边对应线电压矢量作为短针，它所指的数字就是变压器联结组别的序号，它表征变压器高、低压边线电压矢量差。

利用时钟法表示 Yyn0 联结组别时，一次侧线压矢量即为时钟长针“12”的方向，而二次侧线压矢量即为时钟短针所指数字，也在“12”的位置，所以这种变压器联结组别的时钟表示法即为 Y/Y_0-12，一、二次侧线电压是同相位的。

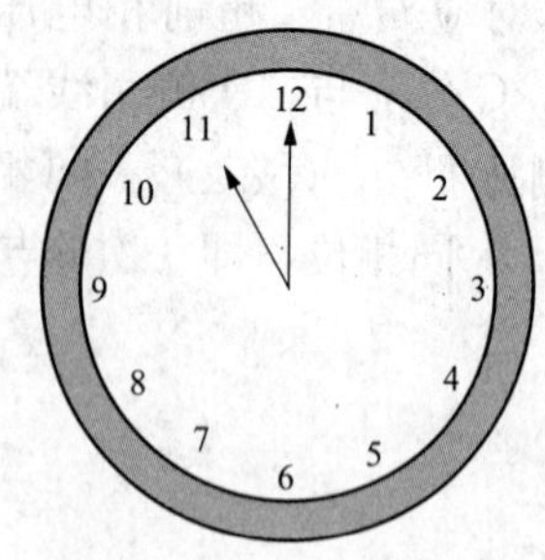

图 2-13　三相变压器联结组别的时钟表示法

同样的道理，Dyn11 联结组别表示二次侧线电压超前一次侧线电压 30°，这时短针所指示在“11”的位置，如图 2-13 所示。所有角度都按短针顺时针方向来计算，则“12 点”与“11 点”之间相差角度应为 30°×11＝330°。

三相电力变压器一、二次绕组采用不同的连接方式，形成了一、二次绕组与所对应的线电压、线电流之间不同的相位关系。

（4）Dyn11 联结与 Yyn0 联结的性能比较。Yyn0（Y/Y_0-12）是以前降压变压器（配电变压器）常用的连接组别，过去，我国大多采用这种联结形式，但近年来有被 Dyn11（$\triangle/Y_0$-11）联结取代的趋势。究其原因，是由于变压器采用 Dyn11 联结较之采用 Yyn0 联结有以下优点。

1）对 Dyn11 联结的变压器来说，其 $3n$ 次谐波激磁电流在△接线的一次绕组内形成环流，不会注入到公共高压电网中，这比一次绕组接成星形接线的 Yyn0 联结组别更有利于抑制高次谐波。

2）Dyn11 联结变压器的零序阻抗比 Yyn0 联结变压器的小得多，从而更有利于低压单相接地短路故障时的保护与切除。

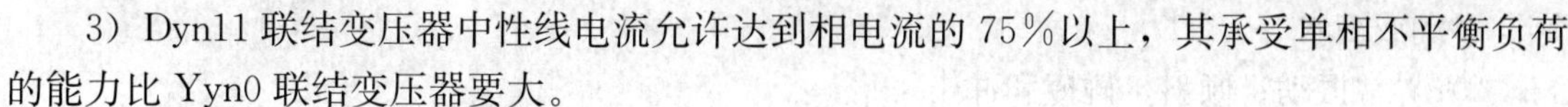

3）Dyn11 联结变压器中性线电流允许达到相电流的 75%以上，其承受单相不平衡负荷的能力比 Yyn0 联结变压器要大。

5. 并联运行

当采用多台变压器供电时，变压器并联运行更加合理，每台变压器可以均分负荷，变压器容量可以得到充分利用，运行比较经济，对于馈电设备的负荷分配比较简单。

但要注意的是，变压器允许并联的台数不宜太多，一般为 2～3 台。并联台数越多，其结点式供电系统的短路电流越大，具体见表 2-4。这对低压断路器的选择带来一定难度，因此在选用低压断路器时，要求其额定短路分断能力应不小于线路的预期短路电流，而目前低压断路器的最大短路分断能力一般在 100kA 左右。

表 2-4　　　　变压器并联运行时系统短路电流

变压器参数		$N=2$	$N=3$	$N=4$
容量（kVA）	短路电压（U_N%）	I_{Kmax}（kA）	I_{Kmax}（kA）	I_{Kmax}（kA）
1000	5.5	60.4	90.6	120.8
1600	6.0	90	135	280
2000	6.5	105.6	158.4	211.2

两台或多台变压器并联运行时，必须满足以下四个基本的条件。

（1）参与并联运行的变压器一次侧与二次侧额定电压必须对应相等，即变压比要相同，允许偏差≤±5%。否则二次侧电压高的变压器会向二次侧电压低的变压器输出电流，从而在各变压器二次侧产生环流，引起不必要的电能损耗，可导致绕组过热或烧毁。

（2）参与并联运行的变压器的阻抗电压必须相等。由于并联运行变压器的负荷是按其阻抗电压值呈反比分配的，所以其阻抗电压必须相等，且允许差值不得超过±10%。如果阻抗电压差值过大，可能导致阻抗电压较小的变压器发生过负荷现象。

（3）参与并联运行的变压器联结组别应一样。若一台采用 Dyn11 组别，而另一台采用 Yyn0 组别，由于它们二次侧相电压存在 30°相位差，即 Dyn11 的 U_2 超前 Yyn0 的 U_2 相位 30°，所以两台变压器二次绕组间存在电位差，其二次绕组内会出现很大的环流。

（4）参与并联运行的变压器容量最好相同或相近，容量最大的变压器与容量最小的变压器的容量比不要超过 3∶1，否则在变压器性能略有差异时，变压器间的环流会显著增加，很容易造成容量较小的变压器过载运行。

6. 电力变压器及其附属设备选择的一般原则

（1）电力变压器及其附属设备应按下列技术条件选择：型式、容量、绕组电压、相数、频率、冷却方式、联结组别、短路阻抗、绝缘水平、调压方式、调压范围、励磁涌流、并联运行特性、损耗、温升、过载能力、噪声水平、中性点接地方式、附属设备、特殊要求。

（2）变压器及其附属设备应按下列使用环境条件校验：环境温度、日温差、最大风速、相对湿度、污秽、海拔、地震烈度、系统电压波形及谐波含量（注：当在屋内使用时，可不检验日温差、最大风速和污秽；在屋外使用时，则不检验相对湿度）。

（3）以下所列环境条件为特殊使用条件，工程设计时应采取相应防护措施，否则应与制造商协商。

1）有害的烟或蒸气，灰尘过多或带有腐蚀性，易爆的灰尘或气体的混合物、蒸气、盐雾、过潮或滴水等。

2）异常振动、倾斜、碰撞和冲击。

3）环境温度超出正常使用范围。

4）特殊运输条件。

5）特殊安装位置和空间限制。

6）特殊维护问题。

7）特殊的工作方式或负载周期，如冲击负载。

8）三相交流电压不对称或电压波形中总的谐波含量大于5%，偶次谐波含量大于1%。

9）异常强大的核子辐射。

(4) 对于湿热带、工业污秽严重及沿海地区户外的产品，应考虑潮湿、污秽及盐雾的影响，变压器的外绝缘应选用加强绝缘型或防污秽型产品。热带产品气候类型分为湿热型（TH)、干热型（TA）和干湿热合型（T）三种。

(5) 可以根据安装位置条件，按用途、绝缘介质、绕组型式、相数、调压方式及冷却方式确定选用变压器的类型。在可能的条件下，优先选用三相变压器、自耦变压器、低损耗变压器、无激磁调压变压器。大型变压器的选型应进行技术经济论证。

(6) 选择变压器容量时，应根据变压器用途确定变压器负载特性，并参考相关标准中给定的正常周期负载图所推荐的变压器在正常寿命损失下变压器的容量，同时还应考虑负荷发展需要，额定容量取值应尽可能选用标准容量系列。对于大型变压器，宜进行经济运行计算。

对三绕组变压器的高、中、低压绕组容量的分配，应考虑各侧绕组所带实际负荷，且绕组额定容量取值应尽可能选用标准系列。

(7) 电力变压器宜按《油浸式电力变压器技术参数和要求》（GB/T 6451—2008）和《干式电力变压器技术参数和要求》（GB/T 10228—2008）的参数优先选择。

(8) 除受运输、制造水平或其他特殊原因限制外应尽可能选用三相电力变压器。

(9) 检修条件较困难和环境条件限制（低温、高潮湿、高海拔）地区的电力变压器宜选用寿命期内免维护或少维护型的变压器。

(10) 短路阻抗选择。

1）选择变压器短路阻抗时，应根据变压器所在系统条件尽可能选用相关标准规定的标准阻抗值。

2）为限制过大的系统短路电流，应通过技术经济比较确定选用高阻抗变压器或限流电抗器，选择高阻抗变压器时应按电压分挡设置，并应校核系统电压调整率和无功补偿容量。

(11) 500kV电力变压器主绝缘（高—低或高—中）的尺寸、油流静电、线圈抗短路机械强度、耐运输冲撞的能力应由产品设计部门给出详细算据。

(12) 分接头的一般设置原则。

1）在高压绕组或中压绕组上，而不是在低压绕组上。

2）尽量在星形联结绕组上，而不是在三角形联结的绕组上。

3）在网络电压变化最大的绕组上。

(13) 调压方式的选择原则。

1）无励磁调压变压器一般用于电压及频率波动范围较小的场所。

2）有载调压变压器一般用于电压波动范围大，且电压变化频繁的场所。

3）在满足运行要求的前提下，能用无载调压的尽量不用有载调压。无励磁分接开关应尽量减少分接头数目，可以根据系统电压变化范围只设最大、最小和额定分接。

4）自耦变压器采用公共绕组调压时，应验算第三绕组电压波动，使其不超过允许值。在调压范围大，第三绕组电压不允许波动范围大时，推荐采用中压侧线端调压。

（14）电力变压器油应满足《电工流体 变压器和开关用的未使用过的矿物绝缘油》（GB2536—2011）的要求，330kV 以上电压等级的变压器油应满足超高压变压器油标准。

（15）在下述几种情况下一般可以选用自耦变压器。

1）单机容量在 125MW 及以下，且两级升高电压均为直接接地系统，其送电方向主要由低压送向高、中压侧，或从低压和中压送向高压侧，而无高压和低压同时向中压侧送电要求者，此时自耦变压器可作发电机升压之用。

2）当单机容量在 200MW 及以上时，用来作高压和中压系统之间联络用的变压器。

3）在 220kV 及以上的变电站中，宜优先选用自耦变压器。

（16）容量为 200MW 及以上的机组，主厂房及网控楼内的低压厂用变压器宜采用干式变压器。其他受布置条件限制的场所也可以采用干式变压器。在地下变电站、市区变电站等防火要求高或布置条件受限制的地方宜采用干式变压器。

（17）新型变压器须经技术经济比较，确认技术先进合理者可以选用。

（18）优先选用环保、节能的电力变压器消防方式（如充氮灭火等）。

（19）城市变电站宜采用低噪声变压器。

7. 10kV 及以下变电站变压器的选择

（1）变压器台数应根据负荷特点和经济运行进行选择。当符合下列条件之一时，宜装设两台及以上变压器。

1）有大量一级或二级负荷。

2）季节性负荷变化较大。

3）集中负荷较大。

（2）装有两台及以上变压器的变电站，当其中任一台变压器断开时，其余变压器的容量应满足一级负荷及二级负荷的用电。

（3）变电站中单台变压器（低压为 0.4kV）的容量不宜大于 1250kVA。当用电设备容量较大、负荷集中且运行合理时，可以选用较大容量的变压器。

（4）一般情况下，动力和照明宜共用变压器。有下列情况之一时，可设专用变压器。

1）当照明负荷较大或动力和照明采用共用变压器严重影响照明质量及灯泡寿命时，可设照明专用变压器。

2）单台单相负荷较大时，宜设单相变压器。

3）冲击性负荷较大，严重影响电能质量时，可设冲击负荷专用变压器。

4）在电源系统不接地或经阻抗接地，电气装置外露导电体就地接地系统（IT 系统）的低压电网中，照明负荷应设专用变压器。

（5）多层或高层主体建筑内变电站，宜选用不燃或难燃型变压器。

（6）在多尘或有腐蚀性气体严重影响变压器安全运行的场所，应选用防尘型或防腐型变压器。

8. 35～110kV 变电站主变压器的选择

(1) 主变压器的台数和容量，应根据地区供电条件、负荷性质、用电容量和运行方式等条件综合确定。

(2) 在有一、二级负荷的变电站中应装设两台主变压器，当技术经济比较合理时，可以装设两台以上主变压器。变电站可由中、低压侧电网取得足够容量的工作电源时，可以装设一台主变压器。

(3) 装有两台及以上主变压器的变电站，当断开一台主变压器时，其余主变压器的容量(包括过负荷能力) 应满足全部一、二级负荷用电的要求。

(4) 具有三种电压的变电站中，通过主变压器各侧绕组的功率达到该变压器额定容量的15%以上时，主变压器宜采用三绕组变压器。

(5) 主变压器宜选用低损耗、低噪声变压器。

(6) 电力潮流变化大和电压偏移大的变电站，经计算普通变压器不能满足电力系统和用户对电压质量的要求时，应采用有载调压变压器。

2.2.2 高压断路器

1. 高压断路器的功能及类型

高压断路器具有相当完善的灭弧装置，因此它不仅能通断正常负荷电流，而且能通断一定的短路电流，并能在继电保护装置的作用下自动跳闸，切除短路故障。

高压断路器按其采用的灭弧介质分，有油断路器、六氟化硫 (SF_6) 断路器、真空断路器以及压缩空气断路器、磁吹断路器等类型。目前 110kV 及以下用户供配电系统中，主要采用油断路器、真空断路器和六氟化硫断路器。

高压断路器的型号含义如图 2-14 所示。

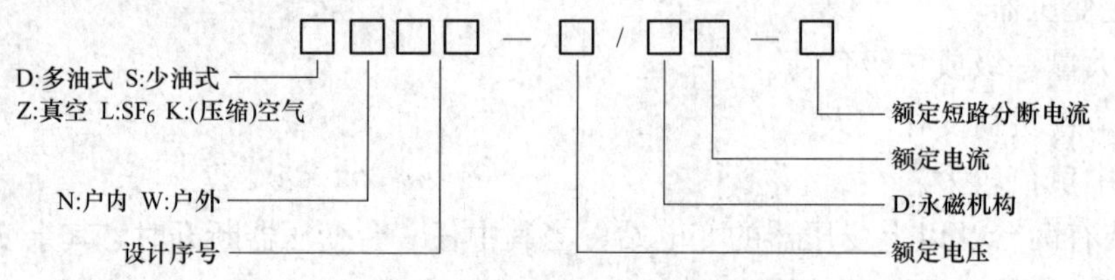

图 2-14 高压断路器的型号含义

2. 油断路器

油断路器按其内部油量的多少和油的作用，又分为多油和少油两大类。多油断路器的油量较多，油一方面作为灭弧介质，另一方面又作为相对地（外壳）甚至相与相之间的绝缘介质。少油断路器用油量很少，油只作为灭弧介质，相地或相间的绝缘依靠空气介质承担。图 2-15 所示为 SN10-10 型少油断路器的外形结构图。

3. 真空断路器

真空断路器 (Vacuum Circuit-Breaker)，是利用“真空”（气压为 10^{-2}～10^{-6}Pa）灭弧的一种断路器，其触头装在真空灭弧室内。由于真空中不存在气体游离的问题，所以这种断路器的触头断开时很难发生电弧。但是在感性电路中，灭弧速度过快，瞬间切断电流 i 将使 di/dt 极大，从而使电路出现过电压 ($U_L = L\,di/dt$)，这对供电系统是不利的。因此，这种

“真空”不能是绝对的真空，实际上能在触头断开时因高电场发射和热电发射产生一点电弧，称之为“真空电弧”，它能在电流第一次过零时熄灭。这样，既能使燃弧时间很短（最多半个周期），又不致产生很高的过电压。

目前，户内真空断路器多采用弹簧操动机构和真空灭弧室部件前后布置，组成统一整体的结构形式。这种整体型布局，可使操动机构的操作性能与真空灭弧室开合所需的性能更为吻合，并可以减少不必要的中间传动环节，降低了能耗和噪声。真空断路器配用中间封接式陶瓷真空灭弧室，采用铜铬触头材料及杯状纵磁场触头结构。触头具有电磨损速率小、电寿命长、耐压水平高、介质绝缘强度稳定且弧后恢复迅速、截流水平低、开断能力强等优点。图 2-16 所示是国产 ZN63 型户内真空断路器的总体结构。

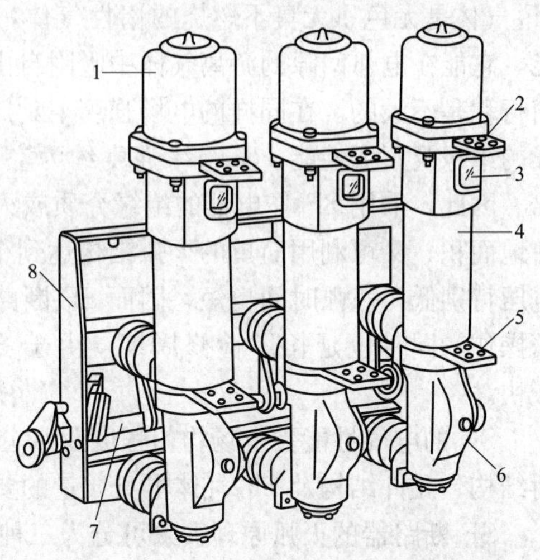

图 2-15 SN10-10 型少油断路器外形结构图

1—管帽；2、5—上、下接线端子；3—油标；4—绝缘筒；6—基座；7—主轴；8—框架

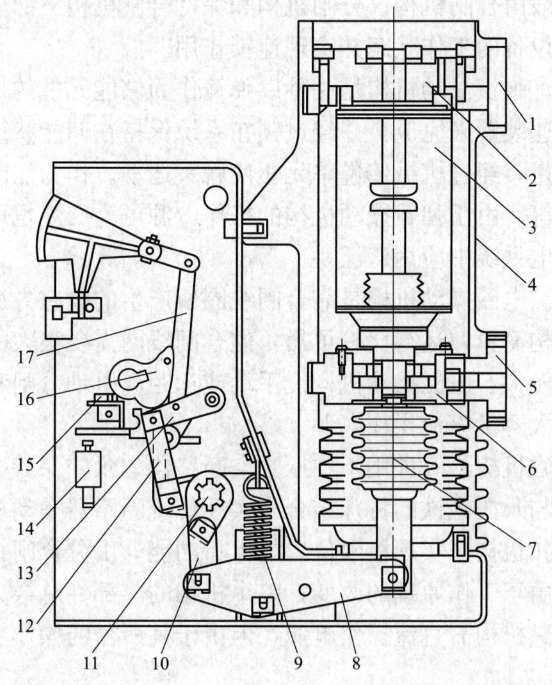

图 2-16 ZN63 型户内真空断路器的总体结构

1—上出线座；2—上支架；3—真空灭弧室；4—绝缘筒；5—下出线座；6—下支架；7—绝缘拉杆；8—传动拐臂；9—分闸弹簧；10—传动连板；11—主轴传动拐臂；12—分闸保持掣子；13—连板；14—分闸脱扣器；15—手动分闸顶杆；16—凸轮；17—分合指示牌连杆

4. 六氟化硫断路器

六氟化硫断路器（SF_6 Circuit-Breaker）是用 SF_6 气体作为灭弧和绝缘介质的断路器。

SF_6气体是无色、无臭不燃烧的惰性气体，其密度是空气的5.1倍。SF_6分子有个特殊的性能，它能在电弧间隙的游离气体中吸附自由电子，在分子直径很大的SF_6气体中，电子的自由行程是不大的。在同样的电场强度下，产生碰撞游离机会便会减少，因此，SF_6气体有优异的绝缘及灭弧性能，其绝缘强度约为空气的3倍，其绝缘强度恢复速度约比空气快100倍。因此，采用SF_6作电器的绝缘介质或灭弧介质，既可以大大缩小电器的外形尺寸，减少占地面积，又可利用简单的灭弧结构达到很大的开断能力。此外，电弧在SF_6中燃烧时电弧电压特别低，燃弧时间也短，因而SF_6断路器每次开断后触头烧损很轻微，它不仅适用于频繁操作，同时也延长了检修周期。由于SF_6断路器具有上述优点，因此SF_6断路器发展较快。

SF_6的电气性能受电场均匀程度及水分等杂质影响特别大，故使用中对SF_6断路器的密封结构、元件结构及SF_6气体本身质量的要求相当严格。

SF_6断路器的灭弧原理大致可分为三种类型：压气式、自能吹弧式和混合式。压气式开断电流大，但操作功大；自能吹弧式开断电流较小，操作功亦小；混合式是两种或三种原理的组合，主要是为了增强灭弧效能，增大开断电流，同时又能减小操作功。

5. 高压断路器的操动机构

操动机构（Operating Device）的作用是使断路器进行分闸或合闸，并使合闸后保持在合闸状态。操动机构一般由合闸机构、分闸机构和保持合闸机构三部分组成。操动机构的辅助开关还可以指示开关设备的工作状态并实现连锁作用。

(1) 弹簧操动机构。弹簧操动机构是一种以弹簧作为储能元件的机械式操动机构。弹簧储能借助电动机通过减速装置来完成，并经过锁扣系统保持在储能状态。开断时，锁扣借助磁力脱扣，弹簧释放能量，经过机械传递单元驱使触头运动。作为储能元件的弹簧有压缩弹簧、盘簧、卷簧和扭簧等。由于弹簧操动机构的操作电源可为交流也可为直流，对电源容量要求低，因而在中压供电系统中应用广泛。

(2) 电磁操动机构。电磁操动机构是靠合闸线圈所产生的电磁力进行合闸的机构，是直接作用式的机构。其结构简单，运行比较可靠，但合闸线圈需要很大的电流，一般要几十安至几百安，消耗功率比较大。电磁操动机构能手动或远距离电动分闸和合闸，便于实现自动化，但电磁操动机构需大容量直流操作电源。

(3) 永磁机构。永磁机构是一种用于中压真空断路器的永磁保持、电子控制的电磁操动机构。它通过将电磁铁与永久磁铁的特殊结合来实现传统断路器操动机构的全部功能：由永久磁铁代替传统的脱锁扣机构来实现极限位置的保持功能；由分合闸线圈来提供操作时所需要的能量。可以看出，由于工作原理的改变，整个机构的零部件总数大幅减少，使机构的整体可靠性大幅提高。永磁机构需直流操作电源，但由于其所需的操作功很小，因而对电源容量要求不高。

6. 高压断路器的选择

(1) 高压断路器及其操动机构应按下列技术条件进行选择：电压；电流；极数；频率；绝缘水平；开断电流；短路关合电流；失步开断电流；动稳定电流；热稳定电流；特殊开断性能；操作顺序；端子机械载荷；机械和电气寿命；分、合闸时间；过电压；操动机构型式，操作气压、操作电压，相数；噪声水平。

(2) 高压断路器应按下列使用环境条件校验：环境温度；日温差；最大风速；相对湿

度；污秽等级；海拔；地震烈度。

注意：当在屋内使用时，可不校验日温差、最大风速和污秽等级；在屋外使用时，则不校验相对湿度。

(3) 断路器的额定电压应不低于系统的最高电压；额定电流应大于运行中可能出现的任何负荷电流。

(4) 在校核断路器的断流能力时，宜取断路器实际开断时间（主保护动作时间与断路器分闸时间之和）的短路电流作为校验条件。

(5) 在中性点直接接地或经小阻抗接地的系统中选择断路器时，首相开断系数应取1.3；在110kV及以下的中性点非直接接地的系统中，首相开断系数应取1.5。

(6) 断路器的额定短时耐受电流等于额定短路开断电流，其持续时间额定值在110kV及以下为4s；在220kV及以上为2s。对于装有直接过电流脱扣器的断路器不一定规定短路持续时间，如果断路器接到预期开断电流等于其额定短路开断电流的回路中，则当断路器的过电流脱扣器整定到最大时延时，该断路器应能在按照额定操作顺序操作，且在与该延时相应的开断时间内承载通过的电流。

(7) 当断路器安装地点短路电流直流分量不超过断路器额定短路开断电流幅值的20%时，额定短路开断电流仅由交流分量来表征，不必校验其直流分断能力。如果短路电流直流分量超过20%，应与制造商协商，并在技术协议书中明确所要求的直流分量百分数。

(8) 断路器的额定关合电流不应小于短路电流最大冲击值（第一个大半波电流峰值）。

(9) 对于110kV及以上的系统，当系统稳定，要求快速切除故障时，应选用分闸时间不大于0.04s的断路器；当采用单相重合闸或综合重合闸时，应选用能分相操作的断路器。

(10) 对于330kV及以上的系统，在选择断路器时，其操作过电压倍数应满足《交流电气装置的过电压保护和绝缘配合》（DL/T 620—1997）的要求。

(11) 对担负调峰任务的水电厂、蓄能机组、并联电容器组等需要频繁操作的回路，应选用适合频繁操作的断路器。

(12) 用于为提高电力系统动稳定装设的电气制动回路中的断路器，其合闸时间不宜大于0.04～0.06s。

(13) 用于切合并联补偿电容器组的断路器，应校验操作时的过电压倍数，并采取相应的限制过电压措施。3～10kV宜用真空断路器或SF_6断路器。容量较小的电容器组也可以使用开断性能优良的少油断路器。35kV及以上电压级的电容器组，宜选用SF_6断路器或真空断路器。

(14) 用于串联电容补偿装置的断路器，其断口电压与补偿装置的容量有关，而对地绝缘则取决于线路的额定电压。220kV及以上电压等级应根据所需断口数量特殊订货；110kV及以下电压等级可选用同一电压等级的断路器。

(15) 当断路器的两端为互不联系的电源时，设计中应按以下要求进行校验。

1) 断路器断口间的绝缘水平应满足另一侧出现工频反相电压的要求。

2) 在失步下操作时的开断电流不超过断路器的额定反相开断性能。

3) 断路器同极断口间的泄漏比距（公称爬电比距与对地公称爬电比距之比）一般取为1.15～1.3。

4) 当断路器起联络作用时，其断口的泄漏比距（公称爬电比距与对地公称爬电比距之比）应选取较大的数值，一般不低于 1.2。

当缺乏上述技术参数时，应要求制造部门进行补充试验。

（16）断路器尚应根据其使用条件校验下列开断性能。

1）近区故障条件下的开合性能。

2）异相接地条件下的开合性能。

3）失步条件下的开合性能。

4）小电感电流开合性能。

5）容性电流开合性能。

6）二次侧短路开断性能。

（17）当系统单相短路电流计算值在一定条件下有可能大于三相短路电流值时，所选择断路器的额定开断电流值应不小于所计算的单相短路电流值。

（18）选择断路器接线端子的机械荷载，应满足正常运行和短路情况下的要求。一般情况下断路器接线端子的机械荷载不应大于表 2-5 所列数值。

表 2-5　断路器接线端子允许的机械荷载

额定电压（kV）	额定电流（A）	水平拉力（N）		垂直力（向上及向下）（N）
		纵向	横向	
12		500	250	300
40.5～72.5	≤1250	500	400	500
	≥1600	750	500	750
126	≤2000	1000	750	750
	≥2500	1250	750	1000
252～363	1250～3150	1500	1000	1250
550		2000	1500	1500

注　当机械荷载计算值大于此表所列数值时，应与制造商商定。

2.2.3　高压熔断器

1. 高压熔断器的结构功能及其工作特性

（1）基本功能。熔断器（fuse）中的主要元件为熔体（俗称熔丝）。当通过高压熔断器的电流超过某一规定值时，熔断器的熔体熔化以达到切断电路的目的。其功能主要是对电路及其中设备进行短路保护，有的还具有过负荷保护功能。

图 2-17　RW_4-10 型户外跌落式熔断器外形结构图

（2）基本结构。图 2-17 所示是 RW_4-10 型户外跌落式熔断器的外形结构图。跌落式熔断器多用于 10kV 及以下的配电网路中，作为变压器和线路的过载和短路保护设备，也可以用来直接分、合线路的小负荷电流或变压器的空载电流。

RW_4-10 型户外跌落式熔断器主要由绝缘子、上下触头导电系统和熔管组成。熔管多为采用绝缘钢纸管和酚醛纸管（或环氧玻璃布管）制成的复合管。正常工作时，熔管依靠熔丝的机械张力使熔管上的活动关节锁紧，所以熔管能在上静触头的压力下处于合闸位置。当过电流的热效应使熔丝熔断时，熔管内将产生电弧，电弧的高温高热效应使熔管内衬的消弧管析出大量气体，并从管口高速喷出，形成强烈的吹弧作用使电弧熄灭。与此同时，熔管在上、下弹性触头的推力和熔管自身质量的作用下迅速跌落，形成明显的隔离间隙。当然熔管下坠拉弧的过程也有利于分断过程中产生电弧的熄灭。

（3）熔体熔断过程。熔断器开断故障时的整个过程大致可分为三个阶段。

1）从熔体中出现短路（或过载）电流起到熔体熔断。此阶段称为熔体的熔化时间 t_1，熔化时间 t_1 与熔体材料、截面积、流经熔体的电流以及熔体的散热情况有关，长到几小时，短到几毫秒甚至更短。

2）从熔体熔断到产生电弧。t_2 这段时间很短，一般在 1ms 以下。熔体熔断后，熔体先由固体金属材料熔化为液态金属，接着又汽化为金属蒸气。由于金属蒸气的温度不是太高，电导率远比固体金属材料的电导率低，因此熔体汽化后的电阻突然增大，电路中的电流被迫突然减小。由于电路中总有电感存在，电流突然减小将在电感及熔丝两端产生很高的过电压，导致熔丝熔断处的间隙击穿，出现电弧。出现电弧后，由于电弧温度高，热游离强烈，维持电弧所需的电弧电压并不太高。t_1+t_2 称为熔断器的弧前时间。

3）从电弧产生到电弧熄灭。此阶段时间称为燃弧时间 t_3，它与熔断器灭弧装置的原理和结构以及开断电流的大小有关，一般为几十毫秒，短的可到几毫秒。$t_1+t_2+t_3$ 称为熔断器的熔断时间。

（4）工作特性。表征高压熔断器工作特性的除额定电压、额定电流和开断能力外，还有熔体的时间-电流特性。时间-电流特性是表示熔体熔化时间与通过电流间关系的曲线，如图 2-18 所示。每一种额定电流的熔体都有一条自己特定的时间-电流特性曲线。根据时间-电流特性进行熔体电流的选择，可以获得熔断器的选择性。

2. 高压限流熔断器

所谓限流熔断器（current-limiting fuse）是指其灭弧能力很强，能在短路后不到半个周期内，即短路电流未达到冲击值之前就能完全熄灭电弧、切断电路，从而使被保护设备免受大的电动力及热效应（I^2Rt）影响一种熔断器。其限流特性如图 2-19 所示。它能将预期短路电流限制在较小的数值范围内。

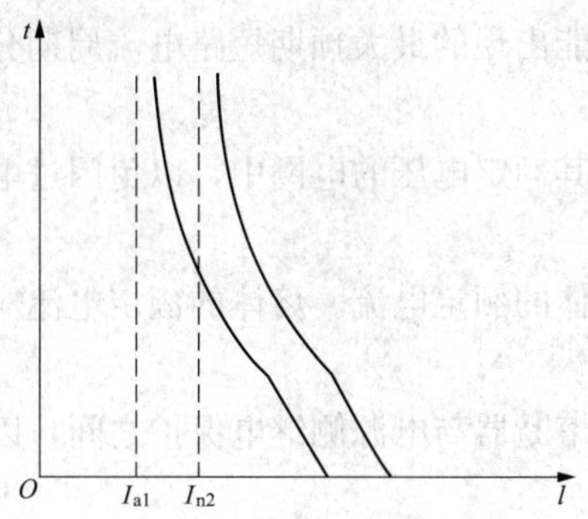

图 2-18　熔体的时间-电流特性曲线

t—弧前时间；I—预期短路电流有效值

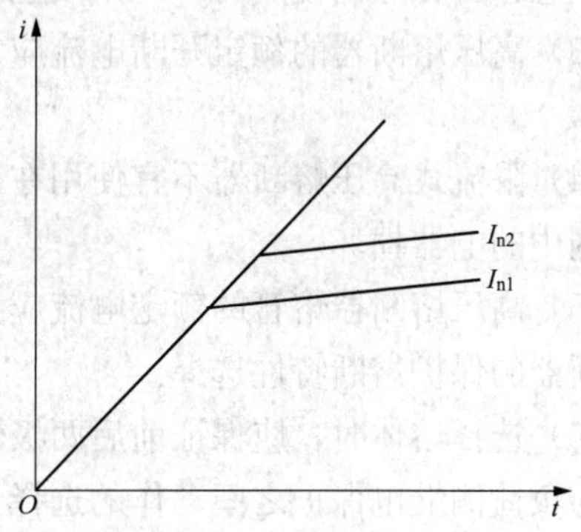

图 2-19　高压限流熔断器的限流特性

i—截断电流峰值；I—预期短路电流有效值

高压限流熔断器的原理结构如图 2-20 所示。限流熔断器依靠填充在熔体周围的石英砂对电弧的吸热和游离气体向石英砂间隙扩散的作用进行灭弧。熔体通常用纯铜或纯银制作，额定电流较小时用丝状熔体，较大时用带状熔体，缠绕在瓷芯柱上。在整个带状熔体长度中有规律地制成狭颈，狭颈处点焊低熔点合金形成“冶金效应（metallurgical effect）”点，使电弧在各狭颈处首先产生。丝状熔体也可用冶金效应。熔体上会同时多处起弧，形成串联电弧，灭弧后的多断口足以承受瞬态恢复电压和工频恢复电压。限流熔断器一端装有撞击器或指示器。在熔断器-负荷开关结构中，熔断器的撞击器对负荷开关直接进行分闸脱扣。触发撞击器可用炸药、弹簧或鼓膜。

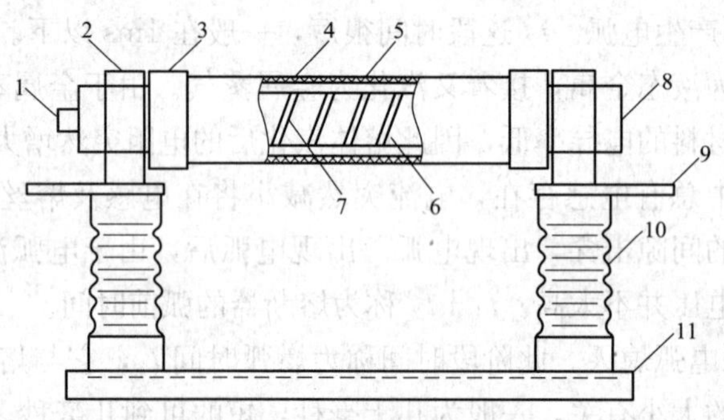

图 2-20　高压限流熔断器结构图

1—撞击器；2—底座触头；3—金属管帽；4—瓷质熔管；5—石英砂；6—瓷芯柱；
7—熔体；8—熔体触头；9—接线端子；10—绝缘子；11—熔断器底座

XRNT3-12 型为变压器保护用高压限流熔断器，适用于户内交流 50Hz、额定电压 10kV 系统，可与负荷开关配合使用，作为变压器或电力线路的过载和短路保护。XRNP3-12 型为电压互感器保护用高压限流熔断器。

3. 高压熔断器的选择

(1) 高压熔断器应按下列技术条件进行选择：电压；电流；开断电流；保护熔断特性。

(2) 高压熔断器尚应按下列使用环境条件校验：环境温度；最大风速；污秽；海拔；地震烈度。

注意：当在屋内使用时，可不校验最大风速和污秽。

(3) 高压熔断器的额定开断电流应大于回路中可能出现的最大预期短路电流周期分量有效值。

(4) 限流式高压熔断器不宜使用在工作电压低于其额定电压的电网中，以免因过电压而使电网中的电器损坏。

(5) 高压熔断器熔管的额定电流应大于或等于熔体的额定电流。熔体的额定电流应按高压熔断器的保护熔断特性选择。

(6) 选择熔体时，应保证前后两极熔断器之间，熔断器与电源侧继电保护之间，以及熔断器与负荷侧继电保护之间动作的选择性。

(7) 熔断器熔体在满足可靠性和下一段保护选择性的前提下，当在本段保护范围内发生短路时，应能在最短时间内切断故障，以防止熔断时间过长而加剧被保护电器损坏的程度。

(8) 保护电压互感器的熔断器只需按额定电压和开断电流选择。

(9) 发电机出口电压互感器高压侧熔断器的额定电流应与发电机定子接地保护相配合，以免电压互感器二次侧故障引起发电机定子接地保护误动作。

(10) 变压器回路熔断器的选择应符合下列规定。

1) 熔断器应能承受变压器的允许过负荷电流及低压侧电动机成组启动所产生的过电流。

2) 变压器突然投入时的励磁涌流不应损伤熔断器，变压器的励磁涌流通过熔断器产生的热效应可按 10～20 倍的变压器满载电流持续 0.1s 计算，当需要时可按 20～25 倍的变压器满载电流持续 0.01s 校验。

3) 熔断器对变压器低压侧短路故障的保护，其最小开断电流应小于预期短路电流。

(11) 电动机回路熔断器的选择应符合下列规定。

1) 熔断器应能安全通过电动机的允许过负荷电流。

2) 电动机的启动电流不应损伤熔断器。

3) 电动机在频繁地投入、开断或反转时，其反复变化的电流不应损伤熔断器。

(12) 保护电力电容器的高压熔断器选择应符合《并联电容器装置设计规范》(GB 50227—2008) 的规定。

(13) 跌落式高压熔断器的断流容量应分别按上、下限值校验，开断电流应以短路全电流校验。

(14) 除保护防雷用电容器的熔断器外，当高压熔断器的断流容量不能满足被保护回路短路容量要求时，可采用在被保护回路中装设限流电阻等措施来限制短路电流。

2.2.4　高压隔离开关

高压隔离开关 (switch-disconnector) 的主要用途是使被检修设备 (如高压断路器等) 与电网完全可靠断开，以确保工作人员的安全。为此，隔离开关在断开时，触头间应构成明显可见的电气断点，并在空气介质中保持足够的绝缘安全距离。图 2-21 所示为 10kV 三极杠杆传动的 GN1-10 系列隔离开关结构示意图。

该系列隔离开关由手提绝缘操作杆操动，为了增强开关触刀对短路电流的稳定性，触刀采用了磁锁装置。磁锁装置的作用原理如图 2-22 所示。

图 2-21　GN1-10 系列隔离开关结构示意图

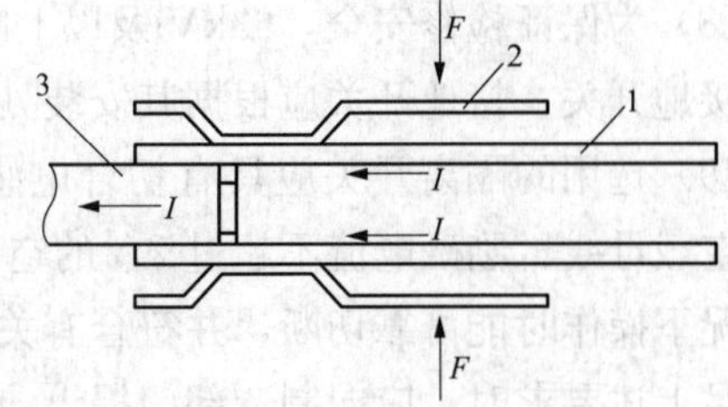

图 2-22　隔离开关磁锁装置作用原理示意图

1—并行闸刀；2—铁片；3—静触头

当短路电流沿着并行的闸刀流经静触头时，由于铁片 2 的磁力作用使刀片相互吸引，因此增加了刀片对静触头的接触压力，从而增强了触头系统对短路电流的稳定作用。

高压隔离开关没有专门的灭弧结构，工作中切断电流的能力小，一般只用来分断或接通空载线路、电压互感器或容量小于 180kVA、电压不高于 10kV 电力变压器的空载电流等。高压隔离开关不能用来切断负荷电流和较大的短路电流，否则会在开关触头间形成很强的持续电弧，这不仅能损坏隔离开关及附近的电气设备，而且电弧的长期燃烧对电力系统的安全运行也十分危险。因此在电路中有较大电流的情况下，必须在相关的断路器分断电路后，才可以对隔离开关进行线路分断或接通的切换操作。当因误操作而在触头间建立不能熄灭的电弧时，应立即将隔离开关闭合，以消除电弧可能引发的不利后果。

高压隔离开关的选择应注意以下几点。

(1) 隔离开关及其操作机构应按下列技术条件选择：电压；电流；频率；（对地和断口间的）绝缘水平；泄漏比距；动稳定电流；热稳定电流；分合小电流、旁路电流和母线环流；接线端机械荷载；单柱式隔离开关的接触区；分、合闸装置及电磁闭锁装置操作电压；操动机构型式，气动机构的操作气压。

(2) 隔离开关尚应按下列使用环境条件校验：环境温度；最大风速；覆冰厚度；相对湿度；污秽；海拔；地震烈度。

注意：当在屋内使用时，可不校验最大风速、覆冰厚度和污秽；在屋外使用时，则不校验相对湿度。

(3) 对隔离开关的型式选择应根据配电装置的布置特点和使用要求等因素，进行综合技术经济比较后确定。

(4) 隔离开关应根据负荷条件和故障条件所要求的各个额定值来选择，并应留有适当裕度，以满足电力系统未来的发展要求。

(5) 隔离开关没有规定承受持续过电流的能力，当回路中有可能出现经常性断续过电流情况时，应与制造商协商。

(6) 当安装的 63kV 及以下隔离开关的相间距离小于产品规定的最小相间距离时，应要求制造商根据使用条件进行动、热稳定性试验。原则上应进行三相试验，当试验条件不具备时，允许进行单相试验。

(7) 单柱垂直开启式隔离开关在分闸状态下，动静触头间的最小电气距离不应小于配电装置最小安全净距的 B 值。

(8) 为保证检修安全，63kV 及以上断路器两侧的隔离开关和线路隔离开关的线路侧宜配置接地开关。接地开关应根据其安装处的短路电流进行动、热稳定校验。

(9) 选用的隔离开关应具有切合电感、电容性小电流的能力，应使电压互感器、避雷器、空载母线、励磁电流不超过 2A 的空载变压器及电容电流不超过 5A 的空载线路等在正常情况下操作时能可靠切断，并符合有关电力工业技术管理规定。当隔离开关的技术性能不能满足上述要求时，应向制造部门提出，否则不得进行相应操作。隔离开关尚应能可靠切断断路器的旁路电流及母线环流。

(10) 屋外隔离开关接线端的机械荷载不应大于表 2-6 所列数值。机械荷载应考虑母线（或引下线）的自重、张力、风力和冰雪等施加于接线端的最大水平静拉力。当引下线采用软导线时，接线端机械荷载中不需再计入短路电流产生的电动力。但对采用硬导体或扩径空心导线的设备间连线，则应考虑短路电动力。

表 2-6 屋外隔离开关接线端允许的机械荷载

额定电压（kV）		额定电流（A）	水平拉力（N）		垂直力（向上、下）（N）
			纵向	横向	
12			500	250	300
40.5～72.5		≤1250	750	400	500
		≥1600	750	500	750
126		≤2000	1000	750	750
		≥3150	1250	750	1000
252～363	单柱式	1250～3150	2000	1500	1000
	多柱式	1250～3150	1500	1000	1000
550	单柱式	2500～4000	3000	2000	1500
	多柱式	2500～4000	2000	1500	1500

注 1. 如果机械荷载计算值超过本表规定值时，应与制造商协商另定。

2. 安全系数为：静态不小于 3.5，动态不小于 1.7。

2.2.5 高压负荷开关

高压负荷开关具有简单的灭弧装置，因而能通断一定的负荷电流和过负荷电流，但不能断开短路电流。因此，它一般与高压熔断器串联使用，借助熔断器来切除短路故障。

负荷开关在结构上应满足以下要求：①在分闸位置时要有明显可见的间隙，这样，负荷开关前面就无需串联隔离开关，在检修电气设备时，只要开断负荷开关即可；②要能经受尽可能多的开断次数，而无需检修触头和调换灭弧室装置的组成元件；③负荷开关虽不要求开断短路电流，但要求能关合短路电流，并有承受短路电流动稳定性和热稳定性的要求（对组合式负荷开关则无此要求）。

负荷开关的结构按不同灭弧介质可分为压缩空气、有机材料产气、SF_6气体和真空负荷开关四种。压气式负荷开关是用空气作为灭弧介质的，它是一种将空气压缩后直接喷向电弧断口来熄灭电弧的开关。产气式负荷开关是利用触头分离产生电弧，在电弧作用下，使绝缘产气材料产生大量的灭弧气体喷向电弧，使电弧熄灭。在 SF_6负荷开关中，一般用压气式灭弧。这是因为 SF_6负荷开关仅开断负荷电流而不开断短路电流，用压气原理只要稍有气吹就能灭弧。此时，若用旋弧式或热膨胀式，则会因电流小而难以开断。真空负荷开关的开关触头被封入真空灭弧室，开断性能好且工作可靠，特别在开断空载变压器、开断空载电缆和架空线方面都要比压气式和 SF_6负荷开关优越。高压负荷开关一般采用手力操动机构，当有遥控操作要求时，也可以配置电动操动机构。

高压负荷开关的选择应注意以下几点。

（1）负荷开关及其操作机构应按下列技术条件选择：电压；电流；频率；绝缘水平；动稳定电流；热稳定电流；开断电流；关合电流；机械荷载；操作次数；过电压；操动机构型式，操作电压，相数；噪声水平。

（2）负荷开关尚应按下列使用环境条件校验：环境温度；最大风速；相对湿度；覆冰厚度；污秽；海拔；地震烈度。

注意：当在屋内使用时，可不校验最大风速、覆冰厚度和污秽；在屋外使用时，则不校验相对湿度。

(3) 当负荷开关与熔断器组合使用时，负荷开关应能关合组合电器中可能配用熔断器的最大截止电流。

(4) 当负荷开关与熔断器组合使用时，负荷开关的开断电流应大于转移电流和交接电流。

(5) 负荷开关的有功负荷开断能力和闭环电流开断能力应不小于回路的额定电流。

(6) 选用的负荷开关应具有切合电感、电容性小电流的能力；应能开断不超过 10A（3～35kV）、25A（63kV）的电缆电容电流或限定长度的架空线充电电流，以及开断 1250kVA（3～35kV）、5600kVA（63kV）配电变压器的空载电流。

(7) 当开断电流超过第（6）条的限额或开断其电容电流为额定电流 80%以上的电容器组时，应与制造部门协商，选用专用的负荷开关。

2.2.6 交流金属封闭开关设备

(1) 交流金属封闭开关设备（以下简称开关柜）应按下列技术条件进行选择：电压；电流；频率；绝缘水平；温升；开断电流；短路关合电流；动稳定电流；热稳定电流和持续时间；分、合闸机构和辅助回路电压；系统接地方式；防护等级。

(2) 开关柜尚应按下列使用环境条件进行校验：环境温度；日温差；相对湿度；海拔；地震烈度。

(3) 开关柜的型式选择应遵照《火力发电厂厂用电设计技术规定》（DL/T 5153—2002）的有关条款执行。

(4) 开关柜的防护等级应满足环境条件的要求。

(5) 当环境温度高于＋40℃时，开关柜内的电器应按每增高 1℃，额定电流减少 1.8%降容使用。母线允许电流的计算公式为

$$I_t = I_{40}\sqrt{\frac{40}{t}} \tag{2-6}$$

式中 t——环境温度，℃；

I_t——环境温度 t 下的允许电流，A；

I_{40}——环境温度 40℃时的允许电流，A。

(6) 沿开关柜的整个长度延伸方向应设有专用的接地导体，专用接地导体所承受的动、热稳定电流应为额定短路开断电流的 86.6%。

(7) 开关柜内装有电压互感器时，互感器高压侧应有防止内部故障的高压熔断器，其开断电流应与开关柜参数相匹配。

(8) 高压开关柜中各组件及其支持绝缘件的外绝缘爬电比距（高压电器组件外绝缘的爬电距离与最高电压之比）应符合以下规定。

1）凝露型的爬电比距。瓷质绝缘不小于 14/18mm/kV（Ⅰ/Ⅱ级污秽等级），有机绝缘不小于 16/20mm/kV（Ⅰ/Ⅱ级污秽等级）。

2）不凝露型的爬电比距。瓷质绝缘不小于 12mm/kV，有机绝缘不小于 14mm/kV。

(9) 单纯以空气作为绝缘介质时，开关柜内各相导体的相间与对地净距必须符合表 2-7 的要求。

表 2-7　　开关内各相导体的相间与对地净距

额定电压（kV）	7.2	12（11.5）	24	40.5
1. 导体至接地间净距（mm）	100	125	180	300
2. 不同相导体之间的净距（mm）	100	125	180	300
3. 导体至无孔遮拦间净距（mm）	130	155	210	330
4. 导体至网状遮拦间净距（mm）	200	225	280	400

注　海拔超过 1000m 时本表所列 1、2 项值按每升高 100m 增大 1%进行修正，3、4 项之值应分别增加 1 或 2 项值的修正值。

（10）高压开关柜应具备五项措施：①防止误拉、合断路器；②防止带负荷分、合隔离开关（或隔离插头）；③防止带接地开关（或接地线）送电；④防止带电合接地开关（或挂接地线）；⑤防止误入带电间隔。

2.2.7　电流互感器

1. 基本结构原理与类型

电流互感器（current transformer，图形符号为 TA）主要用来将主电路中的电流变换到仪表电流线圈允许的量限范围内，使其便于测量或计量。它可以视为一种特殊的变压器。

电磁式电流互感器的基本结构如图 2-23 所示。其特点有以下三个。

（1）一次绕组匝数很少（有的直接穿过铁芯，只有一匝），导体较粗；二次绕组匝数很多，导体较细。

（2）工作时，一次绕组串联在供电系统的一次电路中，而二次绕组则与仪表、继电器等电流线圈串联，形成一个闭合回路。由于这些电流线圈的阻抗很小，所以电流互感器工作时二次回路接近于短路状态。

（3）二次绕组的额定电流一般为 5A。

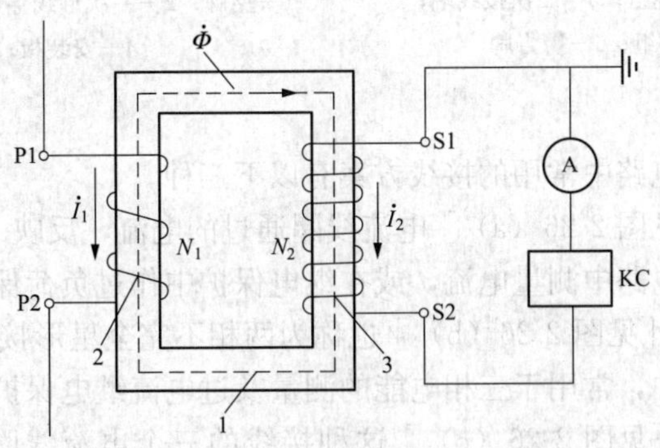

图 2-23　电磁式电流互感器的基本结构

1—铁芯；2—一次绕组；3—二次绕组

电流互感器的一次电流 I_1 与其二次电流 I_2 之间的关系为

$$I_1 \approx I_2 \cdot (N_2/N_1) \approx K_i \cdot I_2 \tag{2-7}$$

式中　N_1、N_2——电流互感器一次绕组和二次绕组的匝数；

K_i——电流互感器的变流比，一般表示为一次绕组和二次绕组额定电流之比。

电流互感器的类型有很多，按一次绕组的匝数分，有单匝式（包括母线式、心柱式、套管式）和多匝式（包括线圈式、线环式、串级式）；按一次电压高低分，有高压和低压两类；按用途分，有测量用和保护用两类；按准确度级分，测量用电流互感器有0.1、0.2（S）、0.5（S）、1、3、5等级，110kV及以下系统保护用电流互感器的准确度有5P和10P两级。

高压电流互感器一般制成两个铁芯和两个二次绕组，其中准确度级高的二次绕组接测量仪表，其铁芯易饱和，使仪表受短路电流的冲击小；准确度级低的二次绕组接继电器，其铁芯不应饱和，使二次电流能成比例增长，以适应保护灵敏度的要求。

目前的电流互感器都是环氧树脂浇注绝缘的，尺寸小，性能好，在高低压成套配电装置中广泛应用。图2-24所示为户内高压10kV的LQJ-10型电流互感器外形图，它有两个铁芯和两个二次绕组，分别为0.5级和3级，0.5级接测量仪表，3级接继电保护。图2-25所示是户内低压500V的LMZJ1-0.5型（500～800/5A）电流互感器外形图，它用于500V以下的配电装置中，穿过它的母线就是其一次绕组（最少是1匝）。

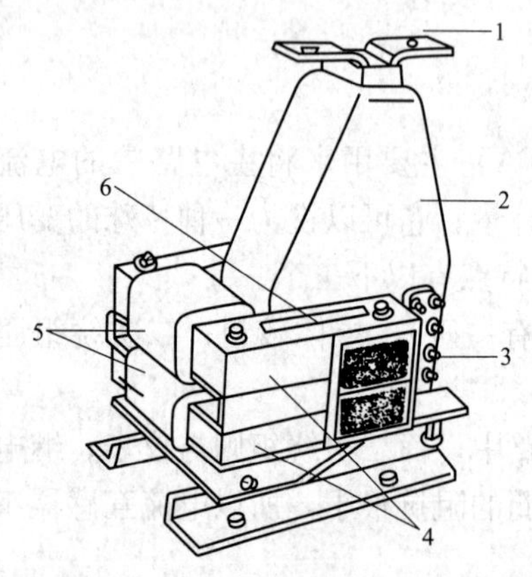

图2-24　LQJ-10型电流互感器外形图

1—一次接线端；2—一次绕组；3—二次接线端；4—铁芯；5—二次绕组；6—警告牌

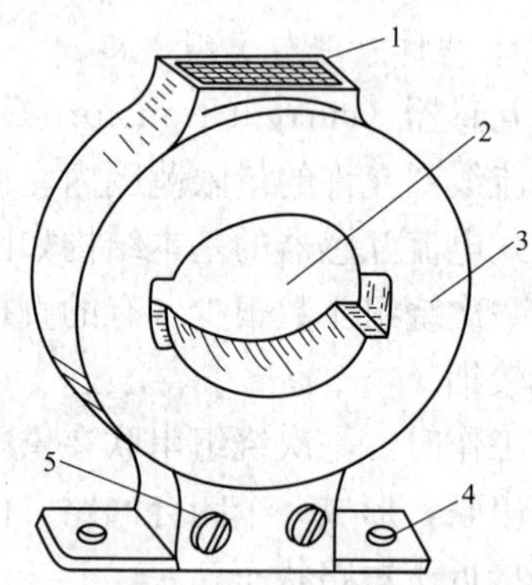

图2-25　LMZJ1-0.5型电流互感器外形图

1—铭牌；2—一次母线穿过；3—铁芯，外绕二次绕组；4—安装板；5—二次接线端

2. 常见接线方案

电流互感器在三相电路中常用的接线方案有以下三种。

（1）一相式接线［见图2-26（a）］电流线圈通过的电流，反映一次电路对应相的电流，常用于负荷平衡的三相电路中测量电流，或在继电保护中作过负荷保护接线。

（2）两相V形接线［见图2-26（b）］也称为两相不完全星形接线，广泛用于中性点不接地的三相三线制电路中，常用于三相电能的测量及过电流继电保护。

（3）三相星形接线［见图2-26（c）］这种接线的三个电流线圈，正好反映各相电流，因此广泛用于中性点接地的三相三线制特别是三相四线制电路中，用于电流、电能测量或过电流继电保护等。

3. 使用注意事项

（1）电流互感器在工作时其二次侧不得开路。由于励磁电流 I_0 和励磁的磁动势 I_0N_1 突然增大几十倍，这样将会产生下列严重后果：①铁芯过热，有可能烧毁互感器，并且产生剩磁，大大降低准确度；②由于二次绕组匝数远比一次绕组匝数多，因此可在二次侧感应出危险的高电压，危及人身和调试设备的安全。所以，电流互感器工作时二次侧绝对不允许开

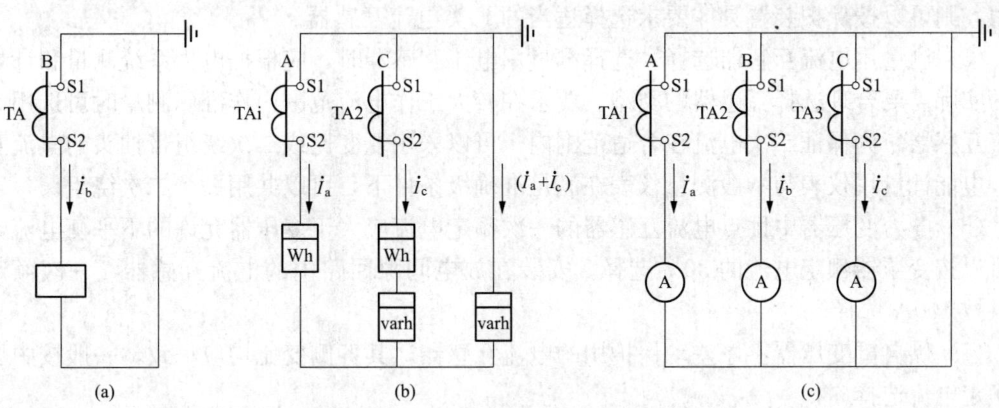

图 2-26 电流互感器的接线方案

(a) 一相式；(b) 两相 V 形；(c) 三相星形（Y 形）

路。为此，电流互感器安装时，其二次接线一定要牢靠和接触良好，并且不允许串接熔断器和开关等类似设备。

(2) 电流互感器的二次侧有一端必须接地。这是为了防止电流互感器的一、二次绕组绝缘击穿时，一次侧的高电压窜入二次侧，危及人身和设备的安全。

(3) 电流互感器在连接时，要注意其端子的极性。按照规定，电流互感器的一次绕组端子标以 P1、P2，二次绕组端子标以 S1、S2，P1 与 S1 及 P2 与 S2 分别为“同名端”或“同极性端”。如果端子极性搞错，其二次侧所接仪表、继电器中流过的电流就不是预想的电流，甚至可能引发严重事故。

4. 电流互感器的选择

(1) 电流互感器应按下列技术条件选择和校验：一次回路电压；一次回路电流；二次负荷；二次回路电流；准确度等级和暂态特性；继电保护及测量的要求；动稳定倍数；热稳定倍数；机械荷载；温升。

(2) 电流互感器尚应按下列使用环境校验：环境温度；最大风速；相对湿度；污秽；海拔；地震烈度；系统接地方式。

注意：当在屋内使用时，可以不校验最大风速和污秽；在屋外使用时，可以不校验相对湿度。

(3) 电流互感器的型式按下列使用条件选择。

1) 3～35kV 屋内配电装置的电流互感器，根据安装使用条件及产品情况，宜选用树脂浇注绝缘结构。

2) 35kV 及以上配电装置的电流互感器，宜采用油浸瓷箱式、树脂浇注式、SF_6 气体绝缘结构或光纤式的独立式电流互感器。在有条件时，应采用套管式电流互感器。

(4) 保护用电流互感器选择。

1) 对 220kV 及以下系统，电流互感器一般可以不考虑暂态影响，可采用 P 类电流互感器。某些重要回路可以适当提高所选互感器的准确限值系数或饱和电压，以减缓暂态影响。

2) 330kV、500kV 系统及大型发电厂的保护用电流互感器应考虑短路暂态的影响，宜选用具有暂态特性的 TP 类互感器，某些保护装置本身具有克服电流互感器暂态饱和影响的能力，则可以按保护装置具体要求选择适当的P类电流互感器。

(5) 测量用电流互感器选择。选择测量用电流互感器时，应根据电力系统测量和计量系统的实际需要合理选择互感器的类型。要求在较大工作电流范围内作准确测量时可选用S类电流互感器。为保证二次电流在合适范围内，可以采用复变比或二次绕组带抽头的电流互感器。电能计量用仪表与一般测量仪表在满足准确级条件下，可以共用一个二次绕组。

(6) 电力变压器中性点电流互感器的一次额定电流应大于变压器允许的不平衡电流，一般可以按变压器额定电流的30%选择。安装在放电间隙回路中的电流互感器，一次额定电流可按100A选择。

(7) 供自耦变压器零序差动保护用的电流互感器，其各侧变比均应一致，一般按中压侧的额定电流选择。

(8) 在自耦变压器公共绕组上作过负荷保护和测量用的电流互感器，应按公共绕组的允许负荷电流选择。

(9) 中性点的零序电流互感器应按下列条件选择和校验。

1) 对中性点非直接接地系统，由二次电流及保护灵敏度确定一次回路启动电流；对中性点直接接地或经电阻接地系统，由接地电流和电流互感器准确限值系数确定电流互感器额定一次电流，由二次负载和电流互感器的容量确定二次额定电流。

2) 按电缆根数及外径选择电缆式零序电流互感器窗口直径。

3) 按一次额定电流选择母线式零序电流互感器母线截面。

(10) 选择母线式电流互感器时，尚应校核窗口允许穿过的母线尺寸。

(11) 发电机横联差动保护用电流互感器的一次电流应按下列情况选择。

1) 安装于各绕组出口处时，宜按定子绕组每个支路的电流选择。

2) 安装于中性点连接线上时，按发电机允许的最大不平衡电流选择，一般可取发电机额定电流的20%～30%。

(12) 火力发电厂和变电站的电流互感器选择应符合《火力发电厂、变电所二次接线设计技术规程》(DL/T 5136—2001) 的要求。

(13) 短路稳定校验。动稳定校验是对产品本身带有一次回路导体的电流互感器进行校验，对于母线从窗口穿过且无固定板的电流互感器（如LMZ型）可以不校验动稳定。热稳定校验则是验算电流互感器承受短路电流发热的能力。

1) 内部动稳定校验。电流互感器的内部动稳定性通常以额定动稳定电流或动稳定倍数K_d表示。K_d等于极限通过电流峰值与一次绕组额定电流I_{1n}峰值之比。校验按下式计算

$$K_d \geqslant \frac{i_p}{\sqrt{2} I_{1n}} \times 10^3 \tag{2-8}$$

式中 K_d——动稳定倍数，由制造部门提供；

i_p——短路冲击电流的瞬时值，kA；

I_{1n}——电流互感器的一次绕组额定电流，A。

2) 外部动稳定校验。外部动稳定校验主要是校验电流互感器出线端受到的短路作用力不超过允许值。其校验公式与支持绝缘子相同，即

$$F_{max} = 1.76 i_p^2 \frac{l_M}{a} \times 10^{-1} \tag{2-9}$$

$$l_M = \frac{l_1 + l_2}{2} \tag{2-10}$$

上两式中　a——回路相间距离，cm；

l_M——计算长度，cm；

l_1——电流互感器出线端部至最近一个母线支柱绝缘子的距离，cm；

l_2——电流互感器两端瓷帽的距离，cm。当电流互感器为非母线式瓷绝缘时，$l_2=0$。

3）热稳定校验。制造部门在产品型录中一般给出 $t=1s$ 或 5s 的额定短时热稳定电流或热稳定电流倍数 K_r，校验按下式进行

$$K_r \geqslant \frac{\sqrt{Q_{it}/t}}{I_{1n}} \times 10^3 \tag{2-11}$$

式中　Q_{it}——短路电流引起的热效应，$kA^2 \cdot s$；

t——制造部门提供的热稳定计算采用的时间，$t=1s$ 或 5s。

4）提高短路稳定度的措施。当动热稳定不够，如有时由于回路中工作电流较小，互感器按工作电流选择后不能满足系统短路时的动热稳定要求时，则可以选择额定电流较大的电流互感器，增大变流比。若此时 5A 元件的电流表读数太小，则可以选用 1～2.5A 元件的电流表。

2.2.8　电压互感器

1. 基本结构原理与类型

电压互感器（voltage transformer，TV）主要用来将主电路中的电压变换到仪表电压线圈允许的量限范围之内，使其便于测量或计量。常用的电压互感器有电磁式电压互感器和电容式电压互感器两种。

电磁式电压互感器（inductive voltage transformer）的基本结构如图 2-27 所示。从基本结构和工作原理来说，电压互感器也是一种特殊的变压器，其特点有以下三个。

（1）一次绕组匝数很多，二次绕组匝数很少，相当于降压变压器。

（2）工作时，一次绕组并联在供电系统的一次电路中，而二次绕组则与仪表、继电器的电压线圈并联。由于仪表、继电器等的电压线圈阻抗很大，所以电压互感器工作时二次回路接近于空载状态。

（3）二次绕组的额定电压一般为 100V 或 $100\sqrt{3}$ V，以便于仪表和继电器选用。

电压互感器的一次电压 U_1 与其二次电压 U_2 之间的关系为

$$U_1 \approx U_2 \frac{N_1}{N_2} \approx K_u \cdot U_2 \tag{2-12}$$

其中：K_u 为 TV 的变压比，一般表示为一次绕组和二次绕组额定电压之比。

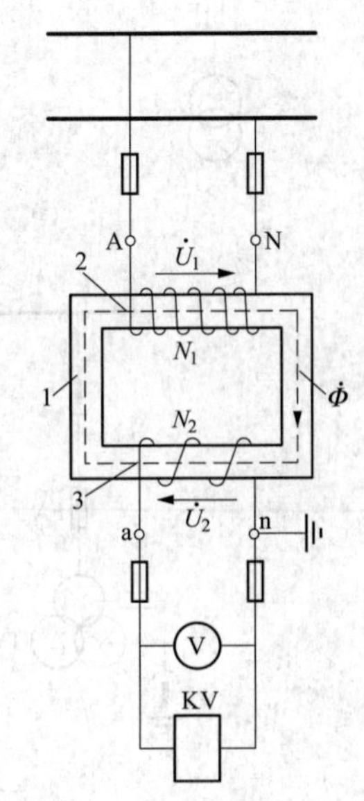

图 2-27　电磁式电压互感器的基本结构

1—铁芯；2—一次绕组；3—二次绕组

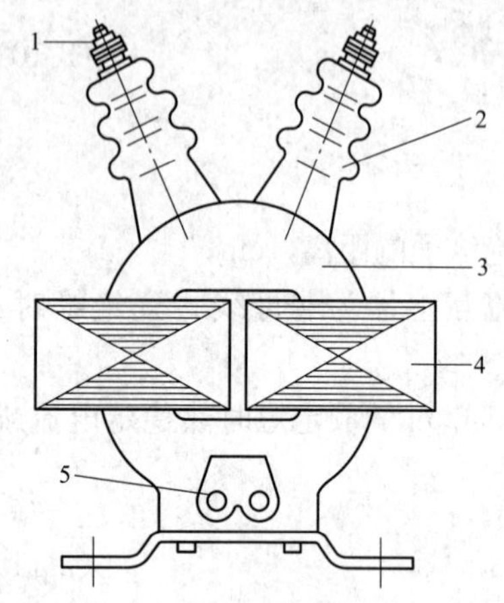

图 2-28　JDZJ-10 型电压互感器

1—一次绕组端子；2—高压绝缘套管；3—绕组；4—铁芯；5—二次绕组端子

电磁式电压互感器广泛采用环氧树脂浇铸绝缘的干式结构。图 2-28 所示是单相三绕组、环氧树脂浇注绝缘的室内用 JDZJ-10 型电压互感器外形图。

电磁式电压互感器的类型有很多，按绕组数量分，有双绕组和多绕组两类；按相数分有单相式和三相式两类；按用途分有测量用和保护用两类；按准确度度级分，测量用电压互感器有 0.1、0.2、0.5、1、3 等级，保护用电压互感器的准确度有 3P 和 6P 两级。

电容式电压互感器（capacitor voltage transformer）是一种由电容分压器和电磁单元组成的电压互感器，多用于 110kV 以上的电力系统中。

2. 常用接线方案

电压互感器在三相电路中常用的接线方案有以下几种。

（1）一个单相电压互感器的接线［见图 2-29（a）］可测量一个线电压。

（2）两个单相电压互感器接成 V/V 型［见图 2-29（b）］可测量三相三线制电路的各个线电压，它广泛地应用于用户 10kV 高压配电装置中。

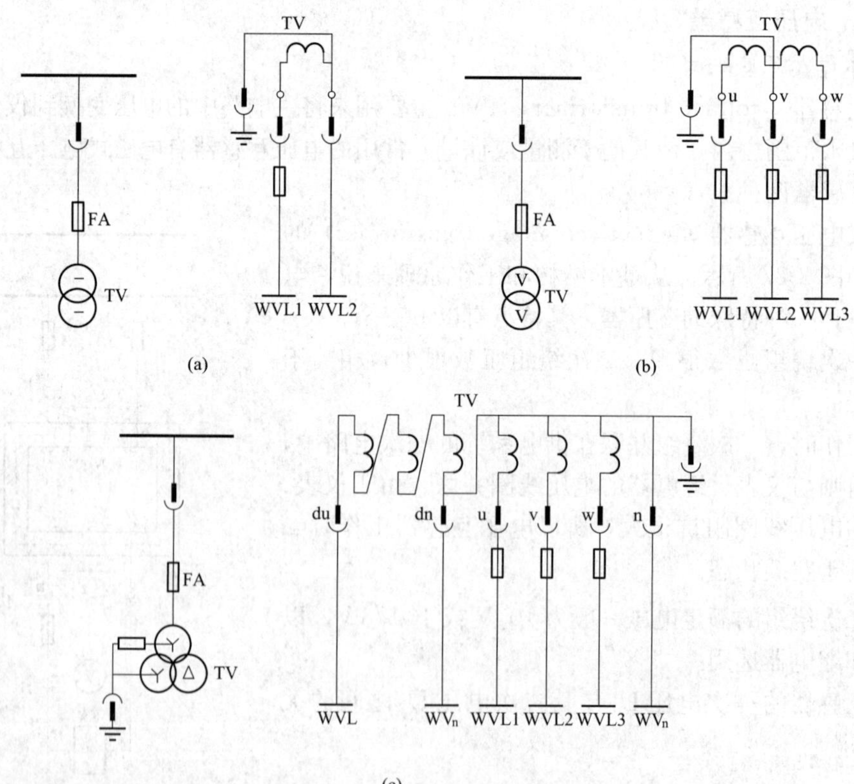

图 2-29　电压互感器的接线方案

（a）一个单相电压互感器；（b）两个单相电压互感器接成 V/V 型；

（c）三个单相三绕组电压互感器或一个三相五心柱三绕组电压互感器接成 Y0/Y0/△型

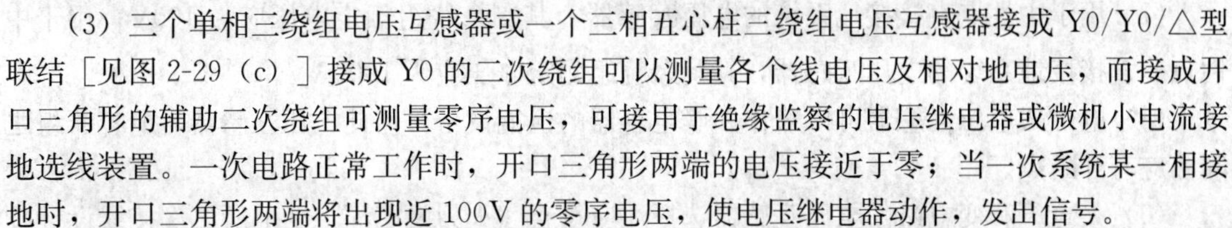

（3）三个单相三绕组电压互感器或一个三相五心柱三绕组电压互感器接成 Y0/Y0/△型联结［见图 2-29（c）］接成 Y0 的二次绕组可以测量各个线电压及相对地电压，而接成开口三角形的辅助二次绕组可测量零序电压，可接用于绝缘监察的电压继电器或微机小电流接地选线装置。一次电路正常工作时，开口三角形两端的电压接近于零；当一次系统某一相接地时，开口三角形两端将出现近 100V 的零序电压，使电压继电器动作，发出信号。

3. 使用注意事项

（1）电压互感器的一、二次侧必须加熔断器保护。由于电压互感器是并联接入一次电路的，二次侧的仪表、继电器也是并联接入互感器二次回路的，因此互感器的一、二次侧均必须装设熔断器，以防发生短路烧毁互感器或影响一次电路的正常运行。

（2）电压互感器的二次侧有一端必须接地。这也是为了防止电压互感器的一、二次绕组绝缘击穿时，一次侧的高压窜入二次侧，危及人身和设备的安全。

（3）电压互感器连接时要注意其端子的极性。按规定，单相电压互感器的一次绕组端子标以 A、N，二次绕组端子标以 a、n，A 与 a 及 N 与 n 分别为“同名端”或“同极性端”；三相电压互感器按照相序，一次绕组端子分别标以 A、B、C、N，二次绕组端子则对应地标以 a、b、c、n，这里 A 与 a、B 与 b、C 与 c 及 N 与 n 分别为“同名端”或“同极性端”。电压互感器连接时，端子极性不能弄错，否则可能发生事故。

4. 电压互感器的选择

（1）电压互感器应按下列技术条件选择和校验：一次回路电压；二次电压；二次负荷；准确度等级；继电保护及测量的要求；兼用于载波通信时电容式电压互感器的高频特性；绝缘水平；温升；电压因数；系统接地方式；机械荷载。

（2）电压互感器尚应按下列使用环境条件校验：环境温度；最大风速；相对湿度；污秽；海拔；地震烈度。

注意：在屋内使用时，可以不校验最大风速和污秽；在屋外使用时，可以不校验相对湿度。

（3）电压互感器的型式按下列使用条件选择。

1）3～35kV 屋内配电装置宜采用树脂浇注绝缘结构的电磁式电压互感器。

2）35kV 屋外配电装置宜采用油浸绝缘结构的电磁式电压互感器。

3）110kV 及以上配电装置当容量和准确度等级满足要求时，宜采用电容式电压互感器。

4）SF_6 全封闭组合电器的电压互感器宜采用电磁式。

（4）在满足二次电压和负荷要求的条件下，电压互感器宜采用简单接线，当需要零序电压时，3～35kV 宜采用三相五柱电压互感器或三个单相式电压互感器。

当发电机采用附加直流的定子绕组 100％接地保护装置，而利用电压互感器向定子绕组注入直流时，则所用接于发电机电压的电压互感器一次侧中性点都不得直接接地，如要求接地时，必须经过电容器接地以隔离直流。

（5）在中性点非直接接地系统中的电压互感器，为了防止铁磁谐振过电压，应采取消谐措施，并应选用全绝缘。

（6）当电容式电压互感器由于开口三角绕组的不平衡电压较高而影响零序保护装置的灵敏度时，应要求制造部门装设高次谐波滤波器。

（7）用于中性点直接接地系统的电压互感器，其剩余绕组额定电压应为100V；用于中性点非直接接地系统的电压互感器，其剩余绕组额定电压应为$100\sqrt{3}$V。

（8）电磁式电压互感器可以兼作并联电容器的泄能设备，但此电压互感器与电容器组之间不应有开断点。

（9）火电厂和变电站的电压互感器选择还应符合《火力发电厂、变电所二次接线设计技术规程》（DL/T 5136—2001）的要求。

2.3 低压交流供电系统

低压交流供电系统是由低压市电交流供电系统、备用（柴油或汽油）发电机组交流供电系统、电力机房的交流供电系统以及变配电设备的工作及保护接地系统等组成的，其中市电为主用交流电源，发电机组作为通信供电的备用电源。

根据通信局（站）的容量大小、重要程度及所建局（站）地理位置的不同，通信局（站）的市电供电类别及市电的引入电压等级（高压或低压）也有所不同。

通信局（站）所需的交流电源宜利用市电作为主用电源，且一般要求引入二类以上市电。低压交流供电系统电源大多采用中性点直接接地方式，系统中电力设备及接地均采用TN-S三相五线制的配线形式。

2.3.1 低压交流供电系统的类型

通信局（站）通信设备对供电的基本要求是可靠、优质和不间断。通信供电的交流供电种类一般包括下列几种：交流市电供电（主用电源，必备）；备用油机发电机组供电（必备）；不间断电源（UPS）设备供电；风能、太阳能等自然能发电。其中，交流市电及备用油机发电机组，作为所有通信局（站）交流用电负荷的必备电源。只有极特殊的通信局（站），由于市电引入困难，且用电负荷小，适宜于风能、太阳能或其他自然能发电的地区，可以考虑用风力或太阳能发电作为主用交流电源。

交流不间断电源（UPS）设备主要用于对通信系统的计算机网络管理、集中监控系统等重要交流通信负荷供电。

在形式上，低压交流供电系统有以下两种类型。

1. 简易交流供电系统

简易交流供电系统由一台交流配电屏（箱）组成或由交流配电箱和组合开关电源的交流配电单元组成。一台交流配电屏（箱）作为变压器的受电及配电，该种形式的供电系统适用于小型站，如微波站、光缆郊外站、干线有人站及移动通信基站等。交流配电屏（箱）电源的输入端通常是有两路电源引入（市电、油机电源）。

2. 装有成套低压配电设备的交流供电系统

规模较大、地位重要的通信局（站）一般安装有由成套低压配电设备组成的交流供电系统。成套配电设备的数量根据通信局（站）的建设规模、所配置的变压器数量、用电设备的供电要求以及预期的负荷发展规模等因素而确定。

2.3.2 低压交流供电系统的切换

低压交流供电系统的自动切换应包括三种类型，即两路市电电源在低压供电系统上的切

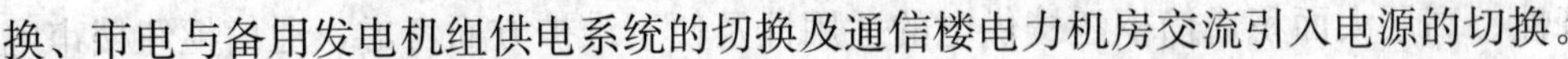

换、市电与备用发电机组供电系统的切换及通信楼电力机房交流引入电源的切换。

1. 两路市电电源在低压供电系统上的切换

两路市电电源在低压供电系统上的切换是根据通信局（站）的建设规模大小而采用的不同切换方式。但无论采用何种切换方式，两路电源切换的开关间应具有机械和电气的连锁功能，以确保设备、供电及人身的安全。

两路市电电源在低压供电系统上的切换是针对通信局（站）有一路或两路市电引入，配置两台或以上变压器而言的。

用电负荷较大的通信局（站）一般配置两台以上变压器。每两台变压器的低压配电系统间设有母线联络断路器。在低压交流供电系统中两路市电电源的切换通常有以下两种类型。

（1）两路市电在高压侧采用分段运行方式时（在高压供电线路及变电站容量受限的情况下），高压系统不允许设母联开关。在低压侧两路市电配电母线间设有母联开关，当其中一路市电电源检修或故障停电时，两路市电在低压侧通过低压母联开关进行联络，以确保通信负荷的用电（此时的保证供电负荷应不允许超过每路市电电源的供电容量）。

（2）变压器故障时的低压系统供电电源的切换：配置多台变压器的低压供电系统，每两台变压器的低压配电系统间设有母线联络断路器，当其中任一台变压器发生故障时，通过母联开关来保证故障变压器所带保证负载的供电。

2. 市电供电电源与备用电源的切换

（1）规模较小的通信局（站）。市电与备用发电机组电源的切换，一般在油机室或电力机房的交流配电屏上进行切换，如微波站、干线有人站、移动基站等，因两路交流电（通常是一路市电和一路油机电）均引至一台交流屏（或交流配电箱）内，因此其交流电源的切换采用手动或自动方式。早期产品大多采用手动切换方式，仅在无人值守站采用自动切换方式。目前由于通信局（站）电源正在逐步实施计算机集中监控管理，因此电力机房正逐步向无人或少人值守方向发展。为此，两路电源的切换设备应尽量实现自动切换并兼有手动切换功能。

（2）大中型的通信局（站）。市电与备用发电机组电源的切换，一般在低压配电室或电力机房的总交流配电屏上进行切换。

在通信枢纽楼的实际工程设计中，无论是建筑负载还是通信负载的保证供电电源，其市电供电电源与备用电源的切换均在低压配电室相关配电屏上进行人工或自动切换。采用该种切换方式后，通信楼各相关楼层的电力室的交流供电电源尚有以下两种配电方式。

1）从低压配电房的两段不同母线上各引一路电源至各电力室交流配电屏的两路引入电源的进线端。正常供电的电源切换在低压配电室进行，交流配电屏两路电源的其中一路作为低压配电室某配电设备检修时的应急备用电源，这种配线方式可以确保通信供电的可靠性。

2）通信负载的保证供电电源，其市电供电电源与备用电源在各相关楼层的电力室交流配电屏上进行人工或自动切换；而建筑负载的保证供电电源，其市电供电电源与备用电源在低压配电室或油机配电屏上进行人工或自动切换。目前在大面积的高层通信枢纽楼电源工程的设计中均设多层电力机房及分散供电方式，同时建筑需油机保证供电的设备负荷较大，这样势必使油机供电电源的馈电分路增加许多，需增加多台油机配电电源的配电设备，同时也要相应地增加电力机房的面积。为此通信用电的市电供电电源与备用电源在各相关楼层的电力室交流配电屏上进行人工或自动切换对于大面积的高层通信枢纽楼不太合适。从供电的可靠性、经济性、高层大面积通信枢纽楼供电的适用性及便于维护方面考虑，通信枢纽楼市电供电电源与备用电源的切换应在低压配电室进行切换。

3. 电力室交流供电系统供电电源的切换

电力室交流供电系统是由总交流配电设备和各套直流设备、UPS 供电系统的交流配电设备组成的。

为保证电力机房交流供电的可靠性，尽量减少低配馈电分路、有利于楼内电源通道的规划、及时掌握电力机房的通信交流用电情况，建议电力机房配置总交流配电设备，该设备应有两路电源供电，两路电源可互为备用。

这种配电方式对于高层大面积通信枢纽楼的多层及分散小容量供电的电力机房比较适宜。采用这种配线方式后，分散电力机房交流配电屏的供电电源从相邻电力室的总交流配电屏上引入。

2.3.3 低压交流配电设备

低压交流配电设备是连接降压变压器和交流负载之间的装置。它实现了市电与自备发电机组之间电源的转换并具有负载分配、保护、测量、告警等功能。

1. 对低压交流配电设备的通用要求

低压交流配电设备容量的确定应根据实际通信设备工作的负荷量，并加上通信保证负荷之和，再考虑足够的发展和安全裕量（一般为 30%）来配置。如有较大预期发展计划，则应按通信局（站）终期负荷配置。

低压交流配电设备的电流额定值有：50A、100A、200A、400A、630A、800A、1000A。

低压交流配电设备输出分路的数量和容量配置应满足通信设备及通信保证用负荷的总需求。输出分路同时使用的负载之和应不宜大于配电设备总容量的 70%。

2. 对低压交流配电设备的技术要求

（1）可用人工、自动或遥控操作实现输入交流电源的转换，转换时应具有电气或机械连锁装置，还应具有短路保护功能。

（2）具有防雷保护、安全接地功能。

（3）具备停电、输入缺相、频率超标、相序错误、输入过（欠）电压、分路开断等告警功能，停电以及来电时应具有可闻可见的告警信号。

（4）应具有保证照明和事故照明。

（5）应具有中性线装置。

（6）分路输出应设有保护装置，如熔断器、断路器等。

（7）应具有功率因数自动补偿电路，$\cos\varphi \geqslant 0.9$。

（8）平均无故障时间（MTBF）大于或等于 44 000h。

（9）配电设备的外形结构应考虑通信电源设备的成套性的要求。

（10）可提供本地和远地监控功能通信接口。

3. 低压交流配电设备的选用

成套的低压交流配电设备分为受电屏、馈电（动力、照明等）屏、联络屏和自动切换屏等。选用设备时应综合考虑馈电分路、分路容量要求和系统操作的运行方式等因素。

低压配电设备有固定式和抽屉式两种结构形式。两种结构各有利弊，应根据使用维护的要求而选择。

一般来讲，抽屉式低压配电设备维护方便，便于更换开关，且同容量的开关在不同的屏内可以相互替换。但抽屉式低压配电屏由于采用封闭式结构，屏内散热效果比固定式的配电屏差，故开关实际容量降低。因此，抽屉式低压配电屏在选择开关时应考虑环境温度的影响，主开关需按额定容量的0.8倍进行设计。

自备机组所配置的发电机组控制屏、油机电源转换屏一般是随主机成套供应。自行选配时，其容量需根据机组的功率大小及远期所需要的功率扩容一并综合考虑。

4. 典型产品技术参数

在通信局（站）电源系统中，常用的低压交流成套配电设备有市电油机切换屏、交流配电屏、无功功率自动补偿屏、交流配电箱等，下面列出的是两款典型产品的主要技术参数。

（1）市电/油机手动切换屏。主要技术参数如下。

1）市电输入：三相五线制AC 380V/50Hz。

2）可供三路交流输入电源切换：一路市电二路油机或二路市电一路油机电。

3）具有来电通知、停电告警功能及自动接通事故照明电路功能。

4）有市电/油机电工作指示、三相电流电压指示功能。

5）屏内操作系统和信号装置备有远控用的复接端子。

6）备有输出分路开关：三相150A一路、100A一路、50A一路、25A两路；单相32A两路、25A两路、16A两路。

7）单相三芯通用保险插座一只，输出分路可以根据用户需求配置。

8）外形尺寸：200A以下的宽×深×高尺寸为650mm×600mm×2000mm；400～1000A的宽×深×高尺寸为700mm×600mm×2000mm。

（2）TJP系列交流配电屏。TJP系列交流配电屏为全封闭式结构，前门为落地式钢化玻璃装饰的全开门，后门单开或双开，左右侧板可卸。在前门钢化玻璃后面150mm左右的地方，由一系列白色小门组成屏风，将所有元器件及布线均隔离在屏风后方，达到前操作后接线的最佳效果，使用方便、安全，外形美观、大方。功能技术指标如下。

1）输入：三相五线制380V/50Hz。

2）显示：装有电压表经电压转换开关分别显示三相线电压值（如有特殊要求，亦可分别显示三相相电压值）；装有三只电流表，分别显示三相电流值；装有显示工作的指示灯。

3）在用户有要求时，可以安装三相有功电能表。

4）在用户有要求时，可以增设告警功能（包括来电通知、停电告警、缺相告警、电压高限告警、电压低限告警等功能）。

5）TJP系列分为下列几种主要品种：TJP8C型交流配电屏为简易型交流配电屏，具有电压、电流、指示灯显示、总闸及分路；TJP8A型交流配电屏在TJP8C型的基础上增加了告警功能；TJP9型ATS转换屏具有两路电源自动转换及手动转换功能；TJP10型市电转换屏为与交流稳压器及油机自动转换屏配套使用的专用设备，可以在交流稳压器或油机自动转换屏发生故障时将其与电网完全脱开进行维修而不影响正常供电；TJP7型市电油机电手动转换屏为一路市电、两路油机电手动转换的交流配电装置；TJP18型UPS负载分配屏为与TJP17型UPS/市电切换屏配套使用的纯负载分配装置。

6）TJP系列配电屏标准外形尺寸（宽×深×高）有下列几种：600mm×600mm×2000

（或 2200） mm；700mm × 600mm × 2000（或 2200） mm；800mm × 700mm × 2000（或 2200）mm。

2.4 常用低压电器及其选择

电器是用于对供电、用电系统，进行开关、控制、保护和调节的电工器具。根据其控制对象的不同，低压电器通常可分为配电电器和控制电器两大类：前者主要用于低压配电系统和动力回路中，常用的有刀开关、转换开关、熔断器、自动开关等；后者主要用于电力传输系统和电气自动控制系统中，常用的有接触器、继电器、启动器、主令电器、控制器等。本节主要讲述低压配电系统和电气自动控制系统中经常用到的低压熔断器、刀开关、低压断路器、主令电器、低压接触器、继电器、启动器、报警器等常用低压电器的用途、结构、工作原理、选用、安装及常见故障检修。

2.4.1 熔断器

熔断器是一种集感应、比较与执行于一体的结构简单但性能优异的保护电器，在低压配电线路和电动机控制电路中常用于短路和过载保护。常用的低压熔断器有插入式、螺旋式、无填料封闭管式、填料封闭管式和快速式等几种，如 RC1、RL1、RT0 系列等，其型号含义如图 2-30 所示。

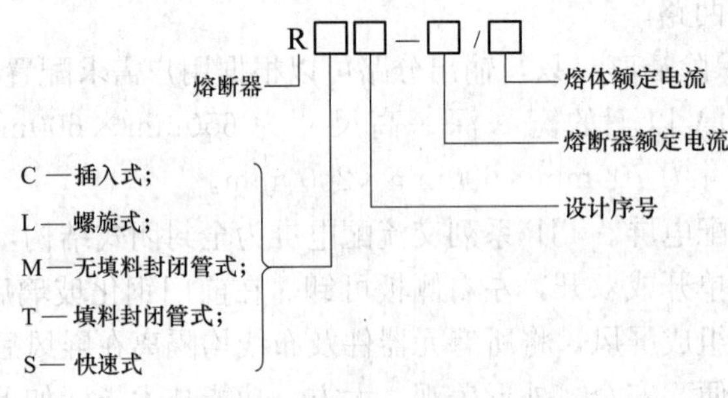

图 2-30 熔断器型号的含义

1. 熔断器的工作原理

熔断器主要由熔体和安装熔体的导电零件组成，此外还有绝缘座和绝缘管等。在使用的时候，熔体与被保护的电路串联。当电路为正常负载电流时，熔体的温度较低。当电路中发生过载或短路故障时，电路电流增大，熔体发热。当熔体温度升高到其熔点时，便自行熔断，分断故障电路，达到保护线路的目的。

2. 熔断器的保护特性

熔断器的基本特性是时间-电流特性，又称保护特性。它是指熔断器的熔断时间与流过电流的关系曲线，也称熔断特性或安秒特性。显然，流过熔体的电流越大，熔体熔断时间就越短。熔断器的保护特性曲线是一条反时限特性曲线，如图 2-31 所示。

保护特性曲线与熔断器的结构形式有关，不同类型熔断器的保护特性曲线不同。保护特性曲线可以作为选用熔体的依据。

熔断器可以用来保护电缆、电动机、半导体器件以及其他电气设备。不同的保护对象在过载时允许的通电时间特性是不同的。为了使熔断器的时间-电流特性与被保护对象的允许通过时间-电流特性相配合，不同用途的熔断器在选用时，应使它们的时间-电流特性尽量接近并低于被保护对象允许的时间-电流特性，如图 2-32 所示。

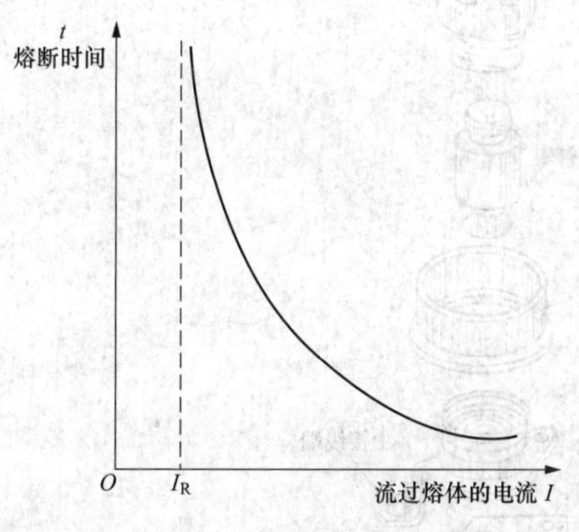

图 2-31 熔断器的保护特性曲线

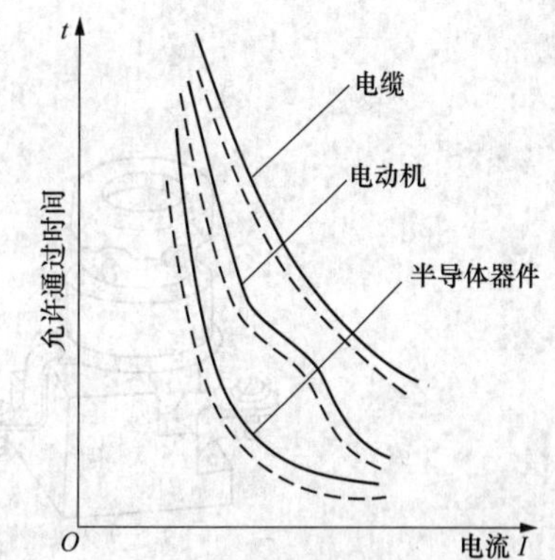

图 2-32 不同对象允许的时间-电流特性

（虚线表示熔断器的时间-电流特性曲线）

3. 熔断器的常用类型

常用的熔断器有插入式熔断器（也称为瓷插式熔断器，RC 系列)、螺旋式熔断器（RL 系列)、无填料封闭管式（RM 系列）和填料封闭管式熔断器（RT 系列）以及专门用于大功率半导体器件作过载保护用的快速熔断器（RS 系列）等。

（1）插入式熔断器。插入式熔断器常用的型号为 RC1A 系列，如图 2-33 所示。这种熔断器一般用于交流 50Hz/60Hz、额定电压 380V 三相电路/220V 单相电路、额定电流至 200A 的低压照明线路末端或分支电路中，作为短路保护及高倍数过电流保护。

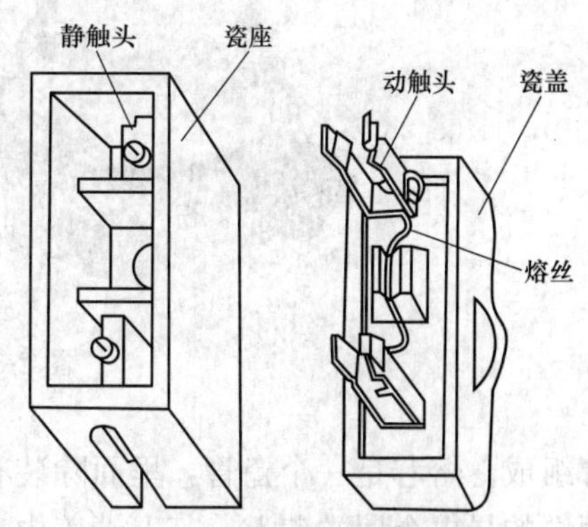

图 2-33 插入式熔断器结构图

RC1A 系列熔断器由瓷盖（瓷插件)、瓷座、动触头、熔丝（熔体）和静触头组成。瓷盖和瓷座由电工瓷制成，瓷座两端固装着静触头，动触头固装在瓷盖上。瓷盖中段有一凸起部分，熔丝沿此突起部分跨接在两个动触头上。瓷座中间有一空腔，它与瓷盖的凸起部分共同形成一个灭弧室。60A 以上的在空腔中垫有编织石棉层，用于加强灭弧功能。

额定电流为 15A 及以下的熔断器，其触头采用线接触形式，在动触头上设两条凸起部分，它们借自己的弹性紧紧地压在静触头上，以产生必要的接触压力。其余各电流等级产品的触头均采用面接触形式，并在静触头两侧设置弹簧夹以产生所需的接触压力。

熔断器所用熔体的材料主要是软铅丝。当电路短路时，大电流将熔丝熔化，分断电路而起到保护作用。它具有结构简单、价格低廉、熔丝更换方便等优点，因此其应用非常广泛。

（2）螺旋式熔断器。螺旋式熔断器广泛应用于工矿企业低压配电设备、机械设备的电气控制系统中用作短路和过电流保护，常用产品系列有 RL5、RL6 系列螺旋式熔断器。图 2-34 所示为螺旋式熔断器的结构示意图。图 2-35 所示为其实物图。

螺旋式熔断器主要由瓷帽、熔体（熔芯、熔断管)、瓷套、上接线端、下接线端及底座

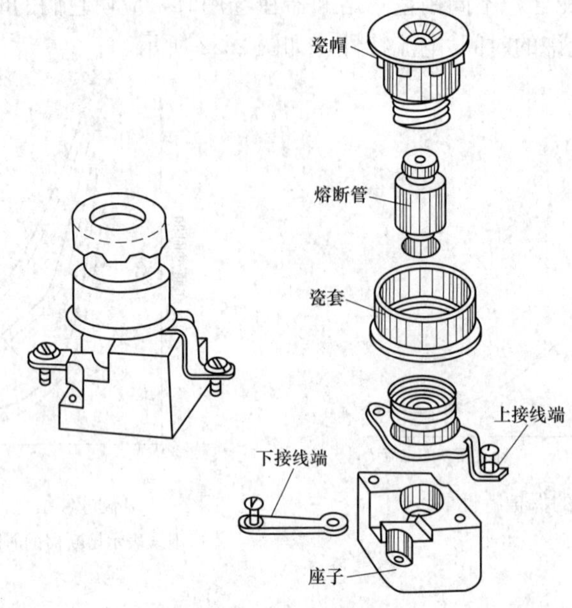

图 2-34　螺旋式熔断器结构图

图 2-35　螺旋式熔断器实物图

等组成。熔芯是一个瓷管，里面除装有熔丝外，还填有灭弧的石英砂。熔丝的两端焊在熔体两端的导电金属端盖上，其上端盖中有一个染有红漆的熔断指示器，当熔体熔断时，熔断指示器弹出脱落，透过瓷帽上的玻璃孔可以看见，因此，从瓷盖上的玻璃窗口即可检查熔芯是否完好。熔断器熔断后，只要更换熔体即可。

螺旋式熔断器具有体积小、结构紧凑、熔断快、分断能力强、熔丝更换方便、使用安全可靠、熔丝熔断后能自动指示等优点，因此在电气设备中广泛使用。

(3) 无填料密闭管式熔断器。无填料封闭管式熔断器用于交流 380V、额定电流 1000A 以内的低压线路及成套配电设备的短路及过载保护，其外形及结构如图 2-36 所示。

无填料封闭管式熔断器主要由熔体、钢纸管、熔断管、夹座和插刀等组成。它采用了变截面片状熔体和密封纤维管。由于熔体较窄处的电阻小，在短路电流通过时产生的热量最大，该部位会先熔断，因而可以产生多个熔断点使电弧分散，以利于灭弧。钢纸管在熔体熔断所产生电弧的高温作用下，分解出大量气体增大管内压力，也起到了灭弧作用。

这种熔断器具有分断能力强、保护特性好、熔体更换方便等优点，但结构复杂、材料消

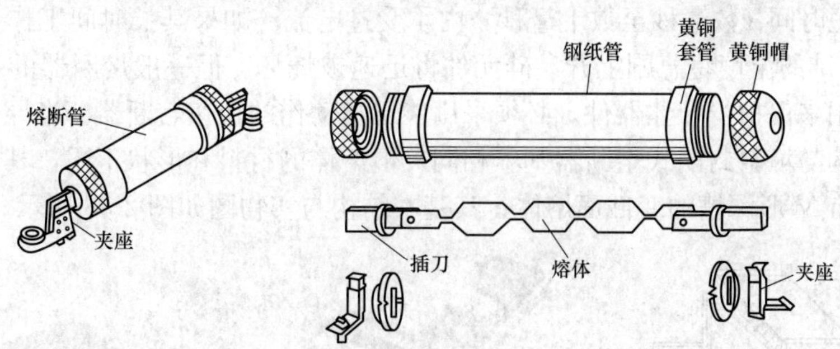

图 2-36　无填料封闭管式熔断器结构图

耗大、价格较高。一般熔体被熔断和拆换三次以后，就要更换新熔断管。

（4）填料封闭管式熔断器。填料封闭管式熔断器主要由熔管、熔体、插刀、底座等部分组成，如图 2-37 所示。熔管内填满直径为 0.5～1.0mm 的石英砂，以加强灭弧功能。

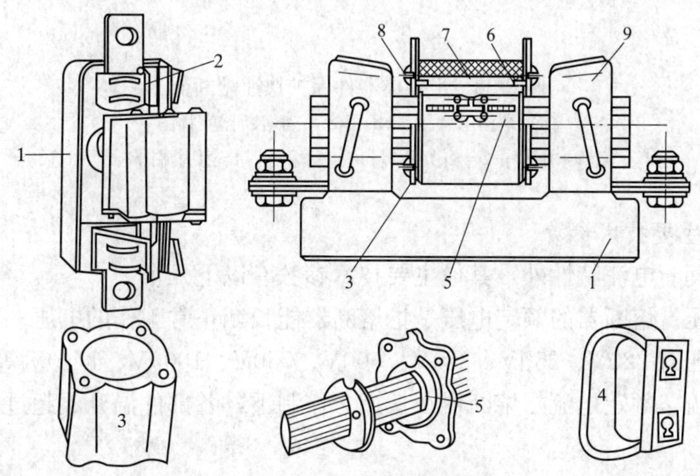

图 2-37　填料封闭管式熔断器

1—瓷底座；2—弹簧片；3—熔管；4—绝缘手柄；5—熔体；6—指示器熔丝；7—石英砂填料；8—熔断指示器；9—插刀

熔断器底座采用整体瓷板结构或采用两块瓷块安装于钢板制成的底板组合结构。有的熔断器带有熔断指示器和熔体盖板。

熔断指示器是个机械信号装置，指示器上焊有一根很细的康铜丝，它与熔体并联，在正常情况下，由于康铜丝电阻很大，电流基本上从熔体流过；只有在熔体熔断后，电流才转到康铜丝上，使它立即熔断，而指示器便在弹簧作用下立即向外弹出，显出醒目的红色信号。

绝缘手柄是用来装卸熔体的可动部件。

填料封闭管式熔断器主要用在交流 380V、额定电流 1250A 以内的高短路电流的电力网络和配电装置中作为电路、电动机、变压器及其他设备的短路和过电流保护电器。

填料封闭管式熔断器具有分断能力强、保护特性好、使用安全、有熔断指示等一系列优点，但其价格较高、熔体不能单独更换。

（5）半导体器件保护快速熔断器。通常，半导体器件的过电流能力比较低，在过电流时，只能在极短时间（数毫秒至数十毫秒）内承受过电流。如果其长时间工作于过电流或短路条件下，PN结的温度将急剧上升，硅元件将迅速被烧坏。但一般熔断器的熔断时间是以秒计的，不能用来保护半导体器件，必须采用能迅速动作的快速熔断器。半导体器件保护快速熔断器的结构与填料封闭式熔断器基本相同，但熔体的材料和形状不同，其通常采用的是以银片冲制的有V形深槽的变截面熔体。其基本结构与实物图如图2-38所示。

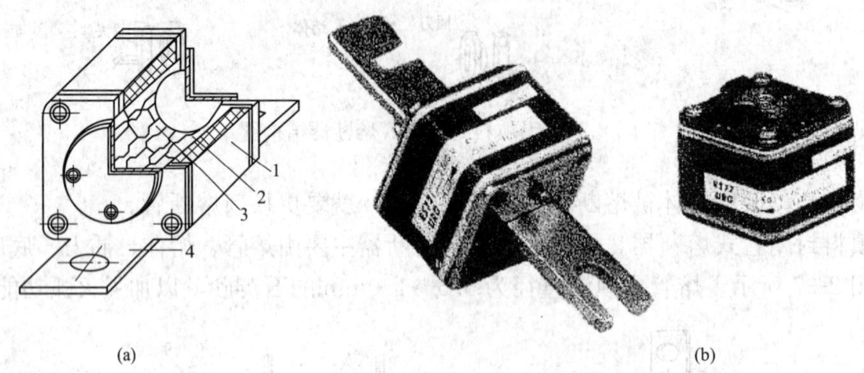

图2-38　半导体器件保护快速熔断器

（a）结构示意图；（b）RS系列熔断器实物图

1—熔管；2—石英砂填料；3—熔体；4—接线端子

4. 熔断器的主要技术参数

熔断器除时间一电流特性外，其他主要技术参数有以下几个。

（1）额定电压。熔断器的额定电压是指熔断器能长期正常工作的电压。目前我国生产的熔断器的额定电压有220V、250V、380V、500V、750V、1000V、1140V等几种。

（2）额定电流。额定电流指熔断器在长期工作制下，各部件温升不超过规定值时所能承载的电流。

熔断器的额定电流包括以下两个方面。

1）熔断器绝缘管子（熔管）的额定电流。

2）熔体的额定电流。同一个绝缘管内可以装入不同额定电流的熔体，管内可装入的最大熔体的额定电流也就是熔断器的额定电流。

（3）额定短路分断能力。熔断器在规定的使用条件（线路电压、功率因数或时间常数）下，熔断器所能分断的预期电流（对交流而言为有效值）。

5. 熔断器的选用和运行维护

熔断器应用广泛，合理选用熔断器对保护线路和设备的安全具有十分重要的意义。

（1）选用的基本原则。选用的基本原则有三条。

1）熔断器额定电压应大于或等于线路额定电压。

2）熔断器的额定分断能力应大于线路可能出现的最大短路电流。

3）按照不同的用途，选择不同类型的熔断器。按照不同的保护用途，熔断器又可分为一般作用、保护电动机用、保护半导体器件用及后备用等类型。不同用途的熔断器为配合被保护对象允许的过载特性，其时间-电流特性是不同的。一般用途的熔断器主要用于线路和电缆的保护。保护电动机用熔断器要配合电动机的启动过载特性进行选择。例如，对于容量较小的照明线路或电动机的保护，可以采用 RC 系列插入式熔断器或 RM 系列无填料封闭式熔断器；对于短路电流相当大的电路或有易燃气体的地方，则应采用 RL 系列螺旋式熔断器或 RT 系列填料封闭式熔断器。

（2）熔体额定电流的确定。

1）负载电流比较平稳，没有类似于电动机启动电流的影响，熔体的额定电流应等于或稍大于负载的额定电流。

2）保护电动机的熔断器，如果电动机不经常启动且启动时间不长，则熔体额定电流的选取公式为

$$I_{N\cdot FU}=(1.5\sim 2.5)I_{N\cdot M}$$

式中　$I_{N\cdot M}$——电动机的额定电流。

这样选择基本可以、保证熔断器在小倍数过载时能动作，又可以躲过电动机启动时较大启动电流的影响。

当电动机容量小，轻载或有降压启动设备时，倍数可以选得小一些；重载或直接启动时，倍数可以选得大一些。对于需要正反转控制的电动机，系数宜取上限值。

对于多台电动机并联的电路，考虑到电动机一般是不同时启动的，故熔体额定电流的计算公式为

$$I_{N\cdot FU}=(1.5\sim 2.5)I_{N\cdot Mmax}+\sum I_{N\cdot M}$$

式中　$I_{N\cdot Mmax}$——容量最大一台电动机的额定电流；

$\sum I_{N\cdot M}$——其余电动机的额定电流和。

（3）熔断器的运行维护。熔断器在运行中应注意以下事项。

1）应正确选择熔体，保证其工作的选择性。

2）熔断器内所装熔体的额定电流，只能小于或等于熔断器的额定电流。

3）熔体熔断后，应更换相同尺寸和材料的熔体，不能随意加粗或减小，更不能用其他金属丝替代。

4）安装熔断器时，不应碰伤熔体本身，否则熔体安装完毕后，即使通过正常工作电流，也有可能将其熔断。

5）熔断器两端应接触良好。

6）更换熔体时，要切断电源，不能在带电情况下拔出熔断器。更换时，工作人员要戴绝缘手套，穿绝缘靴。

7）重新安装熔断器时，必须清除插座与母线连接处的氧化膜以及金属蒸气碳化颗粒，然后涂上工业凡士林或导电胶，以防止其氧化。

8）熔断器式刀开关拉合时的槽形轨必须经常保持清洁，操作机构的摩擦处应定期加润滑油，以防止积污垢使操作不灵活。

9）安装熔断器时，应做到下一级熔体比上一级熔体小，各级熔体相互配合。

10）严禁在三相四线制和单相二线制的中性线上安装熔断器。

2.4.2　刀开关

刀开关（又称刀闸开关），是一种应用广泛的手动电器，常用于 500V 以下的低压电路中，作为非频繁手动接通和切断电路或隔离电源之用。

1. 刀开关的分类与图形符号

刀开关的分类方式有很多：按极数分有单极、双极和三极刀开关；按结构分有平板式和框架式刀开关；按操作方式分有直接手柄操作式、杠杆操作机构式和电动操作机构式刀开关；按照工作条件和用途的不同，分为开启式负荷开关（胶盖瓷底刀开关）、封闭式负荷开关（铁壳开关）、熔断器式刀开关、隔离刀开关等。

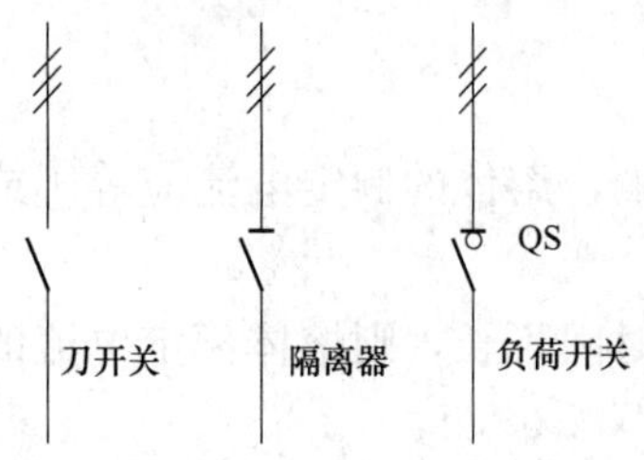

图 2-39　刀开关的图形符号

在电路原理图中，刀开关的图形符号如图 2-39 所示。

2. 刀开关的基本类型

（1）HK 型开启式负荷开关。开启式负荷开关俗称瓷底胶壳刀开关或闸刀开关，是一种结构简单、应用广泛的手动电器。常用作额定电流至 100A 的照明配电线路的电源开关和小容量电动机（5.5kW 及以下）非频繁启动的操作开关等。

胶壳刀开关由电源进线座、动触头、熔丝、负载接线座、瓷底座、静触头、胶盖、操作手柄等组成，其结构组成及实物图如图 2-40 所示。胶盖的作用是防止操作时电弧飞出灼伤操作人员，并防止极间电弧造成电源短路。因此操作前一定要将胶盖安装好。

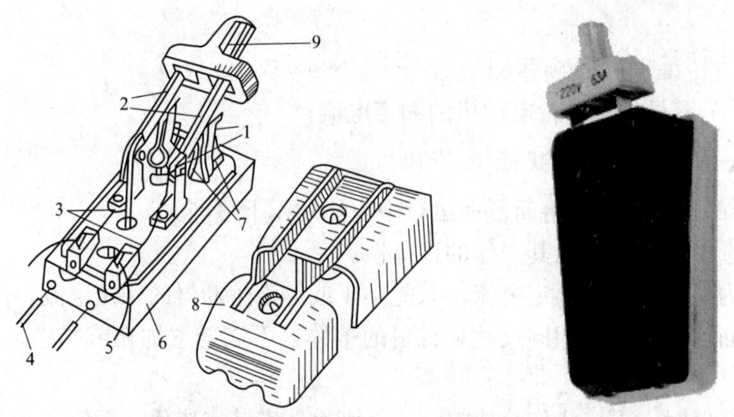

图 2-40　HK 系列开启式型刀开关结构组成及实物图

1—电源进线座；2—动触头；3—熔丝；4—负载线；5—负载接线座；6—瓷底座；7—静触头；8—胶盖；9—操作手柄

常用胶盖闸刀开关有 HK 系列，其型号含义如图 2-41 所示。胶盖闸刀开关具有结构简单、价格低廉及安装、使用、维修方便的优点。

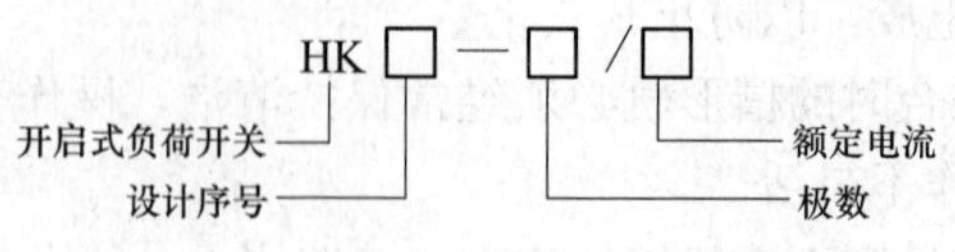

图 2-41　开启式负荷开关的型号含义

（2）HH 型封闭式负荷开关。封闭式负荷开关俗称铁壳开关，又称开关熔断器组。它适合在额定电压交流 380V、直流 440V，额定电流至 60A 的电路中起到手动不频繁地接通与分断负荷电路及短路保护作用，在一定条件下也可以起到连续过负荷保护作用，一般用于控制小容量的交流异步电动机。

该开关由刀开关及熔断器组合而成，能快速接通和分断负荷电路，采用正面或侧面手柄操作，并装有连锁装置。保证开关处于箱盖打开时，开关不能闭合；而开关闭合时，箱盖不能打开的连锁状态。开关外壳分为钢板拉伸及折板式两种，上下均有进出线孔，其基本结构如图 2-42 所示。

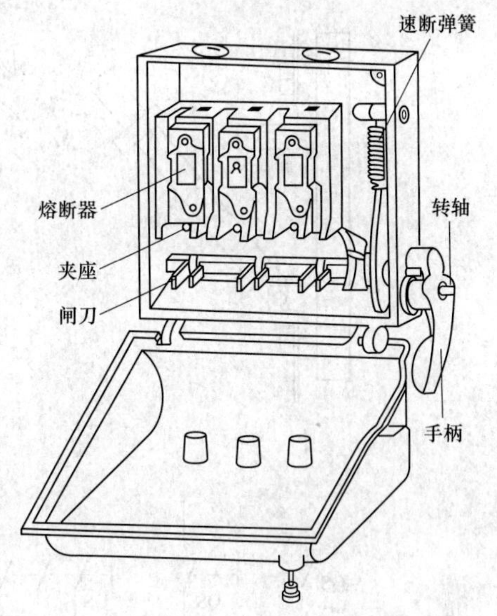

图 2-42　铁壳开关基本结构及其实物图

常用的铁壳开关为 HH 系列，其型号含义如图 2-43 所示。铁壳开关具有操作方便、使用安全、通断性能好等优点。

(3) HD 型单投刀开关。HD 型单投刀开关按极数可分为 1 极、2 极、3 极等几种，其基本结构示意图及图形符号如图 2-44 所示。其中图 2-44（a）所示为直接手动操作；图 2-44（b）所示为手柄操作；图 2-44（c）～（h）所示为刀开关的图形符号与文字符号。其中图 2-44（c）所示为一般图形符号；图 2-44（d）所示为其手动符号；图 2-44（e）所示为三极单投刀开关符号；当刀开关用作隔离开关时，其图形符号上要加有一横杠，如图 2-44（f）～（h）所示。

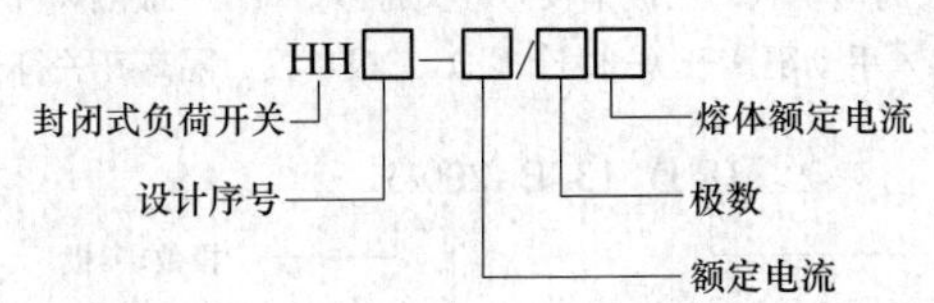

图 2-43　封闭式负荷开关的型号含义

单投刀开关的型号含义如图 2-45 所示。设计代号的含义分别为：11——中央手柄式；12——侧方正面杠杆操作机构式；13——中央正面杠杆操作机构式；14——侧面手柄式。

(4) HS 型双投刀开关。HS 型双投刀开关也称转换开关，其作用和单投刀开关类似，常用于双电源的切换或双供电线路的切换等，其结构示意图及图形符号如图 2-46 所示。由于双投刀开关具有机械互锁的结构特点，因此可以有效防止双电源的并联运行和两条供电线路同时供电。

(5) HR 型熔断器式刀开关。熔断器式刀开关大多采用填料式熔断器和刀开关组合而成，广泛应用于开关柜或与终端电器配套的电器装置中，作为线路或用电设备的电源隔离开关及严重过载和短路保护之用。在回路正常供电的情况下接通和切断电源的任务由刀开关来承担，当线路或用电设备过载或短路时，熔断器的熔体熔断，及时切断故障电流。HR 型熔断器式刀开关实物图如图 2-47 所示。其基本结构示意图及图形符号如图 2-48 所示。

(6) HZ 型转换开关。转换开关由多节触头组合而成，故又称为组合开关，属于刀开关类型，是一种手动控制电器。它可以用作电源引入开关，也可以用作 5.5kW 及以下电动机的直接启动、停止、反转和调速控制开关，常用于控制电路中。

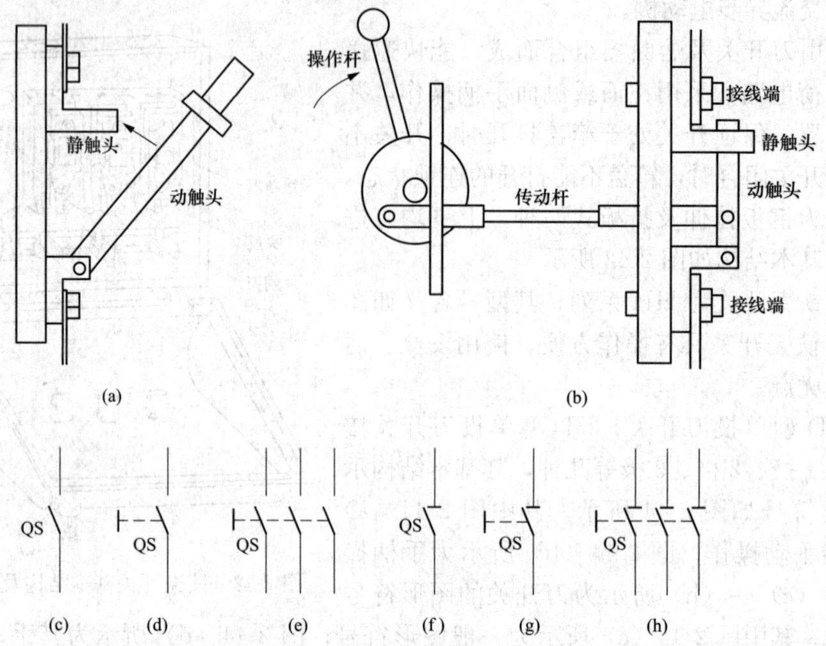

图 2-44 HD 型单投刀开关示意图及图形符号

（a）直接手动操作；（b）手柄操作；（c）一般图形符号；
（d）手动符号；（e）三极单投刀开关符号；（f）一般隔离开关符号；
（g）手动隔离开关符号；（h）三极单投刀隔离开关符号

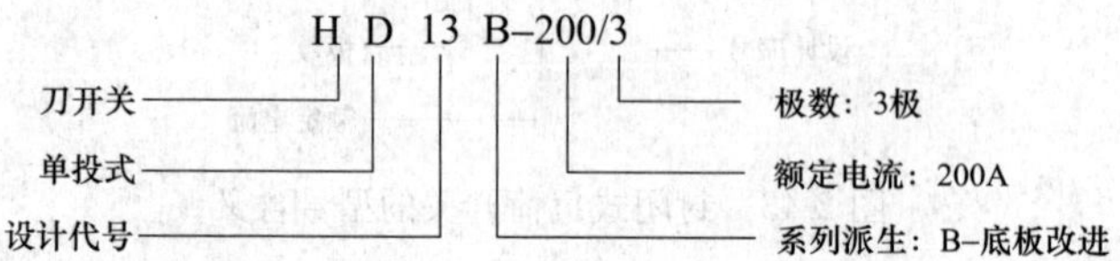

图 2-45 单投刀开关的型号含义

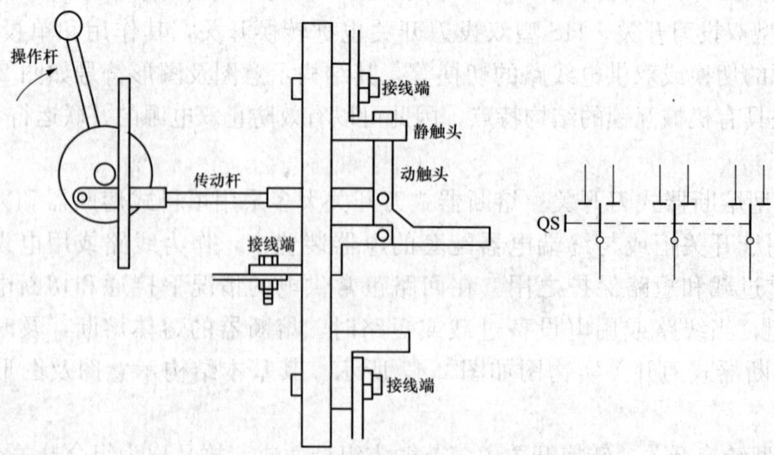

图 2-46 HS 型双投刀开关结构示意图及图形符号

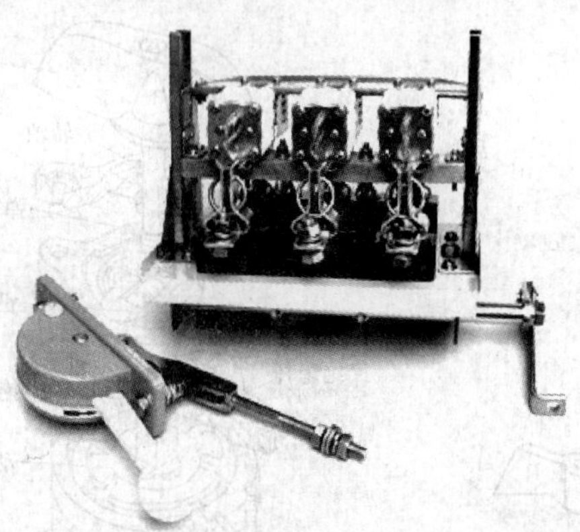

图 2-47　HR 型熔断器式刀开关实物图

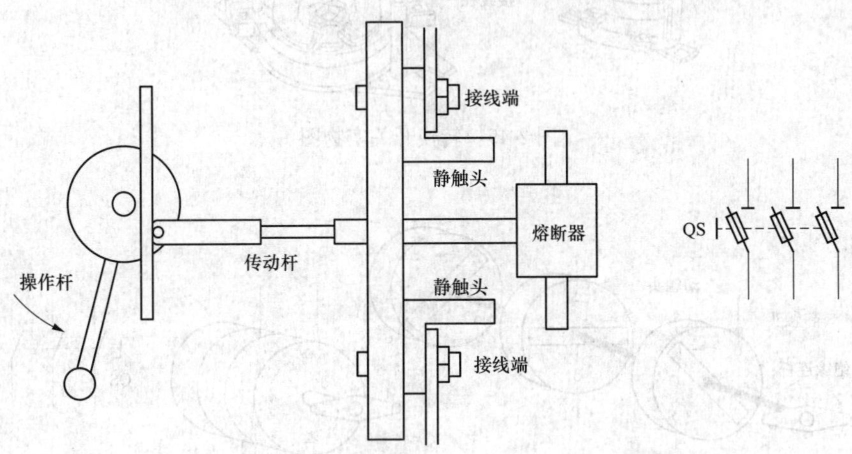

图 2-48　HR 型熔断器式刀开关基本结构及其图形符号

转换开关实物图如图 2-49 所示。其基本结构示意图及图形符号如图 2-50 所示。它的内部有三对静触头，分别用三层绝缘板相隔，各自附有连接线路的接线柱。三个动触头相互绝缘，与各自的静触头相对应，套在共同的绝缘杆上，绝缘杆的一端装有操作手柄，转动手柄，即可完成三组触头之间的开合或切换。开关内装有速断弹簧，用于提高触头的分断速度，达到快速熄灭电弧的目的。

转换开关也有单极、双极和多极之分，其特点是用动触片代替闸刀，以左右旋转代替刀开关的上下平面操作。它具有体积小、寿命长、结构简单、操作方便、灭弧性能较好等优点。常用的转换开关有 HZ 系列等。其额定电压为交流 380V，额定电流有 6A、10A、25A、60A、100A 等多种，其型号含义如图 2-51 所示。

3. 刀开关主要技术参数

(1) 额定电压。额定电压是指在规定条件下，保证电器正常工作的电压值。目前，国内生产刀开关的额定电压一般为交流 500V (50Hz)、直流 440V 以下。

(2) 额定电流。额定电流是指在规定条件下，保证电器正常工作的电流值。目前国内生产刀开关的额定电流有 10A、15A、20A、30A、60A、100A、200A、400A、600A、1000A、1500A 等。

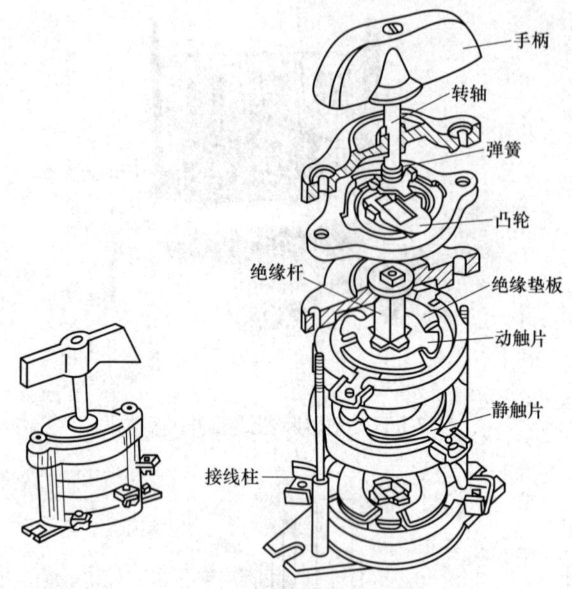

图 2-49 转换开关实物图

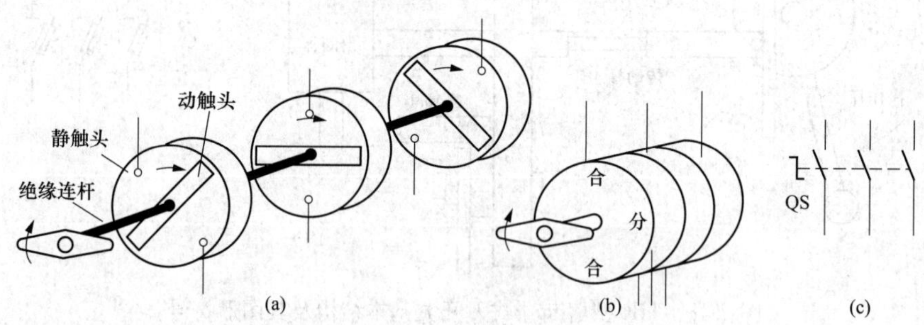

图 2-50 转换开关基本结构与图形符号

(a) 内部结构示意图；(b) 外形示意图；(c) 图形符号

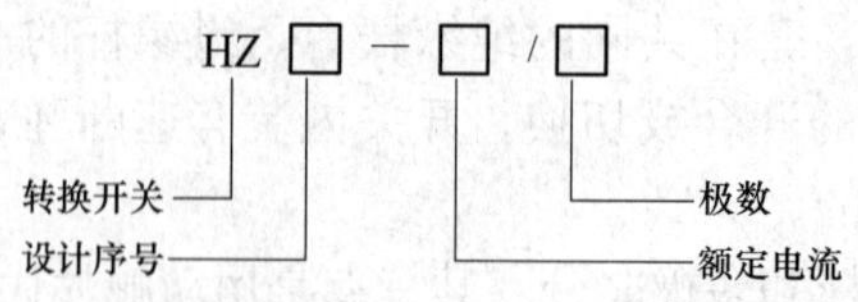

图 2-51 转换开关的型号含义

(3) 通断能力。通断能力指在规定条件下，能在额定电压下接通和分断的电流值。

(4) 机械寿命。开关电器在需要修理或更换机械零件前所能承受的无载操作次数称为机械寿命。刀开关为非频繁操作电器，其机械寿命一般为 5000～10 000 次。

(5) 电寿命。在规定的正常工作条件下，开关电器在不需修理或更换零件的情况下，带负载操作次数称为电寿命。刀开关的电寿命一般为 500～1000 次。

4. 刀开关的选用与安装

(1) 刀开关的选用。刀开关的主要功能是作隔离电源。在满足隔离功能要求的前提下，选用的主要原则是保证其额定绝缘电压和额定工作电压不低于线路的相应数据，其额定工作电流不小于线路的计算电流。

当要求有通断能力时，应选用具备相应额定通断能力的隔离器。如需要其具备接通短路电流，则应选用具备相应短路接通能力的隔离开关。若用刀开关来控制电动机，则必须考虑电动机的启动电流较大，应选用比额定电流大一级的刀开关。此外，刀开关动稳定电流值和热稳定电流值等均应符合电路的要求。

刀开关电路特性的选择主要是根据线路要求决定开关触头的种类和数量。有些产品是可以改装的，在一定范围内生产厂家可以按订货要求满足不同用户需要。

（2）刀开关的安装。

1）应做到垂直安装，使闭合操作时的手柄操作方向从下向上合，断开操作时的手柄操作方向应从上向下分，不允许采用平装或倒装，以防止发生误合闸。

2）接线时，电源进线应接在开关上面的进线端子上，用电设备接在开关下面的出线端子上。开关分断后，应使闸刀和熔体上不带电。

3）安装后检查闸刀和静插座的接触是否成直线和紧密。

4）母线与刀开关接线端子相连时，不应存在极大的扭应力，并保证接触可靠。在安装杠杆操作机构时，应调节好连杆的长度，使刀开关操作灵活。

2.4.3　低压断路器

低压断路器又称为自动空气开关或自动空气断路器。在低压电路中，低压断路器用于分断和接通负荷电路，控制电动机的运行和停止。它具有过载、短路、失电压保护等功能，能自动切断故障电路，保护用电设备的安全。目前，低压断路器是低压配电系统中的最常见的电器。

常见的低压断路器按其结构不同可分为：微型断路器、塑料外壳式断路器、框架式断路器（又称万能式断路器）及漏电保护器（带漏电保护功能的断路器）等。其型号含义如图 2-52 所示。

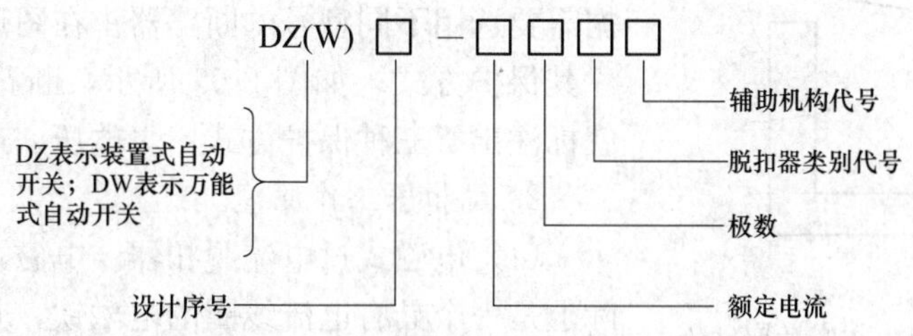

图 2-52　低压断路器的型号含义

1. 基本结构与工作过程

断路器主要由三部分组成，即触头、灭弧系统和各种脱扣器，包括过电流脱扣器、失电压（欠电压）脱扣器、热脱扣器、分励脱扣器和自由脱扣器等。

图 2-53 所示是断路器基本工作原理示意图及其图形符号。断路器开关是靠操作机构手动或电动合闸的，触头闭合后，自由脱扣机构将触头锁在合闸位置上。当电路发生故障时，通过各自的脱扣器使自由脱扣机构动作，自动跳闸，以实现保护作用。

过电流脱扣器用于线路的短路和过电流保护，当线路的电流大于整定的电流值时，过电流脱扣器所产生的电磁力使挂钩脱扣，动触点在弹簧的拉力作用下迅速断开，实现短路器的跳闸功能。

热脱扣器用于线路的过负荷保护，其工作原理与热继电器相同。

失电压（欠电压）脱扣器用于失压保护，如图 2-53 所示，失电压脱扣器的线圈直接接在电源上，处于吸合状态，断路器可以正常合闸；当停电或电压很低时，失电压脱扣器的吸力小于弹簧的反力，弹簧使动铁芯向上使挂钩脱扣，实现短路器的跳闸功能。

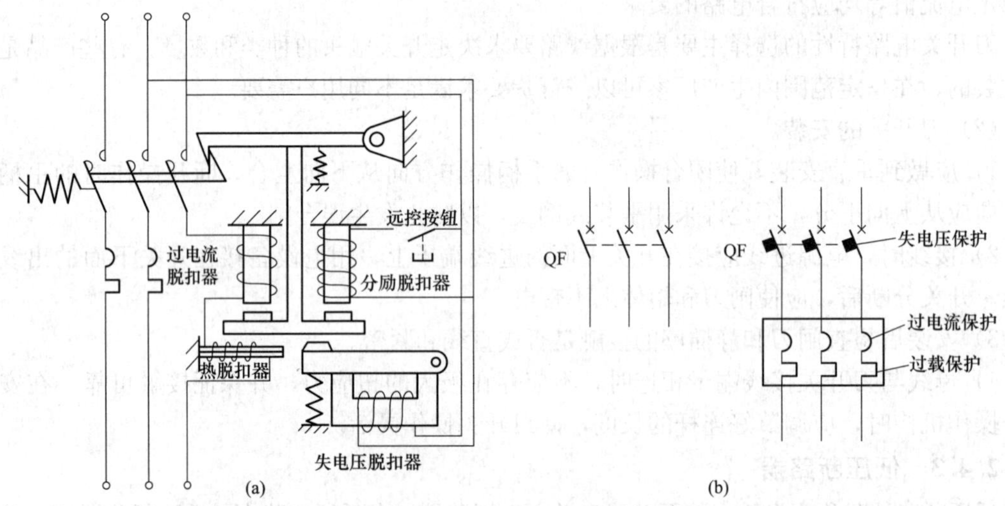

图 2-53 断路器基本工作原理示意图及图形符号

（a）工作原理；（b）断路器图形符号

分励脱扣器则作为远距离控制分断电路之用。当在远方按下按钮时，分励脱扣器得电产生电磁力，使其脱扣跳闸。

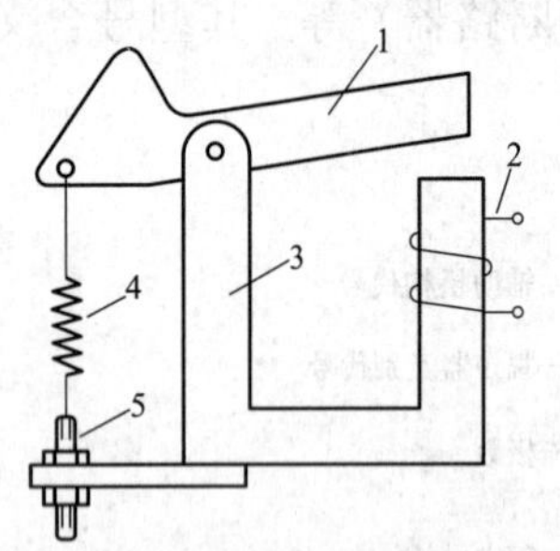

图 2-54 电磁式过电流脱扣器结构

1—衔铁；2—线圈；3—静铁芯；4—拉力弹簧；5—调节螺杆

不同断路器的保护功能是有所不同的，使用时应根据需要选用不同型号的断路器。在图形符号中也可以标注其保护方式，如图 2-53 所示，断路器的图形符号中就标注出了三种保护方式：失电压、过电流、过载。

2. 脱扣器工作原理

（1）电磁式过电流脱扣器。电磁式过电流脱扣器实际上是一个具有电流线圈的电磁铁，其线圈与主触头串联，如图 2-54 所示。

工作原理：当主电路电流正常时，拉力弹簧 4 的拉力大于电磁吸力，脱扣器的衔铁处于打开位置；当主电路电流增大到脱扣器的动作电流时，电磁吸力大于弹簧力，衔铁被吸合，与衔铁连在一起的推动杆向上运动，使脱扣轴转动，导致“自由脱扣”机构脱扣，开关自动分闸；调整调节螺杆 5 可以改变脱扣器的整定电流值。

（2）漏电保护脱扣器。漏电保护断路器是用作低压电网人身触电保护和电气设备漏电保护的断路器，其脱扣原理有电压动作型和电流动作型两种，目前大多采用电流动作型。

图 2-55 所示是一种电流动作型漏电保护脱扣器原理图。它由断路器本体、零序电流互

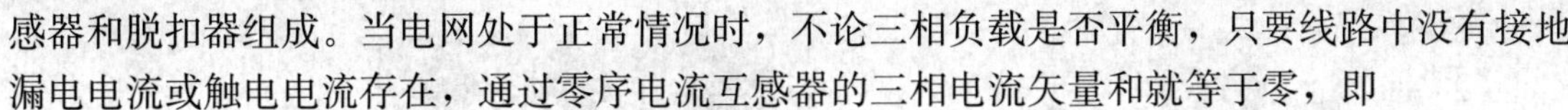

感器和脱扣器组成。当电网处于正常情况时，不论三相负载是否平衡，只要线路中没有接地漏电电流或触电电流存在，通过零序电流互感器的三相电流矢量和就等于零，即

$$\dot{I}_A+\dot{I}_B+\dot{I}_C=0$$

此时电流互感器的二次绕组中没有感应电流产生，漏电保护断路器在合闸状态下工作而不动作。

当被保护电网中有接地漏电事故或触电事故后，漏电电流或触电电流通过大地回到变压器的中性点，此时三相电流的矢量和不等于零，即

$$\dot{I}_A+\dot{I}_B+\dot{I}_C=\dot{I}_{L1}$$

式中　$\dot{I}_{L1}$——总漏电电流。

于是零序电流互感器的二次线圈中就有感应电流 $\dot{I}_{L2}$ 产生。当 $\dot{I}_{L2}$ 达到漏电保护断路器动作值时，$\dot{I}_{L2}$ 使漏电脱扣器动作，推动断路器的脱扣机构，使开关分断线路。

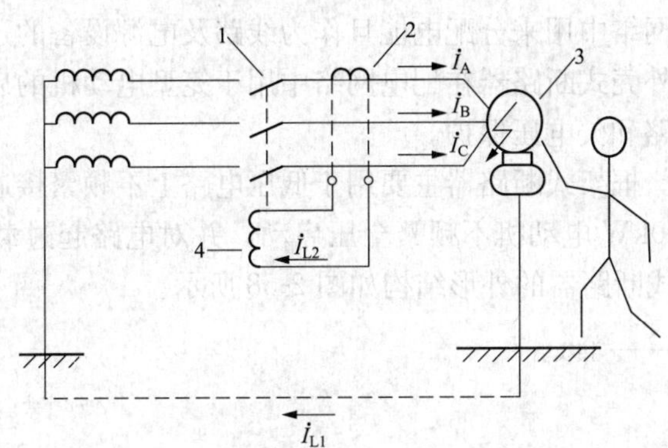

图 2-55　电流动作型漏电保护脱扣器工作原理图

1—主开关；2—零序电流互感器；3—三相电动机；4—电磁脱扣器

3. 常用类型

（1）微型断路器。微型断路器（MCB）是目前建筑电气终端配电装置中使用最广泛的一种终端保护电器，如图 2-56 所示。它主要适用于交流 50Hz/60Hz，额定工作电压 400V 及以下、额定电流为 100A 及以下的线路中进行过载和短路保护之用，也可以作为电动机的不频繁操作和线路的不频繁转换之用。微型断路器以其安装轨道化、尺寸模数化、功能多样化、造型艺术化、使用安全等特点而广泛使用在工业、商业、高层建筑和民用住宅等领域。

微型断路器一般由塑料外壳、操动机构、过电流脱扣器（包括瞬时脱扣器和延时脱扣器）触头系统、灭弧室等组成。塑料外壳由底座和盖组成，断路器的所有零部件都装于塑料底座中。当线路发生过载和短路故障时，延时脱扣器和瞬时脱扣器便通过传动杆顶开操动机构，从而带动触头的快速分断。

（2）塑料外壳式断路器。国产塑料外壳式断路器有 DZ15 系列和 DZ20 系列等，引进产品有 Compact NS 系列等，其外形结构如图 2-57 所示。

塑料外壳式断路器的特点是它的触头系统、灭弧室、操动机构及脱扣器等元件均装在一个塑料壳体内，具有结构紧凑、体积小、使用安全、价格低廉及外形美观等优点。配电用塑

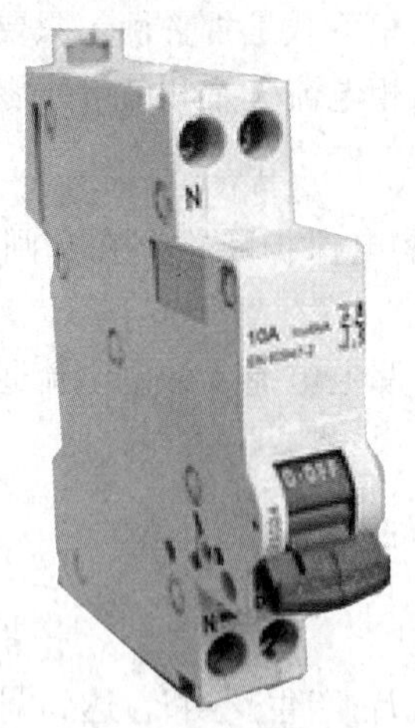

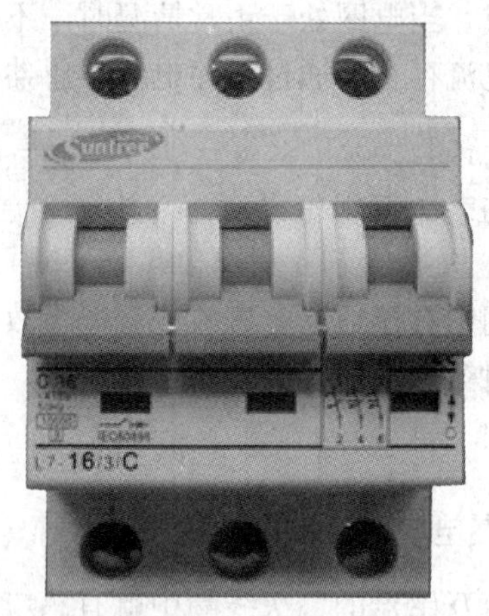

图 2-56　微型断路器实物图

料外壳式断路器在配电网络中用来分配电能且作为线路及电源设备的过载、短路和欠电压保护。电动机保护用塑料外壳式断路器在配电网络中用于笼型电动机的启动和运转中分断，还作为电动机的过载、短路和欠电压保护。

(3) 框架式断路器。框架式断路器主要用于低压电路上不频繁接通和分断容量较大的电路，也可以用于 40～100kW 电动机不频繁全压启动，并对电路起过载、短路和失电压保护作用。DW15 系列框架式断路器的外形结构如图 2-58 所示。

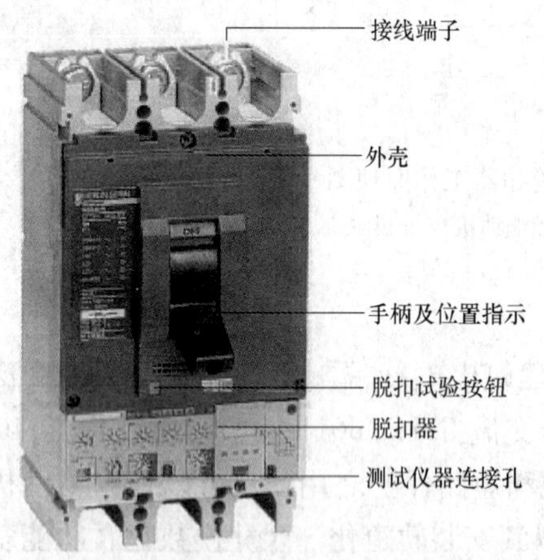

图 2-57　Compact NS 塑料外壳断路器

图 2-58　框架式低压断路器实物图

框架式断路器的结构特点是有一个金属框架，所有元器件都安装在框架上，大多数属于敞开式。为了防尘的需要，也有做成金属箱防护式的。其操作方式有手柄操作、杠杆操作、电磁铁操作、电动机操作等四种。由于这类断路器保护方案和操动方式比较多，装设地点灵活，因此也称其为万能式低压断路器。其额定电压为 380V，额定电流有 200A、400A、600A、1000A、1500A、2500A、4000A 等数种。

(4) 漏电保护器。漏电保护器在脱扣器中增加了“漏电脱扣器”，作为电源的通断开关，当发生人身意外触电、设备漏电或线路发生短路时能迅速自动切断电源。有些型号的漏电保护器还兼有电气设备过载保护功能。图 2-59 所示为其实物图。表 2-8 列出了 DZL18-20 型电子式单相漏电保护器的相关技术数据。

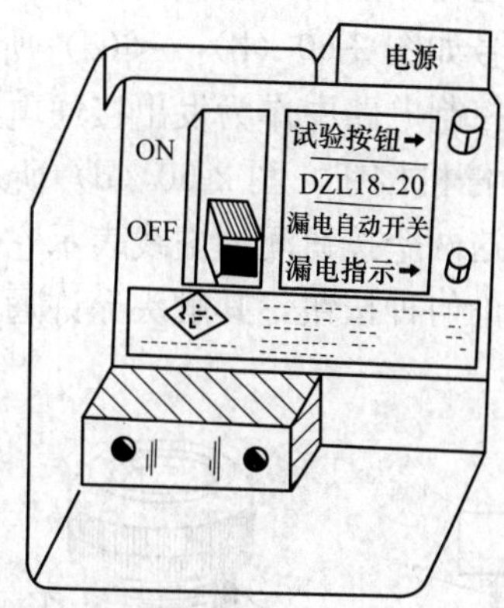

图 2-59　漏电保护器外观图

表 2-8　**DZL18-20 型电子式单相漏电保护器相关技术数据**

额定电压 (V)	额定电流 (A)	过载脱扣器额定电流（A）	额定漏电动作电流（mA）	额定漏电不动作电流（mA）	动作时间（s）		
					I_n	$2I_n$	0.25A
220	20	10、16、20	10、15、30	6、7.5、15	≤0.2	≤0.1	≤0.04

4. 选用原则

低压断路器的选择应从以下几方面进行考虑。

（1）断路器类型的选择：应根据使用场合、被保护对象、线路状况和保护要求来选择。例如，一般选用微型或塑料外壳式；额定电流比较大或有选择性保护要求时可以选用框架式；控制和保护含有半导体器件的直流电路时应选用直流快速断路器等。

（2）额定电压和电流应大于或等于线路的额定电压和计算电流。

（3）过电流脱扣器的额定电流应大于或等于线路的最大负载电流。

（4）极限通断能力应大于或等于线路最大短路电流。

（5）线路末端单相对地短路电流与漏电保护器瞬时脱扣器整定电流之比应大于或等于 1.25。

（6）需要特别说明的是：装设漏电保护器只是安全用电的有效措施之一，但绝不能认为安装了漏电保护器就万无一失了，只有在严格安全用电制度下辅助应用漏电保护器才是正确的安全用电意识。

2.4.4　主令电器

主令电器是用于自动控制系统中发出指令的操作电器。通常利用它控制接触器、继电器或其他电器，使电路接通和分断来实现对生产机械的自动控制。常用的主令电器有按钮开关、行程开关、万能转换开关和主令控制器等。

1. 按钮开关

按钮开关（简称按钮）是一种最常用的主令电器，其结构简单，控制方便。

（1）按钮的基本结构、种类与电路符号。按钮开关的外形、结构及其电路符号如图 2-60

所示。它主要由按钮帽、复位弹簧、动合触头、动断触头、接线柱、外壳等组成。它是一种用来短时接通或分断小电流电路的手动控制电器，在控制电路中，通过它发出“指令”控制接触器、继电器等电器，然后由它们去控制主电路的通断。

按钮的电路符号如图 2-60（b）～（d）所示。其中图 2-60（b）所示是动合触头的按钮符号。这种按钮在控制电路中作为发出接通电路的命令信号用，又称开机（启动）按钮。图 2-60（c）所示称为停机按钮。图 2-60（d）所示是由一个开机和一个停机按钮通过机械机构联动的按钮符号（这两个按钮间的虚线表示它们之间是通过机械方法联动的），这种按钮组称为复合按钮。不论何种按钮，其触头允许通过的电流一般都不超过 5A，不能直接控制主电路的通断。

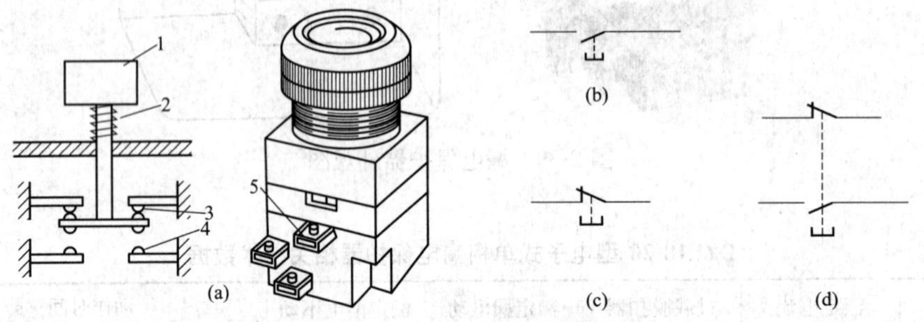

图 2-60　按钮的结构示意图及符号

1—按钮帽；2—复位弹簧；3—动断（常闭）触头；
4—动合（常开）触头；5—接线柱

按钮开关的种类有很多，常用的有 LA2、LA10、LA18 和 LA19 等系列。其中 LA18 系列按钮是积木式结构，触头数目可按需要拼装，一般拼装成二动合、二动断；也可以拼装成六动合、六动断；其结构形式有揿按式、紧急式、钥匙式和旋钮式。LA19 系列在按钮内装有信号灯，除作为控制电路的主令电器使用外，还可兼作信号指示灯使用。

按钮开关的型号含义如图 2-61 所示。不同结构形式的按钮通常分别用不同的字母来表示。例如，K——开启式；S——防水式；H——保护式；F——防腐式；J——紧急式；X——旋钮式；Y——钥匙式；D——带指示灯式；DJ——紧急式带指示灯。

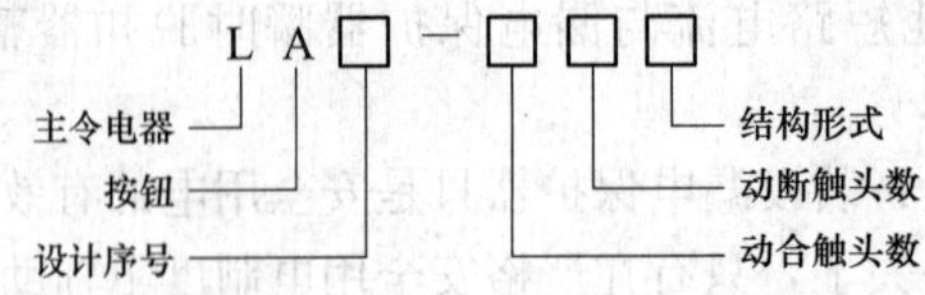

图 2-61　按钮开关的型号含义

（2）按钮颜色及其使用规定。红色按钮用于“停止”、“断电”或“事故”。

绿色按钮优先用于“启动”或“通电”，但也允许选用黑、白或灰色按钮。

一钮双用的“启动”与“停止”或者“通电”与“断电”，即交替按压后改变其功能的，不能用红色按钮，也不能用绿色按钮，而应用黑、白或灰色按钮。

按压时运动，抬起时停止运动（如点动、微动）的，应用黑、白、灰或绿色按钮，最好是黑色按钮，而不能用红色按钮。

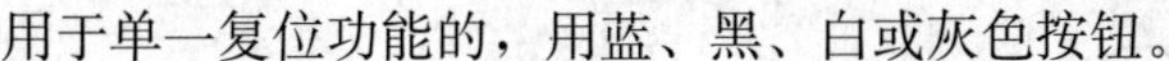

用于单一复位功能的，用蓝、黑、白或灰色按钮。

同时具有“复位”、“停止”与“断电”功能的用红色按钮。灯光按钮不得用作“事故”按钮。

（3）按钮的选择原则。

1）根据使用场合，选择按钮开关的种类，如开启式、防水式、防腐式等。

2）根据用途，选用合适的型式，如钥匙式、紧急式、带灯式等。

3）根据控制回路的需要，确定不同的按钮数，如单钮、双钮、三钮、多钮等。

4）按工作状态指示和工作情况的要求，选择按钮及指示灯的颜色。其中表2-9给出了按钮颜色的含义。

表2-9　按钮颜色的含义

颜　色	含　义	举　例
红	处理事故	紧急停机； 扑灭燃烧
	“停止”或“断电”	正常停机； 停止一台或多台电动机； 装置的局部停机； 切断一个开关； 带有“停止”或“断电”功能的复位
绿	“启动”或“通电”	正常启动； 启动一台或多台电动机； 装置的局部启动； 接通一个开关装置（投入运行）
黄	参与	防止意外情况 参与抑制反常的状态 避免不需要的变化（事故）
蓝	上述颜色未包含的任何指定用意	凡红、黄和绿色未包含的用意，皆可用蓝色
黑、灰、白	无特定用意	除单功能的“停止”或“断电”按钮外的任何功能

使用前，应检查按钮动作是否自如，弹性是否正常，触头接触是否良好可靠。由于按钮触头间距离较小，因此应注意保持触头及导电部分的清洁，防止触头间短路或漏电。

2. 行程开关

行程开关又称作限位开关或位置开关，主要用于将机械位移变为电信号，以实现对机械运动的电气控制。

为了适应生产机械对行程开关的碰撞，行程开关有多种构造形式，常用的有按钮式（直动式）、滚轮式（旋转式）和微动式等。其中滚轮式又有单滚轮式和双滚轮式两种。它们的外形如图2-62所示。按触点的性质分可分为有触点式和无触点式。

（1）有触点行程开关。有触点行程开关简称行程开关，其作用与按钮开关相同，只是其触头的动作不是靠手动操作，而是利用生产机械某些运动部件的碰撞使其触头动作来接通或分断某些电路，从而限制机械运动的行程、位置或改变其运动状态，实现自动停车、反转或变速，达到自动控制的目的。常用的行程开关有LX19系列和JLXK1系列，其型号含义分

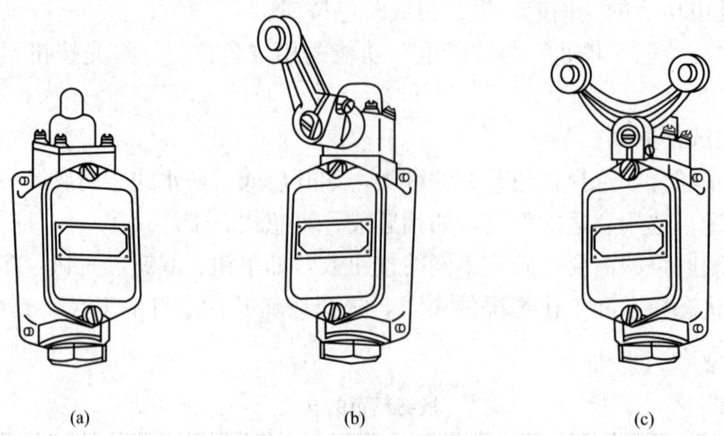

图 2-62　常用行程开关实物图

(a) 按钮式；(b) 单滚轮式；(c) 双滚轮式

别如图 2-63 和图 2-64 所示。

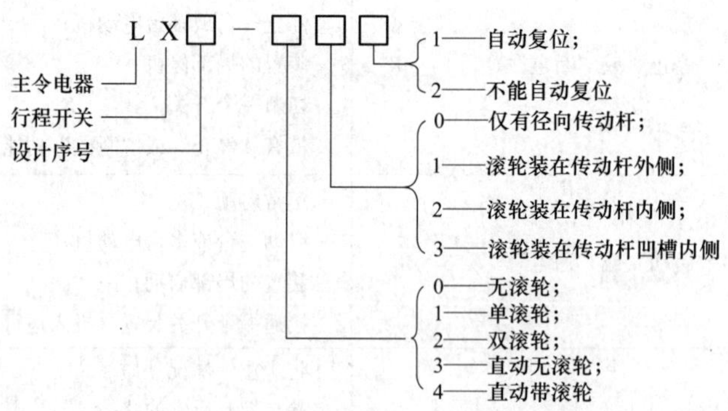

图 2-63　LX19 系列行程开关的型号含义

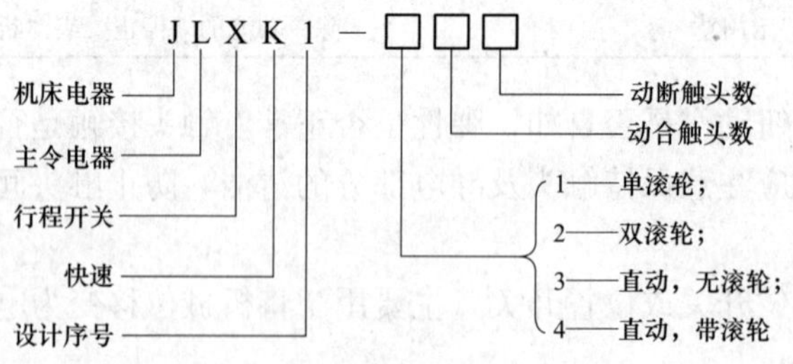

图 2-64　JLXK1 系列行程开关的型号含义

各种系列的行程开关其结构基本相同，区别仅在于使行程开关动作的传动装置和动作速度不同。JLXK1 系列快速行程开关的结构与动作原理如图 2-65 所示。

当生产机械挡铁碰撞到行程开关滚轮时，传动杠杆连同转轴一起转动，使凸轮推动撞块，当撞块被推到一定位置时，推动微动开关快速动作，使其接通动合触头，分断动断触头；当滚轮上的挡铁移开后，复位弹簧使行程开关各部分恢复到动作前的位置，为下一次动作做好准备。这就是单滚轮自动恢复行程开关的动作原理。对于双滚轮行程开关，在生产机

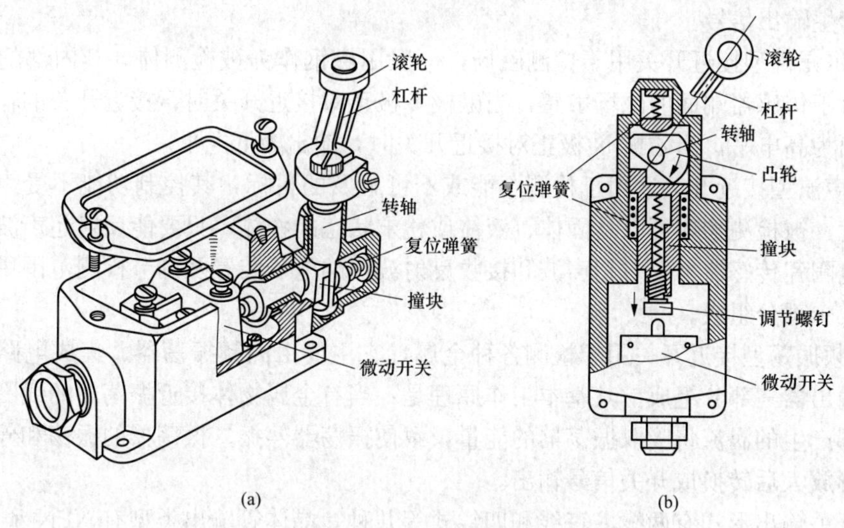

图2-65 JLXK1系列行程开关的结构与动作原理

(a) 结构；(b) 动作原理

械挡铁碰撞第一只滚轮时，内部微动开关动作；当挡铁离开滚轮后第一只滚轮不能自动复位，必须通过挡铁碰撞第二个滚轮，才能将其复位。

有触点行程开关行触头允许通过的电流一般都比较小，不超过5A。在选择时应注意以下几点。

1）根据应用场合与控制对象选择所需的种类与触头数量。

2）根据安装环境选择防护形式，如开启式或保护式。

3）根据控制回路的电压和电流选择合适的型号。

4）根据机械与行程开关的传力与位移关系选择合适的头部形式。

(2) 无触点行程开关。无触点行程开关又称接近开关，它是可以代替有触头行程开关来完成行程控制与限位保护，还可以用于高频计数、测速、液位控制、零件尺寸检测、加工程序的自动衔接等的非接触式开关。由于它具有非接触式触发、动作速度快、可以在不同的检测距离内动作、发出的信号稳定无脉动、工作稳定可靠、寿命长、重复定位精度高以及能适应恶劣的工作环境等特点，所以在机床、纺织、印刷、塑料等工业生产中的应用广泛。

无触点行程开关分为有源型和无源型两种，多数无触点行程开关为有源型，主要包括检测元件、放大电路、输出驱动电路三部分，其工作电源一般采用5～24V的直流电源或220V的交流电源等。图2-66所示为三线式有源型接近开关结构框图。

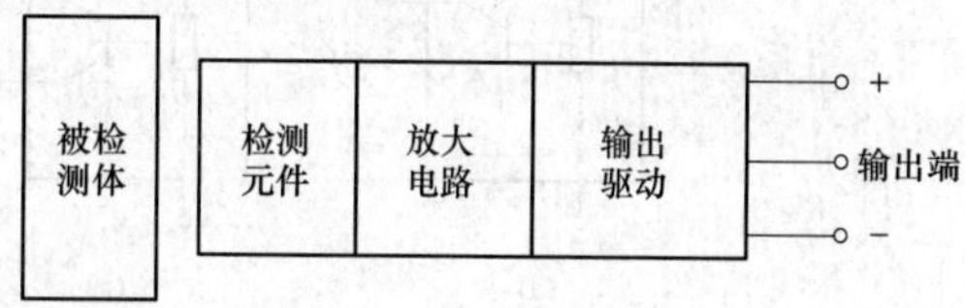

图2-66 三线式有源型接近开关结构框图

接近开关根据检测元件的工作原理不同，可分为电容型、霍尔元件型、超声波型、高频振荡型、电磁感应型、永磁型与磁敏元件型等多种类型。不同型式的接近开关适合检测的被检测体有所不同。

1）电容型接近开关可以检测各种固体、液体或粉状物体，其主要由电容式振荡器及电子电路组成。其电容位于传感界面，当物体接近电容式接近开关时，将因改变其电容值而振荡，从而产生输出信号。

2）霍尔元件型接近开关用于检测磁场，一般用磁钢作为被检测体。其内部的磁敏感器件仅对垂直于传感器端面的磁场敏感，当磁极 S 极正对接近开关时，接近开关的输出产生正跳变，输出为高电平，当磁极 N 极正对接近开关时，输出为低电平。

3）超声波型接近开关适用于检测不能或不可触及的目标，其控制功能不受声、电、光等因素干扰，被检测物体可以是固体、液体或粉末状态的物体，只要能反射超声波即可。其主要由压电陶瓷传感器、发射超声波和接收反射波用的电子装置及调节检测范围用的程控桥式开关等几个部分组成。

4）高频振荡型接近开关用于检测各种金属，它主要由高频振荡器、集成电路或晶体管放大器和输出器三部分组成。其基本工作原理是：当有金属物体接近振荡器的线圈时，该金属物体内部产生的涡流将吸取振荡器的能量，致使振荡器停振。振荡器的振荡和停振这两个信号经整形放大后转换成开关信号输出。

接近开关输出形式有两线、三线和四线式等几种，晶体管输出类型有 NPN 和 PNP 型两种，外形有方型、圆型、槽型和分离型等多种。图 2-67 所示为槽型三线式 NPN 型光电式接近开关的工作原理图和远距分离型光电开关工作示意图。

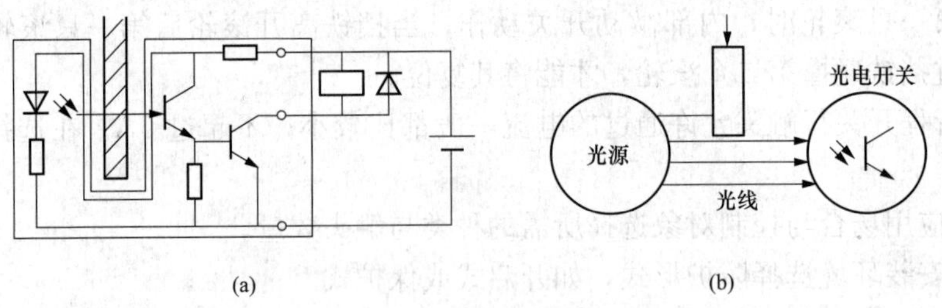

图 2-67　槽型和分离型光电开关

（a）槽型光电式接近开关；（b）远距分离型光电开关

接近开关的主要参数有型式、动作距离范围、动作频率、响应时间、重复精度、输出型式、工作电压及输出触点的容量等。接近开关的图形符号可用图 2-68 所示图形表示。

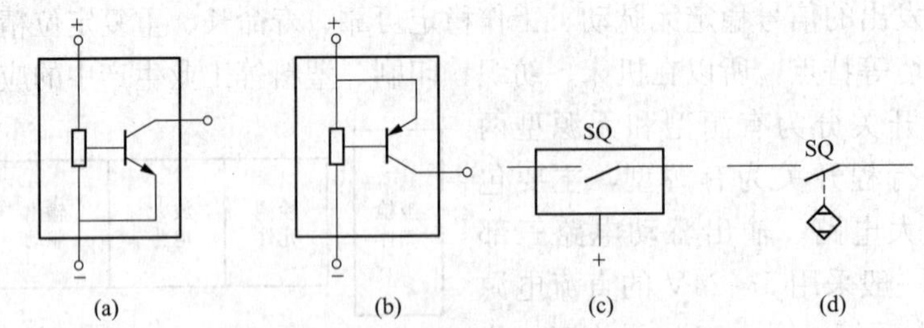

图 2-68　接近开关的图形符号

（a）NPN 型；（b）PNP 型；（c）有源接近开关；（d）无源接近开关

接近开关的产品种类十分丰富，常用的国产接近开关有 LJ、3SG 和 LXJ18 等多种系列，国外进口及引进产品亦在国内有大量应用。

选择接近开关时应注意以下几点。

1）工作频率、可靠性及精度。

2）检测距离、安装尺寸。

3）输出形式（如 NPN 型、PNP 型）。

4）电源类型（直流、交流）、电压等级。

3. 万能转换开关

万能转换开关是一种用于控制多回路的主令电器，由多组相同结构的开关元件叠装而成。它可以用作电压表、电流表的换相测量开关，或作为小容量电动机的启动、制动、正反转换向及双速电动机的调速控制开关等。由于其触头挡数多，换接线路数多，且用途十分广泛，故称其为万能转换开关。

万能转换开关的外形及凸轮通断触头情况如图 2-69 所示。它是由很多层触头底座叠装而成的，每层触头底座内装有一对（或三对）触头和一个装在转轴上的凸轮。操作时，手柄带动转轴和凸轮一起旋转，控制触头的通断。凸轮控制触头通断的情况如图 2-69（b）所示。由于凸轮形状不同，因此当手柄处于不同操作位置时，触头的分合情况也不同。

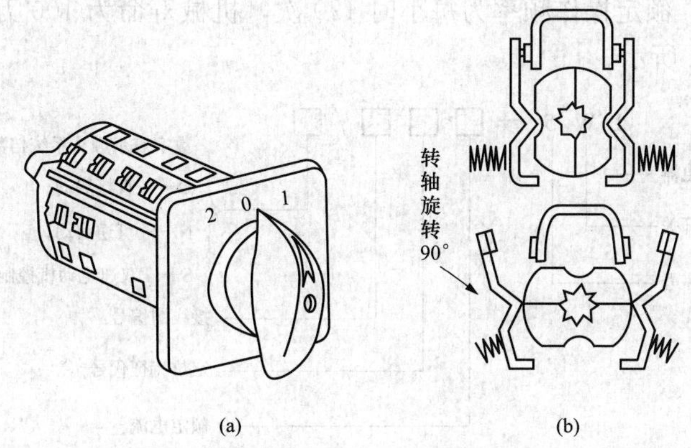

图 2-69 LW5 系列万能转换开关外形及触头通断

（a）实物图；（b）触头通断示意图

万能转换开关在电气原理图中的图形符号如图 2-70 所示。图 2-70 中每根竖的点画线表示手柄位置，点画线上的黑点“•”表示手柄在该位置时，上面这一路触头接通。转换开关的触点通断状态也可以用表格来表示。例如，图 2-70（b）所示的 4 极 5 位转换开关各触点的通断情况见表 2-10（注：“√”表示触点接通）。

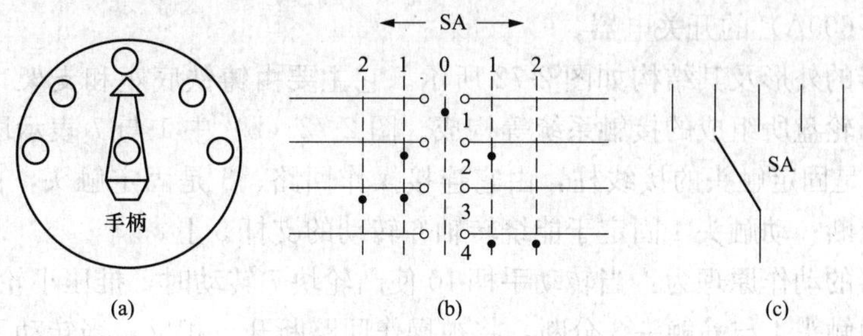

图 2-70 万能转换开关及图形符号

（a）5 位转换开关；（b）4 极 5 位转换开关图形符号；（c）单极 5 位转换开关图形符号

表 2-10　　万能转换开关触点通断状态表

位置 触点号	← 90°	↖ 45°	↑ 0°	↗ 45°	→ 90°
1			√		
2		√		√	
3	√	√			
4				√	√

万能转换开关的主要参数有型式、手柄类型、触点通断状态表、工作电压、触头数量及其电流容量等，这些在产品说明书中都有详细说明。常用的转换开关有 LW4、LW5 和 LW6 等系列，LW5、LW6 系列多用于电力拖动系统中对线路或电动机实行控制，LW6 系列还可以装成双列型式，列与列之间用齿轮啮合，并由同一手柄操作，此种开关最多可装 60 对触点。LW5 系列万能转换开关的额定电压在 380V 时，额定电流为 12A；额定电压在 500V 时，额定电流为 9A。额定操作频率为每小时 120 次，机械寿命为 100 万次。万能转换开关的型号含义如图 2-71 所示。

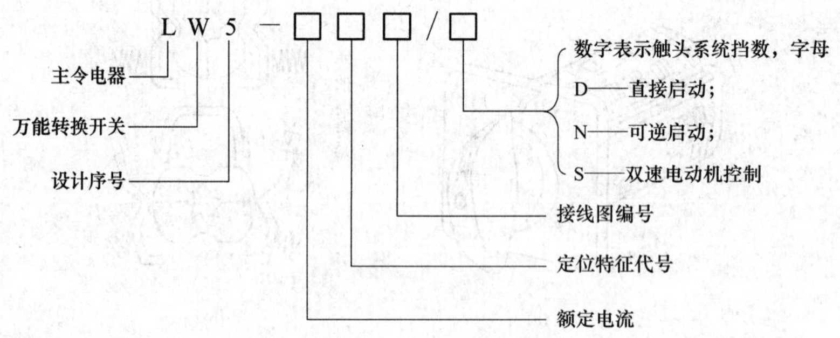

图 2-71　万能转换开关的型号含义

万能转换开关的选择可以根据下列几个方面进行：①用途；②额定电压和工作电流；③手柄型式和定位特征；④触点数量和接线图编号；⑤面板型式及标志。

4. 主令控制器

主令控制器是用来频繁地按顺序操纵多个控制回路的主令电器，用它在控制系统中发布命令，通过接触器来实现对电动机的启动、制动、调速和反转控制，它是可以直接控制主电路大电流（10～600A）的开关电器。

主令控制器的外形及其结构如图 2-72 所示。它主要由铸铁底座和支架，支架上安装的动、静触头及凸轮盘所组成的接触系统等构成。图 2-72（b）中 1 与 7 表示固定于方形转轴上的凸轮块；2 是固定触头的接线柱，由它连接操作回路；3 是固定触头，由桥式动触头 4 来使其闭合与分断；动触头 4 固定于能绕转轴 6 转动的支杆 5 上。

主令控制器的动作原理为：当转动手柄 10 使凸轮块 7 转动时，推压小轮 8，使支杆 5 绕轴 6 转动，使动触头 4 与静触头 3 分断，将被操作回路断开。相反，当转动手柄 10 使小轮 8 位于凸轮块 7 的凹槽处，由于弹簧 9 的作用，使动触头 4 与静触头 3 闭合，接通被操作回路。可见，触头闭合与分断的顺序是由凸轮块的形状所决定的。

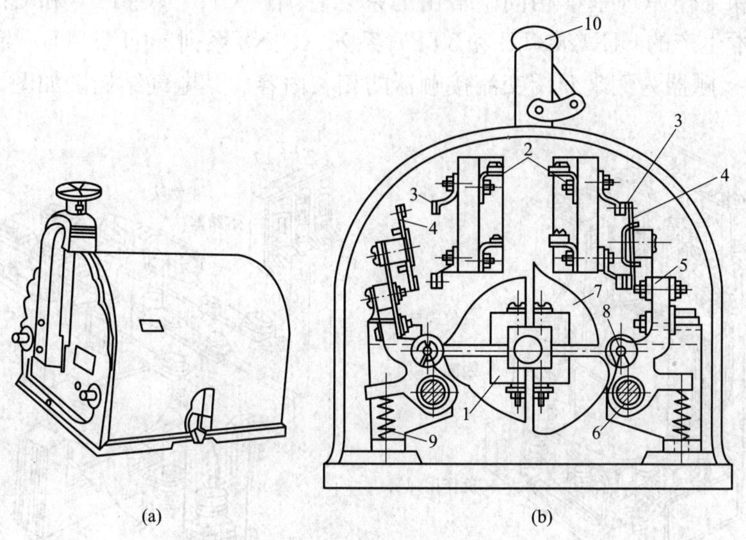

图 2-72　主令控制器的外形及其结构

1、7—凸轮块；2—固定触头的接线柱；3—固定触头；4—动触头；5—支杆；6—转轴；8—小轮；9—弹簧；10—转动手柄

主令控制器在电气原理图中的符号及触头分合表与万能转换开关相同。常用的主令控制器有 LK1、LK5、LK6 和 LK14 等系列，其型号的含义如图 2-73 所示。

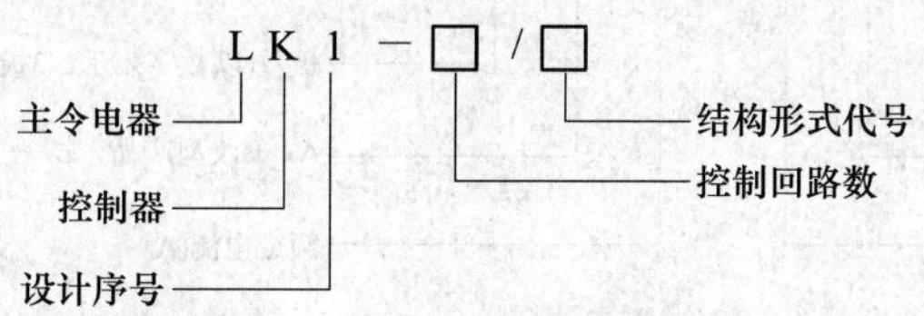

图 2-73　主令控制器的型号含义

由于凸轮控制器可以直接控制电动机工作，所以其触头容量大并有灭弧装置。凸轮控制器的优点为控制线路简单、开关元件少、维修方便等，缺点为体积较大、操作笨重、不能实现远距离控制。主令控制器的选用主要根据额定电流和所需控制回路数来选择。

2.4.5　低压接触器

低压开关、主令电器等都是依靠手控直接操作来实现触头接通或断开电路，属于非自动切换电器。在电力拖动中，广泛应用一种自动切换器——接触器来实现电路的自动控制。接触器的优点是能够实现远距离自动操作，具有欠电压和失电压自动释放保护功能，控制容量大，工作可靠，操作频率高，使用寿命长，适用于频繁地接通和断开交、直流主电路及大容量的控制电路，其控制的主要对象是电动机，也可以用于控制电热设备、电焊机以及电容器组等其他负载，它在电力拖动和自动控制系统中得到了广泛应用。接触器按主触头通过电流的种类可分为交流接触器和直流接触器两类。

1. 交流接触器的结构及其工作原理

交流接触器的种类很多，空气电磁式交流接触器应用最为广泛，其产品系列、品种很多，但其结构和工作原理基本相同。常用的系列有国产 CJ10（CJT1）和 CJ20 等系列，引进外国先进技术生产的 CJX1（3TB 和 3TF）系列、CJX2 系列、CJX8（B）系列等。下面以 CJ10 系列交流接触器为例来介绍交流接触器的相关内容。其电气结构图如图 2-74 所示。

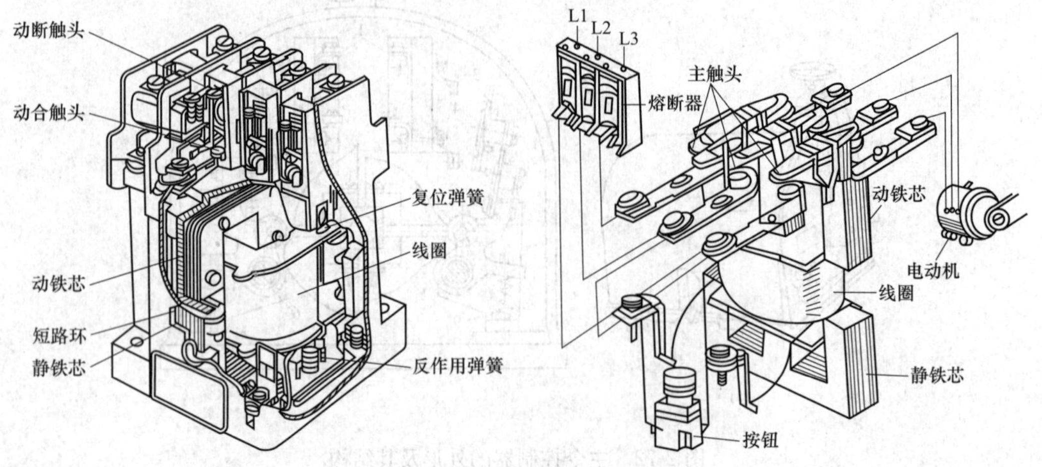

图 2-74　交流接触器电气结构图

（1）交流接触器的型号含义。交流接触器的型号含义如图 2-75 所示。

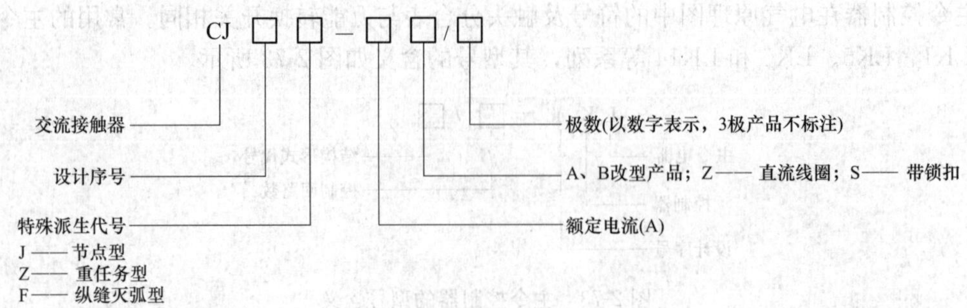

图 2-75　交流接触器的型号含义

（2）交流接触器基本结构与电气符号。交流接触器主要由电磁系统、触头系统、灭弧装置及辅助部件等组成。

1）电磁系统。电磁系统主要由线圈、静铁芯和动铁芯（衔铁）三部分组成。静铁芯在下、动铁芯在上，线圈装在静铁芯上。铁芯是交流接触器发热的主要部件，交流接触器的铁芯一般用硅钢片叠压铆成，以减少交变磁场在铁芯中产生的涡流及磁滞损耗，避免铁芯过热。另外在 E 形铁芯的中柱端面留有 0.1～0.2mm 的气隙以减小剩磁影响，避免线圈断电后衔铁粘住不能释放。铁芯的两个端面上嵌有短路铜环（又称减振环），用以减小接触器吸合时产生的振动和噪声，如图 2-76 所示。当线圈中通有交流电时，在铁芯中产生的是交变磁通，它对衔铁的吸力是按正弦规律变化的。当磁通经过零值时，铁芯对衔铁的吸力也为零，衔铁在弹簧的作用下有释放的趋势，使得衔铁不能被铁芯紧紧吸住，产生振动，发出噪声。同时，这种振动使衔铁与铁芯容易磨损，造成触头接触不良。安装短路铜环后，它相当于变压器的一个二次绕组，当电磁线圈通入交流电时，线圈电流 I_1 产生磁通 Φ_1，短路环中

产生感应电流 I_2 形成磁通 Φ_2，由于 I_1 与 I_2 的相位不同，故 Φ_1 与 Φ_2 的相位也不同，即 Φ_1 与 Φ_2 不同时为零。这样，在磁通 Φ_1 为零时，Φ_2 不为零而产生吸力，吸住衔铁，使衔铁始终被铁芯吸牢，振动和噪声显著减小。与此同时，线圈做成粗而短的圆筒形，且在线圈和铁芯之间留有空隙，以增强铁芯的散热效果。

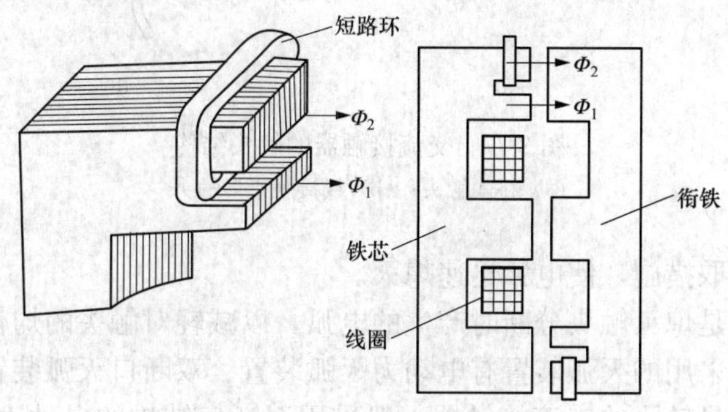

图 2-76　交流电磁铁的短路环

交流接触器利用电磁系统中线圈的通电或断电，使静铁芯吸合或释放衔铁，从而带动动触头与静触头闭合或分断，实现电路的接通或断开。

CJ10 系列交流接触器的衔铁运动方式有两种，对于额定电流为 40A 及以下的交流接触器，采用衔铁直线运动的螺管式；对于额定电流 60A 及以上的交流接触器，采用衔铁绕轴转动的拍合式。

2）触头系统。交流接触器的触头根据通断能力（按功能不同）可分为主触头和辅助触头两类。主触头用以通断电流较大的主电路，体积较大，一般由三对动合触头组成。辅助触头用以通断电流较小的控制回路，体积较小，一般由两对动合触头和两对动断触头组成。所谓触头的动合和动断，是指电磁系统未通电动作前触头的状态。动合和动断触头是联动的。电线圈通电时，动断触头先分断，动合触头随后闭合，中间有个很短的时间差。当线圈失电后，动合触头先恢复断开，随后动断触头恢复闭合，中间也存在一个很短的时间差。这个时间差虽短，但对分析线路的控制原理来说却很重要。

为了使触头导电性能良好，通常触头用纯铜制成。由于铜的表面容易氧化生成不良导体氧化铜，故一般都在触头的接触点部分镶上银块，使之接触电阻变小，导电性能变好，使用寿命变长。根据接触器触头形状的不同，触头可分为桥式触头和指形触头，其形状分别如图 2-77（a）和图 2-77（b）所示。桥式触头又分为点接触桥式和面接触桥式两种。图 2-77（a）左图所示为两个点接触的桥式触头，适用于电流不大且压力小的地方，如辅助触头；图 2-77（a）右图所示为两个面接触的桥式触头，适用于大电流的控制，如主触头。图 2-77（b）所示为线接触指形触头，其接触区域为一直线，在触头闭合时产生滚动接触，适用于动作频繁和电流大的地方，如用作主触头。

为了使触头接触更紧密，减小接触电阻，消除开始接触时产生的有害振动，桥式触头或指形触头都安装有压力弹簧，随着触头的闭合加大触头间的互压力。

3）灭弧装置。低压交流接触器在断开较大电流或高电压电路时，会在动、静触头之间产生很强的电弧。电弧是触头间气体在强电场作用下产生的放电现象，它一方面会灼伤触头，缩短触头的使用寿命；另一方面会使电路切断时间延长，甚至造成弧光短路或引发火灾

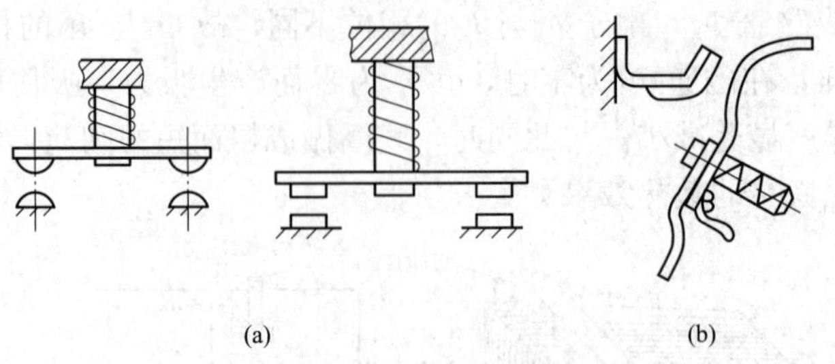

图 2-77　交流接触器的触头结构
（a）桥式触头；（b）线接触指形触头

事故。因此，必须采取措施，使电弧迅速熄灭。

灭弧装置的作用是熄灭触头分断时产生的电弧，以减轻对触头的灼伤，保证可靠地分断电路。交流接触器常采用的灭弧装置有电动力灭弧装置、双断口灭弧装置、纵缝灭弧装置和栅片灭弧装置等。容量较小的交流接触器一般采用双断口结构的电动力灭弧装置；CJ10 系列交流接触器额定电流在 20A 及以上的，常采用纵缝灭弧装置；容量较大的交流接触器多采用栅片来灭弧。

a. 电动力灭弧。利用触头分断时本身的电动力将电弧拉长，使电弧热量在拉长的过程中散发冷却而迅速熄灭，其原理如图 2-78 所示。

b. 双断口灭弧。双断口灭弧方法是将整个电弧分成两段，同时利用上述电动力将电弧迅速熄灭。它适用于桥式触头，其原理如图 2-79 所示。

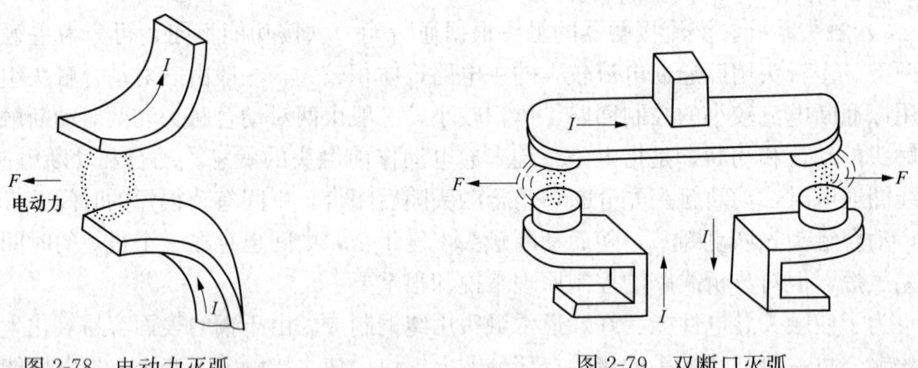

图 2-78　电动力灭弧　　图 2-79　双断口灭弧

c. 纵缝灭弧。纵缝灭弧方法是指采用一个纵缝灭弧装置来完成灭弧任务，如图 2-80 所示。灭弧罩内有一条纵缝，下宽上窄。下宽便于放置触头，上窄有利于电弧压缩，并与灭弧室壁有很好的接触。当触头分断时，电弧被外界磁场或电动力横吹而进入缝内，将其热量传递给室壁而迅速冷却熄灭。

d. 栅片灭弧。栅片灭弧装置的结构及其原理如图 2-81 所示。它主要由灭弧栅和灭弧罩组成。灭弧栅用镀铜的薄铁片制成，各栅片之间互相绝缘。灭弧罩通常用陶土或石棉水泥制成。当触头分断电路时，在动触头与静触头间产生电弧，电弧产生磁场。由于薄铁片的磁阻比空气小得多，因此，电弧上部的磁通容易通过灭弧栅形成闭合磁路，使得电弧上部的磁通很稀疏，而下部的磁通则很密集。这种上稀下密的磁场分布会对电弧产生向上运动的力，将电弧拉到灭弧栅片当中。栅片将电弧分割成若干短弧，一方面使栅片间的电弧电压低于燃弧电压，另一方面，栅片将电弧的热量散发，使电弧迅速熄灭。

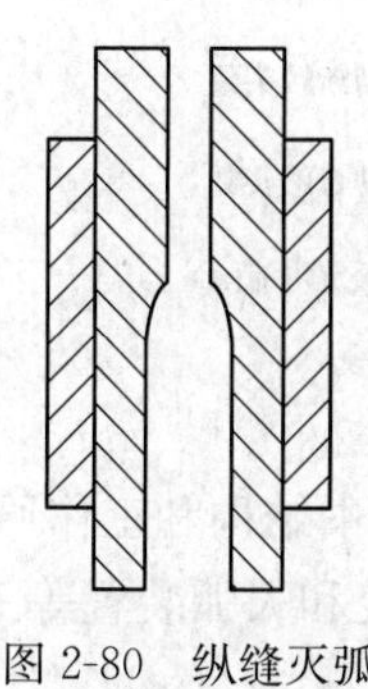
图 2-80　纵缝灭弧

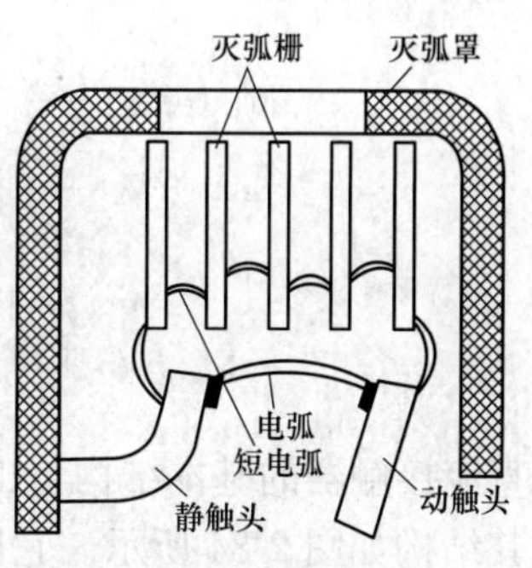

图 2-81　栅片灭弧

4）辅助部件。接触器除上述三个主要部分外，还包括反作用弹簧、缓冲弹簧、触头压力弹簧、传动机构等部件。反作用弹簧安装在衔铁和线圈之间，其作用是在线圈断电后推动衔铁释放，带动触头复位；缓冲弹簧安装在静铁芯和线圈之间，其作用是缓冲衔铁在吸合时对静铁芯和外壳的冲击力，保护外壳；触头压力弹簧安装在动触头上面，其作用是增加动、静触头之间的压力，从而增大接触面积，以减少接触电阻，防止触头过热损伤；传动机构的作用是在衔铁或反作用弹簧的作用下，带动动触头实现与静触头的接通或分断。

交流接触器在电路中的符号如图 2-82 所示（注：直流接触器的电气符号与交流接触器完全相同）。

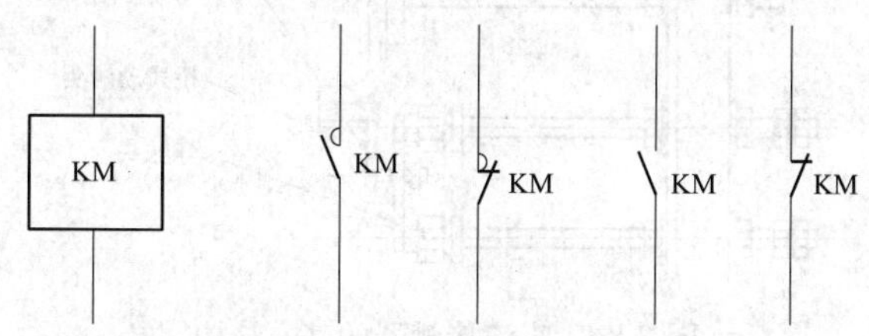

图 2-82　接触器线圈与触头符号

从左至右：线圈；动合（常开）主触头；动断（常闭）主触头；
动合（常开）辅助触头；动断（常闭）辅助触头

（3）交流接触器的工作原理。当交流接触器的线圈通电后，线圈中的电流产生磁场使静铁芯磁化，产生足够大的电磁吸引力，使其克服反作用弹簧的反作用力将衔铁（动铁芯）向下吸合，衔铁通过传动机构带动辅助动断触头先断开，三对动合触头和辅助动合触头后闭合。主触头将主电路接通，辅助触头则接通或分断与之相连的控制电路。相反地，当交流接触器的线圈断电或其电压显著下降时，由于铁芯（静铁芯）的电磁力消失或过小，衔铁（动铁芯）在反作用弹簧的作用下复位，使动合触头先断开，三对动断触点后闭合复位，使各触头恢复到原始状态，将有关的主电路和控制电路分断。

2. 直流接触器的结构及其工作原理

直流接触器主要供远距离接通和分断额定电压 440V、额定电流 1600A 以下的直流电力线路之用，并适用于直流电动机的频繁启动、停止、换向及反制动。目前常用的直流接触器有 CZ0、CZ1、CZ2、CZ3 和 CZ5 等系列产品。

（1）直流接触器的型号及含义。直流接触器的型号含义如图 2-83 所示。

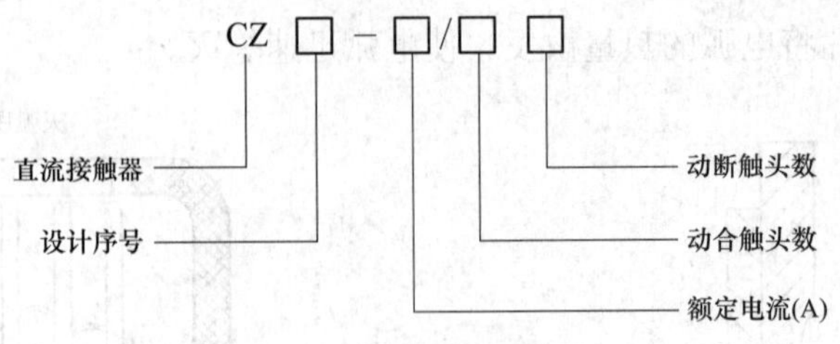

图 2-83　直流接触器的型号含义

（2）直流接触器的基本结构与工作原理。直流接触器的基本结构和工作原理与交流接触器相似，其结构如图 2-84 所示。它同样由电磁系统、触头系统和灭弧装置等三大部分组成。

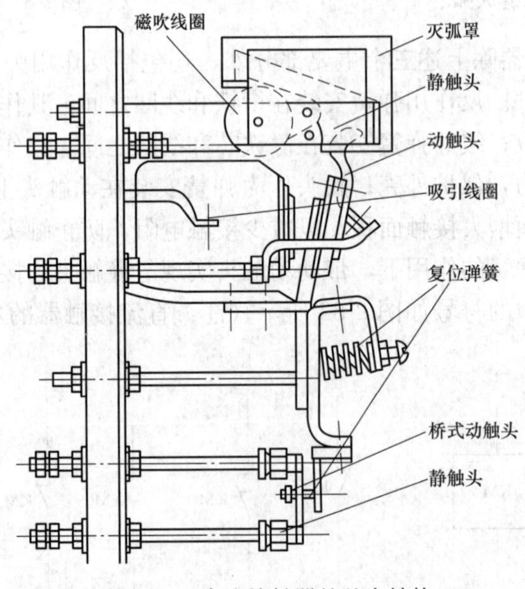

图 2-84　直流接触器的基本结构

1）电磁系统。直流接触器的电磁系统由线圈、铁芯（静铁芯）和衔铁（动铁芯）组成。由于直流接触器线圈中通入的是直流电，铁芯中不会因产生涡流和磁滞损耗而发热，因此其铁芯与交流接触器不同，铁芯可用整块铸钢或铸铁制成，铁芯端面也不需要镶嵌短路环。但在磁路中常垫有非磁性垫片，以减少剩磁的影响，保证线圈断电后能可靠释放。另外直流接触器线圈的匝数比交流接触器多，电阻值大，铜损大，发热较多，所以直流接触器发热以线圈本身为主。为了使线圈散热良好，常将线圈做成长又薄的圆筒形状。

2）触头系统。直流接触器的触头也包括主触头和辅助触头。主触头一般做成单极或双极，并且采用滚动接触的指形触头，以增大通断电流，延长触头的使用寿命；由于辅助触头的通断电流较小，常采用点接触的桥式触头，可有若干对。

3）灭弧装置。直流接触器的主触头在断开直流大电流时，也会产生强烈的电弧。由于直流电弧不像交流电弧那样有自然过零点，因此在同样的电气参数下，熄灭直流电弧比熄灭交流电弧要困难，直流接触器一般采用磁吹式灭弧装置并同时结合其他灭弧方法进行灭弧。

磁吹式灭弧装置的结构如图 2-85 所示。磁吹式灭弧装置主要由磁吹线圈、灭弧罩、灭弧角等组成。磁吹线圈 1 由扁铜条弯成，里层装有铁芯 3，中间隔有绝缘套筒 2，铁芯两端装有两片铁夹板4，夹在灭弧罩5的两边，接触器的触头就处在灭弧罩5内、铁夹板之间。磁吹线圈与主触头串联，流过触头的电流就是流过磁吹线圈的电流 $I_{磁}$，其方向如图中箭头所示。当动触头7与静触头8分断产生电弧时，电弧电流 $I_{弧}$ 在电弧周围形成一个磁场，其方向可用右手螺旋定则确定。由图2-85可见，在电弧上方是引出纸面，用⊙表示，在电弧下方是进入纸面，用⊗表示；在电弧周围还有一个由磁吹线圈产生的磁场，其磁通从一块夹板穿过夹板间的空隙，进入另一块夹板，形成闭合磁路，磁场方向同样用右手螺旋定则确定，图2-85所示是进入纸面的，用×表示。因此，在电弧上方，磁吹线圈电流与电弧电流所产生的两个磁通方向相反而相互削弱；在电弧下方，两个磁通的方向相同而磁通增强。于是，电弧从磁场强的一边拉向弱的一边，向上运动。灭弧角6与静触头8相连接，其作用是引导电弧向上运动。电弧由下而上运动，迅速拉长，与空气发生相对运动，其温度迅速降低而熄灭；同时，电弧上拉时，其热量传递给灭弧罩散发，也使电弧温度迅速下降，加速其熄灭速度；另外，电弧向上运动时，在静触头上的弧根逐渐转移到灭弧角6上，弧根的上移使电弧拉长，也有助于电弧的熄灭。

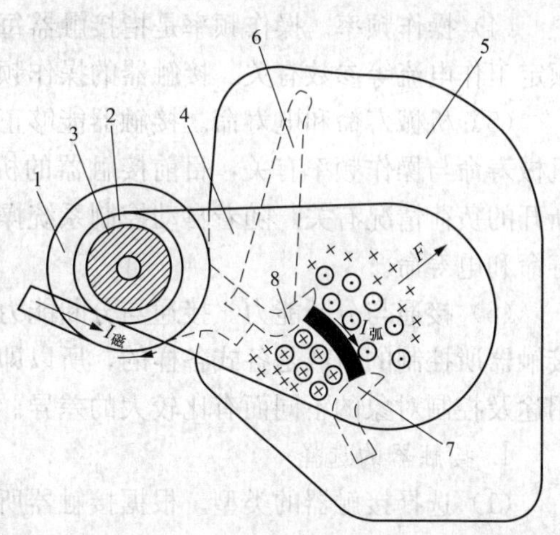

图2-85　磁吹式灭弧装置

1—磁吹线圈；2—绝缘套筒；3—铁芯；4—铁夹板；5—灭弧罩；6—灭弧角；7—动触头；8—静触头

综上所述，这种灭弧方式是靠磁吹力的作用将电弧拉长，使其在空气中迅速冷却，使电弧迅速熄灭，因此称其为磁吹灭弧。

为了减小直流接触器运行时的线圈功耗，延长吸引线圈的使用寿命，容量较大的直流接触器的线圈往往采用串联双绕组。把接触器的一个动断触头与保持线圈并联，在电路刚接通瞬间，保持线圈被动断触头短路可使启动线圈获得较大的电流和吸力。当接触器动作后，启动线圈和保持线圈串联通电，由于电压不变，所以电流较小，但仍可以保持线圈被吸合，从而达到省电的目的。

3. 接触器的主要技术参数

（1）额定电压。接触器的额定工作电压是指其主触头的工作电压。交流接触器的额定工作电压分为380V、600V和1140V三种。直流接触器的额定工作电压分为220V、440V和600V三种。辅助触头的工作电压交流为380V，直流为220V。使用接触器时应当注意：接触器吸引线圈的额定电压与触头工作电压不同，交流吸引线圈电压分为36V、110V、220V、380V四种；直流吸引线圈电压分为24V、110V、220V等几种。

（2）额定电流。额定电流是指主触头的额定工作电流。它是在一定条件（额定电压、使用类别、额定工作制和操作频率等）下规定的，保证电器正常工作的电流值。若改变使用条件，额定电流也要随之改变，目前生产的接触器的额定电流范围为6～4000A。

（3）动作值。动作值是指接触器的吸合电压和释放电压。国家标准规定：接触器在线圈额定电压85%及以上时，应可靠吸合；释放电压不高于线圈额定电压的70%时，交流接触器不低于线圈额定电压的10%，直流接触器不低于线圈额定电压的5%。

(4) 操作频率。操作频率是指接触器每小时允许的操作次数。操作频率与产品的寿命及额定工作电流等参数有关。接触器的操作频率一般为 300～1200 次/h。

(5) 机械寿命和电寿命。接触器能够正常动作与接通断开电负荷的次数称为机械寿命，机械寿命与操作频率有关，目前接触器的机械寿命可以高达 1×10^7 次。电寿命与其接通与断开的负荷情况有关。随着自动控制系统操作频率的不断提高，要求接触器具有较长的机械寿命和电寿命。

(6) 接通与分断能力。接通与分断能力是指主触头能可靠地接通和分断的电流值。由于接触器所控制的负载是各式各样的，所以即使是同一台接触器，其接通与分断能力也会随着用途及控制对象的不同而有比较大的差异。

4. 接触器的选择

(1) 选择接触器的类型。根据接触器所控制的负载性质选择接触器的类型。通常交流负载选用交流接触器，直流负载应选用直流接触器。如果控制系统中主要是交流负载，直流电动机或直流负载的容量较小，也可以选用交流接触器来控制，但触头的额定电流应适当选得大一些。

交流接触器按其所接负荷种类的不同，一般分为一类、二类、三类和四类，分别记为 AC1、AC2、AC3 和 AC4。一类交流接触器对应的控制对象是无感或微感负荷，如白炽灯和电阻炉等；二类交流接触器用于绕线转子异步电动机的启动与停止；三类交流接触器的典型用途是笼型异步电动机的运转和运行中分断；四类交流接触器用于笼型异步电动机的启动、反接制动、反转和点动。

(2) 选择接触器主触头控制电源的种类（交流还是直流）及其额定值。接触器主触头的额定电压应大于或等于所控制线路的额定电压。

接触器的额定电流应大于或等于负载的额定电流。控制电动机时，可以按下列经验公式计算（仅适用于 CJ10 系列）

$$I_C=\frac{P_N\times10^{-3}}{KU_N}$$

式中 K——经验系数，一般取 1～1.4；

P_N——被控制电动机的额定功率，kW；

U_N——被控制电动机的额定电压，V；

I_C——接触器主触头电流，A。

如果接触器使用在频繁启动、制动及正反转的场合，则应将接触器的额定电流降低一至两个等级使用，确保其工作安全可靠。

(3) 选择接触器吸引线圈（电磁线圈）的电源种类、频率和额定电压。电磁线圈的额定电压应尽量与被控制辅助电路的电压一致。当控制线路简单、使用电器较少时，交流接触器可以直接选用 380V 或 220V 的电压。当线路较复杂、使用电器的个数较多（超过 5 只）时，可以选用 36V 或 110V 电压的线圈以保证安全。

(4) 选择接触器触头的数量、种类及触头额定电流。接触器的触头数量、种类及触头额定电流应满足控制线路的要求。

常用 CJ10 和 CJ20 系列交流接触器的技术数据分别表分别见表 2-11 和表 2-12。常用 CZ0 系列直流接触器的技术数据见表 2-13。

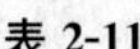

表 2-11　　CJ10 系列交流接触器技术数据

型号	触头额定电压（V）	主触头		辅助触头		线圈		可控功率（kW）		额定操作频率（次/h）
		额定电流（A）	对数	额定电流（A）	对数	工作电压（V）	功率（W）	220V	380V	
CJ10-10	380	10	3	5	均为 2 动合、2 动断	可为 36、110、220、380	11	2.2	4	≤600
CJ10-20		20					22	5.5	10	
CJ10-40		40					32	11	20	
CJ10-60		60					70	17	30	

注　表中可控功率是指可控制三相异步电动机的最大功率（kW）。

表 2-12　　CJ20 系列交流接触器技术数据

型号	极数	额定工作电压 U_n（V）	约定发热电流 I_{th}（A）	额定工作电流 I_n（A）	额定操作频率（AC-3）（次/h）	机械寿命（万次）	辅助触头	
							约定发热电流 I_{th}（A）	触头组合
CJ20-10	3	220	10	10	1200	1000	10	2 动合 2 动断
		380		10	1200			
		660		5.8	600			
CJ20-16		220	16	16	1200			
		380		16	1200			
		660		13	600			
CJ20-25		220	32	25	1200			
		380		25	1200			
		660		16	600			
CJ20-40		220	55	40	1200			
		380		40	1200			
		660		25	600			
CJ20-63		220	80	63	1200			
		380		63	1200			
		660		40	600			
CJ20-100		220	125	100	1200			
		380		100	1200			
		660		63	600			
CJ20-160		220	200	160	1200			
		380		160	1200			
		660		100	600			
CJ20-160/11		1140	200	80	300			

表 2-13　　　　　　　　　　**CZ0 系列直流接触器技术数据**

<table>
<tr><th rowspan="2">型号</th><th rowspan="2">额定电压（V）</th><th rowspan="2">额定电流（A）</th><th rowspan="2">额定操作频率（次/h）</th><th colspan="2">主触头形式及数目</th><th colspan="2">辅助触头形式及数目</th><th rowspan="2">最大分断电流（A）</th><th rowspan="2">吸引线圈电压（V）</th><th rowspan="2">吸引线圈消耗功率（W）</th></tr>
<tr><th>动合</th><th>动断</th><th>动合</th><th>动断</th></tr>
<tr><td>CZ0-40/20</td><td rowspan="13">440</td><td>40</td><td>1200</td><td>2</td><td>0</td><td rowspan="8">2</td><td>2</td><td>160</td><td rowspan="13">可为 24、48、110、220、440</td><td>22</td></tr>
<tr><td>CZ0-40/02</td><td>40</td><td>600</td><td>0</td><td>2</td><td>2</td><td>100</td><td>24</td></tr>
<tr><td>CZ0-100/10</td><td>100</td><td>1200</td><td>1</td><td>0</td><td>2</td><td>400</td><td>24</td></tr>
<tr><td>CZ0-100/01</td><td>100</td><td>600</td><td>0</td><td>1</td><td>1</td><td>250</td><td>180/24</td></tr>
<tr><td>CZ0-100/20</td><td>100</td><td>1200</td><td>2</td><td>0</td><td>2</td><td>400</td><td>30</td></tr>
<tr><td>CZ0-150/10</td><td>150</td><td>1200</td><td>1</td><td>0</td><td>2</td><td>600</td><td>30</td></tr>
<tr><td>CZ0-150/01</td><td>150</td><td>600</td><td>0</td><td>1</td><td>1</td><td>375</td><td>300/25</td></tr>
<tr><td>CZ0-150/20</td><td>150</td><td>1200</td><td>2</td><td>0</td><td>2</td><td>600</td><td>40</td></tr>
<tr><td>CZ0-250/10</td><td>250</td><td>600</td><td>1</td><td>0</td><td colspan="2" rowspan="5">可以在 5 动合、1 动断与 5 动断、动合之间任意组合</td><td>1000</td><td>230/31</td></tr>
<tr><td>CZ0-250/20</td><td>250</td><td>600</td><td>2</td><td>0</td><td>1000</td><td>290/40</td></tr>
<tr><td>CZ0-400/10</td><td>400</td><td>600</td><td>1</td><td>0</td><td>1600</td><td>350/28</td></tr>
<tr><td>CZ0-400/20</td><td>400</td><td>600</td><td>2</td><td>0</td><td>1600</td><td>430/43</td></tr>
<tr><td>CZ0-600/10</td><td>400</td><td>600</td><td>1</td><td>0</td><td>2400</td><td>320/50</td></tr>
</table>

5. 接触器的安装与使用

（1）安装前的检查。检查接触器的铭牌与线圈技术数据（如额定电压、额定电流、操作频率等）是否符合实际使用要求。

检查接触器外观，应无机械损伤；当用手推动接触器的可动部分时，接触器应动作灵活，无卡阻现象；灭弧装置应完整无损，固定牢固。

将铁芯极面上防锈油脂或粘在极面上的铁垢用煤油擦净，以免多次使用后衔铁被粘住，导致断电后不能释放。

测量接触器的线圈电阻及其绝缘电阻。

（2）接触器的安装。交流接触器一般应安装在垂直面上，其倾斜度不得超过 5°；若有散热孔，则应将有散热孔的一面放在垂直方向，以利于散热，并按规定留有适当的飞弧空间，以免飞弧烧坏相邻电器。

安装和接线时，注意不要将零件掉入接触器内部。安装孔的螺钉应装有弹簧垫圈和平垫圈，并拧紧螺钉以防震动松脱。

安装完毕，检查接线正确无误后，在主触头不带电的情况下操作几次，然后测量产品的动作值和释放值，所测数值应符合产品规定要求。

（3）日常维护。应对接触器做定期检查，观察螺钉有无松动，可动部分是否灵活等。

接触器的触头应定期清扫，保持清洁，但不允许涂油。当触头表面因电灼作用形成金属小颗粒时，应及时进行清除。

拆装时注意不要损坏灭弧装置。带灭弧罩的接触器绝不允许不带灭弧罩或带破损的灭弧罩运行，以免发生电弧短路故障。

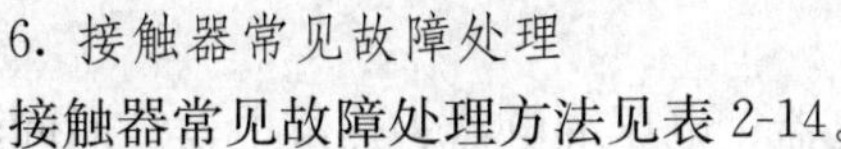

6. 接触器常见故障处理

接触器常见故障处理方法见表2-14。

表2-14 接触器常见故障处理方法

故障现象	可能原因	处理方法
通电后吸不上或吸力不足（即触点已闭合而铁芯尚未完全吸合）	电源电压过低或波动过大	检查电源电压并调整
	操作回路电源容量不足或发生接线错误及控制触点接触不良	增加电源容量，纠正错误接线，修理控制触点
	线圈参数与使用条件不符	更换线圈
	产品本身受损	更换新品
	触头弹簧压力与超程过大	按要求调整触头参数
不释放或释放缓慢	触头弹簧或反力弹簧压力过小	调整触头参数
	触头熔焊	排除熔焊故障，修理或更换触头
	机械可动部分卡阻，转轴生锈或歪斜	排除卡阻现象，修理受损零件
	反力弹簧损坏	更换反力弹簧
	铁芯极面有油污或尘埃	清理铁芯极面
	铁芯磨损过大	更换铁芯
电磁铁（交流）的噪声大	电源电压过低	提高操作回路电压
	触头弹簧压力过大	调整触头弹簧压力
	接触器短路环断裂	修复短路环
	极面生锈或有污垢	清理极面污垢
	磁系统歪斜或机械卡阻，使铁芯不能吸平	排出机械卡住故障
	铁芯极面磨损过度而不平	更换铁芯
线圈过热或烧坏	电源电压过高或过低	调整电源电压
	线圈技术参数与实际使用条件不符	更换线圈或接触器
	操作频率过高	选用其他合适的接触器
	线圈匝间短路	排除短路故障更换线圈
触头灼伤或熔焊	触头压力过小	调高触头弹簧压力
	操作频率过高，或工作电流过大断开容量不够	更换容量较大的接触器
	触头表面有金属颗粒异物	清理触头表面
	长期过载使用	更换合适的接触器
	负载侧短路	排除故障，更换触头

2.4.6 继电器

继电器是根据某种电量（如电压、电流）或非电量（如温度、压力、转速、时间）等信号来接通或断开小电流电路和电器的控制元件。它一般不直接控制主电路，而是通过接触器或其他电器对主电路进行控制。

继电器的分类有很多，按输入量可分为电流继电器、电压继电器、热继电器、时间继电器、速度继电器、中间继电器等；按工作原理可分为电磁式继电器、感应式继电器、电动式继电器、电子式继电器等；按用途（作用）可分为控制继电器和保护继电器两类，其中电流继电器、电压继电器、热继电器属于保护继电器，时间继电器、速度继电器、中间继电器属于控制继电器；按输入量变化形式可分为有无继电器和量度继电器两类。

有无继电器是根据输入量的有或无来动作的。当无输入量时，继电器不动作；当有输入量时，继电器动作，如中间继电器、时间继电器等。量度继电器是根据输入量的变化来动作的，工作时其输入量是一直存在的，只有当输入量达到一定值时继电器才动作，如电流继电器、电压继电器、热继电器、速度继电器、压力继电器等。

1. 电磁式继电器

控制电路中用的继电器大多是电磁式继电器。因为电磁式继电器具有结构简单、价格低廉、使用维护方便、触点容量小（一般在 5A 以下）、触点数量多且无主辅之分、无灭弧装置、体积小、动作迅速、准确、控制灵敏、可靠等一系列优点，因此广泛地应用于低压控制系统中。常用的电磁式继电器有电流继电器、电压继电器、中间继电器等。

电磁式继电器的结构和工作原理与接触器相似，主要由电磁机构和触点组成。电磁式继电器也有直流和交流两种。图 2-86（a）所示为直流电磁式继电器结构示意图。在线圈两端加上电压或通入电流，产生电磁力，当电磁力大于弹簧反力时，吸动衔铁使动合、动断接点动作；当线圈的电压或电流下降或消失时衔铁释放，接点复位。

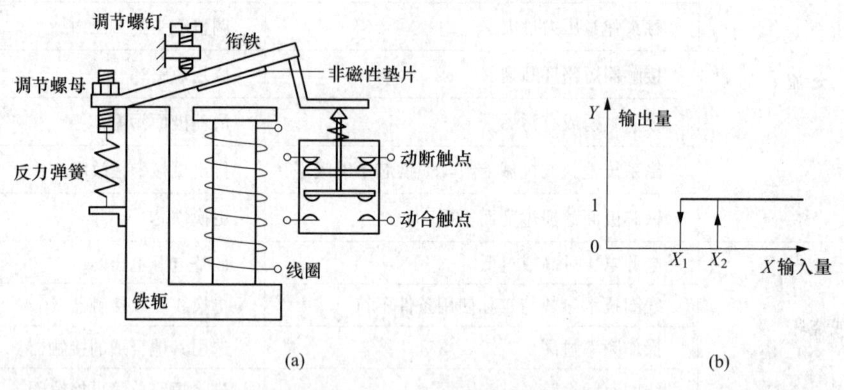

图 2-86　直流电磁式继电器结构示意图

（a）直流电磁式继电器结构示意图；（b）继电器输入-输出特性

（1）电磁式继电器的整定。继电器的吸动值和释放值可以根据保护要求在一定范围内调整，现以图 2-86 所示的直流电磁式继电器为例予以说明。

1）转动调节螺母，调整反力弹簧的松紧程度可以调整动作电流（电压）。弹簧反力越大动作电流（电压）就越大，反之动作电流（电压）就越小。

2）改变非磁性垫片的厚度。非磁性垫片越厚，衔铁吸合后磁路的气隙和磁阻就越大，释放电流（电压）也就越大，反之就越小，而吸引值不变。

3）调节螺钉，可以改变初始气隙的大小。在反作用弹簧力和非磁性垫片厚度一定时，初始气隙越大，吸引电流（电压）就越大，反之就越小，而释放值不变。

(2) 电磁式继电器的特性。继电器的主要特性是输入-输出特性，又称为继电特性，如图 2-86 (b) 所示。

当继电器输入量 X 由 0 增加至 X_2 之前，输出量 Y 为 0。当输入量增加到 X_2 时，继电器吸合，输出量 Y 为 1，表示继电器线圈得电，动合触点闭合，动断触点断开。当输入量继续增大时，继电器动作状态不变。

当输出量 Y 为 1 的状态下，输入量 X 减小，当小于 X_2 大于 X_1 时，Y 值仍不变，当 X 继续减小至小于 X_1 时，继电器释放，输出量 Y 变为 0，若 X 再减小，Y 值仍为 0。

在继电特性曲线中，X_2 称为继电器吸合值，X_1 称为继电器释放值。$k=X_1/X_2$，称为继电器的返回系数，它是继电器的重要参数之一。

返回系数 k 值可以调节，不同场合对 k 值的要求有所不同。例如一，般控制继电器要求 k 值低一些，在 0.1～0.4，这样继电器吸合后，输入量波动较大时不致引起误动作；保护继电器要求 k 值高一些，一般在 0.85～0.9。k 值是一个反映吸力特性与反力特性配合紧密程度的参数，一般 k 值越大，继电器灵敏度越高；k 值越小，灵敏度越低。

2. 电流继电器

电流继电器的输入量是电流，它是根据输入电流大小而动作的继电器。电流继电器的线圈串入电路中，以反映电路电流的变化，其线圈匝数少、导线粗、阻抗小。电流继电器分为过电流继电器和欠电流继电器两种。

(1) 过电流继电器。过电流继电器用于过电流的保护与控制，如起重机电路中的过电流和短路保护。常用的过电流继电器有 JT4、JL12 及 JL14 等系列，其型号含义如图 2-87 所示。

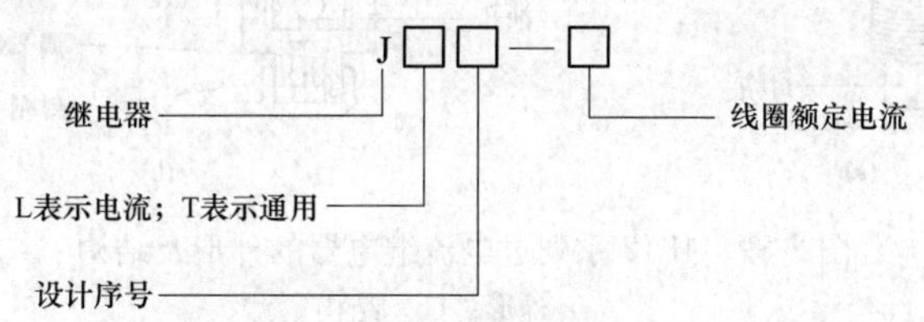

图 2-87 过电流继电器的型号含义

1) JT4 系列过电流继电器。JT4 系列为交流通用继电器，即加上不同的线圈或阻尼圈后便可以作为电流继电器、电压继电器或中间继电器使用。JT4 系列过电流继电器的外形结构和动作原理如图 2-88 所示。它由线圈、圆柱静铁芯、衔铁、触头系统及反作用弹簧等组成。

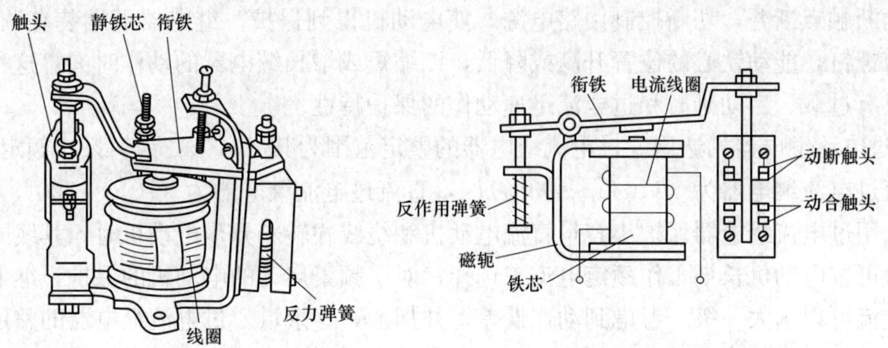

图 2-88 JT4 系列过电流继电器的外形结构及动作原理

过电流继电器的线圈串接在主电路中。当通过线圈的电流为额定值时，它所产生的电磁吸力不足以克服反作用弹簧力，动断触头保持闭合状态；当通过线圈的电流超过整定值后，电磁吸力大于反作用弹簧力，铁芯吸引衔铁使动断触头分断，切断控制回路，使负载得到保护。调节反作用弹簧力，可以整定继电器动作电流值。这种过电流继电器是瞬时动作的，常用于桥式起重机电路中。为了避免它在启动电流较大的情况下误动作，通常把动作电流整定在启动电流的 1.1～1.3 倍，只能用作短路保护。

2）JL12 系列过电流继电器。JL12 系列过电流继电器主要用于绕线式转子异步电动机或直流电动机的过电流保护。其实物图及基本结构如图 2-89 所示。它主要由螺管式电磁系统（主要包括线圈、磁轭、动铁芯、封帽、封口塞）、阻尼系统（主要包括导管、硅油阻尼剂及动铁芯中的钢珠）、触头部分（微动开关）等组成。

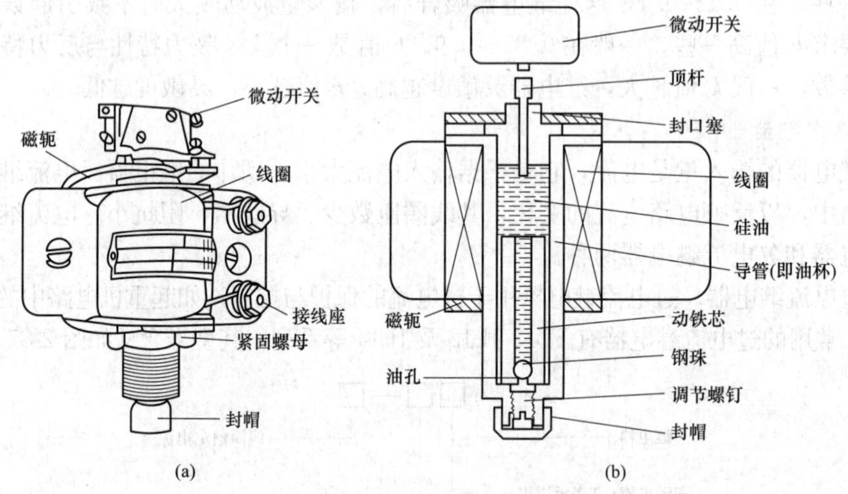

图 2-89　JL12 系列过电流继电器的外形及结构

（a）外形；（b）结构

JT12 与 JT4 系列过电流继电器一样，使用时，其线圈串联在主电路中，而微动开关的动断触点串联在控制回路中。当电动机发生过载或过电流时，电磁系统磁通剧增，导管中的动铁芯受到电磁力作用向上运动，由于导管中盛有硅油作阻尼剂，而且在动铁芯上升时，钢珠将油孔关闭，使动铁芯受到阻尼作用，因而需经一段时间的延迟，才能推动顶杆，将微动开关的动断触点断开，切断控制回路电源，使电动机得到保护。继电器下端装有调节螺钉。拧动调节螺钉，能动铁心的位置升高或降低，以缩短或增长继电器的动作时间。这种过电流继电器具有过载、启动延时和过电流迅速动作的保护特性。

3）过电流继电器的选用。过电流继电器的整定范围为其（110%～400%）额定电流值，其中交流过电流继电器为（110%～400%）I_N，直流过电流继电器为（70%～300%）I_N。

在选用过电流继电器保护小容量直流电动机和绕线式转子异步电动机时，其线圈的额定电流一般可按电动机长期工作额定电流来选择；对于频繁启动的电动机的保护，继电器线圈的额定电流可以选大一级。考虑到动作误差，并加上一定余量，过电流继电器的整定电流值可以按电动机最大工作电流来整定。

（2）欠电流继电器。欠电流继电器用于欠电流保护或控制，如直流电动机励磁绕组的弱磁保护、电磁吸盘中的欠电流保护、绕线式异步电动机启动时电阻的切换控制等。欠电流继电器的动作电流整定范围一般为线圈额定电流的30%～65%。需注意的是，欠电流继电器在电路正常工作时，即电路中电流没有低于规定值时，欠电流继电器处于吸合动作状态，动合触点处于闭合状态，而动断触点处于断开状态；当电路出现不正常现象或故障现象导致电流下降或消失时，继电器中流过的电流小于释放电流而动作，所以欠电流继电器的动作电流为释放电流而不是吸合电流。电流继电器作为保护电器时，其电气图形符号如图2-90所示。

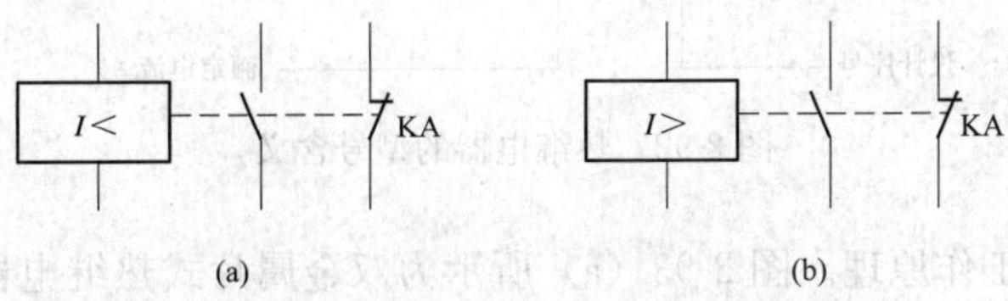

图2-90 电流继电器的电气图形符号

（a）欠电流继电器；（b）过电流继电器

3. 电压继电器

电压继电器的输入量是电路的电压大小，其根据输入电压大小而动作。与电流继电器类似，电压继电器也分为过电压继电器和欠电压继电器（包括零电压继电器）两种。过电压继电器动作电压范围一般为（105%～120%）U_N；欠电压继电器吸合电压动作范围一般为（10%～35%）U_N，释放电压调整范围一般为（7%～20%）U_N；零电压继电器当电压降低至（5%～25%）U_N时动作，它们分别起过电压、欠电压、零电压保护。电压继电器工作时并联在电路中，因此线圈匝数多、导线细、阻抗大，反映电路中电压的变化，用于电路的电压保护。电压继电器常用在电力系统继电保护中，在低压控制电路中使用较少。电压继电器作为保护电器时，其电气图形符号如图2-91所示。

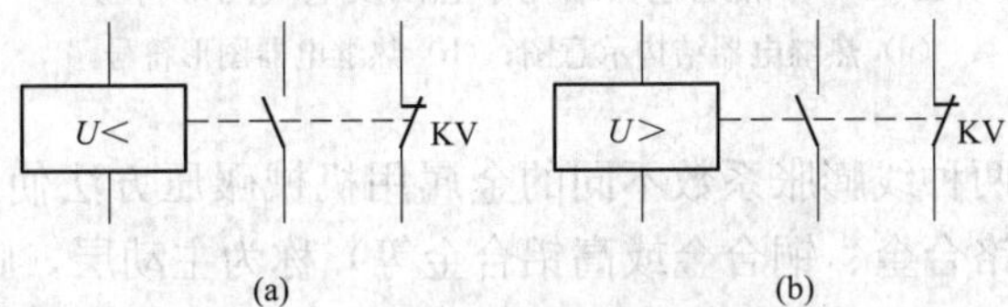

图2-91 电压继电器的电气图形符号

（a）欠电压继电器；（b）过电压继电器

4. 热继电器

热继电器主要用于电气设备（主要是电动机）的过负荷保护。热继电器是一种利用电流热效应原理工作的电器，它具有与电动机允许过载特性相近的反时限动作特性，主要与接触器配合使用，用于对三相异步电动机的过负荷和断相保护。

三相异步电动机在实际运行中，常会遇到因电气或机械原因等引起的过电流（过载和断相）情况。如果过电流不严重，持续时间短，绕组不超过允许温升，这种过电流是允许的；如果过电流情况严重，持续时间较长，则会加快电动机绝缘老化，甚至烧毁电动机，因此，在电动机回路中应设置电动机过热保护装置。常用的电动机过热保护装置种类很多，使用最多、最普遍的是双金属片式热继电器。目前，双金属片式热继电器有两相式与三相式，以及带断相保护和不带断相保护等型式。

与熔断器相比，热继电器动作速度更快，保护功能更为可靠。常用的热继电器有 JR0、JR1、JR2、JR16 等系列，其型号含义如图 2-92 所示。

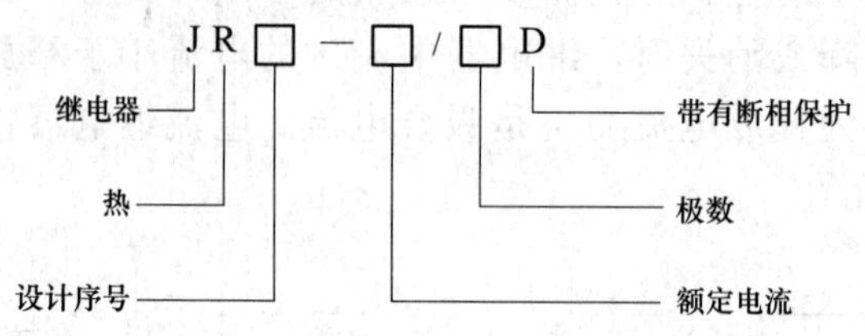

图 2-92 热继电器的型号含义

（1）热继电器的工作原理。图 2-93（a）所示为双金属片式热继电器结构示意图。图 2-93（b）所示是其电气图形符号。由图 2-93 可见，热继电器主要由双金属片、热元件、复位按钮、传动杆、拉簧、调节旋钮、复位螺钉、触点和接线端子等组成。

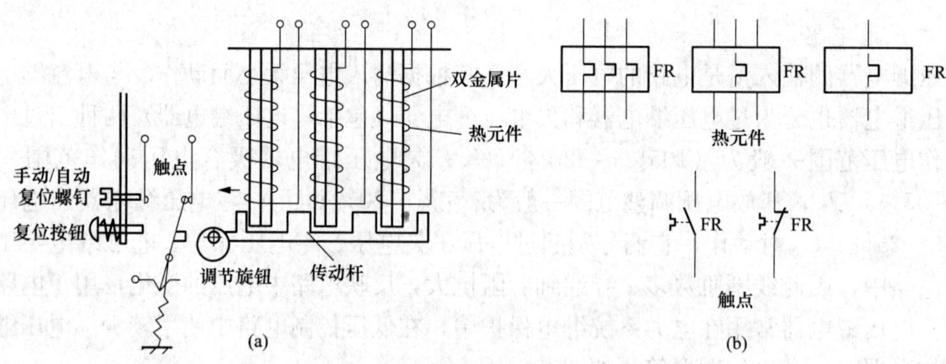

图 2-93 热继电器结构示意图及电气图形符号

（a）热继电器结构示意图；（b）热继电器图形符号

双金属片是一种将两种线膨胀系数不同的金属用机械碾压方法使之形成一体的金属片。膨胀系数大的（如铁镍铬合金、铜合金或高铝合金等）称为主动层，膨胀系数小的（如铁镍类合金）称为被动层。由于两种线膨胀系数不同的金属紧密地贴合在一起，因此当产生热效应时，使得双金属片向膨胀系数小的一侧弯曲，由弯曲产生的位移带动触头动作。

热继电器的热元件一般由铜镍合金、镍铬铁合金或铁铬铝等合金材料制成，其形状有圆丝、扁丝、片状和带材几种。热元件串接于电动机的定子电路中，通过热元件的电流就是电动机的工作电流（大容量的热继电器装有速饱和互感器，热元件串接在其二次回路中）。当电动机正常运行时，其工作电流通过热元件产生的热量不足以使双金属片变形，热继电器不会动作。当电动机发生过电流且超过整定值时，双金属片的因量增大而发生弯曲，经过一定时间后，使触点动作，通过控制电路切断电动机的工作电源。同时，热元件也因失电而逐渐降温，经过一段时间的冷却，双金属片恢复到原来状态。

热继电器动作电流的调节是通过调节旋钮来实现的。调节旋钮为一个偏心轮，旋转调节旋钮可以改变传动杆和动触点之间的传动距离，距离越长动作电流就越大，反之动作电流就越小。

热继电器复位方式有自动复位和手动复位两种。将复位螺钉旋入，使动合的静触点向动触点靠近，这样动触点在闭合时处于不稳定状态，在双金属片冷却后动触点也返回，这样的复位方式为自动复位方式。如将复位螺钉旋出，触点不能自动复位，这样复位方式的为手动复位方式。在手动复位方式下，需在双金属片恢复状态时按下复位按钮才能使触点复位。

(2) 热继电器的选择原则。热继电器主要用于电动机的过载保护，在使用过程中应考虑电动机的工作环境、启动情况、负载性质等因素，具体应按以下几个方面来选择。

1) 根据电动机的额定电流来确定其型号和热元件的电流等级。热继电器的整定电流通常与电动机的额定电流相等；若电动机启动时间较长，或拖动的是冲击性负载，则热继电器的整定电流要稍高于电动机的额定电流；热继电器的动作电流整定值一般为电动机额定电流的1.05～1.1倍。

2) 热继电器结构形式的选择：在三相电压均衡的电路中，一般采用两相结构的热继电器进行保护；在三相电源严重不平衡或要求较高的场合，需要采用三相结构的热继电器进行保护；星形接法的电动机可以选用两相或三相结构的热继电器，三角形接法的电动机应选用带断相保护装置的三相结构热继电器。

3) 对于重复短时工作的电动机（如起重机电动机），由于电动机不断重复升温，热继电器双金属片的温升跟不上电动机绕组的温升，电动机得不到可靠的过载保护。在这种情况下，不宜选用双金属片式热继电器，而应选用过电流继电器或能反映绕组实际温度的温度继电器来进行保护。

5. 时间继电器

时间继电器是一种利用电磁原理或机械动作原理来延迟触头闭合或分断的自动控制电器。其特点是：自吸引线圈得到信号起至触头动作，中间有一段延时。时间继电器一般用于以时间为函数的电动机启动过程控制。

随其工作原理的不同，时间继电器可分为空气阻尼式时间继电器、电动式时间继电器、电磁式时间继电器、电子式时间继电器等。

根据其延时方式的不同，时间继电器又可以分为通电延时型和断电延时型两种。通电延时型时间继电器在获得输入信号后立即开始延时，需待延时完毕，其执行部分才输出信号以操纵控制电路；当输入信号消失后，继电器立即恢复到动作前的状态。而断电延时型时间继电器恰恰相反，当获得输入信号后，执行部分立即有输出信号；而在输入信号消失后，继电器却需要经过一定的延时，才能恢复到动作前的状态。

(1) 空气阻尼式时间继电器。我们以JS7型空气阻尼式时间继电器为例说明其工作原理。空气阻尼式时间继电器是利用空气阻尼原理获得延时的，它主要由电磁机构、延时机构和触头系统三部分组成。电磁机构为直动式双E型铁芯，触头系统借用LX5型微动开关，延时机构采用气囊式阻尼器。空气阻尼式时间继电器可以做成通电延时型，也可改成断电延时型，电磁机构可以是直流的，也可以是交流的，如图2-94所示。

图2-94 (a) 中通电延时型时间继电器为线圈不得电时的情况，当线圈通电后，动铁芯吸合，带动L型传动杆向右运动，使瞬动接点受压，其接点瞬时动作。活塞杆在塔形弹簧的作用下，带动橡胶膜向右移动，弱弹簧将橡胶膜压在活塞上，橡胶膜左方的空气不能进入气室，形成负压，只能通过进气孔进气，因此活塞杆只能缓慢地向右移动，其移动的速度和

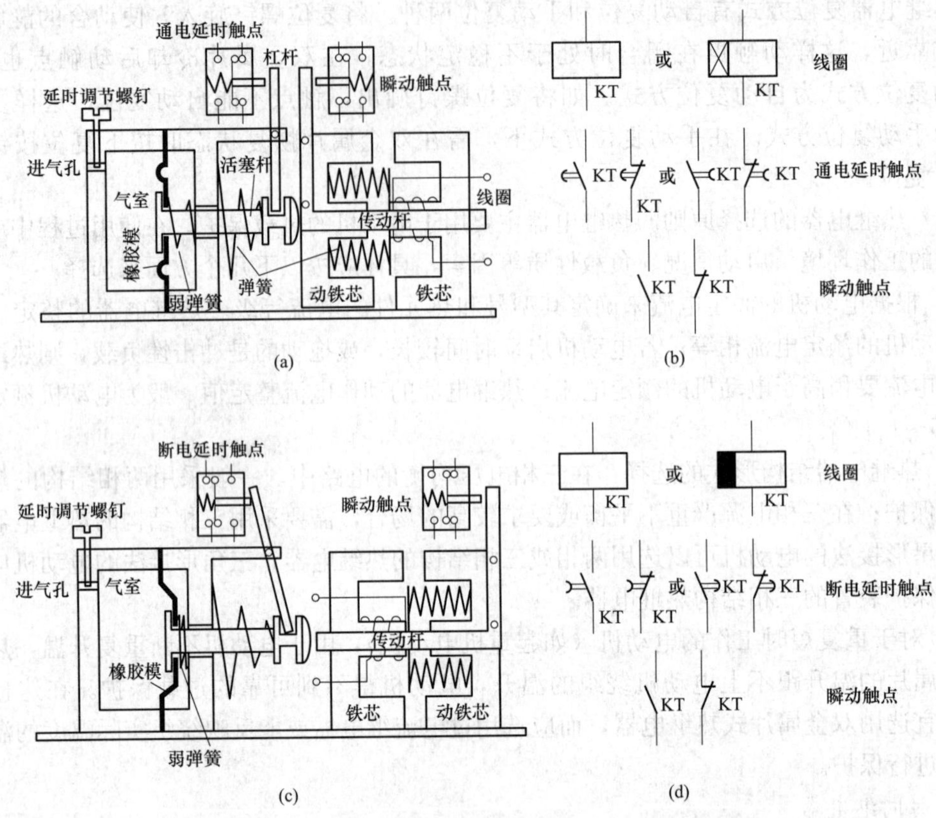

图 2-94　空气阻尼式时间继电器示意图及图形符号

（a）通电延时继电器示意图；（b）通电延时继电器图形符号；
（c）断电延时继电器示意图；（d）断电延时继电器图形符号

进气孔的大小有关（通过延时调节螺钉调节进气孔的大小可改变延时时间）。经过一定的延时后，活塞杆移动到右端，通过杠杆压动微动开关（通电延时触点），使其动断触头断开，动合触头闭合，起到通电延时作用。

当线圈断电时，电磁吸力消失，动铁芯在反力弹簧的作用下释放，并通过活塞杆将活塞推向左端，这时气室内中的空气通过橡胶膜和活塞杆之间的缝隙排掉，瞬动接点和延时接点迅速复位，无延时。

如果将通电延时型时间继电器的电磁机构反向安装，就可以改为断电延时型时间继电器，如图 2-94（c）所示。线圈不得电时，塔形弹簧将橡皮膜和活塞杆推向右侧，杠杆将延时接点压下（注意：原来通电延时的动合触点现在变成了断电延时的动断触点了，原来通电延时的动断触点现在变成了断电延时的动合触点），当线圈通电时，动铁芯带动 L 型传动杆向左运动，使瞬动接点瞬时动作，同时推动活塞杆向左运动，如前所述，活塞杆向左运动不延时，延时接点瞬时动作。线圈失电时动铁芯在反力弹簧的作用下返回，瞬动触点瞬时动作，延时接点延时动作。

时间继电器线圈和延时接点的电气图形符号都有两种画法，其线圈中的延时符号可以不画，接点中的延时符号可以画在左边也可以画在右边，但是圆弧的方向均不能改变，如图 2-94（b）和图 2-94（d）所示。

空气阻尼式时间继电器的优点是结构简单、延时范围大、寿命长、价格低廉，且不受电源电压及频率波动的影响；其缺点是延时误差大、无调节刻度指示，一般适用于延时精度要求不高的场合。常用的产品有JS7-A、JS23等系列，其中JS7-A系列的主要技术参数为延时范围，分0.4～60s和0.4～180s两种，操作频率为600次/h，触头容量为5A，延时误差为±15%。在使用空气阻尼式时间继电器时，应保持延时机构的清洁，防止因进气孔堵塞而使其失去延时作用。

(2) 电动式时间继电器。常用的电动式时间继电器有JS11型，它也有通电延时和断电延时两种，其型号含义如图2-95所示。

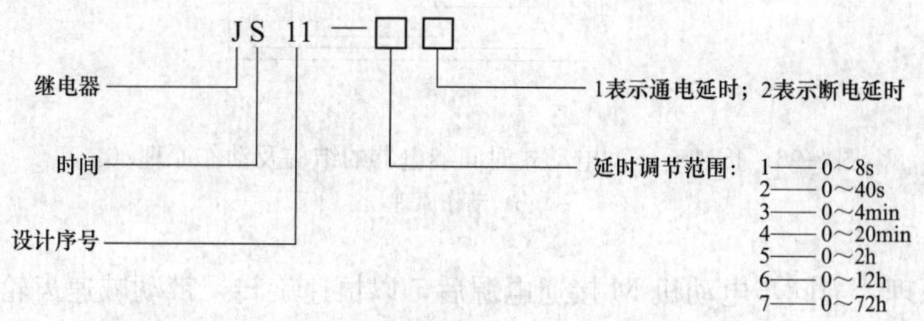

图2-95　JS11型电动式时间继电器的型号含义

1) 基本结构。JS11-□1型电动式时间继电器的结构及动作原理如图2-96所示。它主要由同步电动机M，减速齿轮系Z，差动齿轮Z1、Z2、Z3（棘齿），棘爪H，离合电磁铁I，触头C，脱扣机构Ca，凸轮L，复位游丝F等组成。

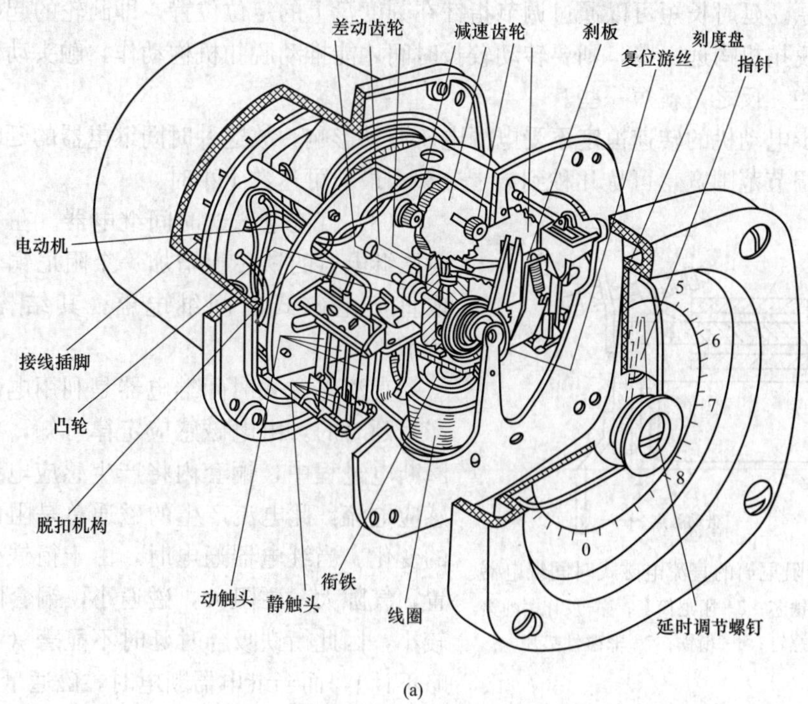

图2-96　JS11-□1型电动式时间继电器的结构及动作原理（一）

(a) 结构

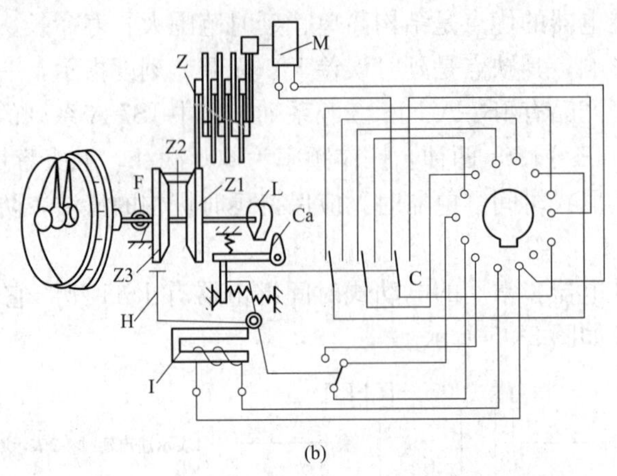

图 2-96　JS11-□1 型电动式时间继电器的结构及动作原理（二）
（b）动作原理

2）工作原理。当同步电动机 M 接通电源后，以恒速旋转，带动减速齿轮系 Z 与差动齿轮组 Z1、Z2、Z3 一起转动。这时，差动齿轮 Z1 与 Z3 在轴上空转且方向相反，Z2 在另一轴上空转，而转轴不转。若要触头延时动作，则需接通离合电磁铁 I 线圈的电源，使它吸引衔铁，并通过棘爪 H 将 Z3 刹住不转，而使转轴带动指针和凸轮 L 逆向旋转，当指针转到“0”值时，凸轮 L 推动脱扣机构 Ca，使延时触头 C 动作，同步电动机便因动断触头 C 延时断开而脱离电源停转。若要复原，则将电磁铁线圈电源断开，指针在复位游丝的作用下，顺时针旋转复原。延时长短可以通过调节指针在刻度盘上的定位位置，即凸轮的起始位置而获得。凸轮离脱扣机构远一些，则要转动较长时间才能推动脱扣机构动作，触头动作所需要的时间就长一些。反之，就短一些。

由于同步电动机的转速恒定不受电源电压波动影响，故这种时间继电器的延时精确度较高，且延时调节范围宽，可从几秒到数十分钟，最长可达数十小时。

（3）直流电磁式时间继电器。在直流电磁式电压继电器的铁芯上增加一个阻尼铜套，即可构成直流电磁式时间继电器，其结构如图 2-97 所示。

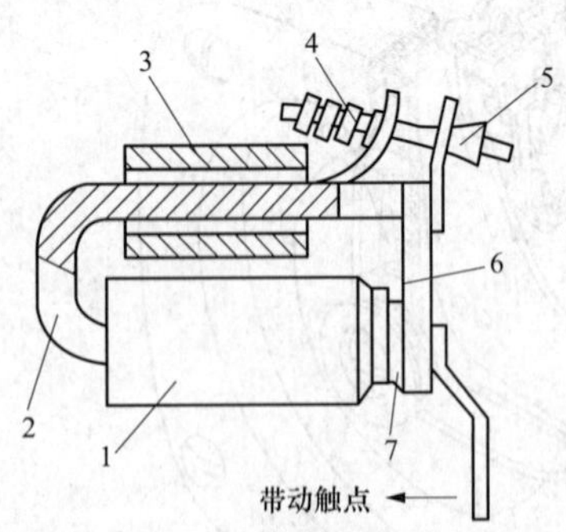

图 2-97　带阻尼筒的直流电磁式时间继电器
1—线圈；2—铁芯；3—阻尼筒套；4—反作用弹簧；5—调节螺钉；6—衔铁；7—非磁性垫片

直流电磁式时间继电器是利用电磁阻尼原理产生延时的。由电磁感应定律可知，在继电器线圈断电过程中，铜套内将产生感应电势，并流过感应电流，此电流产生的磁通总是阻碍原来磁通的变化。当继电器通电时，由于衔铁处于释放位置，气隙大，磁阻大，磁通小，铜套阻尼也相对较小，因此衔铁吸合时延时不显著（一般可以忽略不计），而当继电器断电时，磁通量变化大，铜套阻尼作用也大，使衔铁延时释放而起到延时作用。因此，这种时间继电器仅作为断电延时使用。

直流电磁式时间继电器延时较短，JT3 系列最长不超过 5s，而且准确度较低，一般只用于要求不高的场合，如电动机的延时启动等。

（4）电子式时间继电器。电子式时间继电器在时间继电器中已得到越来越多的应用，电子式时间继电器是采用晶体管或集成电路和电子元件等构成的，目前已有采用单片机控制的时间继电器。电子式时间继电器具有延时范围广、精度高、体积小、耐冲击和耐振动、调节方便以及寿命长等优点，所以它发展迅速，应用广泛。

半导体时间继电器的输出形式有两种：有触点式和无触点式。前者是用晶体管驱动小型电磁式继电器，后者是采用晶体管或晶闸管输出。

近年来随着微电子技术的发展，采用集成电路、功率电路和单片机等电子元件构成的新型时间继电器大量面市。例如，DHC6 多制式单片机控制时间继电器，J5S17、J3320、JSZ13 等系列大规模集成电路数字时间继电器；J5145 等系列电子式数显时间继电器，J5G1 等系列固态时间继电器等。图 2-98 所示为 JS 系列时间继电器的实物图。

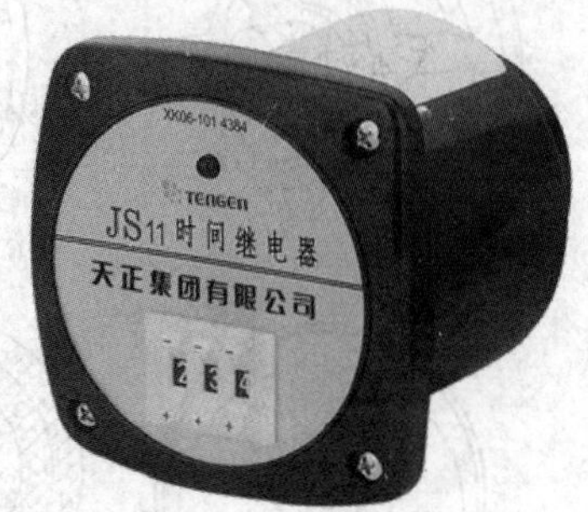

图 2-98　JS14A 和 JS11 时间继电器实物图

DHC6 多制式单片机控制时间继电器是为适应工业自动化控制水平越来越高的要求而生产的。多种制式时间继电器可以使用户根据需要选择最合适的制式，使用简便方法达到以往需要比较复杂的接线才能达到的控制功能。这样既节省了中间控制环节，又大大提高了电气控制系统的可靠性。DHC6 多种制式时间继电器采用单片机控制，LCD 显示，具有九种工作制式，正计时、倒计时任意设定，八种延时时段，延时在 0.01s～999.9h 任意设定、键盘操作，设定完成后即可锁定按键，防止误操作。它可以按要求任意选择控制模式，使控制电路既简单又可靠。

J5S17 系列时间继电器主要由大规模集成电路、稳压电源、拨动开关、四位 LED 数码显示器、执行继电器及塑料外壳等部分组成。它采用 32kHz 石英晶体振荡器，安装方式有面板式和装置式两种，可以根据需要选择。装置式 J5S17 系列时间继电器的插座可用 M4 螺钉固定在安装板上，也可以安装在标准 35mm 安装导轨上。

J5S20 系列时间继电器是采用四位数字显示的小型电子式时间继电器，它采用晶体振荡作为时基基准，采用大规模集成电路技术，不但可以实现长达 9999h 的长延时，还可以保证其延时精度。配用不同的安装插座及附件，它可以采用面板安装、35mm 标准安装导轨安装及螺钉安装等多种安装形式，以用于不同的应用场合。

（5）时间继电器的选用。选用时间继电器时应注意以下几个方面。

1）其线圈（或电源）的电流种类和电压等级应与控制电路相同。

2）按控制要求选择延时方式（通电延时还是断电延时）和触点型式。

3）校核触点数量和容量，若不够时，可用中间继电器进行扩展。

4）根据不同的使用条件选择既经济又满足使用要求的时间继电器。

6. 速度继电器

速度继电器又称反接制动继电器，它的作用是与接触器配合，实现对电动机的反接制动。目前，控制线路中常用的速度继电器有 JY1 和 JFZ0 系列。下面以 JY1 系列速度继电器为例讲述其基本结构与工作原理。

（1）基本结构。JY1 系列速度继电器的外形及结构如图 2-99 所示。它主要由永久磁铁制成的转子、用硅钢片叠成的铸有笼形绕组的定子、支架、胶木摆杆和触头系统等组成，其中转子与被控电动机的转轴相联结。

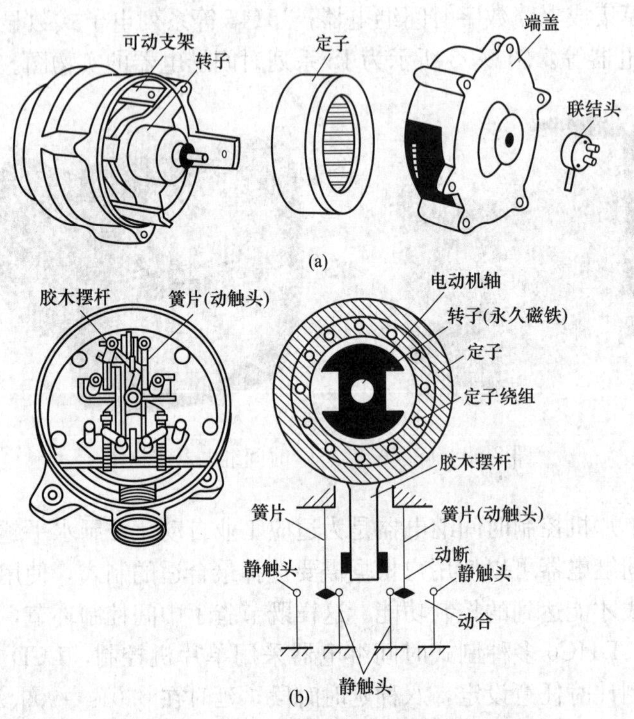

图 2-99　JY1 系列速度继电器外形及结构

（a）外形；（b）结构

（2）工作原理。由于速度继电器与被控电动机同轴联结，因此当电动机制动时，因惯性使其继续旋转，从而带动速度继电器的转子一起转动。该转子的旋转磁场在速度继电器定子绕组中感应出电动势和电流，由左手定则确定。此时，定子受到与转子转向相同的电磁转矩的作用，使定子和转子沿着同一方向转动。定子上固定的胶木摆杆也随之转动，推动簧片（端部有动触头）与静触头闭合（根据轴的转动方向而定）。静触头又起挡块作用，限制胶木摆杆继续转动。因此，转子转动时，定子只能转过一个不大的角度。当转子转速接近于零（低于 100r/min）时，胶木摆杆恢复原来状态，触头断开，切断电动机的反接制动电路。

速度继电器的动作转速一般不低于 300r/min，复位转速约在 100r/min 以下。在使用过程中，应将速度继电器的转子与被控制电动机同轴连接，而将其触头（一般情况下，用动合触头）串联在控制电路中，通过控制接触器来实现反接制动。

7. 中间继电器

中间继电器一般用来控制各种电磁线圈使信号得到放大，或将信号同时传给几个控制元件，也可以代替接触器控制额定电流不超过 5A 的电动机控制系统。

常用的交流中间继电器有 JZ7 系列，直流中间继电器有 JZ12 系列，交、直流两用的中间继电器有 JZ18 系列，其型号含义如图 2-100 所示。

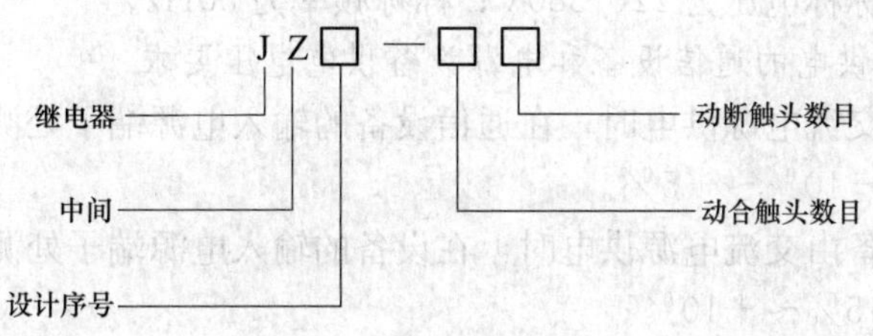

图 2-100　中间继电器的型号含义

中间继电器的工作原理与一般小型交流接触器基本相同，如图 2-101（a）所示。其电气图形符号如图 2-101（b）所示。但其触头没有主、辅之分，每对触头允许通过的电流大小相同。其触头容量与接触器的辅助触头差不多，其额定电流一般为 5A。中间继电器实质上是一种电压继电器，它是根据输入电压的有或无而动作的，其触点的对数较多（一般为四动合触点和四动断触点）、体积小，动作灵敏度高。选用中间继电器时，主要依据控制电路的电压等级送用，同时还要考虑所需触点（头）的数量、种类及容量是否满足控制线路的要求。

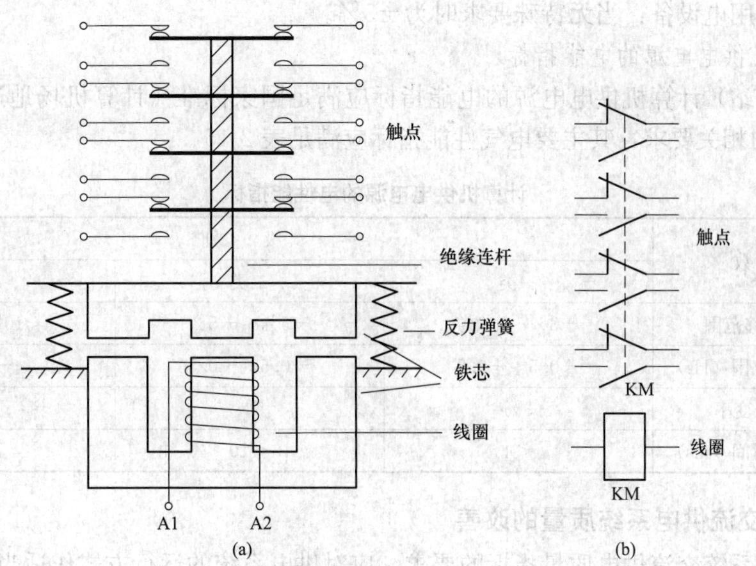

图 2-101　中间继电器的结构及其电气图形符号
（a）中间继电器示意图；（b）中间继电器图形符号

2.5 交流供电系统的质量及其改善

衡量电能质量的主要指标是电网频率和电压质量。频率质量指标为频率允许偏差；电压质量指标包括允许电压偏差、允许波形畸变率（谐波）、三相电压允许不平衡度以及允许电压波动和闪变等。

2.5.1 交流供电系统的质量

通信交流供电的标称电压为220/380V；标称频率为50Hz。

1. 交流电源直接供电的通信设备和电源设备供电电压要求

(1) 通信设备由交流电源供电时，在通信设备的输入电源端子处测量的电压，允许变动范围为额定电压值的－10%～＋5%。

(2) 通信电源设备由交流电源供电时，在设备的输入电源端子处测量的电压允许变动范围为额定电压值的－15%～＋10%。

(3) 当市电电压不能满足上述规定电压或通信设备对电压有更高要求时，应采用调压或稳压设备以满足设备达到电压允许范围的要求。

(4) 交流电源的供电频率允许变化范围为额定值的±4%；电压波形畸变率应小于或等于5%。

2. 通信局（站）建筑用电设备端子处电压允许偏差值

(1) 一般电动机：额定的电压的±5%。

(2) 电梯电动机：额定电压的±7%。

(3) 照明：一般工作场合为±5%；视觉要求较高的屋内为额定电压的－2.5%～＋5%；其他难以满足的场合为－10%～＋5%。

(4) 其他用电设备：当无特殊要求时为±5%。

3. 计算机供电电源的电能指标

通信局（站）计算机供电电源的电能指标应满足国家标准《计算机场地通用规范》GB 2887—2011的相关要求，其主要电气性能指标应满足表2-15。

表2-15 计算机供电电源的电性能指标

电性能参数	级别		
	一类	二类	三类
稳态电压偏移范围	－3%～＋3%	－5%～＋5%	－10%～＋10%
稳态频率偏移范围（Hz）	－0.5～＋0.5	－0.5～＋0.5	－1～＋1
电压波形畸变率	3%	5%	10%
允许断电持续时间（ms）	<4	<20	不要求

2.5.2 交流供电系统质量的改善

为了满足系统交流供电质量指标的要求，应对供电系统的运行方式作适当调整。

1. 尽量减小电压偏差

根据通信局（站）引入市电供电线路电压的波动范围，合理选择变压器的变压比和电压分接开关。

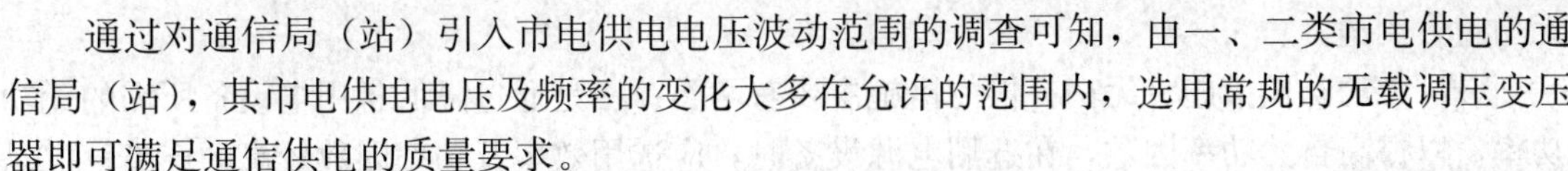

通过对通信局（站）引入市电供电电压波动范围的调查可知，由一、二类市电供电的通信局（站），其市电供电电压及频率的变化大多在允许的范围内，选用常规的无载调压变压器即可满足通信供电的质量要求。

对于比较偏远的通信局（站），由于市电供电的电压波动较大，因此需采取必要的调压措施，如配置有载调压变压器、三相电力稳压器或调压器等。

在实际工程中，通常采取的措施是配置三相电力稳压器，该类设备占地面积小，便于维护，故障率低；输入电压范围宽，一般可达±30%；输出电压稳压精度高，可以实现无级调压。选用调压设备时应注意以下问题。

（1）无载调压。

1）对于油浸式变压器，应选用三级无载分接调压开关。这类调压开关有三个可调位置：0、+5%、-5%。变压器在出厂时，调压开关设置在 0 位，用户需根据市电电压的高、低进行相应的设置。

2）对于干式变压器，应选用五级无载分接的调压开关。这类调压开关有 5 个可调的位置，即 10kV±2×2.5%另加零位。变压器在出厂时，调压开关设置在 0 位，用户需根据市电电压的高、低进行相应的设置。

对于配置多台变压器的通信局（站），各台变压器的无载分接调压开关应调在同一级上，以防并联运行的变压器由于其线电压、变压比不同，产生很大的环流而烧损变压器。

（2）有载调压。有载调压变压器有油浸和干式两种，两种有载调压变压器的选用应根据变压器所安装在场所确定，选型时应考虑以下问题。

有载调压变压器的分接调压开关有 9 个可调位置，即 10kV±4×2.5%另加零位。

某些通信局（站）站址偏远，受地方供电部门建设专线供电容量限制，站用市电电源只能从公用的架空线路上 T 接引入，低谷供电期电压性能指标严重超标，供电质量差。即使采用有载调压变压器，也很难满足通信设备的供电要求。为此，电压过高的通信局（站）可将有载调压开关的调压范围改为 10kV-2×2.5%～+6×2.5%，或将变压器的调压范围由 10kV±4×2.5%改为 9.5kV±4×2.5%。即将有载开关的 0 位设定在 9.5kV，以达到降低电压的目的。

虽然供电系统加装调压设备后使系统损耗增加，效率变低，但对某些市电供电质量很差的通信局（站），采用二级调压减小电压偏差，还是提高交流供电质量的有效途径。

2. 尽量使三相负荷平衡

低压三相交流配电线路中单相负荷较多时，如果三相负荷分配不平衡，系统电能损耗会变大，变压器的容量也将得不到充分利用。为降低电能损耗，提高供电质量，除低压供电系统采用三相五线制配电外，还应对站内的单相负荷进行合理的分配，尽量做到三相均衡。

3. 合理补偿系统无功功率

提高系统功率因数，可以减小线路导线截面和电源容量的选择，减少线路中的电压损耗及电压波动，从而提高供电质量。

国家标准《全国供用电规则》中明确要求：无功电力应就地平衡。高压供电装有带负荷调整电压装置的电力用户，功率因数应达到 0.9 以上。电力用户应在提高用电自然功率因数的基础上，设计和装置无功补偿设备，并做到随其负荷和电压的变动及时投入或切除，防止无功电力倒送。

（1）无功补偿措施。无功补偿的措施主要有两类：一是通过降低各用电设备所需的无功功率，以提高自然功率因数，在选用电源设备时，应选用效率及功率因数较高的产品；二是采取无功功率补偿的方式提高功率因数。无功功率补偿通常采用静电电容器作为补偿装置，一般分为个别、分组和集中三种方式。

个别补偿通常用于低压回路，电容器直接并接在用电设备近端。其优点在于设备的无功功率得到了充分的补偿，同时减少了配电线路及变压器的无功负荷，相应提高了线路及变压器有功功率的利用。无功功率的个别补偿效果最为理想。个别补偿的不足之处在于投资大、利用率低，个别场所环境比较恶劣，为此个别补偿只适用于运行时间较长、容量较大、负荷平稳、供电线路远的设备。

分组补偿的电容器并接在各用电机房低压配电屏的配电母线上，采用这种补偿方式，其静电电容器的利用率较高，但只能减少供电线路及变压器中的无功负荷，而配电线路中的无功负荷没有得到补偿。

集中补偿是将静电电容器并接在通信局（站）变压器的低压侧。由于这种补偿能使通信局（站）主变压器的视在功率减小，从而使主变压器的容量可以选得较小，因此也具有相当的经济性，而且这种补偿的低压电容器柜就安装在低压配电室内，运行维护方便，因此这种补偿方式在通信局（站）供电系统中普遍应用。

在变压器高压侧进行的集中无功补偿方式，在通信局（站）通供电系统中应用极少。一方面是高压集中补偿占用机房面积大，需串接电抗器减少合闸冲击浪涌电流，维护不便；同时高压电容对过电压很敏感，油浸式电力电容器很容易引起爆炸。

（2）无功补偿的安装容量。无功补偿电容器的安装容量 ΔQ（kvar）可按下式计算

$$\Delta Q = P\left(\sqrt{\frac{1}{\cos^2\varphi_1}-1}-\sqrt{\frac{1}{\cos^2\varphi_2}-1}\right) \tag{2-13}$$

式中　P——负荷容量；

$\cos\varphi_1$、$\cos\varphi_2$——补偿前和补偿后的功率因数值。

选用无功功率补偿装置时，应先按上式求出所需的补偿电容器组的容量，选取容量与计算值相近的产品。

（3）成套无功补偿装置。无功功率补偿装置是能根据系统负荷的功率因数值、以 10～60s 的时间间隔自动地投切电容器组、使系统的无功功率消耗维持在最低值的一种电工装置。采用无功功率补偿装置一般可以使电网的功率因数长期保持在 0.95 以上，从而降低变压器乃至整个供电系统的功率损耗，最终达到节约能源、降低成本和提高电网供电质量的目的。

目前成套无功补偿装置的代表性产品主要是 PGJ1 型无功功率自动补偿屏。它主要由控制器、电容器组及其投切装置等组成。控制器中的相位检测单元测量主电路的电压与电流之间的相位差，后者与设定的功率因数值进行比较，通过比较取出的信号经放大后，输送到延时电路，然后再由执行单元输出“投”、“切”指令，使主电路（见图 2-102）中的投切装置（一般为接触器）相应地动作，投入或切除部分电容器组。

针对电容器组投入时将出现较大涌流的情况，在主电路中设有电抗器（使用专用 CJ16 系列交流接触器时，可不设电抗器）。线路中的灯泡是供电容器放电用的。整个装置还设有

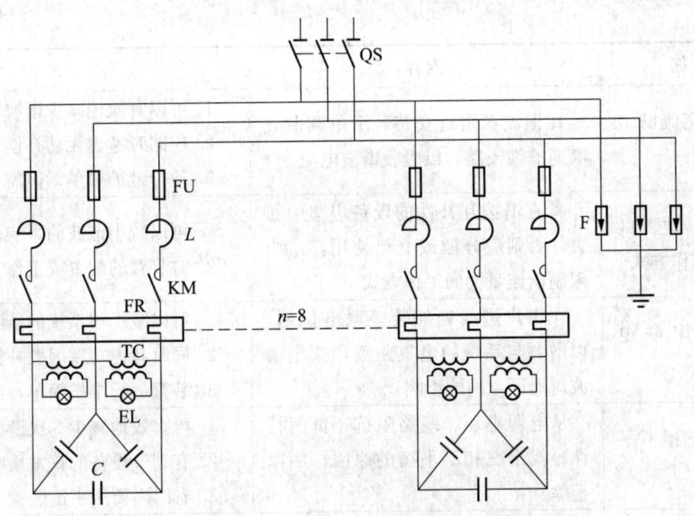

图 2-102　无功功率补偿装置中的主电路

过电压保护和过载（包括短路）保护，而接触器又可以提供失压保护功能。

根据需要，装置可以采用手动或自动两种控制方式。电容器组的投切采取循环方式，以保证各接触器、电容器操作次数均衡，从而延长其使用期限。

PGJ 系列无功功率自动补偿屏有主屏和辅屏两种形式。主屏含有控制器，一台主屏可与 1～3 台辅屏组合，其总容量范围为 84～480kvar。投切方式有 6 步及 8 步两种，每步投入的 kvar 数由 14kvar 直至 84kvar 不等。产品的额定电压为 400V（50Hz），当电网电压超过 1.1 倍额定电压时，由氧化锌避雷器吸收过电压，同时将电容器切除。当电容器电路电流超过额定电流的 130%时，装置能可靠地切除电容器，而在采用电抗器时，能将涌流限制在 50 倍额定电流以下。电容器放电装置在放电 60s 后，其剩余电压小于 50V。

自动补偿屏的屏体有 1000mm×2200mm×600mm 和 800mm×2200mm×600mm 两种规格，共顶部装设母线。屏面上部为仪表部分（装有电能表、转换开关和控制器等），中间为操作部分（装刀开关操作手柄），下部前面是保护电器和控制电器、后面为电容器组。

4. 抑制谐波的产生

为保证供电质量，防止谐波对电网及各种电力设备的危害，除对发、供、用电系统加强管理外，还须采取必要措施抑制谐波。这应该从两方面来考虑：①产生谐波的非线性负荷；②受危害的电力设备和装置。这些应该相互配合，统一协调，作为一个整体来研究，减小谐波的主要措施见表 2-16。实际措施的选择要根据谐波达标的水平、效果、经济性和技术成熟度等综合比较后确定。

表 2-16　　**减小谐波的主要措施**

序号	名 称	内容	评　价
1	增加换流装置的脉动数	改造换流装置或利用相互间有一定移相角的换流变压器	1. 可以有效地减少谐波含量； 2. 换流装置容量应相等； 3. 使装置复杂化

续表

序号	名称	内容	评价
2	加装交流滤波装置	在谐波源附近安装若干单调谐或高通滤波支路，以吸收谐波电流	1. 可以有效地减少谐波含量； 2. 应同时考虑无功补偿和电压调整效应； 3. 运行维护简单，但需专门设计
3	改变谐波源的配置或工作方式	具有谐波互补性的设备应集中布置，否则应分散或交错使用，适当限制谐波量大的工作方式	1. 可以减小谐波的影响； 2. 对装置的配置或工作方式有一定的要求
4	加装串联电抗器	在用户进线处加装串联电抗器，以增大与系统的电气距离，减小谐波对地区电网的影响	1. 可以减小与系统的谐波相互影响； 2. 同时考虑功率因数补偿和电压调整效应； 3. 装置运行维护简单，但需专门设计
5	改善三相不平衡度	从电源电压、线路阻抗、负荷特性等找出三相不平衡的原因，加以消除	1. 可有效地减少3次谐波的产生； 2. 有利于设备的正常用电，减小损耗； 3. 有时需要用平衡装置
6	加装静止无功补偿装置（或称动态无功补偿装置）	采用TCR、TCT或SR型静补装置时，其容性部分设计成滤波器	1. 可以有效地减少波动谐波源的谐波含量； 2. 有抑制电压波动、闪变、三相不对称和无功补偿的功能； 3. 一次性投资较大，需专门设计
7	增加系统承受谐波能力	将谐波源改由较大容量的供电点或由高一级电压的电网供电	1. 可以减小谐波源的影响； 2. 在规划和设计阶段考虑
8	避免电力电容器组对谐波的放大	改变电容器组串联电抗器的参数，或将电容器组的某些支路改为滤波器，或限制电容器组的投入容量	1. 可以有效地减小电容器组对谐波的放大并保证电容器组安全运行； 2. 需专门设计
9	提高设备或装置抗谐波干扰能力，改善抗谐波保护的性能	改进设备或装置性能，对谐波敏感设备或装置采用灵敏的保护装置	1. 适用于对谐波（特别是暂态过程中的谐波）较敏感的设备或装置； 2. 需专门研究
10	采用有源滤波器、无源滤波器等新型抑制谐波的措施	逐步推广应用	目前还仅用于较小容量谐波源的补偿，造价较高

习题与思考题

1. 试从电力系统的角度描述通信用电能产生、传输、变换、分配和使用的全过程。

2. 为什么通信供电的高压进线配电电压一般采用10kV?

3. 小电流接地电力系统和大电流接地电力系统各指电源中性点为哪些运行方式的电力系统？小电流接地电力系统在发生一相接地时，各相对地电压如何变化？这时为何可以允许暂时继续运行，但又不允许长期运行？

4. 低压配电系统中的中性线（N）和公共保护线（PE）各有什么功能？并分别解释TN-C系统、TN-S系统和TN-C-S系统。

5. 某10kV电网，架空线路总长度70km。电缆线路总长度15km。试估算此中性点不接地的电力系统发生单相接地时的接地电容电流，并判断此系统的中性点需不需要改为经消弧线圈接地的运行方式。

6. 通信电力网中常用的高压一次设备有哪些？

7. 试描述高压隔离开关中磁锁装置的作用原理。

8. 什么是冶金效应？为什么室内高压熔断器具有线路限流分断能力？

9. 试分析电流互感器及电压互感器典型接线的工作原理及适用场合。

10. 通信用电力变压器常用的分类方法有哪些？

11. 三相电力变压器的工作原理如何？其变压比和绕组匝数比有何关系？

12. 电力变压器典型的结构组成包括哪几个部分？各部分的功能如何？

13. 与油浸式电力变压器相比，干式变压器有何主要特点？在结构组成上有什么变化？

14. 电力变压器的型号含义是如何规定的？其铭牌参数各有何具体的含义？

15. 三相变压器联结组别的时钟表示法含义为何？通信电力网中常用电力变压器的联结组别是什么？有何特点？使用中应注意什么问题？

16. 通信用变压器工程选用中主要考虑什么因素？其并列运行必须满足什么样的条件？

17. 高压电流互感器一般有两个绕组，各作什么用途？

18. 简述互感器使用的注意事项。

19. 常用的低压熔断器有哪些类型？

20. 闸刀开关在安装时，为什么不能倒装？如果将电源线接在闸刀下端，有什么问题？

21. 简述插入式、螺旋式、填料封闭管式熔断器的基本结构及各部分作用。并说明怎样选用熔断器？

22. 简述低压断路器的基本结构与工作原理。

23. 简述选用漏电保护器的注意事项。

24. 按钮由哪几部分组成？按钮的作用是什么？

25. 行程开关主要由哪几部分组成？它有什么作用？

26. 试描述万能转换开关的主要结构及用途。

27. 交流接触器与直流接触器是根据什么划分的？相对交流接触器，直流接触器在结构上有哪些不同？

28. 交流接触器由哪几大部分组成？说明各部分的作用。

29. 简述交流接触器的工作原理并画出其电气图形符号。

30. 交流接触器在衔铁吸合前的瞬间，为什么会在线圈中产生很大的冲击电流？直流接触器会不会出现这种现象？为什么？

31. 简述选用接触器的注意事项。

32. 交流接触器在运行中有时在线圈断电后，衔铁仍掉不下来，电动机不能停止，这时应如何处理？故障原因在哪里？应如何排除？

33. 一个继电器的返回系数 $K=0.85$，吸合值为100V，问释放值为多少？

34. 热继电器的保护特性是什么？画出热继电器的电路符号。

35. 简述热继电器的基本结构与工作原理。为什么热继电器不能对电路进行短路保护？

36. 空气阻尼式时间继电器主要由哪几部分组成？说明其延时原理。

37. 简述时间继电器的工作原理。

38. 请画出时间继电器的延时断开和延时闭合电路符号。

39. 速度继电器主要由哪几部分组成？简述其工作原理。说明它在什么情况下使用。

40. 中间继电器由哪几部分组成？它在电路中主要起什么作用？

41. 电压、电流继电器各在电路中起什么作用？它们的线圈如何接入电路？

42. 时间继电器和中间继电器在控制电路中各起什么作用？如何选用时间继电器和中间继电器？

43. 电动机的启动电流很大，当电动机启动时，热继电器会不会动作？为什么？

44. 对交流低压配电设备的技术要求有何规定？

45. 通信用交流供电系统的基本构成如何？通信用交流电能质量指标有何具体规定？提高电能质量指标的常用措施有哪些？

第3章

直 流 供 电 系 统

在通信局（站）中，一般把交流市电或发电机组产生的电能作为输入能源，经整流后向各种通信设备以及二次变换电源设备或装置提供直流电能的电源称为直流电源。直流电能也可以由太阳能电池、化学电池（电源）和热电装置等设备产生。

3.1　直流供电基础

通信局（站）直流供电系统主要由整流设备、直流配电柜（屏）和蓄电池组等按要求组合而成，为通信设备提供直流电能。目前，直流供电系统输出电压主要为－48V，只有一些长途光缆中继站和少数进口设备还采用－24V 供电，240V 和 380V 高压直流供电系统正在中国电信、中国移动、中国联通等部分通信局（站）试运行。

3.1.1　电压等级

直流电源的电压等级有很多，如有 3V、5V、12V…440V 等。一般 3V、5V 和 12V 电压用于集成电路的供电；24V、48V、60V、240V 和 380V 等用于通信设备供电；110V 和 220V 用于变电室高压开关合闸电源使用；270V 和 440V 用于为 UPS 逆变器供电。

按照传统的使用方式，通信设备供电电压大都采用 48V、24V 和 60V 三种。通常将直接向通信设备供电，同时又可以对直流换流设备供电的直流电源称为直流基础电源。－48V、－24V 和－60V 是三种常用的直流基础电源电压等级，其中－24V 和－60V 制式已趋于淘汰。

YD/T 1051—2010《通信局（站）电源系统总技术要求》规定，通信局（站）用直流基础电源的首选电源电压为－48V。如有其他直流电压要求的，应设置直流—直流变换器。过渡期暂时保留的电源电压为－24V，该电压等级的电源一般不再扩容，直至这些设备停止使用。对于新建的通信局（站），原则上只提供－48V 的直流基础电源，进入通信网的交换设备必须采用－48V 的电源电压。对于传输设备，若没有特殊情况，也应采用－48V 的电源。这种“－”号的基础电压，是指电源正馈线接地，作为 0V 参考电位，负馈线接熔断器后，与机架电源或负载连接。为了提高供电系统的可靠性，240V 高压直流供电系统正在逐步推广应用。

3.1.2　系统组成

组成直流基础电源的设备主要包括整流器、蓄电池组、直流配电柜等。

除直流基础电源外，通信电源还有一次变换电源、直流逆变电源等形式。一次电源其实就是直流—直流变换器，它把直流基础电源的电压变换为交换机或其他通信设备适用的电压等级（如+24V、±12V、±5V、±3V等）；直流—交流逆变器则给需要提供交流电源的通信设备提供多种电压等级的交流电源。

典型的直流供电系统框图如图3-1所示。

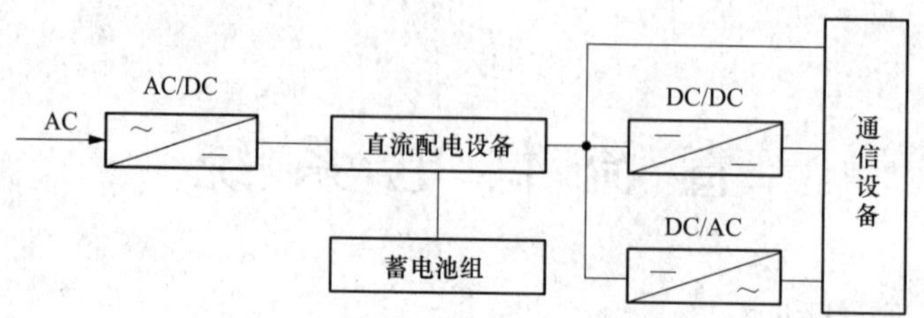

图3-1　通信用直流供电系统框图

3.1.3　供电方式

不同的通信局（站）情况不同，条件各异，其直流供电系统的组成也不尽相同。但要保证通信不中断，就必须确保连续优质的电能供给，蓄电池组因其特有的保障作用，几乎成为直流供电系统必不可少的组成部分。直流供电系统的供电方式主要有以下几种形式。

1. 整流器独立供电

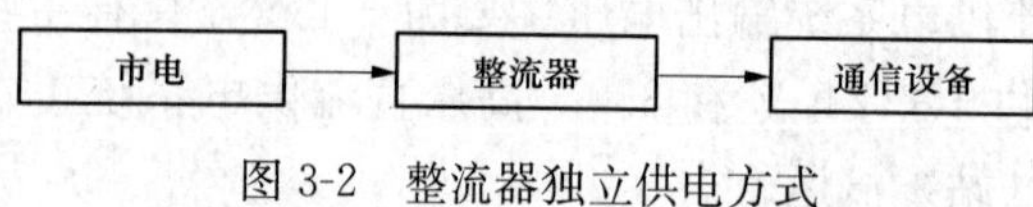

图3-2　整流器独立供电方式

整流器独立供电方式，也称没有蓄电池的直流供电方式。通信系统经过整流器从市电电网直接获得直流电能，如图3-2所示。当市电或整流器出现故障时，直流供电将中断。这种直流供电方式适用于通信允许中断的小容量通信系统。

2. 整流器—蓄电池供电

整流器—蓄电池供电方式是在整流器独立供电方式的基础上，增加了备用蓄电池组的供电系统，这是当前通信局（站）供电的主要方式。根据蓄电池使用方法的不同，此种供电方式又可分为充放电、半浮充及全浮充三种运行方式。

（1）充放电方式。充放电方式是在整流器独立供电方式的基础上，增加两组蓄电池交替进行充放电的供电方式。早期通信电源设备落后、浮充供电技术未得到推广时，曾广泛使用充放电方式。这种供电方式的电源稳定性好，但效率低，需要设置两组大容量的蓄电池，充电用整流器容量也要加大，充放电维护工作繁重。随着通信电源设备技术性能的提升和市电供电可靠性的不断提高，这种供电方式现在已基本淘汰。

（2）半浮充方式。半浮充充电方式是在充放电方式基础上，采用能浮充和充电的整流器，由一组或两组蓄电池与整流器并联对通信设备供电，部分时间由蓄电池单独放电供电。例如，白天采用浮充供电，夜间采用蓄电池放电供电，由蓄电池放电或自放电引起的容量损失在浮充供电时得以补充。这种供电方式可以减轻维护人员的夜间工作量，特别适用于白天负荷重、夜间负荷轻和负荷变动比较大的通信局（站）。这种供电方式同充放电方式相比，其优点是蓄电池的容量小，还能减少蓄电池反复充放电循环和功率损耗，延长蓄电池寿命；但蓄电池仍然要进行充放电，使用寿命较短。半浮充方式目前仅在太阳能供电系统中继续使用。

(3) 全浮充方式。全浮充方式也称蓄电池连续浮充供电方式或并联方式，它由蓄电池与整流器并联对通信设备昼夜连续供电，在市电停电或必要时，由蓄电池放电供电。蓄电池放出的电量或自放电的容量损失在浮充时进行补充。蓄电池平时保持在完全充满电状态，它从以前直接作为供给通信设备电能的作用变为备用能源。这种供电方式的直流供电系统组成如图 3-3 所示。

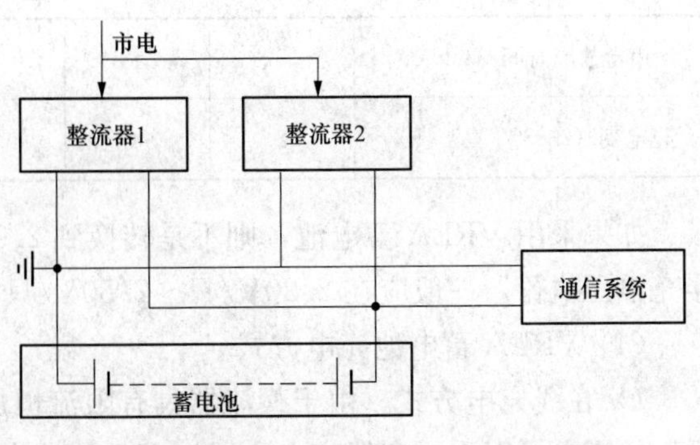

图 3-3　全浮充供电方式

全浮充方式下的蓄电池比在充放电或半浮充方式下工作蓄电池的充放电循环次数大为减小，因而电能利用率高。同时蓄电池使用寿命长，维护工作量也小，而且蓄电池经常处在满容量状态，能更可靠地起到备用电源的作用。蓄电池投入系统运行，不需附加任何转换设备，因而能连续地对通信系统供电。此外，与负荷并联的蓄电池组对负载中的浪涌现象还有一定的吸收作用，可以有效提高通信供电的质量。

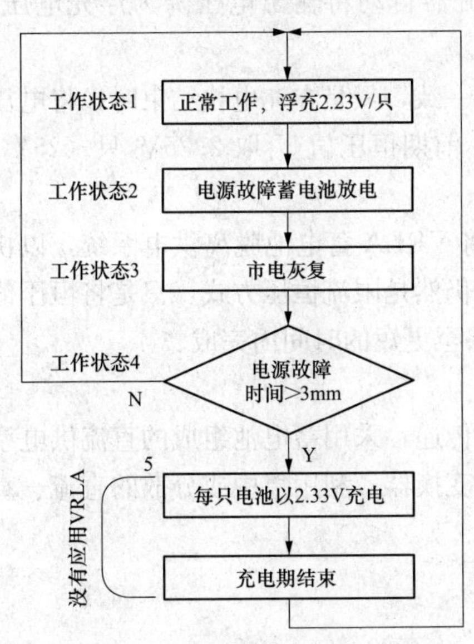

图 3-4　全浮充供电方式流程图

蓄电池浮充电压值是否合适，直接影响到蓄电池的寿命，特别是 VRLA 蓄电池。所以，配套的整流设备应具有高精度的自动调压功能，现代高频开关电源能满足这一要求。

全浮充方式直流供电系统典型的工作流程介绍如下。

在正常工作期间（见图 3-4，工作状态 1），由市电、整流器给通信系统供电。每个蓄电池以 2.23V（常温、常压条件下）电压浮充充电，通信系统和蓄电池并联连接。

市电停电或整流器故障时（见图 3-4，工作状态 2），蓄电池放电，通信系统的电压依赖于蓄电池电压的变化。在较短时间后，每个电池将下降到 2V 电压。如继续放电，则每个电池电压将下降到 2V 以下。

市电恢复后（见图 3-4，工作状态 3），检查电源脱开的时间。如果故障时间比规定的时间短（如＜3min），则整流器转换到正常工作（工作状态 1）；如果故障时间比规定的时间长（如＞3min），则传统防酸式铅蓄电池供电系统中整流器转换到较正常电压稍高的状态工作（见图 3-4 所示，工作状态 5，以 2.33V/只充电）。

要求的充电电压计算公式为：

$$2.33\text{V}\times\text{电池数}$$

在充电完成之后（根据系统要求可校准到 24h），整流器转换到正常工作状态（即工作状态 1）。另外，有的浮充系统充电方式中 2.33V/只的充电工作期是由市电故障决定的，并且可以在表 3-1 所列时间内任意设定。

表 3-1　　系统对蓄电池的充电期

市电故障时间（min）	>2	>4	>6	>10	>14	>18	>24
充电期（2.33V/只）（h）	2	4	6	10	14	18	24

如果采用 VRLA 蓄电池，则不是转换到 2.33V/只充电，而应按各个品牌说明书规定的浮充电压执行，一般应在 2.20V/只～2.50V/只。

（4）VRLA 蓄电池充电方式。

1）在线充电方式。由于整流器具有限流恒压功能，因此蓄电池对通信负载放电后，进行正常充电可以采用在线充电方式，即整流器在向负载供电的同时又对蓄电池进行充电。其充电方法有以下三种。

浮充充电：当整流器恢复工作后，以限流恒压方式对电池充电，即充电前期整流器以恒流方式输出，充电电流被限制在 0.15C_{10}（A）左右。当整流器输出电压上升至浮充电压设定值后，继续浮充，使蓄电池内电流降至浮充电流值即为充足。

限流恒压充电：将限流点适当提高为 0.15C_{10}（A）至 0.25C_{10}（A），恒压值也适当提高为 2.30V/只～2.35V/只（25℃），充电结束后，整流器自动将输出电压降为浮充电压，并继续保持全浮充。

递增电压充电：充电方法与限流恒压充电方法基本一致，只是在充电快结束时，将电压递增，目的是使电池在充电末期获得足够的充电电流。前期恒压值 U_1 取 2.25V/只（25℃）左右，后期恒压值 U_2 取 2.35V/只（25℃）左右。

2）离线充电方式。为了达到快速充电的目的，可将 VRLA 蓄电池脱离供电系统，以快速充电的方法在较短的时间补足其电量。快速充电方法仍然是限流恒压方式，只是将恒压值提升至 2.45V/只～2.50V/只（25℃），充电可在 12h 甚至更短的时间内完成。

3. 直流—直流变换器供电

通信系统电源电压种类繁多，而且有的需要远距离传递，采用蓄电池组成的直流供电系统难以完全满足要求。为此，必要时可选用直流—直流变换器，利用集中或分散的直流—直流变换器，以提升或降低直流供电电压，如图 3-5 所示。

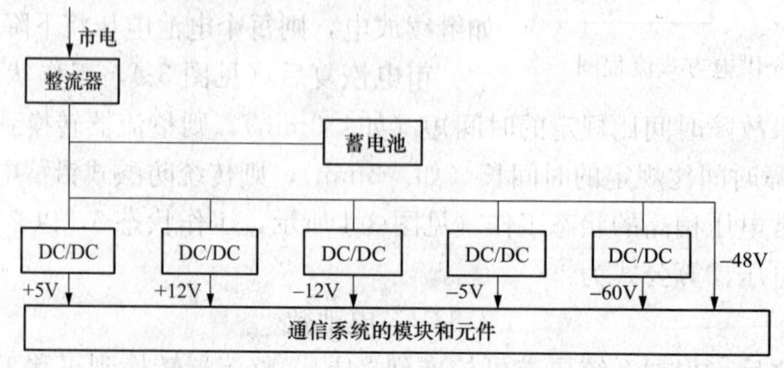

图 3-5　直流—直流变换器供电方式

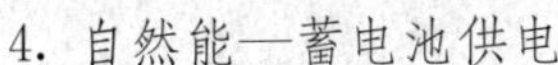

4. 自然能—蓄电池供电

可直接用于发电的自然能有太阳能、风能、水力（能）、潮汐能等，但目前用于通信系统直流供电的主要是太阳能和风能，它们可以分别与蓄电池组成直流供电系统，也可以与整流器和蓄电池组共同组成混合供电系统。

（1）太阳能（电池）—蓄电池供电。这种供电方式主要适用于市电难以到达，而太阳能资源较丰富的偏远通信局（站）。太阳电池方阵的数量、连接方式和蓄电池组的容量等通常根据通信系统的容量要求和当地气象条件合理选取。

（2）风力发电机组－蓄电池供电。这种供电方式主要适用于市电难以到达，而风力资源比较丰富的偏远通信局（站）。应根据通信系统的容量要求和当地气象条件，选取合适的风力发电机和蓄电池容量。

（3）太阳能、风能－蓄电池组组合供电。这种供电方式适合于太阳能、风能资源比较丰富，而且随时间变化具有互补性的偏远通信局（站）。太阳能和风能通常具有季节性的或一天时间内的负相关性，这意味着在太阳光强的时候风力小，而太阳光弱的时候风力强。这不仅为太阳能和风能的组合利用创造了条件，而且还可以适当减小蓄电池组的容量，这种组合供电方式如图3-6所示。

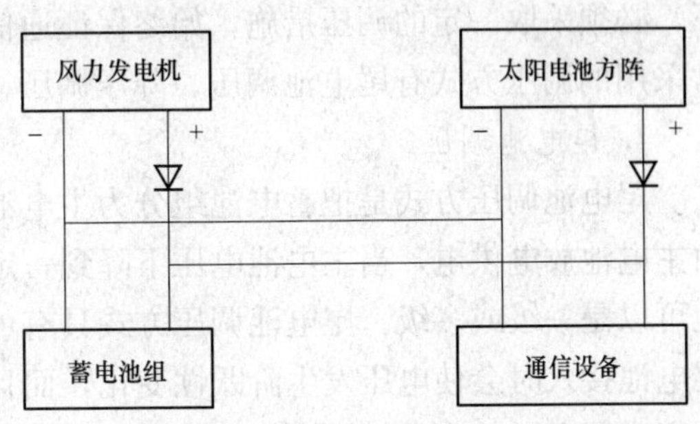

图3-6　太阳能、风能和蓄电池组组合供电方式

对于市电供电质量较差，经常停电的通信局（站），如果当地自然能资源丰富且利用条件较好时，为了保证通信系统供电不中断，也可以采用整流器、太阳能（或风能）与蓄电池组合的综合供电方式。

5. 不间断蓄电池系统供电

不间断蓄电池系统（UBS-Uninterruptible Battery System）又称不间断直流供电系统，其基本思想是减小备用电源蓄电池的设计容量，扩展备用时间，提高供电系统的可靠性。

不间断蓄电池系统实际是由蓄电池和直流发电机并联组成的备用电源。当市电或整流器出现故障时，由浮充的蓄电池放电供电。当蓄电池电压下降到设定值时，通过监控系统启动直流发电机，为通信系统供电，同时也给蓄电池组补充充电。当市电恢复或整流器故障排除时，在最小的工作时间（一般为20min）后，直流发电机自动退出运行。

由此可见，在UBS中蓄电池容量可以适当减小，而且在没有其他交流负载的情况下，常规的交流备用发电机组也可以取消。

UBS适用于偏远地区由太阳能供电的通信局（站），特别对保障因飓风、暴风雪、地震、洪水等自然灾害造成的通信供电中断有重要意义。

6. 整流器－燃料电池供电

燃料电池是把燃料具有的化学能直接变换为电能的装置的总称。常见的燃料电池有：碱性燃料电池（AFC，alkaline fuel cell）、质子交换膜燃料电池（PEMFC，proton exchange membrane fuel cell）、磷酸型燃料电池（PAFC，phosphoric acid fuel cell）、熔融碳酸盐型燃料电池（MCFC，molten carbonate fuel cell）和固体氧化型燃料电池（SOFC，Solid Oxide

Fuel Cell)，整流器—燃料电池供电方式如图 3-7 所示。

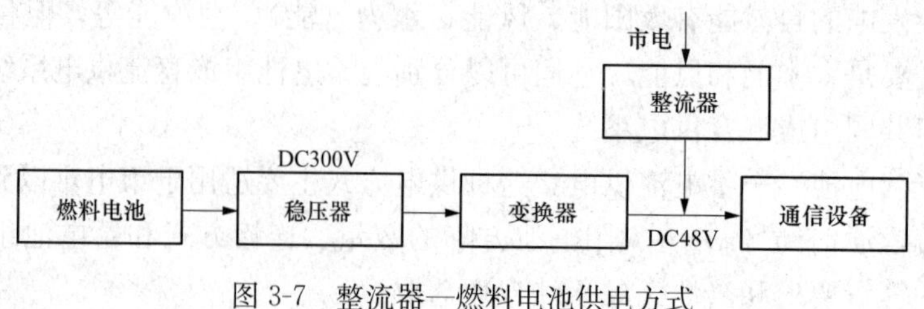

图 3-7　整流器—燃料电池供电方式

3.1.4　直流调压

直流供电系统必须满足通信设备对电源电压的要求，在浮充充电电压和放电电压状态下，必须采取一定的调压措施，始终保证通信设备进线端子上的电压值在规定的范围内。通常采用的调压方式有尾电池调压、降压调压、升压器调压和升降压补偿器调压方式等。

1. 尾电池调压

尾电池调压方式是把蓄电池组分为主电池和尾电池。在市电或整流器出现故障时，首先由主电池放电供电，当主电池电压下降到一定值后，再接入尾电池，以提高输出电压。尾电池可以是一级或多级。尾电池调压方式具有可靠性高、输入电阻低和滤波性能好的优点，但尾电池接入时会使电压发生阶跃性变化，而且要求配置控制尾电池接入和断开装置，同时还须解决尾电池的充电问题。图 3-8 所示是两种尾电池不同的接入方式。

图 3-8（a）所示是人字形双刀四口开关接入方式。这是通信局（站）过去普遍采用的方式。平时整流器 1 给主电池浮充或充电，同时给负荷供电，整流器 2 给尾电池充电，尾电池处于全浮充状态，人字形双刀四口开关（尾电池开关）处于端子 1—2 处。当交流电中断时，尾电池开关自动动作，首先接通端子 1—2—3 处，然后断开 1 端子，接通 2—3—4，以保证供电回路不间断供电。R 是为防止在开关动过程作中不致使尾电池发生短路而设的限流电阻。

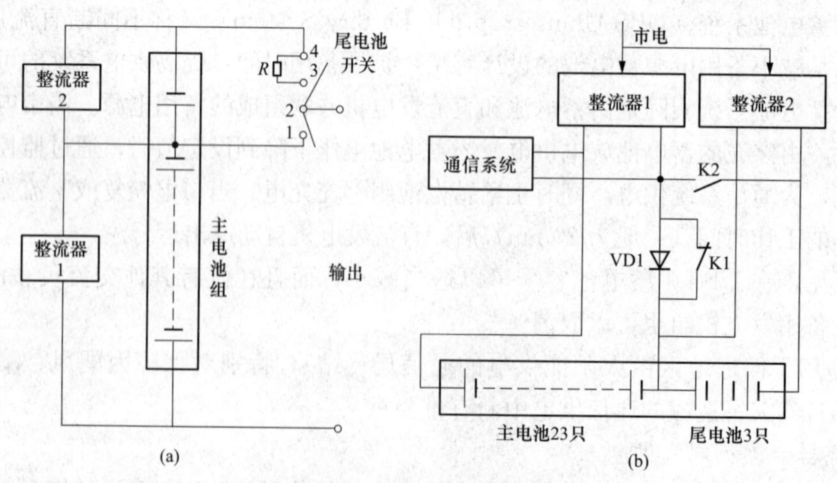

图 3-8　尾电池的调压方式

图 3-8（b）所示为尾电池调压方式的另一种形式。在正常工作中，整流器 1 给通信系统供电，与它相并联的 26 个蓄电池中的 23 个主电池经 K1 接点（约 51.3V）浮充充电。尾电

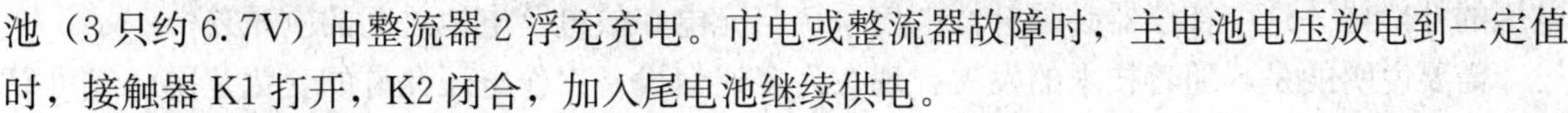

池（3只约6.7V）由整流器2浮充充电。市电或整流器故障时，主电池电压放电到一定值时，接触器K1打开，K2闭合，加入尾电池继续供电。

2. 降压调压

当蓄电池组的浮充电压比负载电压高时，正常供电时需在主电路中串联接入降压元件降压后向通信设备供电。降压调压又可以分为电阻降压、二极管降压和反压电池降压等方式。

（1）电阻降压。由于蓄电池组的浮充电压比负载电压高，因此通过串联在配电回路中的电阻降低蓄电池组的电压后对负载供电。当放电供电时蓄电池组的电压下降到一定程度时，适时地短路部分乃至全部电阻，可以保持供电电压在通信设备允许的变动范围之内，从而延长供电时间。

（2）二极管降压。在正常工作下，整流器给通信系统供电，对蓄电池以2.23V/只的电压浮充充电（假设环境温度为25℃，下同）。如图3-9所示，这一浮充电压对于通信系统而言太高（2.23V×电池数）。通过二极管降压，可以把电压降到所希望的值，为此利用硅二极管的正向压降来实现。接触器K1、K2断开，则降压二极管组VD1、VD2被接入主电路。这样K1、K2、VD1和VD2就构成了降压二极管对输出电压的控制。

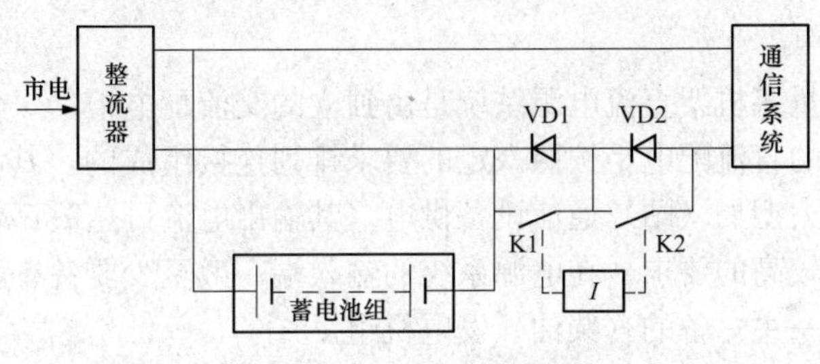

图3-9 二极管降压方式

当电源出现故障时，由蓄电池对通信系统放电供电。当蓄电池电压降落到一定值时，VD1和VD2先后通过K1、K2接通而短路，使蓄电池电压上升，继续对通信系统供电。

当市电恢复后，蓄电池立即以2.33V/只的电压充电。为此两接触器K1和K2断开，则降压二极管VD1和VD2又被接入主电路。通过这种方法将通信系统供电的电压保持在允许范围内。

（3）反压电池降压。把电阻降压方式中的降压电阻改用反压电池，如在铅酸电池组中串以碱反压电池，就会把铅酸电池组的电压降到负载所需要的电压范围。放电供电时，逐个切除碱反压电池，就能保持供电电压在通信设备允许的电压变动范围之内，延长供电时间。显然，这种降压方式的接入和切除机构复杂，维护较麻烦，因此在实际工作中基本不采用此法。

3. 升压器调压

把尾电池调压方式中的尾电池换成升压（变换）器，则构成升压器调压方式。这种方式能进行电压微调，保持供电电压恒定，适合对电源电压要求严格的通信设备供电时使用。因升压器电路复杂、可靠性低、价格较贵，因而其使用受到了限制。

4. 升降压补偿器调压

在同一个电信局（站）中，如果有两种不同供电电压的电信设备，则可以采用升压和降压补偿器的调压方式。如果工作在常规直流需要的低容差工作电压下，则可以插入用于升降电压的补偿器。这个补偿器必须补偿电信系统与充电和放电蓄电池之间的电压差。

需要说明的是，随着技术的发展，现在许多通信设备工作电压允许的变化范围已经可以做到很宽（36～72V），直流供电系统通常情况下不再需要通过上述调压方式实现的小范围调压，就基本可以满足通信设备的正常工作需要。

3.2 大容量多机架直流供电系统

通信用直流供电系统的输出电流一般较大，通常从几十到几百安不等，为了保证通信的可靠性，避免由于电源故障导致通信全面中断，采取直流分散供电方式是提高通信供电可靠性的有效措施之一。通常，将多台开关整流器在机架上并联组成整流柜，再将交流配电柜、直流配电柜、整流柜以及蓄电池组组成一套直流电源系统为一部分通信设备供电，其他部分由另外一套或几套直流电源系统分别供电，以此来实现直流分散供电，保证通信电源系统的不间断供电。根据通信设备的用电容量和通信设备的不同用途，一般可分为小型局（站）用小容量单机架直流供电系统和通信枢纽用大容量多机架直流供电系统两种类型，本节着重讲述大容量多机架直流供电系统。

3.2.1 系统结构

通信枢纽用大容量多机架直流电源系统是由独立的交流配电柜、一个或几个装有整流器模块的整流柜和独立的直流配电柜按照一定的要求排列连接组成的，其结构如图 3-10 所示。这种电源系统一般为大型局（站）通信设备供电，其输出电流可达数百至上千安培，因此对交流供电的可靠性有较高的要求。在电源系统的输入端一般至少要备有两路交流供电，其中一路必须配置有至少一主一备的（柴油）发电机组。

整流器模块单机输出电流一般在 50A 以上，甚至更大些。交流输入为三相三线制，避免了三相交流不平衡时产生过大的中线电流。其直流配电柜有时需要两个并联使用，蓄电池的配置一般要求两组或更多，电池组容量一般较大。

3.2.2 配电模式

直流电源中的配电系统是通信电源系统的重要组成部分，是直流供电系统的枢纽。它承接从整流器或蓄电池送来的直流电，再将其分配和传送到通信机房的设备上去，完成对负载的分路、保护和监控，以及对整流器、蓄电池组和调压装置的控制与保护。

直流配电系统主要由直流配电设备和电力馈电导线两部分组成。通常直流配电设备具有配电、保护、检测输出电压和电流的手段以及告警功能。从直流配电设备的蓄电池组端子到输出负载端子之间，流过该设备额定电流时的电压降定义为直流配电设备的电压降，这个压降应不超过 0.5V。从蓄电池组输出端经直流配电设备、馈电导线到通信设备电源输入端子之间各部分电压降的总和即为直流配电系统的电压降。

早期机电制交换机等通信设备所采用的传统配电系统为低阻配电。程控交换机得到广泛使用后，由于部分进口交换设备对供电电压变动范围要求较为严格，要求限制瞬变电压范围，从而出现了高阻配电系统，以防止在发生短路时出现过高的瞬变电压，以保证通信设备能够正常工作。直流供电系统采用什么样的配电方式，通常取决于相应通信系统的供电需求。

1. 低阻抗配电

低阻抗配电方式是指直流配电通过汇流排把基础电源直接馈送到通信机房的机架，由于

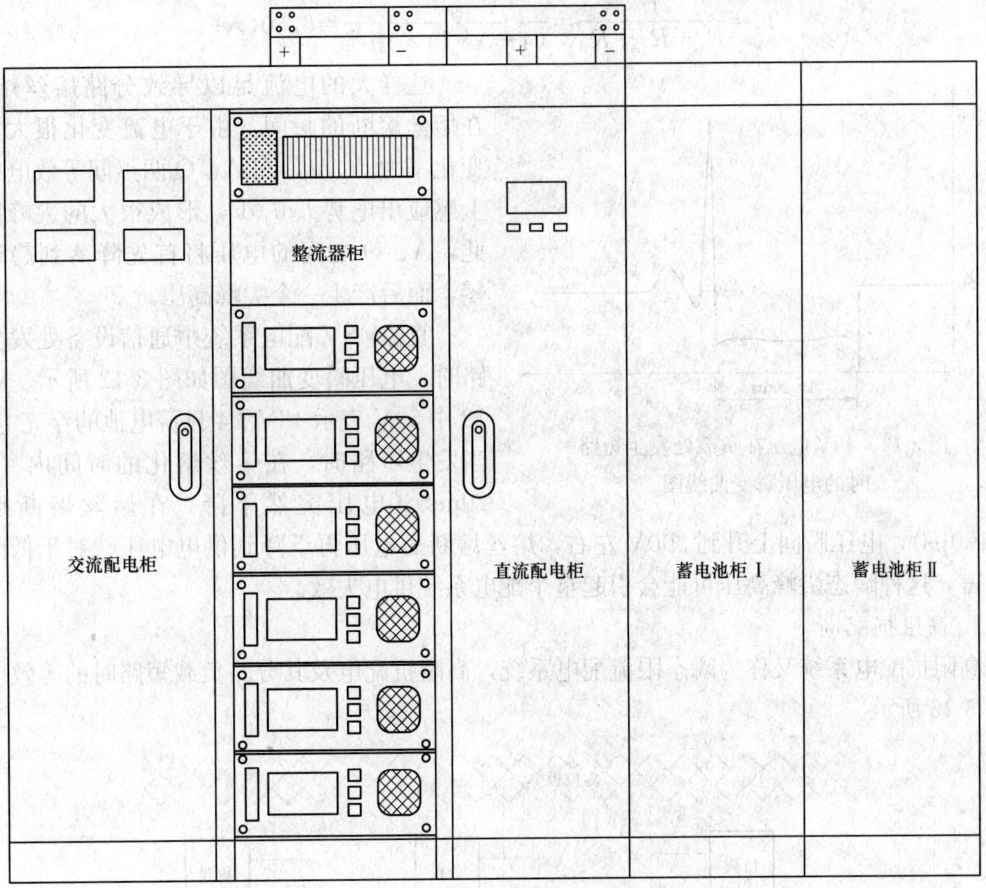

图 3-10　大容量多机架直流供电系统

汇流排等直流回路电阻很低，故称为低阻配电系统。

低阻配电及其分路短路时的等效电路如图 3-11 所示。图中 R_i 为蓄电池组内阻，F0 为蓄电池熔丝，R_1～R_N 为各分路负载，F1～FN 为各分路熔丝，E 为浮充电压。

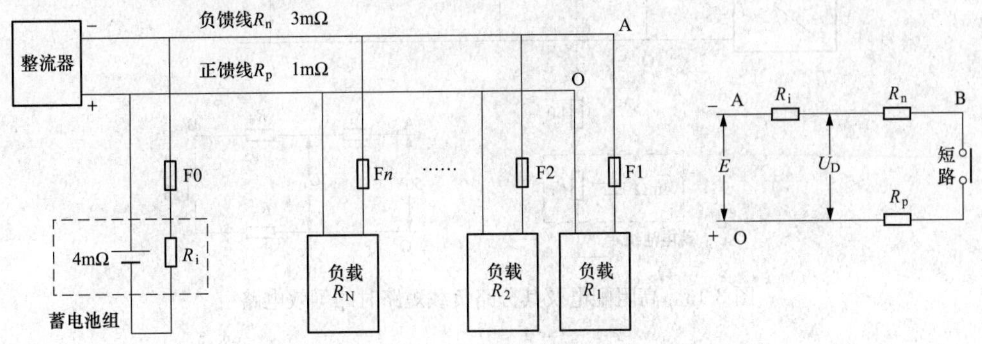

图 3-11　低阻配电及其分路短路后的等效电路

若设汇流排和负馈线电阻 R_n 为 3mΩ，正馈线电阻 R_p 为 1mΩ，蓄电池组的内阻 R_i 为 4mΩ，浮充电压 E 为 50V，则某一分路负载发生短路时，在熔丝熔断前汇流排上产生的电流为

$$I_S=\frac{E}{R_i+R_n+R_p}=\frac{50}{(4+3+1)\times 10^{-3}}=6250(\text{A})$$

这样大的电流足以导致分路熔丝熔断。在熔丝熔断的瞬间，由于电流变化很大，其变化率为 $\mathrm{d}i/\mathrm{d}t$，在 A、O 两点间等效电感 L 上感应出电势 $L\mathrm{d}i/\mathrm{d}t$，形成很大的尖峰。因此，A、O 之间的电压将首先降落到趋近于零，而后产生一个尖峰高压。

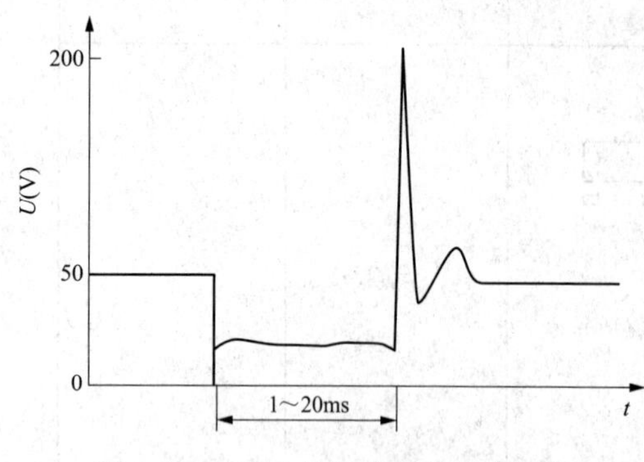

图 3-12　48V 电压在负载处发生短路时的电压瞬变曲线图

直流 48V 配电系统中通信设备处发生短路时，电压瞬变曲线图如图 3-12 所示。图 3-12 中 50V 表示 48V/24 只蓄电池的浮充电压。当发生短路时，在熔丝熔化的时间内（1～20ms），电压突然下降。在熔丝熔断瞬间（约 100μs），电压瞬间上升到 200V 左右，熔丝熔断后电压再下降到供电电压。对于低阻配电而言，这种瞬态尖峰高压可能会引起整个配电系统供电失效。

2. 高阻抗配电

高阻抗配电系统又称为瞬态限流配电系统，高阻抗配电及其分路负载短路时的等效电路如图 3-13 所示。

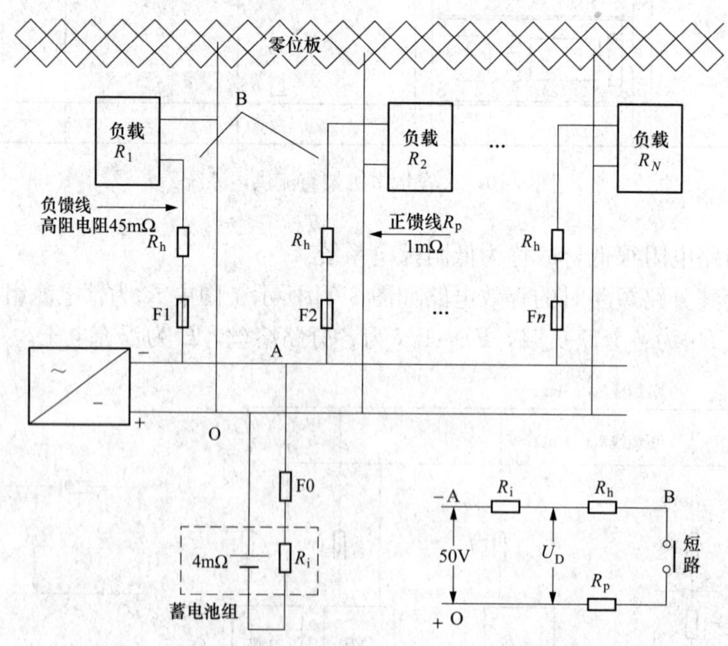

图 3-13　高阻配电及其分路负载短路时的等效电路

高阻配电的实质是在各负荷分路中接有一定阻值的电阻 R_h，一般取 R_h 值为电池内阻的 5～10 倍。如果某一分路负载发生短路，如在 AO 间第一支路负载 R_1 短路。因 R_h 限制了短路电流，而且 $L\mathrm{d}i/\mathrm{d}t$ 也较小的缘故，所以系统电压的跌落及反冲尖峰电压较小。如果 R_h 与 R_i 配合适当，可使 AO 间电压变化在电源系统允许范围之内，使系统其他分路负载不受影响地正常工作，起到了隔离故障的作用，从而提高了系统供电的可靠性。

限流电阻 R_h 可以是馈线电阻或可调的附加电阻，视距离通信设备的远近而定，一般取 45mΩ。接至零位板上的正馈电线综合电阻则应不大于 1mΩ。

如果高阻配电的电阻 R_h 选在 45mΩ，正馈线电阻为 1mΩ，R_i 为 4mΩ，按上面的方法进行计算，则电路电阻将短路电流限制在

$$I_S=\frac{E}{R_i+R_n+R_p}=\frac{50}{(4+45+1)\times 10^{-3}}=1000(\text{A})$$

蓄电池组端电压降低值为 $1000\times 4\times 10^{-3}=4(\text{V})$，系统输出电压为 $50-4=46(\text{V})$，故其他分路负载仍可以进行工作。此时，高阻配电系统中某负荷支路短路时的电压瞬变曲线如图 3-14 所示。由曲线可见，蓄电池组的内阻对高阻配电的输出电压有很大影响，因此，在选择蓄电池型号时，应当提出内阻要求。

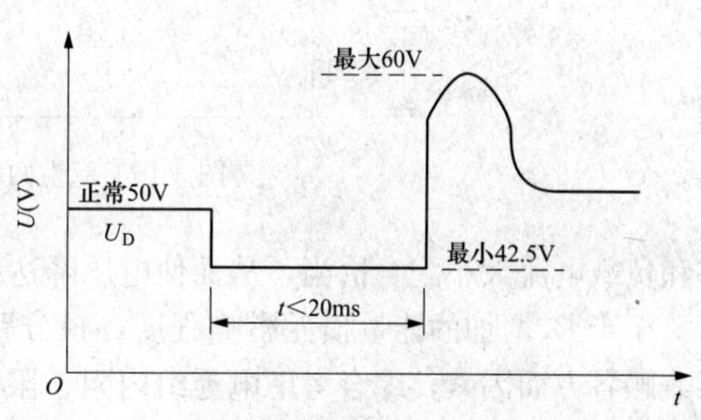

图 3-14　高阻配电系统中负载短路时电压瞬变曲线

(1) 两级高阻配电。两级高阻配电简图如图 3-15 所示。在图 3-15 中，如果第一级高阻配电中的 F2 所供给的负载 R_2 不止一个，如还有分路供电给子机架的情况，若其中某一分路负载（如 R_{22}）发生短路故障，则 B 点电压变化，不会影响 B 点供电的其他分路负载工作。

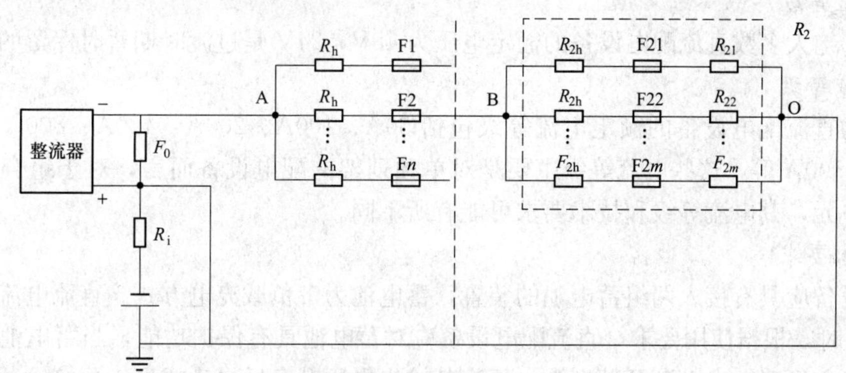

图 3-15　两级高阻配电

对于特别重要的负荷，如果有必要，还可以通过双重两级高阻冗余配电方案来保证其供电，如图 3-16 所示。在图 3-16 中，若 B′处发生短路，则由于隔离二极管将 B 和 B′隔离，负载仍可以通过 F1 获得电源供电，保证正常工作。

(2) 高阻配电存在的问题及解决办法。高阻配电方式虽然优点突出，但也存在着一些问题，如串联电阻 R_h 产生了线路电压降和能耗，降低了输出电压和系统效率，因此必须采取一些措施予以解决。

电池放电时，在 R_h 上产生的压降会导致负载上的电压降低。若要保持负载电压供给，则电池组相当于会提前到达放电终止电压。解决办法之一是用扼流圈与熔丝（易熔电阻）配合，使其既有较低的电阻，又可以把电流限制在允许的范围；另一种解决办法是使 R_h 的大

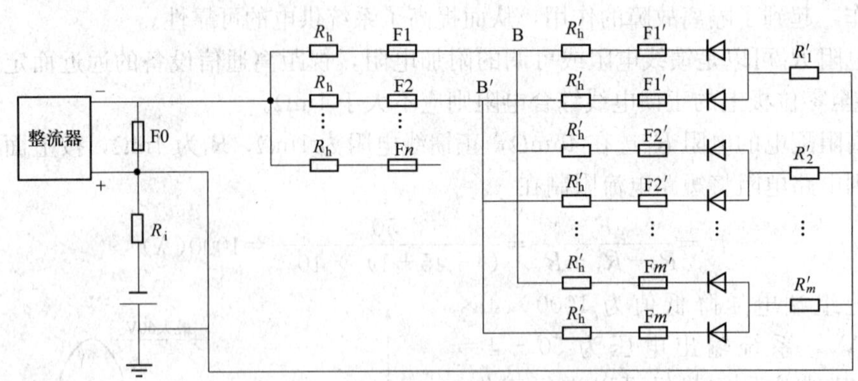

图 3-16　双重两级高阻冗余配电

小和负载电流大小配合恰当，从而使电压降达到设计要求。

至于 R_h 增加的能量损耗影响程度，视分路中的电流大小而定，通常约为 3%。设计中要兼顾各方面因素，综合考虑电池组内阻、限流电阻 R_h、负载分路电流以及允许电压波动范围等，尽量使其影响减到最小。最好的解决办法是选择具有限流功能的低功耗电子器件来代替限流电阻 R_h 和熔丝，从而提高系统的效率。

3.2.3　配电设备

直流配电设备是直流供电系统重要组成部分，其技术性能对直流供电质量影响很大。

1. 电压等级

目前，绝大多数直流配电设备的额定电压为 48V，24V 是过渡时期暂时保留的电压。

2. 电流等级

常见的直流配电设备的额定电流等级包括 50A、100A、200A、400A、800A、1600A、2000A 和 2500A 等，这些电流等级主要是对单独列架的配电设备而言，对于组合电源中的直流配电单元，其电流等级和技术要求可能有所不同。

3. 技术要求

（1）设备应具有接入两组蓄电池的装置，蓄电池为带负载充电方式。直流电流额定值不大于 400A 时，根据使用要求，直流配电设备应对蓄电池具有保护功能，当蓄电池电压降低到放电终止电压时，自动断开蓄电池，而当其输出电压升高后自动或人工再接入蓄电池，但应根据通信局（站）供电系统的要求，决定是否启用这项功能。

（2）在额定负载下，直流配电设备放电回路电压降应不超过 0.5V。

（3）直流配电设备应有过电压、过流保护装置，在输出端应设置浪涌吸收装置。

（4）直流配电设备输出电压及其告警范围应符合表 3-2 的规定（系统采用铅酸蓄电池）。

表 3-2　　直流配电设备输出电压范围

额定电压（V）	48	(24)
输出电压范围（V）	40～57	19～29
输出电压告警下限范围（V）	40～47	20.6～26
输出电压告警上限范围（V）	55～58.5	25～29

注　当直流配电设备的输出电压达到或超过告警值，其输出分路的熔断器熔断时，应具有可闻可见的告警信号。

(5) 监测直流配电设备输出电压的允许误差为±0.5V。

(6) 直流配电设备应具有工作接地和保护接地装置。直流配电设备通常用正极作工作接地。用负极作工作接地时，必须作专项说明。

直流配电设备保护接地装置与配电设备的金属壳体的接地螺钉间应具有可靠的电气连接，其接点电阻值应不大于 0.1Ω。

(7) 直流配电设备应具有同型号设备并联工作的性能。

(8) 遥信和遥测功能。直流配电设备可遥信、遥测以下内容。

1) 遥信：直流输出电压过高、过低，熔断器的故障；电池低压断路开关断开。

2) 遥测：直流输出电压、直流输出总电流；蓄电池组充放电电流。根据需要，直流配电设备可以遥测主要分路的电流。

(9) 直流配电设备的输出分路。输出分路的数量和容量的配置应满足通信设备的需要；输出分路同时使用的负载之和不得超过配电设备的额定容量；输出分路一般应设有保护装置，容量大于 630A 的直流输出分路可以不设保护装置。

3.3　小容量单机架直流供电系统

小型局（站）直流供电系统通常采用单机架直流电源形式。单机架直流供电系统的特点是功能齐全，与多机架大容量直流电源相比，其主要功能并没有多大的差异。由于其交、直流配电及整流器模块均在一个电源机架上组合而成，因而占地面积小、摆放灵活，交流输入线可以采取上进线或下进线方式。整流器模块的并联可带电热插拔为电源系统的增容及减容使用带来很大的方便。

不过由于这种电源由单机架组合而成，所以输出电流受到了一定的限制，一般设计在 1000A 以下。这种单机架组合的直流电源系统在通信电源行业中习惯称其为组合电源或开关电源系统，它多用于小型的通信局（站）。

3.3.1　系统结构

单机架直流电源通常由交流配电部分、若干个整流器模块、直流输出配电部分和集中监控单元（监控模块）按照一定的要求在单个电源机架上配置而成，有的－48V 蓄电池组也同机柜配置，其整机结构外形如图 3-17 所示。各部分功能介绍如下。

1. 交流配电部分

交流配电部分将来自市电或（柴油）发电机组的三相四线交流电分为整流器模块供电和其他交流分路输出。

这种单机架电源的整流器模块一般为单相 220V 输入，考虑到三相交流电的平衡，应尽可能将机架内所有整流器模块平均地分配到每一相上。交流分路输出为机房内其他交流用电设备提供电源，如空调、UPS、计算机等。交流分路输出的路数和每路的电流容量可以根据用户实际需要而定。

交流配电部分的另一种重要功能是将两路输入的交流电实现通断互锁，即其中一路交流电源发生故障时可手动或自动切换到另一路交流电源上，但任何时间都不允许出现两路交流电源同时接通或断开的现象。两路交流电互锁一般采用机械或电气互锁的方式。

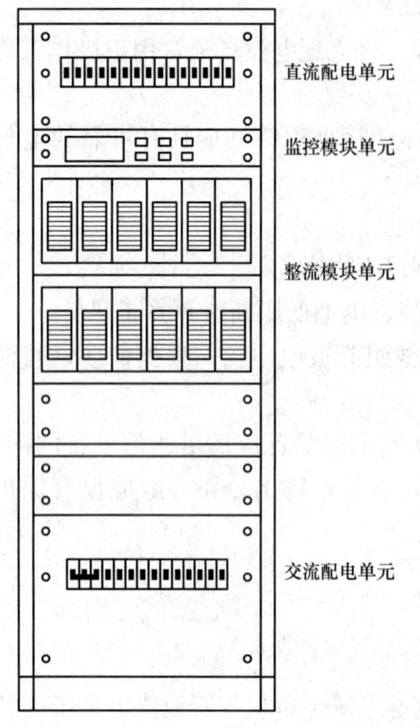

图 3-17　单机架直流组合电源结构外形

如果电源设备安装在雷电多发地区，则通常还应在交流市电输入端安装具有一定通流量的防雷击过电压保护装置（防雷组件）。

2. 整流器模块

整流器模块是直流电源系统的重要组成部分，电源系统供电质量主要取决于整流器模块的电气指标。整流器模块完成 AC/DC 变换并且以并联均流方式为通信设备供电，同时对蓄电池组进行限流恒压充电，为集中监控单元供电。

3. 直流配电部分

直流配电部分的功能与交流配电部分的功能相似。直流配电部分通常将整流器并联输出的－48V 直流电分配为三路：第一路为通信设备供电；第二路为蓄电池组充电，当输入交流电源出现故障时整流器模块停机，这时与整流器模块并联的蓄电池组通过直流配电柜内的欠电压保护继电器和熔断器继续为通信设备供电；第三路是为机房内其他直流设备供电。

直流分路输出的路数及各路的电流容量视具体情况而定。

直流配电部分还设有应急电源。当交流停电需要应急照明时，可以启动直流应急电源进行照明，能方便地进行故障处理。应急电源启动电路多用直流接触器控制，应急电源输出的最大容量一般设计为 100A。

4. 监控模块

直流电源系统的监控模块对于独立的通信电源系统来说相当于智能控制中心，但对于通信局（站）的集中监控区域乃至更大的本地网监控中心来讲，监控模块则是一个最基本的监控单元。监控模块应具备以下几方面的功能。

（1）监测功能。监控模块的监测对象包含交流配电、整流器模块和直流配电部分（包括蓄电池组）。

1）交流配电所监测的内容有：交流输入线（相）电压、电流。

2）整流器模块的监测内容有：模块并联输出电压值以及每个模块的输出电流值。

3）直流配电部分的监测内容有：系统直流输出电压、负载电流、蓄电池充放电电流及放电时电压的实时测量值，以及各分路输出电流及总电流。

（2）控制及告警功能。控制功能主要包括：电源系统的开机、关机；各个整流器模块的开机、关机；直流输出电压、交流输入电压范围及直流输出电流极限值的设定；另外还有一系列完整的蓄电池管理功能，如蓄电池浮充、均衡充电电压和充电电流极限值的设定；浮充、均充时间的设定及两种充电状态的相互转换；环境温度的测量，充电时环境温度系数的补偿，电池放电时的容量记录和电池欠电压保护点的设定等。

电源系统在运行期间如有某些参数达到或超过告警的设定值，监控模块将采集到的模拟量或开关量信号经过处理后发出声光告警信号，在监控模块的显示屏上显示出故障部位和故障原因。更完善的告警系统还可以将最近一次或几次的故障时间及故障原因储存记录，为查询故障和分析故障提供历史依据。

(3) 与上位机数据通信功能。此功能是实现通信局（站）内多套电源系统集中监控及区域监控，或更大的监控中心对更多的通信局（站）电源系统实现集中监控的必须功能。

3.3.2 原理框图

典型单机架直流电源系统原理框图如图 3-18 所示。该系统由两路交流电源供电，一路为市电三相动力电输入，另一路由（柴油）发电机组供电。经过主、备切换后，一路供给整流器模块输入分配装置，经分配装置输出给各个整流器模块供电；另一路分配到交流配电输出，供机房其他交流设备使用。交流配电单元输入按要求装有防雷过压保护器。

经整流器模块 AC/DC 变换后其直流输出汇接到直流母排，并送至直流配电柜，经过一个总输出分流器后分到直流输出分路，供直流负载分配使用。

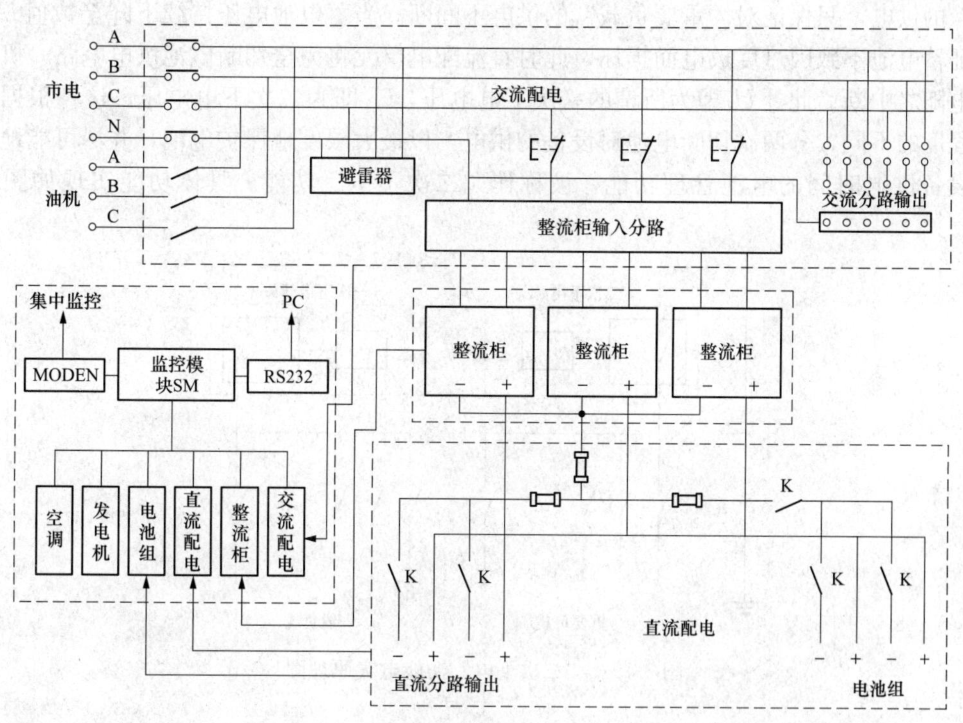

图 3-18 单机架直流电源系统原理框图

两组蓄电池通过充放电分流器、总电池开关和分路电池开关与整流器模块输出汇流排并联，两组蓄电池分别串联有欠电压切断保护继电器。当电池放电电压达到欠电压告警设定值时发出声光告警，如继续放电到欠电压关断设定值时，电池分路开关将自动断开，以保护蓄电池不致因深度放电而损坏。使用时应根据通信局（站）的地位和性质来决定是否启用这项功能。

整流器模块的工作方式一般分为两种，即内控式和外控式。内控式整流器模块内部设有独立的监控单元，可以对整流器模块的参数进行检测、设定和显示，这种整流器模块与系统的监控模块一般通过 RS-485 总线连接。外控式整流器模块内部不设独立的监控单元，其输出电压、输出电流极限受系统监控模块的控制。如果监控模块发生故障，则整流器模块转为自主工作状态，其输出电压、限流点服从初始设定值，保证系统不间断供电。这种外控式整流器模块向系统监控模块传输的信号可以是模拟量和开关量，在监控模块内完成 A/D 转换。

监控模块：所谓监控即可以用本机键盘操作对电源系统运行的参数进行检测、设定和显示，也可以通过 RS-232 通信接口与上位机连接实现局（站）内电源系统的集中监控，还可以通过调制解调器与远程上位机相连实现远程监控功能。

3.3.3 二次下电

为了更好地保护电池，以及保证在市电中断时尽可能地确保通信机房主要设备的供电，作为单机架直流供电系统核心的组合电源通常应具有二次下电功能，即将机房内的设备根据其重要程度的不同分为“重要负载”和“一般负载”。当市电中断后，由蓄电池进行放电，当蓄电池端电压降低到一定数值 U_1 时，在监控单元的控制下，直流配电单元切断对“一般负载”的供电，只保证对“重要负载”的供电不间断。当蓄电池电压持续下降至数值 U_2 时，为保证蓄电池不致因过度放电而损坏，此时直流配电单元将完全切断电池供电电路，机房设备供电随之中断。此处 U_1 即为所谓的一次下电电压，U_2 即为二次下电电压。这种根据负载重要程度的不同，分两次切断电池对设备的供电，以最大限度地保护电池，并尽可能地延长重要设备供电时间的电池管理功能，被称作“二次下电”功能。具体功能实现如图 3-19 所示。

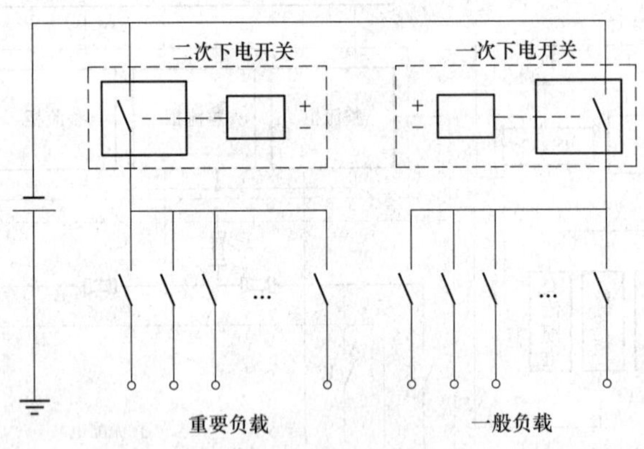

图 3-19 “二次下电”功能电气原理图

一次下电电压 U_1 和二次下电电压 U_2 的值可以根据电池特性及电池容量大小确定，U_1 一般在 45～47V，U_2 一般在 42～43V。表 3-3 为双登电池在不同负载条件下的一次、二次下电电压值的选择示例。

表 3-3 开关电源一、二次下电数值与负载电流关系表

负载电流与 I_{10} 比值	停止程控交换机工作（48V 系统）蓄电池终止电压（V），一次下电	停止信号传输工作（48V 系统）蓄电池终止电压（V），二次下电
6/6	1.90V/45.6V	1.88 V/45.0V
5/6	1.95 V/46.8V	1.93 V/46.3V
2/3	1.96 V/47.0V	1.94 V/46.5V

续表

负载电流与 I_{10} 比值	停止程控交换机工作（48V系统） 蓄电池终止电压（V），一次下电	停止信号传输工作（48V系统） 蓄电池终止电压（V），二次下电
1/2	1.97 V/47.3V	1.95 V/46.8V
1/3	1.98 V/47.5V	1.96 V/47.0V
1/6	1.98 V/47.5V	1.96 V/47.0V

注 表中 I_{10} 表示 10h 率放电电流，其数值为电池标称容量 C_{10} 的 1/10。若电池为多路并联，则电池的标称容量为多路并联电池的标称容量之和。

3.4 直流供电系统的技术要求

通信用直流供电系统应能够满足通信网络安全供电保障的需求，确保通信系统设备用电不中断。参考 YD/T 731—2008《通信用高频开关整流器》、YD/T 1058—2015《通信用高频开关电源系统》、YD/T 799—2010《通信用阀控式密封铅酸蓄电池》和 YD/T 983－2013《通信电源设备电磁兼容性限值及测量方法》的相关内容，直流供电系统应符合以下要求。

3.4.1 环境条件

1. 温度范围

工作温度范围：－10～40℃。

储运温度范围：－40～70℃。

2. 相对湿度范围

工作相对湿度范围：≤90%(40℃±2℃)。

储运相对湿度范围：≤95%(40℃±2℃)。

3. 大气压力

大气压力范围为：70～106kPa。

4. 振动

系统应能承受频率为 10～55Hz、振幅为 0.35mm 的正弦波振动。

3.4.2 交流配电部分

1. 交流输入电压变动范围

三相五线制或三相四线制 380V 的允许变动范围为 323～418V；单相三线制 220V 的允许变动范围为 187～242V。

当供电条件恶劣时，用户提出要求，交流输入电压变动范围应不窄于输入额定电压的±20%；交流输入电压超出上述范围但不超过额定值的±25%时，系统可降额使用。

2. 输入频率变动范围

输入频率变动范围为 50Hz±2.5Hz。

3. 输入电压波形畸变率

输入电压波形畸变率应不大于 5%。

4. 输入功率因数

当输入额定电压、输出满载时，系统的输入功率因数应满足表 3-4 的要求。

表 3-4 输入功率因数

		1级	2级	3级
输入功率因数	100%额定负载	≥0.99	≥0.96	≥0.92
	50%额定负载	≥0.98	≥0.95	≥0.90
	30%额定负载	≥0.97	≥0.90	≥0.85

5. 输入电流谐波成分

当输入额定电压、输出满载时，系统的输入电流谐波成分应满足表 3-5 的要求。

表 3-5 输入电流谐波成分

		1级	2级	3级
输入电流谐波成分（3～39 次 THDI）	100%额定负载	≤5%	≤10%	≤28%
	50%额定负载	≤8%	≤15%	≤30%
	30%额定负载	≤15%	≤20%	≤35%

6. 交流输入电源转换

当有两路交流输入电源时，系统应具有手动或自动转换装置。手动转换时，应具有机械连锁装置；自动转换时，应具有电气和机械连锁装置。

7. 事故照明功能（可选）

必要时，交流配电部分应具有事故照明功能。事故照明电路在停电时自动闭合，恢复供电时自动断开。

3.4.3 整流模块

系统的整流模块应符合 YD/T 731—2008《通信用高频开关整流器》的要求。

3.4.4 直流配电部分

1. 直流输出电压可调节范围

(1) 系统在稳压工作的基础上，应能与蓄电池并联以浮充工作方式和均充工作方式向通信设备供电。

(2) 系统输出电压可调节范围：−57.6～−43.2V 或 21.6～28.8V。

(3) 系统的直流输出电压值在其可调范围内应能手动或自动连续可调。

2. 系统稳压精度

系统稳压精度应优于±1%。

3. 系统电话衡重杂音电压

系统直流输出端的电话衡重杂音电压应不大于 2mV。

4. 系统峰-峰值杂音电压

系统直流输出端在 0～20MHz 频带内的峰-峰值杂音电压应不大于 200mV。

5. 直流配电部分电压降

环境温度为 20℃条件下，直流配电部分蓄电池端子与负载端子之间放电回路满载时的电压降不超过 500mV。

6. 蓄电池管理功能

(1) 系统应具有蓄电池接口，3kW 以下的系统应至少接入一组蓄电池，其他系统应能接入两组蓄电池。

(2) 系统应具备对蓄电池均充充电及浮充充电状态进行手动或自动转换的功能。

(3) 系统在对蓄电池进行充电时，应具有限流充电功能，并且限流值应能根据需要进行调整。

(4) 系统应能根据蓄电池环境温度对系统的输出电压进行温度补偿或保护。

(5) 在蓄电池放电及均充时，系统应具备对蓄电池容量进行估算的功能。

(6) 系统宜具备蓄电池单体电压管理功能（可选）。

7. 并联工作性能

系统中整流模块应能并联工作，并且能按比例均分负载：负载为50%～100%额定输出电流时，整流模块输出功率应为不小于1500W的系统，其负载不平衡度应优于±5%，其他系统的负载不平衡度应优于±10%。

负载为50%～100%额定输出电流时，监控单元出现异常，各整流模块应仍能输出设定电压，且输出电流的不平衡度应优于±10%。

当某个整流模块出现异常时，应不影响系统的正常工作，应能显示其故障并告警，必要时该整流模块应能退出系统。

3.4.5　监控性能

1. 系统应具有下列主要功能

(1) 实时监视系统工作状态。

(2) 采集和存储系统运行参数。

(3) 设置参数的掉电存储功能。

(4) 按照局（站）监控中心的命令对被控设备进行控制。

(5) 系统应具备RS232或RS485/422、IP、USB等标准通信接口，并提供与通信接口配套使用的通信线缆和各种告警信号输出端子，符合YD/T 1363.1的要求。

(6) 通信协议应符合YD/T1363.3的要求。

2. 交流配电部分

(1) 遥测：输入电压，输入电流（可选），输入频率（可选）。

(2) 遥信：输入过电压/欠电压，缺相，输入过流（可选），频率过高/过低（可选），断路器/开关状态（可选）。

3. 整流模块

(1) 遥测：整流模块输出电压，每个整流模块输出电流。

(2) 遥信：每个整流模块工作状态（开机/关机/休眠，限流/不限流），故障/正常。

(3) 遥控：开/关机，均/浮充/测试，休眠节能工作模式/普通工作模式。

4. 直流配电部分

(1) 遥测：输出电压，总负载电流，主要分路电流（可选），蓄电池充、放电电流。

(2) 遥信：输出电压过电压/欠电压，蓄电池的熔丝状态，均充/浮充/测试，主要分路熔丝/开关的状态（可选），蓄电池的二次下电（可选）。

3.4.6　其他性能要求

1. 系统外观

系统面板平整，镀层牢固，漆面匀称，所有标记、标牌清晰可辨，无剥落、锈蚀、裂痕、明显变形等不良现象。

2. 系统效率

系统效率应满足表 3-6 的要求。

表 3-6　　　　系统效率

单个整流模块输出功率（W）		≥1500			<1500		
		1 级	2 级	3 级	1 级	2 级	3 级
效率	50%～100%额定负载	≥94%	≥90%	≥88%	≥90%	≥87%	≥85%
	30%额定负载	≥90%	≥86%	≥82%	≥86%	≥82%	≥78%

3. 系统噪声

分立式系统噪声应不大于 65dB(A)，其他系统噪声应不大于 60dB(A)。

4. 保护功能

（1）交流输入过、欠电压保护。系统应能监视输入电压的变化，当交流输入电压值过高或过低，可能会影响系统安全工作时，系统可以自动关机保护；当输入电压正常后，系统应能自动恢复工作。

过电压保护时的电压应不低于本标准中所规定的“交流输入电压变动范围”上限值的 105%，欠电压保护时的电压应不高于“交流输入电压变动范围”下限值的 95%。

（2）三相交流输入缺相保护。整流模块交流输入为三相时，系统应具有缺相保护功能。

（3）直流输出过、欠电压保护。系统直流输出电压过、欠电压值可由制造厂商根据用户要求设定，当系统的直流输出电压值达到其设定值时，应能自动告警。过压时，系统应能自动关机保护；故障排除后，分立式系统必须手动才能恢复工作，其他系统可自动或手动恢复。欠电压时，系统应能自动保护；故障排除后，系统应配自动或手动恢复。

（4）直流输出电流限制或输出功率限制功能。系统直流输出限流保护功能分以下两种形式。

1）直流输出电流限制功能：当输出电流达到限流值时，系统以限流值输出，限流值应能根据需要进行调整，限流范围应不窄于其额定值的 40%～100%。

2）直流输出功率限制功能：当系统直流输出功率达到功率限制值时，输出电流增大时系统应能自动降低输出电压以使输出功率不超过限制值，系统最大输出功率限制值应不小于系统直流输出电压标称值与额定电流乘积的 120%。

（5）直流输出过流及短路保护。系统应有过电流与短路的自动保护功能，过电流或短路故障排除后，应能自动或人工恢复正常工作状态。

（6）蓄电池欠电压保护（可选）。直流配电部分可以在蓄电池电压低于系统设定值时，自动一次或分次切断蓄电池输出，防止蓄电池深度放电，当系统输出电压升高后应自动接入蓄电池。

（7）熔断器（或断路器）保护。系统的交流输入分路应具有断路器保护装置；系统直流输出分路应具有熔断器（或断路器）保护装置；容量大于 630A 的直流输出分路可以不设保护装置。

（8）温度过高保护。当系统所处的环境温度超过系统保护点时，系统应自动降额输出或

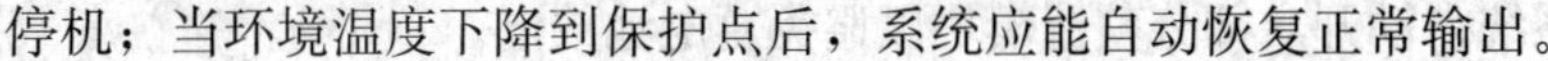

停机；当环境温度下降到保护点后，系统应能自动恢复正常输出。

5. 告警性能

电源系统在各种保护功能动作的同时，应能自动发出相应的可闻（可选）、可见告警信号，如警铃（或蜂鸣器）响、灯亮（灯闪烁）等。同时，应能通过通信接口将告警信号传送到近端、远端监控设备上，部分告警可通过干接点将告警信号送至机外告警设备，所送的告警信号应能区分故障的类别。

系统应具有告警记录和查询功能，告警记录可以随时刷新；告警信息应能在系统断电后继续保存，且不依赖于系统内部或外部的储能装置。

6. 防雷性能

除嵌入式系统外，其他系统交流输入端应装有浪涌保护装置，至少能承受电流脉冲（8/20μs、20kA）的冲击。

7. 接地性能

系统应具有工作地和保护地，且应有明显的标志，接地点应用铜质导体，除嵌入式系统外，紧固螺栓的直径应大于或等于M8，嵌入式系统的接地线截面积不宜小于4mm^2，其他系统的接地线截面积应不小于10mm^2。

配电部分外壳、所有可触及的金属零部件与接地螺母间的电阻应不大于0.1Ω。

8. 安全要求

(1) 绝缘电阻。在环境温度为15～35℃，相对湿度不大于90%，试验电压为直流500V时，交流电路和直流电路对地、交流电路对直流电路的绝缘电阻均不低于2MΩ。

(2) 抗电强度。

1) 交流输入对地应能承受频率为50Hz、有效值为1500V的正弦交流电压或等效其峰值的2121V直流电压1min，且无击穿或飞弧现象。

2) 交流输入对直流输出应能承受50Hz、有效值为3000V的正弦交流电压或等效其峰值的4242V直流电压1min且无击穿或飞弧现象。

3) 直流输出对地应能承受频率为50Hz、有效值为500V的正弦交流电压或等效其峰值的707V直流电压1min且无击穿或飞弧现象。

(3) 系统接触电流。系统接触电流应不大于3.5mA。当接触电流大于3.5mA时，接触电流不应超过每相输入电流的5%，如负载不平衡，则应采用三个相电流的最大值来进行计算。在大接触电流通路上，内部保护接地导线的截面积不应小于1.0mm^2。在靠近设备一次电源连接端处，应设置标有警告语或类似词语的标牌，即“大接触电流，在接通电源前必须先接地”。

(4) 材料阻燃性能。系统所用PCB的阻燃等级应达到GB 4943.1—2011中规定的V-0要求，绝缘电线的阻燃等级应达到GB/T 18380.12—2008中规定的要求，其他绝缘材料的阻燃等级应达到GB 4943.1—2011中规定的V—1要求。

9. 系统休眠功能（可选）

系统宜具有整流模块休眠节能工作模式，并能手动或自动开启/关闭该模式，出厂设置为关闭。

(1) 系统应能根据实际负载的变化自动调整工作模块数量；当负载减小到休眠设定值后，系统自动控制部分整流模块处于休眠状态，使其他整流模块工作在较高效率区间；当负载增大到唤醒设定值后，系统自动开启部分整流模块以避免蓄电池放电。

(2) 系统至少应有一个或两个整流模块工作。

(3) 负载出现振荡时，系统应能正常工作。

(4) 系统应使整流模块自动周期性轮换工作，且周期可设置。

(5) 当整流模块自动轮换工作时，应该按照先开后关的原则，先开启连续休眠时间最长的模块，再关断连续工作时间最长的模块；当系统中不同效率模块混用时，高效率模块应优先工作。

(6) 监控模块或通信出现故障时，所有处于休眠状态的整流模块应能在3min内自动恢复工作状态。

(7) 蓄电池欠电压、输入电压超出允许范围等告警时，系统不能处于休眠节能工作模式。

(8) 系统整流模块的休眠功耗应满足表3-7的要求。

表3-7 休眠功耗

	1级	2级
单相模块	≤5W	≤10W
三相模块	≤10W	≤20W

10. 系统温升

系统额定工作状态时，常温条件下，母线排、连接导线、接线端子的温升不应超过50℃。

11. 系统电磁兼容性

(1) 传导骚扰限值。传导骚扰限值应符合GB 9254—2008中第5章的要求。

(2) 辐射骚扰限值。辐射骚扰限值应符合GB 9254—2008中第6章的要求。

(3) 静电放电抗扰度。电源系统的机柜应能保护产品抵御静电破坏，应能承受GB/T 17626.2—2006中第5章表1第4试验等级8kV试验电压的冲击，应符合YD/T 983—2013中6.2判定准则B的要求。

12. 系统可靠性

$$MTBF \geqslant 5 \times 10^4 \text{ h}。$$

可以通过整流模块并联冗余方式来提高系统可靠性，即（$n+k$）方式。n为能满足通信局站供电的整流模块数，k为增加的整流模块冗余数且k不小于1。

3.5 高压直流供电系统

3.5.1 交流UPS供电存在的问题

随着通信网络和业务需求的不断发展，通信设备对电源安全供电的要求也越来越高。长期以来，使用交流电源的通信设备均由UPS供电，但交流UPS电源系统存在着单点故障(single point of failure，从英文字面上可以看到是单个点发生的故障，通常应用于通信及计算机系统与网络，实际指的是单个点发生故障的时候会波及到整个系统或者网络，从而导致整个系统或者网络的瘫痪，这也是在设计通信及IT基础设施时应避免的）的问题始终没有

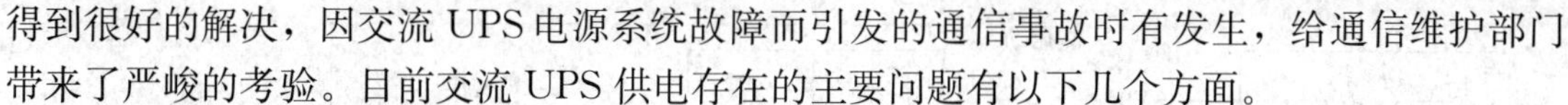

得到很好的解决，因交流 UPS 电源系统故障而引发的通信事故时有发生，给通信维护部门带来了严峻的考验。目前交流 UPS 供电存在的主要问题有以下几个方面。

1. 交流 UPS 供电的缺点

因为交流电的电压方向、幅值每时每刻都在发生变化，所以，当采用多台 UPS 并机输出时，就必须保证并机的每台 UPS 输出的相位、频率、幅值相同。在需要切旁路时，为了保障不间断供电，就必须保持对市电的相位、频率、幅值的跟踪和同步，当市电发生大范围变化时，其各种参数总会在一定范围内波动，因此 UPS 系统也在不断地调整输出参数。这种设计在理论上没有问题，但在实际应用中，随着市电的不断变化，以及电子元器件的老化，尤其是采集模块的零点漂移，往往就会在切换时导致中断。这种中断在以往的案例中屡见不鲜，给数据中心的设备运行带来了巨大的影响。

2. 交流 UPS 电源资源的浪费

由于并机的复杂性，尽管众多厂家声称可多台并机，有的甚至可以达到 8 台。但在实际投产中，UPS 并机系统并机的台数都不会太多，一般为"1+1"或者"2+1"，也就是 2～3 台。而为了保持系统的冗余，在一台机器出现故障时系统依然能够供电，这就要使得每台 UPS 平时的负荷率保持在较低的水平，如对于一套 UPS（1+1）系统为 50%，2+1 系统为 66%，如果再考虑到负荷的可能突变，同时降低设备的故障率，这时系统就必须要保持一定的裕度，按系统 80%的容量计算，实际上每台 UPS 的负荷率只有 40%～55%。而为了提高供电可靠性采用的双总线 UPS 系统，实际每台的平时最大负荷率也只有 40%～50%，在有些双总线 UPS 系统中，为追求更高的可靠性，最大负荷率甚至只有 20%～25%。

3. 安全供电存在单点故障瓶颈

因为 UPS 电源输出的是交流电，而作为备用储能的（阀控铅酸）蓄电池组输出的是直流电，因此 UPS 电源系统的蓄电池不能直接供电给负载，而必须通过逆变模块逆变成交流电输出。这样，供电的持续性就取决于 UPS 系统的稳定性，如果逆变模块损坏，即使蓄电池有充足的电量，也不能供电给负载。

由于交流 UPS 存在以上诸多问题，因此目前对能替代交流 UPS 对数据设备进行供电的系统的研究日益繁荣，业界内大力推荐的高压直流供电系统也渐渐形成规模。

3.5.2　高压直流供电系统的原理与组成

高压直流供电系统能够替代目前的交流 UPS 供电系统而为数据服务器供电，主要是基于服务器电源的工作原理。

1. 服务器电源的基本原理

现在 IDC（Internet Data Center，互联网数据中心）机房的服务器内部一般使用可靠性较高的高频开关电源，把外部输入的交流电转化为内部电子电路所需要用的直流电。对于功能强、使用在重要场合的服务器或小型机，均配置两个及两个以上的模块并联运行。计算机设备高频开关电源的基本工作原理如图 3-20 所示。

图 3-20 可以简化为图 3-21 所示的示意图。从图 3-21 可以看出，虽然服务器设备输入的是交流电源，但核心部分还是 DC/DC 变换电路，只要输入一个范围合适的直流电压给 DC/DC 变换电路，就同样能安全满足服务器设备工作。在图 3-21 中，因为输入端没有工频变压器，所以输入直流不会产生短路阻抗，就没有必要一定交流输入，不用交流也就没有必要用 UPS，由此因 UPS 交流供电引起的一切不利因素也就自然而然地消失了。如果输入的直流

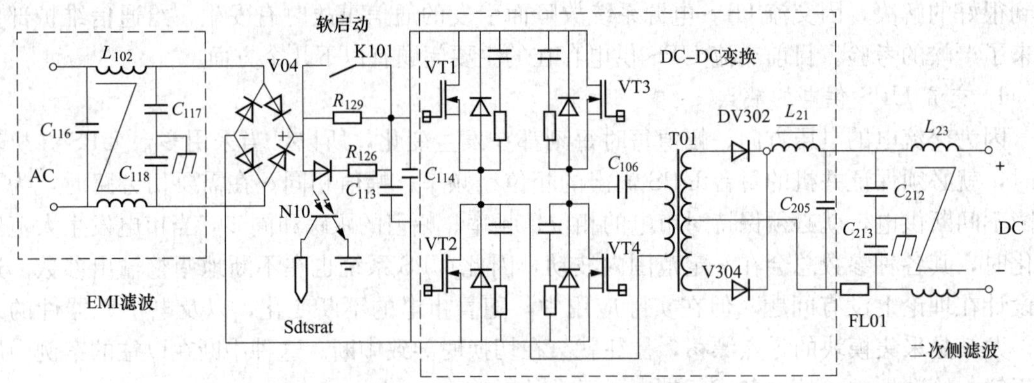

图 3-20　服务器电源基本工作原理图

合理地配上蓄电池，辅以远程监控，构成一个可靠的直流供电系统，就可取代交流 UPS 供电系统给服务器设备供电。

图 3-21　服务器电源模块工作原理示意图

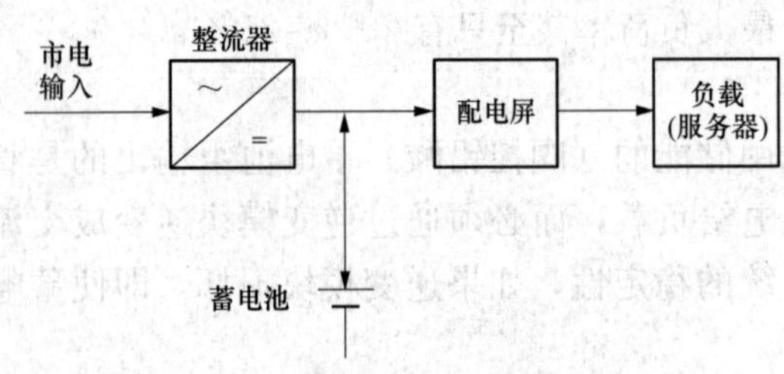

图 3-22　高压直流供电系统组成框图

2. 高压直流供电系统组成

高压直流供电系统的组成与传统－48V 直流供电系统的组成一样，只是整流器的输出电压等级较－48V 高。系统组成由市电输入、高频开关整流器、配电屏、蓄电池组组成，如图 3-22 所示。相较于交流 UPS 系统，可以看出高压直流供电系统的组成非常简单。

3.5.3　高压直流供电系统的关键问题

电压等级的选择成为高压直流供电系统组成的关键问题。根据服务器的特点，目前高压直流供电系统电压等级的选择主要有两个标准。

1. 240V 电压等级

目前大多数常用服务器的输入电源原理图如图 3-23 所示。在 DC/DC 的输入端电压范围为 DC 100V～373V，通过对服务器电源输入电压的分析以及在实际中对服务器进行测试的数据，以 240 V 为一种标称电压的观点正在得到认同。

在标称电压为 240V 的直流电压供电模式下，电池组配备 120 只 2V 电池（也可采用 40 只 6V 电池或者 20 只 12V 电池）。平时电池处在浮充状态，供电电压为 270V。在电池供电时，最低电压为 216V。在目前进行的测试中，服务器在这个电压下均能正常工作。而针对此直流电压等级的相关行业标准也已出台。

2. 380V 电压等级

还有一种服务器的输入电源是带有 PFC 电路的，如图 3-24 所示。这类服务器电源在

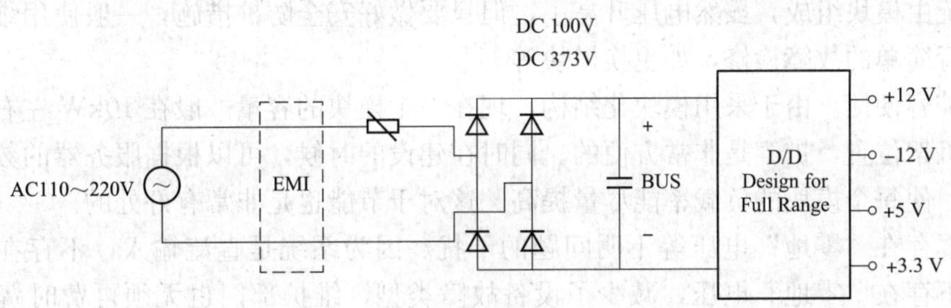

图 3-23　服务器输入电源原理图 1

DC/DC 的输入端电压范围为 DC 380V～400V，对应此类服务器电源，则需要选择 380V 或以上的高压直流供电系统。

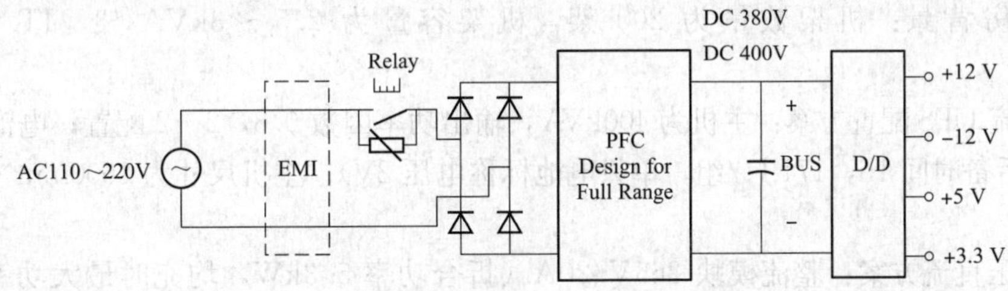

图 3-24　服务器输入电源原理图 2

但是这种供电模式不适用于国内现有的服务器设备，是对未来机房建设以及服务器设计的前瞻准备，因此要采用这种供电模式，就需要服务器厂商的配合，也就是服务器电源要支持 380V 的高压直流供电模式。相较于 240V 电压等级供电模式，在 380V 电压模式供电情况下，会减少电缆耗铜量，线路损耗也会降低。

3.5.4　高压直流供电系统的优缺点

1. 高压直流供电的优点

（1）供电可靠性大大提高。采用直流供电的最大优点在于提高了供电的可靠性。这可以从三个方面体现：①采用直流供电，蓄电池可以作为电源直接并联在负载端，当停电时，蓄电池的电能可以直接供给负载，确保供电的不间断；②直流供电只有电压幅值一个参数，各个直流模块之间不存在相位、相序、频率需同步的问题，系统结构简单很多，可靠性大大提高；③虽然交流 UPS 系统可以通过提高冗余度来提高安全系数，但是由于涉及同步的问题，每个模块之间必须相互通信来保持同步，所以还是存在并机板的单点故障问题。而直流模块没有这些问题，即使脱离了控制模块，只要保持输出电压稳定，也能并联输出电能。

（2）工作效率提高。与交流 UPS 系统相比，直流供电省掉了逆变环节，一般逆变的损耗在 5%左右，因此电源的效率提高了。其次，由于服务器输入的是直流电，也就不存在功率因数及谐波问题，降低了线损。再次，由于并机技术简单了，因此可以采用大量的模块并联，使每个模块的使用率可以达到 70%～80%，比交流 UPS 系统提高了很多。

（3）系统可维护性增强。现在的交流 UPS 系统涉及复杂的同步并机技术，整机的维护也只能依靠厂家。即使出现紧急情况时，维护人员也只能等待厂家技术人员来解决，这些先天不足给安全供电带来较大的隐患。而采用直流供电，就如现在一直使用的−48V 直流系统一样，系统由模块组成，虽然电压升高了，但只要做好安全防护措施，一般使用维护人员还是可以进行简单的故障检修，如更换模块等。

（4）扩容便捷。由于采用模块化结构，现在一个模块的容量一般在10kW左右，因此只要预留好机架位置，扩容是非常方便的。同时在建设的时候，可以根据服务器的数量逐渐增加模块数，使每个模块的负载率能尽量提高。这对于节能也是非常有好处的。

（5）不存在“零地”电压等不明问题的干扰。因为系统是直流输入，不存在零线，因此，也就不存在“零地”电压，减少了设备故障类型，维护部门也无须再费时费力去解决“零地”电压的问题。

（6）投资及空间的节省。以下有一个方案示例，大型局（站）用大容量的系统将高压直流供电系统与交流UPS系统作一比较，看看在相同大容量供电需求条件下，新建交流UPS并联系统与高压直流系统投资相差的情况。示例如下。

1）机房背景：机架数量为200架，机架容量为2.5～3kVA/架，IT设备容量为520kW。

2）交流UPS配置方案：主机为400kVA，输出功率因数0.8，2+2配置；电池为8组×1200Ah（后备时间1h，174只/组，单只电池标称电压2V）；主机尺寸为1600mm×995mm×1950mm。

3）高压直流方案：整流模块265V/20A（折合功率5.3kW，均充时最大功率5.6kW）每套系统560A，配置模块28个，系统总功率$P=28\times5.3=148$（kW），采用6套系统；电池组为12组×600Ah（后备1h，120只/组，单只电池标称电压2V）；主机尺寸为1600mm×600mm×2000mm。

4）投资对比。

交流UPS系统的投资情况介绍如下。

a. 400kVA主机单价40万元，4台主机总价160万元；电池8×174只，1200Ah电池2100元/只，电池总价292万元；设备直接成本合计452万元。

b. UPS主机采用相控整流，油机与UPS功率配比至少需1.5∶1，800kVA系统至少需配1200kVA油机；UPS系统轻载效率83%，输出520kW时，自身损耗107kW，需空调冷量约100kW。1200kVA油机估价200万元，100kW冷量空调（分体柜机）估价5万元；设备间接成本合计205万元。

c. 假定维护设备所需空间为安装设备面积的0.5倍，400kVA主机4台占用机房面积大约为$1.6\times0.995\times4\times1.5=9.6$（$m^2$）；假定机房楼面承重1000kg/$m^2$，1200Ah电池每节重82kg，则1$m^2$可安装12节1200Ah电池（分两层立式安装），8组174节电池需占机房面积为$(174\times8)/(12\times1.5)=77.33$（$m^2$）；主机加电池合计占用机房面积183.6$m^2$。

240V高压直流系统的投资情况介绍如下。

a. 560A系统单价24万元，6套系统总价144万元；电池12×120只，600Ah电池1050元/只，电池总价151万元；设备直接成本合计395万元。

b. 高压直流系统采用高频技术，油机与UPS功率配比只需1.1∶1，6套560A系统总功率888kW，需配1100kVA油机；高压直流系统50%以上负载时效率为92%，输出功率为520kW时，自身损耗45kW，需空调冷量约40kW。1100kVA油机估价185万元，40kW冷量空调（分体柜机）估价2万元；设备间接成本合计187万元。

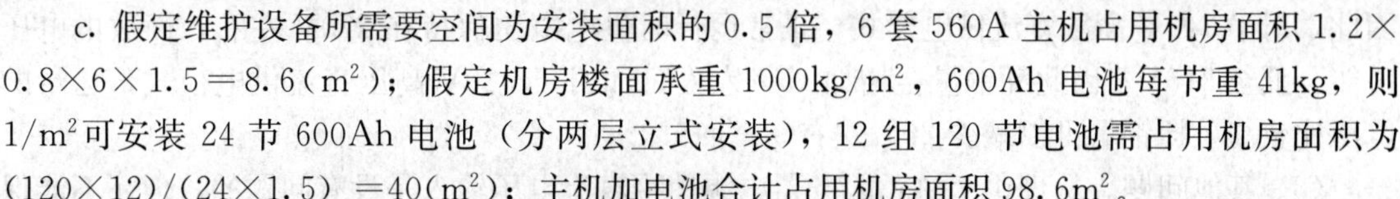

c. 假定维护设备所需要空间为安装面积的 0.5 倍，6 套 560A 主机占用机房面积 1.2×0.8×6×1.5＝8.6(m^2)；假定机房楼面承重 1000kg/m^2，600Ah 电池每节重 41kg，则 1/m^2可安装 24 节 600Ah 电池（分两层立式安装），12 组 120 节电池需占用机房面积为 (120×12)/(24×1.5)＝40(m^2)；主机加电池合计占用机房面积 98.6m^2。

高压直流系统与 UPS 系统投资比较见表 3-8。

表 3-8　　高压直流系统与 UPS 系统投资比较

序号	项目		新建 UPS 系统（双机并联冗余）	新建高压直流系统	对比结果
1	建设成本	主机	160 万元	144 万元	高压直流系统比 UPS 系统直接成本节约投资 34.7%
2		蓄电池配置（1h）	292 万元	151 万元	
3					高压直流系统比 UPS 系统间接成本节约投资 10%以上
4		发电机功率占用	1200kVA	1100kVA	
5		空调冷量占用	100kW	40kW	
6		机房面积占用	高压直流系统比 UPS 系统减少 46%		
7	运营成本	能耗成本	高压直流系统比 UPS 系统平均节电 15%，高压直流系统效率比 UPS 系统提高 10%，同时空调耗电量也相应减少 10%，总计节电量达 15%左右，按 0.85 元/度计算，每年节省电费约 70 万元		高压直流系统比 UPS 系统运营成本显著降低
8		运行安全性	高压直流系统比 UPS 系统可用性大幅提高		
9		主设备运行寿命	8～10 年	10～12 年	
10		投资阶段性	一次规划，一次投资	一次规划，分批投资	
11		维护方式	复杂	简单	

以上方案的比较虽然还不完全（如不包含对线缆、配电方面的比较，这两方面在新建系统中所占比例较小），但从中至少可以看出，高压直流供电系统无论从节能效果、占地面积、投资等方面都有着比交流 UPS 系统显著的优越性。

2. 高压直流供电的缺点

(1) 对配电开关灭弧性能要求高。对于交流电，电流在周期内会有过零点，当短路时过零点的存在使开关断开时产生的电弧容易灭弧。而如果是直流电，就不存在过零点，灭弧相对困难。因此配电所需的开关性能要求更高，会相应地增加配电部分的建设成本。

(2) 电缆线径的增加。按目前的配电结构，从 UPS 输出到楼层配电柜，是采用三相四线制供电，如果采用高压直流供电，则是一相两线供电，在相同电压下输送同等功率，电缆的消耗量将会有所增加。如下式所示，如在相同的电缆数（4 根）和相同电流的情况下，输送的功率比是

$$\frac{P_{交}}{p_{直}}=\frac{\sqrt{3}\cdot 380\cdot I\cos\varphi}{2\cdot U_{直}\cdot I}\approx\frac{296.2}{U_{直}}$$

式中　$\cos\varphi$——功率因数，取 0.9。

从上式可以看出，若直流供电电压高于 296.2V，则电缆耗铜量是不会比交流供电多的。

因此，对于240V高压直流供电模式，正常运行时供电电压保持在270V左右，而放电电压可能会低至216V，因此耗铜量会增加15%左右；而对于380V高压直流供电模式，运行的电压比较高，耗铜量可以减少20%左右。

(3) 其他问题。从理论上讲，服务器电源使用直流电压输入是没有问题的，但还不能保证实际使用中不会发生一些意外，比如可能存在某些服务器电源的特别设计问题而不能使用直流电，或者长时间使用会不会增加服务器的故障率等，这都要经过实际使用的检验。另外，如果使用直流电源，当服务器设备损坏时，服务器厂家在对该故障进行认可时有可能会因我们使用直流电源供电不符合其设计要求而推卸责任。

习题与思考题

1. 直流电源系统有哪些供电方式和调压方式？通信局（站）典型的直流电源系统采用什么供电方式和调压方式？

2. 简述大容量多机架直流供电系统的系统结构。

3. 通信直流电源系统有哪些配电方式？低阻配电和高阻配电方式各有什么特点？不同的配电方式对蓄电池组和通信设备的选择有什么具体的要求？

4. 说明对直流配电设备有哪些技术要求的规定？

5. 试述典型直流组合电源系统结构框图组成。

6. 简述直流供电系统中的二次下电原理。

7. 通信直流基础电源的质量指标是如何规定的？

8. 什么是杂音电压？杂音电压有哪几种形式？它们具体的含义如何？

9. 简述交流UPS系统供电存在的问题。

10. 简述高压直流供电系统的优缺点。

第4章

接 地 系 统

接地系统是通信局（站）电源系统的重要组成部分，它不仅直接影响到通信的质量和供电系统的正常运行，而且对保护人身和设备安全也具有十分重要的作用。在通信局（站）中，接地系统及其技术不仅涉及电源设备，而且与建筑物的防雷、通信设备等也密不可分。

4.1 接地的类型与系统组成

接地是指把电气设备的某部分或金属部件与大地作良好的电气连接。在通信局（站）中，交流供电系统、直流供电系统以及建筑物防雷系统等都有接地要求，各种接地系统按其功能不同可分为工作接地、保护接地、防雷接地和测量接地等。这里重点对工作接地、保护接地的性质和功能进行详细的分析。

4.1.1 工作接地

工作接地又可以分为直流工作接地和交流工作接地两种。

1. 直流工作接地

直流工作接地也称为通信功能接地。

（1）直流工作接地的作用。直流工作接地的作用主要有三个方面：①利用大地完成通信信号回路；②在直流远距离供电回路中，利用大地完成导线—大地制供电回路，从有人站向无人站供电；③在话音通信回路中，蓄电池组的一极接地，可以减少由于用户线路对地绝缘不良时引起的串话。

用户线路对地绝缘电阻的降低可能引起串话，因为一条线上有些话音电流可能通过周围区域找到一条通路而流到另一条线路上去，如图 4-1 所示。图 4-1 中 i 为电流环路方向。例如，将电池的一个电极接地，则部分泄漏的话音电流将通过土壤回流到电池的接地极，相当于降低了串音电平，降低程度取决于电池极接地的效果以及周围土壤的电阻率。

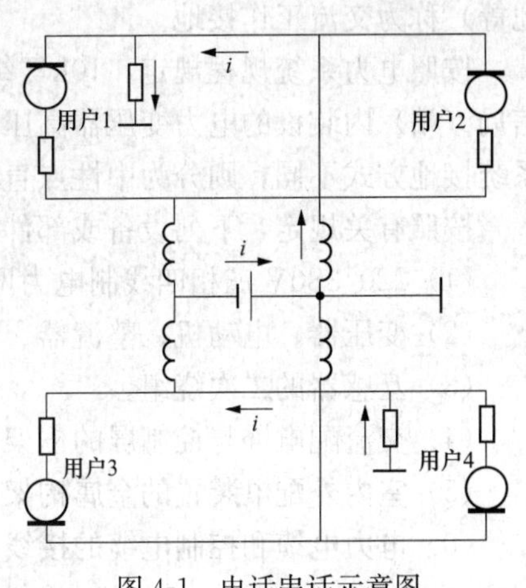

图 4-1 电话串话示意图

根据有关调查显示，如果电池一个电极的接地电阻低于 20Ω，就有可能使串音保持在适当的限值以内。

（2）需要接地的设备和部件。通信电源系统中，下列设备或金属部件应接到直流接地系统上，完成工作接地。

1）蓄电池的正极或负极（个别接地系统除外）。

2）通信设备的机架。

3）总配线架的金属支架。

4）通信电线的金属防护层。

5）通信线路的保安器。

6）程控变换机房防静电地面。

（3）蓄电池组的正极接地。通信电源系统−48V 的蓄电池组多采用正极接地，其原因在于正极接地可以减弱由于继电器或电缆金属外皮绝缘不良时产生的电蚀作用，从而减轻继电器或电缆金属外皮受到的损害。如图 4-2 所示，图 4-2（a）表示电池组负极接地，图 4-2（b）表示电池组正极接地。

电蚀时，金属离子在化学反应下，由正极向负极移动，如果图 4-2 中继电器线圈和铁芯之间的绝缘不良，就有小电流 i 流过线圈和铁芯回路。电池组负极接地时，线圈的导线因为比较细，一段时间后有可能蚀断；反之，如果电池组采用正极接地，虽然铁芯也会受到电蚀，但线圈的导线不会腐蚀，而且铁芯的质量较大，不会导致可以明显察觉的后果。同样的道理，蓄电池组的正极接地也可以使外线电缆的芯线在绝缘不良时免受腐蚀。

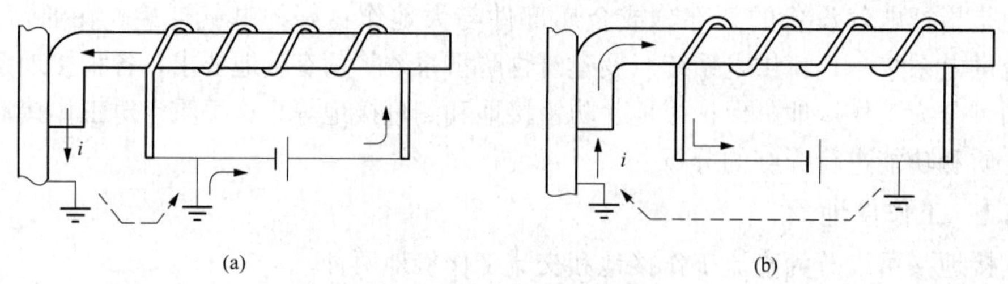

图 4-2　电池组接地示意图

（a）负极接地；（b）正极接地

2. 交流工作接地

为保证交流供电系统或交流电力设备达到正常工作状态要求而进行的接地（如中性点接地等）称为交流工作接地。

按照电力系统规程规定，10kV 级高压电力网应采用中性点非直接接地方式。因此，通信局（站）内装设的电力变压器高压侧中性点不需要接地；但在 220/380V 低压系统中，因系统接地方式不同，则分为中性点直接接地和间接接地两大运行方式。

按照有关规定，下列设备或部件应连接到交流接地系统上。

（1）220/380V 三相四线制电力网的中性点。

（2）变压器、电动机、整流器、电气设备以及携带式用电器具等的底座和外壳。

（3）互感器的二次绕组。

（4）交流配电屏与控制屏的框架。

（5）室内外配电装置的金属构架、钢筋混凝土框架以及靠近带电部分的金属门等。

（6）电力电缆和控制电缆的接线盒、终端盒的外壳以及电缆的金属护套、穿线钢管等。

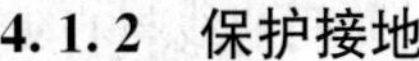

4.1.2　保护接地

保护接地是指为了保障人身安全、防止其间触电而将用电设备外露可导电部分进行的接地（protective earthing，PE）。

1. 电流对人体的作用

（触电）电流对人体的危害程度严重与否主要取决于电流强度、持续时间、电流途径、电流频率、电压高低以及人的身体状况（人体阻抗）等。

（1）电流强度。通过人体的电流越大，人体的生理反应越明显，伤害越严重。对于工频交流电，按照通过人体的电流强度不同以及人体呈现的反应不同，将作用于人体的电流划分为三级：感知电流、摆脱电流和室颤电流。一般来说，女性较男性对电流的刺激更敏感，感知电流和摆脱电流的能力要低于男性，儿童触电比成人触电后果更为严重。

1）感知电流和感知阈值。感知电流是指电流流过人体时可以引起感觉的最小电流。感知电流的最小值通常称为感知阈值。感知电流及感知阈值随着个体的差异是不同的。成年男性的平均感知电流约为 1.1mA（有效值，下同），成年女性约为 0.7mA。对于正常人体，感知阈值平均为 0.5mA。感知电流与感知阈值与电流持续时间长短无关，但与其频率有关，频率越高，感知电流值越大，即人体对低频电流更为敏感。

2）摆脱电流和摆脱阈值。摆脱电流是指人在触电后能够自行摆脱带电体的最大电流。摆脱电流的最小值称为摆脱阈值。随着通过人体的电流值增大，人对自身肌肉的自主控制能力越来越弱，当电流达到某一值时，人就不能自主地摆脱带电体，所以，当通过人体的电流大于摆脱阈值时，受电击者自救的可能性便不复存在。摆脱电流和摆脱阈值也存在个体差异，成年男性的平均摆脱电流约为 16mA，成年女性的平均摆脱电流约为 10.5mA；成年男性的最小摆脱电流约为 9mA，成年女性的最小摆脱电流约为 6mA；儿童的摆脱电流较成人要小。对于正常人体，摆脱阈值平均为 10mA，与电流持续时间无关，且在 2～150Hz 内基本上与频率无关。

3）室颤电流（致命电流）和室颤阈值。室颤电流是指引起心室颤动的最小电流，其最小电流即室颤阈值。从医学角度讲，心室颤动导致死亡的概率很大，因此，室颤电流通常称为致命电流。室颤电流不仅与电流大小有关，还与电流持续时间关系密切。

电流强度对人体作用的影响见表 4-1。

表 4-1　电流强度对人体作用的影响

电流类型	工频电流（mA）		直流电流（mA）	
	男性	女性	男性	女性
感知电流	1.1	0.7	5.2	3.5
摆脱电流	16	10.5	76	51
致命电流	50		500（3s），1300（0.03s）	

（2）持续时间。触电电流通过人体的持续时间越长，对人体的伤害越严重。电流持续的时间越长，人体电阻因出汗等原因会变得越小，导致通过人体的电流增加，触电的危险亦随之增加。此外，心脏每收缩、扩张一次，中间约有 0.1s 的时间间歇，这个 0.1s 的时间间歇称为心室肌易损期，对电流最敏感，如果电流在此时流过心脏，即使电流很小也会引起心室

颤动。图 4-3 所示为室颤电流一时间曲线。由图 4-3 可知，室颤电流一时间曲线与心脏搏动周期密切相关，当电流持续时间小于一个心脏搏动周期时，电流超过 500mA 才能够引发室颤；当电流持续时间大于一个心脏搏动周期时，很小的电流（如 50mA）就很可能引发室颤。电流持续时间对人体作用的影响见表 4-2。

表 4-2　　电流持续时间对人体作用的影响

电流范围	电流（mA）	电流持续时间	生理效应
0	0～0.5	连续通电	没有感觉
A1	0.5～5	连续通电	开始有感觉，手指手腕等处有麻感，没有痉挛，可以摆脱带电体
A2	5～30	数分钟以内	痉挛，不能摆脱带电体，呼吸困难，血压升高，是可以忍受的极限
A3	30～50	数秒至数分钟	心脏跳动不规则，昏迷，血压升高，强烈痉挛，时间过长即引起心室颤动
B1	50～数百	低于脉搏周期	受强烈刺激，但未发生心室颤动
		超过脉搏周期	昏迷，心室颤动，接触部位留有电流通过的痕迹
B2	超过数百	低于脉搏周期	在心脏搏动周期特定相位电击时，发生心室颤动，昏迷，接触部位留有电流通过的痕迹
		超过脉搏周期	心脏停止跳动，昏迷，可能有致命的电灼伤

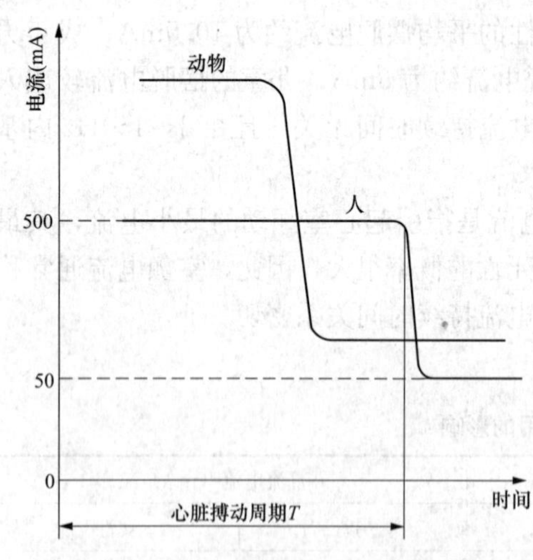

图 4-3　室颤电流-时间曲线

（3）电流途径。电流流过人体的途径与触电危害程度有直接关系。电流通过心脏会引起心室颤动，电流较大时会使心脏停止跳动，从而导致血液循环中断而死亡。电流通过中枢神经或人体有关部位，会引起中枢神经严重失调而导致死亡。电流通过头部会使人昏迷，或对脑组织产生严重损坏而导致死亡。电流通过脊髓，会使人瘫痪。上述伤害中，以心脏伤害的危险性为最大。因此，流经心脏的电流大、电流路线短的途径是危险性最大的途径。

室颤电流若从左手到双脚的电流通路，是最容易引发室颤、最严重的一种情况，若电流从别的通路流通，则室颤电流值应有所不同，这种差别由心脏电流因数表征。利用心脏电流因数可以粗略估计不同电流途径下心室颤动的危险性。心脏电流因数是某一路径心脏内电场强度与从左手到双脚流过相同大小电流时的心脏内电场强度的比值，即

$$F = \delta_{\mathrm{ref}} / \delta_{\mathrm{h}}$$

式中　δ_{ref}——电流通过某一通路在心脏所产生的电流密度；

δ_{h}——同一电流从左手到双脚时在心脏内产生的电流密度。

表 4-3 给出了各种电流途径的心脏电流因数。

表 4-3　　各种电流途径的心脏电流因数

电流途径	心脏电流因数
左手—左脚、右脚或双脚	1.0
双手—双脚	1.0
左手—右手	0.4
右手—左脚、右脚或双脚	0.8
右手—背	0.3
左手—背	0.7
胸—右手	1.3
胸—左手	1.5
臀部—左手、右手或双手	0.7

利用心脏电流因数可以计算出某一通路的室颤电流 I_h，这个电流与从左手到双脚通路的电流 I_{ref} 有相同的室颤危险概率。I_h 可以表示为

$$I_h = I_{ref}/F$$

式中　I_{ref}——从左手到双脚的室颤电流；

I_h——某一通路的室颤电流；

F——某一通路相应的心脏电流因数。

例如，从左手到右手流过 150mA 电流，由表 4-3 可知，左手到右手的心脏电流因数为 0.4，因此，150mA 电流引起心室颤动的危险性与左手到双脚电流途径下 60mA 电流的危险性大致相同。

(4) 电流频率。电流频率对触电的危害程度有很大的影响，实践证明，交流电流比直流电流对人体的伤害要大（参见表 4-1），而频率 25～300Hz 的交流电流对人体的伤害最为严重。高于或低于这个频率范围的电流，对人体的伤害相对来说要轻一些。高频电流不仅不伤害人体，还可以用于医疗保健。由此可见，目前世界上广泛使用的 50Hz 或 60Hz 的工频交流电，虽然对设计电气设备来说比较合理，但对人体触电的伤害却最为严重。

(5) 电压。从安全角度看，确定对人体的安全条件通常不采用安全电流而是用安全电压，因为影响电流变化的因素很多，而电力系统的电压却较为恒定。

触电电压越高，对人体的危害越大。触电致死的主要因素是通过人体的电流，根据欧姆定律，电阻不变时电压越高电流就越大，因此人体触及带电体的电压越高，流过人体的电流就越大，受到的伤害就越大。与此同时，当人体接触电压后，随着电压的升高，人体电阻会有所降低；若接触了高电压，则因皮肤受损破裂而会使人体电阻下降，通过人体的电流就会随之增大。以上就是高压触电比低压触电更危险的原因。此外，高压触电往往产生极大的弧光放电，强烈的电弧可以导致严重的烧伤或致残。

在高电压情况下，即使人体不接触，接近时也会受到感应电流的影响，因而也是很危险的。因此，在接近高压线路或设备时，必须保持一定距离，才能确保安全。经试验证实，电压高低对人体的影响及允许接近的最小安全距离如表 4-4 所示。

表 4-4　　电压对人体的影响及可接近的最小距离

触电时的情况		可接近的距离	
电压（V）	对人体的影响	电压（kV）	设备不停电时的安全距离（m）
10	全身在水中时跨步电压界限为 10V/m	10 及以下	0.7
20	湿手的安全界限	20～35	1.0
30	干燥手的安全界限	44	1.2
50	对人的生命无危险界限	60～110	1.5
100～200	危险性急剧增大	154	2.0
200 以上	对人的生命发生危险	220	3.0
3000	被带电体吸引	330	4.0
10000 以上	有被弹开而脱险的可能	500	5.0

不危及人体安全的电压称为安全电压。当安全电流取 30mA 时，人体允许持续接触的安全电压（假设取人体平均电阻为 1700Ω）为：

$$U_{saf}=I_{saf}\times\overline{R}_{人}=30mA\times1700\Omega\approx50V$$

此 50V 电压值（50Hz 交流电压有效值）称为一般正常条件下允许持续接触的安全特低电压（safety extra-law voltage），电气设备安全电压等级的选择，应根据使用环境和使用方式等因素选用不同的安全电压。我国国家标准规定的安全电压等级和选用举例见表 4-5。42V 和 36V 为可在一般较干燥的环境中使用的电压等级，24V 及以下是在较恶劣的环境中允许使用的电压等级。

表 4-5　　安全电压等级与选用举例（摘选自 GB 3805）

安全电压（V）（交流有效值）		选 用 举 例
额定值	空载上限值	
42	50	在有触电危险的场所使用的手持式电动工具等
36	43	在矿井、多导电粉尘等场所使用的行灯等
24	29	可供某些具有人体可能偶然触及的带电体设备选用
12	15	
6	8	

（6）人体阻抗。由以上讨论可知，通过人体的电流大小不同，引起的人体生理反应也不同，而通过人体电流的大小，主要由接触电压和电流流过通路的阻抗确定。大多数情况下反映电击危险的电气参量是接触电压，因此，只有知道了人体阻抗，才能计算出流经人体的电流大小，从而正确地评估电击危险性。人体阻抗是定量分析人体电流的重要参数之一，也是处理许多电气安全问题所必须考虑的基本因素。人体皮肤、血液、肌肉、细胞组织及其结合部位等构成了含有电阻和电容的阻抗。其中，皮肤电阻在人体阻抗中占有很大的比例。人体阻抗包括皮肤阻抗和体内阻抗，总阻抗呈阻容性，其等效电路如图 4-4 所示。

1）皮肤阻抗 Z_p。皮肤由外层的表皮和表皮下面的真皮组成。表皮最外层的角质层，其电阻很大，在干燥和清洁的状态下，其电阻率可达 $1\times10^5\sim1\times10^6\Omega\cdot m$。皮肤阻抗是指表皮阻抗，即皮肤上电极与真皮之间的电阻抗，以皮肤电阻和皮肤电容并联来表示。皮肤电容是指皮肤上电极与真皮之间的电容。电流增加时，皮肤阻抗会降低，另外，皮肤阻抗也会随着电流频率的增加而下降。皮肤阻抗值与接触电压、电流幅值和持续时间、频率、皮肤潮湿程度、接触面积和施加压力等因素有关。

2）人体内阻抗 Z_i。人体内阻抗是除去皮肤阻抗后的人体阻抗，虽存在少量的电容，但可以忽略不计，因此，人体内阻抗基本上可以视为纯电阻。人体内阻抗主要由电流通路决定，接触面积所占成分较小，但当接触面积小至几平方毫米时，人体内阻抗会增加。

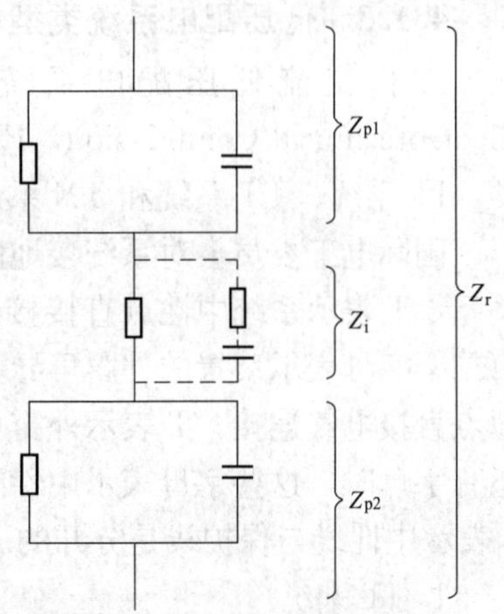

图 4-4 人体阻抗的等效电路

Z_i—人体内阻抗；Z_{p1}和 Z_{p2}—人体皮肤阻抗；Z_r—人体总阻抗

3）人体总阻抗 Z_T。人体总阻抗是包括皮肤阻抗及人体内阻抗的全部阻抗，由电流通路、接触电压、通电时间、电流频率、皮肤潮湿程度、接触面积、施加压力以及温度等因素共同确定。当接触电压在 50V 以下时，由于皮肤阻抗的变化，人体总阻抗也在很大范围内变化；当接触电压逐渐升高时，人体总阻抗与皮肤阻抗的关系越来越微弱；当皮肤被击穿破损后，人体总阻抗近似等于人体内阻抗。另外，由于存在皮肤电容，人体的直流电阻高于交流阻抗。人体总阻抗值与频率呈负相关性，这是因为皮肤容抗随频率的增加而下降，从而导致其总阻抗降低。在正常环境下，人体皮肤干燥时，人体工频总阻抗典型值为 1000～3000Ω。在人体接触电压出现的瞬间，由于电容尚未充电（相当于短路），此时皮肤阻抗可以忽略不计，这时的人体总阻抗称为初始电阻 R_i，R_i 约等于人体内阻抗 Z_i，其典型值为 500Ω。人体阻抗在不同情况下的阻值见表 4-6。

表 4-6　人体阻抗在不同情况下的阻值

接触电压（V）	人体阻抗（Ω）			
	皮肤干燥	皮肤润滑	皮肤潮湿	皮肤浸入水中
10	7000	3500	1200	600
25	5000	2500	1000	500
50	4000	2000	875	440
100	3000	1500	770	375
250	1500	1000	650	325

电流对人体的危害过程是复杂的，必须指出，触电时不论流过人体的电流途径是哪种形式，心脏都有电流流过，只是电流大小不同而已。此外，触电时人体受到的伤害可能只是某一种，但多数情况是电击、电伤等几种伤害同时发生，危害程度要严重得多。

2. 保护接地的作用

保护接地的作用是防止人身和设备遭受危险电压的接触和损坏，以保护人身和设备的安全。保护接地的形式有两种：①是设备的外露可导电部分经各自的 PE 线分别接地；②是设备的外露可导电部分经公共的 PE 线或 PEN 线接地。前者我国过去称为保护接地，而后者过去称为保护接零。

4.1.3 低压配电系统类型

三相交流低压配电系统基本供电方式已由国际电工委员会（International Electrotechnical Commission，IEC）作了统一规定，按照保护接地的形式不同将其分为三类：IT 系统、TT 系统和 TN 系统，其中 TN 系统又分为 TN-C、TN-S 和 TN-C-S 系统。

国际电工委员会对系统接地的文字符号的定义规定为：第一个字母表示电力系统的对地关系，T 表示系统中性点直接接地，I 表示所有带电部分与地绝缘，或一点经高阻抗接地；第二个字母表示装置的外露可导电部分的对地关系，N 表示外露可导电部分与电力系统的接地点直接电气连接，T 表示外露可导电部分对地直接连接，与电力系统如何接地无关；后面还有字母时，这些字母表示中性线与保护线的组合方式，C 表示中性线与保护线是合一的，S 表示中性线与保护线是分开的。

1. IT 系统

在中性点不接地系统（对地绝缘的或经过高阻抗接地）中，将电气设备正常情况下不带电的金属部分与接地体之间作良好的金属连接后可构成 IT 系统，即传统上所称的三相三线制供电系统的保护接地，如图 4-5 所示。

在图 4-6 所示的中性点不接地系统中，电气设备的接地电阻为 R_E。当绝缘损坏、设备外壳带电时，接地电流将同时沿接地装置和人体两条通路流过，流经人体的电流与流经接地装置的电流比为

$$I_{ton}/I_E = R_E/R_{ton}$$

式中 I_E 及 R_E——沿接地体流过的电流及电阻；

I_{ton} 及 R_{ton}——沿人体流过的电流及人体电阻。

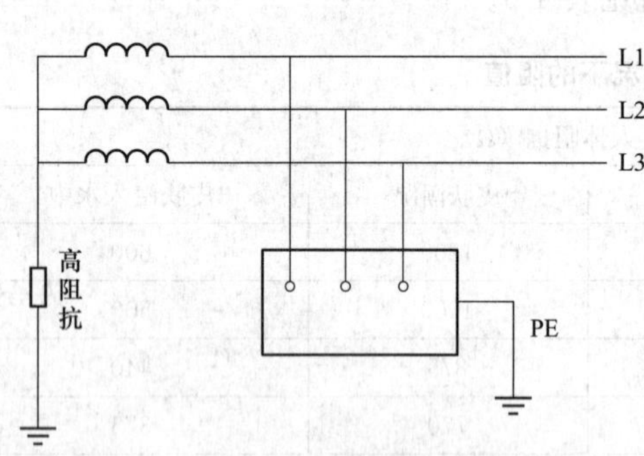

图 4-5 IT 系统示意图

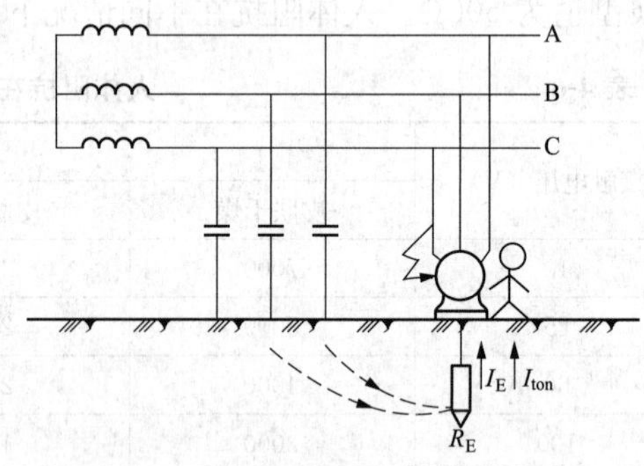

图 4-6 在 IT 系统中，绝缘损坏时故障电流的通路

为了限制流过人体的电流，使其在安全电流值以下，必须使 $R_E \ll R_{ton}$ 。图 4-7 所示情形表示在中性点不接地系统中，由同一变压器供电的系统中电气设备不合理的接地方式。

例如，当电动机 a 在 A 相上发生碰壳短路，电动机 b 在 B 相上发生碰壳短路，此时流经电动机的电流为

$$I_E = \sqrt{3}u_\varphi \ (R_{E1}+R_{E2})$$

作用于 a 电动机外壳上的电压 $u_a=\sqrt{3}R_{E1}u_\varphi \ (R_{E1}+R_{E2})$；同理，作用于 b 电动机外壳上的电压 $u_B=\sqrt{3}R_{E2}u_\varphi \ (R_{E1}+R_{E2})$，其中 u_φ 为系统相电压。

当 $R_{E1}=R_{E2}$ 时，$u_a=u_b=\sqrt{3}u_\varphi/2$；当 $R_{E1}>R_{E2}$ 时，$u_a>u_b$，$u_a>\sqrt{3}u_\varphi/2$；当 $R_{E1}<$

R_{E2}时，$u_a < u_b$，$u_b > \sqrt{3}u_\varphi/2$。

显然，$\sqrt{3}u_\varphi/2$ 对人身安全而言还是一个危险电压。

因此，上述接法无论接地电阻如何变化，人体接触到电动机外壳都是比较危险的。要用简单可靠的方法保证人身安全，就应当采取共同接地的方式，如图 4-8 所示，这样就可以将系统两相分别对地短路转变成相间短路，从而迅速使相应的保护装置动作，切除故障装置。

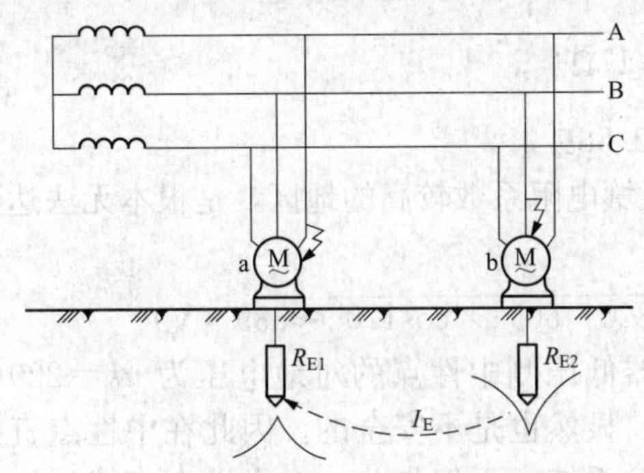

图 4-7　双碰壳条件下的分别接地

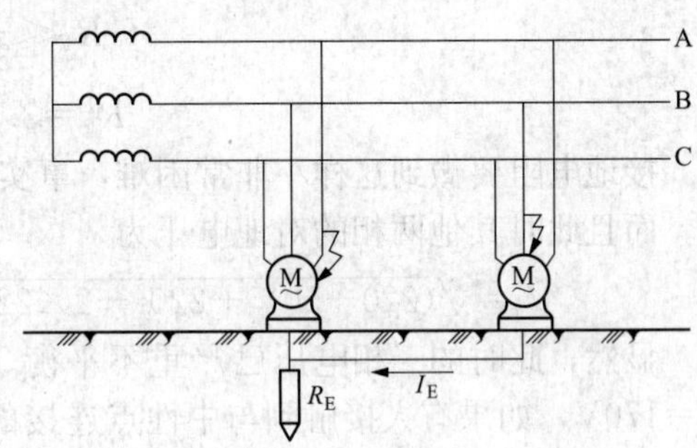

图 4-8　共同接地

2. TT 系统

在中性点接地系统中，将电气设备外壳通过与系统接地无关的接地体直接接地，构成 TT 系统，如图 4-9 所示。

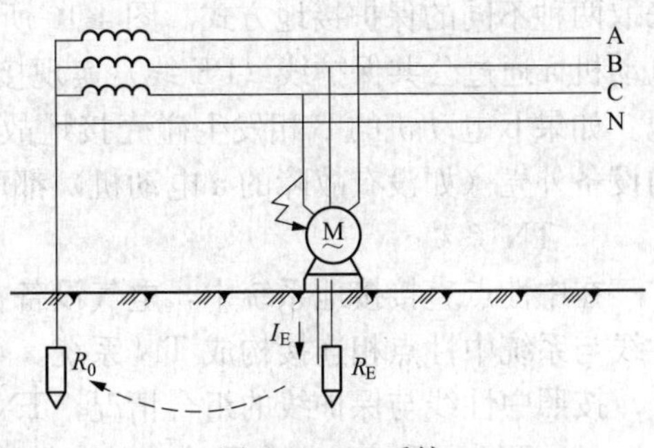

图 4-9　TT系统

设备外露可导电部分直接接地后，当设备发生一相接地故障时，就可以通过自身的保护接地装置形成单相接地短路电流，这一电流通常足以使故障设备电路中的过电流保护装置动作，迅速切除故障设备，从而大大减小了人体触电的危险。即使在故障未切除时人体触及故障设备的外露可导电部分，由于人体电阻远大于保护接地电阻，因此通过人体的电流也是比较小的，对人体的危害也比较小。

但是，如果 TT 系统中的设备只是绝缘不良引起漏电，则由于漏电电流较小而可能使电路中的过电流保护装置不动作，从而使漏电设备外露可导电部分长期带电，这就增加了人体触电的危险。因此，为保障人身安全，TT 系统应考虑装设灵敏度高的触电保护装置。

在 TT 系统中，如果发生设备绝缘损坏，则设备外壳上的电压 $u_E = I_E R_E$，只要限制 R_E 的大小，就能够保证 u_E 在安全电压范围内。如设定 $u_E = 50\text{V}$，则有

$$\frac{220}{R_0 + R_E} \cdot R_E \leqslant 50$$

故有

$$\frac{R_0}{R_E} \geqslant \frac{220-50}{50} = 3.4$$

式中　R_0——接地装置电阻；

R_E——电气设备外壳的直接接地体。

若取 $R_0 = 4\Omega$，则只有在 $R_E \leqslant 1.18\Omega$ 时才能满足保护接地装置上的压降要求，显然如

果要实现这样小的接地电阻，代价是比较昂贵的。

从另外一个角度看，为了安全起见，通常要求接在设备电源处的熔体熔断，但当设备容量较大时（如额定电流 $I_N=100A$），按照熔体额定电流选择 $I_{N\cdot FE}$必须不大于三倍导线按发热条件允许通过电流 I_{al}的原则，有

$$I_{N\cdot FE}\leqslant 3I_{al}=3I_N=300A$$

为了保证人身安全并确保熔断器动作，此时保护接地电阻值应满足

$$R_E\leqslant\frac{50}{300}=0.17\Omega$$

$$R_0=3.4R_E=0.58\Omega$$

接地电阻要做到这样小非常困难，事实上在土壤电阻系数较高的地区，是根本无法达到的。而且此时其他两相的对地电压为

$$u'_\varphi=\sqrt{(220-50)^2+220^2-2\times220\times(220-50)\times\cos120^\circ}\approx339\ (V)$$

显然，此时的三相电压已严重不平衡。变压器低压侧中性点的对地电压为 $u_0=220-50=170V$，如果有人接触到与中性点连接的导线，显然也是不安全的。因此在中性点直接接地的 1000V 以下供电系统中，一般很少采用 TT 系统。不仅如此，在中性点直接接地的 1000V 以下的低压电网中，同一台发电机、同一台变压器或同一段母线供电的线路，也不应采取两种不同的保护接地方式。图 4-10 所示为系统不合理的保护接地实现方式。图 4-10 中电动机 a 通过公共保护线（PE 线）实现接地，而电动机 b 则通过自己独立的保护线实现接地。如果 b 电动机的 B 相发生碰壳接地故障，则如前所述，凡是通过公共保护线实现接地的设备外壳（如没有故障的 a 电动机）都可能带上危险的电压（约一半的系统相电压）。

3. TN 系统

在中性点直接接地系统中，电气设备在正常情况下，不带电的金属外壳用保护线通过中性线与系统中性点相连接构成 TN 系统。

按照中性线与保护线的组合情况，TN 系统分为以下三种形式。

（1）TN-C 系统。整个系统中的中性线 N 与保护线 PE 是合二为一的（过去称这种保护接地方式为保护接零），如图 4-11 所示的 PEN 线。在 TN-C 系统中，由于电气设备的外壳接到 PEN 线上，因此当一相绝缘损坏与外壳相连，则由该相线、设备外壳、PEN 线形成闭合回路，回路电流一般来说是比较大的，这样便引起保护电器动作，使故障设备脱离电源。

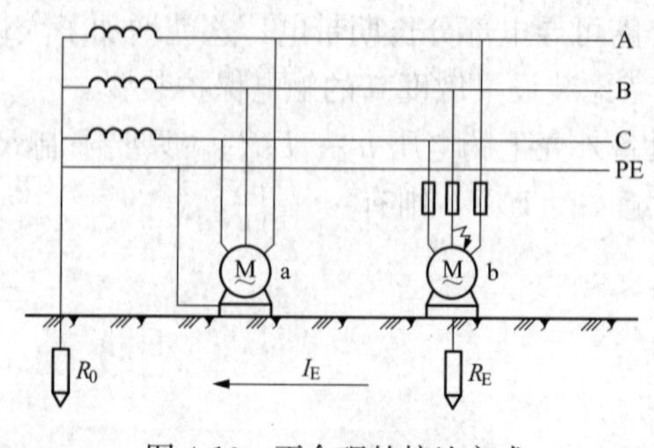

图 4-10　不合理的接地方式

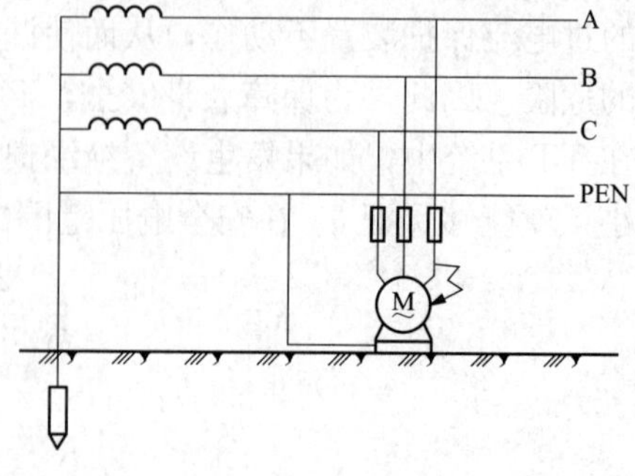

图 4-11　TN-C 系统

TN-C 系统由于是将保护线与中性线合二为一，因此通常适用于三相负荷比较平衡且单相负荷容量较小的供电系统。

(2) TN-S 系统。整个系统中，中性线 N 与保护线 PE 是分开的，如图 4-12 所示。所有设备的外壳或其他外露可导电部分均与公共 PE 线相连。这种系统的优点在于公共 PE 线在正常情况下没有电流通过，因此不会对接在 PE 线上的其他设备产生电磁干扰，所以这种系统特别适合为数据通信系统供电。此外，由于 N 线与 PE 线分开，因此即使 N 线断开也不会影响接在 PE 线上设备防间接触电的功能。

这种系统多用于环境条件较差、对安全可靠性要求较高及设备对电磁干扰要求较严的场所。通信局（站）的低压配电多采用 TN-S 系统配线形式。

(3) TN-C-S 系统。这种系统前边为 TN-C 系统，后边为 TN-S 系统（或部分为 TN-S 系统），因此它兼有 TN-C 系统和 TN-S 系统的特点，如图 4-13 所示。

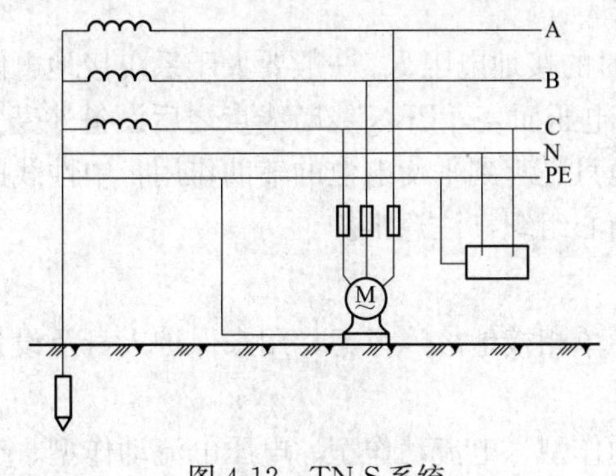

图 4-12　TN-S 系统

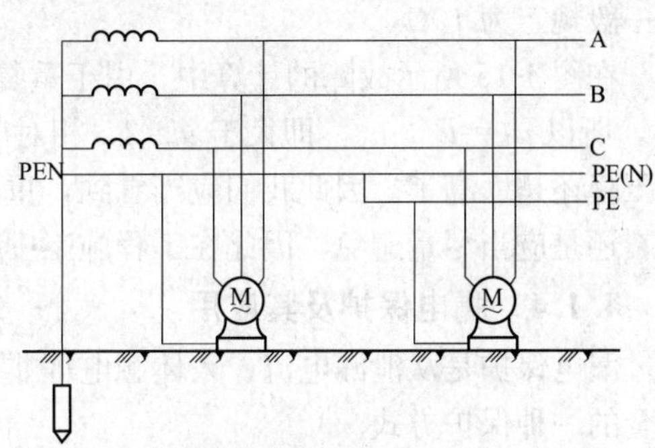

图 4-13　TN-C-S 系统

(4) TN 系统的重复接地。在 TN 系统中，中性线断裂后对系统的安全运行的影响很大，因此必须对其采用重复接地措施，以确保接地装置的可靠。

以 TN-C 系统为例，图 4-14 中如果保护中性线（PEN）断裂，则在断裂点后的某一电气设备发生碰壳短路故障时，所有连于断裂点后中性线上的电气设备外壳均承受接近于相电压 u_φ 的电压，而断裂点前电气设备 a 的外壳电压为 $u_a \approx 0$。

图 4-15 所示为有重复接地时中性线断裂的情况，如果发生 C 相碰壳，则断裂点前、后的电压分别为

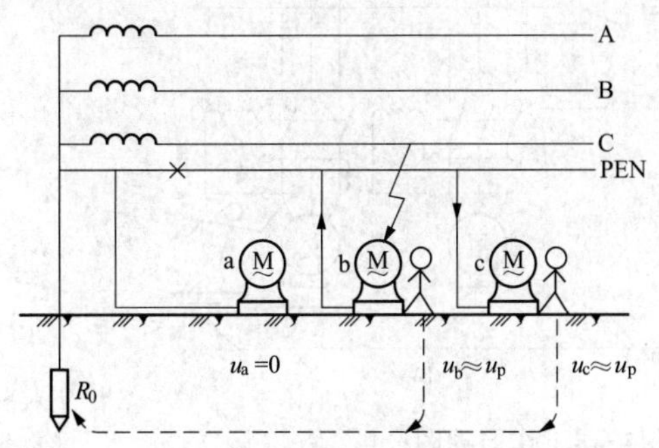

图 4-14　无重复接地时中性线断裂的情况

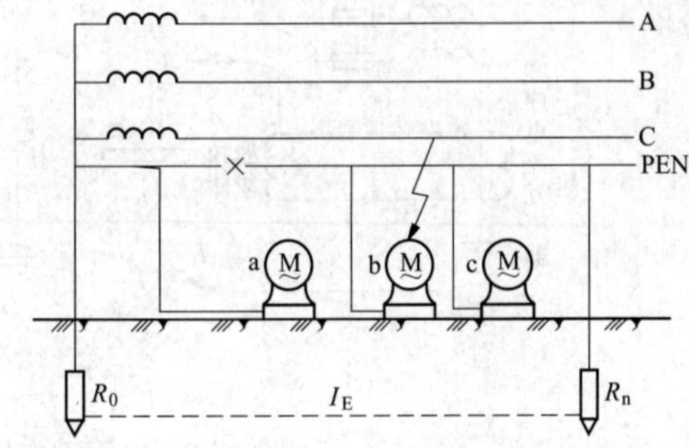

图 4-15　有重复接地时中性线断裂的情况

$$u_a = \frac{u_\varphi}{R_0 + R_n} R_0; \qquad u_b = u_c = \frac{u_\varphi}{R_0 + R_n} R_n$$

式中　R_n——重复接地电阻，Ω。

如果 $R_0=R_n$，则 $u_a=u_b=u_c=u_\varphi/2$，显然故障的危害减轻了。因此在直接接地系统中，为了防止室外电力电缆和架空线在引入室内时，因零线（中性线）发生断线或接触不良等故障可能对故障点后的用电设备或人身安全造成的危害，在《电力设备接地设计技术规程》和《民用建筑电气设计规范》JGJ16—2008 等标准的有关条文中均规定："在中性点直接接地的低压电力网中，中性线（零线）应在电源处接地。电缆和架空线在引入车间或大型建筑物处零线应重复接地（但距接地点不超过 50m 者除外），或在屋内将零线与配电屏、控制屏的接地装置相连"。

按照以上规定，通信局（站）的变配电室和主楼距离超过 50m 时，应增设重复接地，并与主楼内交流配电屏零线相连，但重复接地不应与直流工作接地线直接连接。重复接地电阻一般规定为 10Ω。

在图 4-15 所示故障的计算中，由于重复接地时的接地电阻 R_n 一般要大于系统接地电阻 R_0，所以 $u_b=u_c>u_a$，即大于 $u_\varphi/2$，相对于安全电压而言，PEN 线断线点之后设备外壳上的压降还是太高了。因此我们应当看到，重复接地只是起到平衡电位的辅助作用，中性线的断裂还是应当尽量避免，因此在工程施工中必须精心组织，注意维护。

4.1.4 漏电保护及其应用

漏电保护是从泄漏电流、人体触电等非金属性单相接地故障考虑，用来保护人身及设备安全的一种保护方式。

漏电保护器的类型按其工作原理可分为电压动作型、电流动作型、电压电流动作型、交流脉冲型、直流动作型等。由于电流动作型的检测特性较好，因此既可以作全系统的总保护，也可以作各干线、支线的分级保护，所以是目前应用较为普遍的一种漏电保护装置。

1. 电流动作型漏电保护器

电流动作型漏电保护器主要由零序电流互感器、脱扣机构及主开关组成。零序电流互感器是一个检测元件，可以安装在变压器中性点与接地极之间，构成全网总保护；也可以安装在干线或分支线上，构成干线或分支线保护，如图 4-16 所示。

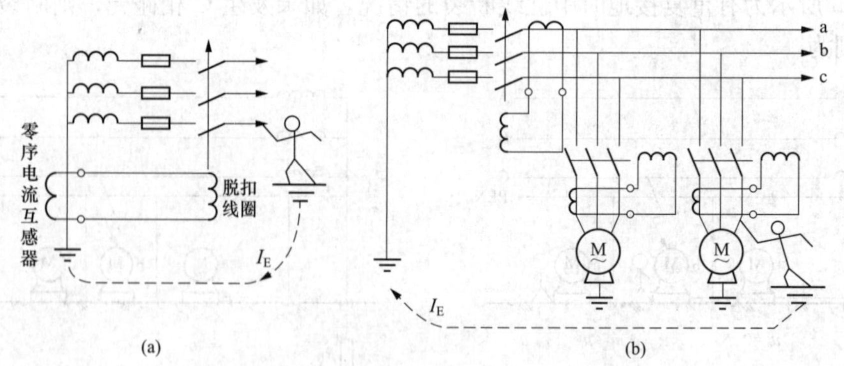

图 4-16 电流动作型漏电保护器工作原理图

（a）全网总保护；（b）支干线保护

图 4-16（a）所示情形表示全网总保护的接线方式，当系统中发生人身触电或其他原因造成的接地漏电故障时，故障电流 I_E 通过大地经变压器接地极返回变压器中性点。这时，零序电流互感器的一次侧就有激磁电流流过，在环形铁芯中产生磁通，在二次线圈上感应出

与此磁通量相对应的电压，加在漏电保护器的脱扣线圈上。当故障电流达到规定动作值时，脱扣线圈推动脱扣器使主开关迅速断开电源，从而达到保护的目的。

干线或分支线回路的漏电保护原理可用图4-17所示的情形来说明。

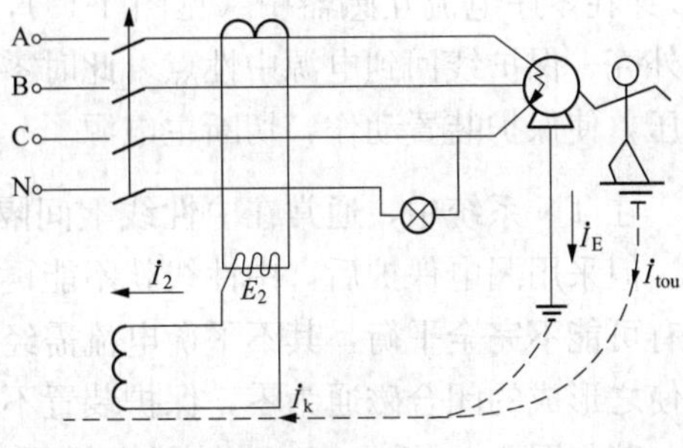

当电路正常工作时，各相电流的相量和等于零，即

$$\dot{I}_a+\dot{I}_b+\dot{I}_c+\dot{I}_0=0 \tag{4-1}$$

各相工作电流在零序电流互感器环形铁芯中所感应的磁通相量和也等于零，即

$$\dot{\Phi}_a+\dot{\Phi}_b+\dot{\Phi}_c+\dot{\Phi}_0=0 \tag{4-2}$$

图 4-17　干线回路漏电保护工作原理图

此时，零序电流互感器的二次线圈没有感应电压输出，漏电保护器不动作。

当被保护支路发生绝缘损坏或其他接地漏电故障时，三相电流的相量和不等于零，即

$$\dot{I}_a+\dot{I}_b+\dot{I}_c+\dot{I}_0\neq 0 \tag{4-3}$$

在零序电流互感器环形铁芯中所感应的磁通相量和为

$$\dot{\Phi}_a+\dot{\Phi}_b+\dot{\Phi}_c+\dot{\Phi}_0\neq 0 \tag{4-4}$$

这时，零序电流互感器二次线圈上的感应电压 E_2 加在漏电保护器的脱扣线圈上，产生的感应电流 I_2 流过线圈。当故障电流达到漏电保护器的动作整定值时，推动脱扣器动作，使主开关迅速切断电源。

由于漏电保护采用“差动”原理，当配电线路发生相—地故障或绝缘损坏时，漏电保护器能否可靠动作主要取决于故障电流或漏电电流的路径。因此，漏电保护与接地系统的形式有很大关系。

2. 漏电保护应用于 TT 系统

漏电保护应用于 TT 系统可以降低对设备接地电阻值的要求，但是装设漏电保护和不装漏电保护的设备不能共用一个接地装置。

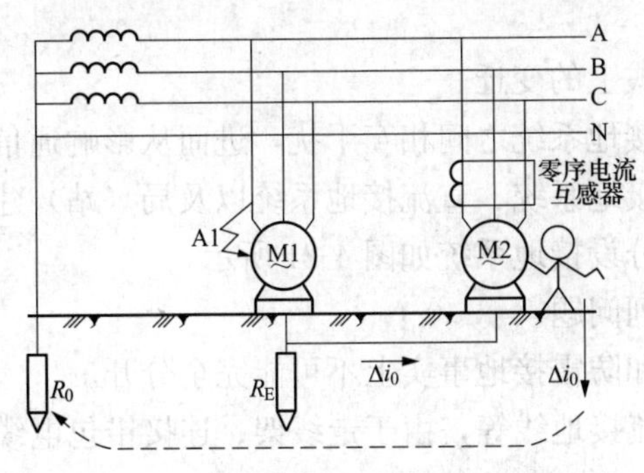

图 4-18　M1、M2 共同接地时 Δi_0 路径示意图

如图 4-18 所示，当未装设漏电保护器的电动机 M1 绝缘损坏时，该设备外壳上出现对地电压 U_E，由于电动机 M1 与 M2 共用同一接地装置，电动机 M2 的外壳上也出现对地电压。如果操作人员接触到电动机 M2 的外壳，漏电电流 Δi_0 沿着 A1→M1 外壳→M2 外壳→触电者→大地返回了电源中性点。这样虽然电动机 M2 装设了漏电保护，而漏电电流却未经过 M2 所装设的漏电保护器，因此漏电保护装置不动作。

正确的接法是 M1、M2 经各自独立的接地装置接地，并根据现场条件，尽可能使两接地体之间相距得远一些。

3. 漏电保护应用于 TN 系统

从使用漏电保护装置的地点起，TN-C 系统应改用 TN-S 系统，也就是说保护线不再用

作中性线，使整体成为 TN-C-S 系统。

敷设时应注意将相线和中性线穿过漏电保护装置的零序电流互感器，但不可将保护线 PE 穿在零序电流互感器中（见图 4-19），以便当发生相—地绝缘损坏时，漏电电流流经设备外壳、保护线回到电源中性点。此时零序电流互感器中才能出现电流差值，从而产生感应电压，使保护装置动作，切断主电源。

在 TN 系统中，通常在中性线上间隔一定的距离设置重复接地，以确保接地装置的可靠。但采用漏电保护后，中性线就不能再进行重复接地了。因为在系统正常运行时，三相负荷有可能不完全平衡，其不平衡电流需经中性线返回电源中性点，并全部通过零序电流互感器使之形成的闭合磁通为零，保护装置不动作。

若如图 4-20 所示，在中性线上设置重复接地，则部分不平衡电流 Δi_0 经重复接地点、大地、电源中性点形成闭合通路，于是 $i_A+i_B+i_C+i'_0=\Delta i_0\neq 0$，当 Δi_0 的值达到保护器的额定动作电流时，漏电保护就会产生误动作。

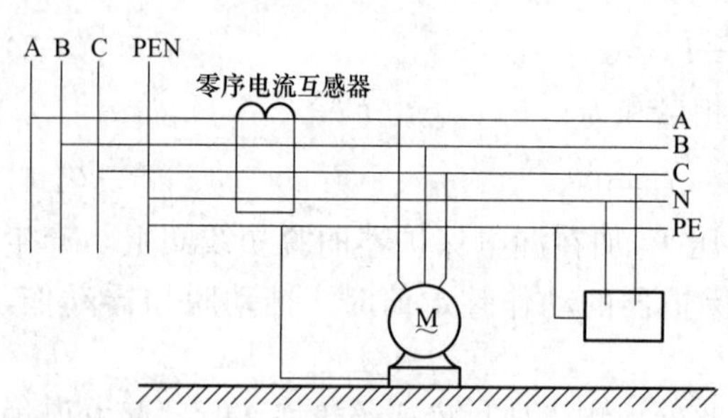

图 4-19　漏电保护装置在 TN 系统中的接线方式

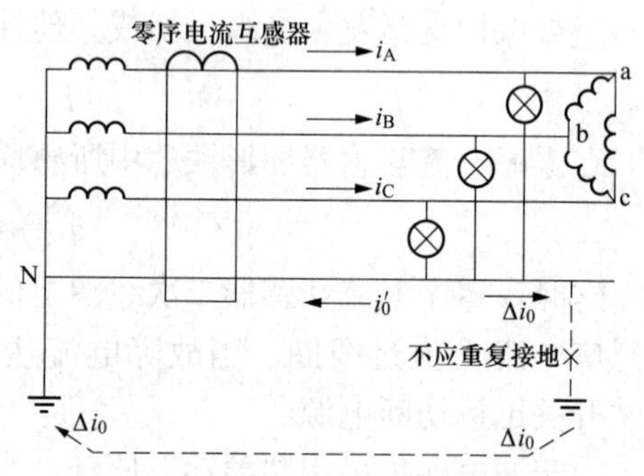

图 4-20　中性线重复接地示意图

4.2　通信局（站）的接地系统

4.2.1　通信局（站）接地形式的变迁

1. 分设的接地系统

通信局（站）接地系统经历了由分设到合设形式上的变迁。

在通信局（站）接地系统工程中，从防止不同接地系统之间相互干扰，进而从影响通信质量的角度考虑，过去通常将通信局（站）的交流接地系统、直流接地系统以及局（站）建筑防雷接地系统分开设置，构成分设的接地系统，分设接地系统如图 4-21 所示。

但按分设原则设计的分设接地系统往往存在下列问题。

（1）很多通信设备的直流接地、交流保护接地和防雷接地事实上不可能完全分开。

（2）交流电源设备外壳的交流保护接地线和直流接地线等，由于走线架、连接铅包电缆等因素，也难以真正分开。

（3）由于随机的和无法控制的连接以及地电流的多路径耦合，各种接地极常常无法确保其在电气上是分离的。

（4）由于不同的接地极相连接的各部分导体之间有可能产生电位差，故有着反击电压危害人身和设备安全的危险。

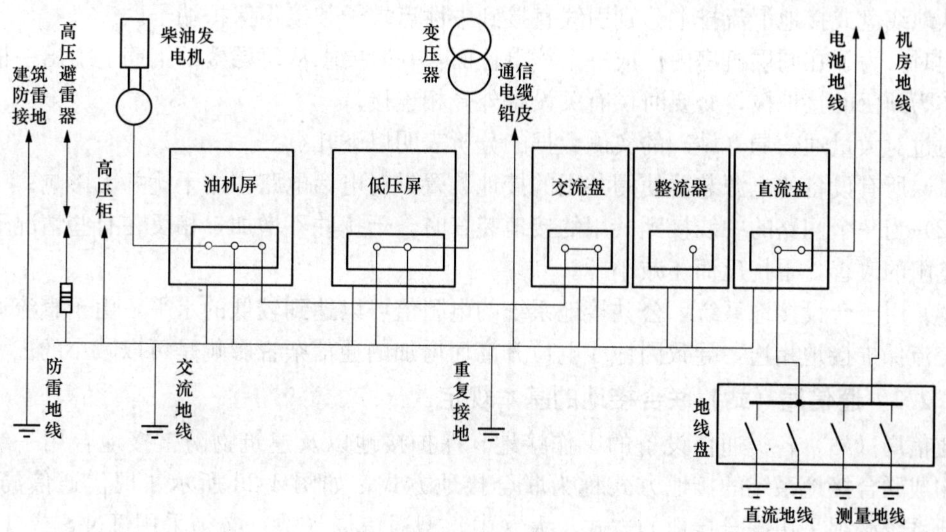

图 4-21　分设接地系统

基于上述原因，在通信局（站）接地系统工程的设计施工过程中，现在遵循更多的还是各种接地系统合设的原则。

2. 合设的接地系统

通信系统和设备受到雷击的机会较多，根据防雷保护的要求，需要在受到雷击时使各种设备的外壳和管路形成一个等电位体，而且在设备结构上都把直流工作接地和天线防雷接地相连，进而把局（站）机房的工作接地、保护接地和防雷接地合并设置在一个系统上，形成一个合设的接地系统，如图 4-22 所示。

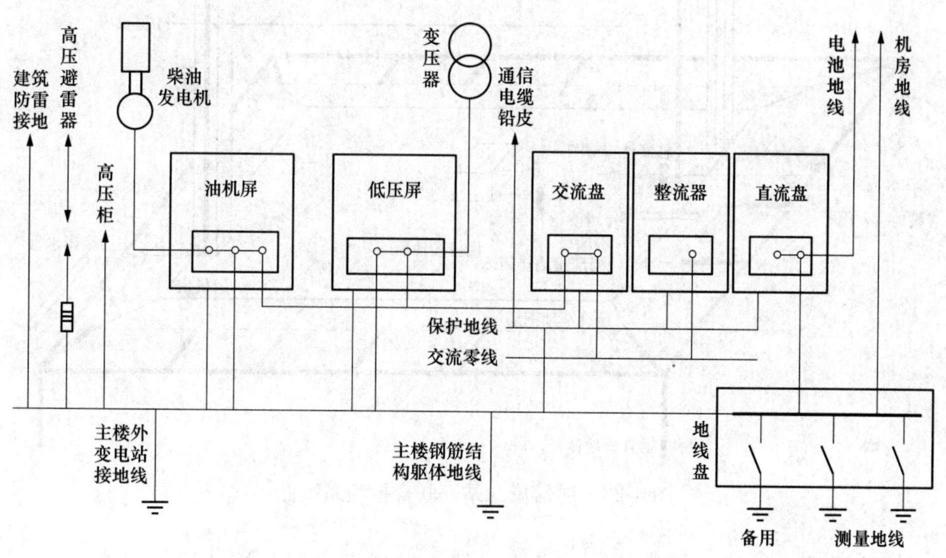

图 4-22　合设接地系统

在合设的接地系统中，为了防止交流三相四线制供电网路中不平衡电流的干扰，通常在通信机房及有关布线系统中采用三相五线制布线，即将电源设备的中性线与保护接零互相分开，从地线盘或接地汇流排上分别引线直接到中性点端子和接零保护端子。

同时，为了在同层机房内形成一个等电位面，一般要求从每层楼的钢筋上引出一根接地扁钢作为预留的接地极，必要时供有关设备外壳相连接。

通过对大量通信局（站）的实测数据的分析表明以下几点。

(1) 所有设备的电源装置使用共用的接地装置，对电话电路中的干扰并无影响。

(2) 当一个网路的中线接到共用的接地装置时，干扰并不增加；相反在有些情况下由于接地电阻的改善，干扰反而还减小了。

(3) 由于合设接地系统，公共接地系统的电阻值可以达到较低的水平，由于直流通信接地和交流保护接地相连，导致因地线电位升高而增加的通信杂音影响是可以减小的。

4.2.2 通信局（站）联合接地的基本规定

通信局（站）各类通信设备的工作接地、保护接地以及建筑物防雷接地合用一组接地体，构成联合接地系统的接地方式称为联合接地方式，如图 4-23 所示。现代通信局（站）的接地系统必须采用联合接地的方式，大（中）型通信局（站）必须采用 TN-S 或 TN-C-S 供电方式。小型通信局（站）、移动通信基站及小型站点可以采用 TT 供电方式。

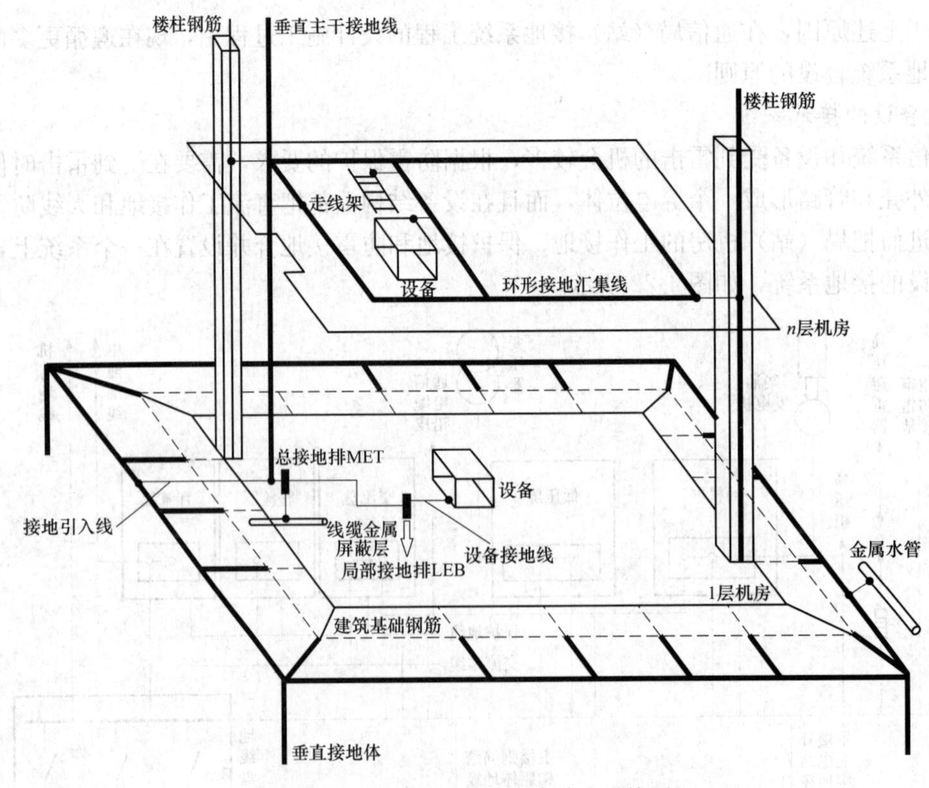

图 4-23　通信局（站）联合接地系统图

联合接地系统由大地、接地体、接地引入线、接地汇集线和接地线等组成。

接地汇集线、接地线应以逐层辐射方式进行连接，宜以逐层树枝型方式或者网状连接方式相连，并应符合下列要求：①垂直接地汇集线应贯穿于通信局（站）建筑体的各层，其一端应与接地引入线连通，另一端应与建筑体各层钢筋和各层水平分接地汇集线相连，并应形成辐射状结构，垂直接地汇集线宜连接在建（构）筑底层的环形接地汇集线上，并应垂直引到各机房的水平分接地汇集线上；②水平接地汇集线应分层设置，各通信设备的接地线应就近从本层水平接地汇集线上引入。

通信局（站）的联合地网应利用建筑物基础混凝土内的钢筋和围绕建筑物四周敷设的环形接地体，以及与之相连的电缆屏蔽层和各类管线相互保持电气连接。

1. 大地

接地系统所指的地，是指真正意义上的大地，不过它有导电的特性，并具有无限大的电容量，可以用来作为良好的参考电位。

大地的导电特性可用电阻或电阻率来表征，其大小主要取决于土壤的类型，但土壤的类型不容易明确规定。而且对同一种类型的土壤而言，当其存在于各种不同的场所时，其电阻率也往往会有所不同。

土壤的电阻率还取决于其颗粒大小、可溶物质组成的程度以及含水量的多少。大地的两种主要成分是氧化硅和氧化铝，它们都是良好的绝缘体，将盐类嵌入这两种成分之间就有降低电阻率的作用。

土壤的电阻率还与电解过程及大量小粒子之间的接触电阻有关。若其含水量和含盐量两者都高，则电解过程的作用将可能占优势，电阻率就小；反之，若土壤比较干燥，则其颗粒较大，颗粒之间的空气多，电阻率就大。

岩石的地质年龄越大，其电阻率越高。白云石、花岗石和石英岩沙石的电阻率一般大于1000Ω·m，沙石和页岩的电阻率通常在10～1000Ω·m，黏土除其固有的电阻率较低以外，与沙土相比，它们含有更多的水分。

各种土壤电阻率的平均值见表4-7。

表4-7 各种土壤的电阻率

序号	土壤名称	电阻率（10Ω·m）	序号	土壤名称	电阻率（10Ω·m）
1	泥浆	0.2	16	砂矿	10
2	黑土	0.1～0.53	17	石板	30
3	黏土	0.08～0.7	18	石英	150
4	黏土（7～10m以下为石层）	0.7	19	泥炭土	6
5	黏土（1～3m以下为石层）	5.3	20	粗粒的花岗石	11
6	砂质黏土	0.4～1.5	21	整体的蔷薇辉石	325
7	石炭	1.3	22	有夹层的蔷薇辉石	23
8	焦炭粉	0.03	23	深密细粒的石灰石	30
9	黄土	2.5	24	多孔的石灰石	1.8
10	河流沙土	2.36～3.7	25	闪长岩	220
11	沙质河床	1.8	26	蛇纹石	14.5
12	流沙冲击河床	2	27	叶纹石	550
13	砂土	1.5～4	28	河水	10
14	砂	4～7	29	海水	0.002～0.01
15	赤铁矿	8	30	捣碎的木炭	0.4

2. 接地体（或接地电极）

接地体是通信局（站）为各地线电流汇入大地进行扩散和均衡电位而设置的、能与土地物理结合形成良好电气接触的金属部件。

（1）接地体上端距地面宜不小于0.7m。在寒冷地区，接地体应埋设在冻土层以下。在土壤较薄的石山或碎石多岩地区，应根据具体情况确定接地体埋深。

（2）垂直接地体宜采用长度不小于2.5m的热镀锌钢材、铜材、铜包钢等接地体，也可以根据埋设地网的土质及地理情况确定。垂直接地体间距不宜小于5m，具体数量可以根据地网大小、地理环境情况确定。地网四角的连接处应埋设垂直接地体。

（3）在大地土壤电阻率较高的地区，当地网接地电阻值难以满足要求时，可向外延伸辐射形接地体，也可以采用液状长效降阻剂、接地棒以及外引接地等方式。

（4）当城市环境不允许采用常规接地方式时，可以采用接地棒接地的方式。

（5）水平接地体应采用热镀锌扁钢或铜材。水平接地体应与垂直接地体焊接连通。

（6）接地体采用热镀锌钢材时，其规格应符合下列要求。

1）钢管的壁厚不应小于3.5mm。

2）角钢不应小于50mm×50mm×5mm。

3）扁钢不应小于40mm×4mm。

4）圆钢直径不应小于10mm。

（7）接地体采用铜包钢、镀铜钢棒和镀铜圆钢时，其直径不应小于10mm。镀铜钢棒和镀铜圆钢的镀层厚度不应小于0.25mm。

（8）除在混凝土中接地体之间的所有焊接点外，其他接地体之间的所有焊接点均应进行防腐处理。

（9）接地装置的焊接长度，采用扁钢时不应小于其宽度的2倍；采用圆钢时不应小于其直径的10倍。

3. 接地引入线

把接地电极连接到地线盘（或地线汇流排）上去的导线称为接地引入线。

（1）接地引入线应作防腐蚀处理。

（2）接地引入线宜采用40mm×4mm或50mm×5mm热镀锌扁钢或截面积不小于95mm^{2}的多股铜线，且长度不宜超过30m。

（3）接地引入线不宜与暖气管同沟布放，埋设时应避开污水管道和水沟，且其出土部位应有防机械损伤的保护措施和绝缘防腐处理。

（4）与接地汇集线连接的接地引入线应从地网两侧就近引入。

（5）高层通信楼地网与垂直接地汇集线连接的接地引入线，应采用截面积不小于240mm^{2}的多股铜线，并应从地网的两个不同方向引接。

（6）接地引入线应避免从作为雷电引下线的柱子附近引入。

（7）作为接地引入点的楼柱钢筋应选取全程焊接连通的钢筋。

4. 接地汇集线

把必须接地的各部分连接到地线排或地线汇流排上去的导线称之为接地汇集线。

（1）接地汇集线宜采用环形接地汇集线或接地排方式。环形接地汇集线宜安装在大楼地下室、底层或相应机房内，移动通信或者其他小型机房，可设置在走线架上，其距离墙面

（柱面）宜为 50mm，接地排可以安装在不同楼层的机房内。接地汇集线与接地线采用不同金属材料互连时，应防止电化腐蚀。

（2）接地汇集线可采用截面积不小于 $90mm^2$ 的铜排，高层建筑物的垂直接地汇集线应采用截面积不小于 $300mm^2$ 的铜排。

（3）接地汇集线可以根据通信机房布置和大楼建筑情况在相应楼层进行设置。

5. 接地线

（1）通信局（站）内各类接地线应根据最大故障电流值和材料机械强度确定，宜选用截面积为 $16\sim95mm^2$ 的多股铜线。

（2）配电室、电力室、发电机室内部主设备的接地线，应采用截面积不小于 $16mm^2$ 的多股铜线。

（3）跨楼层或同层布设距离较远的接地线，应采用截面积不小于 $70mm^2$ 的多股铜线。

（4）对于各层接地汇集线与楼层接地排或设备之间相连接的接地线，当距离较短时，宜采用截面积不小于 $16mm^2$ 的多股铜线；当距离较长时，宜采用不小于 $35mm^2$ 的多股铜线或增加一个楼层接地排，应先将其与设备间用不小于 $16mm^2$ 的多股铜线连接，再用不小于 $35mm^2$ 的多股铜线与各层楼层接地排进行连接。

（5）数据服务器、环境集中监控系统、数据采集器、小型光传输设备等小型设备的接地线，可以采用截面积不小于 $4mm^2$ 多股铜线；接地线较长时应加大其截面积，也可以增加一个局部接地排，并应用截面积不小于 $16mm^2$ 的多股铜线连接到接地排上。当安装在开放式机架内时，应采用截面积不小于 $2.5mm^2$ 的多股铜线接到机架的接地排上，机架接地排应通过 $16mm^2$ 的多股铜线连接到接地汇集线上。

（6）光传输系统的接地线应符合以下要求。

1）在接入网、移动通信基站等小型局（站）内，光缆金属加强芯和金属护层应在分线盒内可靠接地，并应用截面积不小于 $16mm^2$ 的多股铜线引到局（站）内总接地排上。

2）通信大楼、交换局和数据局内的光缆金属加强芯和金属护层应在分线盒内或 ODF（Optical distribution frame，光纤配线架）的接地排连接，并应采用截面积不小于 $16mm^2$ 的多股铜线就近引到该楼层接地排上；当离接地排较远时，可以就近从传输机房楼柱主钢筋引出接地端子作为光缆的接地点。

3）光传输机架设备或子架的接地线，应采用截面积不小于 $10mm^2$ 的多股铜线。

（7）接地线两端的连接点应确保电气接触良好。

（8）接地线中严禁加装开关或熔断器。

（9）由接地汇焦线引出的接地线应设明显标志。

6. 等电位连接方式

通信系统网状（Mesh，M）、星形（Star，S）和星-网状混合型等电位连接可按图 4-24 所示情形设计。通信系统应根据通信设备的分布和机房面积、通信设备的抗扰度及设备内部的接地方式选择等电位连接方式。

（1）网状接地结构（M 型结构）应符合下列要求。

1）当采用 M 型网状结构的等电位连接网时，该通信系统的所有金属组件包括可能连通的建筑物混凝土的钢筋、电缆支架、槽架等，不应与共用接地系统的各组件之间绝缘，M 型网状结构应通过接地线多点连到共用接地系统中，并应形成 M 型等电位连

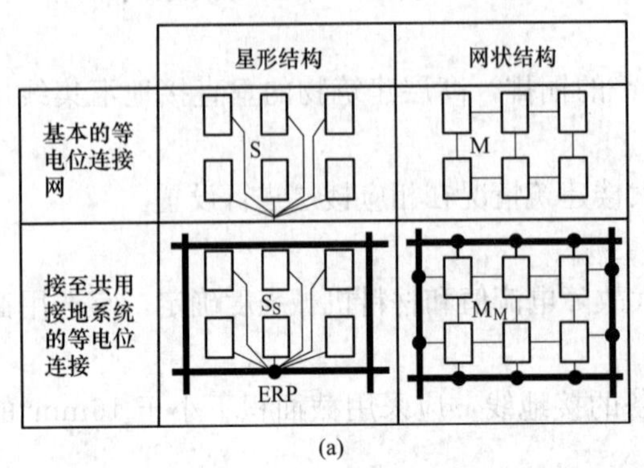

(a)

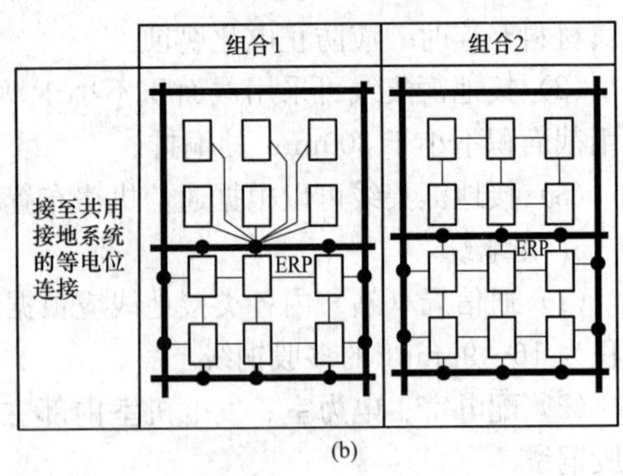

(b)

图 4-24 通信系统等电位连接结构

(a) 基本结构；(b) 组合方式

━━—建筑物的共用接地系统；——等电位连接网；□—设备；

ERP—接地参考点；●—等电位连接网与共用接地系统的连接

接网络。

2）通信系统的各子系统及通信设备之间敷设的多条线路和电缆可在 M 型结构中由不同点进入该通信系统内。当采用网状结构时，系统的各金属组件应通过多点就近与公共接地网相连形成 Mm 型。

3）网状结构可以用于延伸较大的开环系统或设备间以及设备与外界的连接线较多的复杂系统中。

（2）星形接地结构（S 形结构）应符合下列要求。

1）典型的星形接地的衍生物树枝型分配接地结构，应从公共接地汇流排只引出一根垂直的主干地线到各机房的分接地汇流排，再由分接地汇流排分若干路引至各列设备和机架。

2）当采用星形结构时，除连接点外，系统的所有金属组件应与公共连接网保持绝缘，并应与公共连接网仅通过唯一的点连接。机房内所有线缆应按星形结构与等电位连接线平行敷设。

3）星型结构应用于易受干扰的通信系统中。

（3）星形－网状混合型接地结构应符合下列要求。

1）通信局（站）机房的通信设备一部分应采用网状布置，网状分配接地在设备和所有金属组件相互之间可以没有严格的绝缘要求，通信系统可以从不同的方位就近接地。

2）另一部分对交流和杂音较为敏感设备的接地应采用星形布置。

7. 接地线布放要求

（1）接地线与设备及接地排连接时必须加装铜接线端子，并必须压（焊）接牢固。

（2）接线端子尺寸应与接地线径相吻合。接线端子与设备及接地排的接触部分应平整、紧固，并应无锈蚀、无氧化。

（3）接地线应采用外护层为黄绿相间颜色标识的阻燃电缆，也可以采用接地线与设备及接地排相连的端头处缠（套）上带有黄绿相间标识的塑料绝缘带的方式。

8. 机房内辅助设备的接地

（1）室内的走线架及各类金属构件必须接地，各段走线架之间必须采用电气连接。

（2）机架、管道、支架、金属支撑构件、槽道等设备支持构件与建筑物钢筋或金属构件等应电气连接。

4.2.3　综合通信大楼的接地

1. 一般规定

（1）综合通信大楼应建立在联合接地的基础上，将建筑物基础和各类设备、装置的接地系统所包含的所有电气连接与建筑物金属构件、低压配电接地线、防静电接地等连接在一起，并应将环形接地体与建筑物水平基础内的钢筋焊接连通。

（2）当综合通信大楼由多个建筑物组成时，应使用水平接地体将各建筑物的地网相互连通，并应形成封闭的环形结构。距离较远或相互连接有困难时，可以作为相互独立的局站分别处理。

（3）综合通信大楼内部的接地系统应通过总接地排、楼层接地排、局部接地排、预留在柱内接地端子等构成一个完善的等电位连接系统，并应将各子接地系统用接地导体进行连接，构成不同的接地参考点。

（4）综合通信大楼内部的接地系统亦可从底层接地汇集线引出一根或多根至高层的垂直主干接地线，各层分接地汇集线应由其就近引出，构成垂直主干接地线网。

（5）变压器装在大楼内时，变压器的中性点与接地汇集线之间宜采用双线连接。

（6）综合通信大楼联合接地系统可按图 4-25 所示结构进行设计。

2. 接地连接方式

（1）综合通信大楼接地连接方式可分为外设环形接地汇集线连接系统和垂直主干接地线连接系统。

（2）外设环形接地汇集线连接系统可按图 4-26 所示结构进行设计。外设环形接地汇集线连接系统可用于高度较低且建筑面积较大或者为长方形建筑物的综合通信大楼，也可以在高层综合通信大楼的某几层或某些机房使用，还可以在电磁脉冲危险影响较大的局（站）采用。外设环形接地汇集线连接系统应符合以下要求。

1）在每层设施或相应楼层的机房沿建筑物的内部一周安装环形接地汇集线，环形接地汇集线应与建筑物柱内钢筋的预留接地端连接，环形接地汇集线的高度应依据机房情况选取。

2）垂直连接导体应与每一层或相应楼层机房环形接地汇集线相连接，垂直连接导体的数量和间距应符合以下要求。

a. 建筑物的每一个角落应至少有一根垂直连接导体。

b. 当建筑物角落与中间导体的间距超过 30m 时，应加额外的垂直连接导体，垂直连接导体的间距宜均匀布放。

3）第一层环形接地汇集线应每间隔 5～10m 与外设的环形接地体相连一次，且应将下列物体接到环形接地汇集线上：①每一电缆入口设施内的接地排；②电力电缆的屏蔽层和各类接地线的汇集点；③构筑物内的各类管道系统；④其他进入建筑物的金属导体。

4）可在相应机房增加分环形接地汇集线，并应与环形接地汇集线相连。

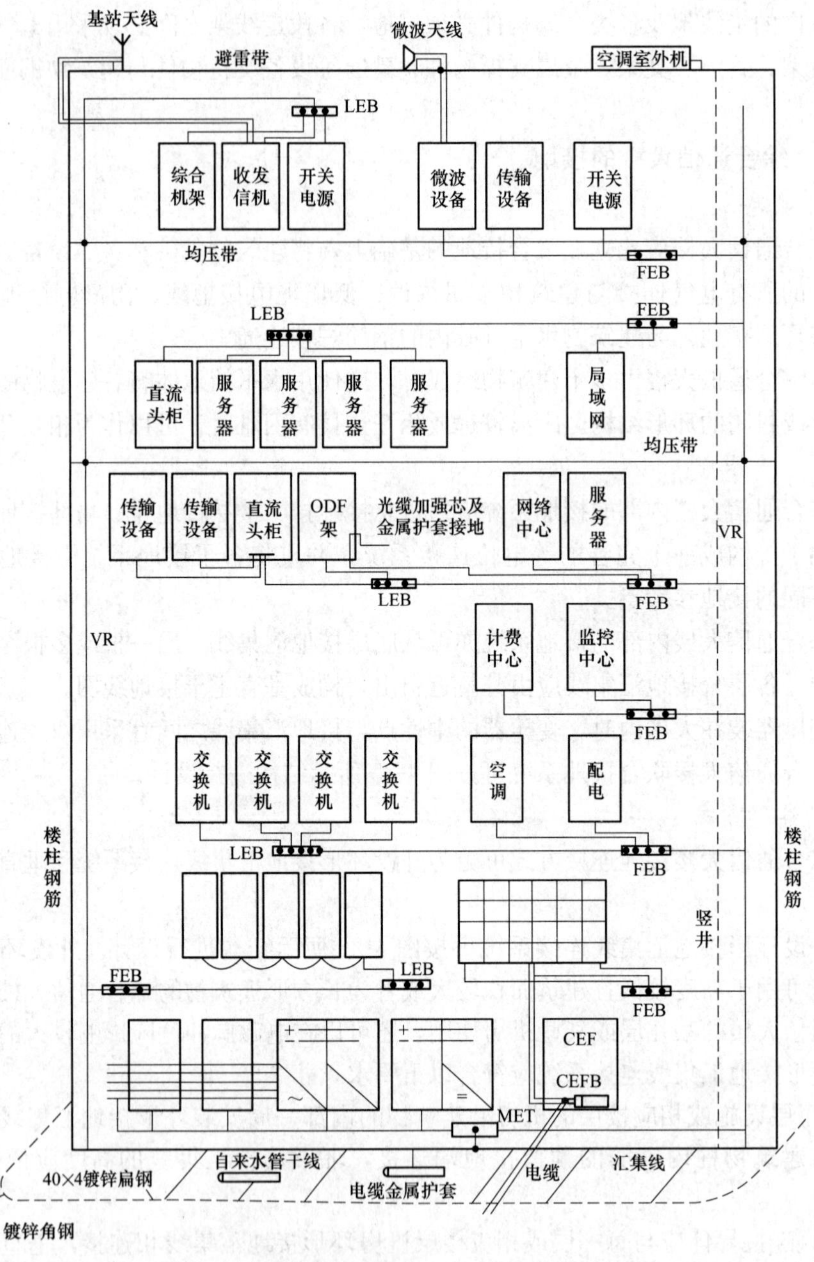

图 4-25　综合通信大楼联合接地系统连接方式

5）在大型通信建筑物内，接地系统的环形接地汇集线的范围可以缩小到有通信设备机房的建筑物区域，其垂直连接导体的范围和数量宜根据实际情况设置。

6）大型通信建筑物内应向上每隔一层设置一个均压网。

（3）垂直主干接地线连接系统可按图 4-27 所示结构进行设计，并应符合以下要求。

1）总接地排宜设计在交流市电的引入点附近，并且应与下列设备连接：①地网的接地引入线；②电缆入口设施的连接导体；③交流市电屏蔽层和各类接地线的连接导体；④构筑物内水管系统的连接导体；⑤其他金属管道和埋地构筑物的连接导体；⑥建筑物钢结构；⑦一个或多个垂直主干接地线。

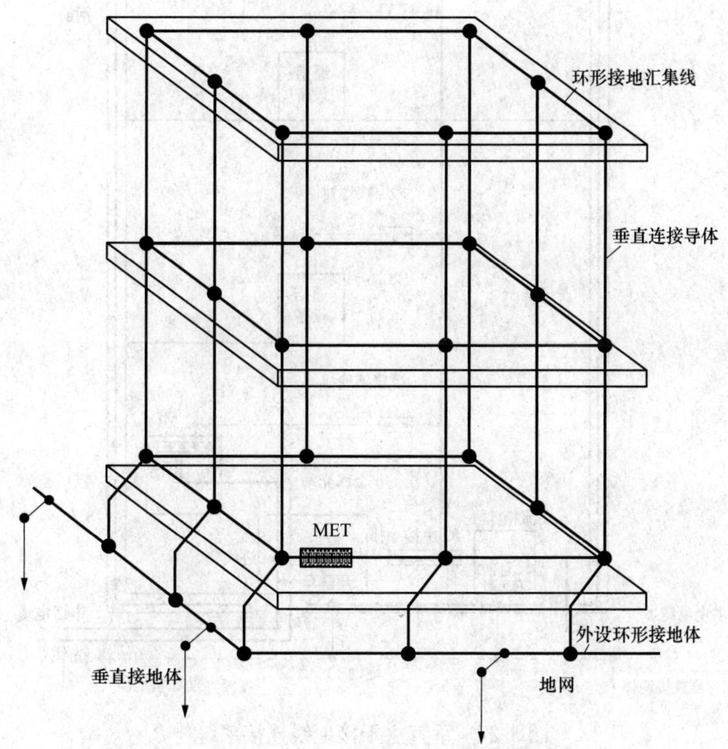

图 4-26　外设环形接地汇集线连接系统

2）一个或多个垂直主干接地线从总接地排到建筑物的每一楼层，建筑物的钢结构在电气连通的条件下可以作为垂直主干接地线。

3）各垂直主干接地线应为以其为中心、长边为 30m 的矩形区域内的通信设备提供服务，处于此区域外的设备应由另外的垂直主干接地线提供服务。

4）垂直主干接地线间应每隔两层或三层进行互连。

5）每一层应建立一个或多个楼层接地排，各楼层接地排应就近连接到附近的垂直主干接地线，且各楼层接地排应设置在各子通信系统需要提供通信设备接地连接的中央。

6）各种设备连接网、直流电力装置及其他系统的地应连接到所在楼层的楼层接地排。

(4) 对雷电较敏感的通信设备应远离总接地排、电缆入口设施、交流市电和接地系统间的连接导线。

3. 内部等电位接地连接方式

(1) 通信局（站）内应采用星形－网状混合型接地结构。

(2) 环形接地汇集线方式的混合型接地连接可按图 4-28 所示结构进行设计。

(3) 建筑物采取等电位连接措施后，各等电位连接网络均应与共用接地系统有直通大地的可靠连接，每个通信子系统的等电位连接系统不宜再设单独的引下线接至总接地排，而宜将各个等电位连接系统用接地线引至本楼层接地排。

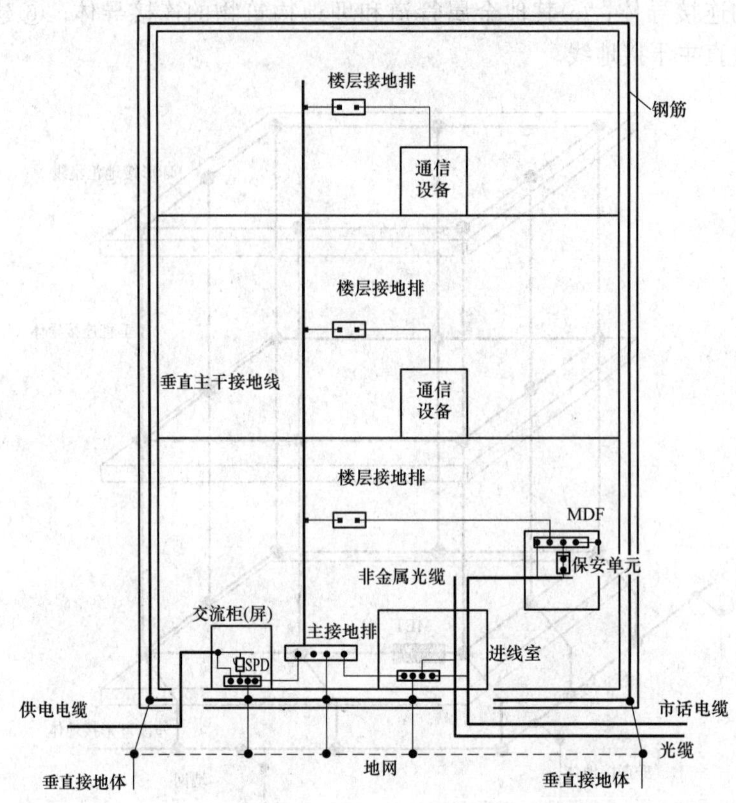

图 4-27 垂直主干接地线连接系统

（MDF：Main Distribution Frame 总配线架，主配线板；SPD：surge protective devices 防雷器）

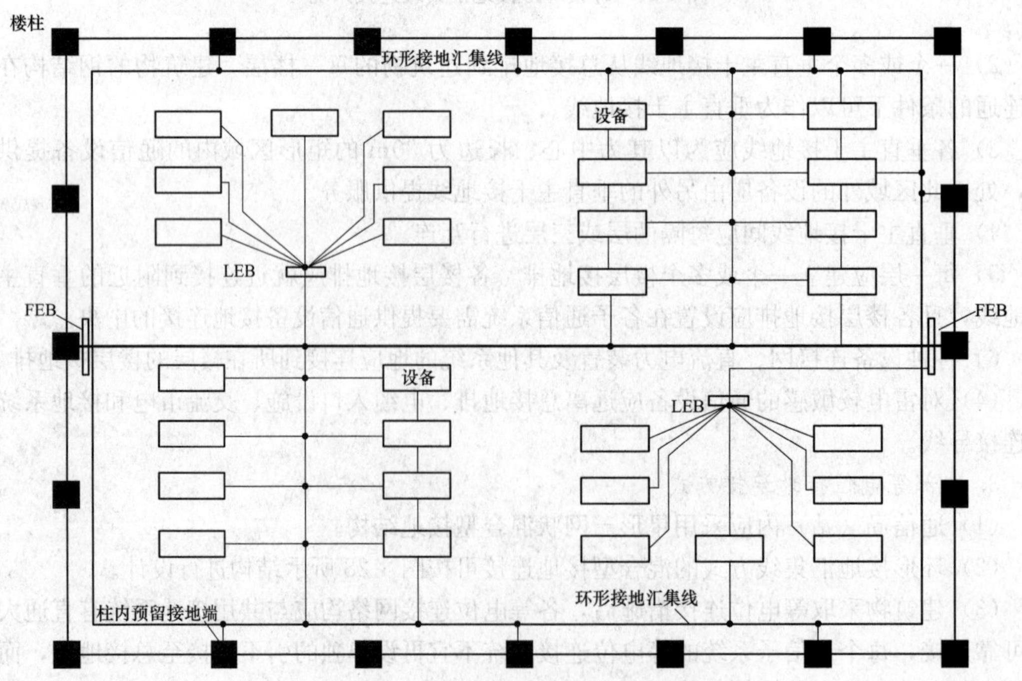

图 4-28 环形接地汇集线方式的混合型接地连接

（FEB：floor equipotential earthing terminal board 楼层接地排）

4. 地网

综合通信大楼的地网可按图4-29所示结构进行设计环形接地体与均压网间每隔5～10m应相互作一次连接。采用环形接地汇集线的综合通信楼，其汇集线与地网间的连接可按图4-30所示结构进行设计。环形接地汇集线与环形接地体除在建筑物四角连接外，每相隔一个柱子应相互连接一次。

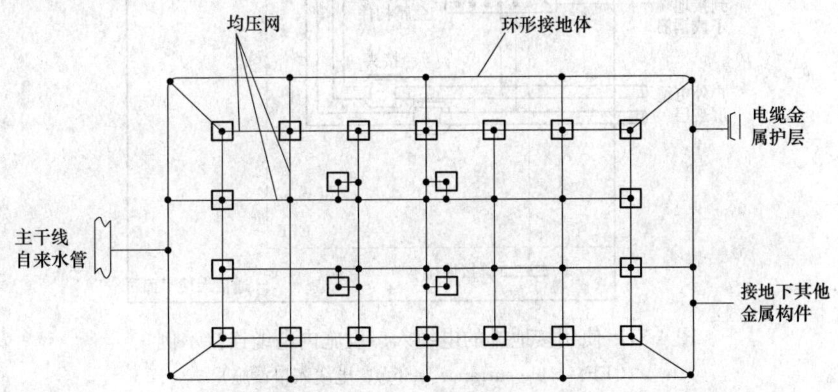

图4-29 综合通信大楼的地网组成方式

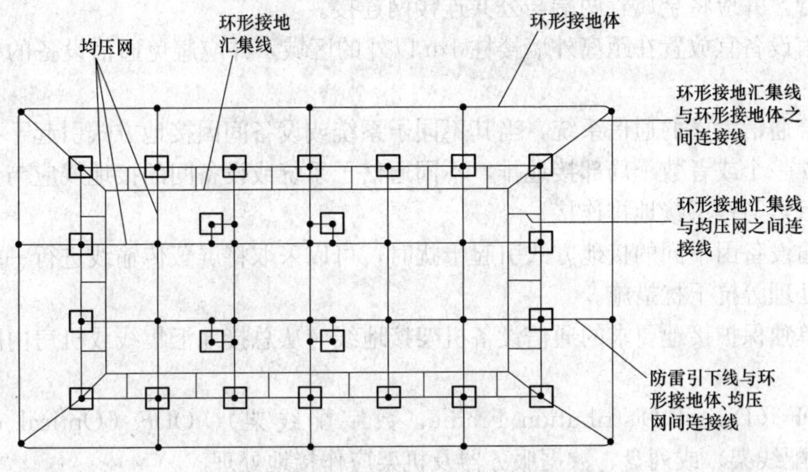

图4-30 环形接地汇集线与地网连接

5. 进局缆线的接地

综合通信大楼应设立电缆入口设施，并应通过接地排将电缆入口设施各个户外电缆与主接地排或环形接地汇集线连接，可按图4-31所示结构进行设计，并应符合以下要求。

(1) 所有连接应靠近建筑物的外围。

(2) 入口设施特别是电源引入设施和电缆入口设施应根据实际情况紧靠在一起。

(3) 入口设施的连接导体应短而直。

6. 通信设备的接地

(1) 在通信机房总体规划时，总配线架宜安装在一楼进线室附近，接地引入线应从地网两个方向就近分别引入。

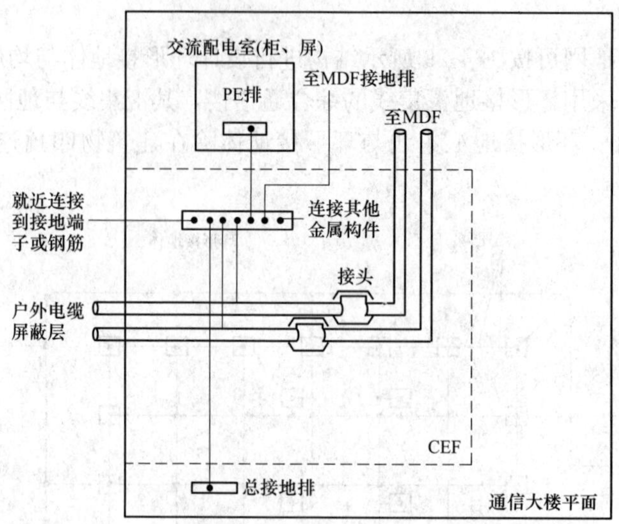

图 4-31　使用接地排的电缆入口设施内电缆连接示例

（CEF：cable entrance facility，电缆入口设施）

（2）非屏蔽信号电缆或电力电缆应避免在外墙上布放。必须布放时，则应将电缆全部穿入屏蔽金属管，并应将金属管两端与公共连接网连接。

（3）通信设备宜放置在距离外墙楼柱 1m 以外的区域，并应避免通信设备的机柜直接接触到外墙。

（4）综合通信大楼的通信系统，当其不同子系统或设备间因接地方式引起干扰时，宜在机房单独设立一个或者数个局部接地排，不同通信子系统或设备间的接地线应与各自的局部接地排相连后再与楼层接地排连接。

（5）传输设备因不同的接地方式引起干扰时，可以采取将屏蔽传输线进行一端屏蔽层断开进行隔离处理等抗干扰措施。

（6）有单独保护接地要求的通信设备机架接地线应从总接地汇集线或机房内的分接地汇集线上引入。

（7）DDF（Digital Distribution Frame，数字配线架）、ODF（Optical distribution frame，光纤配线架）或列盘、数据服务器及机架应作接地处理。

（8）综合通信大楼通信设备直流配电系统的接地应符合以下要求。

1）DC-C-CBN 系统可按图 4-32 所示结构进行设计。

2）DC-C-IBN 系统可按图 4-33 所示结构进行设计。

3）DC-I-CBN 系统可按图 4-34 所示结构进行设计。

4）DC-I-IBN 系统可按图 4-35 所示结构进行设计。

5）DC-C/DC-I 混合型系统可按图 4-36 所示结构进行设计。

7. 通信电源的接地

集中供电的综合通信大楼电力室的直流电源接地线应从接地汇集线上引入；分散供电的高层综合通信大楼直流电源接地线应从分接地汇集线上引入。

8. 其他设施的接地

（1）楼顶的各种金属设施，必须分别与楼顶避雷带或接地预留端子就近连通。

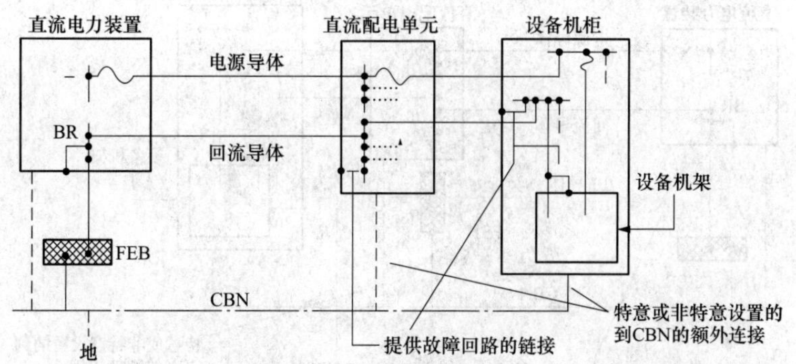

图 4-32　DC-C-CBN 系统

注：DC-C，common DC return，公共直流回流系统，是指直流回流导体与周围的连接网进行多点连接的一种直流电源系统；CBN，common bonding network，公共连接网，是指通信局（站）内实施连接和接地的主要手段，它是一组被特意互联或者偶然互联的金属部件，用以构成大楼的主要连接网。

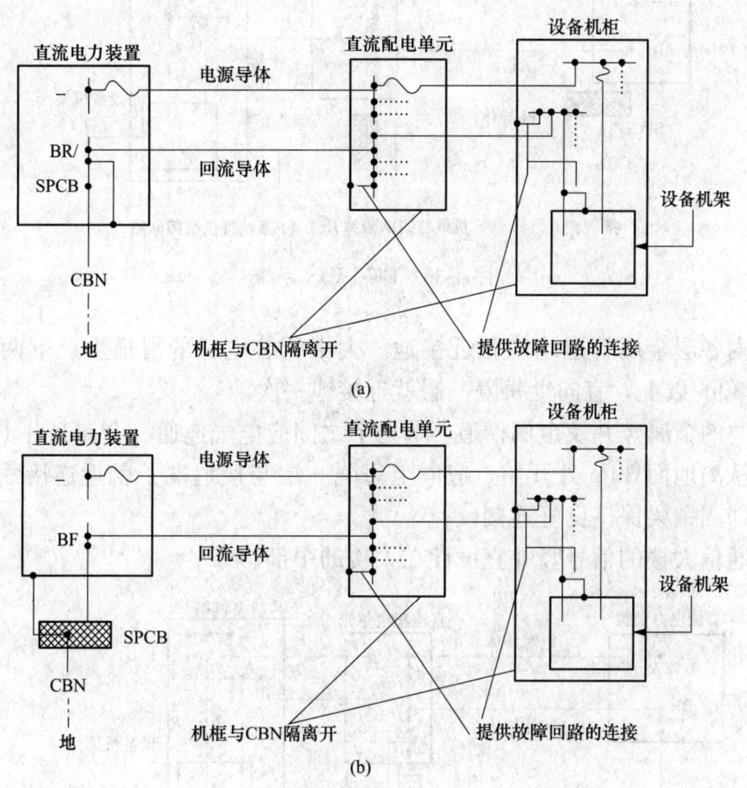

图 4-33　DC-C-IBN 系统

（a）SPCB 在 BR 母线排的 DC-C-IBN 系统；（b）具有单独 SPCB 的 DC-C-IBN 系统

（2）楼顶的航空障碍灯、彩灯、无线通信系统铁塔上的航空障碍灯及其他用电设备的电源线应采用有金属护层的电缆。横向布设的电缆金属外护层或金属管应每隔 5～10m 与避雷带或接地线就近连通，上下走向的电缆金属外护层应至少在上下两端就近接地一次。

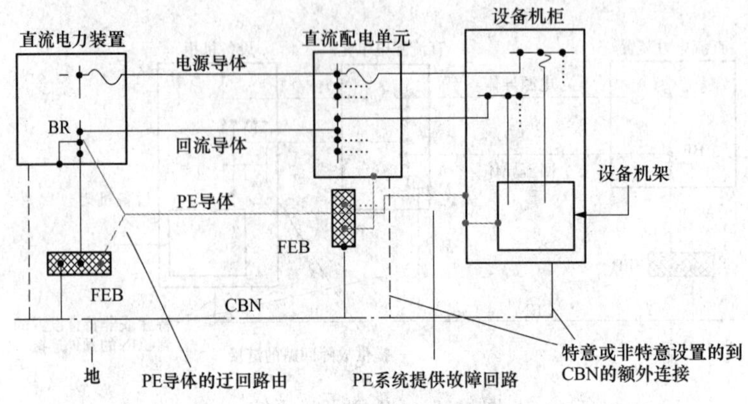

图 4-34 DC-I-CBN 系统

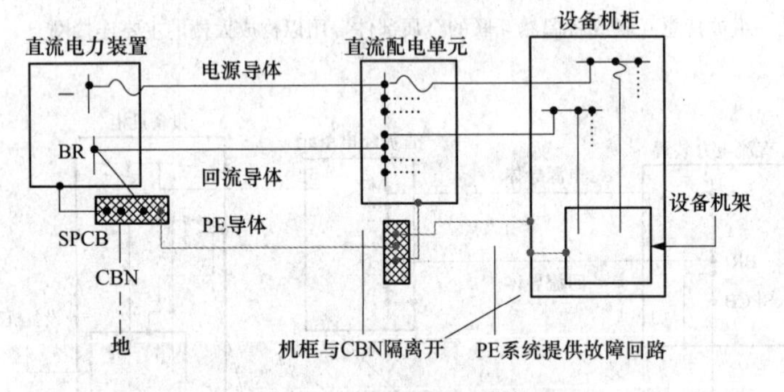

图 4-35 DC-I-IBN 系统

(3) 大楼内各层金属管道均应就近接地。大楼所装电梯的滑道上、下两端均应就近接地，且离地面 30m 以上，宜向上每隔一层就近接地一次。

(4) 大楼内的金属竖井及金属槽道，节与节之间应电气连通。金属竖井上、下两端均应就近接地，且从离地面 30m 处开始，应向上每隔一层与接地端子就近连接一次。金属槽道亦应与机架或加固钢梁保持良好连接。

(5) 综合通信大楼的信号竖井宜设计在大楼的中部。

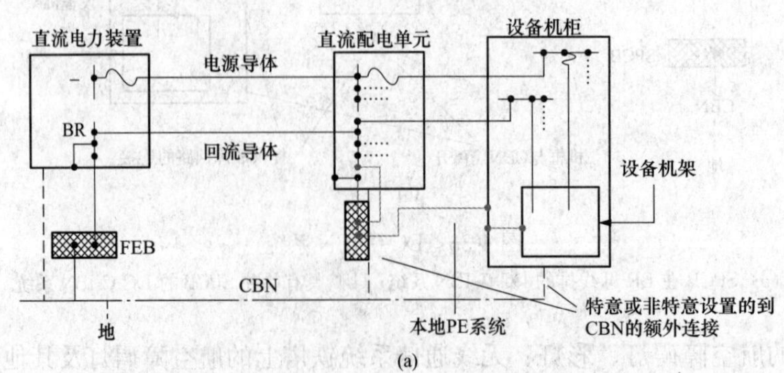

图 4-36 DC-C/DC-I 混合型系统（一）

(a) DC-C/DC-I 混合型系统一

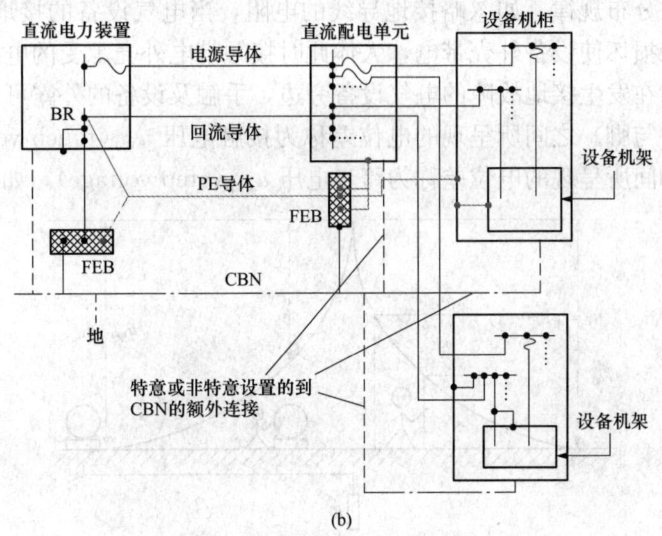

图 4-36　DC-C/DC-I 混合型系统（二）
（b）DC-C/DC-I 混合型系统二

4.3　接地电阻及其检测

4.3.1　接地电阻的基本概念

接地电阻是指电气设备接地装置的对地电压与对地电流之比。

接地装置是由与土壤直接接触的金属体（称为接地体或接地极）和连接接地体与电气设备间的金属导线（称为接地线）所组成的。由于接地线的阻值很小，因此所谓的接地电阻实际上指的是接地体的流散电阻，它表征的是接地电流通过接地体向周围土壤扩散过程中遇到的阻碍作用，其定义为接地体的对地电压与经接地体流入地中的接地电流之比。

1. 接地电位的分布规律

接地电流通过接地体向地中作半球形扩散，靠近接地体处面积小，其电阻大；距离接地体越远，面积越大，其电阻也越小。实际测验证明，在距长为 2.5m 的单根接地体 20m 以外的地方，该处的电位为零，这种电位为零的地方，称为电气上的“地”。电气设备从接地外壳、接地体到 20m 以外的零电位之间的电位差称为接地时的对地电压。单根接地体有电流流过时的电位分布如图 4-37 所示。

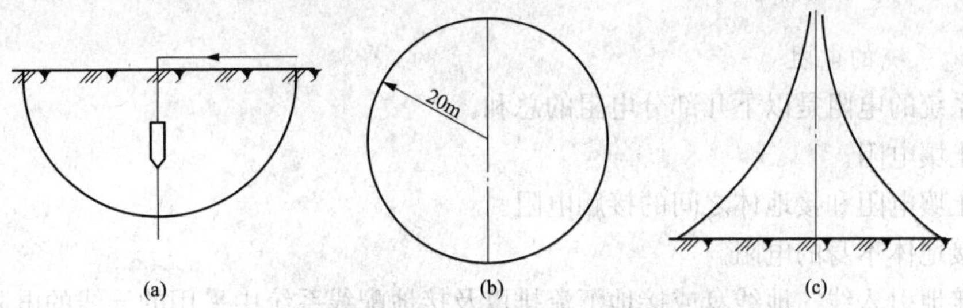

图 4-37　单根接地体有电流流过时的电位分布示意图

根据上述电位分布规律，如忽略接地导线的电阻，当电气设备的接地体设置在 20m 以外时，若发生绝缘损坏使设备外壳带电，人体此时接触带电外壳承受的电压最大。

同样地，人站在发生接地故障的电气设备旁边，手触及设备的外露可导电部分，则人所接触的两点（如手与脚）之间所呈现的电位差称为接触电压 u_{tou}（touch voltage），人在接地故障点行走，两脚间所呈现的电位差称为跨步电压 u_{step}（step voltage），如图 4-38 所示。

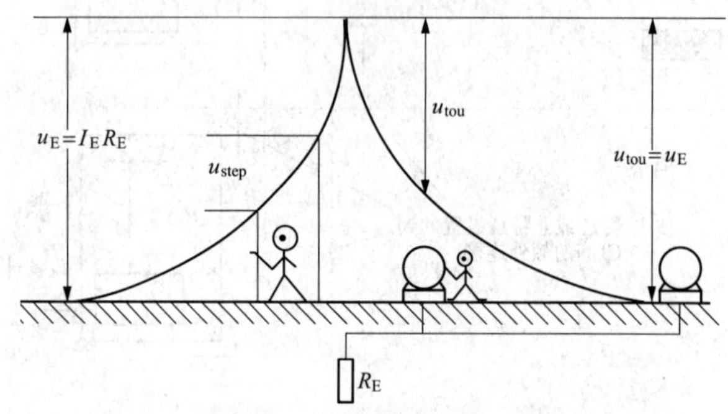

图 4-38　对地电压、接触电压、跨步电压示意图

在计算跨步电压时，人的跨距通常取 0.8m，牛、马等畜类通常取为 1m。距故障接地体越近，跨步电压越大，当距接地体 20m 以上时，跨步电压近似为零。

由于单根接地体电位分布不均匀，因此人体仍有触电的危险，并且人体距接地体越远，受到的接触电压越大。而且当单根接地干线断裂后，整个接地系统就失去应有的作用，因此单根接地体既不可靠，也不安全，实际接地系统的一般作法是敷设环路接地体，如图 4-39 所示。环路接地体电位分布比较均匀，因而可以减小跨步电压及接触电压；对于经常有人出入的通道，应采用高绝缘路面（如沥青碎石路面），或在地下埋设帽檐式均压带。

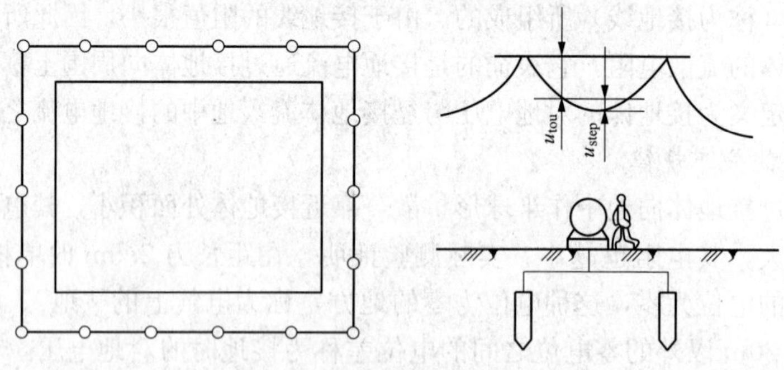

图 4-39　环路接地体及其电位

2. 接地系统的电阻

接地系统的电阻是以下几部分电阻的总和。

（1）土壤电阻。

（2）土壤电阻和接地体之间的接触电阻。

（3）接地体本身的电阻。

（4）接地引入线、地线盘或接地汇流排以及接地配线系统中采用的导线的电阻。

以上几部分中，起决定性作用的是接地体附近的土壤电阻。因为一方面土壤的电阻率都比金属大几百万倍，而另一方面从图4-40所示曲线可以知道，接地体土壤电阻 R 的分布也主要集中在接地体周围区域。

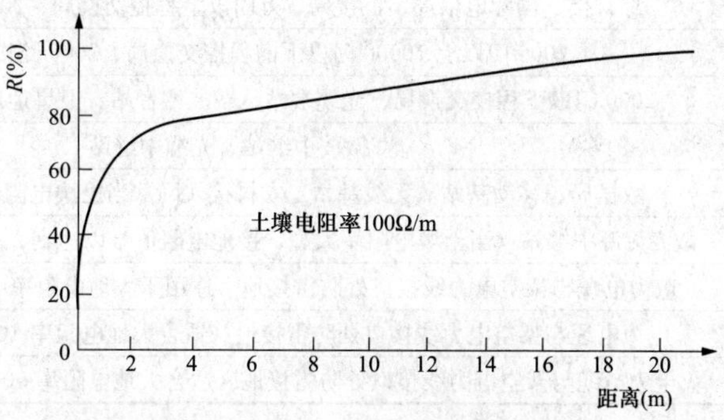

图4-40　接地体周围土壤电阻分布图

在通信局（站）的接地系统里，其他各部分的电阻都比土壤小得多，即使在接地体金属表面生锈时，它们之间的接触电阻也比较小。至于其他各部分则都是由金属导体构成，而且连接的地方又都十分可靠，所以它们的电阻更是可以忽略不计。

但需要注意的是，在快速放电现象的过程中，如“过压接地”的情况下，构成接地系统的导体的电阻可能成为接地电阻的主要因素。

同时，如果接地电极与其周围的土壤接触得不紧密，则接触电阻可能影响接地电阻，达到其总值的百分之几十，这个电阻可能在波动冲击条件下由于飞弧而减小。

研究表明，接地电极的土壤电阻取决于接地电极的线性延伸，而与接地电极的形状和表面面积没有多大关系。

3. 土壤的电阻率

衡量土壤电阻大小的物理量是土壤的电阻率，它表示电流通过 $1m^3$ 土壤的这一面到另一面时的电阻值，代表符号为 ρ，单位为 $\Omega \cdot m$。在实际测量中，往往只测量 $1cm^3$ 的土壤，所以 ρ 的单位也可采用 $\Omega \cdot cm$。

$$100\Omega \cdot cm = 1\Omega \cdot m$$

土壤的电阻率除了主要由土壤中的含水量以及水本身的电阻率来决定之外，影响其电阻率的因素还有很多，如以下几个因素。

（1）土壤的类型。

（2）土壤中溶解的盐的浓度。

（3）温度（土壤中水的冰冻）。

（4）土壤物质的颗粒大小以及颗粒大小的分布。

（5）密集性和压力，电晕作用。

各种土壤电阻率的平均值见前面的表4-7。

4.3.2　各类通信局（站）的接地电阻要求

根据YD/T 1970.1—2009《通信局（站）电源系统维护技术要求》第1部分：总则的规定，各类通信局（站）联合接地装置的接地电阻值应符合表4-8的要求。

表 4-8　各类通信局（站）联合接地装置的接地电阻值

接地电阻值（Ω）	适 用 范 围
<1	综合楼、国际电信局、汇接局、万门以上程控交换局、2000 路以上长话局
<3	2000 门以上 10000 门以下的程控交换局、2000 路以下长话局
<5	2000 门以下程控交换局、光缆端站、载波增音站、卫星地球站、微波枢纽站
<10	微波中继站、光缆中继站
<10	数据局、移动基站〈无线基站〉农村接入网（当土壤电阻率大时可到 20Ω）
<20	微波无源中继站（当土壤电阻率太高，接地电阻值难以达到 20Ω 时，可放宽到 30Ω）
<10	电力电缆与架空电力线接口处防雷接地（适用于大地电阻率小于 100Ω・m 场合）
<15	电力电缆与架空电力线接口处防雷接地（适合大地电阻率 100～500Ω・m 场合）
<20	电力电缆与架空电力线接口处防雷接地（适合大地电阻率 501～1000Ω・m 场合）

4.3.3　接地电阻的测量

在接地装置施工完成后，需测量其接地电阻是否符合设计要求；在日常维护工作中，也要定期地对接地体进行检查，测量其电阻值是否正常，并作为维修或改进的依据，因此定期测量接地系统电阻值是通信局（站）值班勤务的一项重要工作。

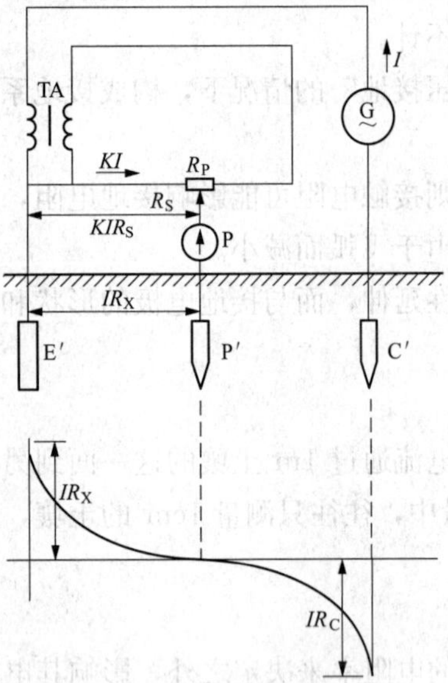

测量接地电阻的方法很多，有电桥法、电流表-电压表法、补偿法等。在实际工作中，常用的 ZC-8 型接地电阻测量仪就是依据补偿法原理制成的。

1. 补偿法测量接地电阻的基本原理

图 4-41 所示为补偿法测量接地电阻的原理电路图。它主要由手摇交流发电机、电流互感器、电位器以及检流计组成。其附件有两根接地探针（P′为电位探针，C′为电流探针）及三根导线（长 5m 的用于连接接地极，20m 的用于连接电位探针，40m 的用于连接电流探针）。被测接地电阻 R_x 位于接地体 E′和 P′之间，但不包括 P′与 C′之间的电阻 R_c。

图 4-41　补偿法测量接地电阻的原理电路和电位分布图

手摇交流发电机输出电流 I 经电流互感器 TA 的一次侧→接地体 E′→大地→电流探针 C′→发电机，构成一个闭合回路。

当电流 I 流入大地后，经接地体 E′向四周散开。离接地体越远，电流通过的截面越大，电流密度越小。一般认为，到 20m 处时电流密度为零，电位也等于零。电流 I 在流过接地电阻 R_X 时产生的压降为 IR_X，在流经 R_c 时同样产生压降 IR_c，其电位分布如图 4-41 所示。

若电流互感器的变流比为 K，则其二次侧电流为 KI，它流过电位器 R_P时产生的压降为 KIR_S（R_S 是 R_P最左端与滑动触电之间的电阻）。调节 R_P使检流计指针指零，则有

$$IR_X = KIR_S$$

即

$$R_X = KR_S$$

可见被测接地电阻 R_X 的值可由电流互感器的变比 K 以及电位器的电阻 R_S 来确定，而与 R_c 无关。

2. ZC-8 型接地电阻测量仪

ZC-8 型接地电阻测量仪的外形及内部电路如图 4-42 所示。由于在测量时需要摇动手摇发电机的手柄，所以习惯上又称其为接地摇表。

图 4-42 所示电路中有四个端钮，其中 P2 和 C2 可短接后引出一个 E，将 E 与被测接地极 E′相接即可。端钮 C1 接电流探针，P1 接电位探针。

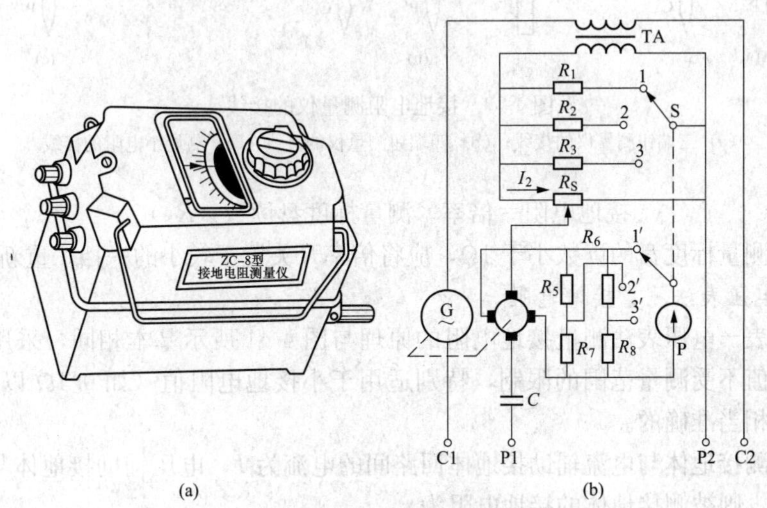

图 4-42　ZC-8 型接地电阻测量仪外形及内部原理图

(a) 外形；(b) 内部原理图

为了减小测量误差，根据被测接地电阻大小，仪表有 0～1Ω，0～10Ω，0～100Ω 三个量程，用联动开关 S 同时改变电流互感器二次侧的并联电阻 R_1～R_3 以及与检流计并联的电阻 R_5～R_8，就能改变仪表的量程。使用时调节仪表面板上电位器的旋钮使检流计指零，可由读数盘上读得 R_S 的值，则

$$R_X = KR_S$$

接地电阻测量仪的使用方法如下。

(1) 使用前先将仪表放平，然后调零。

(2) 接地电阻测量仪的接线如图 4-43 所示。将电位探针 P′插在被测接地极 E′和电流探针 C′之间，三者呈一直线且彼此相距 20m。再用导线将 E′与仪表端钮 E 相接，P′与端钮 P 相接，C′与端钮 C 相接，如图 4-43 (a) 所示。

四端钮测量仪的接线如图 4-43 (b) 所示。

当被测接地电阻小于 1Ω 时，为了消除接线电阻和接触电阻的影响，应采用四端钮测量仪，接线如图 4-43 (c) 所示。

(3) 将倍率开关置于最大倍数上，缓慢摇动发电机手柄，同时转动测量标度盘，使检流计指针处于中心红线位置上。当检流计接近平衡时，要加快摇动手柄，使发电机转速升至额定转速 120r/min，同时调节测量标度盘，使检流计指针稳定指在中心红线位置。此时即可读取 R_S 的数值，则有

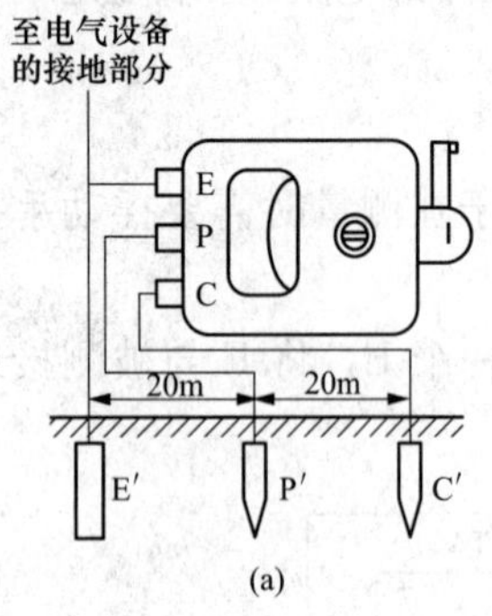

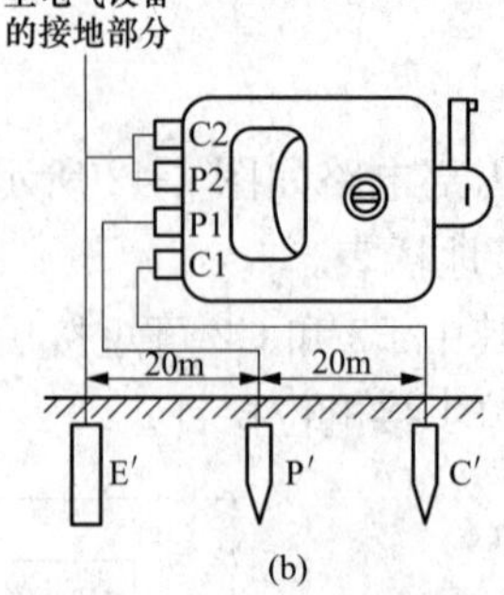

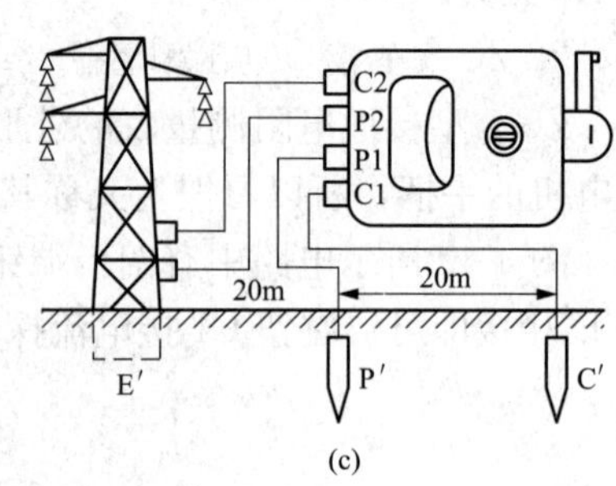

图 4-43　接地电阻测量仪的接线

(a) 三端钮测量仪的接线；(b) 四端钮测量仪的接线；(c) 测量小电阻的接线

$$接地电阻=倍率\times测量标度盘读数\ (R_S)$$

(4) 如果测量标度盘的读数小于 1Ω，应将倍率开关置于较小的一挡，重新测量。

3. 电流-电压表法测量接地电阻

利用电流表－电压表法测量接地电阻的原理与图 4-41 所示基本相同，采用此法的优点是：接地电阻值不受测量范围的限制，特别适用于小接地电阻值（如 0.1Ω 以下）的测量，其测量结果是相当准确的。

若流经被测接地体与电流辅助接地体回路间的电流为 I，电压辅助接地体与被测接地体间的电压为 U，则被测接地体的接地电阻为

$$R_0=U/I$$

为了防止土壤发生极化现象，测量时必须采用交流电源。为了减少外来杂散电流对测量结果的影响，测量电流的数值也不能过小，最好有较大的电流（约数十安培）。测量时可采用电压为 65V、36V 或 12V 的电焊变压器，其中性点或相线均不应接地，与市电网路绝缘。被测接地体和两组辅助接地体之间的相互位置和距离对测量的结果有较大影响。

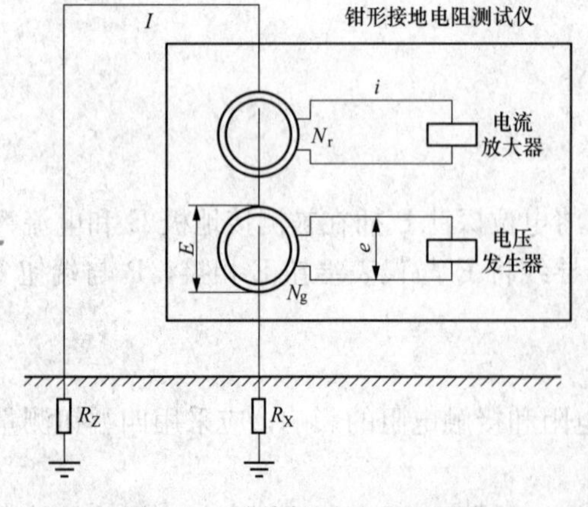

图 4-44　非接触测量法原理图

4. 接地电阻的非接触测量

常规测量接地电阻的方法都必须在离被测接地体足够远的距离处打两根辅助接地极，通常还需将被测接地体与接地系统断开，这样实施测量时不太方便。接地装置接地电阻的非接触测量法可以有效避免上述缺点，其测量原理如图 4-44 所示。

使用的测量仪器为钳形接地电阻测试仪，如 CA6411、CA6413 等（如图 4-44 所示的框内部分）。N_g 为绕在仪器钳口内的发生器线圈，N_r 为绕在钳口内的接收线圈，两线圈之间具有良好的电磁屏蔽。

测量时钳口闭合，测量仪的发生器线圈在被测接地回路内激发一个已知的恒定交流电压 E，为提高抗干扰能力，交流电压的频率为不同于工频的某一高频，此时有

$$E=e/N_g \tag{4-5}$$

式中　e——发生器发生的内部电压。

E 在电路中产生电流 I，且

$$I=E/R \tag{4-6}$$

它被置于表内的接收线圈（CT 的二次绕组）转换为

$$i=I/N_r \tag{4-7}$$

测量部分测得电流 i，并根据下式计算即可求得回路电阻

$$R=\frac{E}{I}=\frac{1}{N_g N_e}\cdot\frac{e}{i}=K\frac{e}{i} \tag{4-8}$$

从图 4-44 中可见，测量时也需要有辅助接地极 R_Z，用钳形接地测试仪测得的电阻值是包括被测接地电阻在内的整个回路的总电阻，因此只有当被测接地电阻比辅助电极的电阻大得多时，才能近似认为回路总电阻就是被测接地电阻，或者辅助电极接地电阻应为已知数值时，才能求出被测电阻。

这种测试仪可用于高低压架空避雷线路等的接地电阻测量，测量时可以把被测量杆塔以外的杆塔接地体并联，使之形成电阻很小的辅助电极，所以可以认为测得的总电阻近似等于被测回路中的接地电阻值。

由于通信局（站）的接地电阻值本身电阻很小，又是采用联合接地系统，很难找到另一个电阻更小的辅助电极，故在通信局（站）中若使用这一种测量接地电阻的方法时，其测量结果的准确度还有待商榷。

5. 地网接地电阻的测量

（1）地网接地电阻的测试应按图 4-45 或图 4-46 所示情形进行。

（2）三极法测试方法应按图 4-45（a）所示情形接线，且应符合下列要求。

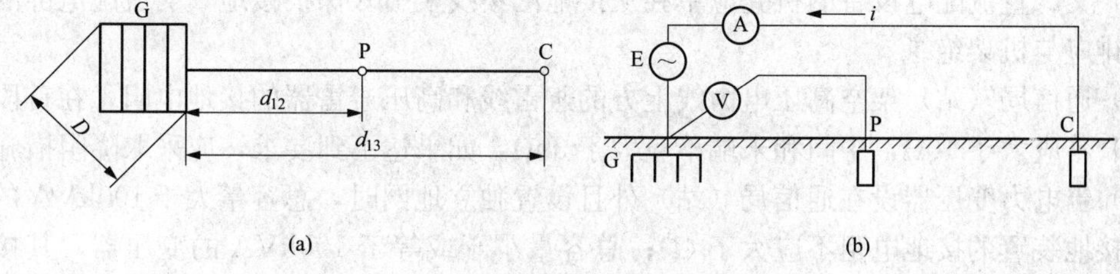

图 4-45　三极法

（a）电极布置；（b）原理接线

G—被测接地装置；P—测量用的电压极；C—测量用的电流极；E—测量用的工频电源；A—交流电流表；V—交流电压表；D—被测接地装置的最大对角线长度

1）电流极 C 与接地网 G 边缘之间的距离 d_{13}，应取接地网最大对角线长度 D 的 4～5 倍，电压极 P 到接地网 G 的距离 d_{12} 宜为电流极 C 到接地网距离的 50%～60%。测量时，沿接地网 G 和电流极 C 的连线应移动三次，每次移动距离宜为 d_{13} 的 5%。

2）若 d_{13} 取 $4D$～$5D$ 有困难，则在土壤电阻率较均匀的地区，可取 $2D$，d_{12} 可取 D；在土壤电阻率不均匀的地区或城区，d_{13} 可取 $3D$，d_{12} 可取 1. $7D$。

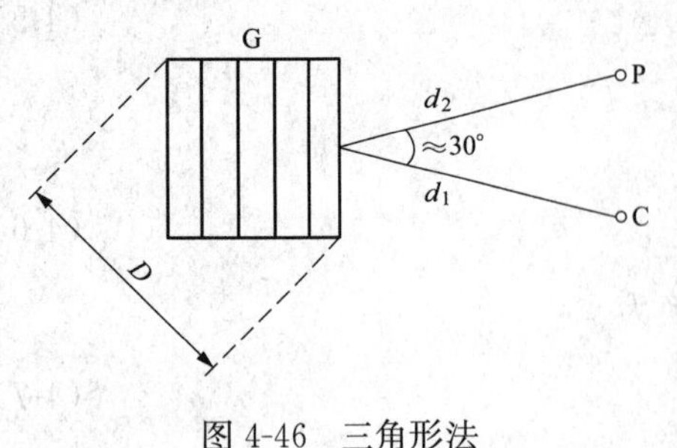

图 4-46　三角形法

G 一被测接地装置；P—测量用的电压极；C—测量用的电流极；D—被测接地装置的最大对角线长度

3）可以采用几个方向的测量值互相比较，也可用三角法和直线法对比互校。

4）电流极 C 和电压极 P 均应可靠接地。

（3）三角形法测试方法应按图 4-46 所示情形接线，且应符合下列要求。

1）电流极 C 与接地网 G 边缘间的距离 d_1 和电压极 P 与接地网 G 边缘间的距离 d_2 应相等，且 d_1 和 d_2 的值应不小于接地网 G 最大对角线长度 D 的 2 倍。夹角 θ 应为 29°（≈30°）。

2）可以采用几个方向的测量值互相比较，也可用三角法和直线法对比互校。

3）电流极 C 和电压极 P 均应可靠接地。

4.4　接地体的设计及安装

4.4.1　接地体的设计原则

（1）通信局（站）的接地方式，应按联合接地的原则进行设计，即通信设备的工作接地、保护接地、建筑物防雷接地共同合用一组接地体的联合接地方式。

（2）电力变压器高、低压侧避雷器的接地端、变压器铁壳、零线应就近接在一起，再经引下线接地。

（3）电力变压器在站内时，电力变压器地网与通信局（站）的联合地网宜妥善焊接接通。

（4）直流电源工作接地应采用单点接地方式，并就近从接地汇集线上引入。

（5）交、直流配电设备的机壳应单独从接地汇集线上引入保护接地，交流配电屏的中性线汇集排应与机架绝缘。

（6）通信局（站）架空高压电力线上方的避雷线和高压避雷器的接地电阻，在首段（即进站端）不应大于 10Ω，中间和末端不应大于 30Ω。如果达不到要求，应采取降阻措施。

（7）当电力变压器设在通信局（站）外且设置独立地网时，总容量大于 100kVA 的变压器，其接地装置的接地电阻不应大于 4Ω；总容量小于或等于 100kVA 的变压器，其接地装置的接地电阻不应大于 10Ω。当电力变压器与通信局（站）共用同一联合地网时，其接地电阻应满足联合接地的相关要求。

（8）当电力变压器设在通信大楼外，且相距大于 50m 时，交流中性线在大楼入口处应做重复接地，重复接地装置的接地电阻不应大于 10Ω。

（9）避雷器应就近接地，接地引入线应尽可能短。

4.4.2　接地体的计算

在工程设计中，在通信局（站）要求的接地电阻值 R 和土壤电阻系数 ρ 已知时，可以利用相关图表，直接查出角钢和钢管多级接地体的数量，并得到连接扁钢的长度。

1. 呈矩形排列接地体计算

图 4-47 所示表示角钢和钢管呈矩形排列时的多级接地体数量与接地电阻计算曲线。

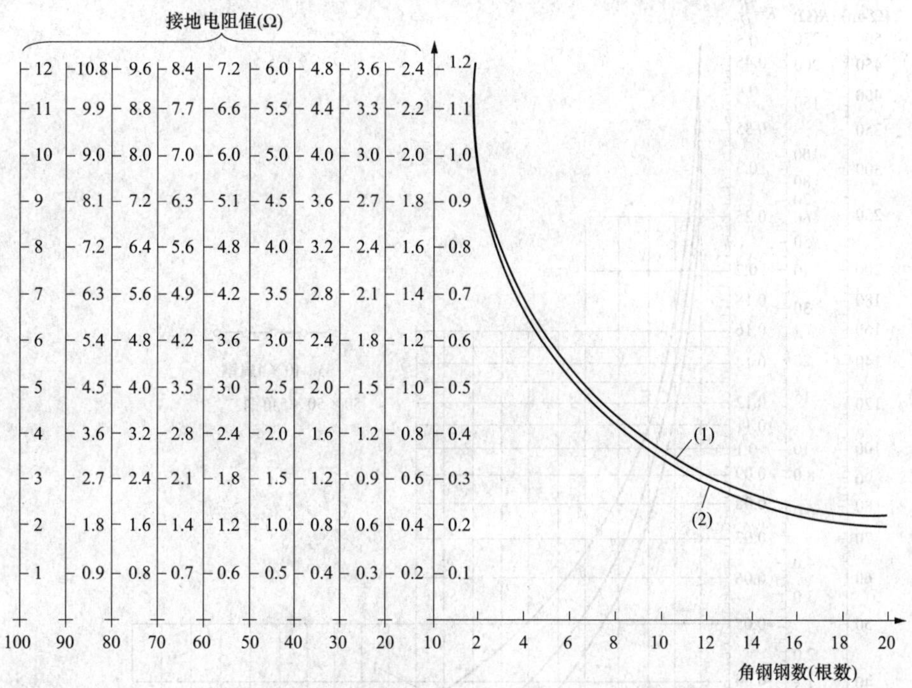

图 4-47　垂直接地体接地电阻计算曲线图

注：①接地体采用 40mm×4mm 扁钢连接，曲线（1）表示接地体采用 50mm×50mm×5mm 角钢，曲线（2）表示接地体采用直径 2 英寸钢管；②每根接地体长 $L=2.5$m，接地体间距 $a=5$m，埋深 $h=0.7$m；③4 根以下接地体的接地电阻按接地体排列成一行计算，4 根及以上接地体的接地电阻按接地体排列成环形计算。

2. 一字形排列接地体计算

图 4-48 所示表示角钢呈一字形排列时的多级接地体数量与接地电阻计算曲线。

4.4.3　接地装置的安装

1. 一般要求

在设计和装设接地装置时，首先应充分利用自然接地体，以节约投资、节约钢材。如果实地测量所利用的自然接地体电阻已能满足要求，且自然接地体又满足热稳定条件，那么就不必再装设人工接地装置，否则应装设人工接地装置作为补充。

电气设备人工接地装置的布置，应使接地装置附近的电位分布尽可能地均匀，以降低接触电压和跨步电压，保证人身安全，当接触电压和跨步电压超过规定值时，应采取措施。

2. 自然接地体的利用

可作为自然接地体的有：建筑物的钢结构和钢筋、埋地金属管道（但可燃液体、可燃可爆气体的管道除外）以及铺设于地下，而数量不少于两根的电缆金属外皮等。对于变配电站来说，可利用其建筑物钢筋混凝土基础作为自然接地体。利用自然接地体时，一定要保证良好的电气连接，在建筑物钢结构的结合处，除已焊接者外，凡用螺栓连接或其他连接的，都要采用跨接焊接，而且跨接线尺寸不得小于规定值。

3. 人工接地体的安装

人工接地体有垂直埋设和水平埋设两种基本结构形式，如图 4-49 所示。

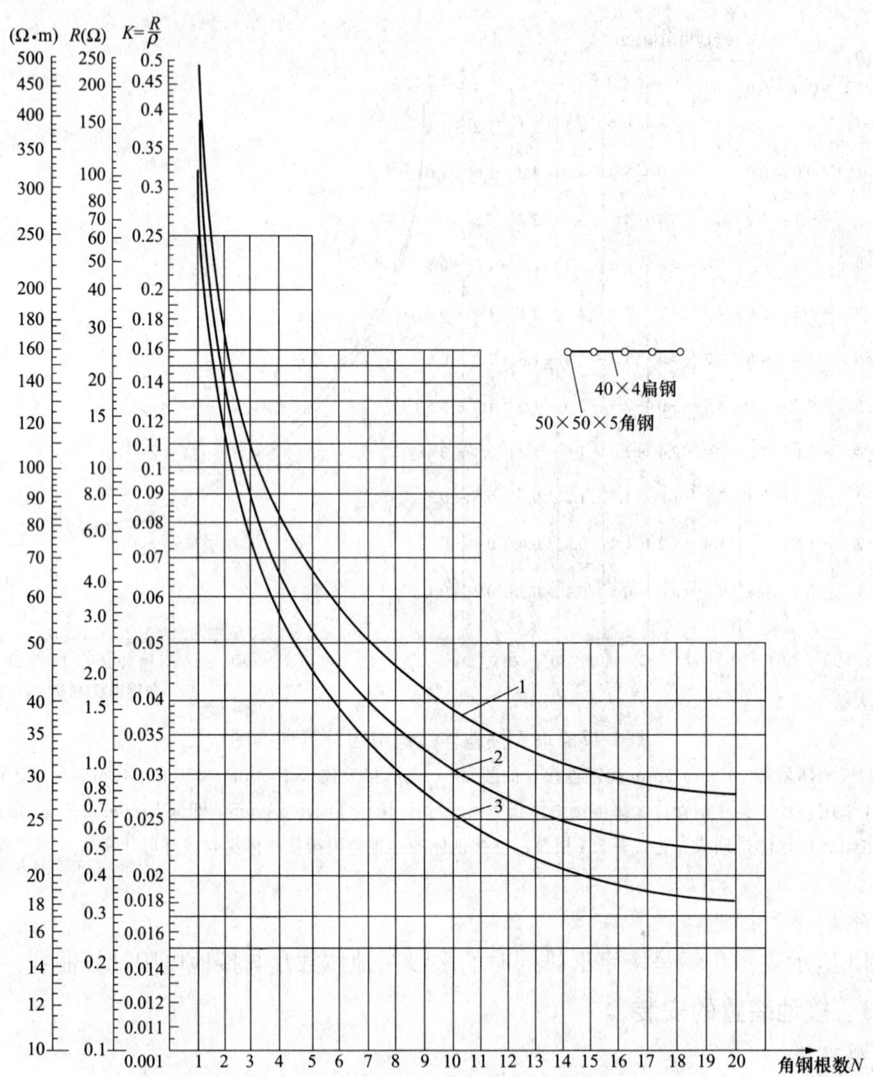

图 4-48　角钢多级接地体数量与接地电阻的关系曲线

图中：R——接地电阻，Ω；ρ——土壤电阻系数，Ω·m；K——接地电阻与土壤电阻系数之比，$K=R/\rho$；N——角钢数量，根。角钢排列形式按一字形布置，用扁钢连接。

说明：曲线 1 为 50mm×50mm×5mm×1500mm 等边角钢作接地体，间距为 3m，其长度为 3（$n-1$）的 40mm×4mm 扁钢作连接体，埋深为 0.7m 接地电阻计算曲线；曲线 2 为 50mm×50mm×5mm×2000mm 的等边角钢作接地体，间距为 4m，长度为 4（$n-1$）的 40mm×4mm 扁钢作连接体，埋深为 0.7m 的接地电阻计算曲线；曲线 3 为 50mm×50mm×5mm×2500mm 等边角钢作接地体，间距为 5m，长度为 5（$n-1$）的 40mm×4mm 扁钢作连接体，埋深为 0.7m 的接地电阻计算曲线。

最常用的垂直接地体为直径 50mm、长 2.5m 的钢管。如果采用直径小于 50mm 的钢管，则由于钢管的机械强度较小，易弯曲，不适于采用机械方法打入土中；如果采用直径大于 50mm 的钢管，如直径由 50mm 增大到 125mm 时，流散电阻仅减少 15%，而钢材消耗则大大增加，经济上极不合算。如果采用的钢管长度小于 2.5m，流散电阻增加很多；而钢管长度如大于 2.5m 时，则即难于打入土中，而且流散电阻减小也不显著。由此可见，采用上述直径为 50mm、长度为 2.5m 的钢管是最为经济合理的。但为了减少外界温度变化对流散电阻的影响，埋入地下的垂直接地体上端距地面的距离不应小于 0.5m。

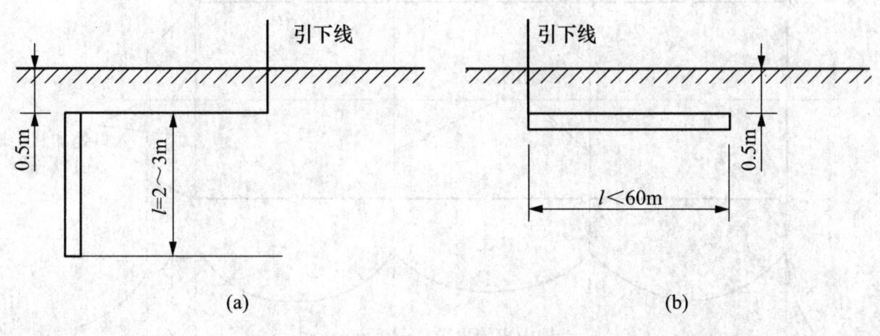

图 4-49　人工接地体

（a）垂直埋设的接地体；（b）水平埋设的接地体

4. 多根接地体的布置

当接地系统采用多根接地体时，要避免多根接地体相距太近，因为当其相互靠拢时，入地电流的流散相互受到排挤，其电流分布如图 4-50 所示。这种影响入地电流流散的作用称为屏蔽效应。由于屏蔽效应，使得接地装置的利用率下降，因此垂直接地体的间距一般不宜小于接地体长度的 2 倍，水平接地体的间距一般不宜小于 5m。

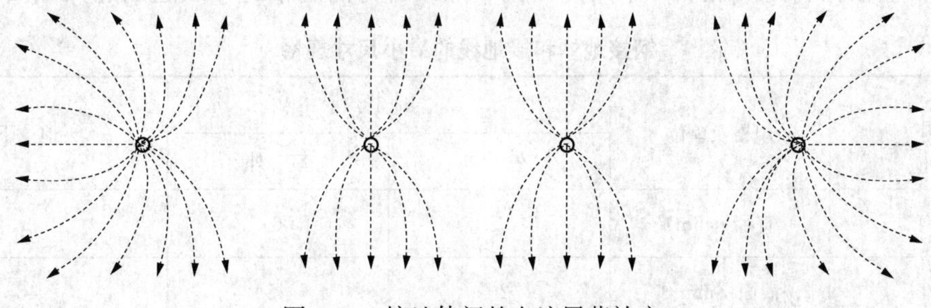

图 4-50　接地体间的电流屏蔽效应

接地网的布置，应尽量使地面的电位分布均匀，以减小接触电压和跨步电压。人工接地网外缘应闭合，外缘各角应做成圆弧形。35～110kV 和 6～10kV 变电站的接地网内应敷设水平均压带，如图 4-51 所示。为保证人身安全，经常有人出入的走道处，应采用高绝缘路面（如沥青碎石路面）或加装帽檐式均压带。

为了减小建筑物的接触电压，接地体与建筑物的基础间应保持不小于 1.5m 的水平距离，一般取 2～3m。

5. 降低接地电阻的措施

当土壤电阻率偏高，如土壤电阻率 $\rho \geqslant 300\Omega \cdot m$ 时，为降低接地装置的接地电阻，可以采取以下措施：①采用多支线外引接地装置，其外引线长度不应大于 $2\sqrt{\rho}$，这里的 ρ 为埋设引线处的土壤电阻率，单位为 $\Omega \cdot m$；②如地下较深处土壤电阻率 ρ 较低时，可采用深埋式接地体；③局部地进行土壤置换处理，换以 ρ 较低的黏土或黑土，或者进行土壤化学处理，填充炉渣、木炭、石灰、食盐及废电池等降阻剂。

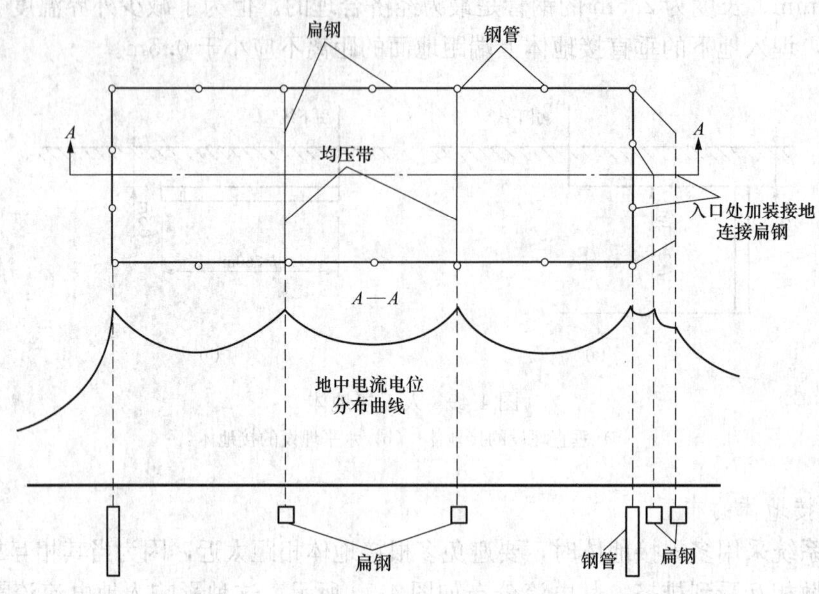

图 4-51　加装均压带以使电位分布均匀

按规定，钢接地体和接地线的最小尺寸规格见表 4-9。对于敷设在腐蚀性较强的场所的接地装置，应根据腐蚀的性质，采用热镀锡、热镀锌等防腐措施，或适当加大截面。

表 4-9　　钢接地体和接地线的最小尺寸规格

材料	规格及单位	地上		地　下
		室　内	室　外	
圆钢	直径（mm）	5	6	8
扁钢	截面（mm^2）	24	48	48
扁钢	厚度（mm）	3	4	4
角钢	厚度（mm）	2	2.5	4
钢管	管壁厚度（mm）	2.5	2.5	3.5

6. 防雷接地安装的特殊要求

避雷针宜设独立的接地装置，而且避雷针及其接地装置，与被保护的建筑物和配电装置及其接地装置之间应按国家标准 GB 50057—2010《建筑物防雷设计规范》的有关规定保持足够的安全距离，以免雷击时发生放电事故。

为了降低跨步电压，防护直击雷的接地装置距离建筑物的出入口及人行道不应小于 3m。当小于 3m 时，应采取下列措施之一：①水平接地体局部埋深不小于 1m；②水平接地体局部包以绝缘体，如涂厚为 50～80mm 的沥青层；③采用沥青碎石路面，或在接地装置上面敷设厚为 50～80mm 的沥青层，其宽度超过接地装置 2m。

习题与思考题

1. 什么叫安全电流？它与哪些因素有关？我国规定的安全电流值是多少？

2. 什么叫接地？什么叫接地体和接地装置？什么叫接地电流和对地电压？什么叫接触电压和跨步电压？

3. TN 系统、TT 系统、IT 系统在接地型式上有什么区别？

4. 重复接地的功能是什么？

5. 简述漏电保护器的工作原理。

6. 什么叫接地电阻？接地电阻有哪些常用的测量形式？

7. 通信电源系统中直流工作接地有何作用？

8. 简述通信局（站）地网接地电阻的测量步骤。

第5章 防雷系统

在实际运行中，通信电源系统经常会受到过电压的干扰。过电压（over voltage）是指在电气设备或线路上出现的超过正常工作要求的电压。按产生原因的不同，过电压可分为内部过电压（internal over voltage）和雷电过电压（lightning over voltage）两大类。

内部过电压是由于电源系统中的开关操作、出现故障或其他原因，使电源系统的工作状态突然改变，从而在其过渡过程中出现因电磁能在系统内部发生振荡而引起的，如工频电流单相接地故障，过电压倍数可达 1.3 倍，持续时间约为 0.1～1s；在操作开关断开电感性负载时，过电压倍数可达 4 倍，持续时间约为 0.000 2～0.04s；在 220/380V 的通信电源系统中，10A 熔断器由于短路产生的过电压倍数最高可达 7 倍；而 35A 或 100A 熔断器熔断时可产生 4 倍的工作电压；在直流 48V 的供电系统中，10A 机架熔断器烧坏时会产生 150V 的过电压，持续时间为 0.4ms；而 63A 的机架列熔断器熔断时会产生高达 130V 的过电压，持续时间大约为 0.7ms。实际运行经验表明，内部过电压一般不会超过系统正常工作电压的四倍，因此对电气设备或线路的绝缘威胁不是很大。

雷电过电压又称大气过电压或外部过电压，它是由于电源系统内的设备或构筑物遭受来自大气中的雷击或雷电感应而引起的过电压。雷电过电压产生的雷电冲击波，其电压和电流幅值远远超过了系统正常工作的电压和电流范围，对通信电源系统的威胁极大，因此必须采取有效措施加以防护。

5.1 雷电及其危害

我国的雷电高发区位于南方诸省，尤以两湖、两广最为突出。对通信局（站）而言，微波站、卫星地球站以及进出局（站）的架空线路等部分最容易遭受雷电的侵害。

5.1.1 雷电的成因

雷电是带有电荷的“雷云”之间或“雷云”对大地或物体之间产生急剧放电的一种自然现象。

关于雷电形成的理论或学说较多，但目前普遍认为是：在闷热的天气里，地面上的水汽蒸发上升，与高空冷空气相遇形成积云，并在运动中积聚大量的电荷，这种积云就称为“雷云”。当不同电荷的雷云靠近时，或带电雷云对大地因静电感应而产生异性电荷时，宇宙间将发出巨大的电脉冲放电，这种现象就是雷电。

雷电的形成必须具备三个条件：①空气中有足够的水分，夏季高温时空气中含水量最高，故易发生雷电；②湿热空气上升到高空开始凝结成水滴和冰晶；③三是大气中有足够高的正、负电荷积累形成的电位差。

云层形成的过程为：含有水分的空气，经阳光直射地面后使热空气上升到高空，当进入高空时，湿热空气受环境温度的影响，温度不断降低，空气中的水分开始饱和并凝结成细小的水滴，形成云层和霰（霰：在高空中的水蒸气遇到冷空气凝结后降落的白色不透明小冰粒，常呈球状或圆锥形，多在下雪前或下雪时出现，有些地区叫雪子、雪糁）。

云层带电的原因比较复杂，有多种不同的假说。其中一种假说认为：水滴分子外层电荷有吸收负电荷的性能，通过把空气中的负离子吸收到水滴的分子外表面，使云层带负电，而空气中剩余的正离子则随上升气流升高，最后集中在云中的上层。由于这种分布结构才形成了云中的电场。

当天空中云层的电场增强到某点的电位梯度大于 3×10^6 V/m 时，就有可能产生击穿放电现象，形成闪电。闪电可以发生在云层与云层之间或云层与大地之间。一次闪电由几次放电脉冲组成，第一次脉冲在放电之前有一个准备阶段，即“先导”过程。云里的自由电子受强电场作用，向地面快速移动，在运动过程中，电子和空气分子碰撞，使空气电离并发光。经连续多次放电，在电离发光途径上，空气被强烈电离，其导电性能大大增加，这就是所谓的“先导”阶段。受到电感应的作用，大地也感应出大量不同极性的电荷，因此大多数先导的走向是从云层通向地面，但有的在云中就消逝了。

5.1.2　有关雷电的名词术语

1. 雷电流的幅值、陡度及模拟雷电波

雷电流是指流入雷击点的电流，它是一个幅值很大、陡度很高的冲击波电流。雷电流的波形如图 5-1（a）所示。由图 5-1（a）可见，雷电流的波形形如正弦波。雷电流由零增加到幅值 I_m 的一段波形称为波头，波头所占时间约为 1μs～4μs，从幅值 I_m 衰减到 1/2 幅值的一段波形称为波尾，这段时间约为 30μs，说明雷电流波幅的形成时间极短，而衰变为安全值的时间很长。直击雷与感应雷的波形如图 5-1（b）所示。直击雷峰值电流可达 75kA 以上，所以其破坏性很大。大部分雷击为感应雷，其峰值电流较小，一般在 15kA 以内。

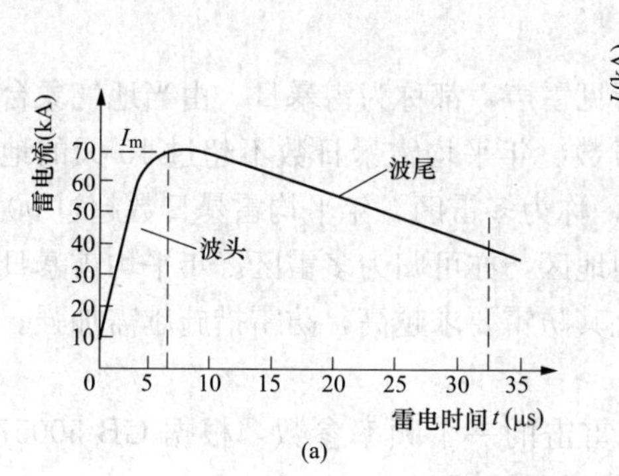

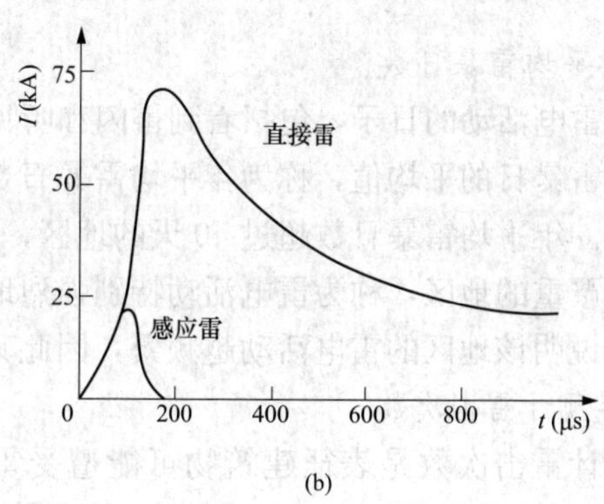

图 5-1　雷电流波形

（a）雷电流波形；（b）直接雷和感应雷

雷电流的陡度 α 通常用雷电流波头部分增长的速率来表示，即 $\alpha = \mathrm{d}i/\mathrm{d}t$ 。雷电流的陡度，据测定可达 50kA/μs 以上。对电气设备绝缘来说，雷电流的陡度越大，由 $u_L = di/dt$ 可知，产生的过电压就越高，对设备绝缘的破坏性也越严重。因此，如何降低雷电流的幅值和陡度是防雷保护研究的一个重要课题。

为了分析和计算防雷保护设施，国际电工委员会（IEC）制定了不同类型的模拟雷电冲击电压和电流波，如图 5-2（a）（b）所示。图 5-2（a）中视在原点 O 是指通过波前曲线上 A 点（电压峰值的 30%处）和 B 点（电压峰值的 90%处）作一直线与横轴相交之点。波前时间 T_1 指由视在原点 O 到 D 点（等于 $1.677T$ 处）的时间间隔。半峰值时间 T_2 指由视在原点 O 到电压峰值，然后再下降到峰值一半处的时间间隔。

例如，1.2/50μs 模拟雷电冲击电压波，则其波前时间 $T_1 = 1.2\mu s \pm 30\%$，半峰值时间 $T_2 = 50\mu s \pm 20\%$。

模拟雷电冲击电流波的波形如图 5-2（b）所示。图中的视在原点 O 是指通过波前上 C 点（电流峰值的 10%处）和 B 点（电流峰值的 90%处）作一直线与横轴相交之点。波前时间 T_1 指由视在原点 O 到 E 点（等于 $1.25T$ 处）的时间间隔。半峰值时间 T_2 指由视在原点 O 到电流峰值，然后再下降到峰值一半的时间间隔。

例如，8/20μs 模拟雷电冲击电流波，其波前时间 $T_1 = 8\mu s \pm 20\%$，半峰值时间 $T_2 = 20\mu s \pm 20\%$。

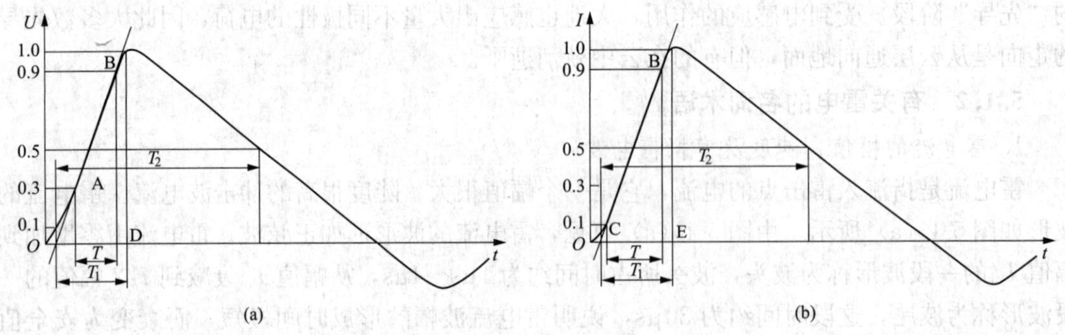

图 5-2 模拟雷电冲击波

（a）电压波；（b）电流波

2. 年平均雷暴日数

凡有雷电活动的日子，包括看到雷闪和听见雷声，都称为雷暴日。由当地气象台、站统计的多年雷暴日的平均值，称为年平均雷暴日数。年平均雷暴日数不超过 15 天的地区，称为少雷区。年平均雷暴日数超过 40 天的地区，称为多雷区。年平均雷暴日数超过 90 天的及雷害特别严重的地区，称为雷电活动特别强烈地区，亦可归为多雷区。年平均雷暴日数越多的地区，说明该地区的雷电活动越频繁，因此其防雷要求越高，防雷措施越需加强。

3. 年预计雷击次数

年预计雷击次数是表征建筑物可能遭受雷击的一个频率参数，根据 GB 50057—2010《建筑物防雷设计规范》的规定，年预计雷击次数的计算公式为

$$N = k \times N_g \times A_e$$

式中 N——建筑物年预计雷击次数，次/a；

k——校正系数，在一般情况下取 1；位于河边、湖边、山坡下或山地中土壤电阻率

较小处、地下水露头处、土山顶部、山谷风口等处的建筑物以及特别潮湿的建筑物取 1.5；金属屋面没有接地的砖木结构建筑物取 1.7；位于山顶上或旷野的孤立建筑物取 2；

N_g——建筑物所处地区雷击大地的年平均密度，次/km^2/a；

A_e——与建筑物截收相同雷击次数的等效面积，km^2。

4. 雷电电磁脉冲

雷电电磁脉冲又称浪涌电压，它是雷电直接击在建筑物的防雷装置上或击在建筑物附近所引起的一种电磁感应效应，绝大多数是通过连接导体使相关联设备的电位升高而产生电流冲击，或产生电磁辐射，使电子信息系统受到干扰。所以，雷电电磁脉冲对电子信息系统是一种干扰源，必须加以防护。

雷电电磁脉冲干扰主要通过两种方式传送到被干扰对象：①传导耦合，闪电干扰通过各种导线、金属体、电阻和电感及电容等阻抗耦合至电子设备的输入端，然后再进入设备，还可以通过公共接地阻抗和公共电源耦合；②是辐射耦合，闪电电磁辐射通过空间以电磁场形式耦合到电子设备的天线和电缆设备上。雷电干扰是导致计算机硬件损坏的主要根源之一，也是导致通信系统设备损坏的根本原因之一。在雷电发生区的计算机和其他电子设备，由雷电电磁脉冲引起的故障和损坏是一种常见的故障，大部分事故是雷电电磁脉冲经电源线和信号线侵入设备造成的。

5.1.3 雷电的危害

直击雷在放电瞬间浪涌电流高达 1～100kA，其上升时间不到 1μs，其瞬间释放的能量巨大，可导致建筑物损坏和通信中断，并可能危及人身安全，其危害相当大。

新建的通信大楼大多数是钢框架互连结构，同时也配置的有常规防雷措施，如在大楼房顶安装了避雷带和避雷网，并用连线与接地极相连；房顶上装设有天线铁塔时，在铁塔上一般安装有避雷针，并且与接地装置可靠相连。因此现代通信大楼遭受直接雷击作用的可能性较小。但是对于地理环境较为恶劣的通信局（站），也有可能遭受到直击雷的危害，即使是具有钢框架互连结构的通信大楼，在发生直击雷电时，其雷击浪涌电流的危害也是不可低估的。这种电流从雷击点侵入，通过通信大楼的墙、柱、梁、地面的钢框架和钢筋入地，而经避雷针泄放的雷电流反而不多。从过去遭受直击雷害的事故实例来看，当通信大楼的钢筋框架侵入雷浪涌电流时，会使设在同一幢大楼内的各电气设备之间产生电位差，同时还会出现很强的磁场感应，并引起地电位上升，所以会对大楼内的通信装置或电源设备及其馈线路造成很大的干扰。

直接雷危害性虽然很大，但因遭受直击雷雷击的概率和范围较小，故直击雷害在雷害事故中的比重并不大。危害更大的是直接雷导致的感应雷和雷电波，其危害主要表现在以下几点。

(1) 产生强大的感应电流或高压。直击雷浪涌电流若使天线带电，产生强大的电磁场，则可以使附近线路和导电设备出现闪电作用的特征，这种电磁辐射作用破坏性很严重。

(2) 地电位上升。依据地面电阻率与地面电流强度的不同，地面电位上升程度不一，但因地面过电位的不断扩散，会对周围电子系统中的设备造成干扰，甚至使设备损坏。

(3) 静电场增加。雷云放电前，带电云团周围的静电场强度可升至 50kV/m，置身于这种环境的电力或通信线路感应电势会骤然增加，导致对电子信息设备的干扰。

据不完全统计，由雷电引起的雷击灾害事故损坏最多的是通信系统、计算机网络、监测监控等信息系统设备和家用电器（如电视机、电话）等，此类灾害占灾害总数的80%以上。经现场调查分析，发现造成设备损坏的主要原因是雷电电磁脉冲的侵入。所以，对电子信息设备要重点进行雷电电磁脉冲侵袭防护。

5.2 防雷装置与器件

随着技术的发展，通信（电源）设备承受雷击过压或线路浪涌的能力反而在下降。通信局（站）电源系统的防雷保护除了按相关设计规范采用避雷针、设置地电网、埋设接地装置外，还应装设空气间隙放电装置和金刚砂交流高低压阀型避雷器。近年来，各大防雷产品厂家又推出了许多新型防雷器件如电涌保护器（Surge Protection Device，SPD）等，其保护性能又有了很大提高，这些防雷装置和器件构成了通信电源系统防雷体系基本的硬件配置。

5.2.1 接闪器

接闪器是专门用来接受雷击（雷闪）的金属物体，接闪的金属杆（线、网、带）称为避雷针（避雷线、避雷带、避雷网），接闪器都必须经过接地引下线与接地装置相连。

1. 避雷针（接闪杆）

避雷针（lightning rod）是专门用来接受雷击（雷闪）的金属杆，一般用镀锌圆钢（针长1～2m，直径不小于16mm）或镀锌焊接钢管（针长1～2m，内径不小于25mm）制成。它通常安装在支柱、构架或建筑物上，其下端经引下线与接地装置焊接。

（1）工作机理。避雷针的功能实质上是引雷作用，它能对雷电场产生一个附加电场（这一附加电场是由于雷云对避雷针产生静电感应所引起的），使雷电场发生畸变，从而将雷云放电的通路由原来可能向被保护对象发展的方向吸引到避雷针本身，然后经与避雷针相连的引下线和接地装置将雷电流泄放到大地中去，使被保护物体免遭直接雷击。所以从这个意义上讲，避雷针实际上就是一个引雷针。

（2）保护范围。避雷针的保护范围以其能防护直接雷的空间来表示，按GB 50057—2010《建筑物防雷设计规范》规定采用“滚球法”来确定。

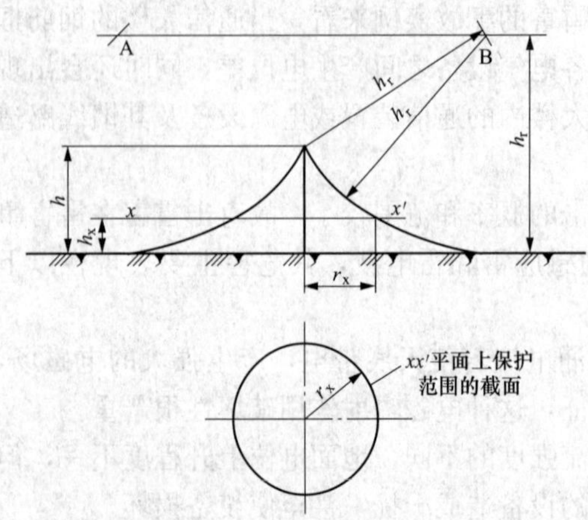

图5-3　单支接闪杆的保护范围

所谓“滚球法”就是选择一个半径为h_r（滚球半径）的球体，沿着需要防护直接雷的部位滚动；如果球体只触及避雷针（线）或避雷针（线）与地面，而不触及需要保护的部位，则该部位就在避雷针（线）的保护范围之内。

1）单支接闪杆的保护范围应按以下方法确定，具体示意如图5-3所示。当接闪杆高度h小于或等于h_r时按以下方法确定。

a. 距地面h_r处作一平行于地面的平行线。

b. 以杆尖为圆心，h_r为半径，作弧线交于平行线的A、B两点。

c. 以 A、B 为圆心，h_r为半径作弧线，该弧线与杆尖相交并与地面相切；从此弧线起到地面止就是保护范围。保护范围是一个对称的锥体。

d. 接闪杆在 h_r高度的 xx'平面上和在地面上的保护半径按下列计算式确定

$$r_x=\sqrt{h(2h_r-h)}-\sqrt{h_x(2h_r-h)} \tag{5-1}$$

$$r_0=\sqrt{h(2h_r-h)} \tag{5-2}$$

式中　r_x——接闪杆在 h_x高度的 xx'平面上的保护半径，m；

h_r——滚球半径，按表 5-1 确定，m；

h_x——被保护物的高度，m；

r_0——接闪杆在地面上的保护半径，m。

当接闪杆高度 h 大于 h_r时，在接闪杆上取高度 h_r的一点代替单支接闪杆杆尖作为圆心。其余的做法同上，式（5-1）和式（5-2）中的 h 用 h_r代入。

表 5-1　　接闪器布置

建筑物防雷类别	滚球半径 h_r（m）	接闪网网格尺寸（m^2）
第一类防雷建筑物	30	≤5×5 或≤6×4
第二类防雷建筑物	45	≤10×10 或≤12×8
第三类防雷建筑物	60	≤20×20 或≤24×16

2）两支等高接闪杆的保护范围，在接闪杆高度 h 小于或等于 h_r的情况下，当两支接闪杆的距离 $D\geqslant 2\sqrt{h(2h_r-h)}$ 时，应各按单支接闪杆的方法确定；当 $D<2\sqrt{h(2h_r-h)}$ 时，应按下列方法确定（见图 5-4）。

a. AEBC 外侧的保护范围，按照单支接闪杆的方法确定。

b. C、E 点位于两杆间的垂直平分线上。在地面每侧的最小保护宽度 b_0为

$$b_0=CO=EO=\sqrt{h(2h_r-h)-(D/2)^2} \tag{5-3}$$

c. 在 AOB 轴线上，距中心线任一距离 x 处，其在保护范围上边线上的保护高度 h_x 为

$$h_x=h_r-\sqrt{(h_r-h)^2+(D/2)^2-x^2} \tag{5-4}$$

该保护范围上边线是以中心线距地面 h_r的一点 O'为圆心，以 $\sqrt{h(2h_r-h)-(D/2)^2}$ 为半径所作的圆弧 AB。

d. 两杆间 AEBC 内的保护范围，ACO 部分的保护范围按以下方法确定。①在任一保护高度 h_x 和 C 点所处的垂直平面上，以 h_x 作为假想接闪杆，并应按单支接闪杆的方法逐点确定（见图 5-4 的 1-1 剖面图）；②确定 BCO、AEO、BEO 部分的保护范围的方法与 ACO 部分的相同。

e. 确定 xx'平面上保护范围截面的方法。以单支接闪杆的保护半径 r_x为半径，以 A、B 为圆心作弧线与四边形 AEBC 相交；以单支接闪杆的（r_0-r_x）为半径，以 E、C 为圆心作弧线与上述弧线相交（见图 5-4 中的粗虚线）。

3）两支不等高接闪杆的保护范围，在 A 接闪杆的高度 h_1和 B 接闪杆的高度 h_2均小于或等于 h_r的情况下，当两支接闪杆距离 $D\geqslant\sqrt{h_1(2h_r-h_1)}+\sqrt{h_2(2h_r-h_2)}$ 时，应各按单支接闪杆所规定的方法确定；当 $D<\sqrt{h_1(2h_r-h_1)}+\sqrt{h_2(2h_r-h_2)}$ 时，应按下列方法确

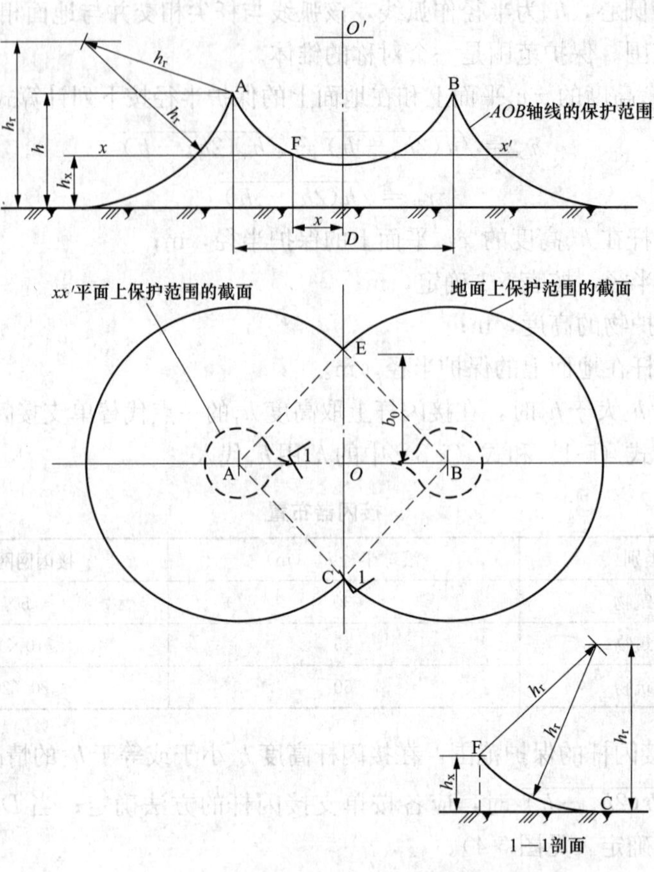

图 5-4　两支等高接闪杆的保护范围

定（见图 5-5）。

a. AEBC 外侧的保护范围，按照单支接闪杆的方法确定。

b. CE 线或 HO′线的位置为

$$D_1=[(h_r-h_2)^2-(h_r-h_1)^2+D^2]/2D \tag{5-5}$$

c. 在地面上每侧的最小保护宽度为

$$b_0=CO=EO=\sqrt{h_1(2h_r-h_1)-D_1^2} \tag{5-6}$$

d. 在 AOB 轴线上，A、B 间保护范围上边线位置应为

$$h_x=h_r-\sqrt{(h_r-h_1)^2+D_1^2-x^2} \tag{5-7}$$

式中　x——距 CE 线或 HO′线的距离。

该保护范围上边线是以 HO′线上距地面 h_r 的一点 O' 为圆心，以 $\sqrt{h_1(2h_r-h_1)-D_1^2}$ 半径所作的圆弧 AB。

e. 两杆间 AEBC 内的保护范围，ACO 与 AEO、BCO 与 BEO 是对称的，ACO 部分的保护范围按以下方法确定：①在任意高度 h_x 和 C 点所处的垂直平面上，以 h_x 作为假想接闪杆，按单支接闪杆的方法逐点确定（见图 5-5 的 1—1 剖面图）；

②确定 ABO 、BCO、BBO 部分的保护范围的方法与 ACO 部分的相同。

f. 确定 xx' 平面上保护范围截面的方法与两支等高接闪杆相同。

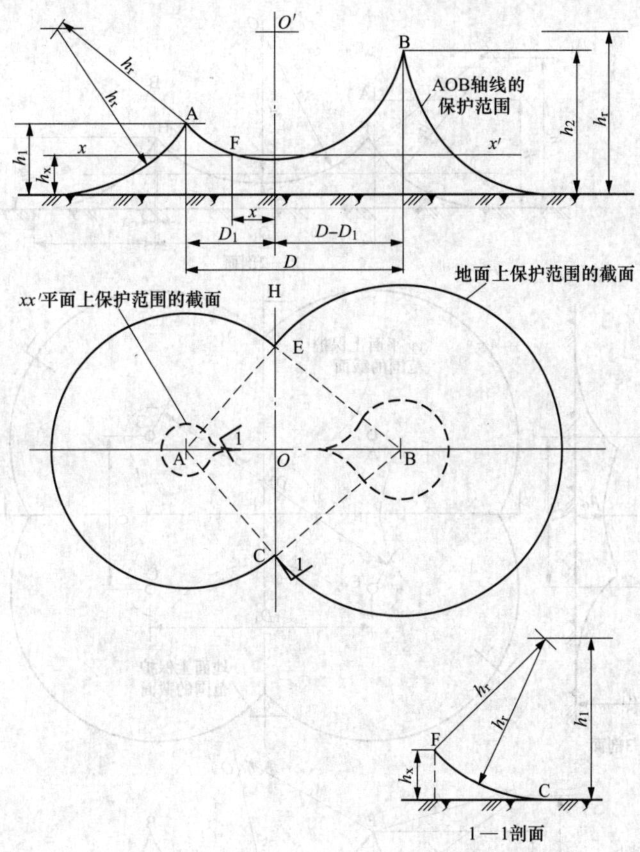

图 5-5　两支不等高接闪杆的保护范围

4）矩形布置的四支等高接闪杆的保护范围，在 $h \leqslant h_r$ 的情况下，当 $D_3 \geqslant 2\sqrt{h(2h_r-h)}$ 时，应各按两支等高接闪杆的方法确定；当 $D_3 < 2\sqrt{h(2h_r-h)}$ 时，应按下列方法确定（见图 5-6）。

a. 四支接闪杆的外侧各按两支接闪杆的方法确定。

b. B、E 接闪杆连线上的保护范围如图 5-6 的 1—1 剖面图所示，外侧部分按单支接闪杆的方法确定。两杆间的保护范围按以下方法确定：①以 B、E 两杆针尖为圆心、h_r 为半径作弧相交于 O 点，以 O 点为圆心、h_r 为半径作圆弧，该弧线与杆尖相连的这段圆弧即为杆间保护范围；②保护范围最低点的高度 h_0 为

$$h_0=\sqrt{h_r^2-(D_3/2)^2}+h-h_r \tag{5-8}$$

c. 图 5-6 所示的 2-2 剖面的保护范围，以 P 点的垂直线上的 O 点（距地面的高度为 h_r+h_0）为圆心，h_r 为半径作圆弧与 B、C 和 A、E 两支接闪杆所作出在该剖面的外侧保护范围延长圆弧相交于 F、H 点。

F 点（H 点与此类同）的位置及高度为

$$(h_r-h_x)^2=h_r^2-(b_0+x)^2 \tag{5-9}$$

$$(h_r+h_0-h_x)^2=h_r^2-(D_1/2-x)^2 \tag{5-10}$$

d. 确定图 5-6 所示的 3-3 剖面保护范围的方法与上述 c. 相同。

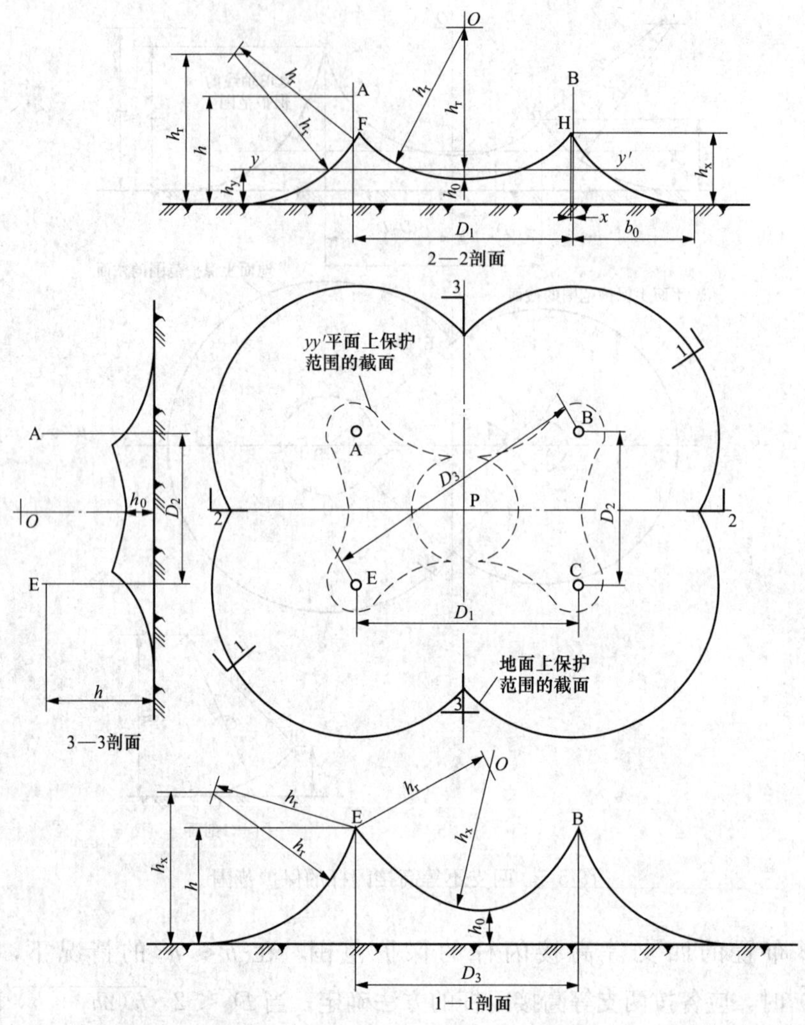

图 5-6　四支等高接闪杆的保护范围

e. 确定四支等高接闪杆中间在 h_0 至 h 之间于 h_y 高度的 yy' 平面上保护范围截面的方法：以 P 点为圆心、$\sqrt{2h_r(h_y-h_0)-(h_y-h_0)^2}$ 为半径作圆或圆弧，与各两支接闪杆在外侧所作的保护范围截面组成该保护范围截面（见图 5-6 中的虚线）。

2. 避雷线（接闪线）

避雷线（lightning wire）的保护功能和原理与避雷针基本相同，它可以看作是避雷针接闪点沿保护方向上线的延伸。

避雷线一般用截面大于等于 25mm² 的镀锌钢绞线架设在架空线路上空，以保护架空线路或其他物体免遭直接雷击，由于避雷线既是架空，又要接地，因此又称其为架空地线。

(1) 单根接闪线（避雷线）的保护范围，当接闪线的高度 $h \geqslant 2h_r$ 时，应无保护范围；当接闪线的高度 $h < 2h_r$ 时，应按下列方法确定（见图 5-7）。确定架空接闪线的高度时应计及弧垂的影响。在无法确定弧垂的情况下，当等高支柱间的距离小于 120m 时架空接闪线中点的弧垂宜为 2m，距离为 120m～150m 时宜为 3m。

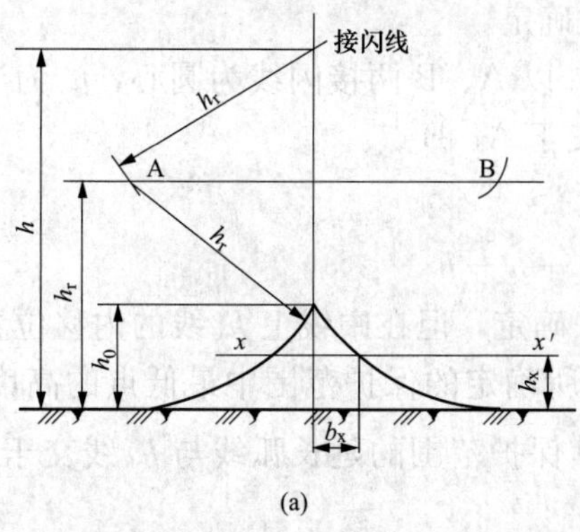

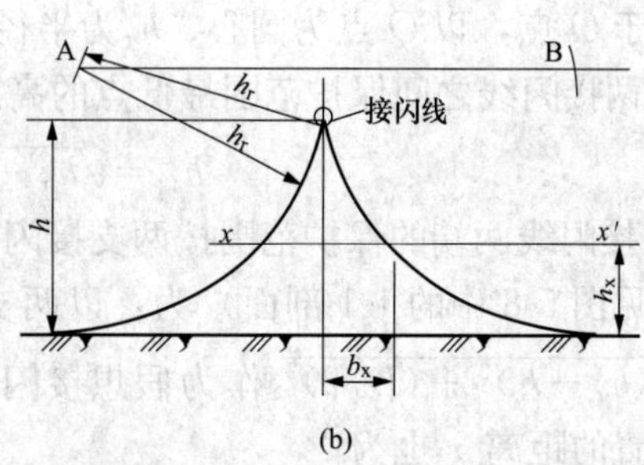

图 5-7　单根架空接闪线的保护范围

(a) 当 $h_r<h<2h_r$ 时；(b) 当 $h\leqslant h_t$ 时

1）距地面 h_r 处作一平行于地面的平行线。

2）以接闪线为圆心、h_r 为半径，作弧线交于平行线的 A、B 两点。

3）以 A、B 为圆心，h_r 为半径作弧线，该两弧线相交或相切并与地面相切。从该弧线起到地面止就是保护范围。

4）当 $h_r<h<2h_r$ 时，保护范围最高点的高度 h_0 为

$$h_0=2h_r-h \tag{5-11}$$

5）接闪线在 h_x 高度的 xx' 平面上的保护宽度为

$$b_x=\sqrt{h(2h_r-h)}-\sqrt{h_x(2h_r-h_x)} \tag{5-12}$$

式中　b_x——接闪线在 h_x 高度的 xx' 平面上的保护宽度，m；

h——接闪线的高度，m；

h_r——滚球半径，按表 5-1 的规定取值，m；

h_x——被保护物的高度，m。

6）接闪线两端的保护范围按单支接闪杆的方法确定。

（2）两根等高接闪线的保护范围，应按以下方法确定。

1）在接闪线高度 $h\leqslant h_r$ 的情况下，当 $D\geqslant 2\sqrt{h(2h_r-h)}$ 时，应各按单根接闪线所规定的方法确定；当 $D<2\sqrt{h(2h_r-h)}$ 时，应按以下方法确定（见图 5-8）。

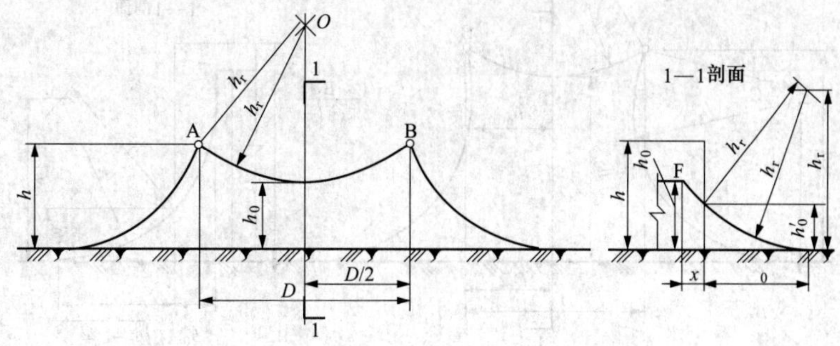

图 5-8　两根等高接闪线在 $h\leqslant h_r$ 时的保护范围

a. 两根接闪线的外侧，各按单根接闪线的方法确定。

b. 两根接闪线之间的保护范围的确定方法为：以 A、B 两接闪线为圆心，h_r为半径作圆弧交于 O 点，以 O 点为圆心、h_r为半径作圆弧交于 A、B 点。

c. 两接闪线之间保护范围最低点的高度 h_0为

$$h_0=\sqrt{h_r^2-(D/2)^2}+h-h_r \tag{5-13}$$

d. 接闪线两端的保护范围按两支接闪杆的方法确定，但在中线上 h_0线的内移位置确定方法（见图 5-8 中的 1-1 剖面）为：以两支接闪杆所确定的保护范围中最低点的高度 $h_0'=h_r-\sqrt{(h_r-h)^2+(D/2)^2}$ 作为假想接闪杆，将其保护范围的延长弧线与 h_0线交于 E 点。内移位置的距离 x 也为

$$x=\sqrt{h_0(2h_r-h_0)}-b_0 \tag{5-14}$$

式中　b_0——按式（5-13）进行计算。

2）在接闪线的高度 $h_r<h<2h_r$，接闪线之间的距离 $2[h_r-\sqrt{h(2h_r-h)}]<D<2h'_r$ 的情况下，按以下方法确定（见图 5-9）。

a. 距地面 h_r处作一与地面平行的线。

b. 以 A、B 两接闪线为圆心，h_r为半径作弧线相交于 O 点并与平行线相交或相切于 C、E 点；

c. 以 O 点为圆心、h_r为半径作弧线交于 A、B 点。

d. 以 C、E 为圆心，h_r为半径作弧线交于 A、B 并与地面相切。

e. 两根接闪线之间保护范围最低点的高度 h_0 为

$$h_0=\sqrt{h_r^2-(D/2)^2}+h-h_r \tag{5-15}$$

f. 最小保护宽度 b_m 位于 h_r高处，其值为

$$b_m=\sqrt{h(2h_r-h)}+D/2-h_r \tag{5-16}$$

g. 接闪线两端的保护范围按两支高度 h_r的接闪杆确定，但在中线上 h_0线的内移位置的确定方法（见图 5-9 的 1-1 剖面）为：以两支高度 h_r的接闪杆所确定的保护范围中点最低点的高度 $h'=(h_r-D/2)$ 作为假想接闪杆，将其保护范围的延长弧线与 h_0线交于F点。内移

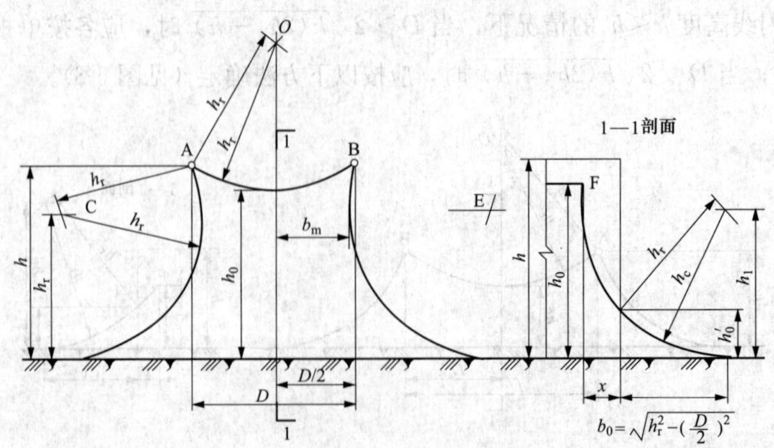

图 5-9　两根等高接闪线在 $h_r<h<2h_r$ 时的保护范围

位置的距离 x 也为

$$x=\sqrt{h_0(2h_r-h_0)}-\sqrt{h_r^2-(D/2)^2} \tag{5-17}$$

3. 避雷带和避雷网

避雷带（lightning type）和避雷网（lightning net-work）普遍用来保护高层建筑物免遭直接雷和感应雷作用。

避雷带一般采用直径不小于 8mm 的圆钢或截面不小于 48mm²、厚度不小于 4mm 的扁钢，沿屋顶周围装设，高出屋面 100～150mm，支持卡间距离为 1～1.5m。

避雷网除沿屋顶周围装设外，屋顶上面还用圆钢或扁钢纵横相连构成网状。

以上接闪器均应经引下线与接地装置连接。引下线宜采用圆钢（优先）或扁钢，其尺寸要求与避雷带、避雷网采用的相同。引下线应沿建筑物外墙明敷，并经最短路径接地；建筑艺术要求较高者可暗敷，但其圆钢直径应不小于 10mm，扁钢截面应不小于 80mm²。

5.2.2　避雷器

避雷器（surge arrester）是用来防护雷电产生的过电压波沿线路侵入变配电站或其他建筑物内，以免危及被保护设备的绝缘。避雷器应与被保护设备并联，安装在被保护设备的电源侧，如图 5-10 所示。当线路上出现危及设备绝缘的过电压时，避雷器的火花间隙就被击穿或由高阻变为低阻，使过电压对地放电，从而保护设备的绝缘。

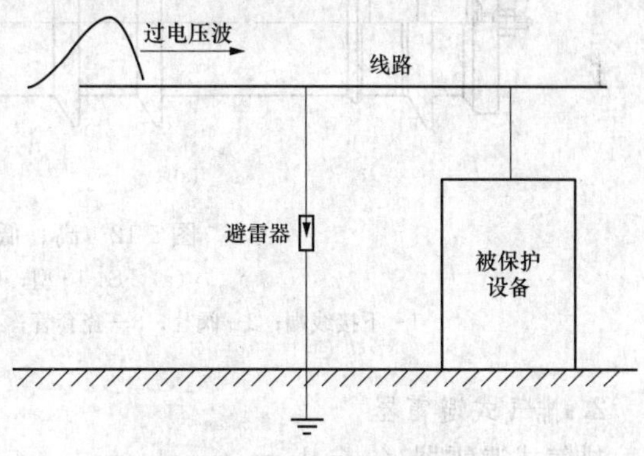

图 5-10　避雷器的连接

避雷器的型式主要有阀式和排气式等。

1. 阀式避雷器

阀式避雷器（valve type surge arrester）又称阀型避雷器，由火花间隙和阀片组成，装在密封磁套管内。火花间隙用铜片冲制而成，每对间隙通常用厚 0.5～1m 的云母片隔开，如图 5-11（a）所示。在正常情况下，火花间隙阻止线路工频电流通过，但在雷电过电压作用下，火花间隙被击穿放电。阀片是用陶料粘固起来的工业用金刚砂（碳化硅）颗粒组成的，如图 5-11（b）所示。这种阀片具有非线性特性，正常电压时阀片电阻很大，过电压时阀片电阻变得很小，如图 5-11（c）所示。因此阀型避雷器在线路上出现过电压时，其火花间隙被击穿，阀片能使雷电流顺畅地向大地泄放。当过电压消失、线路上恢复工频电压时，

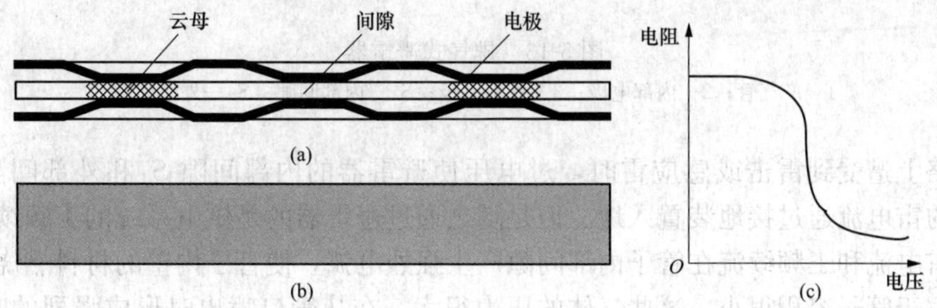

图 5-11　阀式避雷器的组成部件及特性

（a）单元火花间隙；（b）阀片；（c）阀电阻的伏安特性

阀片呈现很大的电阻，使火花间隙绝缘迅速恢复而切断工频续流，从而保证线路恢复正常运行。

注意：雷电流流过阀电阻时要形成电压降，这就是残余的过电压，称为残压。残压加在被保护设备上。因此，残压不能超过设备绝缘允许的耐压值，否则设备绝缘仍要被击穿。

阀式避雷器中火花间隙和阀片的多少，是与工作电压高低成比例的。高压阀式避雷器串联很多单元火花间隙，目的是将长弧分割成多段短弧，以加速电弧的熄灭。当然阀阻片的限流作用是加速灭弧的主要因素。图 5-12（a）和图 5-12（b）所示分别是 FS4-10 型高压阀式避雷器和 FS-0.38 型低压阀式避雷器的结构图。

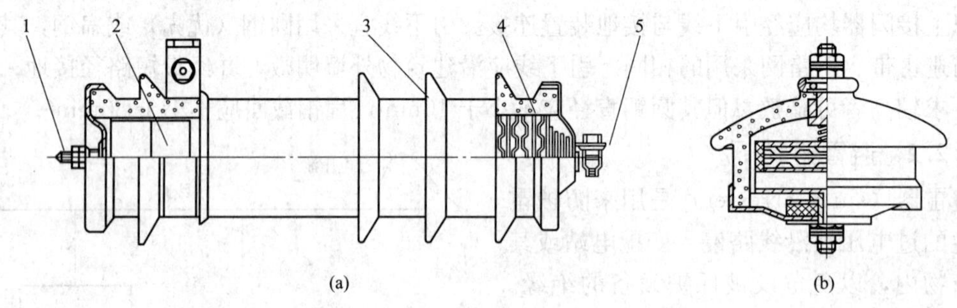

图 5-12　高、低压阀式避雷器

（a）FS4-10 型；（b）FS-0.38 型

1—下接线端；2—阀片；3—瓷套管；4—云母片和火花间隙；5—上接线端

2. 排气式避雷器

排气式避雷器（expulsion type surge arrester），通称管型避雷器，由产气管、内部间隙和外部间隙等三部分组成，如图 5-13 所示。产气管由纤维、有机玻璃或塑料制成。内部间隙装在产气管内，一个电极为棒形，另一个电极为环形。对 10kV 排气式避雷器而言，其外部间隙的最小值为 15mm。

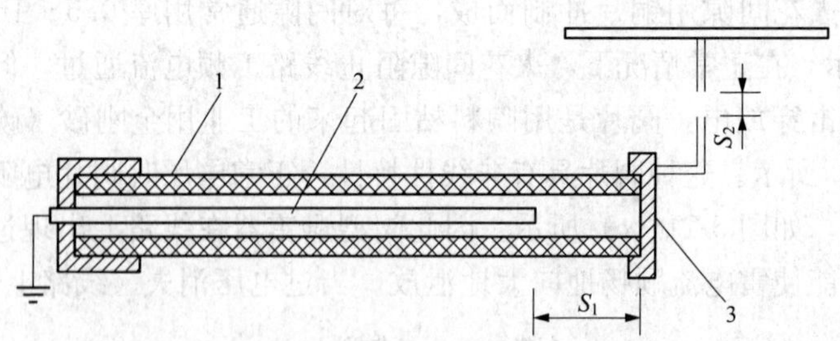

图 5-13　排气式避雷器

1—产气管；2—内部电极；3—外部电极；S_1—内部间隙；S_2—外部间隙

当线路上遭受到雷击或感应雷时，过电压使避雷器的内部间隙 S_1 和外部间隙 S_2 被击穿，强大的雷电流通过接地装置入地。但是随之通过避雷器的是供电系统的工频续流，其值也很大。雷电流和工频续流在管子内部间隙产生强烈电弧，使管子内壁的材料燃烧，产生大量气体。由于管子容积很小，这些气体的压力很大，在从管口喷出时形成强烈的吹弧效应，故电流在第一次过零时，电弧即可熄灭，全部灭弧时间至多 0.01s。这时外部间隙的空气恢复了绝缘，使避雷器与系统隔离，系统恢复正常运行。

为了保证避雷器能可靠地工作，在选择排气式避雷器时，其开断续流的上限应不小于安装处短路电流最大有效值（考虑非周期分量）；其开断续流的下限应不大于安装处短路电流可能的最小值（不考虑非周期分量）。

排气式避雷器具有简单经济、动作时残压小的突出优点，但动作时有气体吹出，因此它只能用于室外线路，变配电站内部一般采用阀式避雷器。

3. 保护间隙

保护间隙（protective gap）又称为角式避雷器，其结构如图5-14所示。角式避雷器简单经济，维护方便，但保护性能差，灭弧能力小，容易造成接地或短路故障，引起线路开关跳闸或熔断器熔断，造成停电。因此对装有保护间隙的线路，一般要求装设自动重合闸装置（auto-reclosing-device，ARD）与之配合，以提高供电系统的可靠性。

保护间隙的安装：一个电极接线路，另一个电极接地。但是为了防止间隙间被外物（如鼠、鸟、树枝等）短接而造成接地或短路，所以通常在其接地引下线中还要串联一个辅助间隙，这样，即使主间隙被外物短接，也不致造成短路事故。

保护间隙多用于室外且负荷次要的线路上。

5.2.3　消雷器

消雷器是一种新型的主动抗雷的防雷设备。它由离子化装置、地电吸收装置和连接线等组成，如图5-15所示。其工作机理是利用金属针状电极的尖端放电原理。当雷云出现在被保护物上方时，将在被保护物周围的大地中感应出大量的与雷云带电极性相反的异性电荷，地电吸收装置将这些异性感应电荷收集起来，并通过连接线引向针状电极（离子化装置）而发射出去，向雷云方向运动以中和其所带电荷，使雷电场减弱，从而起到了防雷的效果。

我国许多古塔历尽千年沧桑而雄姿依存，重要原因之一在于层层飞檐的尖端放电作用（类似于消雷器）能有效防御雷电的侵害。

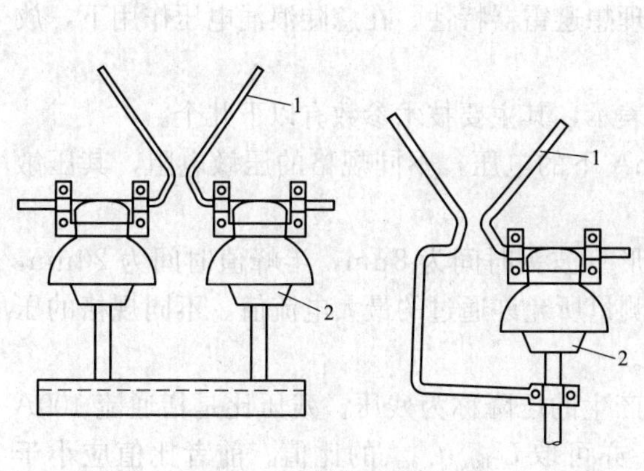

图5-14　保护间隙图

1—羊角间隙；2—支持绝缘子

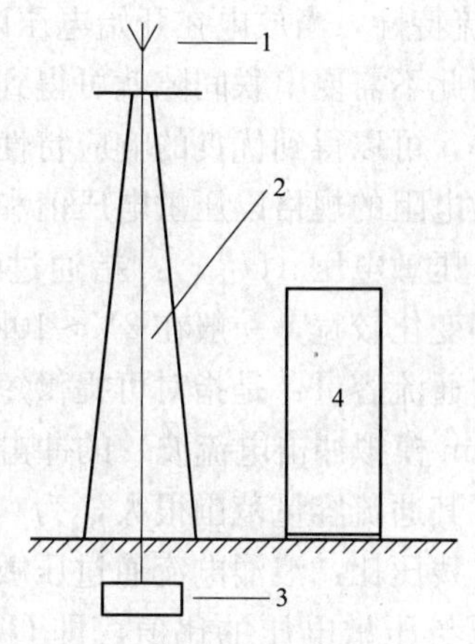

图5-15　消雷器

1—离子化装置；2—连接线；
3—地电吸收装置；4—地电吸收装置

5.2.4　电涌保护器

电涌保护器是抑制传导来的线路过电压和过电流的装置，包括放电间隙、压敏电阻、气体放电管、瞬变电压抑制二极管（transient voltage suppressor，TVS）等。

放电间隙、压敏电阻电涌保护器也称为避雷器，正常时对地呈高阻抗，并联在设备电路中，对设备工作无影响。当受到雷击作用时，能承受强大雷电流浪涌能量而放电，对地呈低阻抗状态，迅速将外来冲击过量能量全部或部分泄放掉。其响应时间极快，瞬间又可以恢复到平时的高阻状态。

1. 氧化锌压敏电阻避雷器

氧化锌压敏电阻（Metal Oxide Varistor）是通信电源设备主要采用的避雷器，这种避雷器以氧化锌（ZnO）为主要原料，在氧化锌内混合掺入氧化铋（Bi_2O_3）、氧化钴（CoO）、氧化锰（MnO）等微量混合物，在1000℃以上温度下烧结成烧结体元件，因此它没有串联间隙。由于其性能优越、结构简单、小巧可靠，所以应用十分广泛，并有替代过去使用较多的阀式避雷器的趋势。

ZnO元件构造如图5-16所示。它以0.1左右的Bi_2O_3为主的高电阻包围着5～10μm的ZnO结晶粒子。

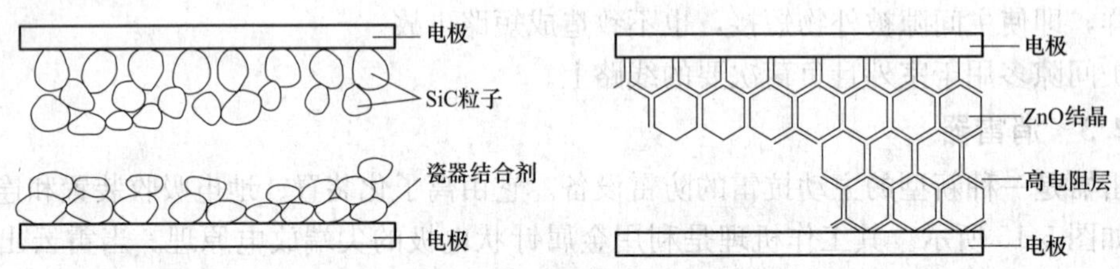

图5-16　SiC和ZnO元件的结构

因为各层相互接触，故通过相邻的薄接合层所产生的电压-电流特性，呈接近齐纳二极管特性的元件，但与齐纳二极管不同的是电压-电流特性是正负区对称的，放电容量大，可以通过适当地选择元件厚度（即邻界层的串联数）自由地选择放电开始电压。其具有理想的电压-电流特性，当放电在开始电压以下时曲线极陡，几乎无电流产生，呈与绝缘物相似的性质，因此不需要串联间隙就可得到一个接近理想避雷器特性。在急陡浪涌电压作用下，放电延迟小，可以得到优良的响应特性。

压敏电阻的规格以压敏电压值和耐流能力表示，其主要技术参数有以下几个。

（1）压敏电压（U_{1mA}）：指通过电流为1mA下的电压，不同规格的压敏电阻，其压敏电压范围变化较宽，一般在2V～10kV。

（2）通流容量：是指对可提供短路电流波形（波头时间为8μm，半峰值时间为20μm，即8/20μm模拟冲击电流波）的冲击发生器，测量所允许通过的最大电流值。不同规格的压敏电阻，其通流容量范围很大，为0.1～10kA。

（3）残压比：浪涌电流通过压敏电阻时所产生的压降称为残压。残压比是指通流100A时的残压与压敏电压的比值，即U_{100A}/U_{1mA}，亦可取U_{3kA}/U_{3mA}的比值。前者比值应小于1.8～2，后者比值应小于3～5。

压敏电阻的响应时间为纳秒级，其应用范围比较广泛，但存在残压比高、有漏电流且易老化的缺点。

2. 气体放电管

气体放电管（Gas Discharge Tube）将放电间隙密封在充气管内，其外壳为陶瓷材料（老产品为玻璃材料），内设二极、三极或五极放电电极。放电管的击穿电压与管内气体压力、电极距离和材料组合等因素有关。

当放电管两极之间施加一定电压时，便在电极间产生不均匀电场，在此电场作用下，管内气体开始游离；当外加电压增大到使极间场强超过气体的绝缘强度时，两极间的间隙将被放电击穿，由原来的绝缘状态转化为导电状态。

导通后，放电管两极之间的电压维持在放电弧道所决定的残压水平，一般较低，从而使与放电管并联的电子设备免受过电压损坏。气体放电管的点火放电特性，犹如在线路上接入了电子开关。线路上的过电压冲击，直接控制着这种开关的通断，从而起到限制过电压的作用，如图 5-17 所示。

常用气体放电管阈值电压为 1kV/μs，耐流 20kA 以上，无漏电流，不容易老化。但残压比较高，且响应时间缓慢。

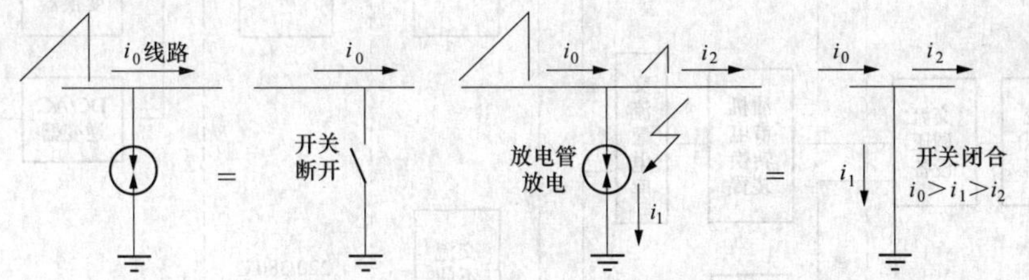

图 5-17　气体放电管等效电子开关的作用

3. 瞬变电压抑制二极管

瞬变抑制二极管有单极性和双极性之分，它是在稳压二极管的基础上发展起来的，所以也是反向使用，其反向恢复时间极短，且具有体积小和不易老化的优点。

双极性瞬变抑制二极管相当于两只稳压管反向串联，与稳压二极管的不同之处在于其结电容小，响应时间极短（小于 1×10^{-12} s）。瞬变二极管按峰值脉冲功率的不同，可分为 500W、1000W、1500W、3000W、5000W 五类，每类按电压分为 35 种，注意型号中数字单元后带 C 字母的是双向 TVS，否则是单向 TVS，每种可以承受的冲击电流为

$$I_{冲击}=\frac{W_{冲击}}{V_{冲击}} \tag{5-18}$$

式中　$I_{冲击}$——冲击直流峰值，A；

$W_{冲击}$——管的峰值功率瓦数，W；

$V_{冲击}$——击穿电压，V。

与普通的齐纳二极管或雪崩二极管相比，这种管子具有更为优越的保护性能，其主要表现在以下几点。

（1）具有较大的结面积，通流能力较强。

（2）管体内装有用特殊材料（钼或钨）制成的散热片，散热条件较好，有利于管子吸收较大的暂态功率；

（3）管子在抑制暂态过电压方面的特性在制造中得到了强调。

需指出的是，由于瞬变（暂态）抑制二极管的结面积增大了，管子的寄生电容也就相应增大，其值通常在 5000～10 000pF，这样大的寄生电容使得它不能用于频率较高的电子系统保护，为此可将它与普通二极管（寄生电容约为 50pF）串联使用。

5.3 通信电源系统的防雷

5.3.1 系统设备的耐雷指标

按照 YD5098—2005《通信局（站）防雷与接地工程设计规范》，根据电源设备安装地点条件和额定工作电压的不同，在通信工程中，电源设备按耐雷电冲击指标可分为 5 类，如图 5-18 所示。各种通信电源设备耐雷电冲击指标应不小于表 5-2 中的数值。

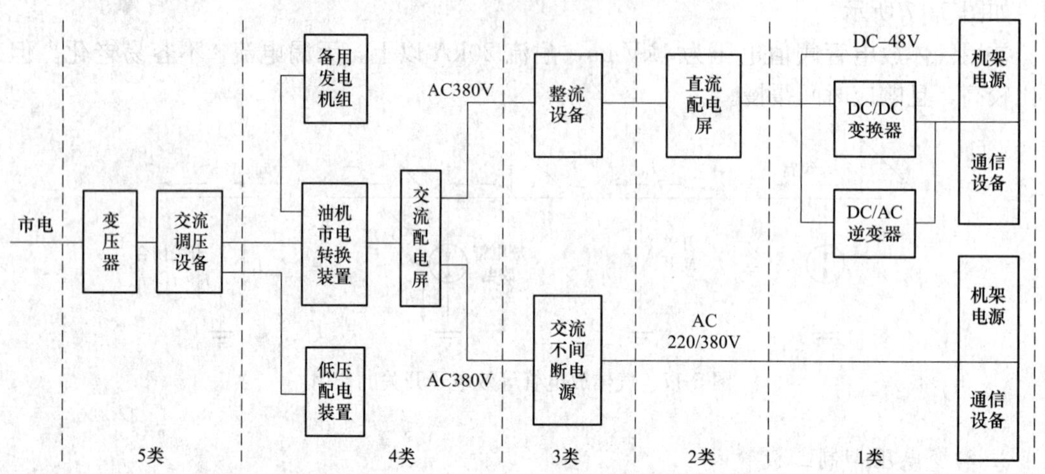

图 5-18 通信电源设备耐雷电冲击指标分类图

表 5-2 各种通信电源设备耐雷电冲击指标

类别	设备名称	额定电压（V）	混合雷电冲击波	
			模拟雷电冲击波电压峰值（kV）（1.2/50μs）	模拟雷电冲击波电流峰值（kA）（8/20μs）
5	电力变压器	10 000	75	20
		6600	60	20
	交流稳压器	220/380	6	3
4	市电油机转换屏	220/380	4	2
	交流配电柜			
	低压配电柜			
	备用发电机			
3	整流器	220/380	2.5	1.25
	交流不间断电源（UPS）			
2	直流配电柜	直流－24V、－48V 或－60V	1.5	0.75
1	通信设备机架电源交流入口（由 UPS 供电）	220/380	1.5	0.75
	DC/AC 逆变器	直流－24V、－48V 或－60V	0.5	0.25
	DC/DC 变换器			
	通信设备机架直流电源入口			

5.3.2　防雷的基本原则

为了防止通信电源系统遭受雷害的作用，应采取合理的保护措施。通信局（站）供电系统整体防雷保护的基本原则介绍如下。

1. 重视接地系统的建设和维护

做好通信局（站）的防雷保护，首先要做好局（站）的接地系统。防雷接地是供电系统的重要组成部分，做好接地系统，才能让雷电流尽快泄入大地，确保人身和设备安全。

通信局（站）建筑物的屋顶，要设置避雷针和避雷带等接闪器，这些接闪器的接地引下线应与建筑物外墙上下的钢筋和柱子钢筋等结构相连，再接到建筑物的地下钢筋混凝土基础上组成一个接地网。这个接地网与建筑物外的接地装置，如变压器、发电机组、微波铁塔等接地装置相连，组成通信设备的工作接地、保护接地、防雷接地合用的联合接地系统。

对已建成的通信局（站），应加强对联合接地系统的维护工作，定期检查焊接和螺丝紧固处是否完好，建筑物和铁塔的引下线是否受到锈蚀，以免影响防雷动作时的泄流作用。同时还应根据 YD/T1051—2010《通信局（站）电源系统总技术要求》的有关规定，定期对台站避雷线和接地电阻进行检查和测量。

2. 充分运用系统等电位原理

等电位原理是防止遭受雷击时系统不同部分产生高电位差，从而使人身和设备免遭损害的理论根据。

通信局（站）通常采用联合接地，把建筑物钢框架与钢筋互联，并与联合地线焊接成法拉第“鼠笼罩”状的封闭体，使封闭导体表面电位的变化形成等位面（内部场强为零）。这样各层接地点电位同时升高或降低，不会产生层间电位差，避免内部电磁场强度的变化，工作人员和设备安全将得到较好的保障。法拉第“鼠笼罩”如图 5-19 所示。

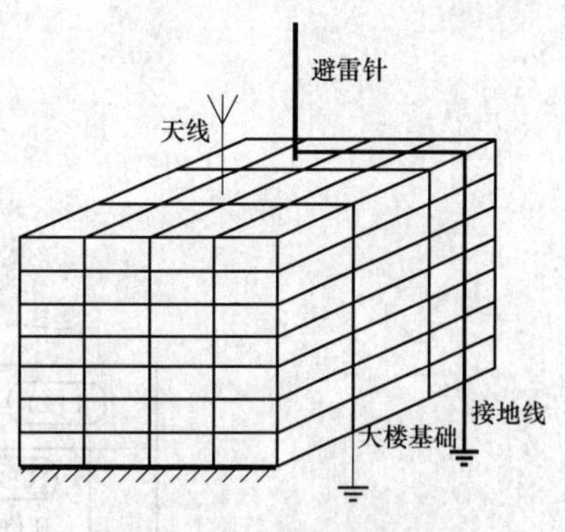

图 5-19　法拉第“鼠笼罩”

3. 采用分区保护和多级保护

按照 GB/T 19271.1—2003《雷电电磁脉冲的防护》第1部分：通则中指出，应将需要保护的空间划分为不同的防雷区（Lightning Protection Zone，LPZ），以确定各部分空间不同的雷电电磁脉冲（Lightning Electromagnetic Pulse，LEMP）的严重程度和相应的防护对策。防雷区划分一般原则如图 5-20 所示。

各区以其交界处的电磁环境有明显改变作为划分不同防雷区的特征。

防直击雷区 $LPZ0_A$：本区内的各物体都可能遭到直接雷击，因此各物体都可能导走大部分雷电流，本区内的电磁场没有衰减。

防间接雷区 $LPZ0_B$：本区内的各物体不可能遭到直接雷击，流经各导体的雷电流，比 $LPZ0_A$ 区有所减少，但本区内电磁场没有衰减。

防 LEMP 冲击区 LPZ1：本区内的各物体不可能遭到直接雷击，流经各导体的电流，比 $LPZ0_B$ 区进一步减小，本区内的电磁场已经衰减，衰减程度取决于屏蔽措施。

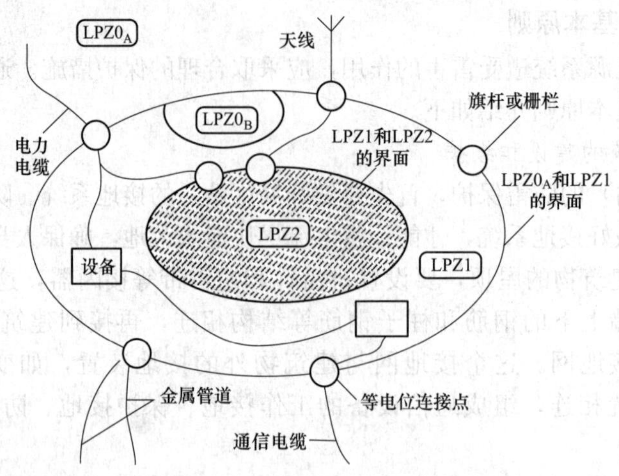

图 5-20　将一个需要保护的空间划分为不同防雷区（LPZ）

如果需要进一步减小所导引的电流或电磁场，就应再分出后续防雷区（如防雷区 LPZ2）等，应按照保护对象的重要性及其承受浪涌的能力作为选择后续防雷区的条件。通常，防雷区划分级数越多，电磁环境的参数就越低。

将一建筑物划分为几个防雷区和作符合要求的等电位连接的示例如图 5-21 所示。

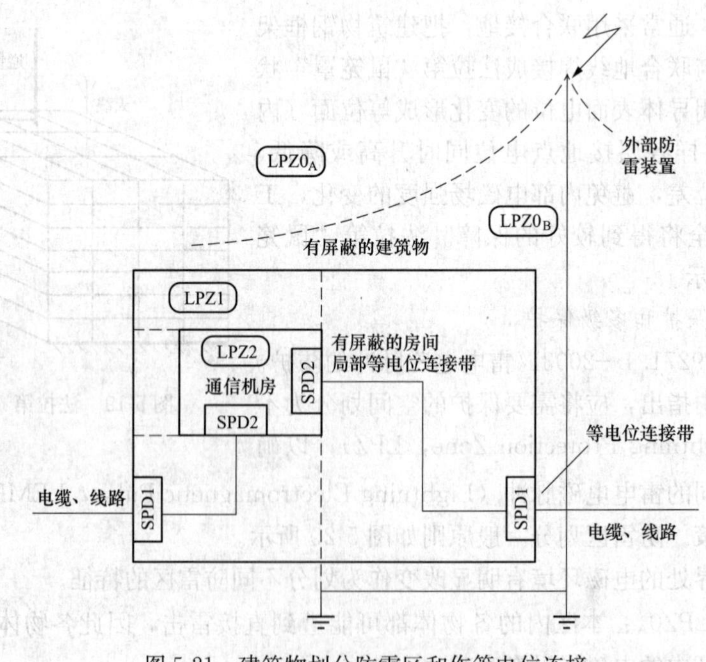

图 5-21　建筑物划分防雷区和作等电位连接

我国通信行业标准 YD/T944－2007《通信电源设备的防雷技术要求和测试方法》中明确规定，与户外低压电力线相连接的电源设备入口处应符合冲击电流波（模拟冲击电流波形为 8/20μs）幅值大于等于 20kA 的防雷要求，这实际上是给出了在防直击雷区 $LPZ0_A$ 进入

防间接雷区 $LPZ0_B$ 时的要求。

除分区原则外，防雷保护也要考虑多级保护的措施。因为在雷击设备时，设备第一级保护元件动作之后，进入设备内部的过电压幅值仍相当高，只有采用多级保护，把外来的过电压抑制到电压很低的水平，才能确保设备内部集成电路等元器件的安全。如果设备的耐压水平较高，可使用二级保护；但当设备的可靠性要求很高、电路元器件又极为脆弱时，则应采用三级或四级保护。

一般把限幅电压高、耐流能力大的保护元件，如放电管等避雷器件放在靠近外线电路处；而把限幅电压低、耐流能力弱的保护元件，如半导体避雷器放在内部电路的保护上。

4. 加装电涌保护器

按照 GB/T 16935.1—2008（IEC 60664.1—2007）《低压系统内设备的绝缘配合》第 1 部分原理、要求和试验标准，将建筑物内低压电气设备按其在装置内的安装位置，划分为如图 5-22 所示的四类耐受冲击过电压水平。图 5-22 中 6kV、4kV、2.5kV 和 1.5kV 分别为 220/380V 三相设备和 220V 单相设备的耐受冲击过电压水平。

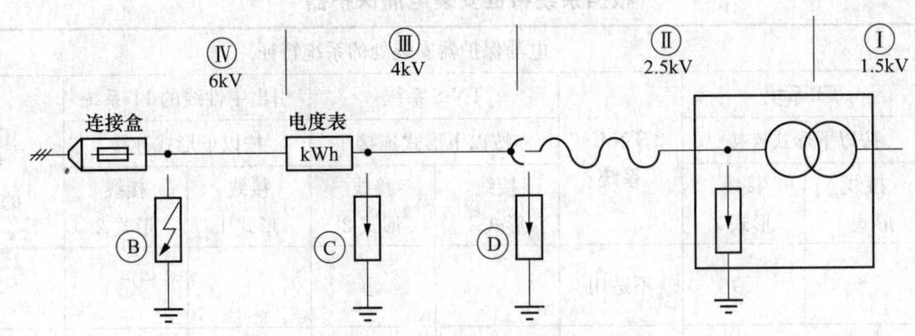

图 5-22　低压电气设备耐受冲击过压分类

如果电气装置由架空线供电，或经长度小于 150m 埋地电缆引入的架空线供电，当地区雷电过电压大于 6kV，且每年的雷电日超过 25 天时就应在电源进线处安装 SPD（Surge protection Device）；如地区雷电过电压水平在 4～6kV，则建议在进线处装设 SPD。当进线处受雷电过电压击穿对地泄放雷电流时，SPD 端子上的残压通常不大于 2.5kV，一般电气装置将不存在被过电压击坏的危险。但对过电压敏感的电子信息设备，由于其电路的耐压水平低，因此还需要装设一级甚至二级 SPD，将雷电过电压降至设备能承受的水平。

当采用多级 SPD 时，上下级间应能协调配合，以避免发生前级 SPD 不动作，后级 SPD 泄放过量雷电流而损坏的事故。而且为避免 SPD 因自然失效对地短路引起建筑物总电源开关跳闸断电事故，一般应为 SPD 设置过流保护器。

（1）用于电气系统的电涌保护器。

1）电涌保护器的最大持续运行电压不应小于表 5-3 所规定的最小值；在电涌保护器安装处的供电电压偏差超过所规定的 10％以及谐波使电压幅值加大的情况下，应根据具体情况对限压型电涌保护器提高表 5-3 所规定的最大持续运行电压最小值。

表 5-3　电涌保护器取决于系统特征所要求的最大持续运行电压最小值

电涌保护器接于	配电网络的系统特征				
	TT 系统	TN-C 系统	TN-S 系统	引出中性线的 IT 系统	无中性线引出的 IT 系统
每一相线与中性线间	$1.15U_0$	不适用	$1.15U_0$	$1.15U_0$	不适用
每一相线与 PE 线间	$1.15U_0$	不适用	$1.15U_0$	$\sqrt{3}U_0$①	相间电压①
中性线与 PE 线间	$U_0$①	不适用	$U_0$①	$U_0$①	不适用
每一相线与 PEN 线间	不适用	$1.15U_0$	不适用	不适用	不适用

注　1. 标有①的值是故障下最坏的情况，所以不需计及 15%的允许误差。

2. U_0是低压系统相线对中性线的标称电压，即相电压 220V。

3. 此表基于按现行国家标准 GB 18802.1—2011《低压电涌保护器（SPD）》第 1 部分：低压配电系统的电涌保护器 性能要求和试验方法做过相关试验的电涌保护器产品。

2）涌保护器的接线形式应符合表 5-4 的规定。具体接线图如图 5-23～图 5-27 所示（根据 GB 50057—2010《建筑物防雷设计规范》）。

表 5-4　根据系统特征安装电涌保护器

电涌保护器接于	电涌保护器安装处的系统特征							
	TT 系统		TN-C 系统	TN-S 系统		引出中性线的 IT 系统		不引出中性线的 IT 系统
	按以下形式连接			按以下形式连接		按以下形式连接		
	接线形式 1	接线形式 2		接线形式 1	接线形式 2	接线形式 1	接线形式 2	
每根相线与中性线间	+	○	不适用	+	○	+	○	不适用
每根相线与 PE 线间	○	不适用	不适用	○	不适用	○	不适用	○
中性线与 PE 线间	○	○	不适用	○	○	○	○	不适用
每根相线与 PEN 线间	不适用	不适用	○	不适用	不适用	不适用	不适用	不适用
各相线之间	+	+	+	+	+	+	+	+

注　“○”表示必须，“+”表示非强制性的，可附加选用。

图 5-23 所示为 IEC 标准推荐的 TT 系统中 SPD 安装方式示例之一，由于 N 线自系统中性点之后始至终都是与地绝缘的，因此 N 线上也需装设 SPD，即三相四线制系统内需装设四个 SPD。

图 5-24 所示为 TT 系统中 SPD 安装方式示例之二。这是 GB 50057—2010《建筑物防雷设计规范》提出的另一种 TT 系统 SPD 的安装方式，图中三个相线上的 SPD 先接至中性线母排上，再经一火花间隙接至 PE 母排上，此间隙的放电电压约 3kV，以避免在 10kV 级电网工频暂态过电压时导通放电。

GB 50057—2010《建筑物防雷设计规范》推荐 TN-C-S 接地系统中 SPD 的安装方式如图 5-25 所示。由于 PEN 线在进线处已接到建筑物内总等电位连接的接地母线上，因此其后的 N 线不必安装 SPD，这样 TN-C-S 系统只需装设三个 SPD。

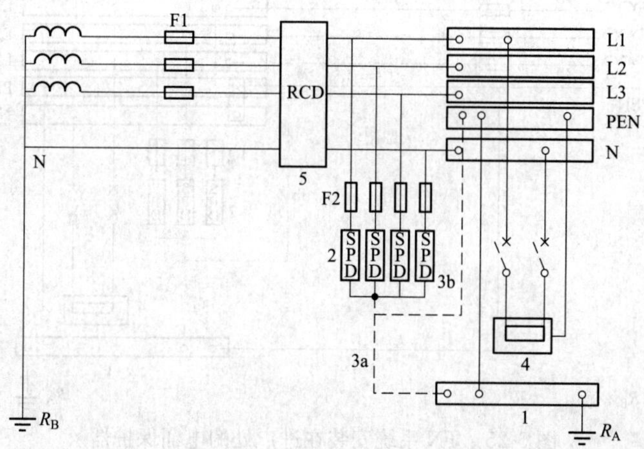

图 5-23　TT 系统电涌保护器安装在进户处剩余电流保护器的负荷侧

1—总接地端或总接地连接带；2—U_p应小于或等于 2.5kV 的电涌保护器；
3—电涌保护器的接地连接线，3a 或 3b；4—需要被电涌保护器保护的设备；
5—剩余电流保护器（RCD），应考虑通雷电流的能力；
F1—安装在电气装置电源进户处的保护电器；F2—电涌保护器制造厂要求装设的过电流保护器；
R_A—本电气装置的接地电阻；R_B—电源系统的接地电阻；L1、L2、L3—相线 1、2、3

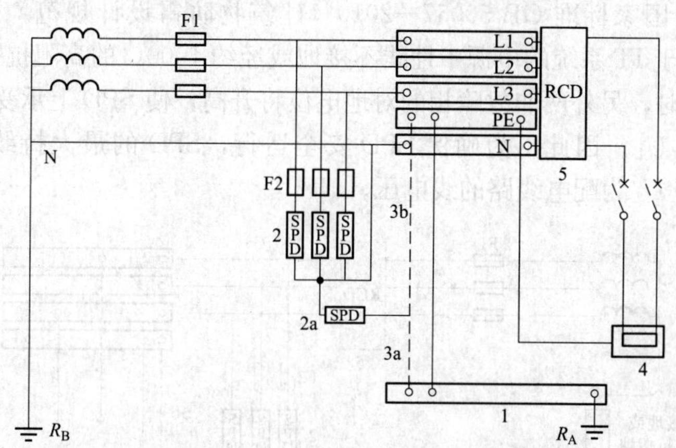

图 5-24　TT 系统电涌保护器安装在进户处剩余电流保护器的电源侧

1—总接地端或总接地连接带；2、2a—电涌保护器，它们串联后构成的U_p应小于或等于 2.5kV；
3—电涌保护器的接地连接线，3a 或 3b；4—需要被电涌保护器保护的设备；
5—安装于母线电源侧或负荷侧的剩余电流保护器（RCD）；
F1—安装在电气装置电源进户处的保护电器；
F2—电涌保护器制造厂要求装设的过电流保护器；
R_A—本电气装置的接地电阻；R_B—电源系统的接地电阻；
L1、L2、L3—相线 1、2、3

注：在高压系统为低电阻接地的前提下，当电源变压器高压侧碰外壳短路产生的过电压加于 4a 电涌保护器时，该电涌保护器应按现行国家标准 GB 18802.1—2011《低压配电系统的电涌保护器（SPD）》第 1 部分性能要求和试验方法做 200ms 或按厂家要求做更长时间耐 1200V 暂态过电压试验。

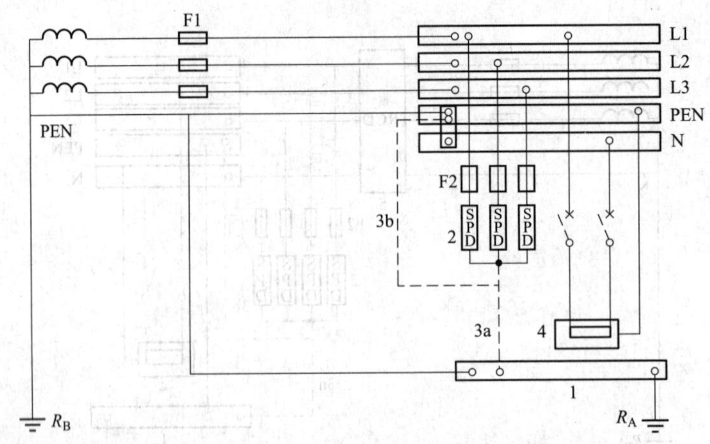

图 5-25 TN系统安装在进户处的电涌保护器

1—总接地端或总接地连接带；2—U_p应小于或等于 2.5kV 的电涌保护器；

3—电涌保护器的接地连接线，3a 或 3b；4—需要被电涌保护器保护的设备；

F1—安装在电气装置电源进户处的保护电器；F2—电涌保护器制造厂要求装设的过电流保护器；

R_A—本电气装置的接地电阻；R_B—电源系统的接地电阻；L1、L2、L3—相线 1、2、3

注：当采用 TN-C-S 或 TN-S 系统时，在 N 与 PE 线连接处电涌保护器用三个，在其以后 N 与 PE 线分开 10m 以后安装电涌保护器时用四个，即在 N 与 PE 线间增加一个。

图 5-26 所示为国家标准 GB 50057—2010《建筑物防雷设计规范》推荐的 IT 系统中 SPD 安装方式，由于 IT 系统的电源中性线不接地或经约 1000Ω 的高阻抗接地，当其中设备发生单相接地故障时，另外两非故障相的对地电位将升高，使 SPD 上承受的电压相应升高，最高可升至线电压 U_L。因此，为确保 SPD 安全运行，SPD 的最大持续运行电压应取为 $U_C \geqslant 1.15U_L$，这里 U_L为配电线路的线电压。

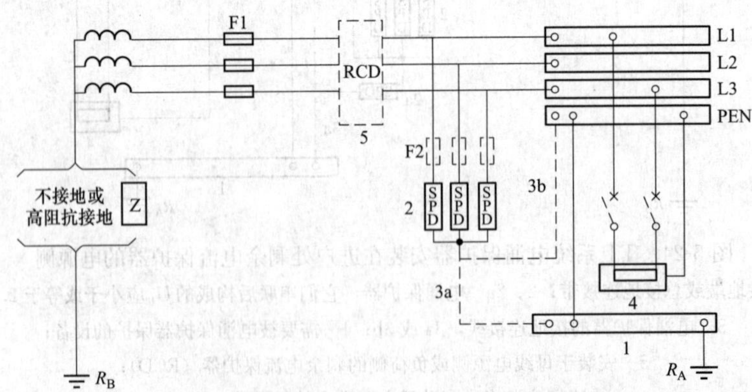

图 5-26 IT 系统电涌保护器安装在进户处剩余电流保护器的负荷侧

1—总接地端或总接地连接带；2—U_p应小于或等于 2.5kV 的电涌保护器；

3—电涌保护器的接地连接线，3a 或 3b；4—需要被电涌保护器保护的设备；

5—剩余电流保护器（RCD）；F1—安装在电气装置电源进户处的保护电器；

F2—电涌保护器制造厂要求装设的过电流保护器；R_A—本电气装置的接地电阻；

R_B—电源系统的接地电阻；L1、L2、L3—相线 1、2、3

由于SPD在雷电电磁脉冲作用下导通放电时，施加在被保护设备上的雷电脉冲残压是SPD上的残压与SPD两端接线上电感L的感应电压降（$u_L = L\mathrm{d}i/\mathrm{d}t$）之和。其中SPD上的残压由产品性能决定，无法减小；而SPD两端接线上的感应电压降则可借缩短接线长度减小电感L来减小，由此可见SPD两端的接线应尽量缩短。按GB 50343—2012《建筑物电子信息系统防雷技术规范（附条文说明）》规定，其接线长度不宜大于0.5m。

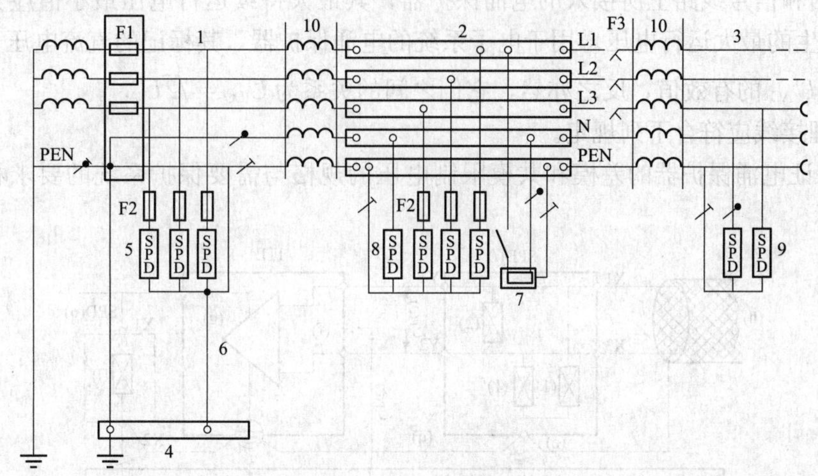

图5-27　Ⅰ级、Ⅱ级和Ⅲ级试验的电涌保护器的安装（以TN-C-S系统为例）

1—电气装置的电源进户处；2—配电箱；3—送出的配电线路；4—总接地端或总接地连接带；5—Ⅰ级试验的电涌保护器；6—电涌保护器的接地连接线；7—需要被电涌保护器保护的固定安装的设备；8—Ⅱ级试验的电涌保护器；9—Ⅱ级或Ⅲ级试验的电涌保护器；10—去耦器件或配电线路长度；F1、F2、F3—过电流保护器；L1、L2、L3—相线1、2、3

注：1. 当电涌保护器5和8不是安装在同一处时，电涌保护器5的U_p应小于或等于2.5kV；电涌保护器5和8可以组合为一台电涌保护器，其U_p应小于或等于2.5kV。

2. 当电涌保护器5和8之间的距离小于10m时，在8处N与PEN之间的电涌保护器可不装。

（2）用于电子系统的电涌保护器。

1）电信和信号线路上所接入的电涌保护器的类别及其冲击限制电压试验用的电压波形和电流波形应符合表5-5规定。

表5-5　电涌保护器的类别及其冲击限制电压试验用的电压波形和电流波形

类别	试验类型	开路电压	短路电流
A1	很慢的上升率	≥1kV 0.1～100kV/s	10A，0.1A/μs～2A/μs ≥1000μs（持续时间）
A2	AC		
B1	慢的上升率	1kV，10/1000μs	100A，10/1000μs
B2		1～4kV，10/700μs	25～100A，5/300μs
B3		≥1kV，100V/μs	10～100A，10/1000μs
C1	快上升率	0.5～2kV，1.2/50μs	0.25～1kA，8/20μs
C2		2～10kV，1.2/50μs	1～5kA，8/20μs
C3		≥1kV，1kV/μs	10～100A，10/1000μs

续表

类别	试验类型	开路电压	短路电流
D1	高能量	≥1kV	0.5～2.5kA，10/350μs
D2		≥1kV	0.5～2.0kA，10/250μs

2）电信和信号线路上所接入的电涌保护器，其最大持续运行电压最小值应大于接到线路处可能产生的最大运行电压。用于电子系统的电涌保护器，其标记的直流电压 U_{DC} 也可用于交流电压 U_{AC} 的有效值，反之亦然，它们之间的关系为 $U_{DC}=\sqrt{2}U_{AC}$。

3）合理接线应符合下列规定。

a. 应保证电涌保护器的差模和共模限制电压的规格与需要保护系统的要求相一致，如图 5-28 所示。

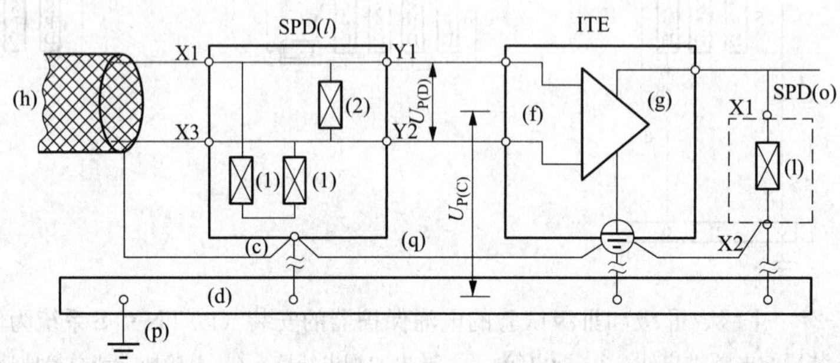

图 5-28　防需要保护的电子设备（ITE）的供电电压输入端及其信号端的差模和共模电压的保护措施的例子

（c）—电涌保护器的一个连接点，通常，电涌保护器内的所有限制共模电涌电压元件都以此为基准点；（d）—等电位连接带；（f）—电子设备的信号端口；（g）—电子设备的电源端口；（h）—电子系统线路或网络；（l）—符合表 5-5 所选用的电涌保护器；（o）—用于直流电源线路的电涌保护器；（p）—接地导体；$U_{p(C)}$—将共模电压限制至电压保护水平；$U_{p(D)}$—将差模电压限制至电压保护水平；X1、X2—电涌保护器非保护侧的接线端子，在它们之间接入（1）和（2）限压元件；Y1、Y2—电涌保护器保护侧的接线端子；（1）—用于限制共模电压的防电涌电压元件；（2）—用于限制差模电压的防电涌电压元件

b. 接至电子设备的多接线端子电涌保护器为将其有效电压保护水平减至最小所必需的安装条件，如图 5-29 所示。

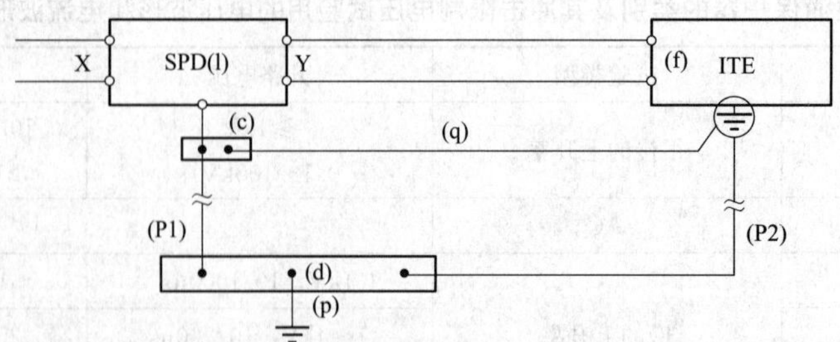

图 5-29　将多接线端子电涌保护器的有效电压保护水平减至最小所必需的安装条件的例子

（c）—电涌保护器的一个连接点，通常，电涌保护器内的所有限制共模电涌电压元件都以此为基准点；（d）—等电位连接带；（f）—电子设备的信号端口；（l）—符合表 5-5 所选用的电涌保护器；（p）—接地导体；（P1）、（P2）—应尽可能短的接地导体，当电子设备（ITE）在远处时可能无（P2）；（q）—必需的连接线（尽可能短）；X、Y—电涌保护器的接线端子，X 为其非保护的输入端，Y 为其保护侧的输出端

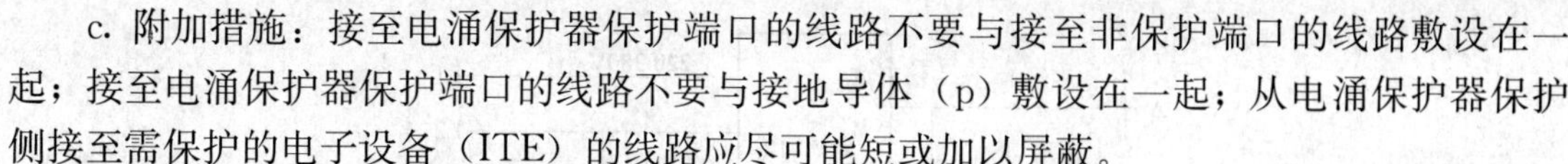

c. 附加措施：接至电涌保护器保护端口的线路不要与接至非保护端口的线路敷设在一起；接至电涌保护器保护端口的线路不要与接地导体（p）敷设在一起；从电涌保护器保护侧接至需保护的电子设备（ITE）的线路应尽可能短或加以屏蔽。

5.3.3 电气装置的防雷措施

1. 高压配电装置

通信局（站）有市电高压引入线路时，如采用架空线路，其进站端上方宜设架空避雷线，长度为300～500m，避雷线的保护角应不大于25°，避雷线（除终端杆外）宜采用每杆作一次接地。当条件许可时，市电高压引入线路宜采用地埋电力电缆进入，其电缆长度不宜小于200m。

图5-30所示为6～10kV高压配电装置对雷电波侵入的防护接线示意图。在每路进线终端和母线上，都装设有阀式避雷器。如果进线是具有一段引入电缆的架空线路，则阀式避雷器或排气式避雷器应装在架空线路终端的电缆头处，且与电缆的金属外壳共同接地。

采用电缆进线可以有效防止高电位侵入通信局（站）。当高电位达到电缆首端时，避雷器动作，电缆外皮与电缆芯线连通，由于集肤效应，电流被“排挤”到外皮上去。芯线在互感作用下产生反电势，又进一步限制芯线上电流的通过。实践证明，如果电缆长度达到50m，接地电阻不超过10Ω，则侵入系统的高电位可降低到原来的2%以下。

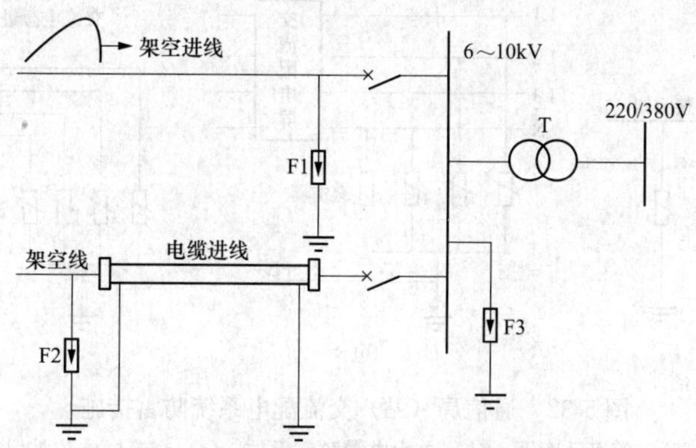

图5-30 高压配电装置防护雷电波侵入

2. 电力变压器

电力变压器的防雷措施必须采用“三位一体”的接地形式，即避雷器引下线、变压器次级中性点以及变压器外壳在安装时要求将其用导线连接在一起，用接地引下线接地。

电力变压器高、低压侧都应装设防雷器件。在高压侧一般采用阀式避雷器，而在低压侧通常采用压敏电阻避雷器，两者均作Y形联结，并要求避雷器应尽量靠近变压器安装，其汇集点与变压器外壳接地点一起就近接地，如图5-31所示。

3. 交流配电系统

为了消除直接雷浪涌电流与电网电压大波动对交流配电系统的影响，应依据负荷的性质采用分级衰减雷击残压或能量的方法来抑制雷害。

进出通信局（站）的交流低压电力线路应采用地埋电力电缆，其金属护套应采用就近两端接地。低压电力电缆长度宜不小于50m，两端芯线应加装避雷器。因此可将通信交流电源系统低压电缆进线作为第一级防雷、交流配电屏（柜）作为第二级防雷、整流器（高频开关电源）输入端口作为第三级防雷，相应防雷器件的安装位置如图5-32所示。

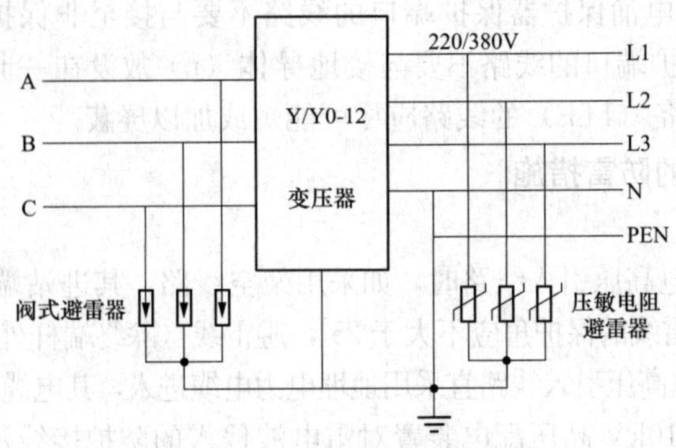

图 5-31　电力变压器的防雷保护

(1) 电力电缆。在电力电缆馈电至交流屏（柜）大约 10m 处，应设置避雷装置作为第一级保护，如图 5-32（b）所示。每相与地之间分别装设一个避雷器，N 线至地之间也应装设一个避雷器，避雷器公共点与 PE 线相连。在避雷器汇集点之前不能有电气接地点。该级防雷器应具备每极 80kA 的通流量，以达到防直接雷击的电气要求。

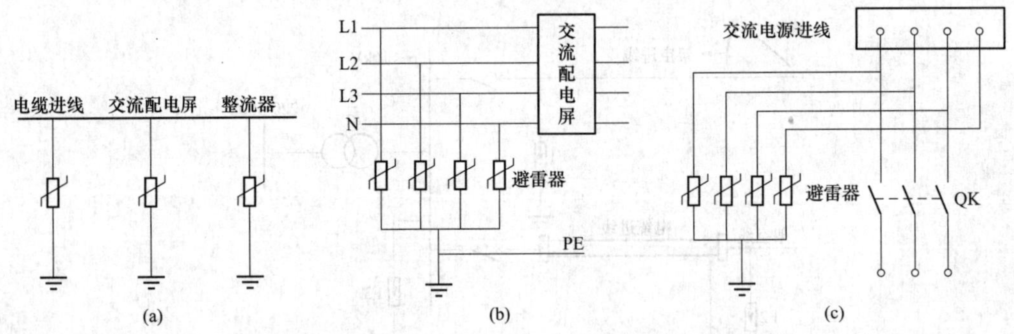

图 5-32　通信局（站）交流配电系统防雷措施

(a) 防雷等级示意图；(b) 电力电缆防雷保护；(c) 交流屏内防雷保护

(2) 交流屏。由于前面已装设有一级防雷装置，故交流屏只考虑承受感应雷击 15kA 以下每相通流量，以及 1300～1500V 残压的侵入，这一级为第二级保护，如图 5-32（c）所示。防雷器件接在低压断路器 QK 之前，是为了防止低压断路器遭受雷击的侵害。具体做法是：在相线与地之间安装压敏电阻，同时在中性线与地之间也安装压敏电阻，以防雷击可能从中性线侵入。

(3) 整流器（高频开关电源）。在整流器的电源输入口设置的避雷器是交流配电系统的第三级防雷保护，避雷器装设在交流输入断路器之前，每级通流量小于 5kA，相线间只须能承受 500～600V 残压侵入即可。有些整流器在输出滤波电路前还接有压敏电阻，或在直流输出端接有电压抑制二极管。它们除了作为第四级防雷保护外，还用于抑制直流输出端可能出现的过压。

5.3.4　防雷保护器件的运用

依据 GB/T19271《雷电电磁脉冲的防护》的要求，将通信电源系统的建筑物内外部分以及通信设备系统划分成几个防雷区，并将几个区内的设备一起连到防雷等电位连接带上。

由于各个防雷区雷电干扰参数对保护设备的损坏程度不一，因此对各区所安装的防雷器件的数量和分断能力要求也各不相同，同时通信局（站）各防雷保护装置必须合理选择，且上下级之间彼此配合很好。通信局（站）防雷保护系统中防雷器件的配合方案为：前续防雷器具有不连续电流、电压特性，后续防雷器应具有限压特性。前级放电间隙出现的火花放电，使后续防雷浪涌电流波形改变，通常后级防雷器的放电只是较低残压的放电。基于上述安装和配合方案，通信电源系统的防雷保护对新一代防雷器件提出了新的战技性能要求。

1. 基本要求

（1）额定电流大：以 8/20μs 冲击波试验，能反复冲击 20 次而不受破坏的电流，安装于设备源头的防雷器其额定电流最小要 20A。

（2）保护电平低：用额定电流作用于防雷器件时，其输出电压（保护电平）的最大值在数值上等于设备的残压与连接导线的压降差值。若连接导线很短，则保护电平接近于设备的残压。因此从提高防雷器的防护性能的角度考虑，防雷器应尽可能靠近保护设备安装，以减小连接线的距离。

（3）安全可靠：防雷器内应有过热安全装置，异常时可切断并发出告警，提醒运行维护人员及时更换模块。当冲击电流超过最大放电电流时，也能自动断开和发出告警信号。

（4）易于维护：当多相防雷器组件中某一相模块性能不良时，只需拔出故障相模块插入新的模块，而不必更换整个防雷器。

（5）具有遥信功能：能通过智能监控装置，以通信方式在远处监视防雷器运行情况，并及时在远方获得防雷器的告警信号。

2. 结构与配线

防雷器的关键元器件为压敏电阻，辅助元件有热冲击保险丝、过热断路装置和遥信接点等。三相电源线及中性线源头跨接三相防雷器，每相防雷器模块可将雷浪涌电流经冲击熔丝、热断路装置、压敏电阻分路至接地网络，三相电源线至防雷器的线路或防雷器至接地网络的线路，其导线的总长度均应小于 0.5m，以降低连接线上的压降。某系列防雷器的结构及典型配线如图 5-33 所示。

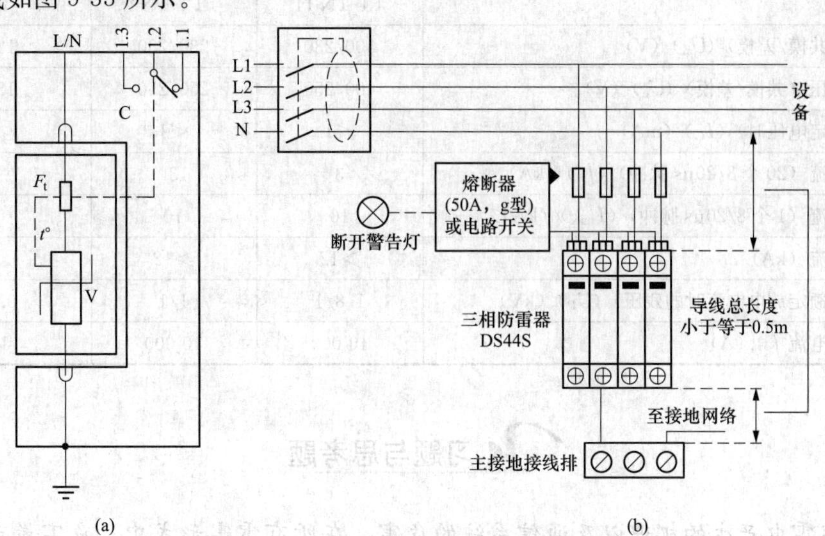

图 5-33　某系列防雷器的结构与典型配线

3. 技术特性

（1）主级型防雷器。主级型防雷器作为低压交流屏的主级保护，提供有源导体与地间的保护共模。放电额定电流为 10kA，最大通流电流为 40kA，保护电平为 1.8kV，每一相均为可拔出的独立模块结构，DS40 系列主级型防雷器的基本技术特性见表 5-6。

表 5-6　**DS40 系列主级型防雷器的基本技术特性**

DS40 系列防雷器	DS40-400	DS40-280	DS40-230
网络类型	230/400V	230/400V	120/208V
零线类型	TT-TN-IT	TT-TN	TT-TN
保护模式	共模	共模	共模
额定电压（U_n）(V)	400	230	230
最大工作电压（U_e）(V)	400	280	250
漏电流（额定电压时）（I_C）(mA)	<1	<1	<1
额定放电电流（20 个 8/20μs 脉冲）（I_n）(kA)	10	10	10
最大放电电流（1 个 8/20μs 脉冲）（I_{max}）(kA)	40	40	40
断开放电电流（kA）	>50	>50	>50
保护电平（额定放电电流时的残压）（U_P）(kV)	1.8	1.3	1.2
可容许短路电流 I_∞（A）	25 000	25 000	25 000

（2）次级型防雷器技术特性。次级型防雷器作为分路配电屏（柜）的次级保护。其放电额定电流为 3kA，最大通流容量为 10kA，保护电平为 1.5kV 或 1kV，外壳上设有断开指示。DS410D 系列次级型防雷器的基本技术特性见表 5-7。

表 5-7　**DS410D 系列次级型防雷器的基本技术特性**

DS410D 型防雷器	DS410D-400	DS410D-280	DS410D-230
网络类型	230/400V	230/400V	230/400V
零线类型	TT-TN-IT	TT-TN	TT-TN
额定电压（共模/差模）（U_n）(V)	400/230	230/230	120/230
最大工作电压（共模/差模）（U_e）(V)	400/250	250/250	150/150
漏电流（额定电压时）（I_C）(mA)	<1	<1	<1
额定放电电流（20 个 8/20μs 脉冲）（I_n）(kA)	3	3	3
最大放电电流（1 个 8/20μs 脉冲）（I_{max}）(kA)	10	10	10
断开放电电流（kA）	>12	>12	>12
保护电平（额定放电电流时的残压）（U_P）(kV)	1.8/1	1/1	0.7/0.7
可容许短路电流 I_∞（A）	10 000	10 000	10 000

习题与思考题

1. 简述雷电产生的机理以及通信系统的危害。在所有雷害形式中，危害最大的是哪一种雷害形式？

2. 雷电流的变化规律如何？直击雷和感应雷的电气特征有何不同？

3. 典型防雷器件 ZnO 避雷器的工作机理如何？其保护性能有何特点？

4. 什么叫雷电电磁脉冲？对雷电电磁脉冲有哪些防护措施？

5. 通信电源设备按耐雷电冲击指标分为几类？其具体指标是如何规定的？

6. 通信电源系统防雷的基本原则有哪些？防雷保护区的划分有何具体规定？

7. 电力变压器通常采用什么防雷保护措施？

8. 通信局（站）交流配电系统防雷措施是如何配置的？

9. 某通信局（站）的通信大楼属于二类防雷建筑，高 10m，其屋顶最远一角距离高 50m 的烟囱 15m 远，烟囱上装设有一根 2.5m 长的避雷针。试验算此避雷针能否保护该通信大楼免遭直接雷的危害。

第6章 机房空调系统（设备）

空调是空气调节器的简称，它具有调节室内空气的温度、湿度、流动速度、清洁度等功能，以满足设备生产工艺、工作环境或人们对环境舒适度的需求。近年来，随着空调技术的发展和人民生活水平的不断提高，各种形式的空调已大量进入机房、车间、办公室和普通百姓家庭，且功能越来越齐全，种类越来越多。本章将介绍与空调相关的热力学基础、空调制冷系统原理与分析、空调控制器系统以及空调的安装与维修等知识。

6.1 空调器的热力学基础

热力学是研究与热现象有关的能量转换规律的科学。空调作为热工设备之一，其工作原理、系统设计与计算、系统故障分析等都要以热力学理论为基础，因此要学好空调技术，就必须掌握与制冷和空调有关的热力学基础知识。

6.1.1 热力学基本概念

1. 温度

温度是物质冷热程度的量度，或者说是物质内部分子运动动能的标志，它实质上反映了物质分子热运动的剧烈程度。温标是人为规定的测量温度的标尺。常用的温标有摄氏温标、开氏温标和华氏温标。

摄氏温标 t，又称为国际百度温标，单位为“℃”，规定：在一个标准大气压下，以水的冰点为零度，沸点为 100 度，把其间分为 100 等份，每等份定为 1 摄氏度，记作 1℃。摄氏温标为十进制，简单易算，相应的温度计称为摄氏温度计。开氏温标 T，也称为热力学温标或绝对温标，是国际制温标，单位为“K”，规定：在一个标准大气压下，以水的冰点为 273 度，沸点为 373 度，把其间分为 100 等份，每一个等份为开氏 1 度，记作 1K。在热力学中规定，当物质内部分子的运动终止时，其绝对温度为零度，即 $T=0K$。华氏温标 F，单位为“℉”，规定：在一个标准大气压下，水的冰点为 32 度，沸点为 212 度，把其间分为 180 等份，每个等份就是 1 华氏度，记为 1℉。上述三种温标的相互比较如图 6-1 所示。

按国际规定：当温度在零度以上时，温度数值前面加“+”号（可省略）；当温度在零度以下时，温度数值前面加“－”号（不可省略）。摄氏温标、华氏温标和开氏温标之间的换算关系见表 6-1。

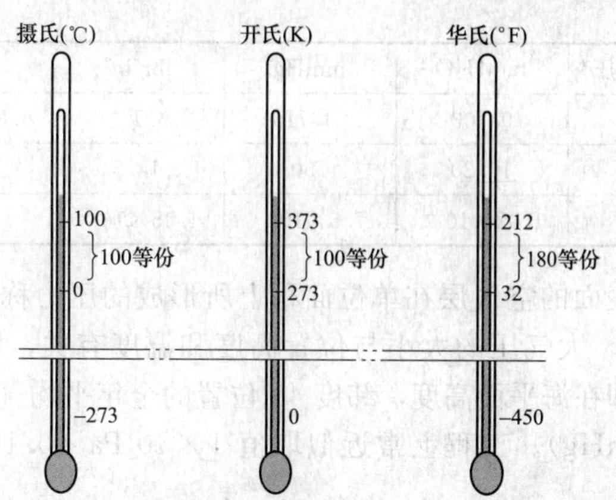

图 6-1 三种常见温标的比较

表 6-1 各温标之间的换算关系

温度	摄氏温度 t（℃）	开氏温度 T（K）	华氏温度 F（℉）
t	t	$t+273$	$(9/5)\cdot t+32$
T	$T-273$	T	$9/5\cdot(T-273)+32$
F	$5/9\cdot(F-32)$	$5/9\cdot(F-32)+273$	F
冰 点	0	273	32
水沸点	100	373	212

2. 压力

(1) 压力及压力的单位。在物理学上，把单位面积上所受的垂直作用力称压强，而在工程上常把液体或气体的压强称为压力。在制冷与空调技术领域中亦是如此，即所说的压力数值实际上是压强的大小。本章文中出现的压力值也是指压强的大小。其公式为

$$p=F/S$$

式中 p——压力（物理意义上的压强），Pa（或 N/m^2）；

F——垂直作用力（物理意义上的压力），N；

S ——面积，m^2。

国际单位制中，压力的单位为帕（Pa），也用巴（bar，1bar＝0.1MPa）；在我国工程单位制中，常用工程大气压（at；$1at=1kgf/cm^2$，相当于海拔 200m 处的正常大气压）、标准大气压（atm）、水柱高度（mmH_2O）和汞柱高度（mmHg）等作为计算单位；在英制单位制中常以磅力/平方英寸（lbf/in^2）作为计量单位。各单位之间的换算关系见表 6-2。

表 6-2 压力单位换算表

at	atm（标准大气压）	mmH_2O	mmHg	lbf/in^2	bar	Pa（N/m^2）
1	0.967 3	10	735.56	14.223	0.981	0.981×10^5
1.033 3	1	10.333 3	760	14.696	1.013	1.013×10^5
0.1	9.678×10^{-2}	1	73.556	1.422	0.098 1	9.81×10^3
1.36×10^{-3}	1.316×10^{-3}	13.596×10^{-3}	1	1.984×10^{-2}	1.333×10^{-3}	1.333×10^2

续表

at	atm（标准大气压）	mmH_2O	mmHg	lbf/in^2	bar	Pa（N/m^2）
0.07	0.068	0.703	51.715	1	6.895×10^{-2}	6.895×10^{3}
1.020	0.987	10.20	750	14.5	1	10^5
1.02×10^{-5}	0.987×10^{-5}	1.02×10^{-4}	7.5×10^{-3}	1.45×10^{-4}	10^{-5}	1

(2) 大气压。地球表面的空气层在单位面积上所形成的压力称为大气压力，简称大气压，常用符号 B 来表示。大气压的大小与位置高度和温度有关，所以规定了标准大气压（也称为物理大气压），即在海平面高度，纬度45°位置的全年平均气压作为标准大气压，其值为101 325Pa（760mmHg）。工程上常近似取值 1×10^5Pa（0.1MPa）称为一个工业大气压。

(3) 绝对压力和相对压力。气体的压力若以绝对真空作为测量标准（0），所得的压力为绝对压力，用 p_j 表示。如果以当地的大气压作为测量的基准点（0），所测的压力为相对压力，用 p_b 表示。两者的关系为

$$p_j = p_b + p_o$$

式中 p_j——绝对压力，MPa；

p_b——相对压力，MPa；

p_o——当地大气压值，MPa。

压力计的测量原理建立在力的平衡原理上，所以压力计不能直接测得绝对压力，测得的是相对压力（也称为表压力）。如果压力比大气压低，则测出的值为负值。

3. 密度和比体积

单位体积（容积）的物质所具有的质量称为密度，用 ρ 表示，单位为 kg/m^3，其表示式为

$$\rho = m/V$$

式中 ρ——密度，kg/m^3；

m——质量，kg；

V——容积，m^3。

单位质量的物质所占有的容积称为比体积（比容），用 ν 表示，单位为 m^3/kg，其表示式为

$$\nu = V/m$$

式中 ν——比体积，m^3/kg；

V——容积，m^3；

m——质量，kg。

显然，比体积与密度为互为倒数关系，即

$$\rho = 1/\nu$$

对于单相气体物质［在系统中的物理状态、物理性质和化学性质完全均匀的部分称为一个相（phase）］来说，其温度、压力、比体积或密度是可以直接测量的，被称为基本状态参数，只要知道这三个基本参数中的任意两个，就可以确定气体的热力学状态。

4. 热量和比热

(1) 热量。热量是物质热能转移的量度，是表示某物质吸热或放热多少的物理量，用 Q

表示。在国际单位中，热量的单位为焦耳（J）和千焦耳（kJ）；在工程单位制中常用卡（cal）和千卡（kcal）；在英制单位中常采用英热单位（Btu）；其换算关系为

$$1\text{kJ}=4.186\,8\text{kcal}=1.055\,1\text{Btu}$$

（2）显热和潜热。物体在加热（或冷却）过程中，温度升高（降低）所需吸收（或放出）的热量称为显热。在这一过程中物体的温度发生了变化，但状态没有发生变化。通常可以用温度计测量物体的温度变化。例如，将一杯 80℃ 的水放在空气中冷却至室温，其温度明显下降，但状态不变，仍然是水，其放出的热量称为显热。它能使人们有明显的冷热变化感觉。

若单位质量的物体在吸收或放出热量过程中，其状态发生变化，但温度不发生变化，这种热量成为潜热。例如，把一块 0℃的冰加热，它不断吸收热量而熔化，直至固体的冰完全融化成水之前，温度都不发生变化。其在熔化过程中所吸收的热量称为潜热。潜热不能通过触摸感觉到，也无法用温度计测出来。图 6-2 所示表明了 1kg 水在一个大气压力下的各类热值。

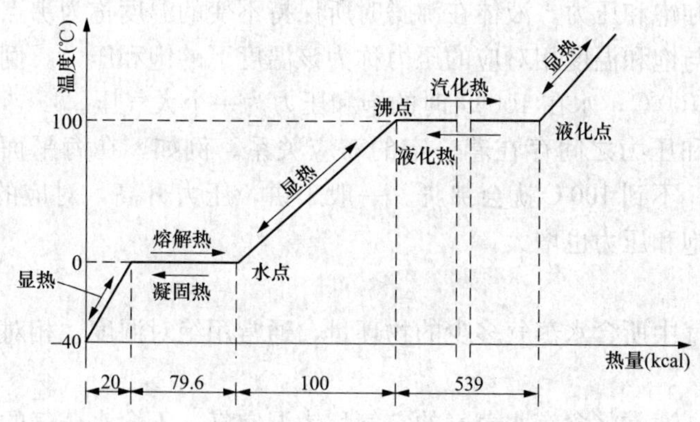

图 6-2 1kg 水在一个大气压力下的各类热值

（3）比热。物体的温度发生一定量的变化时，物质吸收或放出的热量，不仅与物质的质量有关，还与物质的性质有关。把单位质量的某种物质的温度升高或降低 1℃所吸收或放出的热量称为这种物质的质量比热，简称为比热，用 C 表示，单位为 kJ/(kg·℃) 或 kJ/(kg·K)。

对于气体物质，压力不变时的比热称为定压比热，，用 C_p表示。容积不变时的比热称为定容比热，用 C_V表示。

不同的物质，其比热不同；同类物质，若状态不同，其比热也不同。例如，瘦牛肉的比热为 3.21kJ/(kg·K)，牛肉冻结以后的比热为 1.71kJ/(kg·K)；又如，水的比热为 4.18kJ/(kg·K)，而冰的比热为 2.09kJ/(kg·K)。

（4）物质温度变化时的热量计算。物质的温度变化伴随有热量的转移，即得到或失去热量。其计算式为

$$Q=cm(t_2-t_1)$$

式中 Q——热量，kJ；

c——物质的比热，kJ/(kg·K)；

m——物质的质量，kg；

t_1——物质初始温度，K；

t_2——物体终止温度，K。

5. 汽化（热）和液化（热）

（1）汽化和液化。物体的状态在某些特定条件下是可以互相转变的，由液态变成气态的过程称为汽化；由气态变成液态的过程称为液化（或称为凝结）。汽化分为蒸发和沸腾两种形式。蒸发是指在任何温度下，液体外露表面的汽化过程。蒸发在日常生活中到处可见，如湿衣服晒在阳光下会干燥，放在杯子中的酒精很快会蒸发等。沸腾是指在一定温度下液体内部和表面同时发生剧烈的汽化过程。这时，液体内部形成许多小气泡升到液面，迅速汽化。

（2）汽化热和液化热。液体与气体在互相转变的过程中，是以潜热的方式与外界进行热量交换的。1kg 液体在一定温度下全部转变为同温度的蒸汽所吸收的热量称为汽化潜热或汽化热，用符号 r 表示，单位为 kJ/kg；反之，1kg 蒸汽完全凝结为同温度的液体所放出的热量称为液化热或凝结热。同温度下的液化热在数值上与汽化热相等。汽化热和液化热不仅与工作介质的种类有关，而且还与饱和压力（或饱和温度）有关。

（3）饱和温度和饱和压力。液体在沸腾时所保持不变的温度称为沸点，又称为在某一压力下的饱和温度。与饱和温度相对应的压力称为该温度下的饱和压力。例如，水在一个大气压下的饱和温度为 100℃，水在 100℃ 时的饱和压力为一个大气压。

饱和温度与饱和压力之间存在着一定的对应关系。例如，在海平面，水在 100℃才沸腾，而在高原地带，不到 100℃就会沸腾。一般来讲，压力升高，对应的饱和温度也升高；温度升高，对应的饱和压力也增大。

6. 湿度

湿度是表示空气中所含水蒸气多少的物理量，通常用绝对湿度、相对湿度和含湿量三种方法来表示。

（1）绝对湿度。通常将含有水蒸气的空气称为湿空气，不含水蒸气的空气称为干空气。

单位容积湿空气中含有水蒸气的质量称为绝对湿度，表示式为

$$z = m_q / V$$

式中 z——绝对湿度，kg/m^3；

m_q——水蒸气质量，kg；

V——空气容积，m^3。

（2）含湿量。湿空气中水蒸气的质量与干空气质量的比值，称为含湿量，其表示式为

$$d = m_q / m_g$$

式中 d——含湿量，kg/kg；

m_q—水蒸气质量，kg；

m_g——干空气质量，kg。

（3）相对湿度。相对湿度表示在湿空气中水蒸气含量接近饱和含量的程度。相对湿度为 0 时，表示干空气；相对湿度为 100%时，表示饱和湿空气。

$$\phi = \frac{p_q}{p_{qsat}} \times 100\%$$

式中 ϕ——相对湿度；

p_q——湿空气中水蒸气的分压力，Pa；

p_{qsat}——相同温度下，饱和湿空气中的水蒸气分压力，Pa。

在工程计算中，常用下列公式代替计算相对湿度，即

$$\varphi=\frac{d}{d_{sat}}\times 100\%$$

式中　d——含湿量；

d_{sat}——为饱和湿空气中的含湿量。

6.1.2　热力学基本知识

1. 热力学第一定律

热力学是研究在物质状态发生变化时热能、内能、功之间相互转换的规律，以及热力学系统内、外部条件对能量转换影响的一门学科。

热力学第一定律是能量守恒与转换定律在热力学中的具体应用。热力学第一定律指出：自然界一切物质都具有能量，它能够从一种形式转换为另一种形式，从一个物体传递给另一个物体，在转换和传递过程中总能量不变，能量既不能被创造，也不能被消灭。

与空调器有关能量的几种主要形式有：热量 Q、功 W、内能 U、焓 H 和熵 S。有关热量的内容见 6.1.1 节。

（1）功和功率。将作用于物体上的力在物体位移方向上的分量与物体位移的乘积定义为功，用 W 表示，单位为焦耳（J）。定义式为

$$W=F\cdot S$$

式中　W——功，J；

F——作用力，N；

S——位移，m。

在空调器中，功包括电功及压缩功或膨胀功，压缩功或膨胀功是由气体容积膨胀或被压缩而产生的，表示式为

$$W=p\cdot V$$

式中　W——功，J；

p——气体容积变化时的压力；Pa；

V——气体容积的变化，m^3。

功率是指单位时间内所做的功，功率的国际单位为瓦（W）。其他功率表示单位还有千卡/秒（kcal/s）、千卡/小时（kcal/h、1kcal/h ＝ 3600kcal/s）、米制马力（PS）、英制马力（HP）、英热单位/秒（Btu/s）等，日常人们习惯所说的“匹”指的是米制马力（PS），它们之间的换算关系为 1000W＝1kW＝1.36PS＝1.341HP＝0.239kcal/s＝0.947 8Btu/s。

（2）内能。物体是由大量分子组成的，并不停地作无规则运动，分子间还有作用力。由于分子的运动，使分子具有动能；由于分子间的作用力，使分子具有势能。物体动能和势能的总和，称为物体的内能。内能与物体的温度、体积、质量和组成等有关。内能用符号 U 表示，其单位是焦耳（J）。内能是不可能用仪器测量的，只能用其相对值。制冷工程中，一般设定 0℃ 状态的气体内能为零，其他各种状态的内能与其比较即可确定。

（3）焓。在热力学中，焓是象征系统中所有的总能量，是内能和压力位能之和，，用符号 H 表示，单位是焦耳（J），即

$$H=U+pV$$

单位质量物质的焓称为比焓，用 h 表示，有

$$h = u + p\nu$$

对气态工质而言，由于内能 u、压力 p、比体积 ν 均为状态参数，因此焓 h 也是一个状态参数。

（4）熵。熵是表征工质状态变化时与外界换热程度的一个热力状态参数。热力学中，将物质热量与温度的比值称为熵，用符号 s 表示，单位为千焦/(千克·开尔文)［kJ/(kg·K)］。

物质在等温加热过程中，从外界加入热量 Q，加热时的温度为 T（绝对温度），加热前后的熵分别为 s_1 和 s_2，对于理想过程可以得到

$$s_2 - s_1 = Q/T$$

由上式可知：当 $s_2 > s_1$ 时，$Q>0$，表示工质从外界吸收热量；当 $s_2 < s_1$ 时，$Q < 0$，表示工质对外界放热；当 $s_2 = s_1$，$Q = 0$，表示等熵过程，即绝热过程。显然，对于制冷剂的理想绝热过程来说，这是一个等熵过程。

熵、焓和内能一样是不可能用仪器测量的，只能用其相对值。制冷工程中，一般设定 0℃ 状态的气体内能值为零，0℃ 饱和液体的比焓值为 500 或 200kJ/kg。0℃ 饱和液体的熵值为 1kJ/(kg·K)。其他各种状态的内能、焓和熵值与其比较即可确定。

2. 热力学的第二定律

热力学的第一定律指出了能量转换在数量上的关系，但实际上并不是所有满足或遵循热力学第一定律的热力过程都能实现，有许多是需要条件的，是不可逆的，有方向性的。热力学第二定律正是揭示这种热力学过程方向性的定律。

热力学第二定律的克劳修斯表述为：热不可能自发地、不付代价地从低温物体传到高温物体。热力学第二定律的开尔文叙述为：不可能制造出从单一热源取得热量，使之全部转变为功而不产生其他变化的热力发动机。

对于空调的制冷循环来说，是将低温热源（房间）的热量传递到高温热源（室外环境介质）中，按照热力学第二定律，这个过程不能自发地实现。要实现这一过程必须要消耗一定的电能或其他形式的能量。

3. 逆卡诺循环

逆向循环是消耗能量的循环，所有的制冷循环都是按逆向循环工作。逆向卡诺循环是由两个可逆的等温过程和两个可逆的绝热过程组成的。它是热力学上耗工最小、效率最高、工作在一个恒温热源和一个恒温冷源之间的理想制冷循环，该循环如图 6-3 所示。

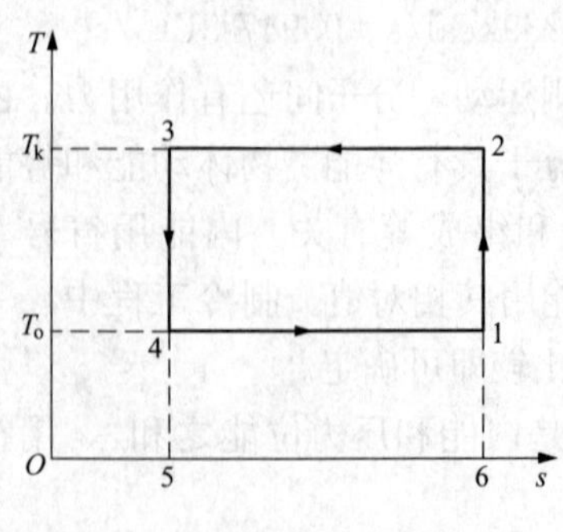

图 6-3　无温差的逆卡诺循环图

恒温冷源的温度为 T_o，恒温热源的温度为 T_k，并假定制冷循环中制冷剂从恒温冷源吸热及向恒温热源放热过程为无温差传热。图 6-3 所示 1～2 过程为绝热压缩过程，在此过程中，外界对制冷剂作功使制冷剂的温度由 T_o 升高至 T_k；2～3 过程为可逆等温放热过程，在此过程中，制冷剂向恒温热源（T_k）放热 Q_k（为无温差传热，制冷剂温度为 T_k）；3～4 过程为绝热膨胀过程，制冷剂对外界作功，温度由 T_k 降为 T_o；4～1 过程为可逆等温吸热过程，此过程中，制冷剂从恒温源（T_o）中吸热 Q_o（无温差传

热），恢复到初始状态，从而完成一次逆卡诺循环。

4. 压-焓图

在进行制冷循环热力分析时，常需要应用制冷剂的热力性质图，其中最常用的就是压-焓图，图 6-4 所示为制冷剂的压-焓图示意图。

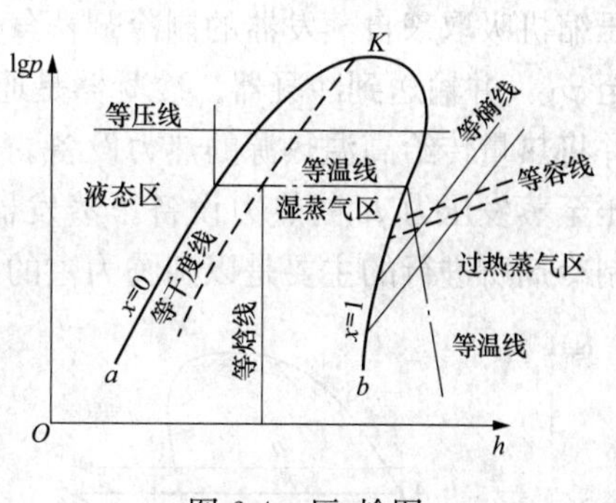

图 6-4 压-焓图

压-焓图以比焓（h）为横坐标，绝对压力的对数值（$\lg p$）为纵坐标，因此又称其为 $\lg p$-h 图，图上的任意一点都表示制冷剂某一确定的热力状态。在图上可以查询制冷剂的温度（t）、压力（p）、比焓值（h）、比体积（ν）、干度（x）等参数。

图上有一临界点 K，临界点上的状态参数均称为临界参数。从 K 点出发有一簇钟罩形曲线，最左面的一条称为饱和液体线（干度 $x=0$），最右面的一条粗实线称为饱和蒸气线（干度 $x=1$），这两条线将图分成三个区域，饱和液体线的左侧为过冷液体区。饱和蒸气线的右侧为过热蒸气区，两条线之间的区域为气液共存的两相区（或称湿蒸气区）。湿蒸气的含量用干度 x 表示，通过等干度线就可知道某一状态湿蒸气的干度。

在压-焓图中，有以下六条等参数线。

（1）等压线。它是一簇水平线，纵坐标上表示的数值为绝对压力值，并非其对数值。

（2）等焓线。它是一簇垂直线。

（3）等温线。为一簇折线，在液相区近似于垂直线，在气液两相区为水平线，在过热蒸气区为向右下方弯曲的倾斜线。

（4）等熵线。向右上方弯曲的倾斜线。

（5）等容线（等比体积线）。向右上方弯曲的倾斜线，但比等熵线平坦。

（6）等干度线。只存在于气液两相区，表示湿蒸气的成分。

对于一种确定的制冷剂，在温度、压力、比体积、焓、熵、干度等参数中，只要知道其中任意两个参数，就可在压-焓图上确定其状态，从而通过该状态点在图中读出其他状态参数。应该注意的是，在气液两相区，温度和压力只能算作一个参数；对于饱和蒸气或液体，只需要知道一个参数就可以确定其状态。

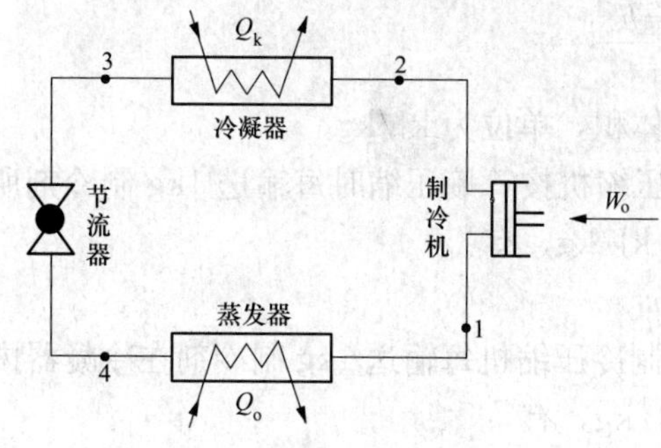

图 6-5 单级蒸气压缩式制冷机的原则性系统图

5. 单级蒸气压缩式制冷理论循环

当前，普通空调器广泛采用单级蒸气压缩式制冷循环，其理论循环不同于实际制冷循环，理论循环是一种介于逆卡诺循环和实际制冷循环之间的理想制冷循环模式。

（1）单级蒸气压缩式制冷理论循环的组成。单级蒸气压缩式制冷理论循环是以制冷机（压缩机）、冷凝器、节流器、蒸发器四大部件为主体进行的热力循环（也称为基本循环）。图 6-5 所示表示出了单级蒸气压缩式制冷机的原则性系统。

制冷压缩机是在制冷循环中消耗外界机械功而压缩并输送制冷剂的热力设备。单机蒸气压缩机吸取来自蒸发器的制冷剂蒸气，经过一级压缩使制冷剂蒸气压力从蒸发压力 p_o升压至 p_k，并输送到冷凝器。冷凝器是通过冷却介质来冷却冷凝制冷压缩机排出的制冷剂蒸气，并将热量传给高温热源的热力设备。节流器是将冷却冷凝后的制冷剂液体由冷凝压力 p_k降压至蒸发压力 p_o的热力设备。蒸发器是制冷剂向低温热源吸热的热力设备。在蒸发器中，制冷剂所进行的主要是以沸腾为主的汽化过程。

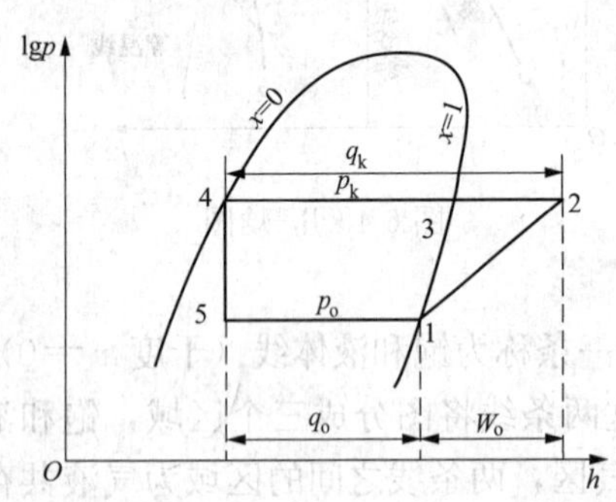

图 6-6　单级蒸气压缩式制冷理论循环的压-焓图

（2）单级蒸气压缩式制冷理论循环的压-焓图。图 6-6 所示是对应于上述单级蒸气压缩式制冷理论循环的压-焓图。在制冷循环中，制冷压缩机自蒸发器吸入处于蒸发压力 p_o下的干饱和蒸气，经过 1—2 等熵压缩到冷凝压力 p_k，并输送至冷凝器，在压缩过程中消耗压缩功 W_{cop}。过热蒸气在冷凝器内经 2—3—4 等压冷却冷凝成饱和液体。在等压冷却冷凝过程中，制冷剂向高温热源（环境介质）放热 q_k。在节流过程 4—5 中，制冷剂通过节流器后其压力、温度都降低，即压力由 p_k降低至 p_o，温度由 T_k降低至 T_o，而节流过程中焓值保持不变，$h_4 = h_5$。节流后制冷剂呈湿饱和蒸气状态。在蒸发器中，制冷剂经 5—1 等压等温过程吸收低温热源的热量 q_o，而制冷剂吸收汽化潜热，汽化至干饱和蒸气状态 1，以此周而复始地循环。

（3）单级蒸气压缩式制冷理论循环的热力性能分析。

1）单位（质量）制冷量 q_o。单位制冷量是指制冷压缩机每输送 1kg 制冷剂经循环从低温热源制取的冷量单位为 kJ/kg，

$$q_o = h_1 - h_5$$

则蒸发器的总有效制冷量

即
$$Q_o = Gq_o$$

式中 G——制冷循环的循环量，kg/s。

2）单位容积制冷量 q_v。单位容积制冷量是指制冷压缩机每输送 1m³ 制冷剂蒸气（以吸汽状态计）经循环从低温热源制取的冷量，单位为 kJ/m³，即

$$q_v = \frac{q_o}{\nu_1} = \frac{h_1 - h_5}{\nu_1}$$

式中　ν_1——制冷剂在制冷压缩机吸汽状态下的比体积，单位为 kJ/kg。

3）单位理论功 W_o。单位理论功 W_o是指制冷压缩机按等熵压缩时每输送 1kg 制冷剂所消耗的机械功，所以也称单位等熵压缩功，单位为 kJ/kg，有

$$W_o = h_2 - h_1$$

4）单位冷凝器负荷 q_k。单位冷凝器负荷 q_k指制冷压缩机每输送 1kg 制冷剂在冷凝器内等压冷却冷凝时向高温热源放出的热量，单位为 kJ/kg，有

$$q_k = (h_2 - h_3) + (h_3 - h_4) = h_2 - h_4$$

5）单级理论制冷循环制冷系数 ε_o。单级理论制冷循环制冷系数 ε_o是理论循环的单位制冷量和单位理论功之比，即

$$\varepsilon_o = \frac{q_o}{W_o} = \frac{h_1 - h_5}{h_2 - h_1}$$

制冷系数 ε_o 是衡量制冷循环经济性的指标，制冷循环中所消耗的机械功或工作热能越少，从低温热源中吸取的热量越多，则制冷系数值就越大，制冷效率就越高。

6.1.3　空气调节基本知识

1. 空气调节

为了满足人们生活和生产、科研活动对室内气候条件的要求，我们经常需要对空气进行适当的处理，使室内空气的温度、相对湿度、压力、洁净度和气流速度等项参数能保持在一定的范围内，这种制造人工室内气候环境的技术称为空气调节，简称空调。

根据服务的对象不同，通常把空调分为舒适性空调和工艺性空调两大类。舒适性空调以室内为对象，着眼于营造满足人体卫生要求、使人感到舒适的室内气候环境。民用建筑和公共建筑的空调多属于舒适性空调。工艺性空调则主要以工艺过程为对象，着眼于制造满足工艺过程所要求的室内气候环境，同时尽量兼顾人体的卫生要求。工厂车间、仓库、计算机房等的空调属于工艺性空调。空气调节的主要内容有以下几项。

（1）温度调节。温度调节的目的是保持室内空气具有合适的温度。对于居室温度，夏季一般保持在 25～27℃，冬季保持在 18～20℃ 比较合适。工矿企业、科研、医药卫生单位则根据需要确定室内温度值。

对空气的调温过程，实质上是增加或减少空气所具有的显热过程，而空气温度的高低也表达了空气显热的多少。

（2）湿度调节。在保持室内合适温度的同时还必须有合适的室内湿度，夏季的相对湿度在 50%～60%，冬季相对湿度在 40%～50%，人的感觉会比较舒服。对于空气的调湿过程，实质上是增加或减少空气所具有的潜热过程，在此过程中调节了空气中水蒸气的含量。

（3）空气流速调节。温、湿度的调节，只有靠空气流动才能实现，所以空气流动调节在空气调节中是不可忽视的，空气流速调节与分配直接影响着空调系统的使用效果，空调房间回流的速度以不大于 0.25m/s 为宜，此过程依靠机组中的风机来完成。

（4）空气洁净度调节。空气中不同程度地存在着有害气体和灰尘，它们很容易随着人的呼吸进入气管、肺等器官。这些微尘还常常带有细菌，会传播各种疾病。因此，在空气调节中对空气滤清是十分必要的。常用的净化方法有：通风过滤、吸附、分解和催化燃烧等。现在空调器采用的主要净化设备有过滤网、光触媒和活性炭吸附层等。

空调器除了具有上述主要功能外，有些厂家的产品还增加了一些辅助功能。

2. 空气的参数

地球周围的大气，我们习惯上称之为空气。空气是多种气体的混合物，其中不含水蒸气的空气称为干空气，含有水蒸气的空气称为湿空气。干空气的组成成分包括氮（N_2）、氧（O_2）、氩（Ar）、二氧化碳（CO_2）以及其他稀有气体（He、Ne、Kr 等），其体积百分数分别为 78.08%、20.95%、0.93%、0.03%和 0.01%，其平均分子量为 28.97。

实际上，单纯的干空气在自然界是不存在的。因为地球表面大部分是海洋、湖泊和江河，每时每刻有大量的水分蒸发为水蒸气到大气中去，使大气成为干空气和水蒸气的混合气体，实际上是湿空气，习惯上称为空气。湿空气的主要状态参数有温度、压力、湿度、焓等。

(1) 空气温度。空气温度表示空气冷热程度，其各温标的定义及其换算详见 6.1.1 节相关内容。

1) 干球温度 t。普通温度计指示的空气温度称为干球温度，干球温度计的球部（温包）直接与空气接触，它指示的是空气的真实温度。

2) 湿球温度 t_s。通过"湿球温度计"测出的空气温度称为湿球温度。图 6-7 所示为湿球温度计的使用示意图。将干球温度计的感温包用棉纱布包扎，棉纱布下部浸在水里。如果空气中所含水蒸气未达到饱和程度，由于水的蒸发要吸收一部分热量，因此湿球温度一般低于同环境下的干球温度。只有空气达到饱和状态时，$t_s = t$。干球温度和湿球温度的差值大小反映出了空气中相对湿度的大小。

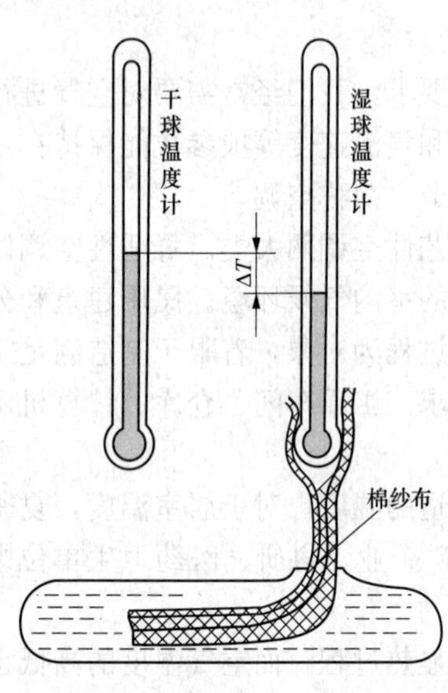

图 6-7　湿球温度计使用示意图

3) 露点温度 t_s。在空气含湿量不变的情况下，通过冷却降温而达到饱和状态的温度称为露点温度。此时，空气的相对湿度为 100%，干球温度、湿球温度、饱和温度及露点温度为同一温度值。在露点温度下，空气中的水蒸气在物体表面形成一层细小的水滴，称为结露或露水。

(2) 大气压力。地球表面的空气层在单位面积上所形成的压力称为大气压。其常用的单位及其换算关系详见 6.1.1 节相关内容。

(3) 空气湿度。表示空气干湿程度的物理量称为湿度。湿度的表示方法、公式等详见 6.1.1 节相关内容。

(4) 空气的焓值。空气的焓值是指空气所含有的总热量，通常以干空气的单位质量为标准。在空气调节中，空气的压力变化一般很小，可以近似于定压过程，因此可以直接用空气的焓变化来度量空气的热量变化，即

$$\Delta h = \Delta Q$$

湿空气的焓值随着温度和含湿量的变化而变化，当温度和含湿量升高时焓值增加；反之，焓值则降低。但是当温度升高，同时含湿量下降时，湿空气的焓值不一定会增加，而完全有可能出现焓值不高或焓值降低的现象。

3. 湿空气的焓-湿图

湿空气中水蒸气的含量虽然不大，但当其含量发生变化时，却对湿空气的物理性质影响很大。湿空气的物理性质是由其状态参数来衡量的。在空气调节技术中，广泛利用焓-湿图来确定湿空气的状态参数及其变化过程。

湿空气的焓-湿图是由 h、d、t、ϕ 四组定值线组成的。其纵坐标为焓 h，横坐标为含湿量 d，为了使得湿空气的焓-湿图的图面开阔、线条清晰，两坐标轴之间的夹角为 135°。图 6-8 所示为焓-湿图的示意图。从图 6-8 中可以看出一系列的等焓线 h 与 d 轴平行，一系列的含湿线 d 与 h 轴平行，还有一系列的等温度线 t 和等相对湿度线 ϕ。在实际应用中，为避免图面过长，常用一水平线代替实际的 d 轴。

4．焓-湿图的应用

（1）确定湿空气各状态参数。当大气压力确定后，只要已知湿空气的状态参数 t、d、ϕ、h 中的任意两个参数，就可在焓-湿图中确定空气的状态点，并查出其余的参数。

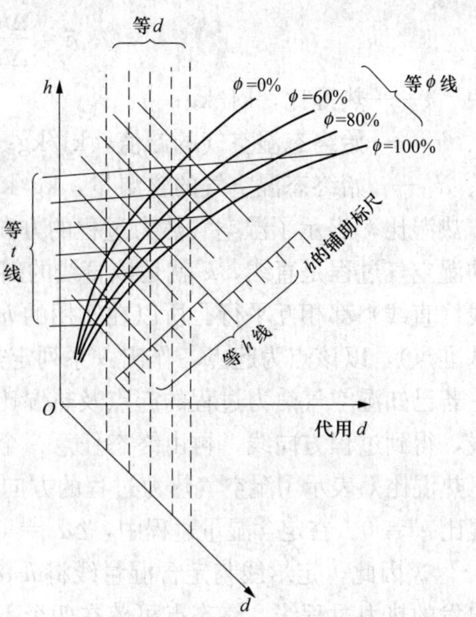

图 6-8 湿空气的焓-湿图

1）干球温度 t。湿空气的干球温度，即环境温度，标在焓-湿图的纵坐标上，单位为℃。

2）含湿量 d。通过焓-湿图上与纵坐标平行的等湿线即可查出相应状态点的含湿量。

3）相对湿度 ϕ。从焓-湿图的等相对湿度线可以查出各状态点的相对湿度值，最下方的一条等相对湿度线为 $\phi=100\%$，为饱和湿空气线。

4）湿空气的比焓 h。确定状态的湿空气焓值，可由焓-湿图上的等焓线查出。

5）湿球温度 t_s。如果想从焓-湿图上确定某一状态点 A 的湿球温度，方法为：空气从湿空气变化到饱和空气的过程可以近似看作等焓过程。从焓-湿图上确定空气的湿球温度如图 6-9 所示。在焓-湿图上由 A 点作等焓线，与图上 $\phi=100\%$的饱和线相交，交点所代表的温度 t_s就是状态 A 的湿球温度。

6）露点温度 t_e。在焓-湿图上确定某一状态点 A 的露点温度的方法为：如图 6-10 所示，当空气开始析出水珠时，说明已达到饱和状态，因此露点温度处在 $\phi=100\%$的饱和线上，并且空气在达到露点前的含湿量不变。从状态点 A 作等含湿线与饱和线相交，交点 l 的温度即为露点温度 t_e。

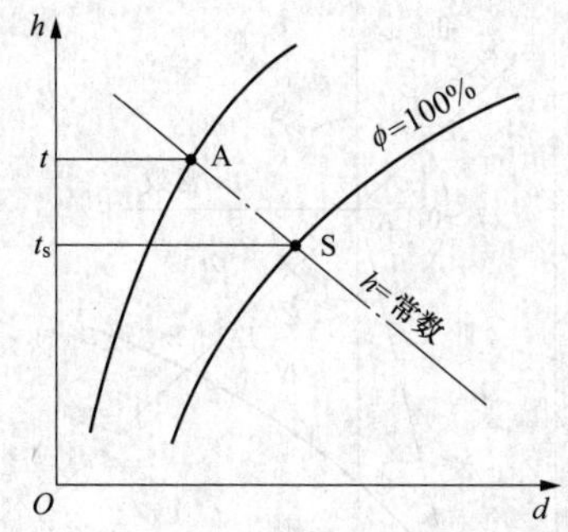

图 6-9 从焓-湿图上确定空气的湿球温度

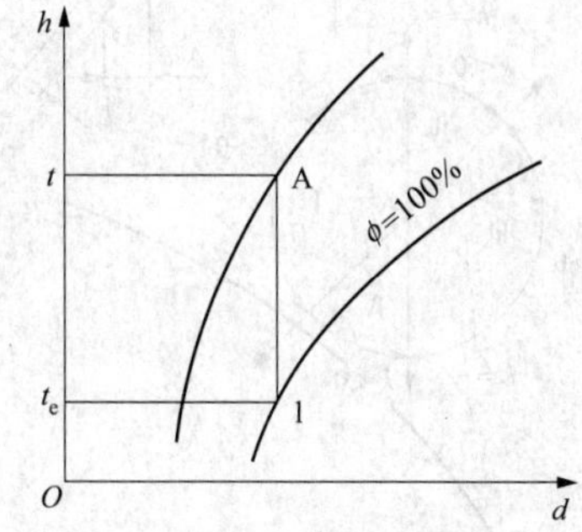

图 6-10 从焓-湿图上确定露点温度

（2）分析空气状态变化过程。当空调器在工作，空气流经空调器时，必然伴随着状态的变化，进行一系列的热力变化过程。

1）热湿比。湿空气自始态点 A 变化至终态点 B 的热力过程中，焓差和含湿量差之比值称为热湿比，用 k 表示，有

$$k=\frac{\Delta h}{\Delta d}=\frac{h_B-h_A}{d_B-d_A}$$

式中　k——热湿比，kJ/kg；

h_A、h_B——始终态湿空气的焓值，kJ/kg；

d_A、d_B——始终态湿空气的含湿量，kg/kg。

热湿比 k 表示了湿空气热力过程的方向和过程中热、湿交换特性。在 h-d 图上，k 为常数的湿空气过程是直线，k 就是该直线的斜率，所以也称 k 为角系数。k 相同的湿空气过程曲线（直线）都相互平行。所以在实用的 h-d 图中，取一基准点 A（常取 $h=0$、$d=0$ 点为基准点），以该点为起点，作出一系列定热湿比（角系数）线，如图 6-11 所示。

若已知湿空气热力过程的起点及热湿比 k 值，在 h-d 图中过始点作一直线平行于已知 k 值线，得到过程方向线，再由终态任意一个参数确定终点，由此得到过程线，并进行热力分析。热湿比 k 表示了湿空气热力过程的方向和过程中热湿交换特性。在定焓过程中，$\Delta h=0$，热湿比 $k=0$。在定含湿量过程中，$\Delta d=0$，若过程吸热，则 $k=+\infty$；若过程放热，则 $k=-\infty$。因此，定焓线与定含湿量线将 h-d 图分成四个区域，如图 6-11 所示。从两线交点 A 出发的热力过程线，终态点可落在四个不同的区域内，并具有以下特点。

在第Ⅰ区域内进行的过程，$\Delta h>0$，$\Delta d>0$，增焓、增湿过程，$k>0$。

在第Ⅱ区域内进行的过程，$\Delta h>0$，$\Delta d<0$，增焓、减湿过程，$k<0$。

在第Ⅲ区域内进行的过程，$\Delta h<0$，$\Delta d<0$，减焓、减湿过程，$k>0$。

在第Ⅳ区域内进行的过程，$\Delta h<0$，$\Delta d>0$，减焓、增湿过程，$k<0$。

2）等湿加热过程。图 6-12 所示为几种典型的空气状态变化过程。等湿加热是空调运行当中常用的空气处理、变化过程。例如，空调器的热泵运行或电加热器供暖时，室内空气流经室内机换热器或电加热器，温度升高，但含湿量没有变化，如图 6-12 中垂直向上的 AB 过程，$k=+\infty$。

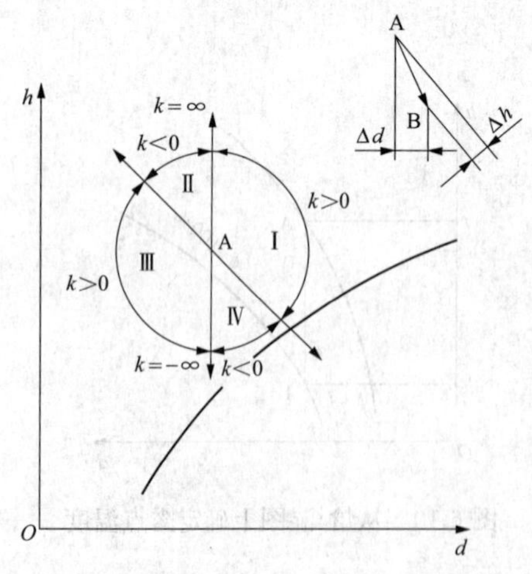

图 6-11　焓-湿图上的热湿比线

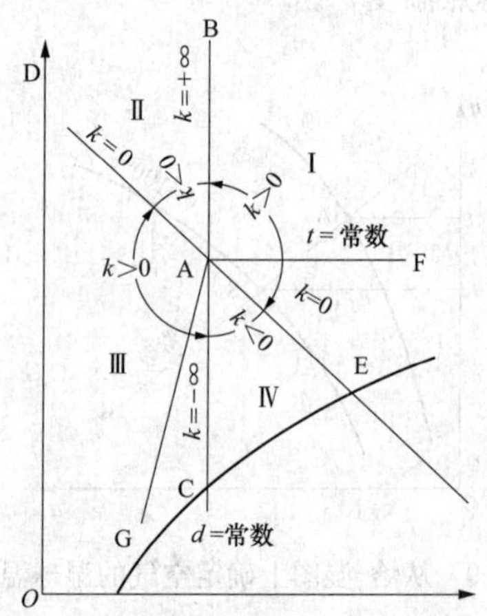

图 6-12　几种典型的空气状态变化过程

3）等湿冷却过程。室内换热器作制冷运行时，如果室内空气流经室内换热器降温，但未发生凝露，即含湿量未发生变化，此过程为等湿冷却过程，如图 6-12 中垂直向下的 AC 过程，$k=-\infty$。

4）等焓加湿和等焓减湿过程。这两种空气处理过程在空调器运行过程中一般不发生或不采用，过程线如图 6-12 中的 AD 和 AE 过程。

5）等温加湿过程。将水蒸气喷入处理的空气当中，当蒸汽质量较小且空气含湿量未超过饱和状态时，近似认为空气温度不变，含湿量和相对湿度增大，如图 6-12 中的 AF 过程。

6）减湿冷却过程。空调器作制冷运行时，室内空气流经蒸发器降温，如果空气在降温过程当中，发生凝露现象，则称为减湿冷却过程，其温度、含湿量、焓值均减少，$k>0$，如图 6-12 所示中的 AG 过程。该过程是空调器运行中常见的空气处理和变化过程。

6.1.4　制冷剂与润滑油

1. 制冷剂的要求

制冷剂是空调制冷系统中实现制冷循环的工作介质，也称制冷工质或冷媒。制冷设备的原理就是利用在系统中循环流动的制冷剂的热力状态的变化，与外界发生能量交换，以达到制冷目的。

作为制冷剂的物质，应具备较好的热力学性质和物理、化学性质，应满足以下要求。

（1）具有较高的临界温度，以便常温下能够液化。

（2）具有适中的饱和蒸气压力。蒸发压力不应低于大气压力，以免空气渗入系统；冷凝压力亦不应过高，否则引起压缩机耗功增加，设备、材料的耐压要求提高。

（3）单位容积制冷量大，以减少压缩机的结构尺寸。

（4）使循环的热力完善度尽可能大，从而减少耗能。

（5）粘度小，以减少流动阻力。

（6）热导率高，以减小传热面积和材料消耗。

（7）不燃烧、不爆炸、无毒。

（8）化学稳定性好，对金属材料不腐蚀，不与润滑油起化学反应，高温下不分解。

（9）绝热指数小，降低压缩机排气温度，减少压缩机功耗，以便提高安全性和延长寿命。

（10）具有良好的电绝缘性能。

（11）价格便宜，易于获得。

（12）对生态环境无破坏作用。

目前，完全满足上述要求的制冷剂还未发现。因此，对于不同的使用场合，不同的用途、装置及使用条件，应选择满足不同使用要求的制冷剂。

2. 制冷剂的分类

（1）按标准蒸发温度（标准大气压、饱和温度下简称标准蒸发温度或沸点）范围分类。

1）高温（低压）制冷剂。标准蒸发温度 $t_s>0$℃，冷凝压力 $P_k\leqslant(0.2\sim0.3)$MPa，如 R11、R113 等。

2）中温（中压）制冷剂。-60℃ $<t_s<0$℃，0.3MPa$<P_k<$2.0MPa，如 R12、R22、R 502、丙烷等。

3）低温（高压）制冷剂。$t_s\leqslant-60$℃，2MPa $<P_k<$ 4MPa，如 R13、R503、乙烯等。

（2）按化学结构分类。

1）无机化合物，如水（用于吸收式与蒸气喷射式制冷）、氨、二氧化碳等。

2）氟利昂，即饱和碳氢化合物的氟、氯、溴衍生物，如R11、R12、R22、R502等。

3）饱和碳氢化合物，如乙烷、丙烷等。

4）不饱和碳氢化合物，如乙烯、丙烯等。

3. 制冷剂的编号和表示方法

国际上统一规定用字母和其后的一组数字及字母作为制冷剂的简写编号，具体规定可查询GB/T 7778—2008《制冷剂编号方法和安全性分类》。

(1) 无机化合物。无机化合物的编号规定为“R”，后面加上该无机化合物分子量的整数部分，如NH_3的代号为R717、H_2O的代号为R718、CO_2的代号为R744。

(2) 烷烃类和氟利昂。烷烃类化合物分子通式为C_mH_{2m+2}，氟利昂分子通式为$C_mH_nF_xCl_yBr_z$（$n+x+y+z=2m+2$）。这两类化合物的编号方法为R$(m-1)(n+1)(x)$，如果$z\neq0$，则为R$(m-1)(n+1)$B(z)。

若$m-1=0$，则“0”略去，如$CFCl_3$（一氟三氯甲烷）的代号为R11，CF_2Cl_2（二氟二氯甲烷）的代号为R12，CHF_2Cl（二氟一氯甲烷）的代号为R22。

(3) 共沸混合物制冷剂和非共沸混合物制冷剂。共沸混合物制冷剂的编号为R5（）（），括号中的数字为该制冷剂获得命名的先后顺序号，非共沸混合物制冷剂的编号为R4（）（），括号中的数字为该制冷剂获得命名的先后顺序号。对于相同的组分，混合比例不同的非共沸混合物制冷剂在数字后面再加上a、b、c等加以区别。

(4) 其他。对于环烷烃、链烯烃及其卤代物，编号原则为：环烷烃及其卤代物用RC开头，链烯烃及其卤代物用R1开头，其后的数字排写规则与氟利昂及烷烃类物质的符号中数字排写规则相同。乙烷系的同分异构体都具有相同的编号，但最对称的一种，用编号后面不带任何字母来表示，随着同分异构体变得愈来愈不对称时，则附加a、b、c等字母。

4. 传统制冷剂的性质

下面主要介绍两种在空调设备中应用最为广泛的制冷剂R12和R22。

(1) R12。R12是应用最为广泛的传统中温制冷剂，在标准大气压下其沸点为－29.8℃，凝固点为－155℃。R12广泛用于冷藏、空调和低温设备，从家用冰箱到大型离心式制冷机中都有采用。R12无色，气味很弱、毒性小、不燃烧、不爆炸，是一种安全的制冷剂，但当温度达400℃以上、遇明火时会分解出有剧毒性气体。

水在R12中的溶解度很小，在低温状态下，容易析出而形成冰堵，因此在R12系统内须严格控制含水量，一般规定含水量不得超过2500ppm（质量），故常在R12系统管路上设置干燥器。

在常用温度范围内，R12能与矿物性润滑油无限溶解。

R12对一般金属没有腐蚀作用，但能腐蚀镁及含镁量超过2%的铝镁合金。R12对天然橡胶及塑料等有机物有膨润作用，因此应使用耐氟利昂腐蚀的丁腈橡胶或氯醇橡胶作为密封材料。

全封闭压缩机中的绕组导线要涂耐氟绝缘漆，电动机采用B级或E级绝缘。

R12易渗漏，对铸件质量及系统的密封性要求较高。

(2) R22。R22是在家用空调领域内应用最广的传统中温制冷剂，在标准大气压下其沸点为－40.8℃，凝固点为－160℃。R22无色，气味很弱、不燃烧、不爆炸，它的传热性能与R12相近，流动性比R12好，融水性比R12稍大。

R22 化学性质不如 R12 稳定，分子极性比 R12 大，对有机物的膨润作用更强。密封材料采用氯乙醇橡胶。全封闭压缩机中的电动机线圈采用 E 级或 F 级绝缘。

R22 能部分与润滑油互溶，其溶解度随着润滑油的种类及温度而变化，在低温下会出现油与 R22 分层的现象。

R22 对金属和非金属的作用及泄漏性与 R12 相似。

5. 新型制冷剂的研究与应用

传统的以 R12、R22 等为代表的氟利昂制冷剂，以其优良的物理性质、化学性质和热力学性能，曾经得到了广泛的应用。但由于这类制冷剂会对大气臭氧层产生破坏、加速全球气候变暖、破坏生态平衡、危害人类身体健康，这些弊端越来越多地被人们所发现和重视，寻找新的、对环境无害的制冷剂已成为全球制冷、空调行业面临的新的挑战。

联合国于 1985 年通过了《保护臭氧层的维也纳公约》，1987 年又通过了《关于消耗臭氧层物质的蒙特利尔议定书》，明确规定了消耗臭氧层的化学物质生产数和消耗量的限制进程。近年来，许多发达国家加快了对制冷剂的替代的时间进程，因此又多次对"议定书"进行修正，提前了禁用和替代期限。

物质对臭氧层破坏作用的大小，以 ODP 值（大气臭氧层损耗潜能值）的大小来衡量，常以 R11 为基准，规定 R11 的 ODP 值为 1。温室效应以 GWP 值（全球温室效应潜能值）来表示，常以 CO_2 等为基准。

理想替代制冷剂除应有较低的 ODP 值和 GWP 值外，还应有良好的使用安全性、经济性、优良的热物性、与润滑油的可溶性、对金属和非金属材料无腐蚀性等。从目前来说还没有一种替代方案和替代物完全满足上述要求。

近年来，对于 R22 等 HCFC 制冷剂的替代物主要有两大类，即氟化烃类（HFC）与碳氢类。美、日、加、英、法等国一直主张开发氟化烃类替代物，而德国和北欧一些国家则主张采用碳氢类自然物质。

对于 HFC 类替代物，美国制冷空调协会（ARI）成立的 AREP（Alternative Refrigerants Evaluation Program）技术委员会和日本制冷空调工业协会（JRAIA）成立的 JAREP（JRAIA Alternative Refrigerants Evaluation Program）组织对各种替代物进行了试验与评估，经过多年的进展，比较成熟的 R22H C 类替代物有 R407（HFC 32/125/134a）、R410A（HFC 32/125）以及 R22（HCFC-22）等。

HFC_S替代物比较有效地综合考虑了安全、性能和环境要求之间的平衡，有较好的发展前景，但由于这类替代物的工作压力高、与矿物油不相溶，需更换酯类油（POE），而酯类油的高吸湿性、起泡和扩散性不如矿物油。另外，HFC_S存在温度滑移、热力学特性较差及较高的 GWP 值等因素，因此人们对系统设计、系统制造提出了更高的要求。

另一类采用天然制冷剂（如烃类、氨等）的替代方案，其 ODP 值和 GWP 值均为零。因此在环境因素方面远远优越于 HFC_S类物质，但由于这类制冷剂的可燃性、刺激性及毒性等安全方面的缺陷以及与润滑油的不相溶性等原因，使得在实际使用和生产上受到限制。

从当前的发展趋势来看，HFC_S类替代物方案被多数国家和企业所接受，并将成为今后一段时间内较为现实可行的方案。日本、美国的许多空调制造企业和公司都早已开展这方面的工作，并取得了实质性的进展。近年来，已有使用新冷媒的空调机型出现。

我国大约从 1993 年起开始研究 R22 替代技术，研究的方向也主要是以 HFC_S类替代物的寻找为主。通过各科研院校与空调企业共同从理论及实验两方面进行研究，取得了一些进展和成果，出现了 THR03 和 KLB 制冷剂等替代物产品。

6. 润滑油

润滑是制冷系统中（特别是对压缩机而言）的重要问题，润滑油是对压缩机各运动部件起润滑作用的物质，它对压缩机正常、可靠、安全运转、保持高性能等起着重要作用。

（1）润滑油的作用。

1）使压缩机中各运动部件的摩擦面之间形成油膜，减小摩擦力、减小摩擦热和零件磨损，从而提高压缩机的可靠性、耐久性及效率。

2）润滑油可以带走摩擦热，降低各运动部件之间的表面温度，确保压缩机的正常工作。

3）润滑油可以充满密封面间隙及各密封件、轴封的摩擦面间隙，防止制冷剂泄漏。

4）此外，润滑油还可以起到清洁运动部件表面、带走机械加工杂质以及防止零部件锈蚀的作用。

（2）润滑油的性能与要求。

1）黏度。黏度大小通常以运动黏度来表示，单位为 m^2/s。黏度是润滑油最主要的质量指标，它决定了油的润滑性能。

润滑油的黏度随温度升高而降低，通常所指的润滑油的黏度是指在 40℃ 时的黏度值。对压缩机中的润滑油来说，黏度过大或过小都是不合适的，黏度过小会影响润滑性能，黏度过大又会增加摩擦耗功和摩擦热，影响机械效率。

对于不同的制冷剂，根据制冷剂与润滑油的相溶性不同，对黏度要求会有不同。对相溶性的制冷剂，黏度要求较低；而对与润滑油不相溶的制冷剂，应选用黏度较高的润滑油。

2）酸值。中和单位质量的润滑油中的游离酸所需要的 KOH（氢氧化钾）的质量数称为酸值，单位为 mg KOH/g。

润滑油中的酸值过高会造成对压缩机金属件的腐蚀。

3）浊点。润滑油中开始析出石蜡时的温度称为浊点。一般说来，润滑油的浊点应该尽量低，以免在低蒸发温度情况下析出石蜡，堵塞节流装置。

4）凝点。润滑油完全失去流动性时的温度称为凝点。失去流动性也就意味着润滑油失去其应有的性能，因此润滑油的凝点尽可能的低。

5）闪点。润滑油蒸气接触明火发生闪火的最低温度称为闪点。为了防止润滑油烧焦，应选用闪点尽可能高的润滑油，一般要求闪点不低于 150℃。

另外，表示润滑油性能的还有化学稳定性、氧化安定性、含水量、机械杂质、击穿电压等质量指标。

从以上对润滑油质量指标的介绍可知，在选择润滑油时主要应考虑以下要求。

a. 在工作温度范围内，润滑油具有适当的黏度。

b. 与制冷剂具有一定的相容性。

c. 凝点要低，闪点要高。

d. 不含水分和石蜡。

e. 对制冷剂和金属有良好的化学稳定性。

f. 绝缘性能良好。

一般各压缩机生产厂家在压缩机出厂时，已经在压缩机中定量灌注了润滑油，空调生产

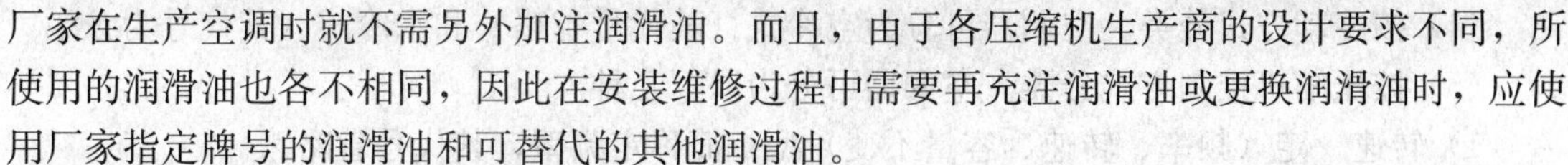

厂家在生产空调时就不需另外加注润滑油。而且，由于各压缩机生产商的设计要求不同，所使用的润滑油也各不相同，因此在安装维修过程中需要再充注润滑油或更换润滑油时，应使用厂家指定牌号的润滑油和可替代的其他润滑油。

6.2　空调器制冷系统原理分析

6.2.1　空调器的分类与型号

1. 空调器的分类

空调器的分类方式有多种。

（1）按使用气候环境（最高温度）分类。空调器可分为 T1（温带气候、最高温度 43℃）型、T2（低温气候、最高温度 35℃）型、T3（高温气候、最高温度 52℃）型。

（2）按结构形式分类。空调器可分为以下几种。

1）整体式。整体式空调器结构分类为窗式（其代号省略）、穿墙式（其代号为 C）、移动式（其代号为 Y）等。

2）分体式，其代号为 F。分体式空调器分为室内机组和室外机组。室内机组结构分类为吊顶式、挂壁式（亦称壁挂式）、落地式（亦称柜式）、嵌入式等（见图 6-13），其代号分别为 D、G、L、Q 等，室外机组代号为 W。

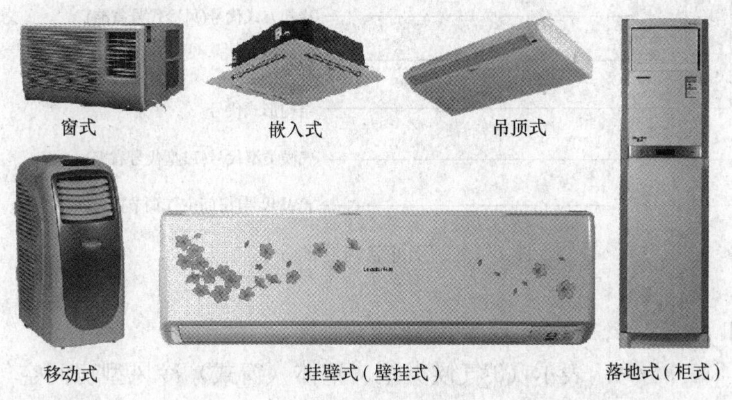

图 6-13　空调器室内机的分类外形示意图

3）一拖多空调器。

（3）按主要功能分类。空调器可分为以下几种。

1）冷风型。其代号省略（制冷专用）。

2）热泵型。其代号为 R（包括制冷、热泵制热，制冷、热泵与辅助电热装置一起制热，制冷、热泵和以转换电热装置与热泵一起使用的辅助电热装置制热）。

3）电热型。其代号为 D（制冷、电热装置制热）。

上述三者的主要区别为：冷风型只有制冷除湿功能，热泵型有制冷、除湿及制热功能，制热是通过制冷系统热泵运行来实现的。电热型有制冷、除湿功能和制热功能，但它不是通过制冷系统进行制热，而是通过电加热器消耗电能制热的。

(4) 按冷却方式分类。空调器可分为空冷式（其代号省略）和水冷式（其代号为 S）。

(5) 按压缩机控制方式分类。空调器可分为以下几种。

1）转速一定（频率、转速、容量不变）型，简称定频型，其代号省略。

2）转速可控（频率、转速、容量可变）型，简称变频型，其代号 B_P。

3）容量可控（容量可变）型，简称变容型，其代号 B_r。

2. 空调器的型号规定

国产房间空调器按 GB/T 7725—2004《房间空气调节器》标准规定命名，其命名方法如图 6-14 所示。

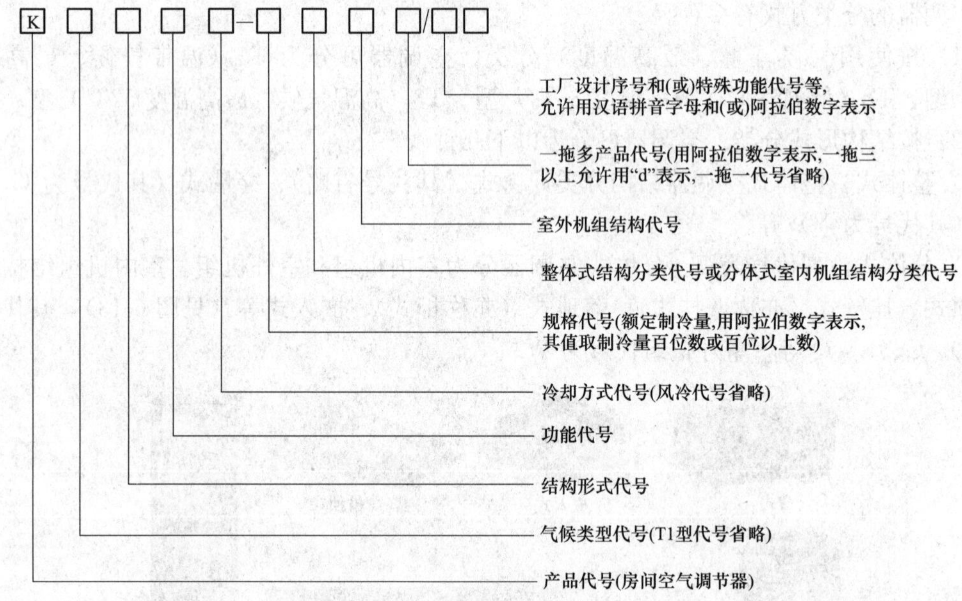

图 6-14　房间空调器的命名方法

型号示例如下。

【例 1】 KT3C-35/A。表示 T3 气候类型、整体（窗式）冷风型房间空气调节器，额定制冷量为 3500W，第一次改型设计。

【例 2】 KFR-26GW。表示 T1 气候类型、分体热泵型挂壁式（壁挂式）房间空气调节器（包括室内机组和室外机组），额定制冷量为 2600W。

室内机组 KFR-26G。表示 T1 气候类型、分体热泵型挂壁式（壁挂式）房间空气调节器室内机组，额定制冷量为 2600W。

室外机组 KFR-26W。表示 T1 气候类型、分体热泵型房间空气调节器室外机组，额定制冷量为 2600W。

【例 3】 KFR-72LW/B_p。表示 T1 气候类型、分体热泵型落地式（柜式）变频房间空气调节器（包括室内机组和室外机组），额定制冷量为 7200W。

室内机组 KFR-72L/B_p。表示 T1 气候类型、分体热泵型落地式（柜式）变频房间空气调节器室内机组，额定制冷量为 7200W。

室外机组 KFR-72W/B_p。表示 T1 气候类型、分体热泵型变频房间空调器室外机组，其

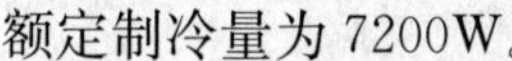

额定制冷量为 7200W。

3. 空调器的性能指标

（1）制冷量。空调器在某种工作环境，即“工况”下，在单位时间内所能吸收的热量称为制冷量，其单位是 W。除此之外，也有使用“Btu/h”“kcal/h”等单位。

（2）制热量。热泵型或电加热型空调器在单位时间内所能产生的热量称为空调器的制热量，其单位与制冷量单位相同。

（3）空调器功率。空调器功率是指空调器运行时所消耗的功率，制冷运行时消耗的总功率称为制冷消耗功率；制热运行时消耗的总功率称为制热消耗功率。通常所说的“匹”，即马力（PS）（1PS = 735W），一般是指制冷消耗功率，如要转换为制冷量则应乘以该空调器的效能比。例如，海尔 KF-25GW/E 空调器，其制冷消耗功率为 800W，近似等于 1PS，通常称其为 1 匹，其效能比为 3.1，折算出的制冷量即约等于其型号标志所体现的 2500W。

（4）能效比（energy efficiency ratio，EER）。在国家规定的额定工况下，空调器进行制冷运行时，制冷量与有效输入功率之比称为能效比。能效比是表示制冷效率的能耗指标，能效比越高，说明空调器的制冷效率越高。

（5）性能系数（coefficient of performance，c. o. p）。热泵型空调器制热量与功率之比，称为性能系数。性能系数是考核热泵型空调器制热性能的指标。

（6）循环风量。循环风量是指空调器室内机单位时间内的送风量，单位为 m^3/s 或 m^3/h。

（7）噪声。空调在运行时的声音就是空调噪声。为创造一个安静舒适的环境，人们希望尽量降低空调噪声。空调噪声分为室内部分噪声、室外部分噪声。室内噪声较低，主要来自于电动机的运行及风扇的转动；而室外噪声主要来自于压缩机、室外风扇发出的声音。根据 GB/T 7725—2004《房间空气调节器》规定，空调器的噪声值不得高于表 6-3 的规定。

表 6-3　　空调器的噪声值标准

额定制冷量 (kW)	室内噪声［dB（A）］		室外噪声［dB（A）］	
	整体式	分体式	整体式	分体式
<2.5	≤52	≤40	≤57	≤52
2.5～4.5	≤55	≤45	≤60	≤55
>4.5～7.1	≤60	≤52	≤65	≤60
>7.1～14		≤55		≤65

4. 空调器的名义工况

根据 GB/T 7725—2004《房间空气调节器》的规定，通常空调器工作的环境温度有三类，具体见表 6-4。我国现用空调器基本按 T1 气候类型设计，其名义工况参数见表 6-5。

表 6-4　　空调器工作的环境温度标准范围

空调器类型	气候类型		
	T1	T2	T3
冷风型	18～43℃	10～35℃	21～52℃
热泵型	−7～43℃	−7～35℃	−7～52℃
电热型	≤43℃	≤35℃	≤52℃

表 6-5 T1 气候类型空调器名义工况参数

工况名称	室内侧空气状态		室外侧空气状态	
	干球温度（℃）	湿球温度（℃）	干球温度（℃）	湿球温度（℃）
名义制冷	27	19	35	24
名义制热	20	15（最大）	7	6

5. 空调器的新功能

（1）换新风。普通空调的运行是在密闭的房间内，长时间运行后室内空气质量会变差。换新风是指通过风管交换室内外的空气，提高室内空气新鲜度。一般换新风都以单向换风为主，即将室内的空气排向室外，仅仅相当于单向排气扇的作用。现代空调器，如海尔空调器所采用双向换新风技术，既能够实现室内外空气的对流，又通过辅以各种空气清洁手段，让室内空气真正清洁流畅，且能量不损失。

（2）离子吸尘。以离子中和的方式，用强力集尘板对微尘进行强力吸附，消除空气中的各种尘粒，使室内空气纯净，保护身体健康。

（3）健康负离子。采用负离子发生技术，在调温的同时释放适量负离子，不仅可以滤除空气中的灰尘、异味，还可杀灭病菌，增强人体携氧抗病能力，预防"空调病"。通常将离子吸尘和健康负离子配合使用，相当于空调器增加了空气清新机功能，能够有效消除室内烟尘。

（4）多元光触媒。多元光触媒的主要成分是氧化钛、活性炭、陶瓷纤维、高级纸浆等，多元光触媒技术能够有效吸附室内各类有害气体。例如，采用多元光触媒技术的海尔空调器，开机 10min，可使室内有害气体清除 80%左右，开机 30min 后，可使有害气体清除 90%左右，能够有效地防止因房屋装修使用的材料所挥发出来的化学物质导致的人体中毒现象发生。

6.2.2 空调器的工作原理与制冷系统

1. 空调器的工作原理

（1）制冷工作原理。如 6.1 节所述，制冷循环都是逆向循环，下面结合分体式空调器对其制冷工作原理进行说明。如图 6-15 所示，空调通电后，制冷系统内制冷剂的低压、低温蒸气被压缩机吸入和压缩为高压、高温的过热蒸气后排至冷凝器；同时室外侧风扇吸入的室外空气流经冷凝器，带走制冷剂放出的热量，使高压高温的制冷剂蒸气凝结为高压液体。高

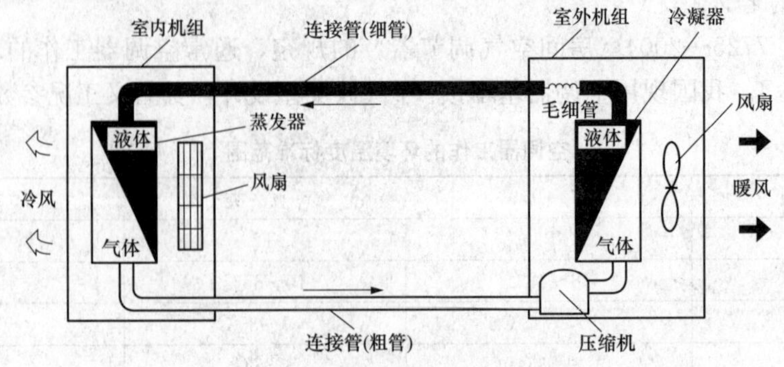

图 6-15 空调器制冷工作原理图

压液体经过节流毛细管降压降温喷入蒸发器，并在相应的低压下蒸发，吸取周围热量，同时室内侧风扇使室内空气不断进入蒸发器的肋片间进行热交换，并将放热后变冷的空气送入室内。如此室内空气不断循环流动。便达到降低温度的目的。

（2）制热工作原理。空调器的制热方式分为电热制热和热泵制热两种。

电热制热是用电热管作为发热元件来加热室内空气。通电后，电热管表面温度升高，室内空气被风扇吸入并吹向电热管，流经电热管后温度升高，升温后的空气又被排入室内，如此不断循环，使室内温度升高。

热泵制热是利用制冷系统的压缩冷凝热来加热室内空气。空调在制冷工作时，低压、低温制冷剂液体在蒸发器内蒸发吸热，而高温、高压制冷剂气体在冷凝器内放热冷凝。热泵制热是通过电磁四通换向阀来改变制冷剂的循环方向，原来制冷工作时作为蒸发器的室内盘管，变成制热时的冷凝器。制冷时作为冷凝器的室外盘管，变成制热时的蒸发器，这样使制冷系统在室外吸热，向室内放热，达到制热的目的。空调器热泵工作原理如图6-16所示。由于热泵空调器是通过吸收室外空气热量制热，所以热泵制热能力随室外温度的变化而变化，一般室外气温为0℃时，其制热量为名义制热量的80%。室外气温为－5℃时，其制热量为名义制热量的70%。

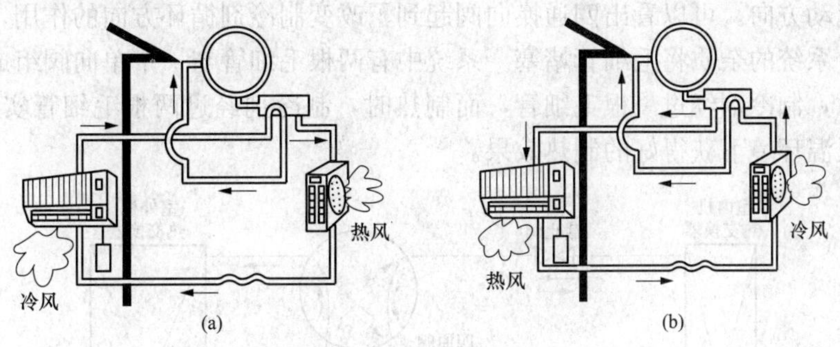

图6-16　空调器热泵工作原理

（a）制冷运行；（b）制热运行

2. 空调器的制冷系统

前面介绍了空调的基本制冷、制热原理，从中可以看出制冷系统有四个最基本的组成部分，即压缩机、冷凝器、节流装置和蒸发器，并由铜管将四个单元连接成一个封闭的系统。系统中充注制冷剂，空调器目前大多以R22作为制冷剂。除了四个基本组成部分外，根据需要，制冷系统可以加入下列部件：四通换向阀、单向阀、过滤器、截止阀、储液器、压力控制开关等部件。这些部件用来增加空调器的功能或提高其工作性能。

（1）整体式空调器制冷系统。整体式空调器主要以窗式空调器为主。窗式空调器的制冷系统由于没有室内外机连接部分，制冷系统相对简单。型号以冷风型为主，制热有热泵型、电加热型、辅助电加热型。图6-17所示为海尔KC-25/(JF)空调器的制冷系统，该制冷系统主要由压缩机、冷凝器、过滤器、毛细管、蒸发器组成。制冷时，制冷剂沿箭头所指的方向流动。

（2）分体式空调器的制冷系统。分体式空调器由室内机和室外机组成，室内外两部分制冷系统在安装时通过连接管连接成一个完整的系统。

分体式空调器的制冷系统按结构分为一拖一型和一拖多型。一拖一型是指一台室外机只

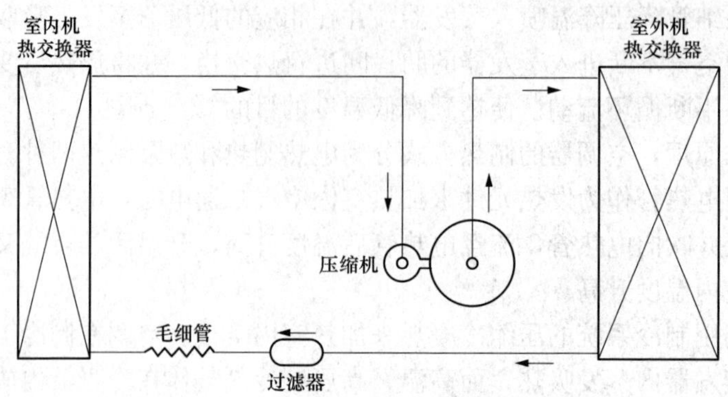

图 6-17　海尔 KC-25/(JF) 空调器制冷系统图

连接一台室内机，而一拖多型是指一台室外机带两台或多台室内机。

1）分体一拖一型空调器的制冷系统。下面以海尔 KFR-23GW 为例，介绍一拖一型空调器的制冷系统，其制冷系统如图 6-18 所示。该系统由压缩机、四通换向阀、室外机换热器、毛细管、单向阀、过滤器、室内机热交换器组成。图 6-18 中用箭头表示了制冷、制热时制冷剂的流动方向。可以看出四通换向阀起到了改变制冷剂循环方向的作用，过滤器可以防止进入制冷系统的杂质将毛细管堵塞。系统中有两根毛细管与一个单向阀组成一个过冷管组，当制冷时，制冷剂经过一根毛细管，而制热时，制冷剂经过两根毛细管实现二次节流，保证在室外低温环境下获得好的制热效果。

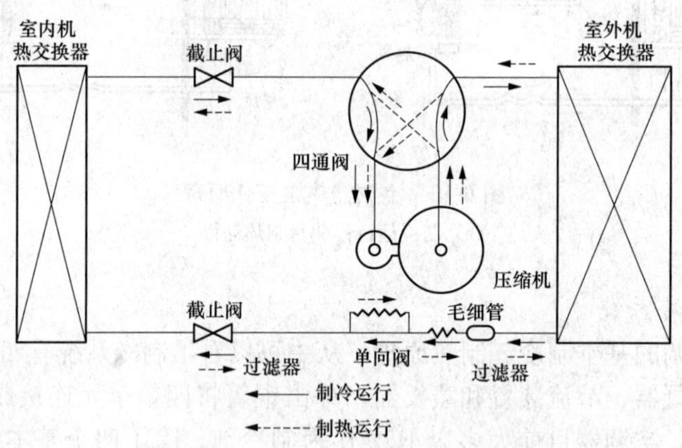

图 6-18　海尔 KFR-23GW 空调器制冷系统图

2）分体一拖多空调器的制冷系统。目前国内分体一拖多型空调器主要为一拖二型。一拖二型空调器常用的组合形式为一台室外机带两台壁挂式室内机，如海尔 KFR-25GW×2/K(F) 型；另外两台室内机也可以采用不同的结构，这类一拖二型称为异型一拖二，如海尔 KR-(45Ld25G)70W，其两台室内机一台为壁挂式，另一台为柜式。

一拖二空调器通常有双压缩机一拖二、单压缩机一拖二和变频一拖二几种类型。

双压缩机一拖二有两台压缩机、两套独立的制冷系统，只是将两台一拖一空调器的制冷系统集中在一个室外机的壳体内，其技术含量低，目前已很少采用。

单压缩机一拖二采用一台大功率压缩机，通过特殊的节流装置，可以开单机，也可以开双机。开双机时两个房间可以同时使用，而开单机时，制冷制热量比开双机时增大。图6-19所示为海尔KFR-25GW×2/K(F)型空调器的制冷系统图。其独特之处是系统中有一个由多个单向阀、多根毛细管及多个电磁阀组成的节流装置。

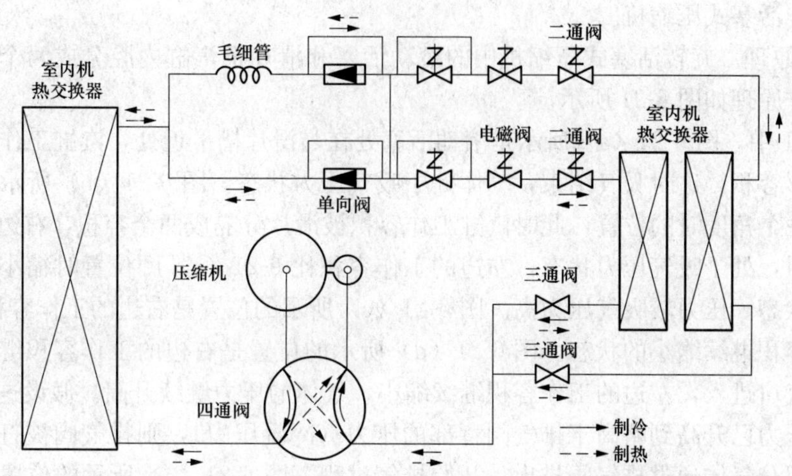

图6-19　海尔KFR-25GW×2/K(F)型空调器的制冷系统图

变频一拖二及一拖多技术集变频技术于一体，图6-20所示为海尔KFR-25GW/BP×2(F)变频一拖二空调器制冷系统图。它与普通空调器的主要区别是采用电子膨胀阀代替毛细管。电子膨胀阀可以根据压缩机排气量的变化自动调节制冷剂流量的大小，从而使制冷系统保持最佳匹配状态，提高整机的工作性能。

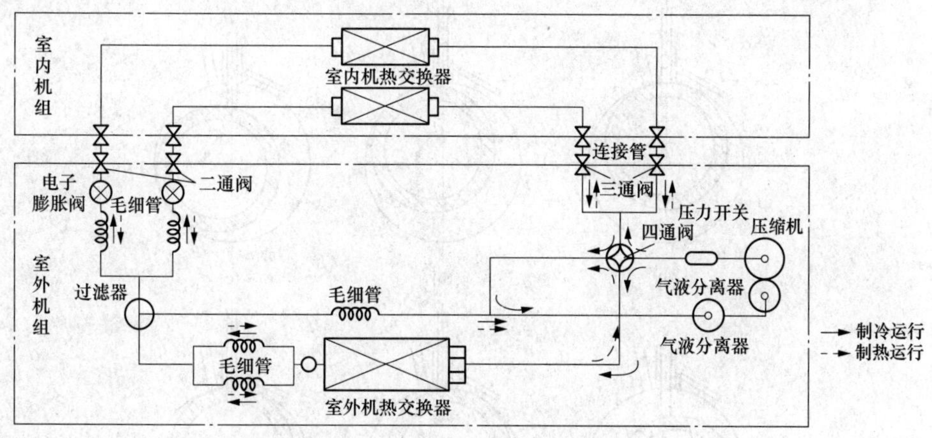

图6-20　海尔KFR-25GW/BP×2(F)制冷系统图

6.2.3　空调器制冷系统的主要部件

房间空调器制冷系统的主要部件一般包括压缩机、换热器、毛细管、四通阀、单向阀等，在变频空调制冷系统中，可能会用到电磁膨胀阀等先进的节流控制器件，这一节将主要介绍制冷系统的主要部件。

1. 压缩机

空调器中压缩机的作用是将蒸发器中所蒸发的低温低压的制冷剂气体吸入其中并压缩至

较高的压力后排到冷凝器中。房间空调器中使用的压缩机，额定制冷量在 14kW 以下，额定功率消耗在 6kW 以下。在这一制冷量和功率范围内使用的压缩机有旋转活塞式压缩机、涡旋式压缩机和往复活塞式压缩机。目前，房间空调器多采用前两种型式的压缩机。

（1）旋转活塞式压缩机。

1）工作原理。旋转活塞式压缩机中的滚动活塞和滑片把汽缸内腔分成两个压缩腔。该压缩机的工作原理如图 6-21 所示。

在图 6-21 中，图 6-21（a）所示是滚动活塞处在与滑片槽最近处，汽缸工作容积是一个完整的月牙形容积，这时吸气结束，气体处于吸气压力状态。图 6-21（b）所示是滚动活塞顺时针转过一个角度时的位置，此时汽缸工作容积被滑片分隔成两个容积，右边的工作容积与吸气腔连通，处于吸气压力状态，左边的工作容积比 6-21（a）图位置时缩小，容积内气体处于压缩状态，压力较吸气压力高。图 6-21（c）所示的位置是右边的工作容积继续扩大，左边的工作容积继续缩小的状态。图 6-21（d）所示的位置是右边的工作容积继续扩大，气体不断由吸气口进入，左边的工作容积继续缩小，气体的压力继续升高。假设这时该工作容积内的气体压力已升高到略高于排气阀背部的压力（冷凝压力），则排气阀被打开，这时该工作容积内部分气体通过排气阀排出，开始排气过程。图 6-21（e）所示的位置是右边的工作容积继续进行吸气，而左边的工作容积继续进行排气的过程。图 6-21（f）的位置是左边的工作容积已缩小为零，排气过程结束，排气阀关闭，右边的工作容积扩大到最大，吸气压力下的气体充满到整个汽缸的工作容积，吸气过程结束。

由此可见，旋转活塞式压缩机旋转一圈，汽缸内两个工作容积分别实现一次吸气或压缩、排气的过程。

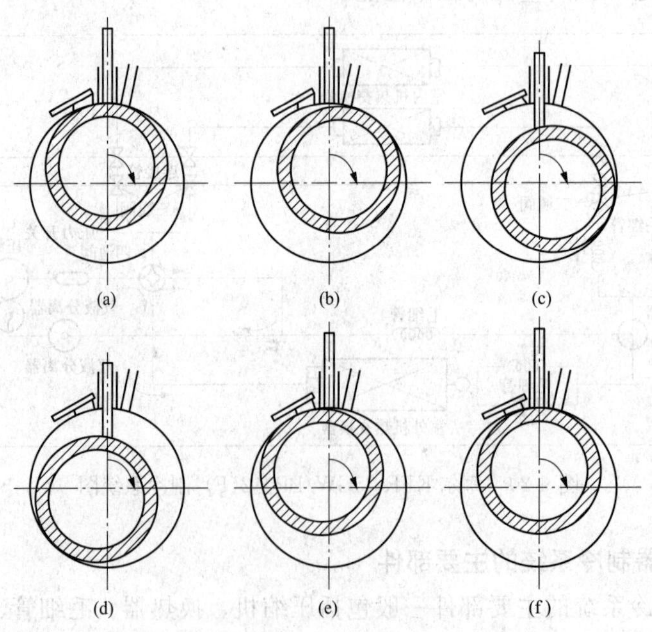

图 6-21　旋转活塞式压缩机的工作原理

2）基本结构。图 6-22 所示为一旋转活塞式压缩机的总体结构图。其外形为圆筒形，主要由外壳体组件、电动机组件和压缩机组件三部分组成。在圆筒形封闭壳体内，上部安装着电动机、下部为压缩机的机组。

电动机由定子和转子组成，电动机的定子与封闭壳体内侧壁紧贴，转子内孔与压缩机的曲轴呈紧配合连接。压缩机主要由汽缸、滚动活塞、滑片、滑片弹簧、主轴承和副轴承及排气阀组成，在压缩机壳体的下部，装有润滑油，润滑油通过偏心轴上的油孔，分别流至滚动活塞的内壁面、主轴承和副轴承内进行润滑。

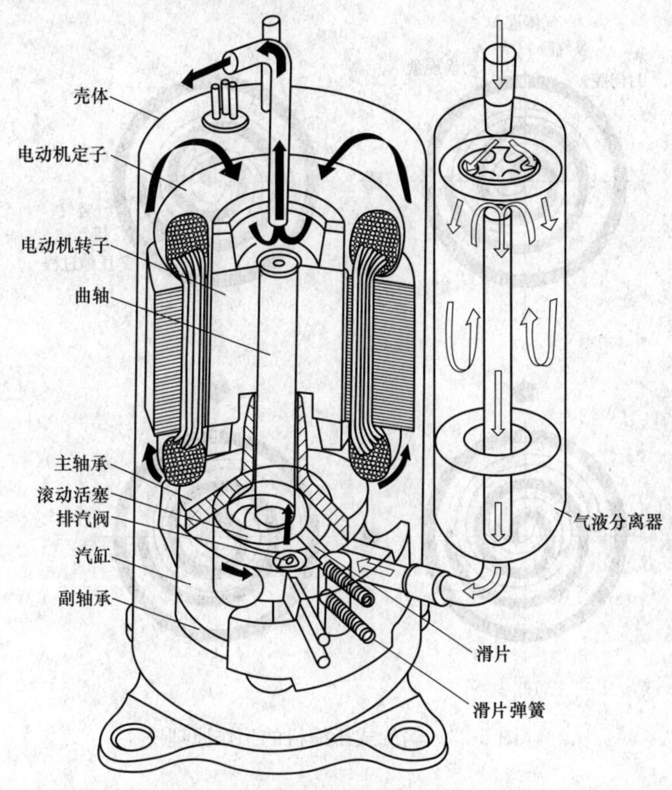

图 6-22　旋转活塞式压缩机的总体结构图

压缩机的吸气管处连接有一个气液分离器，其作用是防止过量液态制冷剂进入汽缸。空调器在正常工作时，由蒸发器而来进入压缩机的是饱和气体或过热气体。但是，诸如在空调器启动或热泵空调器除霜等场合时，进入压缩机的制冷剂会含有较多液态制冷剂，气液分离器的作用就是将液态制冷剂和气态制冷剂分离。气态制冷剂不断被压缩机吸入；液态制冷剂暂时被留存在气液分离器中，依靠压缩机的外壳散发出的热量而蒸发成气态制冷剂，并不断被压缩机吸入到汽缸中。图 6-22 中空心箭头表示由蒸发器来的低压气体，实心箭头表示经压缩机压缩后从排气阀排出的高压气体。

（2）涡旋式压缩机。

1）工作原理。涡旋式压缩机属于容积式压缩机。由于它具有效率高、噪声及振动小、无须气阀等特点，因此近年来较引人注目。

涡旋式压缩机的工作原理可通过图 6-23 来说明。它由一个被偏心轴带动的动涡旋盘与一个固定不动的定涡旋盘相互配合，二者之间形成几对弯月形的工作容积。工作时定涡旋盘不动，偏心轴带动动涡旋盘进行回转的平面运动，使弯月形容积从外部逐渐向中心移动，且其容积逐渐缩小图 6-23（a）所示是最外面的两个弯月形容积被封闭，即吸气终了的状态。图 6-23（b）所示是两个弯月形容积逐渐向中心移动，容积逐渐缩小，充满在容积里的气体压缩，压力逐渐升高。图 6-23（c）所示是两个工作容积已移到接近中心，与中心孔的排气孔口接通，工作容积的气体开始排出。图 6-23（d）所示是最外边的两个弯月形容积与吸气腔接通，又开始吸气和压缩过程，如此周而复始。

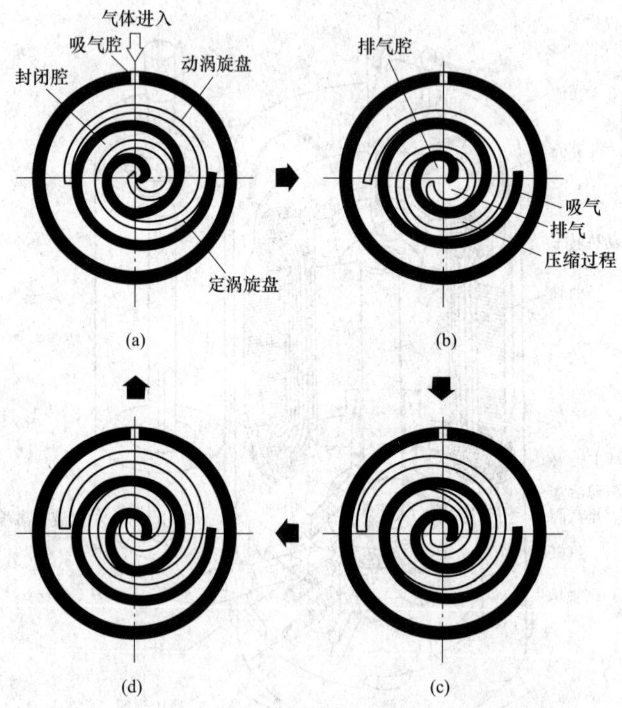

图 6-23　涡旋式压缩机的工作原理

2）基本结构。图 6-24 所示为涡旋式压缩机主要结构部件剖视图。定涡旋盘和动涡旋盘

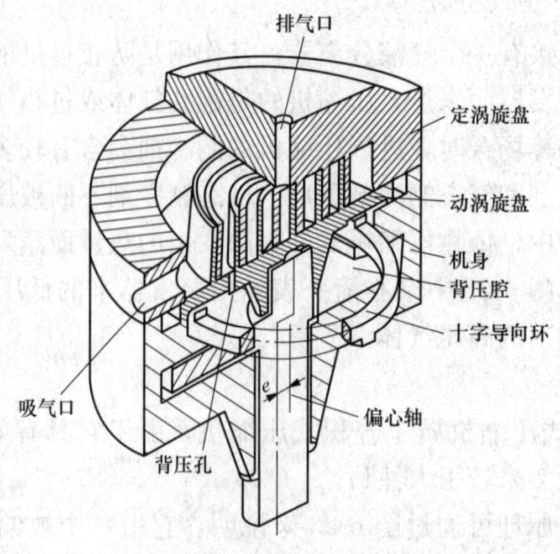

图 6-24　涡旋式压缩机的主要结构部件剖视图

组成进行压缩气体的工作容积。工作时，气体从蒸发器出来被吸入压缩机的封闭壳体中，经吸气口进入工作容积。动涡旋盘依靠十字导向环的作用，由偏心轴带动作平面回转运动，对吸入气体进行压缩，经压缩后的气体由静涡旋盘中心的排气口排出到全封闭壳体中的高压腔，再排出壳体。

图 6-25 所示为立式全封闭涡旋式压缩机总体结构图。在封闭壳体内，电动机安装在壳体的下部，壳体底部盛有润滑油，压缩泵体部分安装在壳体的上部。

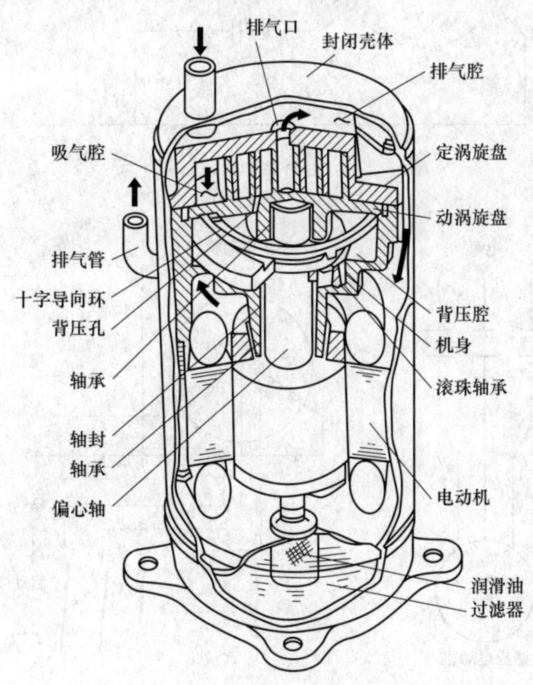

图 6-25　涡旋式压缩机总体结构图

润滑油从底部的过滤器进入压缩机偏心轴内的通道，依靠泵油片向上提升，并通过偏心轴上的油道，分别送入上、下轴承，再通过动涡旋盘的油路，流入动涡旋盘和定涡旋盘以及动涡旋盘与机身间的摩擦表面。

(3) 空调器压缩机所用电动机的运行方式。在我国，空调器电源通常使用单相 220V 和三相 380V 两种，频率均为 50 Hz，因而其压缩机所用电动机分为单相电动机和三相电动机两类。

单相感应电动机的启动方式有电容运转式、电容启动式等多种形式，但作为空调器的压缩机普遍使用的形式为电容运转式。

电容运转式电动机是在启动和运转过程中，把相同容量的电容器串联接到启动（或称辅助）绕组回路上，其结构是在启动绕组中接上能连续使用的电容器。其连接方式如图 6-26 所示。图 6-26 中电动机保护继电器是对电动机绕组的温度进行控制的保护器。这种启动方式具有电路简单、电动机运转性能好、功率因数高等优点，但电动机启动转矩小，使用中应注意制冷系统高、低压是否平衡，因此一般要求压缩机停机 3min 后方可再次启动。

三相感应电动机启动方式也有多种，但常用的是全电压启动（直接起动）方式，如图 6-27 (a) 所示。

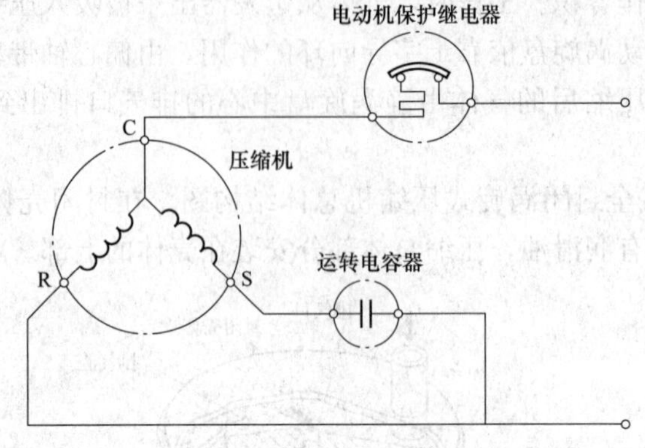

图 6-26　电容运转式接线方式

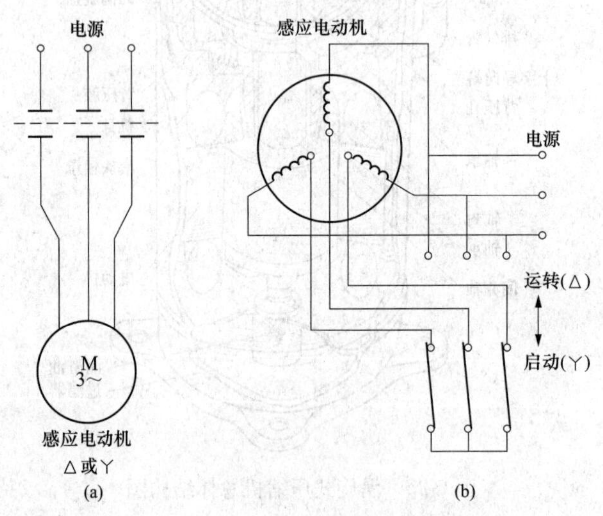

图 6-27　三相感应电动机的启动方式
(a) 全电压启动；(b) 星形Y-△启动

用交流接触器或空气开关将三相电源直接进入电动机内启动运行。普通三相电动机直接启动时，其启动电流为其额定电流的 5～7 倍，它将引起电网电压下降，会对其他运转的机器产生不良影响。因此，对这种电机要求启动加速转矩大，能在短时间内启动完毕，并稳定运行，对功率为 10kW 以下的电动机可使用直接启动方式运行。

在额定输出功率 10kW 以上的特殊笼型电动机中，可装设Y-△启动器、启动补偿器、启动电抗器等，Y-△启动方式是在启动时，定子线圈以Y形接到电源上，如图 6-27 (b) 所示。充分加速后，切换成△形接线，以完成启动。这种Y-△启动，启动时的电压为直接启动时的 $1/\sqrt{3}$，启动转矩减小到全电压启动转矩的 $1/\sqrt{3}$，因而启动转矩大幅度减小，故在低负荷压缩机和有卸载机构中使用。

2. 换热器

换热器是蒸发器和冷凝器的统称，是空调器的核心部件之一，提高换热器效率，可以明显减少换热器的尺寸和压缩机及外壳的重量，节省原材料，降低成本。

(1) 换热器的工作原理。蒸发器把压缩机和节流元件（毛细管或膨胀阀）相互作用而减压的液态制冷剂进行蒸发，从需要冷却的物体中吸收热量，使需要冷却的物体降温。当空调器作制冷运转时，室内蒸发器从流过它的室内空气中吸收热量，使室内空气降温。室内空气依靠风机而循环流过蒸发器的传热表面。在蒸发器的传热管内，液体制冷剂吸取空气传给的热量而蒸发，由液体变成气体。

冷凝器是将压缩机排出的高温高压的气态制冷剂，通过与水或空气进行对流换热，将气态制冷剂热量散发掉而凝结成为高压液态的制冷剂。

（2）空调器用换热器的基本要求。

1）有足够的传热能力。在规定的工况和换热器结构尺寸条件下，足够的传热能力是保证空调器达到足够的制冷量以及低能耗的必要条件。

2）流动阻力小。制冷剂流过换热器管内时，因有流动阻力，会产生压力损失，降低制冷系统的效率。此外，外侧空气流过时的流动阻力也不宜过大。

3）润滑油能回流。与压缩机排出的制冷剂混在一起的润滑油，要能与制冷剂一起在换热器内流动和排出，否则一方面会降低换热器的传热效果，另一方面油不能返回压缩机，压缩机得不到良好的润滑，可能造成损坏。

4）有承受结露、结霜、结冰的能力。当蒸发器内制冷剂的蒸发温度降低时，蒸发器外表有时会结露、结霜或结冰，有时会融霜或融冰。蒸发器应具有承受这些变化的能力。

5）有足够的强度、寿命和密封性。换热器应有足够的承受冷凝压力的能，换热器外表的铝片和铜管经常与空气、灰尘、水蒸气等接触，应有防腐蚀的能力，并不允许有泄露。

6）外形应与空调器的总体相适应。空调器结构较为紧凑，从降噪（增大风机直径）、增大气流宽度以及改变气流组织等方面，对换热器的形状有不同的要求。换热器的结构形状应能适应这种变化的需要。

（3）换热器的整体结构。目前，房间空调器基本上都采用翅片束管式换热器。这种换热器一般由传热管、翅片和端板组合而成，如图 6-28 所示。

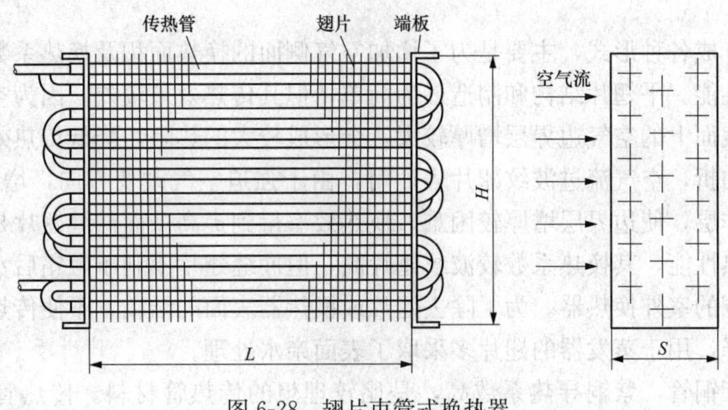

图 6-28 翅片束管式换热器

在传热管外面套着一片片翅片，各翅片之间保持着一定的间隙。如图 6-29 所示，每片翅片与传热管接触处，有弯曲的翻边。装配完毕后，利用胀管机扩头将传热管直径略加扩大的胀管方法，使传热管和翅片接触紧密，此外依靠翻边高度保证翅片间的间距。

翅片的材料为铝箔。铝的导热系数高，塑性好，冲孔翻边不易出现裂纹，并且纯铝的抗大气腐蚀性能好。目前，一般对铝片进行阳极处理，更能提高其抗腐性能。翅片片距通常为

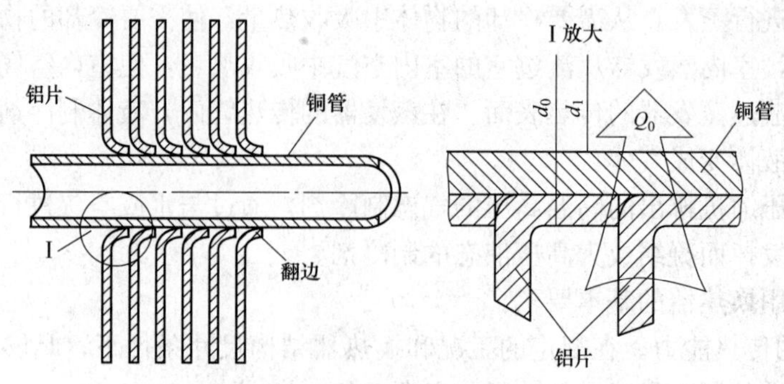

图 6-29 铜管和铝翅片的连接方式

1.2～2.5mm，翅片片距小可使换热器的换热面积增大，增加换热量。如果翅片片距过小，会增大空气流动阻力，使风量降低，反而使换热能力下降。翅片形式有平翅片、波纹翅片和冲缝翅片，如图 6-30 所示。

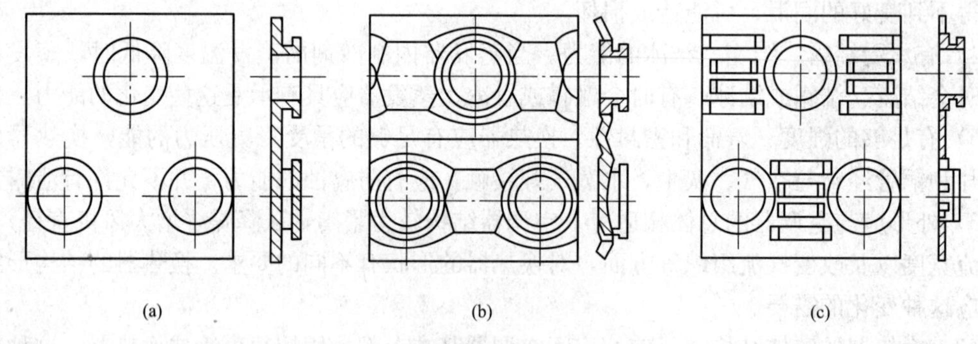

图 6-30 翅片形式示意图

(a) 平翅片；(b) 波纹翅片；(c) 冲缝翅片

将翅片设计成各种形式，主要是为了增加空气侧面的换热面积及换热系数，提高翅片束管式换热器的性能。平翅片结构和制造最为简单，但其传热效果较差。因为空气在翅片之间流动时，翅片表面上的空气边界层增厚较大，会形成较大的热阻，降低传热效果。波纹翅片的翅片呈波纹曲折，空气流过波纹翅片表面时，由于强迫空气改变方向，增强了空气扰动，破坏了层流工作层，使边界层增厚较困难，换热效率得到提高。而冲缝翅片是利用冲缝增加空气扰动及传热性能，其换热系数较波纹翅片高，但冲缝翅片不利于融霜后水的排除，不宜用于热泵型空调的室外换热器。为了除去翅片或换热器表面的结霜，不使传热热阻增加而导致传热效率下降，用于蒸发器的翅片多采取了表面亲水处理。

传热管为紫铜管，紫铜导热系数高，是比较理想的传热管材料。传热管因内表面的不同，有光滑管和内螺纹管两种。内螺纹管是一种铜管内表面开有多条螺纹形螺旋槽的传热管，根据槽截面的齿形不同，分为普通内螺纹管，EX 内螺纹管和 HEX 内螺纹管等多种，如图 6-31 所示。内螺纹管的使用增加了制冷剂与铜管内表面的接触，增强了换热器的传热能力。

3. 毛细管

毛细管是一根内径很小、截面积不变、长度相对于内径很大的管子。通常内径在 0.6～

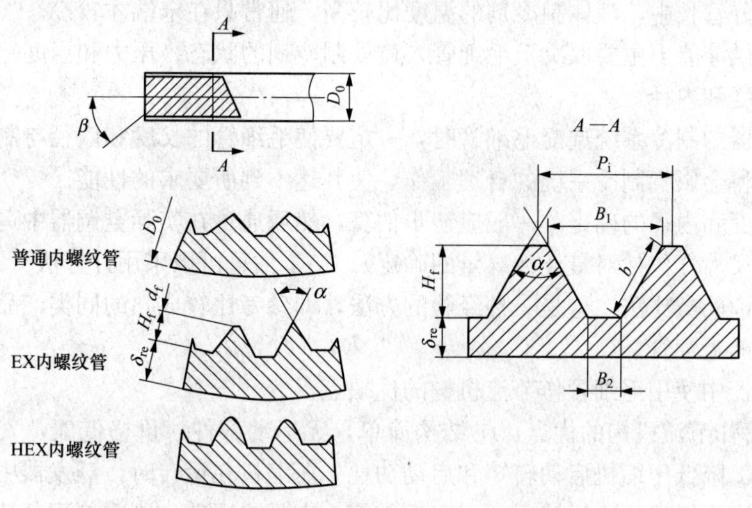

图 6-31　内螺纹管的结构形状

2.5mm，长度在 0.3～5m，毛细管连接在冷凝器出口和蒸发器进口之间，用作制冷系统的节流元件，使制冷系统工作时在冷凝器和蒸发器之间保持需要的压力差。

毛细管是作为一种流量恒定的装置进行工作的。这是利用了它流过液体比气体容易的特性。当有一定的液态制冷剂进入毛细管后，沿管长方向的压力及温度变化如图 6-32 所示。

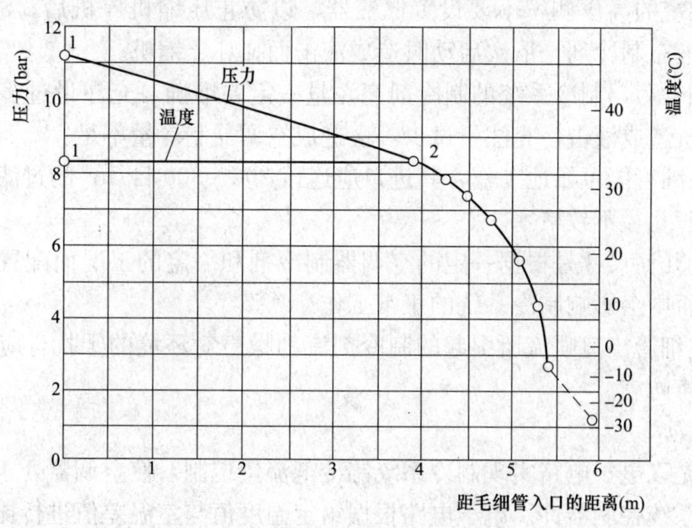

图 6-32　毛细管的流动状态

进口 1→2 段为液相段。此段压力降不大，并且是线性变化，同时该段制冷剂的温度为定值。当制冷剂流到点 2 处，即压力降到相当于制冷剂入口处温度下的饱和压力以下时，管中开始出现第一个气泡，从此点以后到毛细管末端，制冷剂由液态单向流动变为气-液两相流动，此段为饱和液体和饱和气体共存的湿蒸气，其温度相当于该压力下的饱和温度，而且过程的压力线与温度线相重合。由于该段内饱和气体的百分比沿流动方向增加，因此压力降为非线性变化，且越接近毛细管末端，单位长度的压力降越大。由图 6-32 中可以看出，在毛细管的大部分管长中，液体制冷剂的温度比较高，通常只在末端才较冷。

毛细管的供液能力主要取决于毛细管入口处制冷剂的状态（压力和温度）以及毛细管的几何尺寸（长度和内径）。

在为空调器的制冷系统选配毛细管时，一定要使毛细管的长度和内径与制冷系统的工况相匹配，否则将会影响制冷系统的合理工作，使其达不到所要求的性能。

毛细管长度和内径的确定，一般应初步估算，然后通过在实际空调器中运行调试，最终才能获得最佳尺寸（包括对最佳冷媒量的确定）。初步估算可以采用计算法（或图解法），也可采用一种所谓的类比法，这是一种经验的方法，即参考比较成熟的同类产品进行类比进而选择初步确定的毛细管。

（1）空调器中使用毛细管作节流机构的优缺点。

1）毛细管作节流机构的优点：①结构简单，无运动部件，价格低廉，安装方便，工作时性能可靠；②降低压缩机启动转矩和启动功耗。压缩机在运转时，蒸发器中压力低，冷凝器中压力高，当压缩机停止运转后，由于毛细管一直是连通着，制冷剂不断从冷凝器流向蒸发器，直到两者的压力相平衡为止。当压缩机再次启动时，由于处于吸入压力和排出压力相等的条件下，因此所需要的启动转矩和启动功率较小，启动较为容易。

2）毛细管作节流机构的缺点：调节性能很差，供液量不能随工况变动而调节，当空调器工况发生改变时，要求相应改变毛细管的节流截面，要实现这一点是不可能的。

（2）注意事项。

1）在制冷系统的高压侧，不要设置储液器，以防止压缩机停机后，液体流向低压侧，使蒸发器内聚满液态制冷剂，下次启动时造成液击而损坏压缩机。

2）采用毛细管后，制冷系统的制冷剂充注量一定要准确。充注量过多，容易导致液态制冷剂进入压缩机造成液击；充注量过少，会造成空调器制冷量不足。

3）为保证毛细管能可靠地工作，其进口应连接 200～300 目/in^2 的过滤器，以便去除机械杂质，使毛细管孔径不致堵塞。

4）毛细管的几何尺寸是根据一定的空调器制冷剂和一定的工况而配置的，不能随意更换毛细管规格，否则会影响制冷系统的正常工作。

5）为避免毛细管出口喷流所引起的制冷剂流动噪声对环境的干扰，应在相应位置包扎防音胶泥用于隔声防震。

4. 电子膨胀阀

电子膨胀阀是以电子电路实现制冷系统制冷剂流量控制，使空调器处于最佳运行状态而开发的新型制冷系统控制器件。电子电路根据给定温度值与室温差值进行比例积分运算，以控制阀的开度，直接改变蒸发器中制冷剂的流量，使压缩机输送量与通过阀的供液量相适应，从而使蒸发器能力得以最大限度地发挥，实现高效制冷系统的最佳控制。因此，在变频空调器、多路系统空调器中，电子膨胀阀均得到日益广泛的应用。

电子膨胀阀和其他膨胀阀相比，具有以下无法比拟的优点。

1）流量控制范围广，其运转信号与流量的直线性优势。

2）可以进行细微调节控制。

3）阀的开闭滞后极小，可以进行准确控制。

4）可使制冷剂往返两个方向流动等。

图 6-33 所示为脉冲电动机驱动的电子膨胀阀的总体结构。其各部分的结构和工作原理如下。

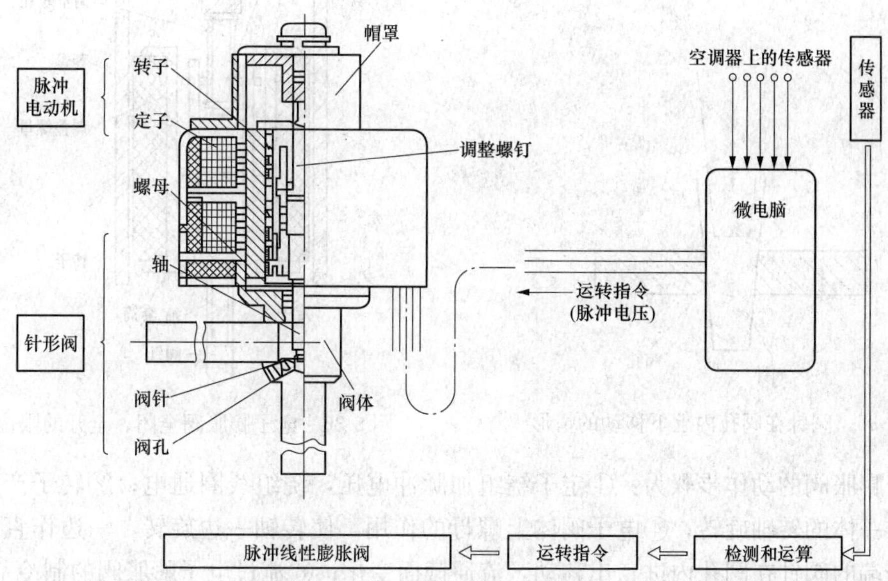

图 6-33　电子膨胀阀的总体结构

（1）驱动部件。电子膨胀阀驱动部件是一个脉冲步进电动机。它由定子绕组和永久磁铁构成的转子组成，如图 6-34 所示。其转子和定子间有一个前壁的圆筒形衬套隔开，使定子和制冷剂不相接触，定子线圈接受由微电脑送来的脉冲电压，使转子以一定的角度步进式向左或向右旋转。

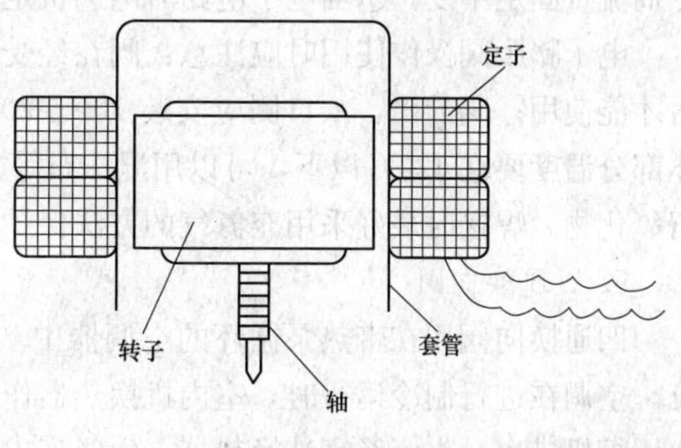

图 6-34　脉冲步进电动机

（2）阀体部件。电子膨胀阀的节流通道面积是随阀针在阀孔内部上下移动而变化的，当通道面积发生改变时，流过的制冷剂流量也随之变化，图 6-35 所示表示阀针内上下移动的情形，实线表示阀针在最低位置，膨胀阀全闭，通道面积为零。虚线表示阀针向上运动到某一位置，阀处于开启状态，阀孔与阀针之间形成环状的通道面积。

（3）驱动部件和阀体部件之间的传动部件。驱动部（转子）和阀体部件之间的传动有直接传动和齿轮传动两种方式。齿轮传动根据传动比的不同，使阀针上下移动距离变化，调节细微。

（4）阀全闭、全开的限位结构。图 6-36 所示为电子膨胀阀全闭、全开的限位结构。在定子和转子之间的中部有一个调整螺栓，外面套有与连接套筒固定在一起的螺母。随着转子的旋转，螺母相对于螺栓上下移动。当螺母接触到调整螺栓下端薄片时，就不能再向下移动，转子就停止旋转，阀处于全闭状态。当转子相反旋转，螺母接触到调整螺栓上端的薄片时，螺母就不能继续上移，转子停止转动，这时阀处于全开状态。

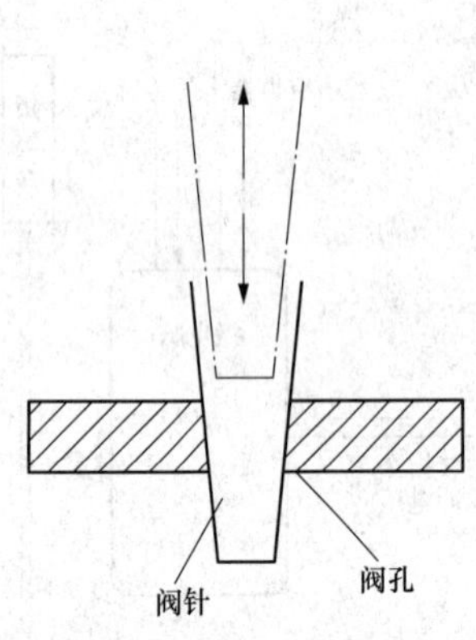

图 6-35　阀针在阀孔内上下移动的情形

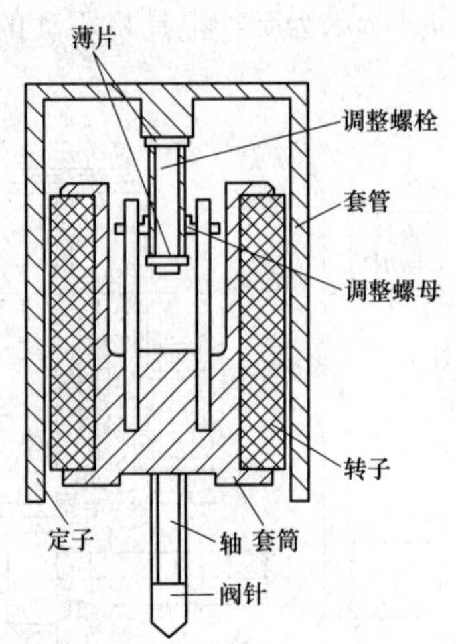

图 6-36　电子膨胀阀全闭、全开的限位结构

电子膨胀阀的动作步骤为：①定子绕组加脉冲电压，绕组线圈通电；②转子产生旋转；③与转子一体的转轴旋转；④电子阀体上螺母的作用，使转轴一边旋转，一边作直线运动；⑤转轴前端的阀针在阀孔内进、出移动，流通截面变化；⑥流过电子膨胀阀的制冷剂流量发生变化；⑦电子电路对电动机定子绕组停止供电；⑧转子停止转动；⑨流过电子膨胀阀的制冷剂流量固定不变；⑩当电子电路对电动机定子绕组线圈供电时，恢复到步骤①。

电子膨胀阀操作使用时应注意：阀在经受强烈冲击（如跌落地面）后，要再次进行检查后才能使用；阀的出、入口侧应安装 100～200 目/in^2 的过滤器；进行阀与配管焊接时，阀体部分温度要在 120℃以下，可以用湿抹布等方法进行冷却。另外要充分注意管子内不能残留氧化物。焊接时最好采用充氮气的方法保护。

5. 四通换向阀

四通换向阀用在带热泵循环的空调器中。图 6-37 所示为采用四通换向阀的典型循环系统。空调在进行制冷运行时，室内机换热器作为蒸发器，室外机换热器作为冷凝器。制冷剂由压缩机排出，先流经室外换热器，后经室内换热器，再返回压缩机。当空调器进行热泵供暖运转时，制冷剂由压缩机排出，先流经室内换热器，后流经室外换热器，再返回压缩机。换向阀在由制冷运转转变到热泵供暖运转时，起到改变制冷剂流向的作用。

（1）四通换向阀的工作原理。四通换向阀由三部分组成，即先导滑阀、主滑阀和电磁线圈。电磁线圈可以拆卸，先导滑阀与主滑阀焊接成一体。

图 6-38（a）所示表示空调器制冷运转时四通换向阀的状态，此时电磁线圈处于断电状态。先导滑阀在压缩弹簧驱动下左移，高压气体进入毛细管后再进入活塞腔。另一方面，活塞腔的气体排出，由于活塞两端存在压差，活塞及主滑阀左移，使 E、S 接管相通，D、C 接管相通，于是形成制冷循环。

图 6-38（b）所示表示空调器在进行热泵运转时四通换向阀的状态。此时电磁线圈处于通电状态。先导滑阀在电磁线圈产生的磁力作用下克服压缩弹簧的张力而右移，高压气体进入毛细管后进入活塞腔。另外，活塞腔的气体排出。由于活塞两端存在压差，活塞及主滑阀右移，使 S、C 接管相通，D、E 接管相通，于是形成制热循环。

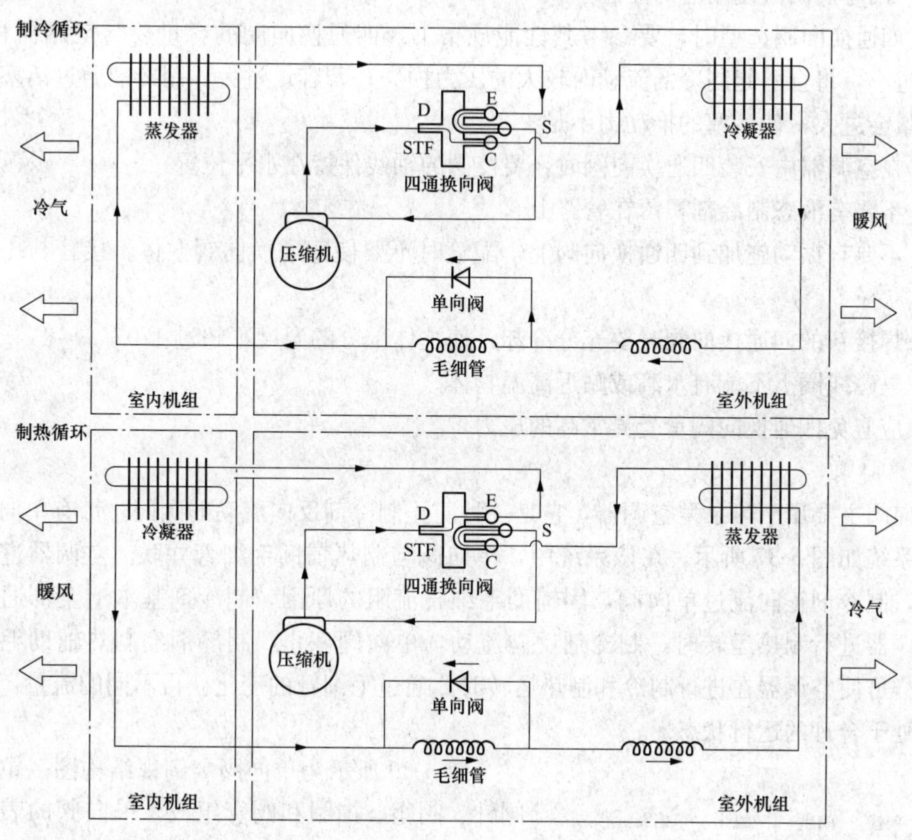

图 6-37　采用四通换向阀的典型制冷系统

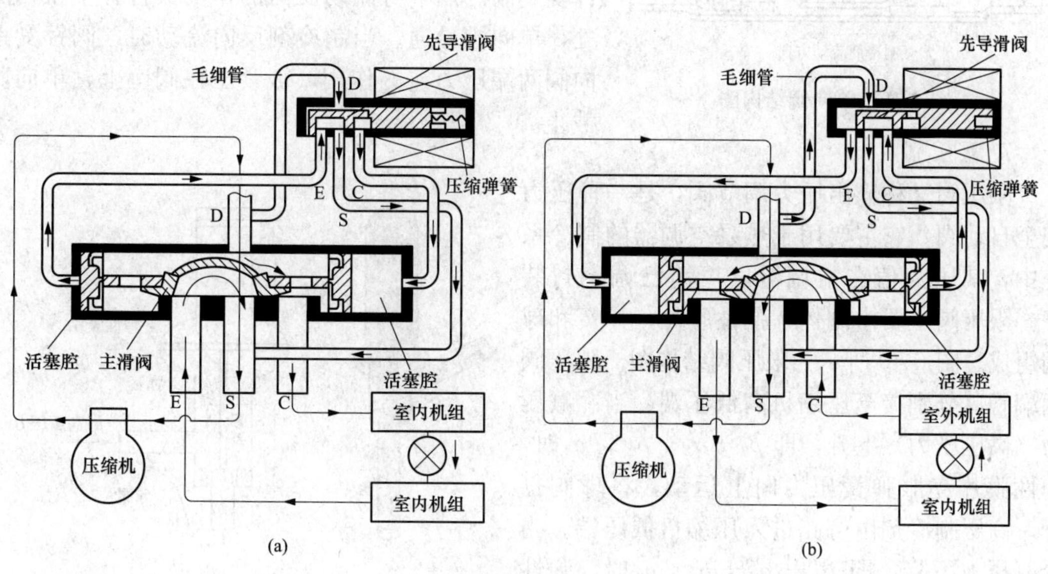

图 6-38　四通换向阀运行状态

（a）制冷循环；（b）制热循环

(2) 四通换向阀使用时的注意事项。

1) 四通换向阀选型时，要参考其性能规格书，四通换向阀的容量要与空调器相匹配。若容量过小，将会引起制冷剂流动时较大的压力损失；若容量过大，制冷剂通过活塞上小孔的泄漏量会过大，使活塞的推动力不足。

2) 在空调器中安装四通换向阀时，要使阀的轴线保持在水平位置。

3) 不要有液态制冷剂积留在管路上。

4) 不要有振动施加到四通换向阀上，配管时不要使四通换向阀主体、接管与压缩机发生共振。

5) 焊接新的四通换向阀时要充分冷却，使主体部分的温度不超过120℃。

6) 电磁线圈上不能有水滴或贴近高温物体。

7) 应避免四通换向阀承受异常高的压力。

6. 单向阀

单向阀主要用于热泵型空调器，它是一种防止制冷剂反向流动的阀门。带有单向阀的制冷循环系统如图6-37所示。在该系统中，单向阀与制热辅助毛细管并联。空调器进行制冷运转时，制冷剂正向流过单向阀，因辅助毛细管流阻的原因，制冷剂基本上全部通过单向阀；空调器进行制热运转时，制冷剂反向流动，单向阀截止，制冷剂经制热辅助毛细管流过。这样可使空调器在进行制冷和制热运转时，通过毛细管的变化获得不同的流量，从而使空调器处于合理的运行状态。

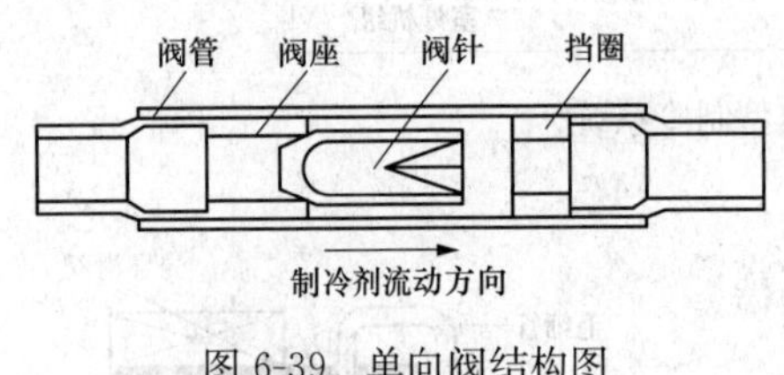

图6-39　单向阀结构图

图6-39所示为单向阀半剖视结构图。单向阀由阀针、阀座、挡圈和阀管组成。单向阀的表面标有制冷剂正向流动的方向。当制冷剂正向流动时，阀针受到制冷剂本身流动压力的作用被打开推至挡圈处，单向阀导通。当制冷剂反向流动时，阀针受单向阀两端压力差的作用，被紧压在阀座上，单向阀截止。

7. 限压阀

限压阀又称输出压力调节阀，是一种压力安全自动阀。它主要用于热泵空调器的制冷系统中，其压力值在空调器出厂前已调定封装好。限压阀主要由阀体、弹性膜片、弹簧和球阀组成。图6-40所示为限压阀结构图。限压阀两端管口分别接至压缩机高低压端，当冷藏压力（高压压力）上升，即 $p_1+q_2+p_2>q_1$ 时，弹性膜片克服弹簧压力向上运动，将球阀打开，高压制冷剂由旁路进入压缩机低压端。当冷凝压力下降，即 $p_1+q_2+p_2<q_1$ 时，弹性膜片向下运动，将球阀关闭，使制冷系统的冷凝压力始终控制在规定的压力范围内。

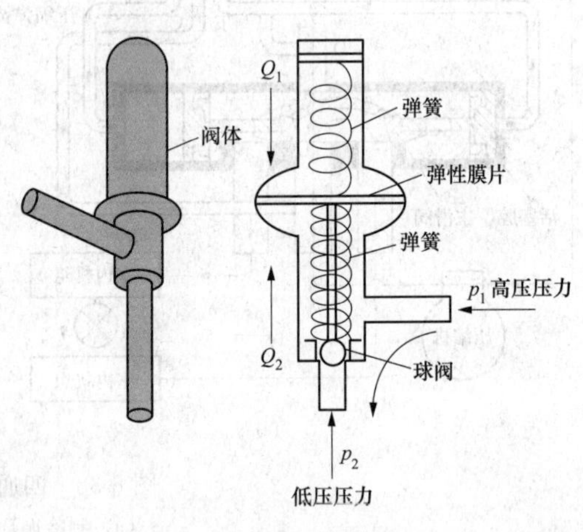

图6-40　限压阀结构图

6.2.4　空调器的基本结构

房间空调器从结构上可分为整体式、分体式两大类。

1. 整体式空调器

整体式空调器包括窗式空调器和移动式空调器两种。

窗式空调器由制冷系统、通风系统、电气系统三部分组成。制冷系统由压缩机、节流毛细管、蒸发器、冷凝器、过滤器等组成封闭的系统，系统内充注制冷剂。通风系统由离心风扇、轴流风扇、进风滤尘网、出风栅组成。

窗式空调的电气控制系统有两类：①机械式电气控制系统，如海尔 KC-25 窗机，电气系统由选择开关、温控器、定时器、舟形开关、功率继电器、启动电容器、过载保护器以及电动机等组成；②电子式电气控制系统，如海尔 KCRd-33（F）等机型的电气控制系统由遥控器、接收器、电脑板、室温传感器、管温传感器等组成。图 6-41 所示为海尔 KC-25/C 窗机的外形图。

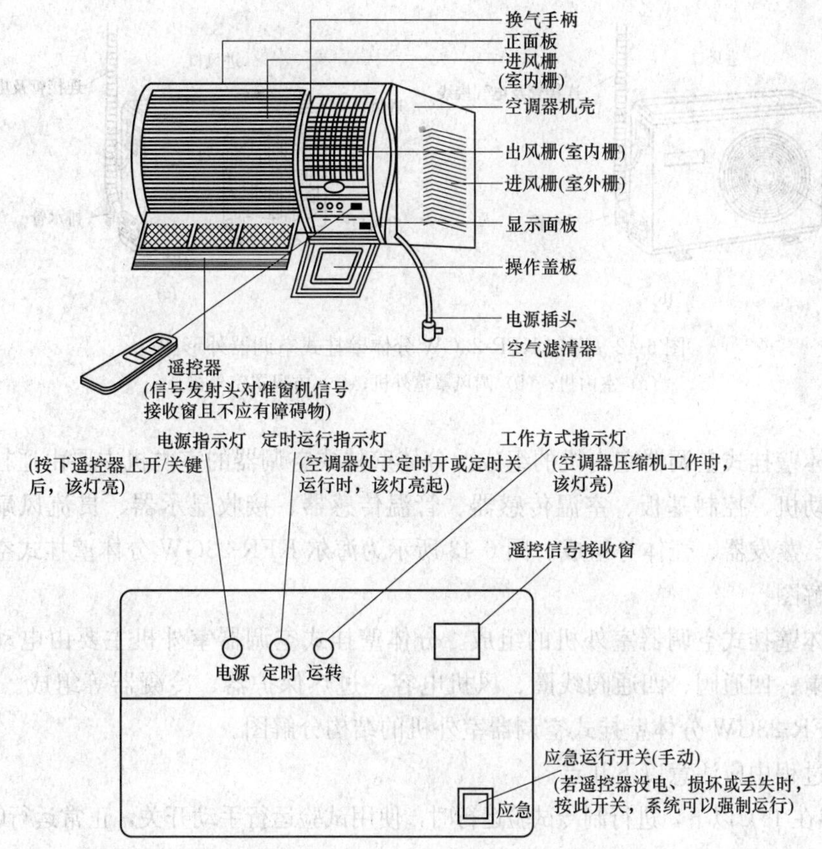

图 6-41　海尔 KC-25/C 窗机外形图

移动式空调器的基本特点和构造与窗式空调器基本相同，主要差别在于移动式空调器无需安装，可以任意调整工作位置，特别适用于局部制冷和特殊应用场所。移动式空调器一般都设有可移动机构，如海尔 KC-20Y 空调器，在其底面安装有滚轮，方便移动。

2. 分体壁挂式空调器

(1) 分体壁挂式空调器的组成。分体壁挂式空调器由室内机和室外机组成。图 6-42 所示为海尔 KFR-23GW 分体壁挂式空调器外形图。

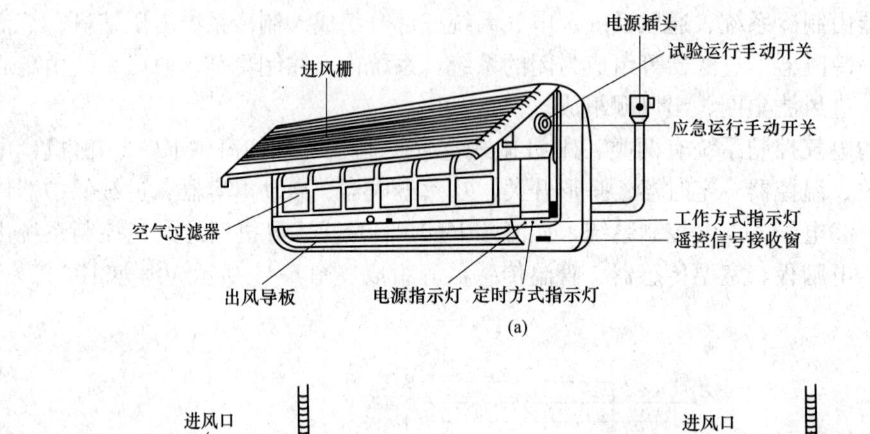

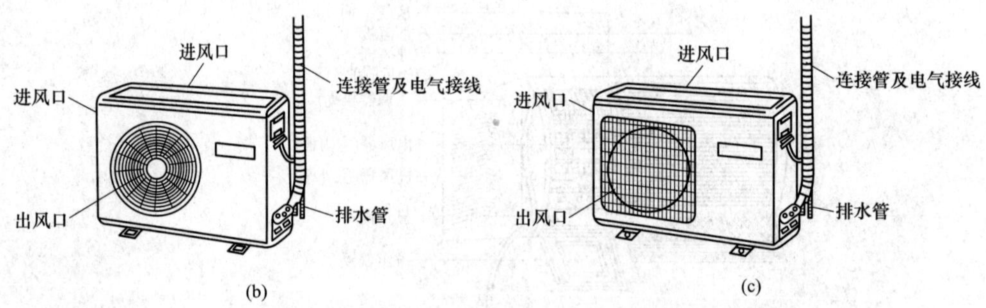

图 6-42 海尔 KFR-23GW 分体壁挂式空调器外形图

(a) 室内机；(b) 圆风罩室外机；(c) 方风罩室外机

(2) 分体壁挂式空调器室内机的组成。分体壁挂式空调器的室内机主要由遥控器、电动机、步进电动机、控制基板、室温传感器、管温传感器、接收显示器、贯流风扇、含油轴承、变压器、蒸发器、壳体等组成。图 6-43 所示为海尔 KFR-23GW 分体壁挂式空调器的室内机结构分解图。

(3) 分体壁挂式空调器室外机的组成。分体壁挂式空调器室外机主要由电动机、压缩机、轴流风扇、四通阀、四通阀线圈、风机电容、过热保护器、冷凝器等组成。图 6-44 所示为海尔 KFR-23GW 分体壁挂式空调器室外机的结构分解图。

在使用过程中应注意以下几点。

1) 室温在 16℃以下，进行制冷试验运行时，使用试验运行手动开关，正常运行时不使用。

2) 遥控器丢失或不能使用时，系统可用应急运行手动开关暂时运行。

3) 出风导板的出风方向应使用遥控器调节，不能用手直接调节。

3. 分体式空调器的其他形式

(1) 柜式。分体柜式空调器与上述分体壁挂式空调器相比，其室外机的结构基本相同。室内机在结构形式及采用的部件形式上有所不同，结构外观上为可置于房间地面任意位置的立柜，因而组件中无需壁挂式中的挂墙板，其他部件如蒸发器、骨架、罩壳和显示板等除了

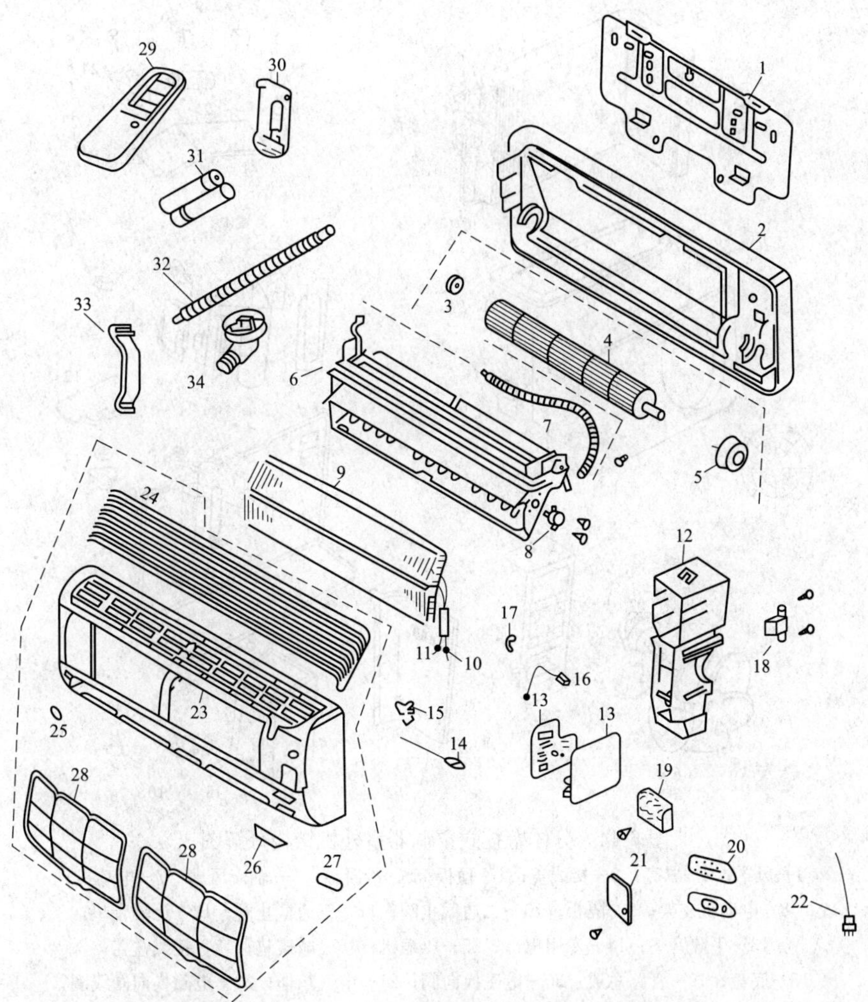

图 6-43　海尔 KFR-23GW 分体壁挂式空调器室内机结构分解图

1—挂墙板；2—骨架；3—含油轴承；4—贯流风扇；5—电动机；6—接水盘；
7—排水管；8—步进电动机；9—“V”型蒸发器；10—进出管接头；11—出水管接头；
12—电气箱体；13—控制基板；14—温度传感器；15—固定夹；16—热交传感器；
17—弹簧片；18—变压器；19—接线端子排；20—接收显示板；21—压线盖；22—电源线；
23—前罩壳；24—进风栅；25—左装饰盖；26—右装饰盖；27—赤线窗；28—过滤网；
29—遥控器；30—遥控器支架；31—电池（7 号）；32—排水管；33—管夹；34—排水弯头

要与空调器性能参数相适应外，还要根据其外形结构作相应调整，最重要的不同之处是它用流量大、压头高的离心式风扇取代了壁挂式空调器采用的贯流式风扇，具有送风距离长、风量大等特点，因而使柜式空调器更适合于在面积较大的房间中应用。

（2）嵌入式和吊顶式。这类空调器的室内机主要为解决结构紧凑型房间或地面和墙面不便安装空调器的房间的制冷问题。吊顶式即将室内机组吸附于房间天花板上，嵌入式则是将室内机安置于房间原有的风道、或插入墙壁、或嵌入天花板中，以节省空间或面积。

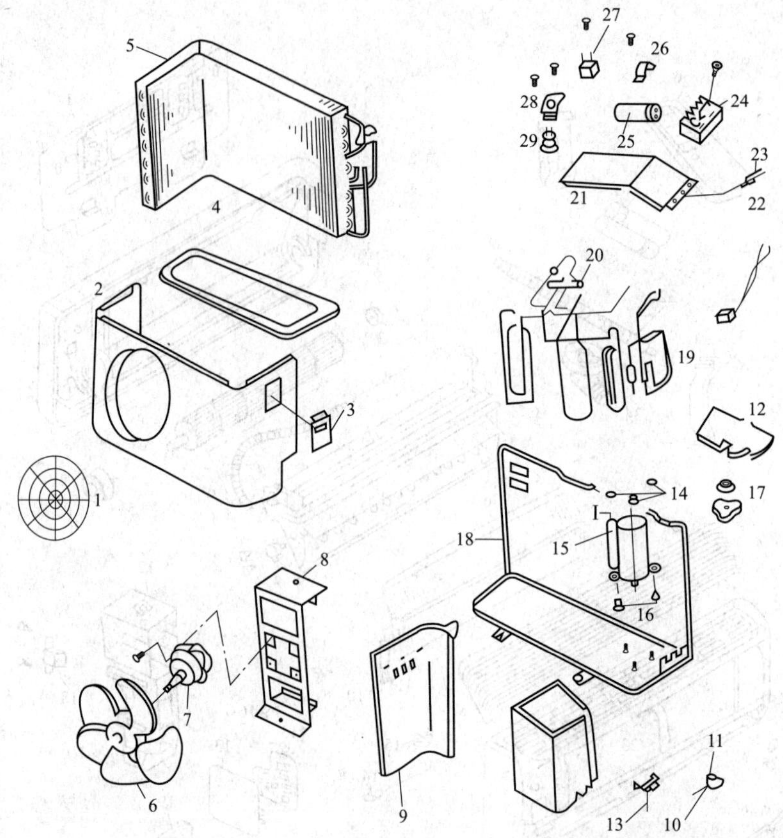

图 6-44　分体壁挂式空调器室外机结构分解图

1—风罩；2—罩壳；3—接线盖；4—顶板；5—冷凝器；6—轴流风扇；7—电动机；8—电动机支架；9—隔板；10—二通截止阀；11—三通截止阀；12—上隔音垫；13—下隔音垫；14—专用螺母；15—压缩机；16—减震垫；17—接线盒盖；18—底盘；19—管路总成；20—电磁换向阀；21—电气箱体；22—电磁换向阀线圈；23—线夹；24—接线端子排；25—电容器；26—电容夹子；27—风机电动机电容；28—支座；29—过热保护器

6.3　空调器的控制系统

6.3.1　空调器控制系统概述

空调器的电气控制系统是指保证压缩机、电动机、电磁换向阀、电磁阀等正常工作的电器件及线路的总称。

空调器的电气控制系统按其控制特点可分为有触点控制系统和无触点控制系统。随着电子技术的广泛应用，空调器的控制系统大多采用无触点控制系统，但在窗式空调器上有触点控制系统仍在使用，如海尔 KC-25 窗式空调器，其电气系统中有压缩机、功能选择开关、温控器、定时器、过热保护器、继电器、舟形开关、同步电动机等，如图 6-45 所示。温控器可以控制室内温度，使其保持在设定值，该温控器不能设定一个准确的温度（如 20℃），只能设定一个相对高低的温度，如0～6挡，挡位越高，温度越低。功能选择开关可以选择强冷、弱冷、高风、低风等功能。舟形开关可以控制出风栅的摆动。

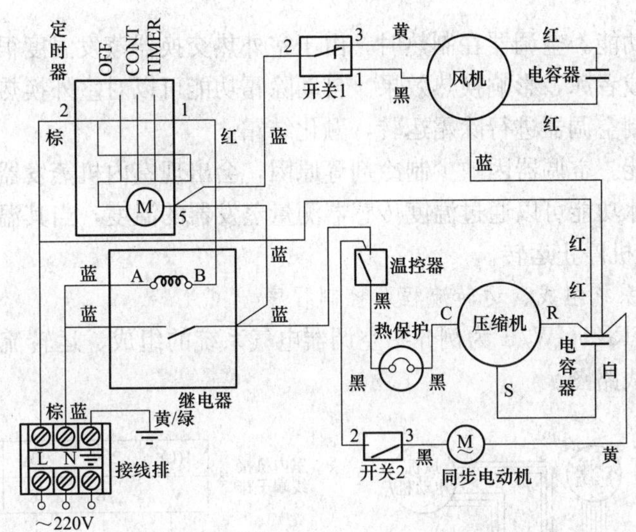

图6-45 海尔KC-25电气线路图

由于现有空调器大多采用电子式电气控制系统，所以本节主要介绍电子式电气控制系统的基本功能及原理。

1. 空调器控制系统的基本功能

空调器的电子式控制系统普遍采用遥控器、线路板、接收器等电气部件。

（1）室温自动控制功能。空调器的主要功能之一是调节房间内的温度，使其达到人们设定的温度。空调器可以通过温度传感器测量房间内的实际温度，然后将房间的实际温度与设定温度相比较，根据两个温度的差值来决定空调器的开或停，从而将室温控制在理想的范围内。例如，制冷时，当室内实际温度比设定温度高时，空调器会继续运转；当房间温度下降到比设定温度低1℃时，空调器就停止制冷。当房间温度又回升到比设定温度高时，空调器又开始制冷。这就是空调器的室温自动控制功能。

（2）风速控制功能。空调器的室内机风扇电动机一般有三速可调（高、中、低），设定高风速可以快速制冷、制热；用低风速可以降低噪声。利用风速控制功能，用户可以设定高、中、低风速，或者设定“风速自动”（空调器自动选择风速高低），以满足使用要求。

（3）自动摆叶功能。空调器的出风栅一般都有竖摆叶和横摆叶。自动摆叶功能就是使出风摆叶自动摆动，使空调器的出风可以吹向房间的各个方向，保证房间内温度均匀。

（4）延时启动功能。空调器运转时，如压缩机停止运转后立刻重新启动，由于制冷系统中的高、低压力没有平衡，会造成压缩机启动困难，甚至损坏。延时启动功能就是保证压缩机停转后，如要再启动，则必须经过一段时间来平衡系统中的压力，比如压缩机停机后至少3min才能再启动。

（5）过电流保护功能。空调器正常运转时，随着环境温度等因素的变化，运转电流也会变化，如果电流过大，则可能会导致压缩机损坏或者其他不安全事故发生。过电流保护功能可以测量运转电流，当电流值超过允许值时，控制压缩机停止运转。

(6) 异常压力保护功能。空调器正常制冷、制热时，系统中的压力保持在一定范围之内，如果由于某些因素导致压力过高或过低，异常压力保护功能就会控制压缩机停止运转。

(7) 自动除霜功能。空调器在制热时，由于室外热交换器蒸发温度很低，因此会在换热器表面形成一层霜或者冰，影响换热效果。自动除霜功能可以对室外换热器是否结霜进行判断，如果结霜就控制空调器进行除霜运转，融化结霜。

(8) 防结冰功能。空调器因缺少制冷剂等原因，会出现室内机蒸发器结冰，引起室内机漏水等故障。防结冰功能可以通过温度传感器测量蒸发器的温度，当其温度过低，可能导致结冰时，，控制压缩机停止运转。

2. 空调器电气系统组成、运转流程及控制程序

下面以海尔 KFR-25GW/E 为例介绍空调器电气系统的组成、运转流程及控制程序。图 6-46 所示为其电气线路图。

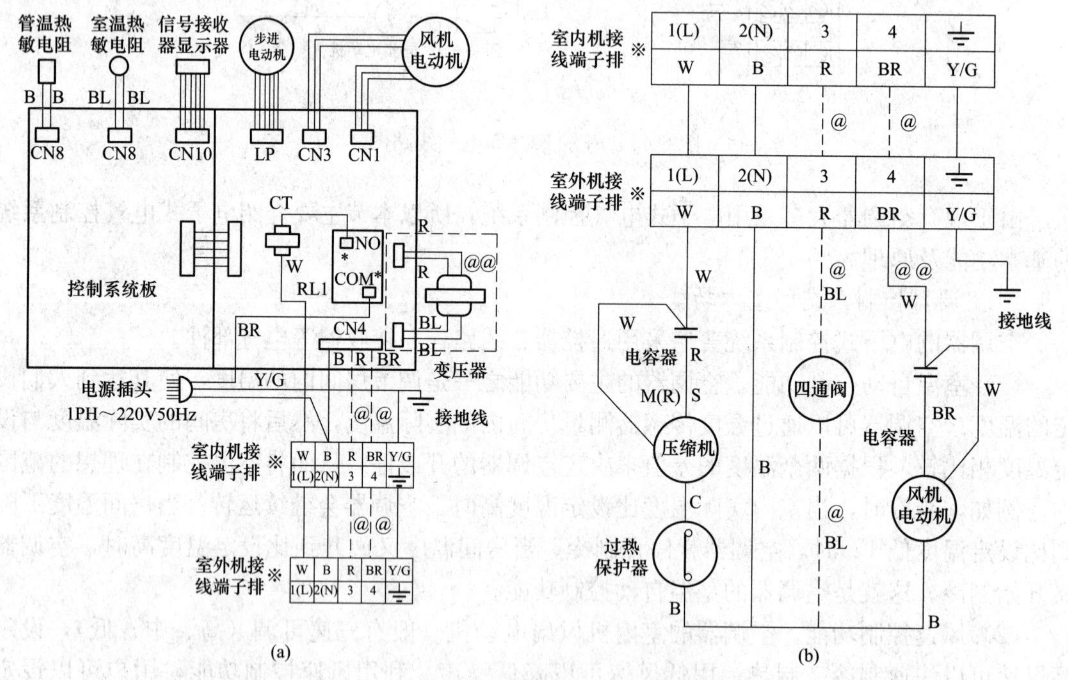

图 6-46 海尔 KFR-25GW/E 电气线路图

(a) 室内机线路图；(b) 室外机线路图

接线说明：B—黑色；R—红色；BR—棕色；BL—蓝色；W—白色；Y/G—黄/绿色

(1) 电气系统组成。如图 6-46 所示，室内机电气件包括遥控器、控制线路板、信号接收器、变压器、管温传感器、室温传感器、步进电动机、风扇电动机、端子排等；室外电气件包括压缩机、压缩机启动电容器、过热保护器、四通换向阀线圈、室外风扇电动机、室外电动机启动电容器等。

(2) 运转流程。图 6-47、图 6-48、图 6-49 所示为电脑板控制的海尔分体壁挂式空调器运转流程图。

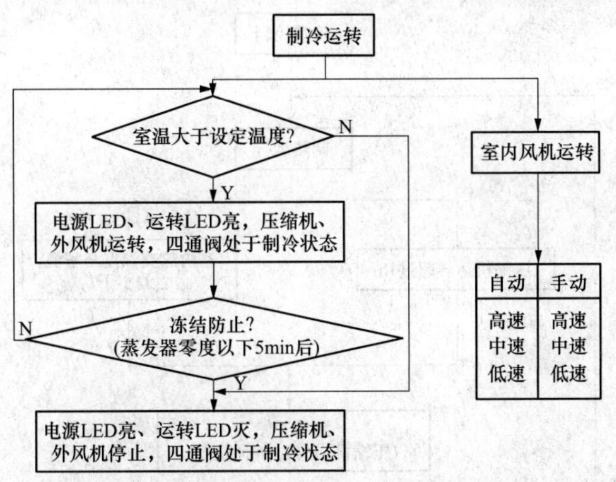

图 6-47　电脑板控制的海尔分体壁挂式空调器运转流程图（一）

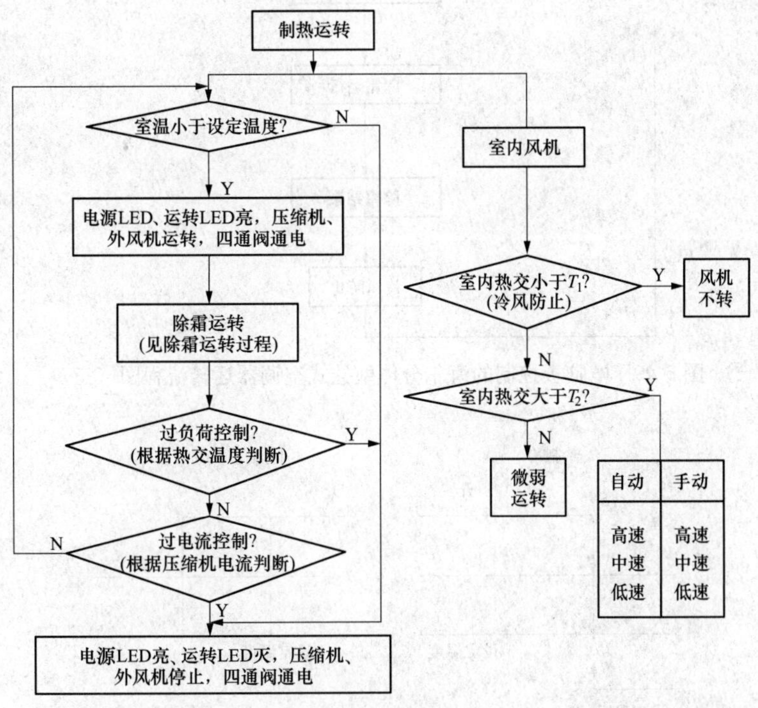

图 6-48　电脑板控制的海尔分体壁挂式空调器运转流程图（二）

3. 电脑控制的运转、自检及保护功能

（1）室内温度控制（温控器工作温差）。温度控制示意图如图 6-50 所示。

温控器设定温度与空气入口温度之间的差值由 ROOM TH 检测。

（2）热敏电阻断线、短路时，在运转状态中电源指示 LED 闪烁（闪烁频率为 1Hz）。

（3）除霜运转。在制热运转中四通阀通电，以四通阀断电为标志进入除霜运转，此时室内、外风机停止运转，压缩机工作 10min 后以四通阀通电为标志恢复制热运转。室外风机运转，而室内风机要在冷风防止功能结束后才运转。

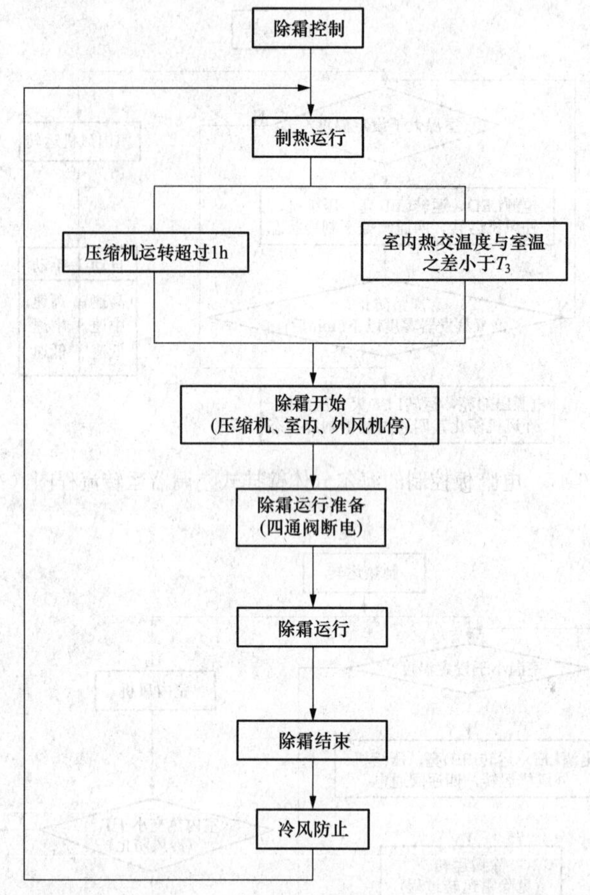

图 6-49　电脑板控制的海尔分体壁挂式空调器运转流程图（三）

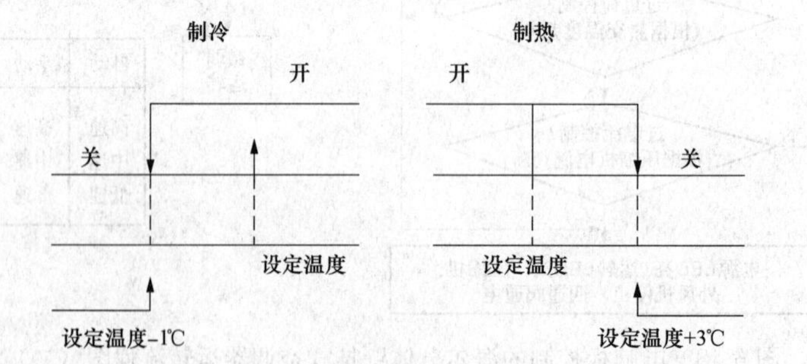

图 6-50　温度控制示意图

（4）制冷、除霜运转中蒸发器冻结防止功能。当室内热交换温度 0℃以下持续 5min 时，压缩机、室外风机停止运转。

（5）压缩机停止后，必须在 3min 后才能启动。

（6）电脑通过室内热交传感器感知室内热交换器温度，电流互感器（TA）检知压缩机电流，以防超温、过电流，确保整机正常工作。

1）过电流防止。当电流互感器（TA）检知压缩机电流过大时，先停止室外风机，待电流恢复正常后，风机恢复运转；若电流继续过大，压缩机、室外风机将全部停止。

2）制热超负荷防止。在制热运转中，如室内热交传感器感知超温，先停止室外风机，待温度恢复正常后，风机恢复运转，若温度继续过大，则压缩机、室外风机将全部停止。

6.3.2 变频技术原理及应用

在科学技术发展日新月异的今天，空调器也与其他高科技产品一样，以加速度的趋势发展。电动机变频调速技术的发展与应用，更为空调器的发展注入了新的活力。

1964年，德国的 A. Schonung 等提出脉宽调制变频技术（Pulse Width Modulation)。这种调速控制技术的核心部件是逆变器——将直流电变为频率可调的交流电的装置。随着电子技术、微电子技术、单片机控制技术的发展，逆变器的功率、功能日益强大，性价比也越来越高。三洋公司从1974年开始生产变频空调器，目前三洋公司在日本本土生产的空调器中，变频空调器的产量约占80％。在一些发达国家，变频空调器在家庭中的普及率已达60％。国外变频空调器品牌主要有日本三洋、松下、日立、大金、夏普等。国产变频空调器主要有海信、海尔、美的、格力等品牌。

1. 变频器工作原理

在学习变频器工作原理前，我们先熟悉一下异步电动机调速运行的工作原理：异步电动机的定子绕组流过电流时产生旋转磁场，在转子绕组内感应出电动势，因而产生感应电流，该电流与定子旋转磁场之间相互作用，便产生电磁力。一般说来，p 对磁极的异步电动机在三相交流电的一个周期内旋转 $1/p$ rad，所以旋转磁场转速的同步速度 n_1 与磁极对数 p、电流频率 f_1 的关系为

$$n_1 = 60f_1/p$$

单位为 r/min。

但异步电动机要产生转矩，同步速度 n_1 与转子速度 n_2 必须有差别，速度差（$n_1 - n_2$）与同步速度 n_1 的比值称为“转差率”，用 s 表示，即

$$s = (n_1 - n_2)/n_1$$

所以转子速度 n_2 可用下式表示，即

$$n_2 = 60f_1/[p(1-s)]$$

单位为 r/min。

由上式可知，改变电动机的供电频率 f_1 就可以改变电动机的转子转数 n_2，可以采用逆变器来改变电动机的供电频率。

在异步电动机中，定子绕组的反电势为

$$E = 4.44f_1\omega k\Phi$$

如果忽略定子阻抗压降，则有

$$U = 4.44f_1\omega k\Phi$$

上式说明，若端电压 U 不变，则随着电动机供电频率 f_1 的升高，气隙磁通 Φ 将减小，从电动机的转矩公式

$$M = C_m\Phi I\cos\phi$$

由此可知，Φ 的减小将导致电动机允许输出转矩 M 下降，使电动机的利用率恶化。与此同时，电动机最大转矩下降，严重时会使电动机堵转，造成电动机损坏。端电压 U 不变时，随着 f_1 的减小，气隙磁通 Φ 将增加，这会使磁路饱和，励磁电流上升，导致损耗急剧增加。

因此，调速时为了维持电动机的最大转矩 M 不变，需要保持气隙磁通 Φ 恒定，这样就要求在改变电动机供电频率 f_1 的同时改变定子电压 U，根据电压 U 和频率 f_1 的不同比例关系，可以有不同的变频调速方式。

(1) 保持 U/f =常数的比例控制方式。

(2) 保持 M_m=常数的恒磁通控制方式。

(3) 保持 P_d=常数的恒功率控制方式。

(4) 恒电流控制方式。

变频器是将电网供电的工频交流电变换为适用于交流电动机变频调速用的电压可变、频率可变的交流电的变流装置。变频器应用于空调器上，较多采用交流—直流—交流的变换方式，图 6-51 所示为变频器工作原理框图。

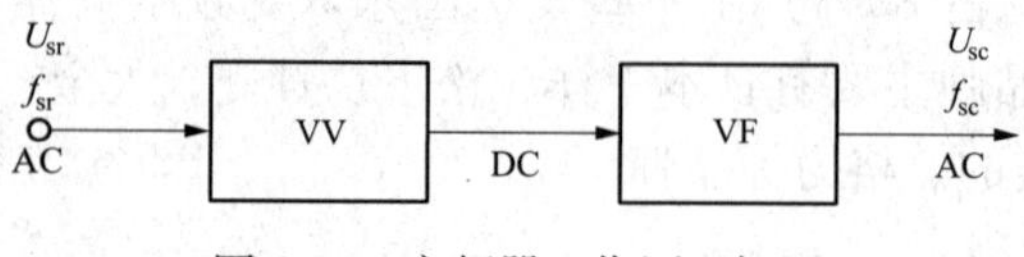

图 6-51　变频器工作原理框图

交流—直流—交流变频器工作原理如图 6-52 所示。该变频器由一组可控整流器和 4 个开关元件组成。可控整流装置把交流电变为幅值可变的直流电，开关元件 1、3 和 2、4 交替导通对负载供电，使负载得到交流输出电压 U_o。U_o的幅值由可控整流装置的控制角 α 决定，U_o的频率由开关元件切换的频率来确定，不受电源频率的限制。

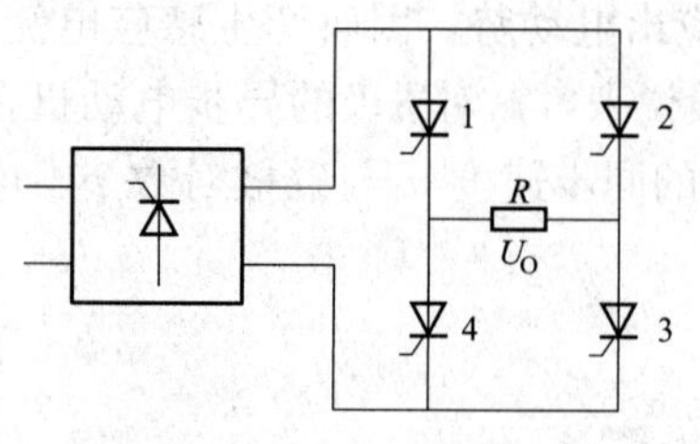

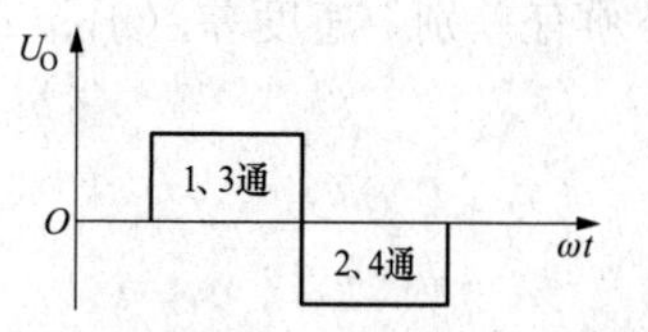

图 6-52　交流变频器工作原理图

2. 变频器基本结构

交流—直流—交流变频器的基本结构如图 6-53 所示。

(1) 变流器（整流电路，整流器）。变流器的作用是把交流电整流为直流电。在变频技术中，整流器可以采用硅整流元件构成不可控整流器，也可以采用晶闸管元件构成可控整流器。

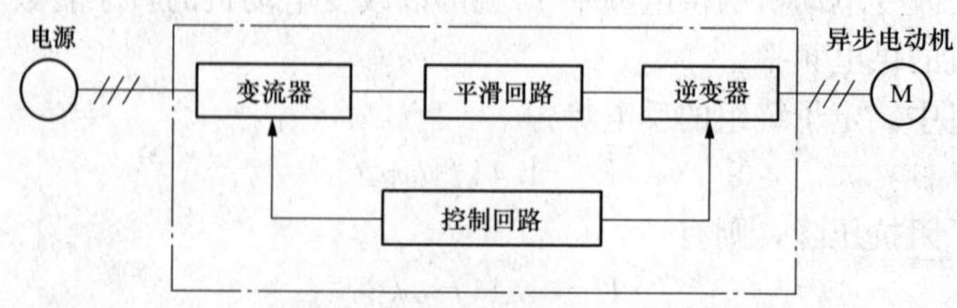

图 6-53　交流变频器的基本结构

(2) 平滑回路（功率因数补偿电路）。平滑回路用来缓冲直流环节和负载之间的无功能量。

(3) 逆变器。逆变器的作用是把直流电逆变为频率、电压可调的交流电。在近代交流调速系统中，逆变器使用的功率元件有普通的晶闸管（SCR）、控制极可关断的晶闸管

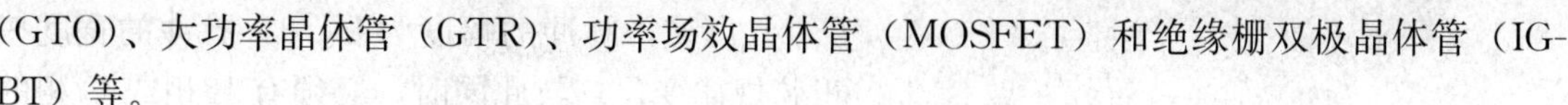

(GTO)、大功率晶体管（GTR)、功率场效晶体管（MOSFET）和绝缘栅双极晶体管（IG-BT）等。

(4) 控制回路。控制回路根据变频调速的不同控制方式产生相应的控制信号，控制变流器及逆变器中各功率元件的工作状态，使逆变器输出预定频率和预定电压。

控制器有两种控制方式：①以各种集成电路构成的模拟控制方式；②以单片机、微处理器构成的数字控制方式。

在对逆变器的控制中，广泛采用 PWM（脉冲宽度调制）技术。由控制线路按一定的规律控制开关元件的通断，从而在逆变器的输出端获得一系列等幅不等宽的矩形脉冲波形，近似等效于正弦电压波形。图 6-54 所示为与正弦波等效的等幅矩形脉冲序列波。其原理是：把一个正弦波分成 N 等分，如图 6-54 所示（图中 $N=12$)；然后把每一等分的正弦曲线与横轴所包围的面积都用一个与此面积相等的等高矩形脉冲来代替，矩形脉冲在横坐标的中点与正弦波每一等分的中点重合，如图 6-54 所示；由 N 个等幅而不等宽的矩形脉冲所组成的波形就与正弦波的正半周等效。同样，正弦波的负半周也可以用相同的方法等效。图 6-54 所示的一系列脉冲波形就是所期望的逆变器输出的 PWM 波形。当逆变器中各功率开关都在理想状态时，驱动相应开关的信号也应为图 6-54 所示形状的一系列脉冲波形。

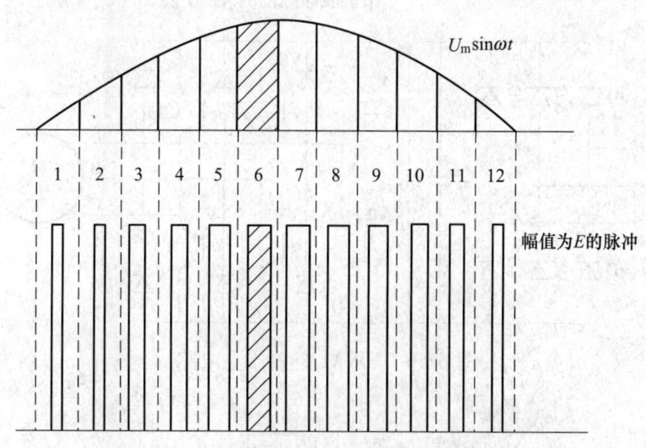

图 6-54　与正弦波等效的等幅矩形脉冲序列波

从理论上，我们可以严格地计算出各段矩形脉冲的宽度，作为控制逆变器开关导通的依据，这可以由数字电路来实现。在实际应用中，引入了“调制”这一概念，以所期望的波形（正弦波）作为调制波，以等腰三角波形作为载波，由于等腰三角波形是上下宽度线性变化的波形，任何一种平滑的曲线与三角波相交时，都会得到一组等幅的、脉冲宽度正比于该函数值的矩形脉冲。当用正弦波和三角波相交时，便可以得到幅值为 U_m 而宽度按正弦规律变化的矩形脉冲。图 6-55 所示为单极脉宽调制方法与波形。

图 6-56 所示为 PWM 变频器的主电路。图 6-56 中 VT1～VT6 是逆变器的 6 个功率开关器件，各有一个续流二极管反并联连接，逆变器由单相整流器提供的直流电压 U_S 供电。比较器输出 U_{da} 的“正”或“零”两种电平分别对应功率开关器件 VT1 的通、断两种状态。由于 VT1 在正半周期内反复通断，因此在逆变器的输出端可获得重现 U_{da} 形状的 PWM 相电压

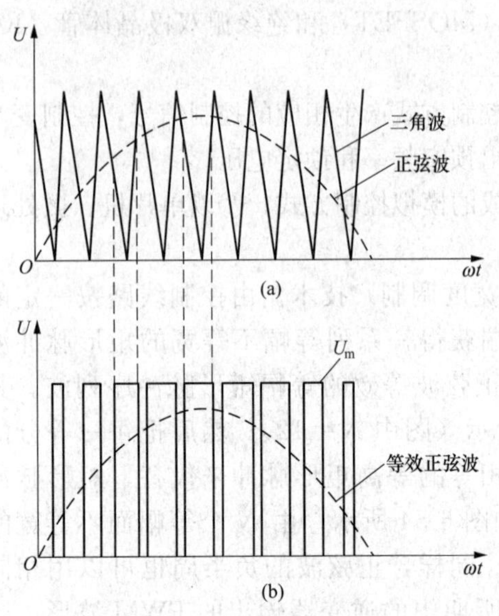

图 6-55　单极脉宽调制方法与波形

（a）正弦调制波与三角波；（b）输出 PWM 波形

$U_A = f(t)$，脉冲的幅度为 $U_S/2$，脉冲的宽度按正弦规律变化。与此同时，必须有 B 相或 C 相的负半周出现导通。U_B 或 U_C 脉冲的幅度为 $-U_S/2$。由此可知，其他两相只是相位上分别相差 120°。三相 PWM 逆变器工作在双极式控制方式时，输出基波电压的大小和频率也是通过改变正弦参考信号的幅度和频率而改变的，只是功率开关器件通断的情况不一样。图 6-57 所示为 P WM 变频器控制电路框图。由参考信号振荡器提供一组对称的正弦参考电压信号 U_{ra}、U_{rb}、U_{rc}，其频率决定逆变器输出的基波频率。因此该频率应在所要求的输出频率范围内可调，参考信号的幅度也可以在一定范围内变化，以决定输出电压的大小。三角波载波信号 U_t 分别与每相参考电压比较后，给出“正”或“零”的饱和输出，产生 PWM 脉冲序列波 U_{da}、U_{db}、U_{dc}，作为逆变器功率开关器件的驱动控制信号。

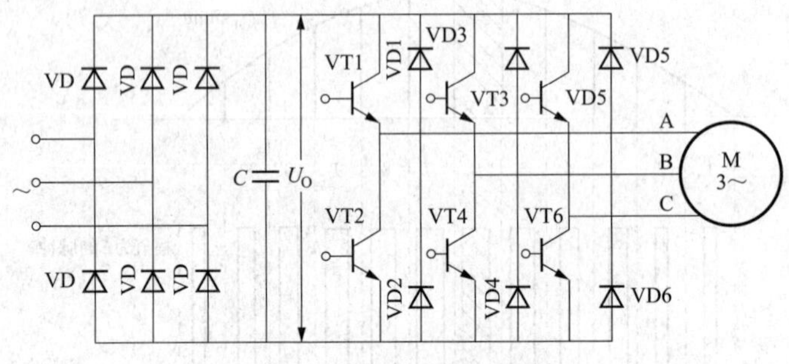

图 6-56　PWM 变频器主电路

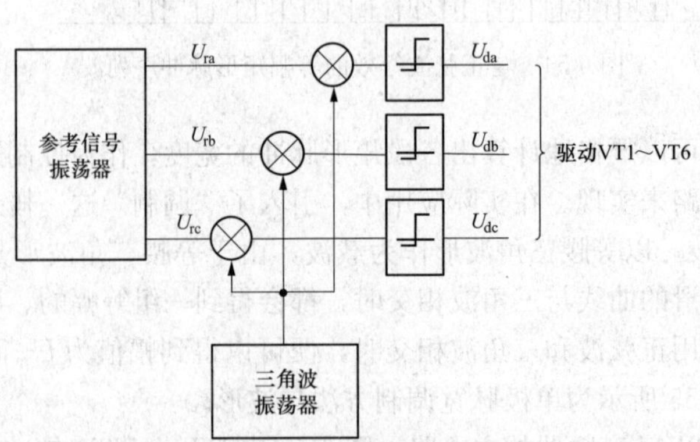

图 6-57　PWM 变频器控制电路框图

控制方式可以是单极式，也可以是双极式。采用单极式控制时，在正弦波的半个周期内

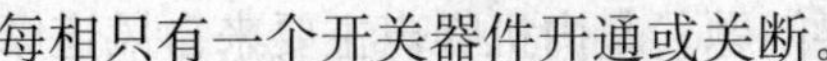

每相只有一个开关器件开通或关断。

将变频技术应用于空调器，可以降低能耗，同时提高使用空调器的舒适性，特别是对于热泵式空调器，可以确保充分发挥其能力，并且在50Hz、60Hz供电地区能充分发挥出相同的调节能力。另外，采用变频技术，还可减小启动电流，这样不仅可以减小电源设备的负荷，还可防止空调器启动时接在同一电源上的照明器具发生闪烁。变频空调器具有高效节能、体感舒适等普通空调器无法比拟的优点，因而越来越引起人们的关注。

3. 变频空调器的电气控制系统

变频空调是近年来推出的新一代高性能空调，在其控制技术中采用智能控制、变频控制等新技术。与定频空调比较，变频空调器具有以下优点。

1）快速制冷与制热。

2）温度控制稳定，精度高。

3）高效、节能。

4）运转噪声低。

典型的变频式空调器电路控制框图如图6-58所示。该电控系统包括两部分：室内控制单元和室外控制单元。

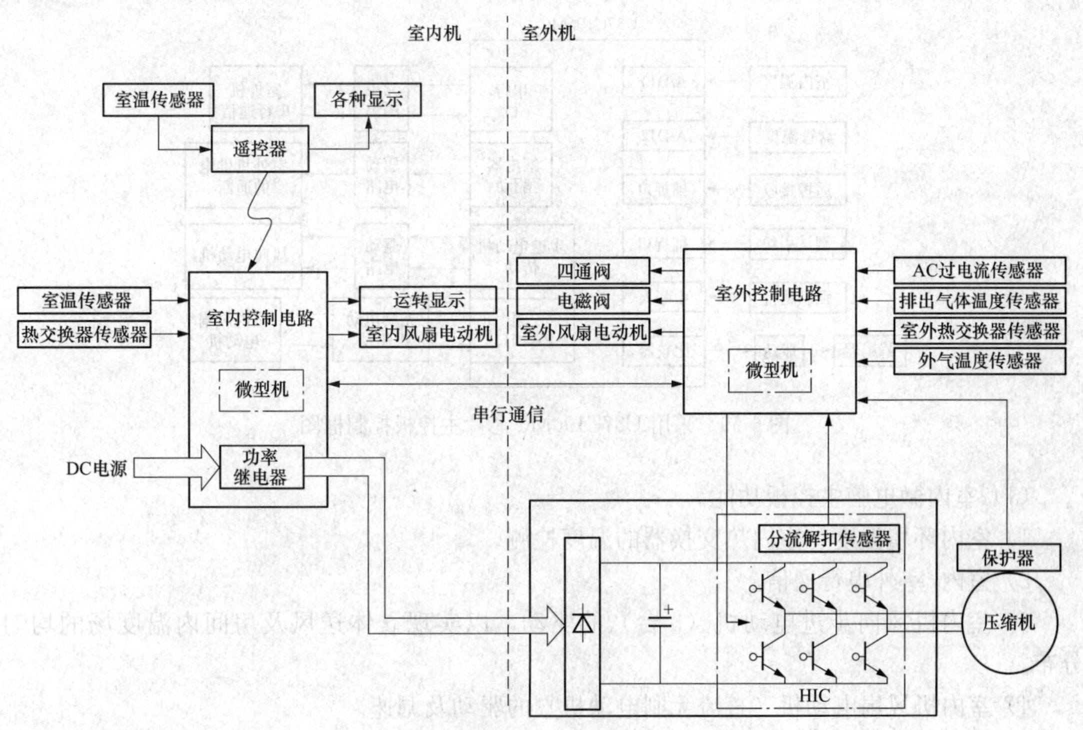

图6-58　典型的变频式空调器电路控制框图

变频空调的电控系统主要考虑以下几点。

（1）控制方式。空调器由于其使用环境参数的不确定性、人舒适性要求的不确定性等因素，决定其几乎不可能使用固定模型的控制方式，而模糊控制摆脱了模型不确定性影响，是比较适合于空调器的控制方式。针对空调器对象有很多平衡点的特殊性，采用零点自适应模糊控制策略，既解决了温度控制稳定精度问题，又保证了空调控制的舒适性与快速性。

（2）噪声控制。室内机噪声是空调器噪声控制的首要问题。室内机噪声主要来自风道摩擦噪声与电动机的电磁噪声，传统的PG电动机（PG电动机是指电动机的转速是由晶闸管的导通角来控制的，而不是由继电器来控制的；普通电动机内部有三组不同的绕组，分别对应高、中、低转速，通过控制不同的继电器，来给相应的绕组供电，从而达到调整风速的目的；而PG电动机只有一组绕组，是通过可控硅控制电动机的供电电压来实现转速的转换）和抽头电动机噪声较大。直流无刷电动机由于具有噪声低的特点，因此在设计超静音运行的室内机时常被采用。

（3）电网电压的适应能力。普通控制器适用的电压范围为电网电压波动的±10%，采用自适应空间矢量调制技术实现压缩机电动机运行电压补偿后，当电网电压在±20%范围波动时，空调器仍具有较强的制冷、制热能力。

4. 变频空调器控制单元的组成

室内控制单元硬件由三部分组成：①室内机CPU主控板；②室内风扇电动机驱动及开关电源控制板；③遥控接收及显示控制板。室外控制单元由两部分组成：①室外机变频控制主回路；②室外机CPU控制板。图6-59所示为某型变频空调器微电脑主控板控制框图。主控芯片选用16位电动机控制专用微处理芯片。

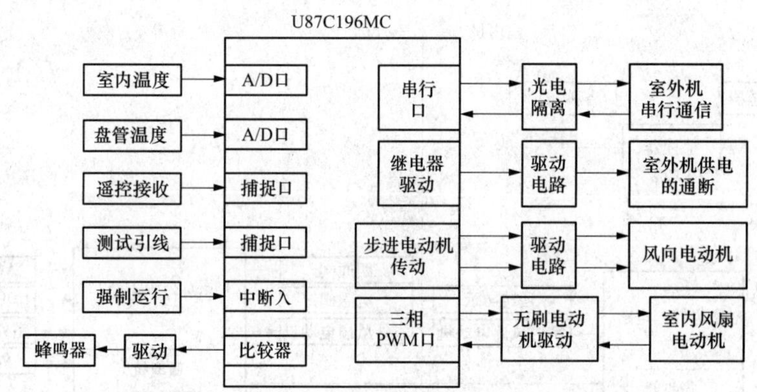

图6-59　采用U87C196MC芯片主控板控制框图

（1）室内微电脑主控板功能。

1）室内环境温度、室内热交换器的温度检测。

2）室内-室外串行通信。

3）室内机风向步进电动机（3台）的驱动，以实现立体送风及房间内温度场的均匀分布。

4）室内机风扇电动机（直流无刷电动机）的驱动及调速。

5）遥控接收、译码。

6）控制空调器在各种运行工况下的运行频率及风量。

7）空调器故障诊断及显示。

（2）室外微电脑主控板功能。

1）室外环境温度、室外热交换器的温度以及压缩机排气温度的检测。

2）室外—室内串行通信。

3）空调器的软启动。

4）空调器故障诊断及显示。

5）室外机风扇电动机、四通阀、电磁阀的控制。

6）IPM（Intelligent Power Module，智能功率模块）的驱动及控制。

7）电压、电流、温度异常时进行保护。

5. 变频空调器的制冷系统

在 6.2 节中已对空调器的制冷系统作了详细的介绍，本部分只对变频空调器的主要制冷部件作简要介绍。变频空调器的制冷系统一般由变频式压缩机、冷凝器、蒸发器、电子膨胀阀、电子换向阀、除霜电磁阀等部件组成，其制冷系统如图 6-60 所示。

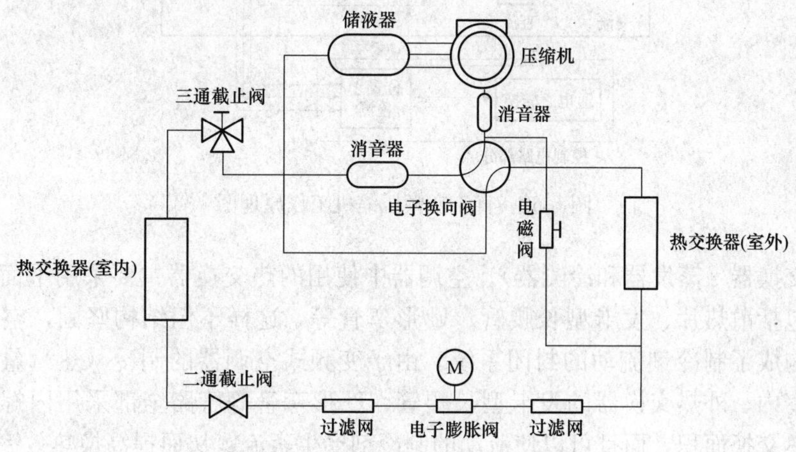

图 6-60　变频空调制冷系统

(1) 变频压缩机。在空调器用的变频压缩机中，有装载 AC 电动机的交流变频压缩机，也有装载 DC 电动机的直流调速压缩机。交流变频压缩机以感应电动机作为驱动源，从变频器向电动机的定子侧线圈供应交流电流，产生回转磁场。受该回转磁场感应，在转子侧产生二次电流，由回转磁场和二次电流产生的电磁力驱动电动机回转。交流变频压缩机的工作原理如图 6-61 所示。直流调速压缩机用 DC 电动机作为驱动源，该电动机在定子侧与感应电

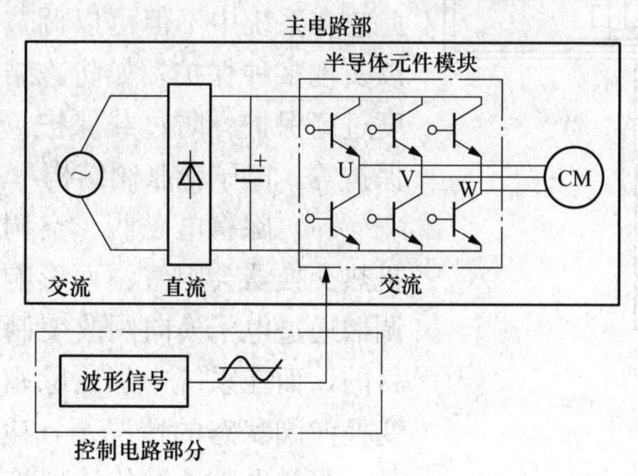

图 6-61　交流变频压缩机工作原理图

动机的构造相同，而转子中使用永久磁铁，从变频器向电动机定子绕组供应直流电流，形成磁场。该磁场与转子磁场相互作用，产生回转力矩。由于转子不需二次电流，所以可以减少损耗，其效率比 AC 电动机更高，但因其采用永久磁铁，增加了成本。直流变频压缩机的工作原理如图 6-62 所示。

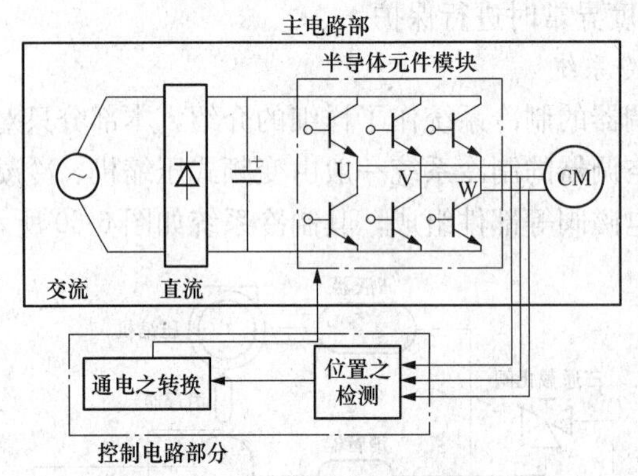

图 6-62　直流变频压缩机工作原理图

（2）热交换器（蒸发器和冷凝器）。空调器中使用的热交换器主要采用平面散热片型的热交换器，包括散热片、发卡型长腰管、U 形弯管等，这样不但结构坚固，空气压力损失小，同时也构成了制冷剂流动的封闭系统。由于变频式空调器的制冷（热）量变化范围较大，因此，室内、外热交换器的发卡型长腰管、U 形弯管等管路全部采用内螺纹钢管，不仅可以增大热交换面积，而且可以使流动的制冷剂产生紊流，从而提高换热效率。散热片多采用翅片式覆膜铝片，不仅可以防止水滴的形成，而且可以提高热交换器的换热效率。

（3）电子膨胀阀。电子膨胀阀由微电脑控制，采用步进电动机驱动，在整个系统中可以非常精确并流畅地控制制冷剂的流动量，适用于制冷剂流量变化快且变化范围大的制冷系统中。

电子膨胀阀与原有的热力式膨胀阀不同，由于采用步进式电动机控制，可以非常精确地控制阀体的开度，并且开关调节快速、省电、体积较小，因此它在系统中不但可以调节制冷剂的流量，而且可以实现多种保护，如防冻结保护、制冷防冷凝器温度过高保护、防过载保护、防压缩机排气温度过高保护等。电子膨胀阀结构示意图如图 6-63 所示。

图 6-63　电子膨胀阀结构示意图

（4）除霜电磁阀。空调器在制热运行时，室外机热交换器会因着霜而影响换热效果。普通定速空调器通过电子换向阀改变制冷剂流向以达到除霜的目的，而在系统中加入除霜电磁阀后，可以在不改变换向阀状态的情况下，达到除霜的目的。其原理是：当微电脑通过传感器检测判定室外热交换器结霜时，除霜电磁阀打开，从压缩机中出来的高温高压气态制冷剂一部分不经过室内热交换器直接回到室外热交换器，这些制冷剂带来的热量会除掉热交换器上的霜。由于空调器在化霜时四通阀不动作，所以不会像普通定速空调器一样，由于制冷剂的换向流动而导致室内温度降低，始终使室内温度保持在一个舒适的水平。

由于变频式压缩机可以通过改变压缩机转速，从而在较大范围内调节空调的制冷（热）量，加之电子膨胀阀对流量的精确控制，因此，目前在空调器的一拖多技术中广泛采用变频系统。图6-64所示为变频一拖二空调器的制冷系统。

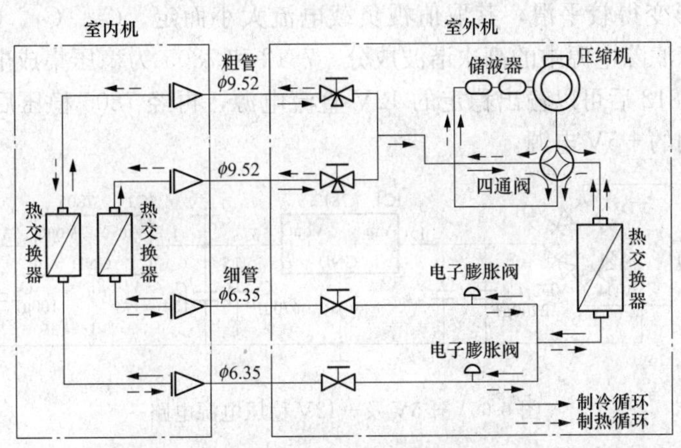

图6-64 变频一拖二空调器的制冷系统图

6.3.3 微电脑控制系统的主要单元电路

空调器的微电脑控制系统主要是对压缩机、室内外电动机、摇摆电动机、四通阀、电磁阀、显示灯，还有一些其他辅助装置，如电辅加热器、换气电动机、静电除尘、加湿加水等装置进行控制，从而实现空调设计功能的要求。此外还要对压缩机、电动机等器件实现保护控制。

1. 常规空调控制系统的单元电路

常规空调器的微电脑控制系统的核心是微电脑芯片。微电脑芯片周围有一系列的单元电路，通过对温度、电流、红外等信号的采集，对比用户所设定的要求进行计算，再输出信号对压缩机、室内外风机、四通阀、电加热、显示灯具等进行控制，实现空气调节的功能。常规空调器微电脑控制系统的主要单元电路可分为电源电路、采样电路、控制和驱动电路、显示电路、遥控信号接收电路以及保护电路等。

（1）电源电路。常规空调器微电脑控制系统的电源电路较为简单，在控制系统内部，一般存在三种电源系统，即220V交流电、5V稳压直流电及12V稳压直流电。

220V交流电用于对压缩机、室内外风机、四通阀等强电系统供电；5V直流电主要用于给微电脑芯片、显示电路和遥控接收电路供电；12V直流电主要用于驱动电路，如控制强电系统的继电器以及典型的2003集成电路等。

1）220V交流电源。控制系统通过市电得到220V的交流电，一般要在交流电中性线（零线）与相线（相线）之间加上小容量的高压电容，滤除市电中的高频噪声干扰。

另外，中性线与相线间要加保险管和压敏电阻对控制系统进行保护，以防止市电严重异常时损坏控制系统。其工作原理是：在正常电压下，压敏电阻阻值很大（可认为是断路）；

当电压升高到危险值时，压敏电阻阻值变得很小（可认为是短路）；这时中性线与相线之间的电流很大，就会熔断保险管，达到保护后面控制器的目的。

2）＋5V 及＋12V 直流稳压电源。如图 6-65 所示，220V 交流电通过变压器（TRANS1）后得到低压交流电（一般为 14.5V 左右），再通过 VD1、VD2、VD3、VD4 组成的桥式整流电路得到低压的直流电。但此时的直流电电压波形波动很大，只有经过稳压后才能得到较稳定的直流电压。图中 C_1、C_3、C_5 为电解电容容量较大，利用电容的充放电原理可以使电压波形变得较平滑，其取值视负载电流大小而定。C_2、C_4、C_6 一般选瓷片电容，容量较小，以滤除电源中的高次谐波成分。7812 和 7805 为稳压集成电路，整流后脉动的直流电压经过 7812 后可以输出稳定的 12V 直流电源，再经 7805 稳压后，便可以得到供相关控制电路使用的＋5V 电源。

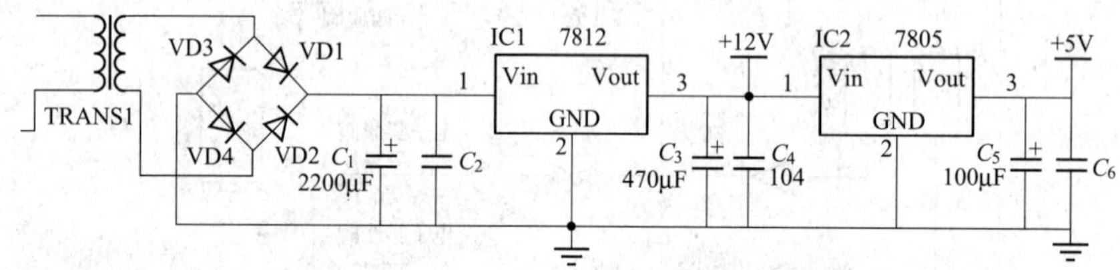

图 6-65　＋5V 及＋12V 稳压电源电路

（2）采样电路。常规空调器的采样电路主要是对温度及电流进行采样。

1）常用的温度采样电路图如图 6-66 所示。温度采样电路一般采具有用负温度系数热敏电阻感温器 RT1（热敏电阻的阻值可以随着温度的升高而减小）和固定值电阻 R_{14} 串联后接 5V 直流电（为了获得稳定的电压，此 5V 直流电采用主控芯片输出的 5V 直流电），对两电阻中间点的电压值进行采样。

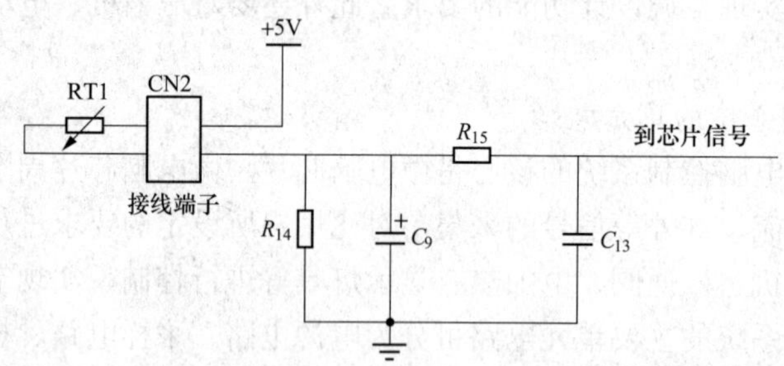

图 6-66　温度信号采样电路

由于热敏电阻感温器具有在不同温度下电阻值不同的特性，所以两电阻中间点的电压值会随着温度的不同而各异。温度越高，采样电压越小，采得不同电压对应不同的温度。热敏电阻与固定电阻的中间点和主控芯片间连接一个限流电阻 R_{15}，以保护主控芯片。为防止干扰，在此采样电路中增加电解电容 C_9 和瓷片电容 C_{13}，以滤掉噪声干扰。

2）为了保护压缩机，还要对压缩机的工作电流进行采样。这个采样电路主要是使压缩机的相线通过一个电流互感器。利用电磁感应原理，在互感器的另一端感应出相应变化的小幅值交流电。如图 6-67 所示，感应出来的交流电流信号通过电阻 R_{25} 后转换为电压信号，通过二极管 VD4 进行半波整流及两个串联的电阻 R_{23}、R_{24} 进行分压后，再经电解电容 C_9、瓷

片电容 C_{17} 滤除干扰，使波形变得平滑，这样便采样得到了对应于相应的压缩机电流幅值的电压信号。压缩机电流越大，采样电压越大。两电阻中间点与主控芯片间连接限流电阻 R_{10} 以保护主控芯片。

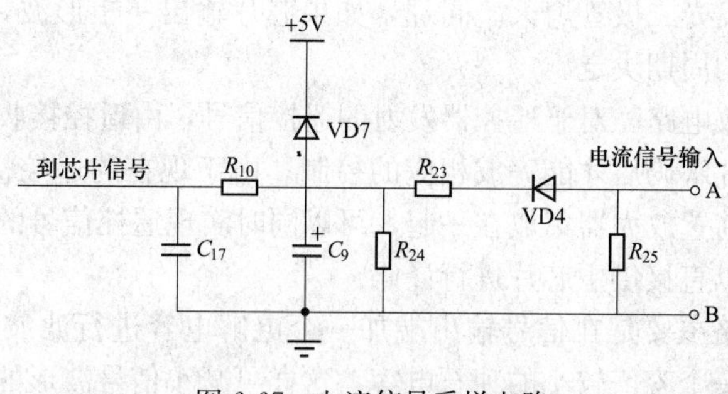

图 6-67 电流信号采样电路

（3）控制及驱动电路。控制和驱动电路主要是对压缩机、室内风机、室外风机、步进电动机进行驱动，对四通阀进行控制。本节仅介绍继电器及晶闸管控制模式。

1）压缩机室外风机和四通阀的控制基本一致，都是通过继电器的通断来进行控制。由于芯片输出控制信号的电流及电压信号过小，不足以驱动继电器（继电器须通过 12V 的驱动电路才能驱动），所以需要接入三极管或 2003 集成电路。

用三极管进行驱动的电路如图 6-68 所示。其工作原理为（仅讨论 NPN 型三极管，PNP 型与此相反）：三极管 VT1 的发射极接地，集电极接继电器线圈 RL1 后再接在＋ 12V 电源上，且使三极管工作在开关状态。当三极管基极接收到芯片输出的高电平时，三极管饱和导通，继电器线圈通电，触点吸合；当基极为低电平时，三极管截止，继电器线圈断电，触点断开。这样就可以完成对相应元件的驱动控制，电阻 R_1 为限流电阻。

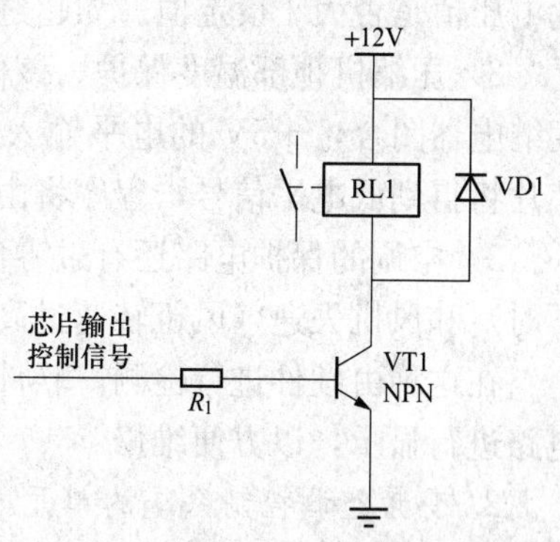

图 6-68 继电器驱动电路

另外，由于在继电器断开期间，线圈中还存有电流，这个反向的续流电流会对三极管造成损坏。因此需要在继电器两端并联一个二极管 VD1，起反向续流作用。

2003 集成电路的输入一输出特性相当于一个 7 路的反相器，当输入为高电平时，其输出为低电平，此时继电器线圈两端通电，继电器触点吸合；而当 2003 输入为低电平时，其输出为高电平，继电器线圈断电，继电器触点断开。由于 2003 内部的每一路反相器上都集成了一个起吸收反向电流作用的二极管，所以在其外部不需另加二极管进行保护。

2）室内风机由晶闸管控制，通过调节晶闸管导通角的大小来对交流电进行斩波，以控制室内风机电压有效值，最终达到调节风速的目的。要调节晶闸管导通角的大小，就必须有过零检测电路，以检测出可靠的过零点，才能进行相应的角度控制。

（4）显示电路。常规空调器的显示电路主要有 LED 灯（发光二极管）显示、液晶显示等，高档机还有 VFD（Vacuum Fluorescent Display，真空荧光显示屏）显示。

显示电路的功能主要是显示当前空调的运行状态、温度及各种附加功能。此外，显示电路还可以指示出空调发生故障时的故障代码，以方便维修人员迅速进行维修。

对于普通LED灯的显示，一般有运行、自动、化霜、定时四种。有附加功能的空调还可能有加湿、电辅热、换气等指示灯。驱动这种发光二极管比较简单，在发光二极管正向加+5V电源，接一个限流电阻（阻值视LED灯电流大小而定），当芯片输出低电平时，发光二极管点亮；反之，发光二极管熄灭。同理，如果芯片输出一矩形波，发光二极管便闪烁，闪烁的时间由矩形波的周期决定。

（5）遥控信号接收电路。对于遥控器发射的遥控信号，由遥控接收头完成接收，进行相应的处理，送入主芯片解码后才能完成相应的控制。由于现在的遥控接收头均已为一体化，其内部将光探测器与前置放大器集成在一起，可以同时实现遥控信号的接收与放大作用，并且其检波输出信号可以直接供主芯片进行译码。

接收头的外围电路主要是在信号输出端加一个电解电容进行滤波，起到平滑波形的作用。有些电路还并联一个容值较小的独石电容，这样可减小信号波形的失真。

（6）保护电路。常规空调控制器内某些保护是由软件完成的，如压缩机的3min启动保护。有些保护则由硬件单独来完成，如为防止输入芯片的电压过大所采取的二极管钳位电路，为保护继电器驱动三极管而并联一个二极管等。

另一部分保护则由硬件电路检知某种情况，由软件决定是否采取相应的保护动作。这类保护有以下几种。

1）压缩机电流保护。该保护是将电流采样电路采得的电压信号输入芯片，由程序判断此电压值是否大于设定值。如超过限制，则芯片将采取相应的动作，以保护压缩机。

2）压缩机顶部温度保护。该保护将通断信号输入芯片。在压缩机正常工作时，顶部温度继电器闭合，+5V的电平输入芯片中；一旦压缩机的顶部温度过高，此继电器将断开，芯片将得到低电平信号，程序将由此作出判断，进行相应的保护动作。

3）空调的保护电路还有过零信号错误保护（芯片检测不到过零信号或过零信号的间隔不对）和风机失速（风机转速过高或过低）等保护。

在这种由硬件进行检测，软件作出判断的保护中，一般都会驱动发光二极管或其他显示电路进行显示，以方便维修。

2. 变频空调控制系统的单元电路

变频空调器根据压缩机是采用交流电动机还是直流电动机，可将其分为交流变频空调器和直流变频空调器两种。下面先以交流变频空调的单元电路为例进行介绍。

（1）交流变频空调控制系统的单元电路。交流变频空调室内机部分的单元电路与常规空调类似，仅比常规空调多了室内外机通信电路。其单元电路主要部分集中在室外，室外电控占了整机电控价格的2/3以上，而室外变频电路的核心主要集中在以下两个方面。

1）整流滤波及变频驱动模块。变频控制器的原理框图如图6-69所示，220V/50Hz的市电经整流滤波后得到300V左右的直流电，此直流电经逆变后，就可以得到用以控制压缩机运转的交流变频电源，而变频驱动模块正是完成直流到交流逆变过程的元件。

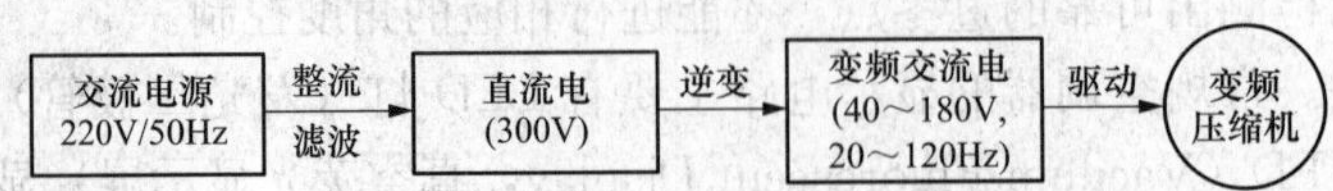

图6-69 变频控制器的原理框图

要得到可调频率的交流电，首先要把 220V 的交流市电整流为直流电，这一过程称为整流。220V 市电通过桥式整流电路及电容滤波后即可得到稳定的直流电源，但由于电源功率较大，所以电解电容的取值要加大，且由多个电容并联组成。

由直流电变为可调频率交流电的这一过程称为逆变。逆变电路主要由逆变桥及其外围电路组成。当前应用的逆变管主要是 IGBT 和 MOSFET。

变频空调器上通常采用 6 个 IGBT 构成上下桥式驱动电路。在实际应用中，多由 IPM 模块加上周围电路组成。IPM 将 IGBT 连同其驱动电路和多种保护电路封装在同一模块内，从而简化了设计，提高了整个系统的可靠性。现在变频空调常用的 IPM 模块有日本三菱的 PM 系列及日本新电元的 TM 系列（内置开关电源电路）。

2）室外控制芯片。随着技术的进步，变频空调的控制将向智能化、集成化、高可靠性的方向发展，而其控制的核心——芯片也将越来越先进。室外芯片的主要功能是完成各种运算,，产生 SPWM 波形，实现压缩机 V/F 曲线的控制并提供各种保护等。

变频空调采用的室外控制芯片有很多种，如 NEC、摩托罗拉、三菱等。随着空调技术的发展，模糊控制技术的不断完善，出现了一种性能更优异、功能更强大的控制芯片——DSP。DSP 即 Digital Signal Processor，是数字信号处理器的简称。与一般的单片机相比，DSP 在运算速度、信号的处理、电动机的控制方面具有更大的优势，是未来的发展方向。变频空调整机电控框图如图 6-70 所示。

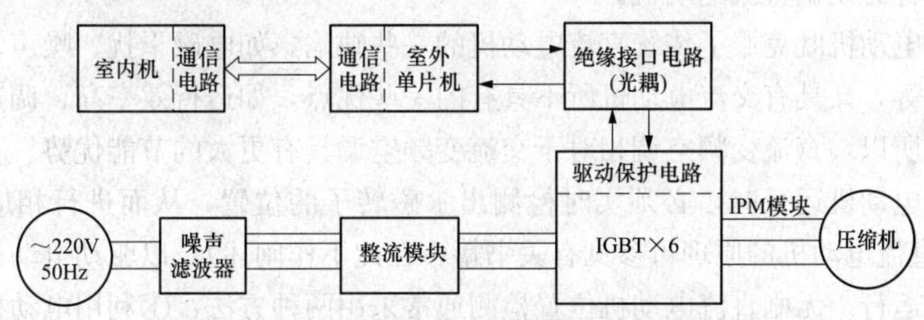

图 6-70　变频空调器整机电控框图

（2）SPWM 波形。

1）脉幅调制（PAM）。由于加在电动机上的电压为调制了的脉冲信号。为实现调频调压，最容易想到的方法就是在调节频率的同时也调节直流电压幅度的大小，这种方法称为 PAM（Pule Amplitude Modulation）调制，其特点是需要同时调节整流部分与逆变部分两个部分，而且两者之间还必须满足一定的比例关系，这样控制电路实现起来就比较复杂。

2）脉宽调制（PWM）。我们在输出电压每半个周期内，把输出电压的波形分成若干个脉冲波，由于输出电压的平均值与脉冲的占空比（脉冲的宽度除以脉冲的周期称为占空比）成正比，所以在调节频率的同时，不改变脉冲电压幅度的大小，而是改变脉冲的占空比，同样也可以实现变频、变压的效果。这种方法称为 PWM（Pule Width Modulation）调制，由于 PWM 可以直接在逆变器中完成电压与频率的同时变化，故与 PAM 方法相比，PMW 控制电路可以简化许多。

但无论是 PAM 还是 PWM，其输出的电压波形和电流波形都是非正弦波，具有许多高次谐波成分，这样就使得输入到电动机的能量不能得以充分利用，增加了损耗。为使输出的波形接近于正弦波，又提出了正弦波脉宽调制（SPWM）的概念。

3）S PWM 调制。所谓 SPWM 调制，简单地来说就是在进行脉宽调制时，使脉冲序列的占空比按照正弦波的规律进行变化，即当正弦波幅值为最大值时，脉冲的宽度也最大；当正弦波幅值为最小值时，脉冲的宽度也最小（见图 6-54）。这样，输出到电动机的脉冲序列就可以使得负载中的电流高次谐波成分大大减小，从而提高了电动机的效率。SPWM 波形的特点概括起来就是 11 个字“等幅不等宽，两头窄中间宽”。

产生 SPWM 的方法，理论上可以用严格计算各脉冲波宽度的方法，然后作为一组固定的数据控制逆变器动作的依据。通常采用的是调制方法，即把正弦波作为调制波，用等腰三角形作为载波，由于等腰三角形是上下宽度线形变化的波形，任何一种平滑的曲线与三角波相交时，都会得到一组等幅的、脉冲宽度正比于该曲线幅值的矩形脉冲，这便是我们所需要的 SPWM 波形（见图 6-55）。

（3）直流变频空调及无刷直流电动机控制简介。直流变频空调关键采用了无刷直流电动机作压缩机，其控制电路与交流变频控制器基本相同。

无刷直流电动机与普通的交流电动机或直流电动机的最大区别在于其转子是由稀土材料的永久磁钢构成的，定子采用集中整距绕组。简单地说，就是将普通直流电动机由永久磁铁组成的定子变成转子，把普通直流电动机需要换向器和电刷提供电源的转子变成定子。这样就可以省掉普通直流电动机所必需的电刷，而且其调速性能与普通的直流电动机相似，所以将这种电动机称为无刷直流电动机。

无刷直流电动机既克服了传统直流电动机的一些缺陷，如电磁干扰、噪声、火花、可靠性差、寿命短等，又具有交流电动机所不具有的一些优点，如运行效率高、调速性能好、无涡流损失等。所以，直流变频空调相对于交流变频空调具有更大的节能优势。

无刷直流电动机运行时，必须实时检测出永磁转子的位置，从而进行相应的驱动控制（有关于无刷直流电动机的原理可参见有关书籍，在此不作阐述），以驱动电动机换相，保证电动机平稳地运行。无刷直流电动机位置检测通常采用两种方法：①利用电动机内部的位置传感器（通常为霍尔元件）提供的信号；②检测出无刷直流电动机相电压，利用相电压的采样信号进行运算后得出。由于后一种方法省掉了位置传感器，所以一般直流变频空调压缩机都采用后一种方法进行电动机换相。无刷直流电动机的驱动原理框图如图 6-71 所示。现在市场上出现的直流变频空调可分为两类：①只有压缩机采用无刷直流电动机；②压缩机和室内、外风机都采用了无刷直流电动机，这就是全直流变频空调。

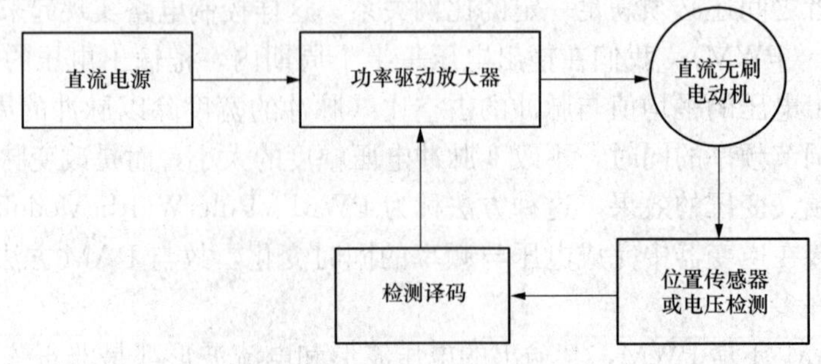

图 6-71　无刷直流电动机的驱动原理框图

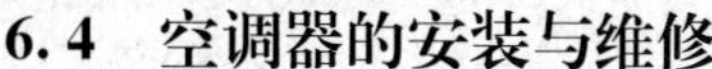

6.4 空调器的安装与维修

6.4.1 空调器的安装作业要求

空调器的安装作业必须严格按照国家质量监督检疫总局于 2010 年 1 月 1 日实施的 GB 17790—2008《家用和类似用途空调器安装规范》国家标准执行。为保证空调器安装的质量，国家标准明确规定安装人员必须进行专门培训，持证上岗。生产厂家为维护广大消费者的利益和厂商信誉，为空调消费者提供免费安装服务，因为分体壁挂式、吊顶式、落地式等空调器的安装较为复杂，它们主要有室内机组、室外机组、连接管、连接线等。这些组件分开运到消费者家中进行组装连接，需经调试才形成一个完整的制冷循环系统。空调器制冷效果、安全运转及性能是否良好除与本身质量有关外，主要还与空调器的安装、连接、调试有关。空调器的投诉维修统计表明，约有 70%故障是由于安装不当直接或者间接造成的，俗话说“三分质量，七分安装”就是指这个道理，所以“安装”是保证空调器正常运转、安全使用的重要步骤，也是空调器制造企业生产出合格产品到消费者获得预期使用效果的关键工序。

1. 安装前的准备与检查

（1）空调器在安装前先进行包装箱的外观检查：箱体是否完好，箱体上印刷的型号是否一致或匹配。

（2）拆箱检查空调器的型号、制冷量（制热量）、电源是否与机上铭牌标示一致，否则以铭牌为准。

（3）检查随机文件（使用说明书、安装说明书、包修卡）及遥控器等是否齐全。

（4）安装前先对室内、外机进行检查，这样可以将有故障的机器排除在安装前。例如，检查室内机塑料外壳、塑料面板、风叶、出风框有无破损现象，用手转动室内风叶有无卡死、碰壳，查看室外机风叶有无断裂，金属外壳有无碰伤、生锈等。

2. 房间面积与空调器制冷量的选择

消费者选购空调器时，应根据房间空间面积的大小、房间的朝向、门窗的密封结构、房屋的楼层（顶层）、墙壁的照晒时间、室内的人数及设备的散热情况来选择制冷量。如果消费者选择空调器的制冷量不够，房间的温度降不下来，就会影响消费者预期的使用和舒适效果。消费者在选购空调器时应以制冷量“W”为单位，切忌以“匹”为单位，因为制冷量的大小，以“匹”为单位不科学，难以用“匹”来考量其制冷量的多少。消费者应根据其不同场所，推荐选择单位面积所需空调器的制冷量，具体见表 6-6。

表 6-6　单位面积场所热负荷估算表

场　所	制冷量与房间面积（W/m^2）
普通房间	150～170
客厅、小办公室	160～200
餐馆	220～350
娱乐场所	200～300
顶层	220～280

3. 安装空调器所需工具

（1）一字形螺丝刀（起子）、十字形螺丝刀（起子）。

（2）卷尺、水平仪。

（3）内六角扳手、活动扳手、力矩扳手。

（4）冲击钻、锤子（榔头）。

（5）切管器、喇叭口扩管器、铰刀。

（6）试电笔、温度计、压力表、万用表、钳子、钳型电流表。

4. 安装位置选择

根据用户提供的空调器工作环境，综合考虑以下因素决定空调器的安装位置。

（1）避开易燃气体发生泄漏的地方和有强腐蚀气体的环境。

（2）避开人工强电、磁场直接影响的地方，如高压电房、大变压器房、CT 放射室、高频设备及高功率无线电装置。

（3）避开易产生噪声、振动的地方。

（4）避开周围环境恶劣（油烟大、风沙多、阳光直射、室外通风散热不畅及有高温热源）的地方。

（5）儿童不易触及的地方。

（6）尽量减少室内机与室外机的连接长度。

（7）维修、排水方便，通风流畅的地方。

5. 安装墙体结构的选择

空调器的安装墙体应选择能承受房屋结构重量的钢筋混凝土结构的实心墙，其承重能力不低于实际所承载的重量（至少 200kg）。如高层楼房外墙的墙体比较结实，则可用膨胀螺栓安装室外机组，安装后空调器的重量由膨胀螺栓传递至墙承受。若安装面墙体为木质、空心砖或安装表面装饰层过厚（大理石、瓷砖）等，强度明显不足，则应采取相应的加固、支撑和减震措施。一般要打穿螺栓孔，室内侧加装钢板，然后用双头长螺栓固定室外安装机架，才能承载空调器的重量，防止发生空调器坠机事故。

6. 分体式空调器的安装步骤

（1）选择安装位置。在墙上开孔，开出的墙孔应该是墙内高墙外低，以孔径与墙管合适为宜。

分体挂壁室内机安装最好离地面 2～2.3m 高，同时保证室内空气循环流畅，维修操作方便。为保证制冷系统压缩机润滑油能正常回流，补氟推荐的数据见表 6-7。

表 6-7　　单位长度管路补氟估算表

型　号（制冷量）	一般配管长（m）	最大管长（m）	室内外机最大高度差（m）	增加 1m 单程补加 R22（g）	连接管外径（直径 mm）
20、25 机型	4	8	5	20	6、9.52
31、32、35、40、45 机型	5	10	6	25	6、12
50、60、70 机型	6	15	7	30	9.52、16
100、120、140 机型	6	20	8	40	12、19

（2）室内机及蒸发器连接管道的安装。

1）卸下室内机挂墙板，按照安装说明书要求将挂墙板正确安装在墙上，保证挂墙板的安装处于平直状态，如果安装不当，空调器工作时会有水滴落房内。挂墙板安装后，其支承力应不少于60kg。

2）蒸发器连接管道及排水管的安装：室内机管道引出墙外的出口，应该是内高外低，向外倾斜。由于安装位置不同，管道的走向有四种可能，选择时以与室外机组距离最短为宜。安装前，先将已套上隔热管的连接配管用胶带将信号线、电源连接线、排水软管包扎紧，按连接配线在上、排水软管在下包扎，顺着室内机后盖槽整形。如果变换方向，要用手在弯曲管道处压紧，以免管道摆动引起弯管处压扁或连接管与蒸发器焊接口处压扁发生裂漏，将连接配管口盖封好，顺着管孔穿出室外，将室内机安装在挂墙板的挂钩上，固定后向前拉主机的下部，看是否安装好。

注意：保证室内机安装后的水平，排水软管的任何部位（弯曲处）都应低于室内机接水盘的排水口，确保冷凝水顺畅流动。

3）连接配管接头部分需用附件的隔热保温管套包扎，特别要注意两个连接头在安装时容易滑丝、喇叭口拧裂或没拧紧引起泄漏，经检漏后才能把连接部分的全部露管用隔热保温套管和胶带包扎好，以免有凝露水滴落。

（3）室内、外机连接管路。

1）在安装室内、外机连接管路时，不要使外界的灰尘、杂物、水分、空气进入制冷系统内，否则空调器制冷系统将不能正常工作，因此在未连接时不能拆开连接管密封盖。

2）连接管在安装时将盘管拉直，不能弯折压扁，否则会导致流量减少或破裂泄漏。

3）检查连接管喇叭口是否完好，否则按“扩管操作”重新扩喇叭口。喇叭口应内表光滑，边缘平直，侧面长度相等。

4）将室内机连接管道接头处的螺母取下，对准连接管喇叭口中心，锥头螺纹处加冷冻油润滑，然后先用手拧紧锥形螺母，再用扳手拧紧。

注意：扳手用力过小拧不紧会引起泄漏，也不能用力过大损坏喇叭口而引发泄漏，不要损坏螺母边角。

（4）室外机安装。

1）室外机的安装要按前面所述内容选择合适的位置，安装人员的户外作业必须按要求扎好安全防护带。

2）空调器的室外机安装面为建筑物的墙壁或屋顶时，其固定支架的膨胀螺栓必须打在实心砖或混凝土内。如果安装面为木质、空心砖、表面有一层较厚的装饰材料（大理石、瓷砖）时，其强度明显不足，应进行加固，必须将螺栓打穿，内外固定。

3）室外机会有工作振动，应加装防震橡胶垫，调整安装支架或管路。

4）安装铁架要留有脚、手活动的空间，以便安全操作与维修。

5）固定安装支架的膨胀螺栓至少要用$\phi 10\times 120$mm（规格）6个以上，制冷量4500W以上的空调器支架用不少于8个膨胀螺栓固定。

6）安装室外机支架的承受重量应大于“人重＋ 机重”之和的二倍，安装支架要进行除锈、涂两遍防锈漆处理。

7）根据空调器提供的安装说明书的相关要求，应充分考虑空调器安装后的通风、噪声及环境等因素。

(5) 排空气、检漏。排空气（抽真空）是空调器安装的重要内容。连接管及蒸发器内存留有大量空气，空气中含有水分杂质，它的存在将直接影响空调器的正常工作，如压力增高、电流增大、噪声、耗电增加、制冷（制热）量下降、引起脏堵、压缩机不启动、压缩机电动机绝缘不良、冷冻油的润滑性能降低等，最终损坏压缩机。用机内制冷剂排空气的操作步骤如下。

1）拆开阀门（二通、三通阀）帽。

2）松开二通阀（液阀）阀芯 1/4 圈。

3）用十字形螺丝刀顶住三通阀（气阀）的工艺接头阀芯 10～20s（柜机 20～30s），排除系统内的空气。

4）将二通阀、三通阀阀芯全打开到上死点。

5）将所有阀帽加冷冻油拧紧后密封。

注意：上述排空气时间只作参考，用手感觉喷出的气体是否有凉感。若排气时间太长，则可能导致系统内制冷剂不够，影响空调器的制冷（热）效果；若排气时间过短，则系统内会存有空气，同样影响制冷（热）效果。

制冷剂泄漏检查：当确认系统连接完整后才能检漏。一般用肥皂水检漏，把肥皂水分别涂在可能泄漏点处（室内、外机连接管的 4 个接口和二、三通阀的阀芯、工艺接口处），如果有气泡冒出，则证明有泄漏，需要进行重装或修理。

注意：使用肥皂水检漏完成后，要用清水冲洗肥皂水，否则会使铜管氧化锈蚀。如果用肥皂水无法检出漏点，则可用电子检漏仪进行检漏。

(6) 线路连接。

1）接线前必须看清铭牌上所示空调器使用的电源，严格按机身贴的线路图接线。

2）空调器应配专用电源插座，才能确保空调器安全运行。线路中应装有电源漏电开关或空气开关，以起到安全保护作用。

3）空调器必须可靠接地，以避免绝缘失效造成危害。重点检查用户电源插座是否有接地线，注意变频空调使用时对接地要求更高。

4）接线不得触及系统冷媒裸管、压缩机及其他运动部件。

5）不能随意改动机内接线或插件。

6）若空调器安装在易受电压波动干扰或电磁干扰的地方，其控制线最好加磁环或用双绞线，以免空调器因干扰而导致失灵，尤其是变频空调器必须使用机器本身配带的信号控制线，不能随意加长。

7）接线端子螺钉一定要拧紧，不得有松动现象，接线松动会导致控制失灵或接线头过热引发火灾危险，因此务必把电线连接固定可靠并定期检查。

8）接线前必须检查所以所配电源线、控制接线的端子牢靠。

9）电线连接必须由能看懂电气线路图和能排除常见电气故障的安装人员完成。

10）用户家中空调专用电源线路的线径容量应足够，电源线长度不够需增加时，最好使用与原机规格相同型号的电线；使用稳压器、电度表、漏电开关的容量应考虑空调器的功率和其他家用电器的功率。

11）接线时依照线路图或电气控制原理图，按颜色或符号标志进行对应连接，用线夹固

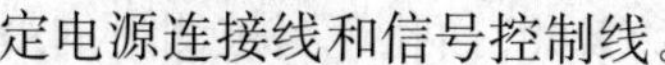

定电源连接线和信号控制线。

（7）管道整理。

1）空调器管道连接完成后，应将连接管道紧贴墙面整直固定，管道出墙孔多余空隙应用胶泥密封。

2）经检漏后，连接管道两端接口处的裸管，用保温管套包扎紧，不要暴露在空气中，以免损失冷量和凝露滴水。

3）多余的电源线和信号线应理顺，禁止把余线缠绕挤压在室外机控制盒内，以免引起涡流发热引发意外。

6.4.2　空调器安装与维修基本操作技能

1. 常用检测仪器、维修工具及材料

（1）数字万用表。图 6-72 所示为两款 DT-830 型数字万用表的面板图。它主要包括电源开关、LCD 液晶显示屏、h_{FE}插口、输入插口以及量程转换开关等。数字万用表的测量方法如下。

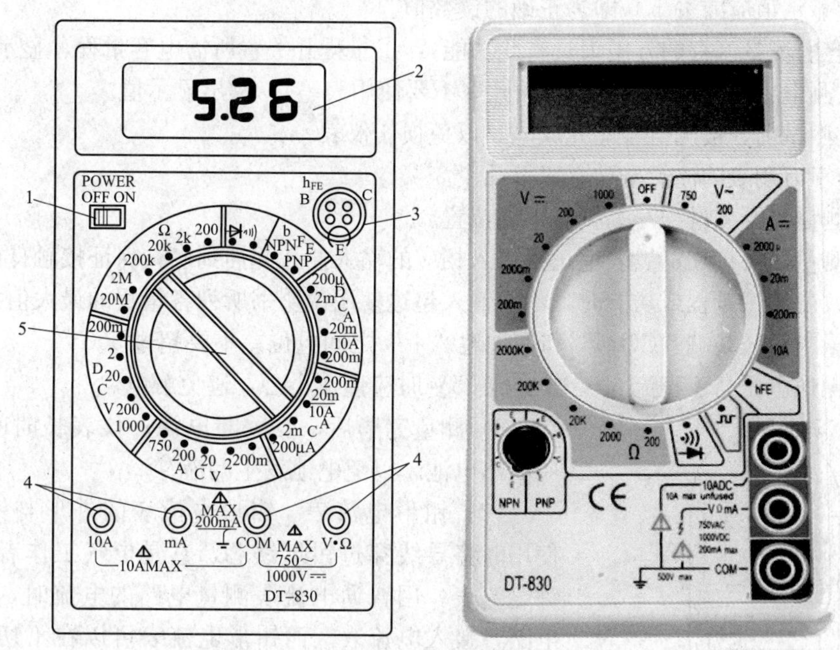

图 6-72　两款 DT-830 型数字万用表面板

1—电源开关；2— LCD 液晶显示屏；3— h_{FE}插口；4—输入插口；5—量程转换开关

1）直流电流电压和交流电压的测量：①将量程开关置所需电压量程；②黑表笔接“COM”插孔，红表笔接“V/Ω”插孔；③红黑两表笔接被测电路，显示电压读数时，同时显示数字万用表红表笔的极性。

注意：①在测量之前不知被测电压范围时，应将量程开关置于最高量程挡逐步调低；②当表只有在最高位显示“1”时，说明已超量程，应将量程调高；③不要测量高于 1000V 的电压，虽然有可能读数，但可能会损坏内部电路。

2）直流电流和交流电流的测量：①将万用表的黑表笔接“COM”插孔，当被测量的最大值在200mA（9201型在2A）时，红表笔接“A”插孔，当被测量最大值在20A时，应将红表笔接在“20A”插孔；②将量程开关置于所需电流量程；③将红黑两表笔连接被测电路，读出显示值，同时显示出红表笔的极性。

注意：①在测量之前不知被测电流的范围时，应将量程开关置于最高量程挡后逐步调低；②当表只有在最高位显示“1”时，说明已超量程，应将量程调高；③插孔“A”有0.2 A熔丝保护（9201型在2A时），过载将会使熔丝熔断，更换时必须按额定值更换，不得超过其额定值；④“20A”插孔无保险丝保护，可连续测量的最大电流为10A，20A电流测量应尽快操作，且测量时间不应大于15s。

3）电阻的测量：①黑表笔插入“COM”插孔，红表笔插入“V/Ω”插孔；②将量程开关置所需电阻量程上；③将两表笔跨接在被测电阻上，读出显示值。

注意：①红表笔极性为“+”；②200Ω量程兼通断测试功能，当被测两点间的电阻小于30Ω时，蜂鸣器会发声，同时发光二极管发光；③当输入开路或过量程时，会显示“1”，可将量程调高；④200MΩ量程测量时，两表笔短接电阻读数为1.0，是固定的偏值，属正常现象，测量显示值应减去1.0即为正确的读数值。

4）电容的测量（有的万用表具有此功能）：①量程开关置所需电容量程，显示会自动校零；②将被测电容插入CX电容输入插孔（不要使用表笔），读出显示值。

注意：测试前，被测电容应先放电，以免损伤仪表。

使用数字万用表的注意事项有以下几个。

1）按测量需要将量程开关置于正确位置。

2）按测量需要将红、黑表笔正确插入相应的输入插孔并插到底，保证接触良好。

3）当改变测试量程或功能时，不要输入超过使用说明书所列各量程的最大值。

4）测量时，公共端“COM”和保护地“⏚”之间电位差不要超过500V。

5）当操作电压高于直流60V或交流25V时应谨慎小心，避免触电。

6）测量完毕后，要关断电源；仪表长时间不用时，应取出电池，以免电池发生漏液。

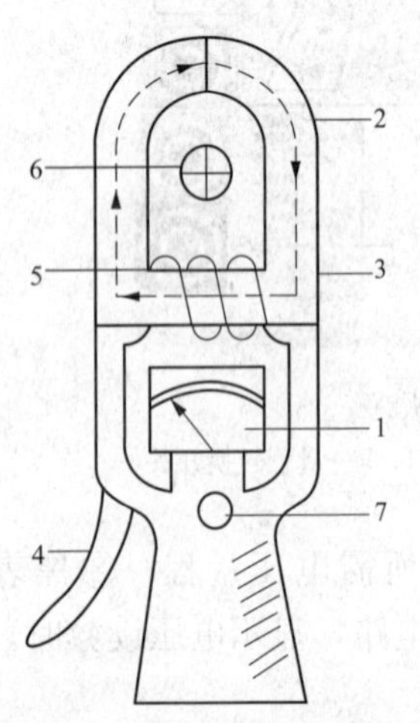

图6-73　钳形电流表的结构

1—电流表；2—铁芯；3—电流互感器；4—手柄；5—二次绕组；6—被测导线；7—量程选择开关

（2）钳形电流表。钳形电流表的外形与钳子相似，使用时将导线穿过钳形铁芯，它是电气工作者常用的一种电流表。用普通电流表测量电路的电流时，需要切断电路，接入电流表。而钳形电流表可以在不切断电路的情况下进行电流测量，这是钳形电流表的最大特点与优势。由于测量电流方便，因此它被广泛使用。其外形如图6-73所示。

常用钳形电流表有指针式和数字式两种。指针式钳形电流表测量的准确度较低，通常为2.5级或5级。数字式钳形电流表测量的准确度较高，用外接表笔和挡位转换开关相配合，还具有测量交直流电压、直流电阻值和工频电压频率的功能。

1）基本结构。指针式钳形电流表主要由铁芯2、电流互感器 3、电流表 1 及胶壳钳形手柄 4 等组成。钳形电流表在不切断电路的情况下可以进行电流的测量，是因为它具有一个特殊的结构，即可张开和闭合的活动铁芯 2，捏紧钳形电流表手柄 4，铁芯 2 张开，将被测电路穿入铁芯 2；放松手柄 4，铁芯 2 闭合，被测电路作为铁芯的一组线圈。

数字式钳形表测量机构主要由具有钳形铁芯的互感器（固定钳口、活动钳口、活动钳把及二次绕组）、测量功能转换开关（或量程转换开关）、数字显示屏等组成。图 6-74 所示为某型数字式钳形电流表的面板示意图。

2）工作原理。钳形交流电流表可以看作是由一只特殊的变压器和一只整流系电流表组成。被测电路相当于变压器的一次线圈，铁芯上设有变压器的二次线圈，并与电流表相接。这样，被测电路通过的电流使二次线圈产生感应电流，经整流送到电流表，使指针发生偏转，从而指示出被测电流的数值。钳形交流电流表线路原理如图 6-75 所示。

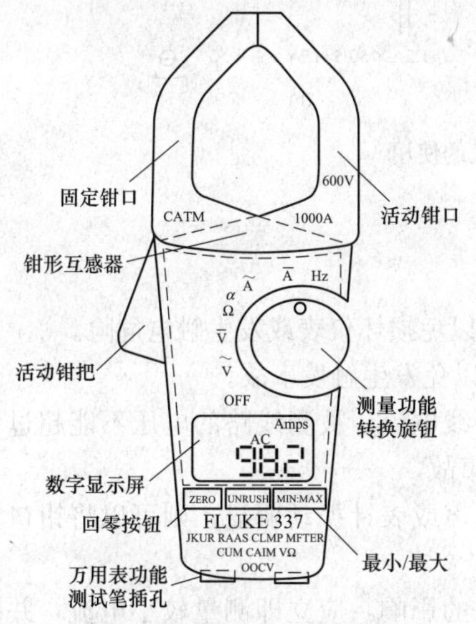

图 6-74　数字式钳形电流表

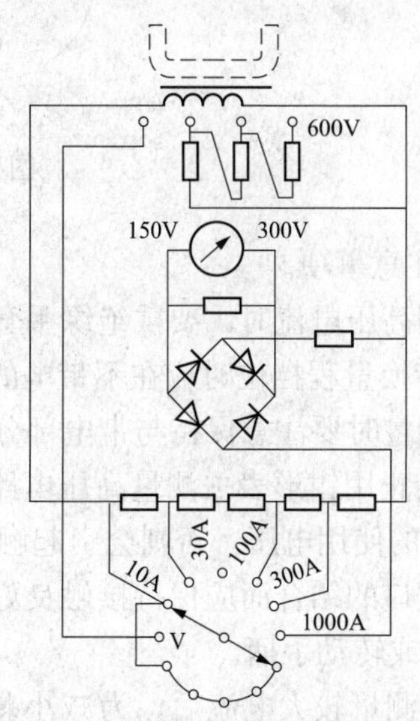

图 6-75　钳形交流电流表线路原理

钳形交直流电流表是一个电磁式仪表，穿入钳口铁芯中的被测电路作为励磁线圈，磁通通过铁芯形成回路。仪表的测量机构受磁场作用发生偏转，指示出测量数值。因电磁式仪表不受测量电流种类的限制，所以可以测量交流和直流电流。

3）使用方法。

a. 根据被测电流的种类、线路的电压，选择合适型号的钳形表，测量前首先必须调零（机械调零），测量人员应站在绝缘台上。

b. 检查钳口表面应清洁无污物、无锈；绝缘应无破损，手柄应清洁、干燥；当钳口闭合时应密合，无缝隙。

c. 若已知被测电流的粗略值，则按此值选择合适的量程；若无法估算被测量电流值，则应先放到最大量程，然后逐步减小量程，直到指针偏转不少于满偏的 1/4 为止。

d. 如果被测电流较小，为了使该数较准确，在条件允许的情况下，可以将被测载流导线在铁芯上绕几匝后再放进钳口进行测量，实际电流数值应为钳形表读数除以放进钳口内的导线根数，如图 6-76（a）所示。

e. 每次测量只能钳入一根导线，测量时应尽可能使被测导线置于钳口内中心垂直位置，使钳口紧闭，以减小测量误差，如图 6-76（b）所示。

f. 测量完毕后，应将量限转换开关置于交流电压最大位置，避免下次使用时误测大电流而损坏仪表。

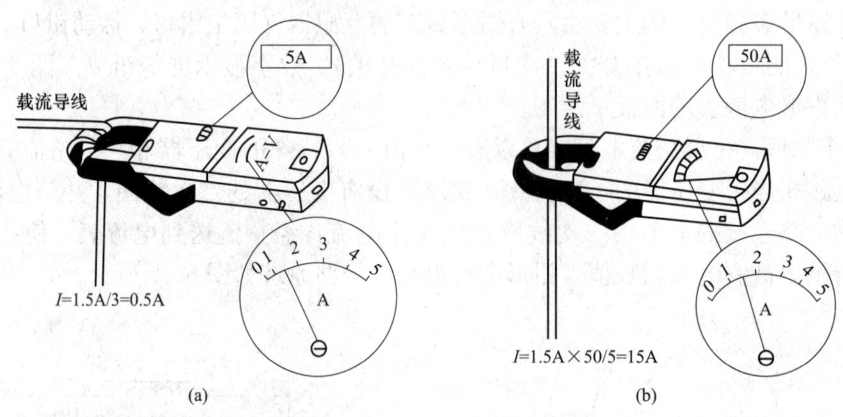

图 6-76 钳形电流表的使用

4）注意事项。

a. 测高压电流时，要戴绝缘手套，穿绝缘靴。

b. 转换量程挡位时应在不带电的情况下进行，以免损坏仪表或发生触电危险。

c. 测量时要注意保持与带电部分的安全距离，以免发生触发事故。

d. 禁止用钳形表去测量高压电路中的电流及裸线电流，被测线路的电压不能超过钳形表所规定的使用电压，否则会引起触电，容易引发事故。

e. 钳口的结合面应保持接触良好，若有明显噪声或表针振动明显，则可以将钳口重新开合几次或转动手柄。

f. 在测量较大电流后，为减小剩磁对测量结果的影响，应立即测量较小电流，并把钳口开合数次。

g. 在较小空间内测量时，要防止因钳口张开而引起相间短路。

（3）压力仪表。

1）测量压力时常用弹簧管式压力计（也称压力表）。常用压力表的量程有 0～1.6MPa、0～2.0MPa、0～2.5MPa；真空压力表的量程有 1.01×10^5Pa～1MPa。

以前压力表多为 kgf/cm^2 刻度，现改为 Pa 或 MPa 刻度。有的压力表上还刻有制冷剂饱和状态下与压力相对应的温度值，使用比较方便。压力表上往往有几圈刻度，在使用时要注意分清各圈所代表的不同压力单位，要选择所使用的单位，在该圈刻度上查读压力值。

2）低压表（单表）。低压表是充注制冷剂使用的一种简便仪器。将它的两个接头分别与制冷剂瓶和压缩机回气管（即低压阀或低压工艺管）相接即可充入制冷剂或检测制冷系统运行时的低压压力。

（4）电子式卤素检漏仪。电子式卤素检漏仪的结构是由铂丝为阴极、铂罩为阳极构成一个电场，通电后铂丝达到炽热状态，从而发射出电子和负离子，仪器的探头（吸管）借助微型风扇的作用，将探测处的空气吸气通过电场。如果空气中含有卤素（如 R12、R22、R502

等）即与炽热的铂丝接触分解成卤化气体。若电场出现卤化气体，铂丝（阴极）的离子放射量就迅速增加，形成离子电流，随着吸入空气中的卤素多少成比例地增减，因此可以根据离子电流的变化来确定泄漏量的多少。离子电流经过放大，并通过仪表显示出量值，同时发出音响信号，其检漏灵敏度可达年泄漏量 5g 以下。

由于电子式卤素检漏仪灵敏度高，所以不能在有卤素或其他烟雾污染的环境中使用。使用时需要在“正压室”内进行，若无条件也要在空气新鲜的场所进行。检漏仪的灵敏度一般是可调的，由粗检到精检可分数挡。在使用过程中，严防大量的 R12 或 R22 等吸入检漏仪，过量的 R12 或 R22 会污染电极，使灵敏度大为降低。检测时，探头与被测部位之间应保持 3～5mm距离，探头移动速度不应高于 50mm/s。

2. 钳工（管工）操作

（1）割管操作。割管需要使用割管器（见图 6-77），操作时先将紫铜管夹在滚子与刀轮之间，旋动转柄至刀口顶住管子，将割管刀绕铜管旋转，并不断旋紧转柄，当割到接近管壁厚度时，轻轻一折，管子即断。操作时一定要使刀口与管轴垂直，并缓缓进刀，以免进刀过猛发生挤扁铜管的情况；割好的管口一般形成内缩的锐边，一定要用铰刀将锐边倒棱，倒棱时应注意使管口向下，倒净碎屑。

（2）弯管操作。常用的弯管工具是弯管器。操作时将铜管视其管径大小套入相应的弯管器内，扣牢管端后按预定的方向旋转杆柄，使管弯曲；操作时注意不要用力猛弯，以免压扁铜管。

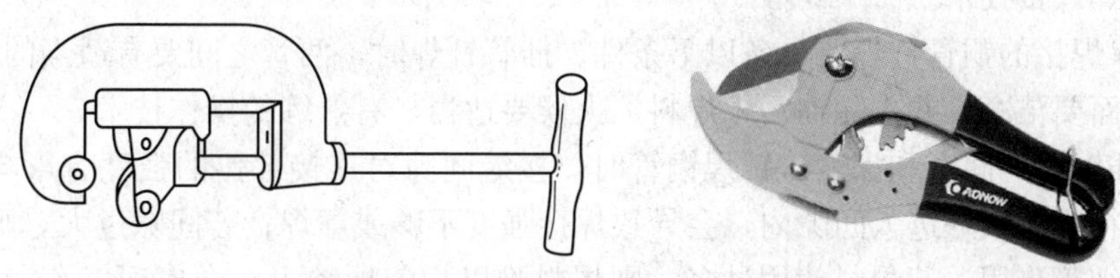

图 6-77　割管器（管子割刀）实物图

（3）扩管操作。分扩杯形口和扩喇叭口两种方法均可以借助扩管器来操作。

扩杯形口操作是用夹管器夹紧铜管，按需要留出长度，然后按杯形胀管头对准管口，扩管器卡住夹管器，慢慢用力旋动丝杆，将管口胀压成杯形状。

扩喇叭口的操作与扩杯形口的类似，但要求更高：①喇叭口要扩得均匀，大小要适中，因为管口扩小了连接时密封不好，扩大了容易开裂，尤其是薄壁铜管更应精心操作；②扩完喇叭口后必须仔细检查喇叭口内表面的质量，要求无划伤裂口，不得呈歪斜状。

（4）扩口连接。喇叭口连接用于分体式空调器的室内、外机组的制冷系统管道连接，一般需要在连接的铜管端部扩制喇叭口，然后用专用的力矩扳手或固定扳手连接，连接时要将管道清洗干净（用汽油纱布擦拭），并将两管对正。操作时，一只手用力矩扳手旋转紧固，一只手用固定扳手将管接头固定。不同粗细的管子，选用不同的力矩扳手。

（5）排水管的制作安装。制冷设备中用的排水塑料软管，这些管子一般都要穿墙向外低处排出或与排废水管相通，排水管的任何位置必须低于室内机接水口，排水软管必须平直畅通。

3. 焊接操作

(1) 常用氧炔气焊设备的操作顺序。

1) 检查高压储气瓶时，将高压储气瓶置于远离热源和不被日晒的地方，注意气瓶的喷口不要朝人的身体方向，打开气瓶阀门时有少量气体排出，要确认高压气瓶连接管前端无杂物堵塞和损伤。

2) 将高压储气瓶的接头对正连接管的螺母，用扳手拧紧。同时储气瓶的接头对正调节阀的螺母，用扳手拧紧。

3) 检查焊枪火口前部是否变曲或堵塞，气管口是否堵塞，有无油污。

4) 调整氧气阀，先把调节器把手调松，然后打开气瓶的气阀，并将调节后的低压压力控制在 0.15～0.2MPa，慢慢关闭调节器把手。

5) 打开乙炔阀，先把调节器把手调松，然后打开气瓶的气阀，使低压压力控制在 0.01～0.02MPa，慢慢关闭调节器的把手。

6) 打开气管的乙炔阀，用打火机点火，然后再打开氧气阀。

7) 火苗调整，调整乙炔阀和氧气阀，使火焰成为中性焰。

8) 进行焊接操作。

9) 灭火：先关乙炔阀，后关氧气阀。

10) 关闭气瓶气阀，打开吹管气阀，将压力调为 0，再关闭吹管气阀，放松调节器的把手。

(2) 气焊焊接技术。

1) 气焊焊接的铜管钎焊要具备以下条件。插管钎焊时，两管之间要有适当的接缝间隙，焊接金属表面要洁净，并去除油污；焊料、火候要适当，有熟练的操作技术。

2) 套插铜管的间隙和深度。钎焊铜管时，接缝间隙对连接部位的强度有影响。若间隙过小，则焊料不能很好进入间隙内，会导致焊接强度不够或虚焊；若间隙过大，则会妨碍熔化焊料的毛细管作用；若焊料使用过多，则焊料难以均匀地渗入，会出现气孔，导致漏气；配管钎焊部分的插入长度过短则会降低焊接强度。

毛细管与干燥过滤器焊接时，一般插入的毛细管端面距过滤网端面为 5mm，毛细管的插入深度为 15mm。若毛细管插入过深，会触及过滤网，造成制冷剂流量不足；若毛细管插入过浅，则焊接时焊料会流进毛细管端部，引起堵塞；为保证毛细管插入合适，可以在限定尺寸用色笔标上记号或加工上定位。毛细管应该用专用的毛细管剪，而不能使用任意的剪刀，否则断口易变形或出现毛刺，引起焊接不良。

3) 焊接时的清洁处理。焊接的铜管接头一定要清洁光亮，不可有油污，否则会影响焊料的流动，造成焊接不良，产生气孔或假焊。

4) 焊接温度与火焰。用气焊进行钎焊时采用中性焰，焊接温度要比被焊物的熔点温度低，一般在 600～700℃，当气焊火焰将铜管烤成暗红色或鲜红色时，焊料即可熔化，温度过高或过低均会导致焊接不良，强火焊接会造成铜管氧化烧损或使铜管变形，从而影响焊接强度。

5) 充氮保护措施。若制冷系统内存有灰尘、水、焊接时产生的氧化物，就会加速制冷剂与润滑油的化学反应，使电动机绕组绝缘老化，如果被吸进压缩机的供油润滑系统中，会导致运动部件卡死和损坏。因此钎焊配管时，一定要使氮气流进钎焊接缝处，防止焊管内部

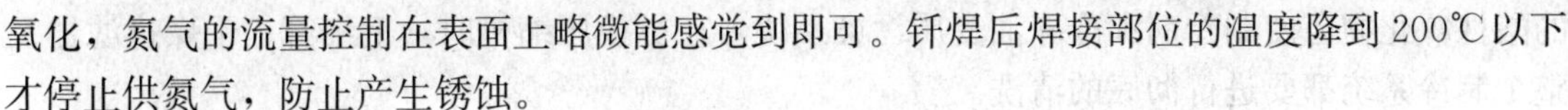

氧化，氮气的流量控制在表面上略微能感觉到即可。钎焊后焊接部位的温度降到200℃以下才停止供氮气，防止产生锈蚀。

6）焊接操作技术。

a. 正确使用焊具和焊嘴。焊枪和焊嘴的大小应按照钎焊时所需的热量大小来选择，火焰钎焊通常选用5、6号焊嘴，无论焊嘴孔径大小，一定要避免火焰开叉。

b. 由于铜管被加热到接近钎料熔化温度时表面氧化加剧，内部生成的氧化物在制冷剂的冲刷下容易堵塞毛细管、过滤器、换向阀等，并易使压缩机汽缸面"拉毛"，缩短压缩机寿命，严重时会使换向阀阀芯、压缩机活塞等零部件卡死，使空调无法工作，因此在钎焊前应在系统内充以0.05MPa的氮气，减少氧化物的产生，起到隔绝空气、保护钎焊区的作用。

c. 钎焊加热时，为了防止水分从钎焊间隙进入管内，其火焰方向应与管子扩口接头的方向相同。

d. 为保证均匀加热，应将钎焊沿接头圆周来回摆动，使之均匀加热到接近钎焊温度，否则接头易形成气孔、夹渣、裂纹等缺陷。

e. 同种材料的管道焊接，应先加热内管，后加热外管，使钎料和外管温度略高于内管温度。如果内管温度高，外管温度低，则液态钎料会离开钎焊面而流向热源处。

f. 不能先直接对钎料加热，钎料应被烧红的焊件所熔化。

g. 接头钎焊。当焊接铜管头时，通常用氧-乙炔火焰或液化气体进行焊接。焊接时，先要用乙炔或液化气的中性火焰，将工件加热到呈桃红色时再将涂有钎剂的焊条置于火焰下，用外焰将焊条熔化，并使其融化的焊条渗到接件结合的间隙里，到焊缝表面平整即可。

7）焊接缺陷与原因。焊接时焊料没有完全凝固时，绝对不可以使焊接铜管动摇或振动，否则焊接部分会产生裂缝使铜管泄漏。焊接完毕后必须将焊口清除干净，不可以有残留氧化物、焊渣等，此时可用制冷剂或氮气充入管内进行检漏。

8）错误操作及产生原因。

a. 虚焊的外观判断。焊缝区域形成夹层，部分焊料呈滴状分布在焊缝表面。产生虚焊原因有：操作不熟练或不细心；焊前没有将管件装配间隙边缘的毛刺或污垢清除干净；温度控制不均匀；焊接时氧气压力不够或不纯导致火焰不足；管件装配间隙过小。

b. 过烧的外观判断。焊缝区域表面出现烧伤痕迹，如出现粗糙的麻点、管件氧化皮严重脱落、紫铜管颜色呈水白色等。产生过烧原因有：焊接次数过多；焊接时控制温度过高；调节火焰过大；焊接时间过长。

c. 气孔的外观判断。焊缝表面上分布有孔眼。产生气孔原因有：焊接前的焊条和管件连接间隙附近的脏物未清除或除净后又被其他污物弄脏；焊接速度过慢或过快。

d. 裂纹的外观判断。焊缝表面出现裂纹。产生裂纹原因有：焊条含磷多于7%；焊接不连续/中断；焊后焊缝未完全凝固就搬动焊件。

e. 烧穿的外观判断。焊件靠近焊缝处被烧损穿洞。产生烧穿原因有：操作不熟练、动作慢或不细心；焊接时未摆动火焰；火焰调节不当；氧气压力过大；温度控制不均匀。

f. 漏焊的外观判断。焊缝不完整，部分位置未融合成整条焊缝。产生漏焊的原因有：操作不熟练或不细心；焊条施加温度不均匀；火焰调节不当。

4. 检修工艺

（1）制冷系统的清洗。空调器压缩机的电动机绕组绝缘击穿、匝间短路烧毁时产生大量的酸性氧化物会使制冷剂和冷冻油变质污染系统。在更换压缩机时，毛细管、干燥过滤器及整个制冷系统都要进行彻底的清洗。

制冷系统的污染程度可分为轻度与重度。轻度污染时，制冷系统内冷冻油没有完全变质，从压缩机的工艺管放出制冷剂和润滑油时，油的颜色是透明的，若用石蕊试纸试验，油呈淡黄色（正常为白色）；重度污染时，打开压缩机的工艺管时可立即可闻到焦油味，从工艺管倒出冷冻油，颜色为黑色。用石蕊试纸浸入油中，5min 后石蕊试纸的颜色变为红色。

空调器制冷系统清洗时使用 R113 清洗剂。清洗前先放出制冷系统管路内的制冷剂，要检查一下冷冻油的颜色、气味以明确制冷系统污染的程度。清洗步骤如下。

1）检查压缩机。确认压缩机损坏需更换时，必须将整机（包括室内、外机及连接管）运回维修服务点的维修车间进行处理。

2）先放掉制冷剂，拆下压缩机，检查压缩机及其冷冻油，判断系统是否需要清洗，如果压缩机卡死、烧毁并且冷冻油含有杂质异物已变质时就需要清洗。

3）清洗时对窗机拆下毛细管组件；分体挂壁机拆下室外机的毛细管组件；单冷柜机拆下室内机的毛细管组件；冷暖柜机要拆下室内、外机的毛细管组件。

4）将清洗剂 R113 注入清洗箱的液槽中。

5）室内、外机部件与清洗箱连接。将清洗箱与室外机拆下的毛细管组件处进行接管焊接，也可以采用耐压软管加胶带包扎进行连接；室内部分连接采用扩口管与接管焊接，也可以采用耐压软管加胶带包扎进行连接。

6）启动清洗泵，利用 R113 循环清洗，对于严重污染的系统，清洗时间不得少于 3h。如果泵抽不上清洗剂，则应检查是否堵塞，过滤网是否应该清洗，清洗剂是否足够。

7）清洗结束后，用氮气吹入系统管内，使 R113 回流到清洗箱内。

8）再用高压氮气对系统进行吹污和干燥处理，时间应大于 2min。

9）室外机更换新的储液罐、压缩机、毛细管组件等时注意要充氮保护焊接。

10）对系统进行抽真空，然后按铭牌所示的灌注量进行灌注，最后进行封口。

（2）排空气。制冷循环系统中残留的空气若含有水分，将导致高压压力升高，运转电流增大，制冷效率下降或发生堵塞，引起压缩机汽缸拉毛、镀铜腐蚀、接线端子爆脱等故障，所以必须排除管内空气，推荐排空气的两种方法如下。

1）方法一：使用真空泵抽空气法，如图 6-78 所示。制冷系统的连接过程中，室内机及连接管内存留空气，抽真空能将系统内空气及水分抽干，并能检查系统内有无渗漏。

先将阀门充氟嘴螺母拧下，用抽真空连接软管连接。将制冷剂钢瓶的截止阀关闭，打开复合式压力计的高、低压旋钮，然后使真空泵运转。运转时间一般在 20～30min，真空泵的排气能力为 100～150L/min，真空度在复合式压力计上的显示应在 750mmHg 以上（若真空度还在 750mmHg 以下，则应检查各连接处是否有泄漏）。抽真空的时间已到或真空度已达到规定值时，即可关闭截止阀，停止真空泵旋转后进行加氟。

2）方法二：使用机内本身的制冷剂排空气。

拧下高低压阀的后盖螺母及充氟嘴螺母，将高压阀阀芯打开（旋 1/4～1/2 圈），等待约 10s 后关闭。从低压阀充氟嘴阀芯处用螺丝刀将充氟顶针向下顶开，排出空气。当手感觉凉气冒出时停止排空，排氟量应小于 20g。

（3）制冷系统的检漏。氟利昂制冷系统的检漏部位主要有压缩机的吸、排气管的焊接

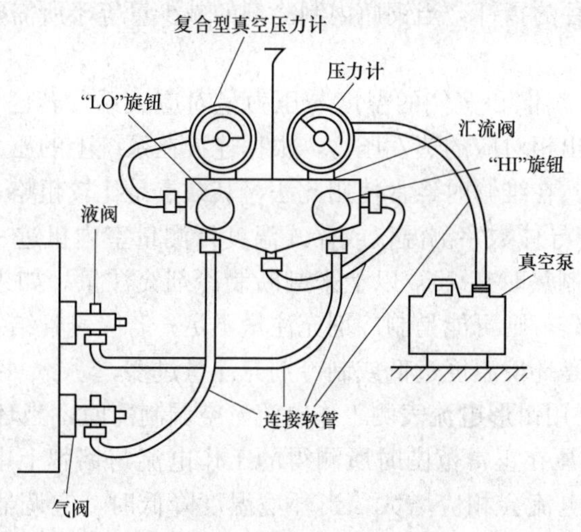

图 6-78　真空泵排空法示意图

处，蒸发器、冷凝器的连接弯头，进出管和各支管焊接部位，各管道部件（如干燥过滤器、截止阀、电磁阀、分配器和储液罐等连接处），制冷系统的检漏方法如下。

1）外观检漏。因为氟利昂与冷冻油互溶，所以当氟利昂有泄漏时冷冻油会一起渗出，用目测油污即可判定该处有无泄漏。当泄漏较少时，用手指触摸不明显，可以戴上白手套或用白纸接触可疑处，若油污较明显，即可查出。

2）肥皂水检漏。这是一种简便易行的方法。将肥皂切成薄片浸泡在水中，使其溶化为稠状肥皂水，检漏前应先检查系统内必须要有一定压力的制冷剂（没有全漏完），如制冷剂已漏完，则需向系统充入 0.8～1MPa 的氮气，将被检部位的油污擦拭干净，用干净的毛笔或软的海绵沾上肥皂水，均匀地涂在被检处的四周，几分钟内仔细观察，若有肥皂泡冒出，表明该处有泄漏。

3）卤素电子检漏仪检漏。此法主要用于制冷系统充注制冷剂后的精检，其灵敏度为年泄漏量 5g 以下。

4）充氮气加压浸入水中检漏。这种方法适用于单个零件或整个制冷系统的检漏。被检零部件或制冷系统应事先充入氮气，其高压压力一般为 2.5MPa，低压压力器件单独试压不超过 0.8MPa。充压后将检物浸入温水中，待水面平静后观察数分钟，若有气泡出现即为有泄漏，应记下其位置。

浸水检漏后的部件应烘干处理后方可进行补焊，全封闭式压缩机及整机也可以用充氮气加压浸水法进行检漏（注意接线端子应有防水保护）。

(4) 充注制冷剂（氟利昂 F22 或称 R22）。全封闭式压缩机室外机充注氟利昂往往采用低压注入法，由氟利昂钢瓶往制冷系统中充注制冷剂时，可将钢瓶与室外机低压阀通过压力表接管连接（也可用复合式压力表的中间接头充入），打开氟利昂钢瓶并倒置，将接管内的空气排出后拧紧接头，启动压缩机将制冷剂充入系统。标准工况条件制冷剂充入量的判断有以下几种方法。

1）测重量法。在充注氟利昂时，事先准备一个小台秤，将制冷剂钢瓶放入一个装有冷水的容器中（适用于空调器的低压充注制冷剂蒸汽）。充注前记下钢瓶、冷水及容器的重量，在充注过程中注意观察秤的指针，当钢瓶内制冷剂的减少量等于所需要的充注量时即可停止充注。

2）测压力法。制冷剂饱和蒸气的温度与压力呈对应关系，若已知制冷剂的蒸发温度，即可根据相关参数表查出相对应的蒸发压力，根据连接在系统上的压力表显示值即可判定制冷剂的充注量是否合适。在维修时经常使用此法，其缺点是比较粗略，准确度不高。

3）测温度法。用半导体数字测温仪或棒式温度计测量室内机进、出口风温度差，一般以制冷时在 8℃ 以上、制热时在 15℃以上来判断制冷剂充注量。如果室内机进、出口风温度差偏小或吸气管不凝露，则可能是制冷剂充注量不足；若吸气管结霜段过长或接近压缩机处有结霜现象，则可能是环境温度过低或制冷剂充注量过多。

4）测工作电流法。用钳形电流表测工作电流。空调制冷时，当环境温度为 35℃，室内温度为 27℃时，工作电压在正常范围时所测得的工作电流与铭牌上电流相对应；当环境温度升高时，空调器工作电流会相应增大；当环境温度降低时，空调器工作电流也会相应减小。风扇电动机运转正常的情况下，空调器工作电流与铭牌上的电流作比较，参考判断制冷剂充注量。

（5）灌注冷冻油（润滑油）。制冷系统在正常运转时，消耗的润滑油极少。在检修过程中会损失一些润滑油，新的空调器运转初期，某些部件表面也会留下一定量的润滑油，曲轴箱油会降低，空调器运转一定时间以后，由于摩擦产生的金属粉末也会使润滑油污染。如果系统内含有水分和杂质，则润滑油也会变质。凡此种种情况，都需要更换润滑油。

全封闭压缩机采用 25 号冷冻油。全封闭压缩机因有往复活塞式和旋转式的不同，故其灌油方法也不同。全封闭式压缩机由于没有视油镜，故此很难判断是否缺油。一般在修理时倒出原有冷冻油以后，重新灌入此量。可以在系统抽真空以后，在工艺管处加入冷冻油。

5. 空调器的安全操作要求

空调器的安全要求主要是指空调器电气设备的安全要求。原则是：应保证空调器在正常使用中安全可靠地运行，即使误操作也不会给人及周围环境带来危险。国家标准对其具体内容有详细的规定。空调器在出厂前均已严格按照标准进行检验，保证出厂产品都是合格品。下面结合国家标准规定的内容择其要点作一介绍。

（1）触电保护。空调器的结构和外壳应具有良好的防触电保护措施，具体如下。

1）在空调器外壳上除了使用和工作所必需的开孔外，不应有可能接触到带电部件的其他开孔。

2）不应依靠油漆、瓷漆、金属部件上的氧化膜、垫圈和密封胶（除热固型外）等作为保护性的绝缘层。

3）自固性树脂不应作为密封材料。

4）操作旋钮、把手、开关等旋转轴不应带电。

5）用以防止偶然接触带电部件的保护部件，应有足够的机械强度，在正常工作时不得松动，只能使用专用工具拆卸。

（2）防雨淋。空调器的电气部件应能防雨淋，并且需要进行淋雨试验。如空调器有风管接到室外，还应按规定在风管的终端进行淋雨试验。试验前，按规定方法测量空调器的绝缘电阻，其值应不小于 2MΩ，试验后的绝缘电阻值要求不应小于 0.5MΩ，而且能经受住绝缘强度试验，不应出现不符合标准要求的任何损坏。

（3）启动和运行。在额定电压和频率使用条件下，空调器启动时不应使熔丝熔断，空调器及周围环境在正常使用时不应有过高的温度。按标准规定，压缩机电动机绕组温度不得高于135℃；内部和外部布线的橡胶或聚乙烯绝缘材料不能超过60℃（移动线）或75℃（不移动线）；连接电源接线端子不超过85℃。空调器在过载条件下的运行时，加热元件的设计和结构应能承受并能通过标准规定的试验。

（4）泄漏电流。空调器应有足够的电气绝缘。按规定的测量方法，其泄漏电流不应超过0.5mA。

（5）绝缘电阻和电气强度。空调器应具有良好的绝缘性能和电气强度，以保证空调器的电气部件正常使用（可能出现的潮湿条件及其他情况），绝缘电阻要求不应小于2MΩ，电气强度要求施加不同的试验电压（1250～3750V）时，不产生闪络或击穿现象。

（6）非正常运行时的要求。空调器的设计应避免由于非正常或误操作而引起火灾、机械损坏或触电事故。

（7）结构上的要求。

1）带电导线上的绝缘珠和其他陶瓷绝缘子应固定或支撑牢固，使其位置固定不变，但不应放在锐边或锐角上。

2）在带电部件与可能被腐蚀的绝热材料之间应有效地防止接触。

3）电热元件所用的金属螺栓或类似的零件在正常使用条件下应耐腐蚀。

4）空调器的结构应使所用的电气绝缘材料不受冷凝水的影响，不受从容器、皮管和管接头等处漏下的液体的影响。

5）可能更换的部件，如开关和电容器应适当固定。

（8）内部布线的要求。空调器内部布线与各个部件之间的电气连接也有严格的要求，应有适当保护或包封。此外，还要通过视检与测量来确定是否符合以下几方面要求。

1）电线槽应光滑，无锐边、毛刺等；绝缘导线通过金属板上的孔洞应光滑、圆角或带有套管。布线应有效地防止与运动部件接触，以免磨损布线。

2）布线应固定、牢固，绝缘良好，以确保在正常使用下爬电距离和电气间隙不会减小到规定值以下，绝缘在正常使用下不应损坏。

3）整装式多芯线的布线材料剥掉的长度不应超过75mm，标有绿/黄双包的导线只能接在接地端子上，不能接到其他端子上。

国家标准GB 4706.1—2005/IEC60335-1：2004（Ed4.1）《家用和类似用途电器的安全》第一部分“通用要求”和GB 4706.32—2012/IEC60335-2-40：2005《家用和类似用途电器的安全热泵、空调器和除湿机的特殊要求》还对元件、电源连接、外导线的接线端子、接地装置、螺钉和接头、爬电距离、电气间隙和穿通绝缘距离、耐燃耐热、防锈等作了严格的规定。

6.4.3　空调器的使用与保养

1. 空调器类型选择

空调器（T1）的类型有多种，各种类型的空调器工作环境温度都不同。

（1）冷风型：工作环境温度为18～43℃。

（2）热泵型（包括热泵辅助电热型）：工作环境温度为－7～43℃。

（3）电热型：工作环境温度应小于＜43℃。

空调器在正常使用条件下，被调节的房间温度在 16～30℃ 的任一调定值时，其控制温度可以在调定值±2℃的范围内自动调节。消费者应注意空调器制冷显示的设定温度调节范围为 16～30℃，但其房间温度不一定能达到 16℃，关键受房间面积、制冷量、房间结构、密封程度等因素影响。

热泵型空调器制热时有一定的局限，冬天室外温度在＋5℃以上时空调器才能正常运转，因为热泵型空调器冬季制热是从室外环境中吸收热量，因室外温度变化不定，空调器从室外空气中吸取的热量也是变化的，尤其是冬季室外空气的温度很低，空调器从室外吸入的热量很少，无法满足室内需要，且制冷压缩机还容易发生湿冲程（液击）和因冷冻油润滑效果差使压缩机启动困难，因此热泵型空调比较适合在室外环境温度＋ 5℃以上工作。

2. 空调器的使用和保养

（1）认真阅读使用说明书，按使用说明书的规定进行操作。

（2）保养检修空调器时，必须先将电源插头拔下；空调的壳体要定期用干净的布擦拭，不能直接用水冲洗；为保证空调制冷效果，室内机的空气过滤网要定期清除灰尘，每月至少清除一次，清除时要把空调面板体内的空气过滤网拉出，用水冲洗或用吸尘器吸尘，不能使用 40℃以上的热水、汽油和甲苯等有机溶剂，清洗完毕后应置于阴凉通风处，晾干后插回。

（3）空调器经过夏季制冷后，秋季或长时间不使用空调制冷时，要对空调器进行 4h 的强风运转，然后拔下电源插头。

（4）每年对空调器整机保养检查一次，用吸尘器或硬刷子去除室外机散热片及机座上的灰尘，注意不要损坏电器引线，重点检查电源插座及接地线是否有断线、虚接、松脱；检查电源电线是否有老化及铜线外裸；检查阀门接头连接处有无漏氟，螺母是否拧紧；室内、外机连接线有无被老鼠咬破；连接线及插接线是否虚接、松脱；有无灰尘、脏物在主控板上，避免引起短路故障；检查室内、外机安装墙体及安装架是否牢靠；若空调器出现故障或声音异常则应及时请专业人员进行检修。

习题与思考题

1. 空调器的基本术语有哪些？各自的含义是什么？
2. 什么是制冷剂，其作用是什么？制冷剂应具备哪些特性？
3. 简述空调器的分类，并指出其性能指标有哪些。
4. 简述空调器的工作原理。
5. 空调器制冷系统的主要部件有哪些？
6. 简述旋转活塞式压缩机的基本结构与工作原理。
7. 简述涡旋式压缩机的基本结构与工作原理。
8. 简述换热器的基本工作原理及其基本要求。
9. 简述空调器控制系统的基本功能。
10. 简述变频式空调器变频器的工作原理，并说明变频式空调器的优点有哪些。
11. 简述分体式空调器的安装步骤。
12. 简述空调器使用和保养的注意事项。

集中监控系统

随着计算机技术和通信技术的发展，通信电源系统的集中监控技术飞速发展，其智能化程度不断提高，监控对象范围不断扩大，已经可以实现对通信局（站）内各种电源设备、空调设备及其环境进行实时监控，统一管理，从而有效提高了通信电源系统供电的可靠性，降低了运行维护成本。

7.1 监控系统概述

通信电源系统的集中监控，就是把同一通信枢纽内的各种电源设备、空调系统和外围系统的运行情况集中到一个监测中心，实行统一管理。在具体操作上，就是实行遥信、遥测和遥控，即所谓的“三遥”。

（1）遥信：就是将正在运行的通信电源设备的各种状态反映到监测中心。

（2）遥测：就是根据遥信所获得的资料，去判断所发生的情况，或定期测试一些必要的技术数据，以便分析故障时参考。

（3）遥控：就是远距离操作。

采用集中监控管理系统后，利用计算机及网络技术、软件工程、通信技术及测控技术等现代手段，可以将通信局（站）电源系统的维护管理提高到一个新的水平，并将由供电故障而引起通信中断事故的概率降到最低程度。

7.1.1 监控系统的结构组成

集中监控系统的结构组成如图 7-1 所示。

1. 监控管理的对象及内容

集中监控系统监控管理的对象主要包括高、低压配电设备、柴油（油机）发电机、蓄电池组、整流配电设备、UPS、空调及其他环境条件等，其监控的内容详述如下。

（1）高压配电设备。

1）进线柜。遥测三相电压/电流、有功电度、无功电度；遥信开关状态、过流（速断、接地、失压）跳闸告警。

2）出线柜。遥信开关状态、过流（接地、失压）跳闸告警、变压器过温告警。

3）变压器。遥测温度。

4）母联柜。遥信开关状态、过流（速断）告警。

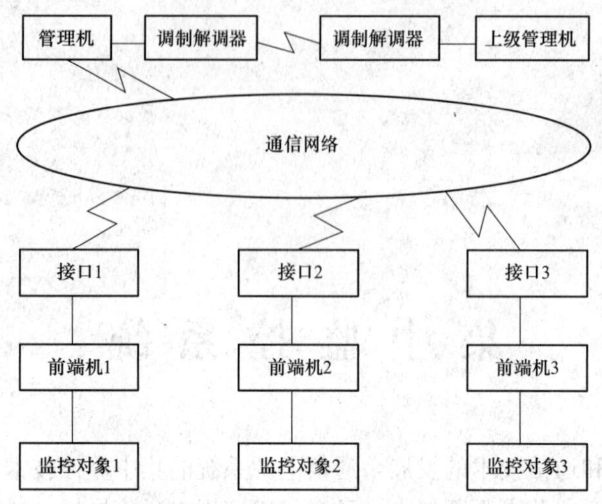

图 7-1　集中监控系统的一般组成原理图

5）直流操作电源柜。遥测电压；遥信故障告警。

（2）低压配电设备。

1）进线柜。遥测三相电压、三相电流、频率、功率因数；遥信开关状态、缺相（过压、欠压）告警；遥控开关分合闸（可选）。

2）主要配电柜。遥信开关状态、自动转换开关（ATS）工作状态；遥控开关分合闸，自动转换开关（ATS）的转换（可选）。

3）稳压器。遥测输入电压、输入电流、输出电压、输出电流；遥信故障告警。

4）电容柜。遥信补偿电容器工作状态（接入或断开）。

（3）发电设备和储能设备（蓄电池组）。

1）柴油发电机组。遥测三相电压/电流、输出功率（转速）、水温、油压、启动电池电压；遥信工作状态（运行停机）、工作方式（自动/手动）、自动转换开关（ATS）工作状态、过压（欠压、过载、油压低、水温高、频率/转速高、启动失败、启动电池电压低、油位低）告警；遥控开/关机、紧急停机，ATS 转换（可选）。

2）太阳能供电系统。遥测输出电压、电流；蓄电池充放电电流；遥信太阳能方阵工作状态（投入/撤除），输出过/欠压告警，控制器告警。

3）蓄电池组。遥测每只蓄电池电压、蓄电池组充放电电流、标示电池温度。

（4）整流配电设备。

1）交流配电屏。遥测输入电压/电流；遥信主要开关的开关状态、故障告警。

2）整流器。遥测各整流器（模块）输出电流；遥信各整流器（模块）工作状态、浮充/均充状态、各整流器（模块）故障、监控模块告警。

3）直流配电屏。遥测直流输出电压、直流输出电流；遥信直流输出过压（欠压）告警、熔丝熔断告警。

4）UPS。遥测交流输入电压、直流输入电压、标示蓄电池电压（温度）、交流输出电压/电流、输出频率；遥信同步/不同步状态、UPS/旁路供电、蓄电池放电电压低（市电故障、整流器故障、逆变器故障、旁路故障）告警。

5）逆变器。遥测直流输入电压、直流输入电流、交流输出电压、交流输出电流、输出频率；遥信故障告警。

6）直流—直流变换器。遥测直流输入电压、直流输入电流、直流输出电压、直流输出电流；遥信故障告警。

（5）其他对象。

1）分散空调设备（带智能接口）。遥测电源电压、主机工作电流、回风温度、回风湿度；遥信开/关机状态、设备告警；遥控开/关机、温度/湿度设定（可选）。

2）环境条件。遥测安装电源设备和空调设备的机房温度、湿度；遥信机房烟雾、温湿度、水浸、门禁告警。

2. 设备与监控机接口

通过接口电路，设备把要监测的数据送到监控机，进行分析、统计、打印等。监控机发出的控制指令通过接口电路，送到设备，改变设备当前运行状态。

对于智能设备，如模块化高频开关电源、自动化柴油发电机组以及智能UPS等，如果这些智能设备和监控系统使用相同的通信协议，则可以由设备提供的监控接口直接通过串行口卡进入监控系统的主机。

对于常见的非智能设备，如蓄电池组和直流配电系统，可以通过技术改造设计专门的智能监控接口设备，由这些智能监控接口设备通过串行口卡与监控主机通信。

对于不太常见的非智能设备，或者无法获得通信协议的智能设备，可以通过通用监控接口模块进行遥信、遥测和遥控。

3. 前端机

前端机又称现场控制机，它通过接口直接与设备相连，负责测量各种模拟量，检测各种状态和告警信号送往管理机，并从管理机获得遥控指令，发出动作信息，控制现场设备，前端机一般与设备放在同一现场。

4. 管理机

管理机又称上位机，安装在中央控制室，主要完成远距离操作、调度管理、收集和处理数据等任务。其基本功能有以下几个。

（1）收集前端机的数据、状态及告警信息，将各种数据进行储存、记录。

（2）在显示终端上输出实时运行数据、运行状态，并打印各种报表。

（3）调度和管理下属各前端机，向前端机发出遥控操作命令。

（4）利用通信功能，将各前端机送来的信息转送给上级监控中心。

5. 通信网络

利用通信网络，可以构成本机、近程、远程等多级监控相结合的分布式监控系统。多媒体技术已经广泛应用于监控系统，可以使整个系统图文并茂，令人耳目一新。例如，有的监控系统利用语音进行故障报警，可以分析故障的部位，提出解决的方法，并提醒应携带的备件和维修用品；有的监控系统在屏幕上既可以看到文字图表，又可以切换出现场摄像头传来的真实画面，指导现场操作员的维修工作等。

7.1.2 对监控系统的性能要求

1. 实时控制性

实时性是指系统对外部事件的响应速度，系统响应速度的快慢是计算机监控系统的一个最重要的性能指标。集中监控系统对于被监控的对象发生的各种事件，如被监控设备的参数越限、危急事故（如火灾、偷盗等）、操作员下达的各种指令等都要求实时响应。

监控系统响应的实时性是双向的，即包括当监控对象状态出现异常时系统进行响应（如报警等）的速度，以及当操作人员发出控制命令时对被监控设备的操作执行（如启/停设备等）的速度。对于系统实时性的规定，应按系统对于最紧急事件所需的响应速度为指标，以确保系统在任何情况下均具有保证设备安全运行的能力。但另一方面，系统实时性的提高又是以系统运行维护费用增加（包括软件和硬件两方面的费用增加）为代价的。实时性的要求越高，则软件越复杂，同时硬件也越昂贵，因此需根据实际情况作出权衡。

系统实时性高低可从以下几方面进行考察。

（1）是否采用实时多任务操作系统作为监控软件平台，如 Wtndows/NT、OS/2 等。

（2）是否使用多进程/多线程编程技术，使系统具有对大量异步并发事件的实时并行处理能力。

（3）是否对于事件的处理采用优先级调度策略，保证紧急事件得到优先处理。

（4）是否采用多级报警系统结构，即在前端控制级和集中监控级均设置报警功能。从理论上说，报警检测机构越靠近故障源，报警的实时性就越好。

（5）系统各级之间的数据通信是否采用高波特率的专线传输方式。

（6）是否盲目追求过高的数据精度。数据传输时间与数据的有效位数成正比，而与传输波特率成反比。

2. 运行可靠性

监控系统设计中的另一个重要原则就是：监控系统本身的可靠性应大于任一被监控设备的可靠性，否则就无法达到通过引进监控系统而提高设备维护管理质量的目的。

提高系统可靠性的首要条件就是严格筛选监控系统内所有装置和元件（如计算机、传感器、变送器、数据采集、数据传输线路等），此外还可以从硬件结构和软件设计两方面保证系统运行的可靠性。就硬件结构而言，系统硬件设备应满足以下基本要求。

（1）系统硬件设备的总体结构应充分考虑安装、维护、扩充或调整的灵活性，应实现硬件模块化。设备应具有足够的机械强度和刚度，其安装固定方式应具有防震和抗震能力。应保证设备经常规的运输、储存和安装后，不产生破损、变形。

（2）系统硬件设备应尽可能采用通用的计算机系统，要求选用的机型应有较高的稳定性和可靠性，设备采用专用部件的比例应尽可能低。

（3）系统硬件设备应能适应安装现场温度、湿度及海拔等要求，应有可靠的抗雷击和过电压保护装置。

（4）监控系统的硬件设备应有很高的可靠性，监控模块（Supervision Module，SM）和监控单元（Supervision Unit，SU）的平均故障间隔时间（Mean Time Between Failure，MTBF）应不少于 12 年。

（5）监控系统硬件发生故障时，不应影响被监控设备的正常工作。

（6）监控系统应具有很好的电气隔离性能，不得因监控系统而降低被监控设备的交直流隔离度、直流供电与控制系统的隔离度。

（7）监控模块（SM）应尽量采用直流－48V 电源，其机箱外壳应接地良好，并具有抵抗和消除噪声干扰的能力。

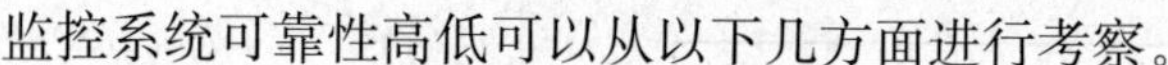

监控系统可靠性高低可以从以下几方面进行考察。

(1) 是否采用递阶式集散型系统结构，前端控制计算机负责监控设备的局部控制，而集中监控级则在区域范围内对所有前端控制计算机进行集中监控管理。在进行大规模系统监控时，可以将这一模式扩展到多级递阶结构。

(2) 是否采用硬件冗余技术，如双机后备模式等。

(3) 是否设计有系统自诊断软件模块。系统自诊断软件模块可以对系统自身元件运行状态进行故障诊断，并在必要时切换后备子系统。

(4) 监控软件是否采用模块化结构。软件模块化结构可以隔离某一软件缺陷向外界扩散，提高软件本身的可靠性。

3. 用户友好性

集中监控系统是自动控制系统的一个分支，它与其他类型的自动控制系统相区别的一个特点是：操作人员是系统中不可缺少的一个组成部分，操作人员根据监控系统提供的信息进行故障排除和设备维护。从某种角度上可以说被监控设备维护管理质量的好坏，取决于操作人员和监控系统之间信息交换的质量高低，也即取决于用户友好性能的高低。

对于通信设备集中监控系统而言，用户友好性可以从以下方面进行考察。

(1) 是否为图形显示界面。人机系统理论研究显示，计算机图形和图像比单纯的文字和数据显示具有更大的信息量。数据显示若采用指针、曲线、棒图等，以各种颜色及其闪烁进行显示，以符号代替文字，以活动图像代替静止图像等，这些手段都有助于提高操作人员对于监视屏幕的注意力，减少在疲劳时的错误判断。

(2) 是否为鼠标和单触键（one touch key）控制。操作人员无需记忆复杂的计算机命令，减少了误操作，在紧急事故发生时，也大大加快了操作人员向系统发出指令的速度。

(3) 是否采用多媒体技术。目前语音合成、音频播放、视频图像等计算机多媒体技术已进入相当成熟的阶段。在设备监视时采用视频图像，操作提示使用音频播放，故障发生时利用语音合成报警并通过移动电话寻呼高级维护人员等。经实际应用证明，这些都是提高人机交互质量的有效措施，这也是新一代集中监控系统人机界面发展的必然趋势。

为此要求集中监控系统软件采用分层的模块化结构，便于系统功能的扩展和更新。监控中心（Supervision Center，SC）的计算机所采用的操作系统、数据库管理系统、网络通信协议和程序设计语言等必须是通用系统，且应与本地网管系统保持一致，以便于监控网络的统一规划和管理。

根据系统的功能要求，软件系统至少应能包括图 7-2 所示的功能模块。

系统应在以下几个层次提供人机界面，以便于维护管理操作。

(1) 各监控单元（SU）应具有连接手提终端或 PC 的接口能力，通过该接口能够了解到监控模块所管辖范围的当前告警信息及设备运行状态。

(2) 监控中心（SC）和监控站（Supervision Station，SS）应具有比较完善的管理功能，该处的人机界面可以对所辖区域内的设备进行全面管理。

(3) 对于常用的功能及操作，应提供菜单及命令两种执行方式。对于菜单方式，应有明确的在线提示或 Help 功能。

(4) 监控中心（SC）和监控站（SS）接收到的故障告警信息应给予醒目的图形用户界面提示，如高亮或高反差色彩等，并应给出可闻声响辅助告警。

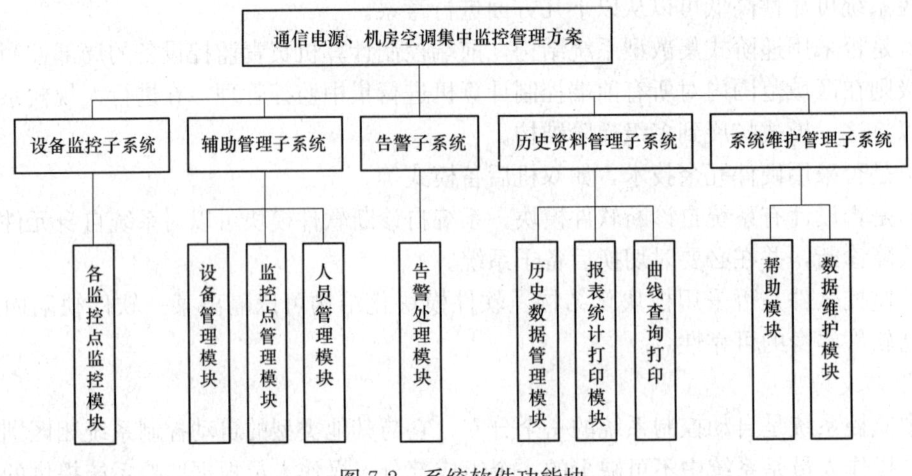

图 7-2　系统软件功能块

（5）汉字处理功能。系统必须具有汉字处理功能，屏幕显示、人机对话的提示及报表的打印要求采用汉字系统。

4. 系统扩充性

监控系统应能满足无须软件编制人员的参与，用户可以自行修改系统参数（如监控参数的报警限值、报警方式、报表格式、趋势显示范围、系统接线图内容、数据显示方式、操作人员安全等级等）的要求。此外，在一定范围内，用户还可以自行改变系统的硬件配置，如数据采集器、I/O 卡、传感/变送装置等，从而可以自行改变或扩充被监控设备的数量和类型。

关于系统扩充性，从系统设计的角度可从以下几方面进行考察。

（1）硬件配置时是否在数量上留有适当余量，这包括计算机内存和硬盘的容量以及 I/O 通道数量等。在无法预见今后系统扩充规模的情况下，一般要考虑 20%～30%的发展余量。

（2）是否采用可扩充性好的系统硬件结构，如采用递阶集散型系统等。设置前端控制计算机，数据采集采用总线传输方式等，均有利于在改变/扩充被监控设备数量或类型时，实现不影响或尽量少地影响系统其他部分的工作。

（3）监控软件是否具有良好的可扩充性。监控软件可以采用各种新的软件扩充技术，如动态链接库（Dynamic Link Library，DLL）、动态数据交换（Dynamic Data Exchange，DDE）、对象链接与嵌入（Object Linking and Embedding，OLE）等，可以在不改变原有软件内容的条件下扩充软件模块，从而有可能在不依赖于软件编制人员的情况下，由用户自行扩充软件功能（如增加新的设备接口等）。

5. 网络互连性

随着通信事业的高速发展，通信电源设备的集中监控技术也处于快速发展阶段。国内信息高速公路的建设，使整个社会的网络化、信息化成为必然。这种网络化趋势要求集中监控系统具备与异种机、异种操作系统、异种计算机网络进行数据交换的能力，或至少保留网络互联的接口，这就要求监控网络硬件接口的标准化以及网络通信协议的标准化。

7.1.3　对监控系统的指标要求

相关国家标准和规范规定，通信局（站）供电集中监控系统应满足下述指标要求。

（1）组成监控系统的各监控级应能实时监控其监控对象的状态，发现故障及时告警。从故障事件发生至反映再到有人值守监控级的时间间隔不应大于 30s。

（2）各监控级应有多事件同时告警功能，告警准确度的要求为 100%。

（3）系统的软、硬件应采用模块化结构，使之具有最大的灵活性和扩展性，以适应不同规模监控系统和不同数量监控对象的需要。

（4）监控系统的采用不应影响被监控设备的正常工作，不应改变具有内部自动控制功能的设备的原有功能。

（5）监控系统应具有良好的电磁兼容性。不论被监控设备处于任何工作状态下，监控系统应能正常工作；同时监控设备本身不应产生影响被监控设备正常工作的电磁干扰。

（6）监控系统应能监控具有不同接地要求的多种设备，任何监控点的接入均不应破坏被监控设备的接地系统。

（7）监控系统应具有自诊断功能，对数据紊乱、通信干扰等可实现自动恢复；对通信中断和软硬件故障等应能诊断出故障并及时告警；监控系统故障时，不应影响被监控设备的正常工作和控制功能。

（8）监控系统硬件应能在通信局（站）现有基础电源条件下不间断地工作。

（9）监控系统应具有良好的人机对话界面和汉字支持能力，故障告警应有明显清晰的可视可闻信号。

（10）测量精度。

1）直流电压应优于 0.5%。

2）蓄电池单体电压测量误差不应大于±5mV。

3）其他电量应优于 2%。

4）非电量一般应优于 5%。

（11）可靠性指标：平均故障间隔时间（MTBF）应不小于 10^5h。

7.2 通信接口与通信协议

在监控系统中，监控主机与现场监控器、现场监控器与被控设备以及被控设备之间，通过 RS-232、RS-422、RS-485 等接口实现通信。

7.2.1 通信接口的工作方式

通信接口的工作方式可分为两种，即异步方式和同步方式。

1. 异步通信方式

异步（数据）通信（Asynchronous Data Communication，ASYNC）是指通信中两字符的时间间隔不固定，而在同一字符中的两个相邻代码间的时间间隔是固定的。异步通信的格式如图 7-3 所示。用一起始位（低电平，数字“0”状态）表示字符的开始，用停止位（高电平，数字“1”状态）表示字符的结束，在起始位和停止位之间是一个字符（由 n 位代码组成）及奇偶校验位。这种由起始位表示字符的开始、停止位表示字符的结束所构成的一串数据，叫作帧。平时不传输字符时，传输线一直处于高电平状态。一旦接收端测到传输线状态的变化——从高电平变为低电平（这意味着发送端已开始发送字符），接收端立即利用这个电平的变化，启动定时机构，按发送的速率顺序接收字符。待发送字符结束，发送端又使传输线处于高电平状态，直至发送下一个字符为止。

从图 7-3 中可看出，异步方式中，每个字符含比特数相同。传送每个字符所用的时间由字符的起始位和终止位之间的时间间隔决定，为一固定值。起始位起到使一个字符内的各比特同步的作用，由于各字符之间的间隔没有规定，可以任意长短，因此各字符间不同步。

异步方式实现简单，但传输效率低，因为每个字符都要补加专用的同步信息，即加上起始位和停止位，这样传输字符的辅助开销较大。

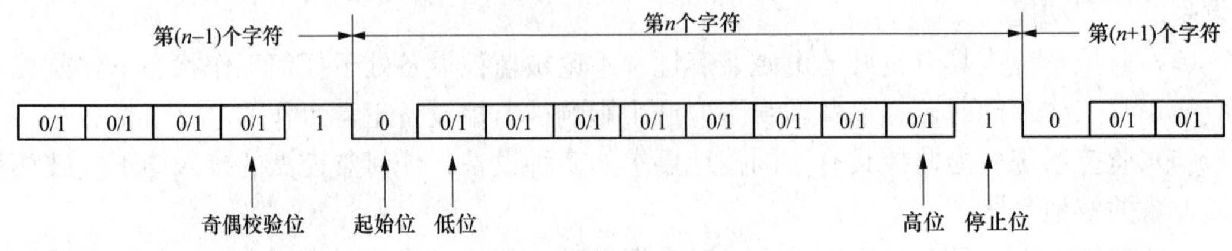

图 7-3　异步通信的格式

下面两个基本的概念。

(1) 字符的格式：即字符的编码形式，如奇偶校验、起始位和停止位的规定等。例如，用 ASCII 码时，7 位为字符，1 位为校验位，1 位起始位及 1 位停止位，共十位为一帧。

(2) 波特率（Baud rate）：即传送数据位的速率，用位/秒（bit/s）来表示。例如，设数据传送的速率为 120 字符/秒，每个字符（帧）包括 10 个数据位，则传送的波特率为

$$10\times120=1200\text{bit/s}=1200\text{ 波特}$$

则每一位传送的时间为

$$T_{\text{d}}=1/1200=0.833\text{ms}$$

通常异步通信的波特率在 50～9600 波特，高速的可达 19200 波特。异步通信允许发送端和接收端的时钟误差或波特率误差达 4%～5%。

2. 同步通信

由于异步通信按帧进行数据传送，每传送一个字符都必须配上起始位、停止位，因此这就使异步通信的有效数据传送速率降低 1/4～1/5。为了提高速度，就要求取消这些标志位，这就引出了另外一种通信方式——同步通信。

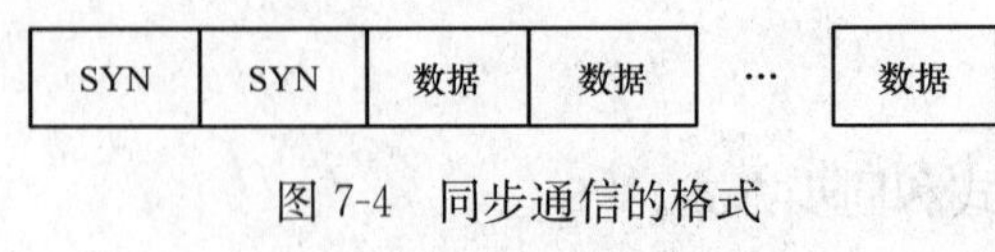

图 7-4　同步通信的格式

同步（数据）通信（Synchronous Data Communication，SYNC）是在数据块开始处设置 1 个（8bit）或两个（共 16bit）同步字符。同步字符之后可以连续地发送多个字符，每个字符不需任何附加位。因此，同步字符表示成组字符传送的开始，如图 7-4 所示。

发送前，发送端和接收端应先约定同步字符的个数及每个字符的代码，以使实现接收和发送的同步。同步的过程是：接收端检测发送端同步字符的模式，一旦检测到 SYN，说明接收端已找到了字符的边界，接收端向发送端发送确认信号，表示准备接收字符，发送端就开始逐个发送字符，直到控制字符再次出现即意味着一组字符传送结束。

在串行数据线上，始终保持连续的字符，即使没有字符时，也要发送专用的“空闲”字符或同步字符。

同步通信的速度高于异步通信，可以工作在几十至几百千波特，多用于字符信息块的高

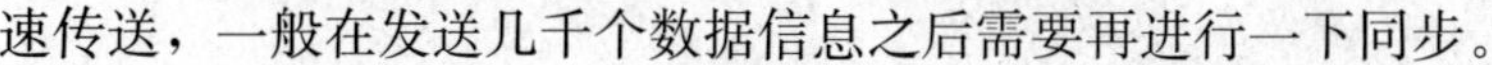

速传送，一般在发送几千个数据信息之后需要再进行一下同步。

同步传送的缺点是发送端和接收端较异步传送方式复杂，发送端要有发送同步字符的线路，接收端要有检测同步字符的线路。同步传送要求用精确的同步时钟来控制发送端和接收端之间的同步，因为发送端和接收端一点小的时钟差异，在长时间的通信时会产生累积误差，直至通信失败。并且同步传送时，任何字符间的间隔（停顿）都将使接收端在间隔以后接收的字符失去同步，发生错误。

3. 奇偶校验

在异步传输中，错误控制的最常见的格式是奇偶校验位的使用。

奇偶校验码是一种最简单的校验码。其编码规则是先将所要传送的数据码元分组，并且在每一组的数据后面附加一位校验位（冗余位），使得该组连冗余位在内的码字中“1”的个数为偶数（偶校验时）或奇数（奇校验时）。在接收端，则按相同的规律进行检查。如果发现不符，就说明有错误发生，只有“1”的个数仍然符合原定的规律时，才认为传输正确(其实也有可能发生了成双的错误)。

在实际的数据传输中通常使用垂直奇偶校验，又称为垂直冗余检查（Vertical Redundancy Checking，VRC)，或字符奇偶校验（Character Parity Checking)，它对应每个字符增加一个额外位使字符中的“1”的总数为奇数或偶数，奇数或偶数依据使用的是奇校验还是偶校验而定。

当使用奇校验检查时，如果字符数据位中“1”的个数是偶数，奇偶校验位置1；如果字符数据位中“1”的个数是奇数，奇偶校验位置0。

当使用偶校验检查时，如果字符数据位中“1”的个数是偶数，奇偶校验位置0；如果字符数据位中“1”的个数是奇数，奇偶校验位置1。

常用于表示奇偶数校验设置的两个附加术语是传号（mark）和空号（space)。当奇偶校验位置为传号状态时，奇偶校验位总是“1”；当为空号状态时，奇偶校验位总是为“0”。

例如，ASCII字符“R”的位构成是1010010。由于字符“R”中有三个“1”位，则使用奇校验检查时，奇偶校验位为“0”；使用偶校验检查时，奇偶校验位为“1”，具体见表7-1。

表7-1　　奇偶校验格式

数据位	奇偶校验位（1/0）	校验方法
1010010	1	偶校验检查
1010010	0	奇校验检查

7.2.2　RS-232接口

在数据通信领域中，计算机、终端和计算机端口等统称为数据终端设备（date terminal equipment，DTE)，相比之下调制解调器和其他通信设备统称为数据通信设备（date communication equipment，DCE)。DTE和DCE之间数据交换的物理、电子的逻辑规则由端口标准指定。串行通信接口按电气标准及协议来分包括RS-232、RS-422、RS-485以及USB等。RS-232、RS-422与RS-485标准只对接口的电气特性作出规定，不涉及接插件、电缆或协议。USB是近几年发展起来的新型接口标准，主要应用于高速数据传输领域。

1. 管脚定义

RS-232 物理接口标准可分成 25 芯和 9 芯 D 型插座两种，均有针、孔之分。图 7-5 所示为 25 芯插座的管脚定义图。常用的 DB9 接口外形及针脚序号如图 7-6 所示。DB9 及 DB25 两种串行接口的管脚信号定义见表 7-2。其中 TX（发送数据）、RX（接受数据）和 GND（信号地）是三条最基本的引线，可以实现简单的全双工通信。DTR（数据终端就绪）、DSR（数据准备好）、RTS（请求发送）和 CTS（清除发送）是最常用的硬件联络信号。

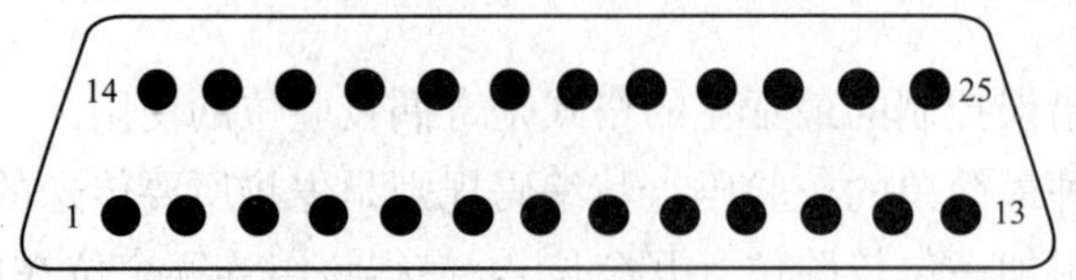

图 7-5　RS-232DB25D 型插座

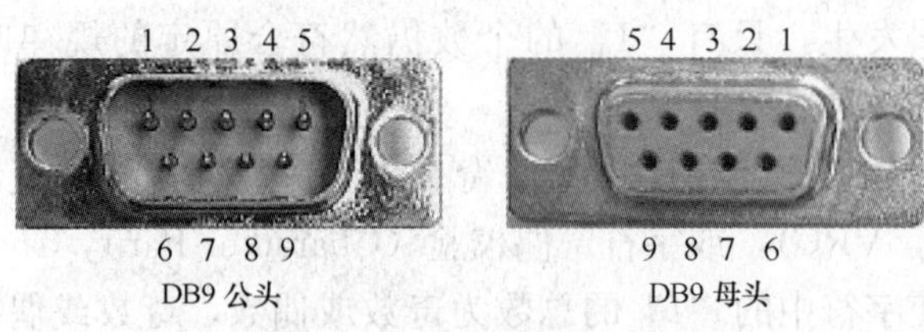

图 7-6　RS-232DB9 接口

表 7-2　RS-232 接口中 DB9、DB25 管脚信号定义

9 针	25 针	信号名称	信号流向	简称	信号功能
3	2	发送数据（Transmit Data）	DTE→DCE	TxD	DTE 发送串行数据
2	3	接收数据（Received Data）	DTE←DCE	RxD	DTE 接受串行数据
7	4	请求发送（Request To Send）	DTE→DCE	RTS	DTE 请求切换到发送方式
8	5	清除发送（Clear To Send）	DTE←DCE	CTS	DCE 已切换到准备接受
6	6	数据设备就绪（Data Set Ready）	DTE←DCE	DSR	DCE 准备就绪可以接受
5	7	信号地（Signal Ground）		GND	公共信号地
1	8	载波检测，Received Line Signal Detector（Data Carrier Detect）	DTE←DCE	CD	DCE 已接受到远程载波
4	20	数据终端就绪（Data Terminal Ready）	DTE→DCE	DTR	DTE 准备就绪可以接受
9	22	振铃指示（Ring Indicator）	DTE←DCE	RI	通知 DTE，通信线路已接通

2. 技术特性

在 RS-232-C 标准中，信号电平采用负逻辑。即将－15V～－5V 规定为逻辑状态“1”，而将＋5V～＋15V 规定为逻辑状态“0”，显然此信号电平与常用的 TTL 电平不兼容。而在计算机接口芯片或接口电路中，很多采用 CMOS 或 TTL 电平，所以用 RS-232-C 总线进行串行通信时，一定要进行电平转换。

RS-232 标准用于 0～20000bit/s 范围内一个 DTE 和 DCE 之间的串行数据传输。尽管标准限制 DTE 和 DCE 之间电缆长度为 50in（大约为 15m），但是由于数字数据的脉冲宽度与数据速率成反比，所以在低速率情况下通常可以超过这个 15m 的限制（宽脉冲比窄脉冲更不易失真）。当需要一条长于 15m 的电缆时，一般应使用低电容屏蔽式电缆并且在入网前进行严格测试，以确保传输信号质量。

3. 接线方式

RS232 有以下三种典型的接线运用方式。

(1) 三线方式：即两端设备的串口只连接收、发、地三根线。一般情况下三线方式即可满足要求，如监控主机与采集器及大部分智能设备之间相连。

(2) 简易接口方式：两端设备的串口除了连接收、发、地三根线外，另外增加一对握手信号（一般是 DSR 和 DTR）。具体需要哪对握手信号，需查阅设备接口说明。

(3) 完全口线方式：两端设备的串口 9 根线（或 25 根）全接。

此外，有些设备虽然需要握手信号，但并不需要真正的握手信号，可以采用自握手的方式，连接方法如图 7-7 所示。

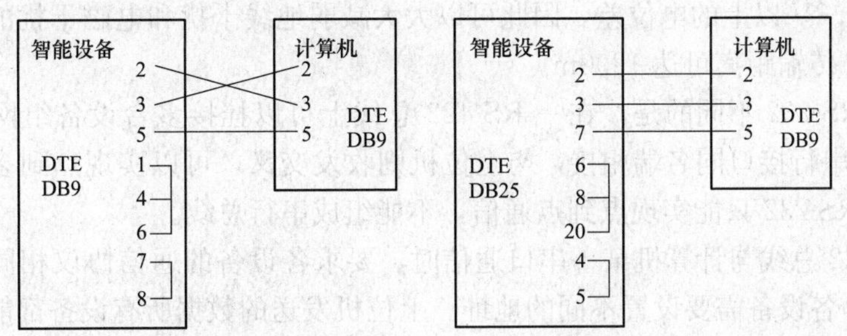

图 7-7　RS-232 自握手的接线方式

7.2.3　RS-422 接口

RS-422 由 RS-232 发展而来。为改进 RS-232 通信距离短、速度低的缺点，RS-422 定义了一种平衡通信接口，将传输速率提高到 10Mbit/s，并允许在一条平衡总线上连接最多 10 个接收器。RS-422 是一种单机发送、多机接收的单向、平衡传输规范。

RS-422 标准全称是“平衡电压数字接口电路的电气特性”，它定义了接口电路的特性。图 7-8 所示是典型的 RS-422 四线接口。实际上还有一根信号地线，共 5 根线。由于接收器采用高输入阻抗和发送驱动器，具有比 RS-232 更强的驱动能力，故允许在相同传输线上连接多个接收节点，最多可接 10 个节点，即有一个主设备（Master），其余为从设备（Salve），从设备之间不能通信，所以 RS-422 支持点对多的双向通信。

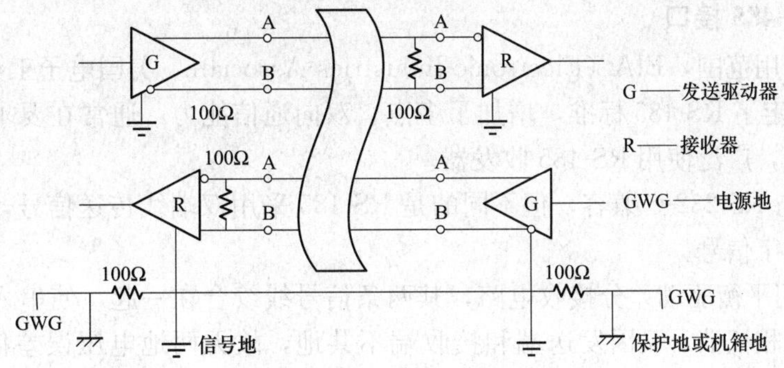

图 7-8　典型的 RS-422 四线接口

RS-422 的最大传输距离约为 1200m，最大传输速率为 10Mbit/s。其平衡双绞线的长度与传输速率成反比，在 100kbit/s 速率以下，才可能达到最大传输距离。只有在很短的距离下才能获得最高速率传输。一般 100m 长的双绞线上所能获得的最大传输速率仅为 1Mbit/s。

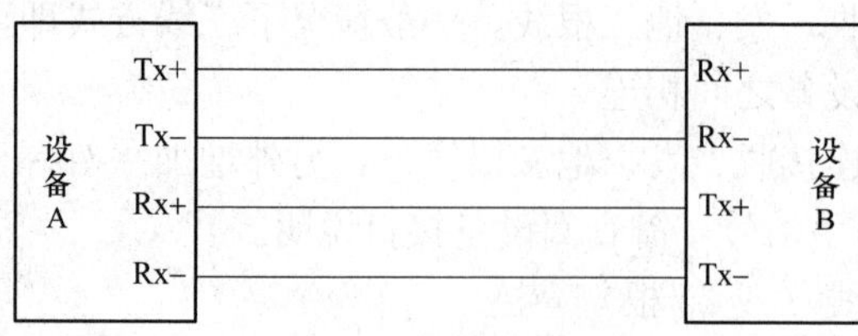

图 7-9　RS-422 方式通信接口定义与接线

RS-422 接口的定义很复杂，一般只使用四个端子，其针脚定义分别为 TX＋、TX－、RX＋、RX－，其中 TX＋和 TX－为一对数据发送端子，RX＋和 RX－为一对数据接收端子，如图 7-9 所示。RS-422 采用了平衡差分电路，差分电路可以在受干扰的线路上拾取有效信号，由于差分接收器可以分辨 0.2V 以上的电位差，因此可以大大减弱地线干扰和电磁干扰的影响，有利于抑制共模干扰，传输距离可达 1200m。

另外，与 RS-232 不同的是，在一 RS-422 总线上可以挂接多台设备组网，总线上连接的设备 RS-422 串行接口同名端相接，与上位机则收发交叉，可以实现点到多点的通信，如图 7-10 所示。RS-232 只能实现点到点通信，不能组成串行总线。

通过 RS-422 总线与计算机某一串口通信时，要求各设备的通信协议相同。为了在总线上区分各设备，各设备需要设置不同的地址。上位机发送的数据所有设备都能接收到，但只有地址符合上位机要求的设备响应。

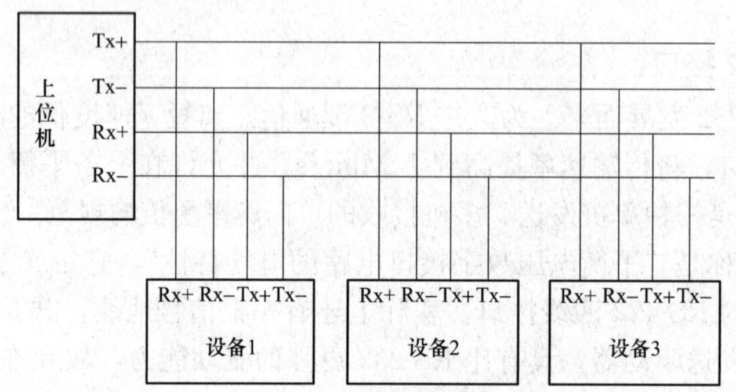

图 7-10　RS-422 总线组网示意图

7.2.4　RS-485 接口

为了扩展应用范围，EIA（Electronic Industries Associate，美国电子工业协会）在 RS-422 的基础上制定了 RS-485 标准，增加了多点、双向通信能力，通常在要求通信距离为几十米至上千米时，广泛使用 RS-485 收发器。

RS-485 可与 RS-232-C 兼容，但不同的是 RS-485 采用双端线传送信号，且采用的是电压信号而不是数字信号。

RS-485 采用平衡驱动差分接收电路，其两条信号线绞合在一起，使串入两线的干扰信号几乎相等，互相抵消，又因发送端和接收端不共地，故无两地电压误差信号，所以 RS-485 串行总线能允许更大的衰耗信号，有较强的抗噪声功能，且 RS-485 串行总线有较高的数据传输速率，传输距离可达到 1200m，最大传输速率达 100kbit/s。

RS-485的电气规定大多与RS-422相仿，如均采用平衡传输方式、均需在传输线上接终接电阻等。RS-485可以采用二线与四线方式，二线制可以实现真正的多点双向通信，而采用四线连接时，与RS-422一样只能实现点对多的通信，即只能有一个主设备，其余为从设备，但它比RS-422有所改进，无论四线还是二线连接方式，总线上可以连接多达32个设备。

RS-485是RS-422的子集，只需要DATA＋（D＋）、DATA－（D－）两根线。RS-485与RS-422的不同之处在于RS-422为全双工结构，即可以在接收数据的同时发送数据，而RS-485为半双工结构，在同一时刻只能接收或发送数据，参见图7-11。

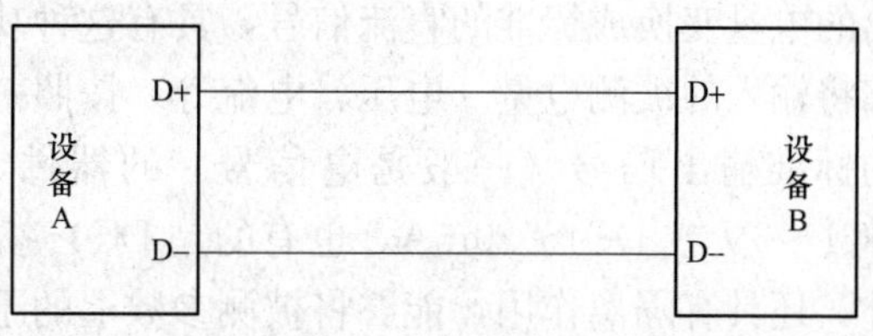

图7-11 RS-485通信接口定义与接线

RS-485总线上也可以挂接多台设备，用于组网，实现点到多点及多点到多点的通信（多点到多点是指总线上所接的所有设备及上位机任意两台之间均能通信），如图7-12所示。

连接在RS-485总线上的设备也要求具有相同的通信协议，且地址不能相同。在不通信时，所有的设备处于接收状态，当需要发送数据时，串口才翻转为发送状态，以避免冲突。

为了抑制干扰，RS-485总线常在最后一台设备之后接入一个120Ω的电阻。

很多设备同时有RS-485接口方式和RS-422接口方式，常共用一个物理接口。图7-13中RS-485的D＋和D－与RS-422的T＋和T－共用。

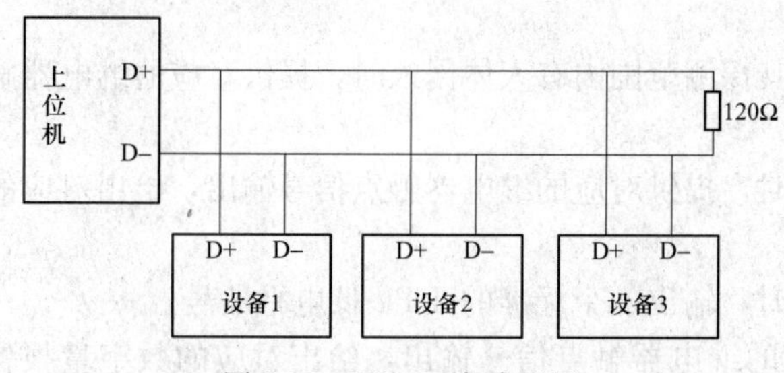

图7-12 RS-485方式组网

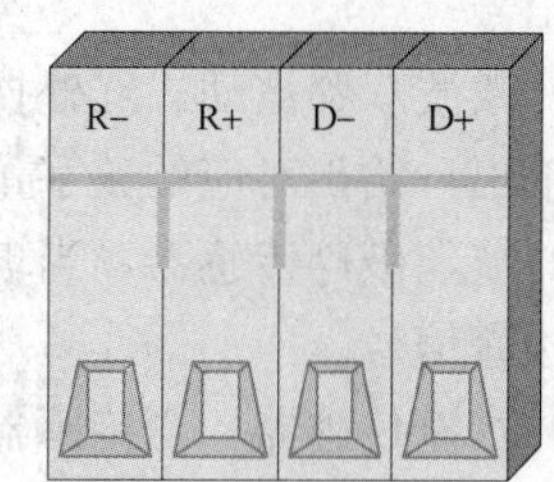

图7-13 RS-422/485共用接口

7.3 传感器和变送器

传感器和变送器是电源集中监控系统中的两个核心器件，本节主要介绍在中达和中兴电源集中监控系统中需要用到的传感器和变送器的相关知识。

7.3.1 基本概念

传感器和变送器是监控系统进行前端测量的重要器件，它负责将被测信号检出、测量并转换成前端计算机能够处理的数据信息。一般认为，传感器是指能感受规定的被测量并按照一定的规律转换成可用输出信号的器件或装置，传感器通常由敏感元件和转换元件组成。由于电信号易于被放大、反馈、滤波、微分、存储以及远距离传输等，加之目前电子计算机只能处理电信号，所以通常使用的传感器大多是将被测的非电量（物理的、化学的和生物的信息）转换为一定大小的电量输出。

有一些传感器主要用于探测物体的状态和事件的有无，其输出量通常是电路的通断、接点的开合、电量的有无，因此也常被称为探测器，如红外探测器、烟雾探测器等。由于传感器具有这种“探知”特性，很像昆虫的触头，因此也被形象地称为“探头”。

经过传感器转换以后输出的电量各式各样，有交流也有直流，有电压也有电流，而且大小不一，而一般 D/A 转换器件的量程都在 5V 直流电压以下，所以有必要将不同传感器输出的电量变换成标准的直流信号，具有这种功能的器件就是变送器。换句话说，变送器是能够将输入的被测电量（电压、电流等）按照一定的规律进行调制、变换，使之成为可以传送的标准输出信号（一般是电信号）的器件。监控系统中使用变送器的输出范围一般是 DC1～5V 或 DC4～20mA，也有的是 DC0～5V 或 DC0～10mA。变送器除了可以变送信号外，还具有隔离作用，能够将被测参数上的干扰信号排除在数据采集端之外，同时也可以避免监控系统对被测系统的反向干扰。

此外，还有一种传感变送器也常被简称为变送器，这种变送器实际上是传感器和变送器的结合，即先通过传感器部分将非电量转换为电量，再通过变送部分将这个电量变换为标准电信号输出，如压力变送器、湿度变送器等。

由于监控系统中各种要测量的电量和非电量种类繁多，相应的传感器和变送器也各种各样，但根据它们转换后的输出信号性质，可以分为模拟和数字两种。在监控系统中，各类传感器、变送器有以下几种。

1. 数字信号传感器（变送器）

（1）离子感烟探测器，用于探测烟雾浓度。当烟雾达到一定的浓度时，给出对应的数字量报警信号。

（2）微波双鉴被动式红外探测器，当其探测范围内有人体侵入时，提供对应的继电器触点信号输出，给出对应的数字量报警信号。

（3）玻璃破碎传感器，当玻璃被击碎时，提供对应的继电器触点信号输出，给出对应的数字量报警信号。

（4）水淹传感器，当传感器被水淹住时，输出一个标准的 TTL 低电平信号。

（5）门磁开关，门被打开时提供对应的继电器触点信号输出，给出对应的数字量报警信号。

（6）手动报警开关，串接入供电电源，可以给出对应手动报警信号（类似于继电器触点信号输出）。

2. 模拟信号传感器（变送器）

（1）温湿度类变送器，可以测量环境温湿度，输出与环境温湿度呈线性关系的直流电压信号。

（2）液位传感器：用于监控系统中测量水位、油位常用的传感器。

（3）电量变送器：监测动力设备的各种运行参数，通常可以测量高低压配电屏、发电机组（油机）的交流电压、交流电流、交流频率、功率、功率因数等信号，以及直流电压、直流电流等信号。通过电量变送器进行转换，可以将电压、电流等强电信号转换成标准的 4～20mA 直流信号输出。

3. 智能电表变送器

智能电表是一种智能采集设备，是用来测量交流电压、交流电流、频率、（有功、无功）

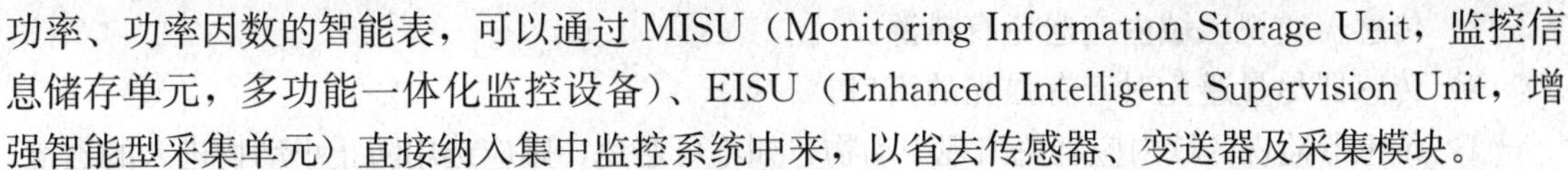

功率、功率因数的智能表，可以通过 MISU（Monitoring Information Storage Unit，监控信息储存单元，多功能一体化监控设备）、EISU（Enhanced Intelligent Supervision Unit，增强智能型采集单元）直接纳入集中监控系统中来，以省去传感器、变送器及采集模块。

7.3.2　传感器

传感器通常由敏感元件和转换元件组成，如图 7-14 所示。其中敏感元件能直接感受或响应被测量，而转换元件则能够将敏感元件感受或响应的被测量转换成适于传输或测量的电信号。有的传感器可以直接通过敏感元件将感受到的被测量转换为电信号输出，这时可以省略变换元件，如热敏电阻、光敏电阻等；也有的传感器需要经过多次转换，才能够输出符合要求的电信号，这时就需要有多个转换元件来共同完成转换工作。

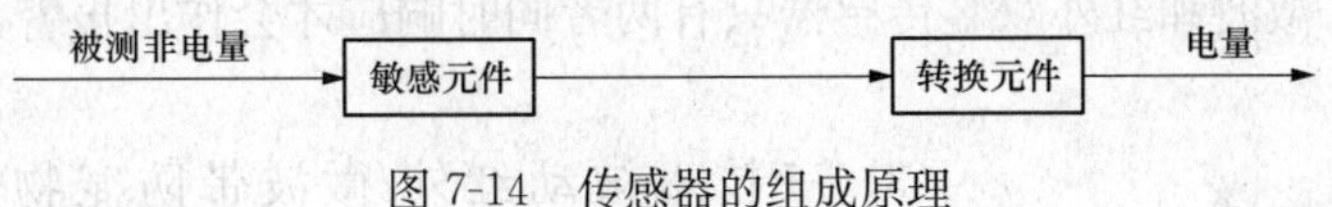

图 7-14　传感器的组成原理

1. 红外传感器

红外传感器包括被动式红外传感器和微波、红外双鉴传感器等。

（1）被动式红外传感器工作原理。目前安全防范领域普遍采用热释电传感器制造的被动式红外传感器。热释电材料包括锆钛酸铅镧、硫酸三苷肽、透明陶瓷和聚合物薄膜等，当其表面的温度上升或下降时，该表面产生电荷，这种效应称之为热释电效应。在用热释电材料制成的敏感元件上，涂上一层黑色表面，有良好的吸热性，当红外线照射时，热电体温度变化，极片发生变化，电极上产生电荷；当极片重新达到平衡时，电极上的电压消失；当红外线撤离时，热电体的温度下降，极片向相反方向转化。

在制作敏感元件时，把两个极性相反的热释电敏感元件做在同一晶片上，这样由于环境的影响而使整个晶片产生温度变化时，两个传感元件产生的热释电信号相互抵消，起到补偿作用。热释电传感器在实际使用时，前面要安装透镜，通过透镜的外来红外线只会聚在一个传感元件上，产生的电信号不会被抵消。

热释电红外传感器作用的透镜采用菲涅尔透镜，它实际上是一个透镜组，它上面的每一个单元透镜一般都只有一个不大的视场角。而相邻的两个单元透镜的视场既不连续，更不交叠，却都相隔一个盲区，这些透镜形成一个总的监视区域，当人体在这一监视区域中运动时，顺次地进入某一单元透镜的视场，又走出这一透镜的视场，热释电传感器对运动的人体一会儿看到，一会儿看不到，再过一会又看到。也就是说，热释电传感器对人体散发的红外线一会儿接收到，一会儿又接收不到，引起热释电传感器的温度不断变化，使其输出一个又一个相应的信号。

根据热释电传感器工作原理，只要热释电元件的温度发生变化，就会产生信号输出。因此，任何导致热释电元件温度变化的因素都会引起传感器报警。为了提高报警的可靠性，人们采取了多种措施。比如，为了降低环境温度变化的影响，采用双元或四元热释电传感器，使环境温度变化产生的输出互相抵消；为了提高白光干扰，采用双层滤光片等。

根据热释电传感器的特点，为了减少传感器的误报警，在安装热释电被动红外传感器时应注意以下几点。

1）传感器应避免安装在诸如空调出风口、暖气片附近等环境温度经常变化的场所。

2）传感器监视区域内应避免有热源。

3）传感器尽量避免对着有强光的窗口。

4）传感器监视区域内应避免出现小动物，如不可避免，则应选用防止小动物进入的透镜。

（2）微波、红外双鉴传感器工作原理。微波、红外双鉴传感器是被动式红外传感器和微波传感器的组合，微波传感器根据多普勒效应原理来探测移动物体。传感器发射微波，微波遇到障碍物时被反射回传感器，当障碍物相对传感器运动时，传感器接收到的反射波频率发生变化；当障碍物朝着传感器运动时，传感器接收到的反射波频率比发射波高；当障碍物远离传感器运动时，传感器接收到的反射波频率比发射波低。因此，传感器通过比较反射波和发射波的频率来探测是否有移动物体进入。微波只对移动物体响应，红外只对引起红外温度变化的物体响应，微波和红外双鉴传感器只有两者同时响应才会作出报警，因此大大提高了报警可靠性。

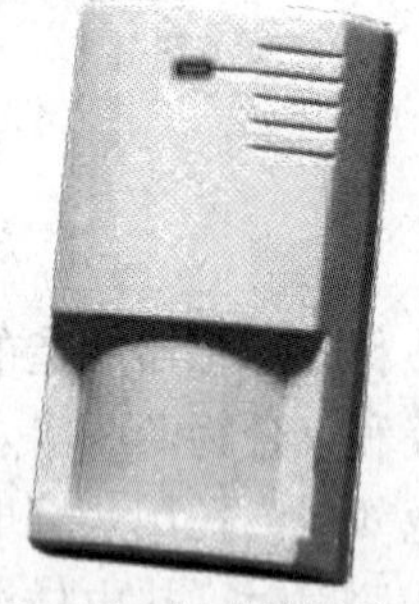

图 7-15　红外微波防盗探测器（DS835iT）

（3）三技术被动红外/微波带防宠物功能防盗探测器（DS835iT）。DS835iT 是一种探测性能很强的三技术被动红外/微波动态探测器，其外形结构如图 7-15 所示。它使用了先进的信号处理技术，提供了超高的探测和防误报性能。当有人通过探测区域时，探测器将自动探测区域内人体的活动。如有动态移动现象，则向控制主机发送报警信号。因其带有防宠物功能，探测器将会忽略对重 45kg 的狗，或两条 26kg 的狗，10 只以上的猫，昆虫或飞鸟活动的探测。

主要技术指标如下。

1）输入电源：DC6～15V，标准待机电流为 DC16mA（步测或报警时，耗电电流可达 DC35mA）。

2）报警继电器：静音操作动断舌簧继电器。直流阻性负载时，两接点间最大为 DC28V、3W、125mA。并由继电器公共“C”脚上的 4.7Ω/0.5W 的电阻保护，不可以使用电容性或电感性负载。

3）工作环境温度：－40～＋49℃。UL 认可的安装条件下，工作温度为 0～＋49℃。

4）微波频率：10.525 GHz（UL 认证）。

5）探测范围：标准 10.7m×10.7m。

6）防拆装置：动断（带外壳）触点间的额定值为 DC28V，最大电流为 125mA。防拆回路与 24h 防区连接，开盖后接通报警，如图 7-16 所示。

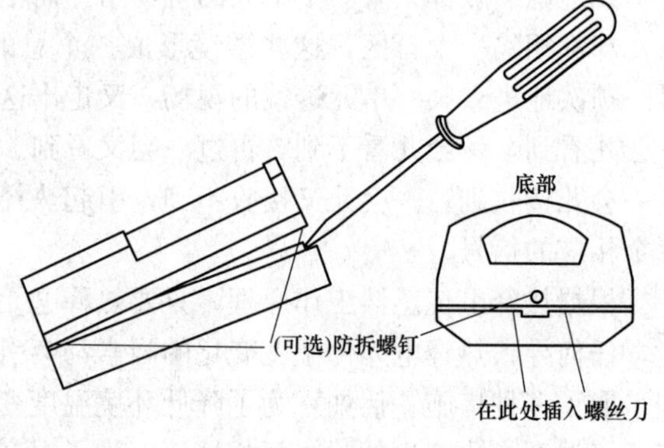

图 7-16　取下外壳

2. 烟雾传感器

（1）增强型 LH-94Ⅱ-ZD 光电感烟雾探测器。增强型 LH-94Ⅱ-ZD 光电感烟雾探测器采用先进模糊控制技术，能准确检测缓慢阴燃和明燃的可见烟雾 。

当烟雾浓度超过设定报警门限时，探测器持续检测 20s 后才报警。一旦检测到烟雾警情

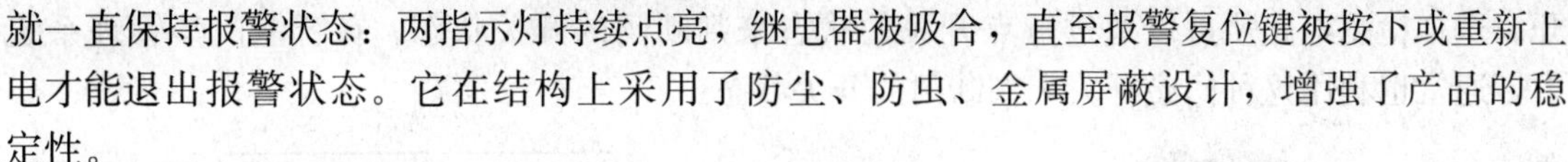

就一直保持报警状态：两指示灯持续点亮，继电器被吸合，直至报警复位键被按下或重新上电才能退出报警状态。它在结构上采用了防尘、防虫、金属屏蔽设计，增强了产品的稳定性。

其主要技术参数见表 7-3。

表 7-3　LH-94 Ⅱ-ZD 烟雾传感器主要技术指标

项　目	指　标
供电电压	DC24V（18～30V）
静态电流	＜8mA
报警电流	＜40mA
输出形式	继电器动合/动断输出
输出触点容量	AC3A/125V 或 DC3A/28V
工作温度	－10～＋50℃
环境湿度	＜95%（无凝结）
执行标准	GB4715—2005《点型感烟火灾探测器》
外形尺寸	ϕ112mm×41mm

其硬件接线如图 7-17 所示。

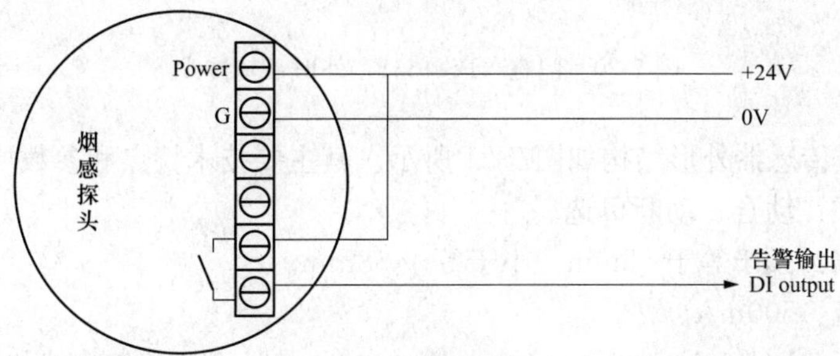

图 7-17　烟雾传感器接线

（2）JTY-GD-CA3302A 型光电感烟火灾探测器。JTY-GD-CA3302A 型光电感烟火灾探测器为超薄型结构设计，采用贴片技术及二线制无极性输入方式。其特点是抗干扰性强、耗电量低，使用安全可靠，是适用于多种场所的点型开关量感烟火灾探测器。

其外形结构如图 7-18 所示。图 7-19 所示为其安装示意图。该探测器的探测室为“人”字形迷宫结构，能有效地探测出火灾初期阴燃阶段或生成以后产生的烟雾。当烟雾进入探测器时，使光源产生散射，光接受元件感受到光强度，当达到预定阈值时，探测器响应火警信号，点亮自身的火灾确认灯（红色），并向外接设备发出报警信号。

3. 门磁传感器

门磁开关结构比较简单，它由一只磁控干簧管开关（门磁开关）和铁氧磁体组成，PS-1561 型门磁开关的结构如图 7-20（a）所示。其中干簧管由相距很近的两片软磁性金属簧片构成，形成一对动合触点。铁氧磁体通常安装在门的边缘；干簧管安装在与磁芯对应位置的门框上，并通过导线将其触点引出到检测电路中，如图 7-20（b）所示。平时门关闭时，磁体靠近干簧管，簧片被磁化而吸合，电路接通；而当门打开时，磁体远离干簧管，触点断开。这样检测电路便可以通过触点开关的状态来判断门的开关状态。在智能门禁管理系统中，通常也利用这种门磁开关来判断门的开关状态。

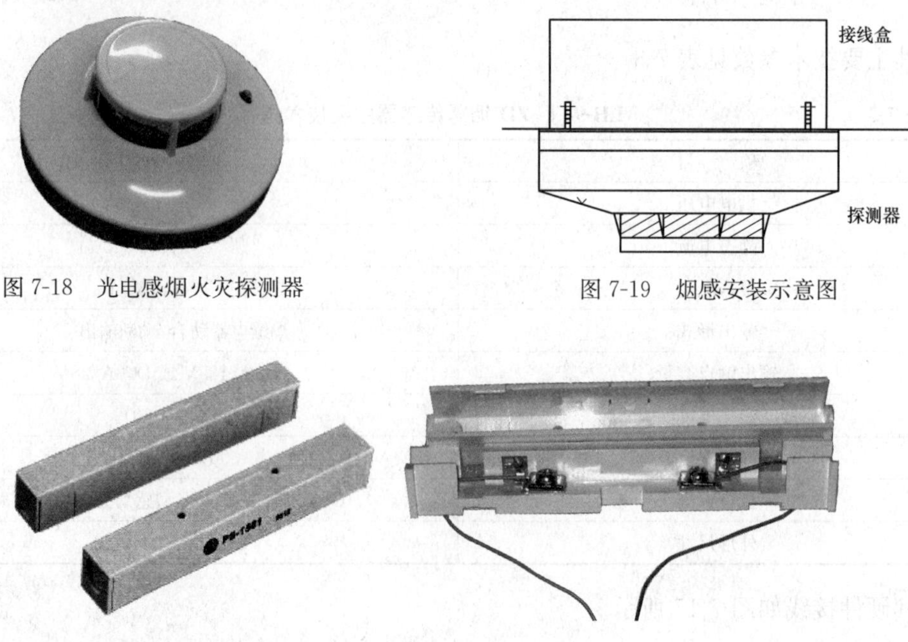

图 7-18　光电感烟火灾探测器

图 7-19　烟感安装示意图

图 7-20　门磁（PS-1561）外形及其接线

HO-03F 门磁传感器外形结构如图 7-21 所示。其主要技术特点和参数如下。

（1）输出方式：动合、动断可选。

（2）动作距离：大于等于 42mm，小于等于 58mm。

（3）额定电流：500mA。

（4）额定电压：DC100V。

图 7-21　门磁示意图

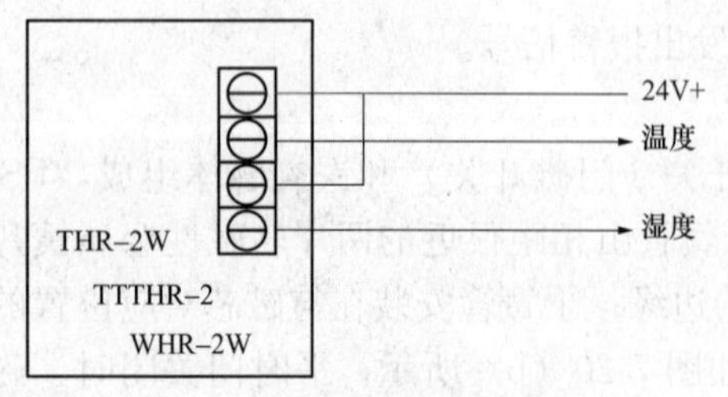

图 7-22　温湿度传感器接线

4. 温湿度传感器

（1）工作原理。温湿度变送器采用进口温度、湿度传感器，通过精心设计的电子线路，将温度、湿度信号转换成标准的 4～20mA 的电流信号。其硬件接线如图 7-22 所示。

（2）技术参数。

1）供电电压：DC22～26V。

2）工作温度：－20～60℃。

3）精度：25℃时，温度±1℃，湿度±3％RH。

4）量测范围：温度－10～50℃，湿度0～100％RH。

5）输出形式：4～20mA。

6）负载阻抗：小于1kΩ。

5. 水浸侦测器

水浸侦测器包括电极式水浸探测器和光电式水浸探测器两种。

（1）工作原理。水是一种强电解质，当水中溶有少量无机盐时，具有很强的导电能力，电极式水浸探测器就是根据水溶液的导电原理制成的。这种探测器的检测部件是敷设在有机玻璃片上的两片相互绝缘的不锈钢片，平时无水时，连接不锈钢片的电路断开；当有水时电路导通，发出告警。由于纯水是不导电的，因此这种探测器的最大缺点就是只能检测“脏”的水，对于诸如冷凝结露的水并不敏感。此外，若地面是潮湿的泥土，则必须把探测器架空，因为潮湿泥土的导电能力大大强于水。其硬件接线如图7-23所示。

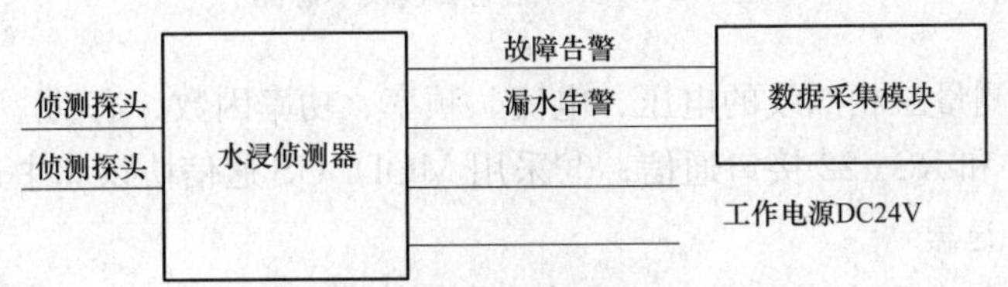

图7-23 水浸侦测器接线

（2）性能特点。输入输出、供电电源完全隔离，安全可靠，输出采用继电器，并有LED工作状态指示；分体结构，可以实现多点侦测；可以自行判断故障，发生故障告警；供电电源接线反极性保护，探头输入接线无极性防反设计。

（3）技术参数。供电电压为DC24V；工作温度为－40～85℃；工作湿度为0～95％；面板尺寸为76mm×68mm；最大耗电量为0.96W；报警输入电阻小于100kΩ；输出形式为高电平，继电器。

7.3.3 变送器

从组成上讲，变送器没有传感器中的敏感元件，但其结构却不比传感器简单。由于变送器所接受的是电信号，其输出端通常也是电信号，而这两种电信号既需要在量值上保持一定的函数关系，又不能直接相通，所以其隔离非常重要。通过隔离耦合的电信号再经过一系列的电路变换，变成大小、电气特性均符合要求的电信号送到输出端，如图7-24所示。

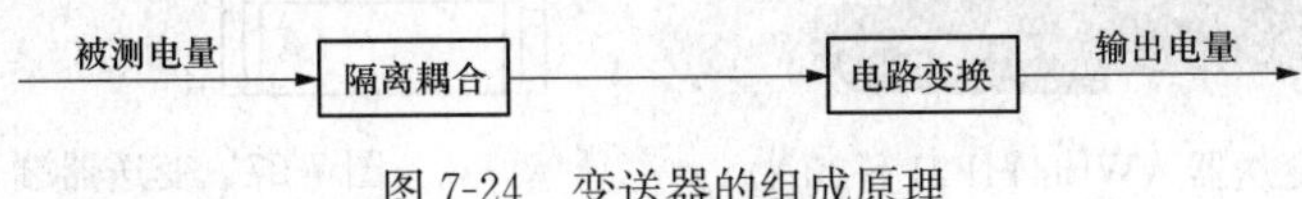

图7-24 变送器的组成原理

1. 多功能电表

多功能电表又称电力采集模块，主要应用于各种控制与测量系统，可以方便地测量三相电力线路的各类电量参数，降低系统成本，方便现场布线。其硬件接线如图7-25所示。

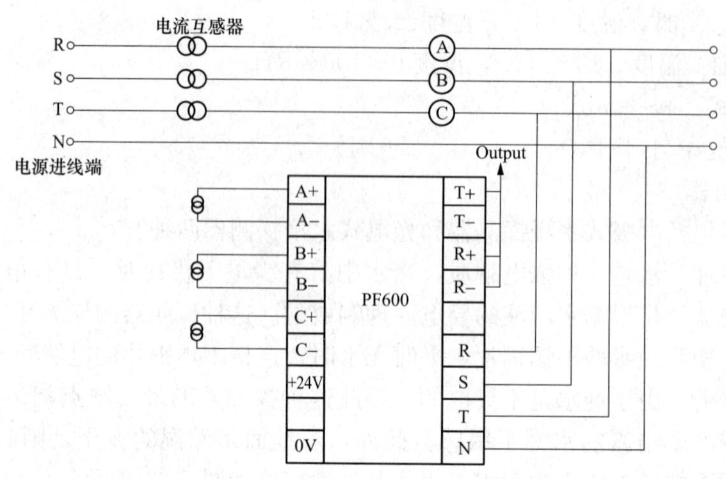

图 7-25　多功能电表接线示意图

功能特点：①测量三相四线的电压、电流、频率、功率因数、有功/无功功率、有功/无功电度；②RS-232 和 RS-422 接口通信；③采用 MODBUS 通信协议和中达协议。

2. 交流电流变送器

WBI414F21-S-30A 型交流电流变送器的外形结构如图 7-26 所示。图 7-27 所示为其接线端子定义。产品采用特制隔离模块，对电网和电路中的交流电流进行实时测量，将其变换为直流电流输出；它具有高精度、高隔离、宽频响、低漂移、低功耗、温度范围宽、抗干扰能力强等特点。本产品采用卡装式结构，端子接线容易，安装方便，适用于电源设备、电力网监测自动化系统、工控监测系统、铁路信号系统等。

图 7-26　交流电流变送器（WBI414F21-S-30A）

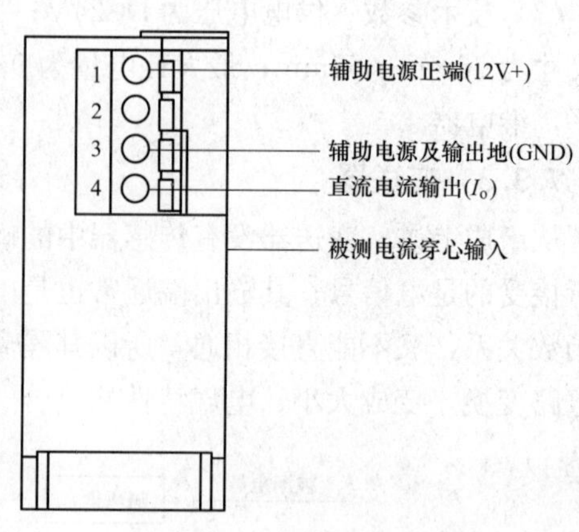

图 7-27　变送器端子定义图

3. 交流电压变送器

WBV414L21-AS-500V 型交流电压变送器的实物图如图 7-28 所示。其端子定义图（俯视图）如图 7-29 所示。注意：图中未定义端子不能作他用。

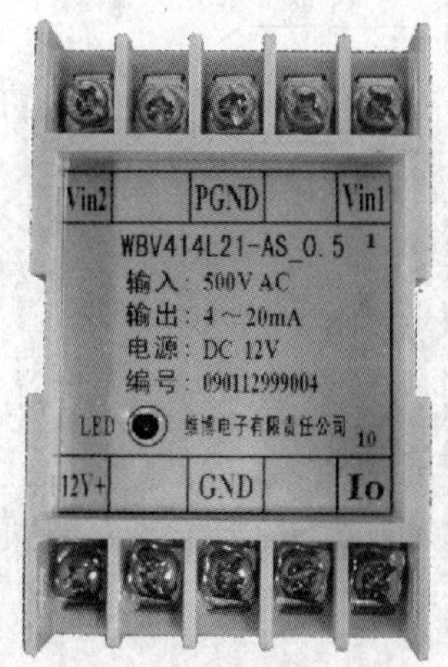

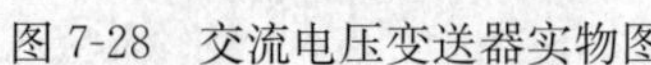
图 7-28 交流电压变送器实物图

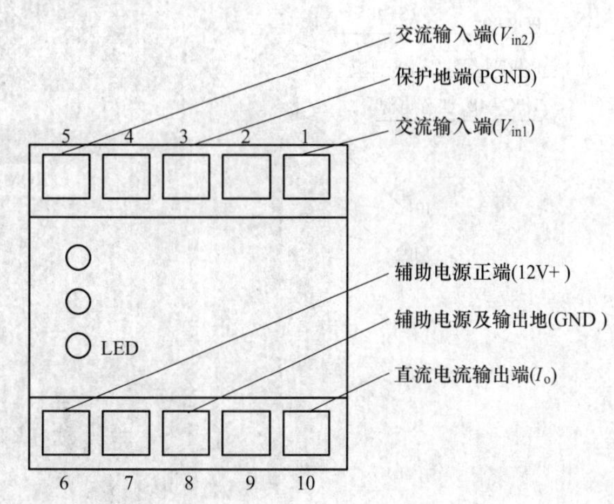

图 7-29 变送器端子定义图

WBV414L21-AS-500V 型交流电压变送器采用特制隔离模块，对电网和电路中的交流电压进行实时测量，将其变换为标准直流电流信号输出；它具有高精度、高隔离、宽频响、低漂移、功耗低、温度范围宽、抗浪涌干扰能力等一系列优点。本产品同样采用卡装式结构，端子接线容易，安装也十分方便。

7.4 典型监控系统介绍

中达和中兴电源集中监控系统是现行通信局（站）系统中使用较多的两种全要素集中监控系统，为通信局（站）电源系统的集中监控管理和运行维护提供了可靠保障。

7.4.1 中达电源集中监控系统

7.4.1.1 硬件结构与应用

针对各通信电源设备均逐渐提供智能型接口（如 RS-232、RS-422、RS-485 等）以及各类不同的协议（如 PROTOCOL/BYTE ORIENT/ASCII，BINARY，SDLC/HDLC 等），我们可以利用 UPC-48（Universal Protocol Converter，通用协议转换器）作为监控系统与智能型设备的界面转换，将各种不同的智能型设备协议转换为相同的协议，以便中央监控系统与智能型设备联机整合，并且可以利用其具有的 AI、DI、DO 接点实现对传统设备的监控。

1. UPC-48 型智能设备协议转换器

（1）UPC-48 规格。UPC-48 的外部结构如图 7-30 所示。它带有可编程的 ANSIC 程序库的多任务处理核心，带有三个独立的通信接口，可以根据用户的需要选择使用 RS-232、RS-422、RS-485 通信串口。采用 4×4 按键，能够接多个输入和输出的模拟量和数字量，并且可以显示 32 个英文字符。其实际的性能指标见表 7-4。

（2）设备架构。

1）硬体 JUMPER（跳线）设定。UPC-48 各 JUMPER 的设定及说明见表 7-5。

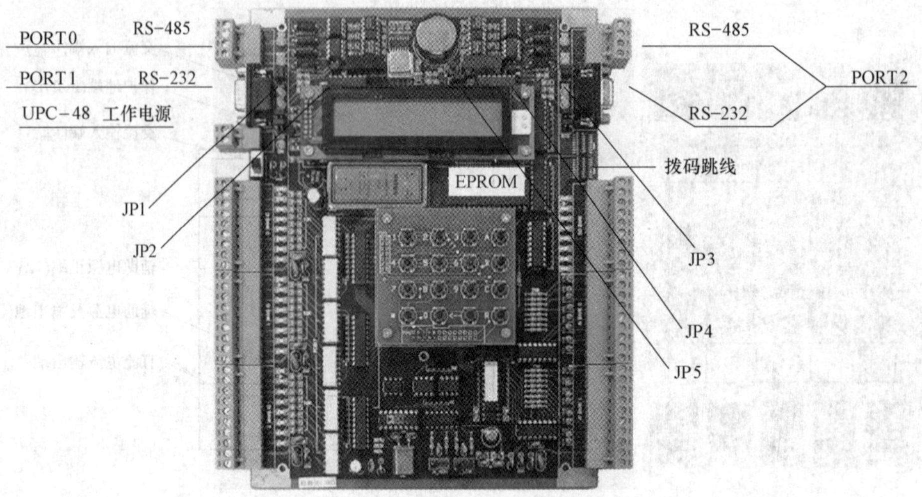

图 7-30 UPC-48 结构图

表 7-4 UPC-48 规格表

项　目	内　容
设备重量	1.0kg±0.05kg（扩展卡：0.2kg）
机架面板尺寸	180mm×145mm
耗电量	12W
CPU	Zilog 80181 24MHz
EPROM	可达 1MB
Watch Dog	硬件检测时间为 0.1～5s
Kernel（内核）	带有可编程的 ANSIC 程序库的多任务处理核心
系统存储能力	电池供电的 128KB 的 SRAM 或 2KB EEPROM
通信口特性	3 个独立通信口；可选择使用 RS-232/RS-422/RS-485（Port0 口只有 RS-485 接口，Port1 口只有 RS-232 接口）；所有通信口的最高通信速率都可以达到 19.2kbit/s，RS-485/RS-422 的最长传输距离可达 1km
显示器	可显示 32（16×2）个英文字符
键盘	4×4 按键
传统量接点	16 个模拟输入量、24 个数字输入量和 8 个数字输出量

表 7-5 UPC-48 各 JUMPER 设定及说明

JP1、JP3 RS-232Ports DCE/DTE 设定	
·	PIN2-TD，PIN3-RD
·	PIN2-RD，PIN-TD

续表

JP5　EEPROM　设定	
	使用 128KB 的 EEPROM，如 29F010 等
	使用 64KB 的 EEPROM，如 27C512 等
JP2、JP4　RS-485 电气设定	
	RTS 信号依实际接收/传送动作，一般于 RS-485 半双工适用
	RTS 信号任何时刻均动作，一般于 RS-485 全双工适用

2）硬件 DIP SWITCH 设定。UPC-48 可使用 DIP SWITCH　1～2 做功能及特殊函数之设定，其各开关设定如图 7-31 所示。具体说明如下。

a. DIP SWITCH　1。其中，8 设定 ON 时，进行系统 RESET；1～6 为 UPC-48 地址，以二进制数表示。具体设定方式见表 7-6。

b. DIP SWITCH　2。1～3 设定为 ON 时，分别表示把 Port0 口、Port1 口和 Port2 口屏蔽；5～8 为 Port2 口设备数，以二进制数表示。具体设定方式见表 7-7。

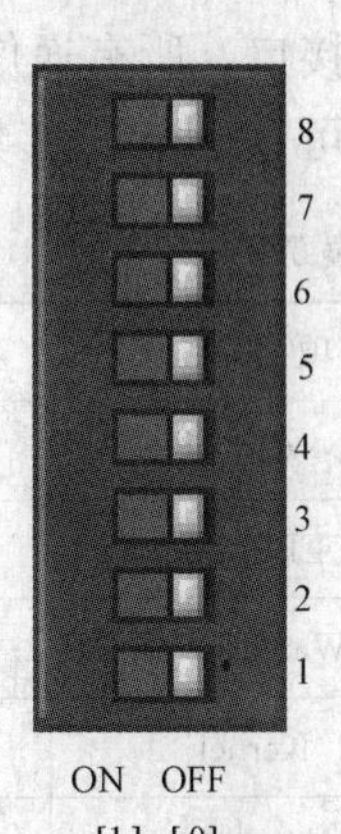

图 7-31　DIP SWITCH 1 与 DIP SWITCH 2 设定

3）电源线、通信线接线方式。如图 7-32 所示，使用 RVV2×1.5/mm^2 的电源线（RVV：绝缘聚氯乙烯护套软电缆，又称轻型聚氯乙烯绝缘软护套线）分别从 24V 和 0V 8pin 端子台引入工作电源。使用 RVVP4×0.3/mm^2 的铜网屏蔽线（RVVP：聚氯乙烯护套屏蔽软电线电缆），将 UPC-48 端的 RS-485 通信线接至 4pin 端子台的右侧，4pin 端子台的左侧接至 RS-485/RS-232 模块。

表 7-6　　DIP SWITCH 1 的具体设定方式

6	5	4	3	2	1	地址
0	0	0	0	0	0	0（保留）
0	0	0	0	0	1	1
0	0	0	0	1	0	2
0	0	0	0	1	1	3
…	…	…	…	…	…	…
1	1	1	1	1	1	63

表 7-7　　DIP SWITCH 2 的具体设定方式

8	7	6	5	设备数
0	0	0	0	0
0	0	0	1	1
…	…	…	…	…
1	1	1	1	15

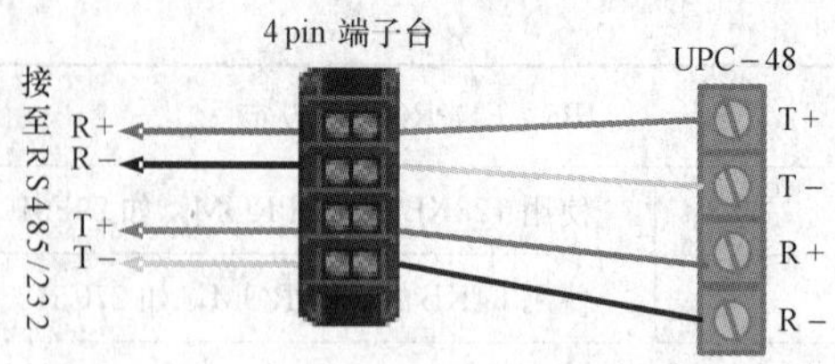

图 7-32　UPC-48 电源线、通信线连接

2. UPCU（Universal Protocol Converter Unit）实用型智能设备协议转换单元

UPCU 具有 3 个独立的通信接口，可以根据用户需要选择使用 RS-232/RS-422/RS-485 通信接口，所有通信口的最高通信速率都可以达到 19.2kbit/s，RS-485/RS-422 的最长传输距离可达 1km，其具体性能指标见表 7-8。

表 7-8　　UPCU 性能描述表

项　　目	内　　容
CPU	Zilog 80181 24MHz
EPROM	可达 1MB
Watch Dog	硬件检测时间为 0.1～5s
Kernel	带有可编程的 ANSIC 链接库的多任务处理核心
系统存储能力	电池供电的 128KB 的 SRAM 或 2KB EEPROM
通信口特性	3 个独立通信口；可选择使用 RS-232/RS-422/RS-485（Port1 和 Port2 口只有 RS-232 接口）；所有通信口的最高通信速率都可达 19.2kbit/s，RS-485/RS-422 的最长传输距离可达 1km

（1）设备架构。UPCU 的硬件结构如图 7-33 所示。

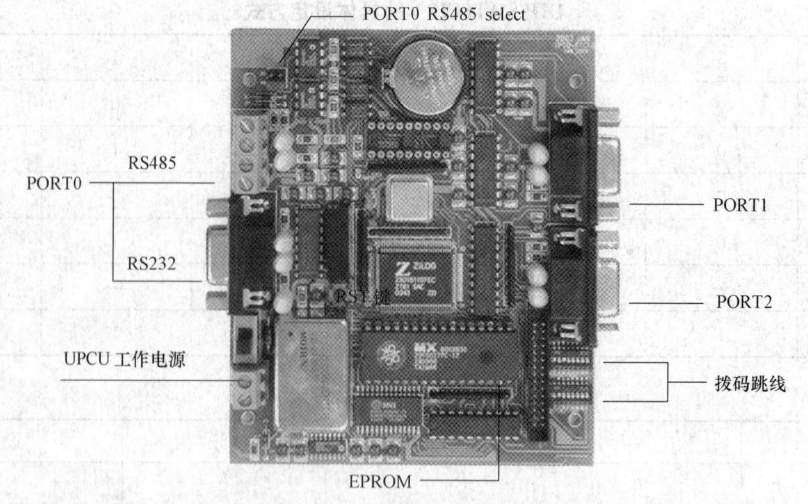

图 7-33　UPCU 的硬件结构示意图

（2）硬件设定。

1）硬件 JUMPER 设定。UPCU JUMPER 的设定及说明见表 7-9。

表 7-9 **UPCU JUMPER 设定说明**

PORT 0 口 RS485 Select	
2W / 4W（下格涂黑）	4 线式「T+，T−，R+，R−」
2W（上格涂黑）/ 4W	2 线式「Tx，Rx」

2）硬件 DIP SWITCH 设定。与 UPC-48 完全相同。

3. BCMS（Battery Cell Measurement System）电池组监测系统

电池组设备工作良好与否对电力系统紧急供电品质具有相当大的影响。然而在日常维护工作中，需要及时掌握电池品质，又能降低维护人力需求，可以利用多回路电池自动量测系统，其功能在于取代日常人工维护作业，自动记录电池组充放电流容量，并协助分析单电池质量以提高蓄电池组的可靠度，延长其使用寿命。适用范围如下。

1）通信局（站）直流设备电池供应组 23～27Cell。

2）变电所直流设备电池供应组 20/90 Cell。

3）SMR 电池组监视测量。

4）UPS 20kVA 以上电池组监视量测。

（1）电池监测系统硬件安装说明。BCMS 硬件结构如图 7-34 所示。

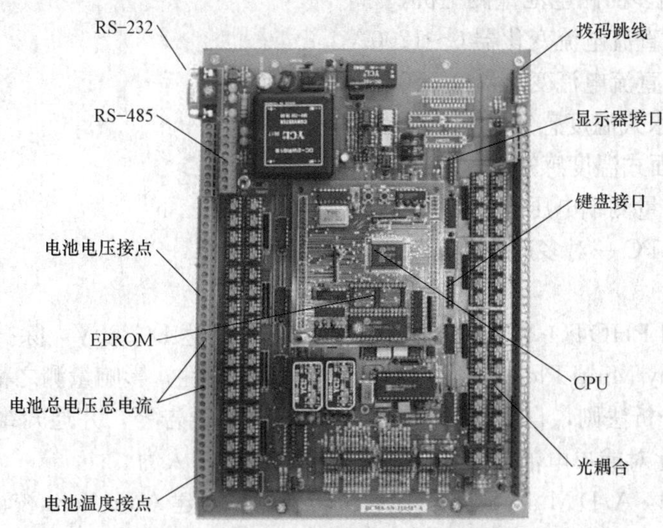

图 7-34 BCMS 硬件结构示意图

（2）BCMS 规格简介。

1）设备规格。

机架面板尺寸：295mm×214mm。

设备重量：2.4kg。

耗电量：12W。

自动扫描速率每秒 7.5 次 HIGH RESOLUTION（高分辨率）或每秒 15 次 MIDDLE RESOLUION（中等精度，中等分辨率）。

类比数位转换器 A/D Convert 精确度 5½位元，即 200000 解析度。

端电池电压 0～4V 解析度为 0.015mV，精确度在 1mV 以内。

总电压量测 0～70V 解析度为 0.35mV，精确度在 10mV 以内。

基本每电池多回路量测组内建 4 组 0～100℃温度量测，解析度在 0.1℃以上。精确度 1℃（视周边环境改变），空中反应速度小于 6s，液体反应速度小于 3s。

温度感应器采用半导体主动式，可耐比重 1.28 以下的酸性电解液，标准校正温度距离为 10m，最远可达 100m，但须做温度补偿。

其每组输入信号量测阻抗大于 1MΩ 以上。

它具有自动/手动启动系统储存功能，可以储存实时和历史端电池电压、总电压、充放电电流和温度曲线等，最大储存能力可达 240 组曲线。

本系统可以监测两套电池组设备，每套电池组最多 27 节单电池电压，一个总电压，一个充放电流，4 个温度。

具备独立运转功能，设备具备数字告警显示（LCD）及声音告警提示。它可以侦测及设定单电池电压、总电压、充放电流和电池温度上下限值等。

具备 RS-232/422 连线能力，支持 MULTI-DROP PROTOCOL（多点协议），可与各种不同的中央监控系统连接。

2）产品编号。

BC-530：68 路多回路电池量测主机。

NNC-12DM：直流电流变化器 0～1200A。

NNC-06DM：直流电流变化器 0～600A（大口径）。

BC-L100：沉水式温度感知 0～100℃。

BC-S100：表面式温度感知 0～100℃。

BC-ML：电池量测端电压连接器。

PC-SWARE：PC 一对多连线分析软件。

3）产品特点。

a. 采用最新的 PHOTO-MOS Multi-Plexer，耐压高达 DC250V，除扫描速度快外，最主要可以避免 Relay Multi-Plexer 之 Debounce（消抖）特性，影响量测之精确度。

b. 使用统计分析法则，自动侦测超出标准差的单电池告警，并通知维护人员针对此单电池作曲线查询/比对或单电池放电实验，有效节约了维护人力。

c. 高解析度 5½ A/D Multi Slop 类比数位转换器，内建 Auto Zero 校正功能，可以大幅提升测量的精确度。

d. 内建标准的参考电压 2.5000V，可以自动检测测量系统的正确性。

e. 内建室温的参考温度，可以作为测量电池温度的相对参考值。

f. 针对每一量测点均具备软件 Gain/offset 细部修正功能，可以进一步提升量测的精确度。

7.4.1.2 软件配置与操作

监控系统软件主要分为操作系统和应用程序，操作系统包括 WindowsXP/Windows2000 Client/ Windows 2000 Server、RTOS（Real Time Operation System）等，分别应用于监控操作终端、后台服务器、前端处理器（工控机）中，监控操作终端和后台服务器的操作系统

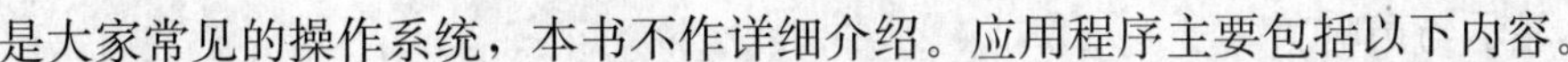

是大家常见的操作系统，本书不作详细介绍。应用程序主要包括以下内容。

（1）SuperWare5.1 动力环境监控数据处理系统，运行环境为 RTOS。

（2）Browse 动力环境监控数据浏览器，运行环境为 Windows2000 Client/WindowsXP。

（3）Rprint 动力环境监控数据报表处理系统，运行环境为 Windows2000 Client/WindowsXP。

（4）Swsync 动力环境监控数据同步和备份系统，运行环境为 Windows2000 Client/Windows XP。

（5）Swedit 动力环境监控数据编辑系统，运行环境为 Windows2000 Client/WindowsXP。

（6）SQL server 2000 动力环境监控历史数据存储系统，运行环境为 Windows 2000 Server。

（7）SQL report 动力环境监控历史数据报表处理系统，运行环境为 Windows2000 Client /WindowsXP。

（8）SQL DTSC 动力环境监控历史数据备份系统，运行环境为 Windows 2000 Server 等。

1. 系统操作说明

（1）基本操作方法。系统使用 Windows 树状管理功能，提供下拉式菜单操作，以鼠标为主要操作方式，每一画面在系统管理树中均有指定执行功能，操作人员将鼠标移至相关设备区域，单击鼠标左键即进入该设备主画面，单击查询可浏览该设备所有监控点及其当前状态。将鼠标移至画面上的监控点显示区域，单击鼠标右键即可了解该点的全部配置，具有二级以上密码操作人员可以进行参数修改，若要返回上一画面则可以按 ESC 键或用鼠标单击画面左上角菜单，如图 7-35 所示。当画面有乱码或异常显示时可以按 SPACE 或 F9 键，即可重新刷新画面一次。

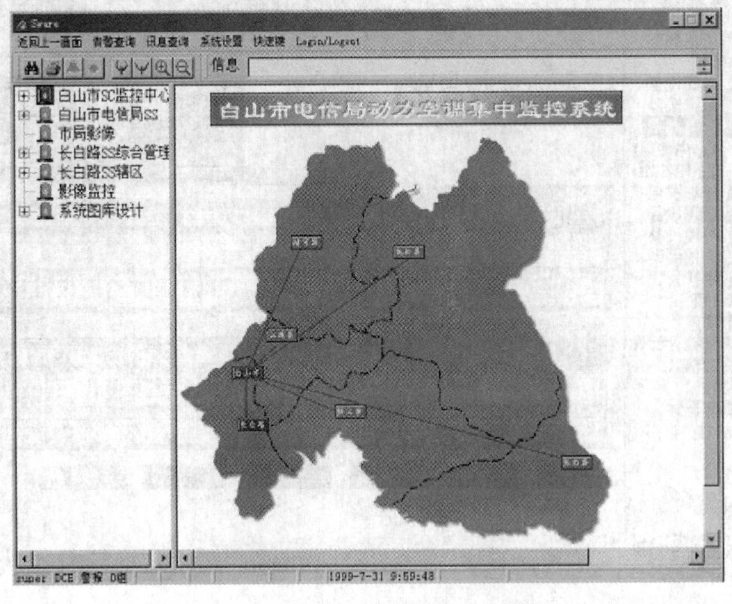

图 7-35　系统操作画面示意图

（2）系统基本显示与声响。

正常告警颜色：SuperWare5.1 动力环境监控数据处理系统基本上以警报总揽（MI）、数字输入（DI）、数字输出（DO）、模拟输入（AI）、事件记数（EV）为屏幕显示的主要方式，每一显示点均代表 MI、DI、DO、AI、EV，当显示点颜色发生变化时，即代表所对应的设备发生变化。各种颜色代表的含义为：绿色表示此设备为正常状态；淡蓝色表示此设备为一级警报状态（状态异动）；粉红色表示此设备为二级警报状态（一般告警）；红色表示此设备为三级警报状态（紧急告警）；闪烁表示此设备发生告警而操作人员尚未查阅或确认。此外，伴随着状态点颜色的改变，系统还会发出各种声响。

一级警报系统以“哔”音发出呼叫（语音：设备异动）；二级警报系统以“哔－哔”音连续两次短促发生呼叫（语音：一般告警）；三级警报系统以“哔－哔－哔”音连续三次短促发生呼叫（语音：紧急告警）；声响停止即当操作人员逐一检查各设备警报后，系统自动停止声响并记录警报确认的时间和人员，以作为责任区分的依据。

当告警过滤发生动作时，被过滤点的底色为绿色，在此时间范围内，被过滤点状态即使发生变化也不告警。当系统发生通信中断时，各显示点的底色将变为蓝色，此时的显示值为中断前的保存值。

（3）警报确认。

1）告警发生与确认。

a. 告警闪烁。当警报发生时，与之相对应的监控点会发生闪烁，同时伴随着声响，操作人员查询或确认后，闪烁和声响停止。图 7-36 所示为某站一号电池组总电压告警。监控树中相应灯号变红闪烁，画面中相应点及查询按钮也变红闪烁，同时状态区中有告警信息显示。

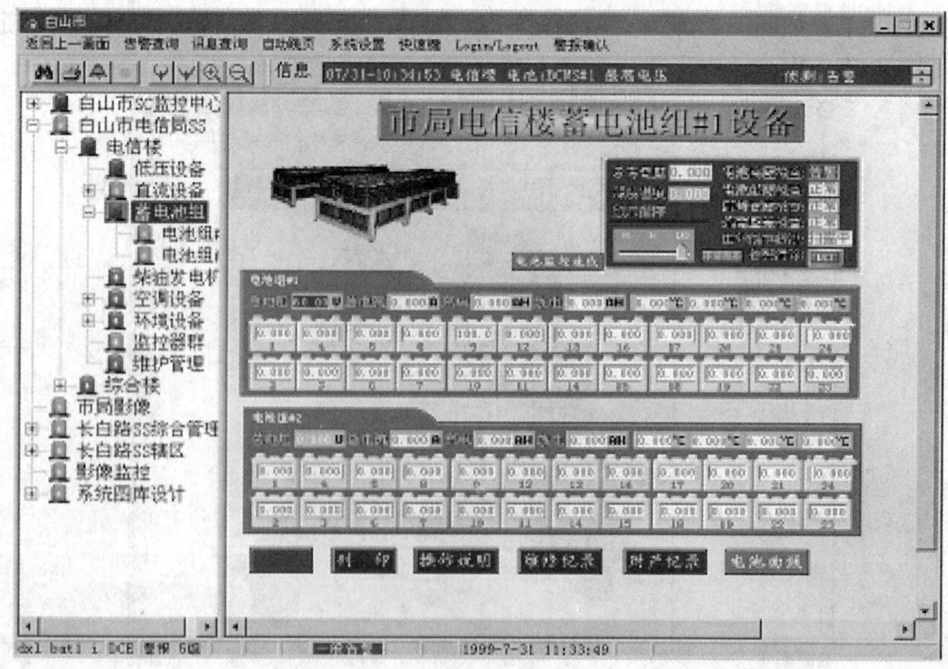

图 7-36　告警信息显示示意图

b. 告警确认。画面确认：当警报发生时，操作人员可以按照闪烁点提示逐一切换告警画面，单击工具栏中的“警报确认”项，即可作画面确认。画面确认后，声光告警停止，并在告警信息栏显示确认信息，如图 7-37 所示。

快速确认：当系统警报发生时，操作人员可选择“快捷键”中的“警报抑制”或用 Shift＋F3 键输入密码，按确认键后即可作快速确认。快速确认后，声光告警停止，并在告警信息栏显示确认信息，如图 7-37 所示。

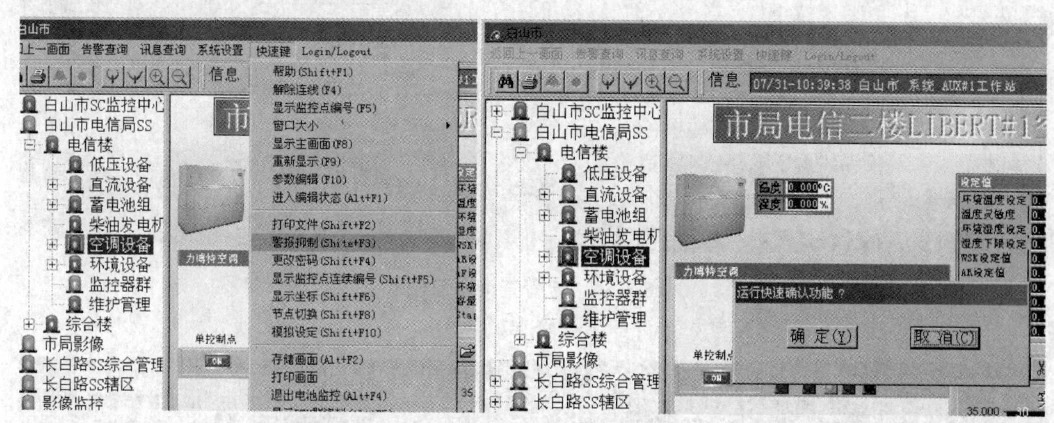

图 7-37　画面告警确认示意

2）告警自动恢复画面闪动。

a. 告警自动恢复自动确认。警报发生后恢复，系统提供自动确认功能，即停止闪烁，终止声响。此项功能可以设置（参考系统程序说明）。

b. 告警自动恢复人工确认。警报发生后恢复，系统提供人工确认功能，即操作人员查看告警画面或作警报抑制后即停止闪烁，终止声响，此项功能为系统默认设置。

（4）告警信息查询。

1）告警查询。按 F1 键或单击工具栏上的“告警查询”选项，屏幕将显示尚未恢复的告警信息，操作人员可按年、月进入历史资料查询，再按 F3 键或单击“搜寻”按钮，进入条件查询。其中可以时间、站名、群名（即设备名）、告警等级以及其他条件为关键索引进行搜索，操作人员将鼠标移至告警点名称显示区域内单击鼠标右键可直接进入告警画面。单击“离开”按钮可返回上一画面，单击“打印”按钮可打印所有告警信息，单击“警报确认”按钮可对警报进行确认，如图 7-38 所示。

2）讯息查询。按 F2 键或单击工具栏中的信息查询按钮，屏幕将显示最近发生的信息记录，操作人员可按年、月进入历史资料查询，再按 F3 键或单击“搜寻”按钮，进入条件查询，其中可以时间、站名、群名（即设备名）、告警等级以及其他条件为关键索引进行搜索。单击“离开”按钮可返回上一画面，单击“打印”按钮可打印所有信息记录，单击“警报确认”按钮可对警报进行确认，如图 7-39 所示。

2. 基本操作方法

（1）登入/注销。按 F6 键或单击工具栏中的“Login/Logout”选项，系统要求操作员输入登录口令进行登录，登录后的各项操作将记录登录人员姓名，作为责任区分的依据，登录后用户名显示在画面左下角，用鼠标点击用户名显示区域或按 F6 键或单击工具栏中的

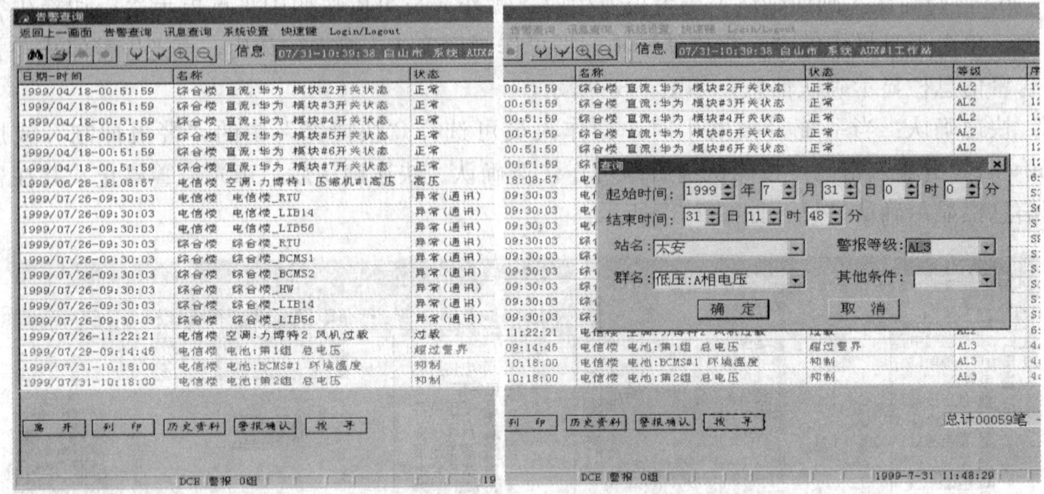

图 7-38 告警查询示意图

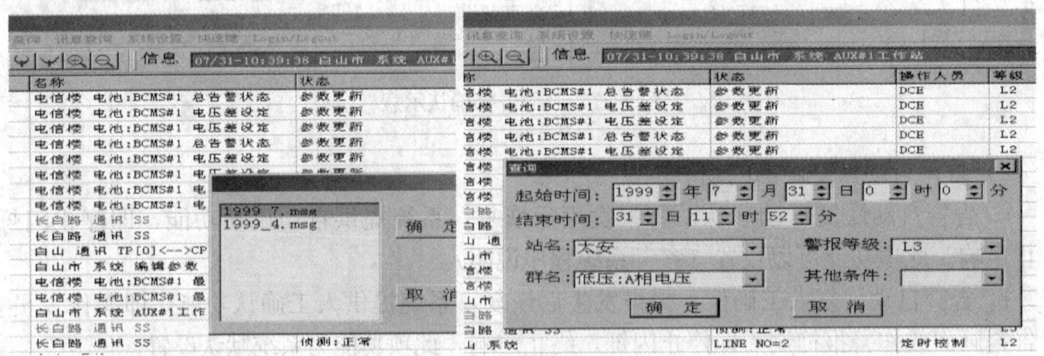

图 7-39 信息查询示意图

“Login/Logout”选项退出，如图 7-40 所示。

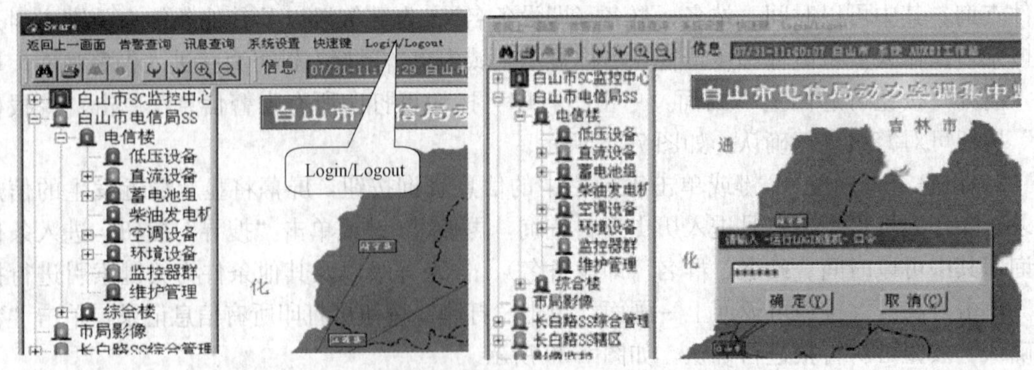

图 7-40 用户登录注销示意图

（2）更改密码。按 Shift＋F4 键或单击快捷键中的更改密码，先输入旧密码，再输入新密码后单击“确认”键后即可进行密码修改，更改后的密码具有不可查看性，如图 7-41 所示。

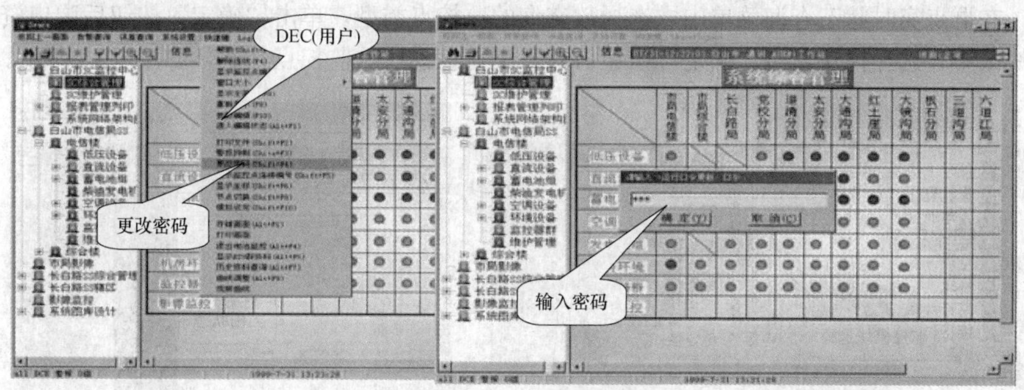

图 7-41　更改密码示意图

3. 系统查询显示功能

（1）显示群点编号。按 F5 键或单击快捷键中的群点编号按钮，显示可浏览各监控点在系统中的群点编号，按 Shift＋F5 键或单击快捷键中的群点连续编号显示按钮，可以浏览显示各监控点在系统中的连续编号，如图 7-42 所示。

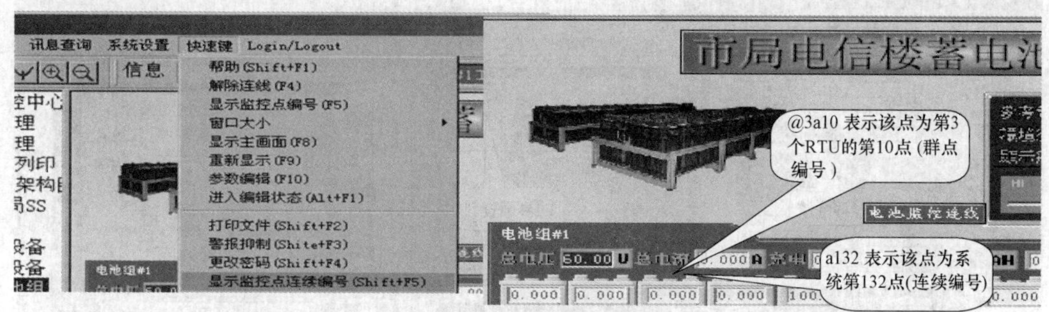

图 7-42　群点标号操作示意图

（2）群点状态查询。按 Alt＋F5 键或单击快捷键中的群点状态查询按钮可浏览各设备的监控点状态，如图 7-43 所示。

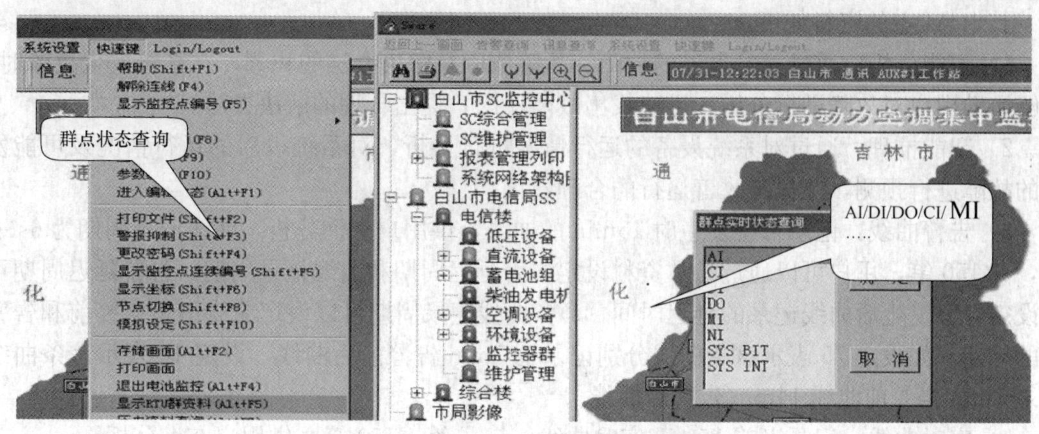

图 7-43　群点状态查询示意图

在群点实时状态查询菜单中，选择欲查询的监控点类型，单击“确定”按钮后弹出资料模块菜单，选择模块单击“确定”按钮后即可浏览该模块的监控点状态，如图 7-44 所示。

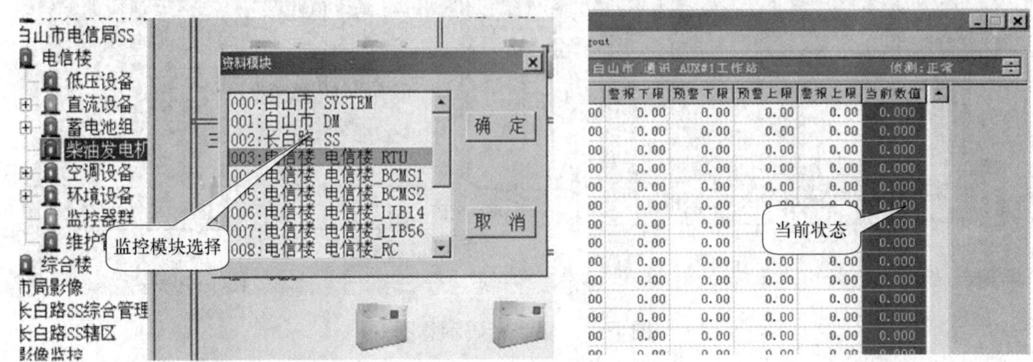

图 7-44　监控点状态查询示意图

操作人员可以将鼠标移至监控点的当前数值或状态区显示区域，单击鼠标右键可显示其不同的参数资料，如图 7-45 所示。

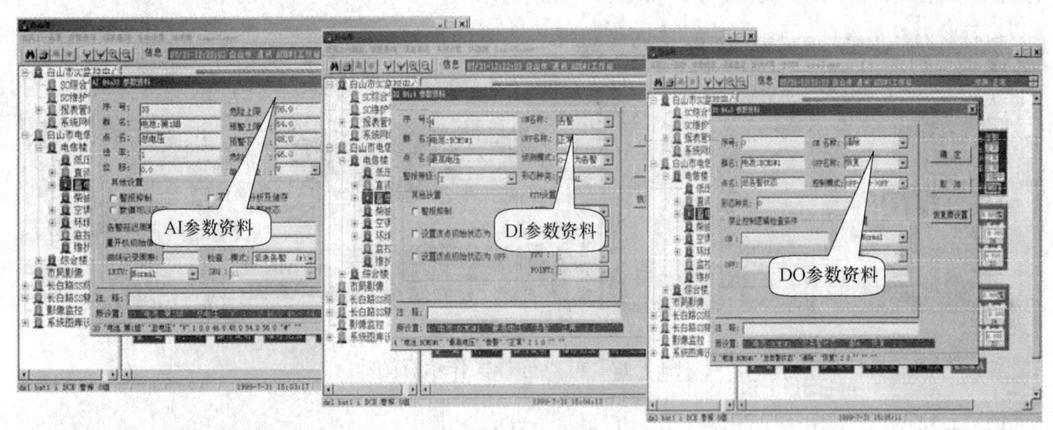

图 7-45　监控点参数资料

其中 AI 点的资料如下。

1）智能分析：通过对发生过的故障、故障原因及解决办法的积累，在系统发生故障时，能够协助用户对故障进行分析，迅速找出故障原因，提出合理的解决办法。

2）智能推理：通过对系统设备的运行情况进行分析，对系统以后的运行情况及可能发生的故障进行预测，并提出改善运行的合理建议。

3）告警曲线：记录告警发生时 15min 的曲线，供用户查询分析，曲线记录周期为 6s 一笔，共 150 笔，用户可以通过参数资料设定告警延迟周期和曲线记录周期；告警延迟周期可以设定告警发生后曲线记录的延迟时间（s），曲线记录周期可以设定曲线记录告警前和告警后的周期，如设定 75 表示该条曲线分别记录 7.5min 告警前后曲线，设定 10 表示该条曲线记录 1min 告警前曲线 14min 告警后曲线。

4）实时曲线：记录当前 15min 实时曲线，6s 一笔，150 笔，供用户查询分析。

5）历史曲线：记录年、月、日、近期历史曲线，包括每月、每日、每时的最大值、最小值、平均值以及最大值、最小值产生的时间。

6）参数资料：可以查询该监控点详细参数资料，具有二级及二级以上密码的用户可以进行参数修改。

DI 的资料如下。

1）智能分析：通过对发生过的故障、故障原因及解决办法的积累，在系统发生故障时，能够协助用户对故障进行分析，迅速找出故障原因，提出合理解决办法。

2）智能推理：通过对系统设备的运行情况进行分析，对系统以后的运行情况及可能发生的故障进行预测，并提出改善运行的合理建议。

3）参数资料：可以查询该监控点详细参数资料，具有二级及二级以上密码的用户可以进行参数修改。

DO 资料包括：监控点详细参数资料，具有二级以上密码的用户可以进行参数修改（详细参数说明参考系统设定说明）。

(3) 历史数据库查询。按 Alt+F7 键或单击快捷键中的历史资料查询，选择其中的历史资料查询，可以浏览各监控点的日、月、近期的最大值、最小值、平均值以及最大值和最小值产生的时间，亦可以浏览各监控点的日、月和近期统计曲线，如图 7-46 所示。

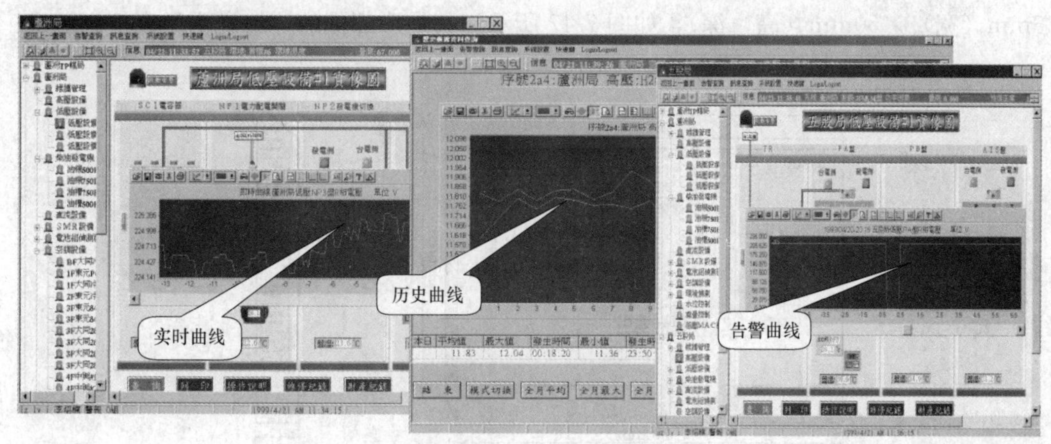

图 7-46　监控点统计曲线

按 Alt+F7 键或单击快捷键中的历史资料查询，弹出一个功能选择菜单，选择历史资料资料查询后单击“确定”按钮。选择欲查询的监控点后单击“确定”按钮，再选择统计方式和时间后单击“确定”按钮，其中统计方式为 日、月、近期统计资料；时间为 年、月、日 (yy/mm/dd)。

查看资料和曲线，单击“结束”按钮返回上一画面，按模式切换键可以进行表格模式与曲线模式之间的切换。

(4) 实时数据记录指定查询。在实时数据处理中，有时需要对某些点（如交流电压不稳）进行实时跟踪，记录其实时曲线，分析其状态变化，SuperWare5.1 可以设定 10 个监控点，记录其 10 日实时曲线，供用户跟踪分析。具体设定如下。

按 Alt+F7 键或单击快捷键中的历史资料查询，选择实时数据记录查询（10 日）后单击“确定”按钮。系统提示 10 个未定义点，选择其中任意一点确认，再按记录资料进行定义，系统提供所有 AI 点供用户选择定义。

按日期选择，可以浏览不同时间的实时曲线。

查看已定义的监控点的实时曲线，并且可以根据具体情况调整曲线记录周期。曲线记录周期设定为：

0 分表示缺省值，每一笔为 6s，记录 150 笔，共 15min；1 分表示每一笔为 1min，记录 60 笔，共 60min；5 分表示每一笔为 5min，记录 144 笔，共 12h；10 分表示每一笔为 10min，记录 144 笔，共 24h；15 分表示每一笔为 15min，记录 96 笔，共 24h；30 分表示每一笔为 30min，记录 48 笔，共 24h；60 分表示每一笔为 60min，记录 24 笔，共 24h。

7.4.2 中兴电源集中监控系统

7.4.2.1 硬件结构与应用

1. MISU

MISU（Monitoring Information Storage Unit，监控信息储存单元，多功能一体化监控设备）的基本功能是把所有监控信息储存起来，以便于历史数据分析，也便于其他应用系统对监控信息的访问。

（1）整机外形。ZXM10 MISU 多功能一体化监控设备的整机外形尺寸为 440mm（长）×336mm（宽）×50mm（高，深），如图 7-47 所示。其外形部件的详细说明见表 7-10。

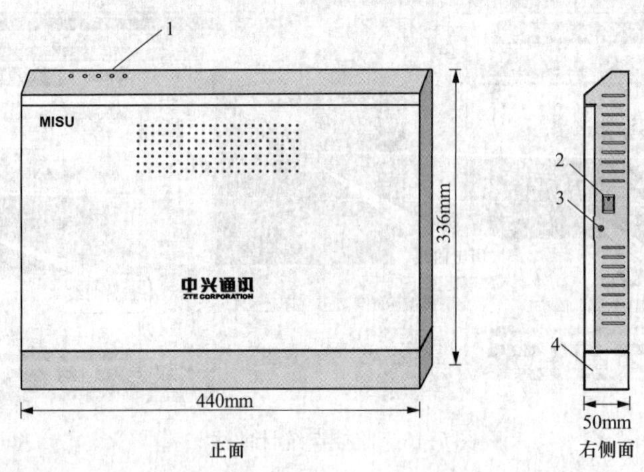

图 7-47　MISU 外形示意图

表 7-10　MISU 外形部件说明

序号	名　称	说　明
1	面板指示灯	有 5 个面板指示灯，由左至右的顺序分别是通信 34、通信 12、主通信、运行和电源。
2	电源开关	翘板开关，按下有白色圆点的一端即可打开 MISU 的电源
3	门板开关	用于卡紧门板
4	压线盖	可拆卸，用于保护 MISU 的外部接口

（2）总体结构与工作原理。ZXM10 MISU 多功能一体化监控设备的总体结构框图如图 7-48 所示。

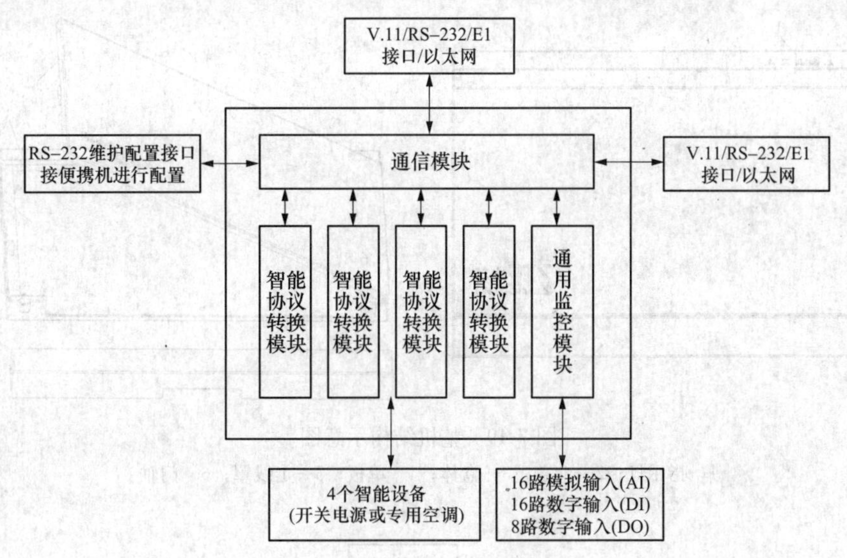

图 7-48 总体结构框图

1）MISU 由通信模块、通用监控模块和 4 个智能协议转换模块组成。

2）通信模块提供一个 RS-232 接口作为维护配置接口。通过该接口，便携机可以连接 MISU 对其进行参数设置。

3）通信模块通过数字公务通道 V. 11/RS232 接口/ E1/LAN 接口与中心通信机连接。

4）4 个智能协议转换模块通过 3 个 RS-485/RS-422/RS-232 智能接口和一个 RS-232 智能接口对智能设备（如开关电源、专业空调）进行协议转换。

5）通用监控模块提供 16 路模拟输入 AI、10 路数据输入 DI 和 4 路数据输出 DO 控制。ZXM10 MISU 多功能一体化监控设备为嵌入式微处理器系统。它可以实现对各种基站动力设备和环境监测信号的实时监测、报警处理，并根据应用要求作出相应的继电器接点输出控制。MISU 不断采集各种基站动力设备和环境的监测信号，并将监测信号处理成可供传输通道传送的实时监测和告警信息。一般情况下，MISU 不主动上报实时数据和告警信息，只有在通信机询问该模块时才上报这些实时数据和告警信息。

2. BMU

(1) 总体结构。ZXM10 BMU 的整机尺寸为 440mm（长）×300mm（宽）×40mm（高、深），整机外形如图 7-49 所示。ZXM10 BMU 总体结构上由一块单板和一个外壳结构件组成。

1）外壳结构件由盒盖、盒体、走线罩、门轴等部件组成。盒盖上有 5 个面板指示灯，盒盖开关是盒体侧面的螺钉。

2）单板由螺钉固定在盒体内。单板即 BMUM（Battery Monitor Unit Main）板，ZXM10 BMU 用一块单板实现设备的所有功能。

(2) 工作原理。ZXM10 BMU 采用 DC-48V 电源供电。ZXM10 BMU 用一块单板实现设备的所有功能，工作原理框图如图 7-50 所示。

1）模拟信号输入。蓄电池的单体电压、标示温度、电流等模拟输入信号经过各自的调理电路进行信号调整后，在测量处理电路处进行 12 位的 A/D 采样。采样输出的数字信号经

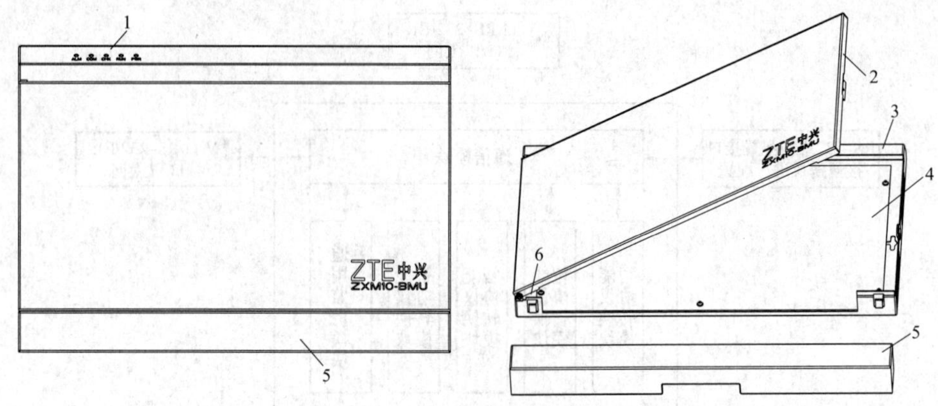

图 7-49　整机结构示意图

1—指示灯；2—盒盖；3—盒体；4—单板；5—走线罩；6—门轴

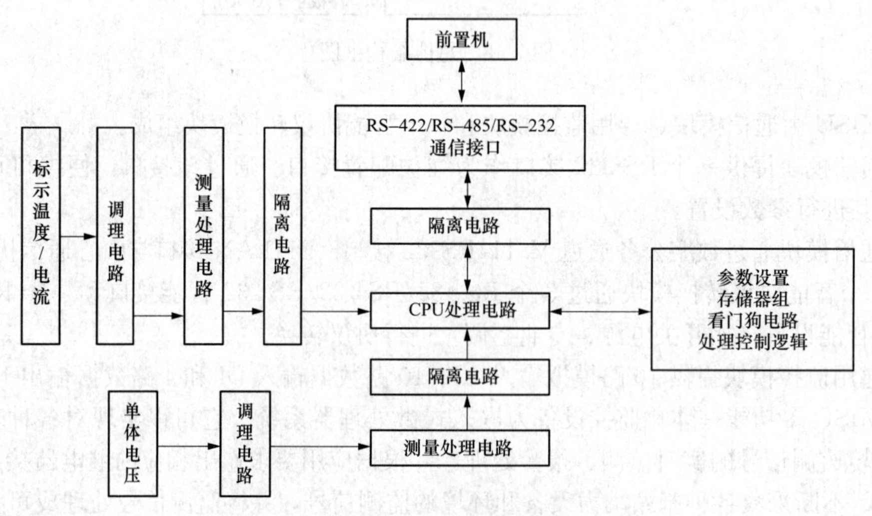

图 7-50　工作原理框图

过光耦隔离电路之后与 CPU 相连。

2）模拟采样。CPU 将读入的采样数据进行数字滤波和计算，得到真实的模拟输入信号值（即采样结果）。CPU 将采样结果暂存在单板的数据缓存区里。同时，CPU 实时刷新数据缓存区里的采样结果，等待前置机的扫描命令。

3）上报采样结果。ZXM10 BMU 通过通信接口挂接在 RS-422/RS-485 总线上与前置机通信。前置机通过地址来识别 ZXM10 BMU，将其与总线上的其他设备区分开来。当前置机向 ZXM10 BMU 发出扫描命令时，CPU 即会实时上报数据缓存区里的采样结果。

3. HVBMU

（1）总体结构。ZXM10 HVBMU 的整机外形如图 7-51 所示。整机尺寸为 441mm（长）×380mm（宽）×51.7mm（高、深）。

ZXM10 HVBMU 整机由一个机盒和一块单板组成。机盒由盒体、盒盖、盒盖开关等部件组成。盒盖的左上角处有 5 个面板指示灯。机盒内部结构如图 7-52 所示。

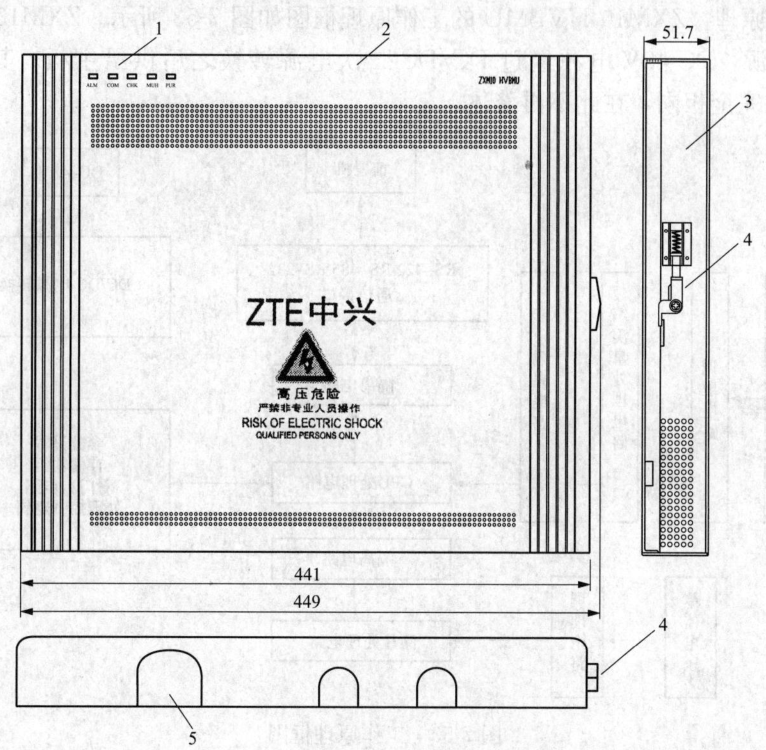

图 7-51　整机外形示意图

1—指示灯；2—盒盖；3—盒体；4—盒盖开关；5—出线孔

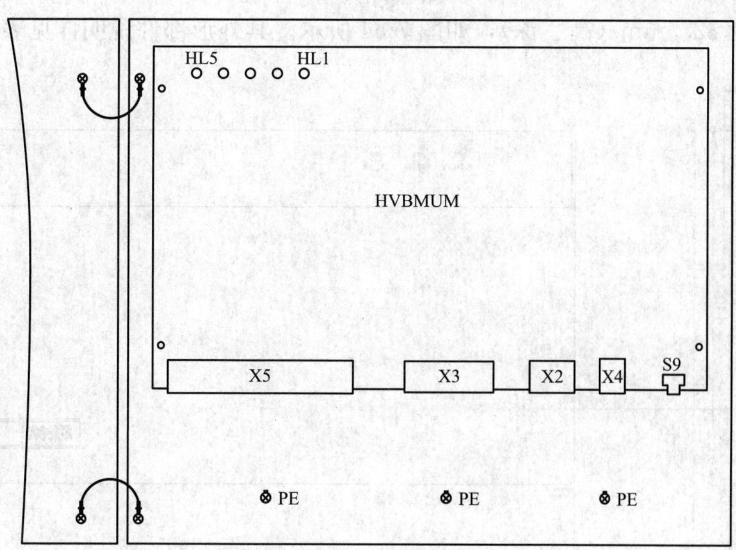

图 7-52　机盒内部结构示意图

1）机盒内部有一块单板，即 HVBMUM（High Voltage Battery Monitor Unit Main）板，ZXM10 HVBMU 用一块单板实现设备的所有功能。

2）内部连线为盒体到盒盖的搭接线，共两根。

3）盒体下方有 3 个保护地螺钉（PE）。

(2) 工作原理。ZXM10 HVBMU 的工作原理框图如图 7-53 所示。ZXM10 HVBMU 采用 DC-48V 电源，DC-48V 电源经过 DC/DC 二次电源转换之后供给主板。其工作原理与 ZXM10 BMU 完全相同，在此不再赘述。

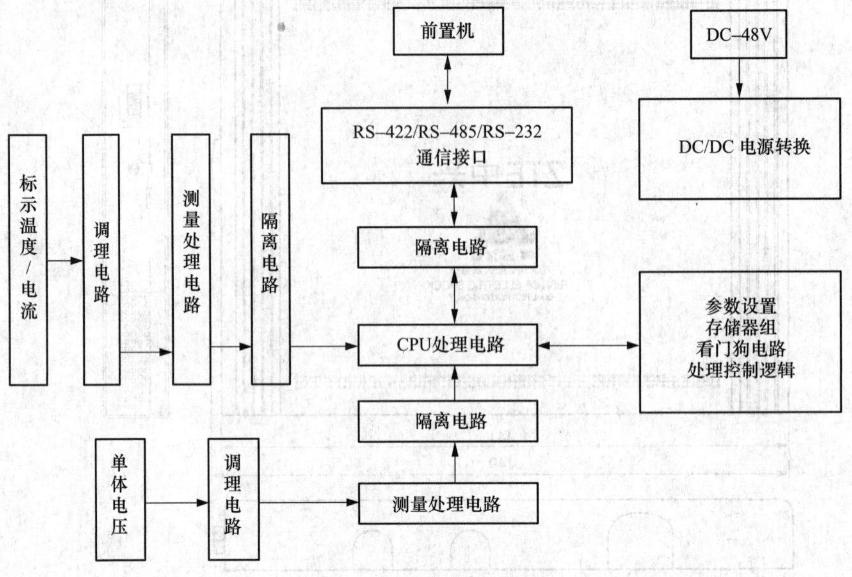

图 7-53　工作原理框图

4. PMU (Picture management unit，图片管理单元)

(1) 整机外形。ZXM10 PMU 多功能一体化监控设备的整机外形尺寸是 240mm (长)× 200mm (宽) ×32. 5mm (高、深)，如图 7-54 所示。其外形部件说明详见表 7-11。

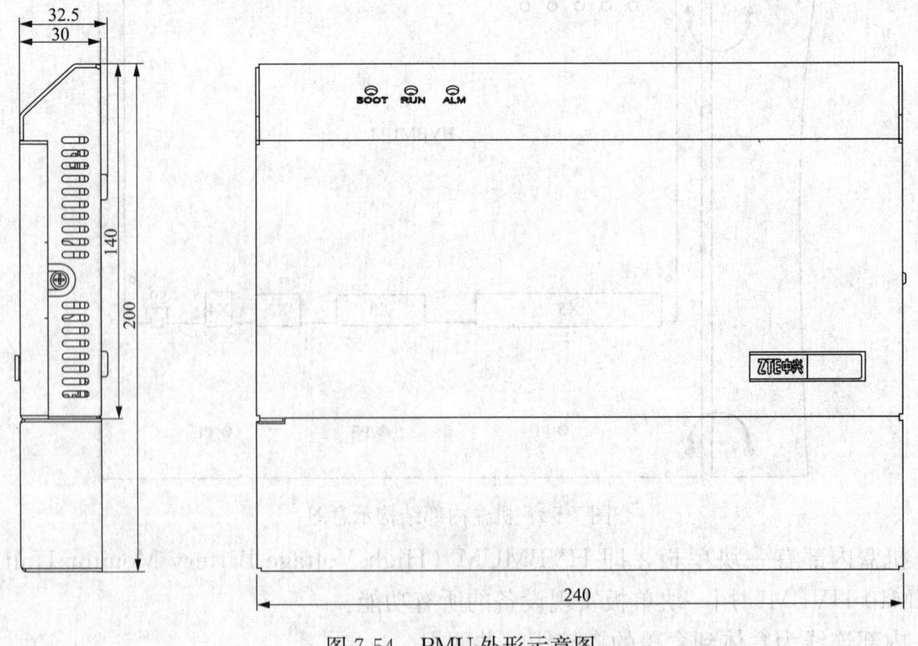

图 7-54　PMU 外形示意图

表 7-11　　PMU 外形部件说明

序号	名称	说　明
1	面板指示灯	BOOT 灯亮：电源正常，BOOT 正常。 RUN 灯闪烁：模块正常运行。 ALM 灯亮：告警产生
2	压线盖	可拆卸，用于保护 PMU 的外部接口

（2）总体结构。ZXM10 PMU 图片管理单元的总体结构框图如图 7-55 所示。

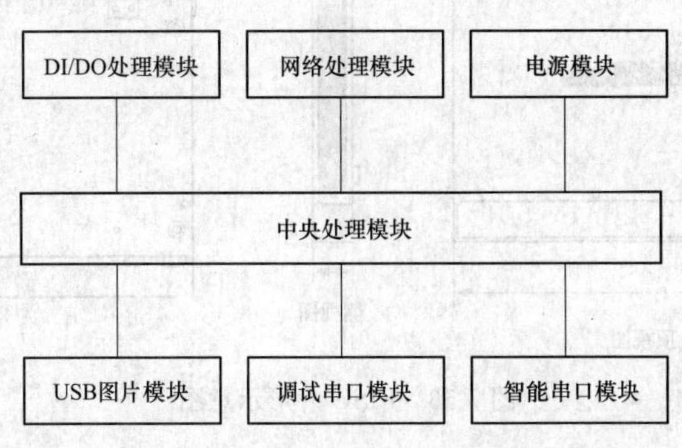

图 7-55　总体结构框图

（3）工作原理。电源模块完成 PMU 所需电压转换工作；USB 图片模块完成图片采集及压缩处理工作；智能串口模块完成串口数据和 TCP/IP 网络的透明传输，提供 RS-232/422/485 接口；DI/DO 模块可接入消防连动、红外、烟雾等告警，可以提供 USB 电源控制及灯控开关等控制；调试串口模块提供调试信息管理接口，网络处理模块完成 TCP/IP 协议簇管理；中央处理模块提供系统初始化，操作系统，为其他模块提供支持。

5. EISU（Enhanced Intelligent Supervision Unit，增强智能型采集单元）

（1）产品结构。ZXM10 EISU 整机外形尺寸是 442mm（长）×320mm（宽）×43.6mm（高、深）（带挂墙安装板时尺寸：442mm（长）×342.0mm（宽）×48.2mm（高、深），其外形示意图如图 7-56 所示。表 7-12 给出了各部分名称及功能特点。

表 7-12　　EISU 外形部件说明

名称	说　明
面板指示灯	有 9 个面板指示灯，由左至右的顺序分别是电源、运行、主通信串口、串口 1～4 和 E1 连接指示灯 1～2
电源开关	翘板开关，按下有“1”的一端即可打开 EISU 的电源
压线盖	可拆卸，用于保护 EISU 的外部接口

（2）总体结构。ZXM10 EISU 增强智能型采集单元的总体结构框图如图 7-57 所示。

1）EISU 由 EISU 子卡（EISUP）、EISU 主板（EISUM）、EISU 采集扩展板（EISUS）、ETN 主板（ETNM）和 EISU 指示灯板（EISUL）5 块单板组成。

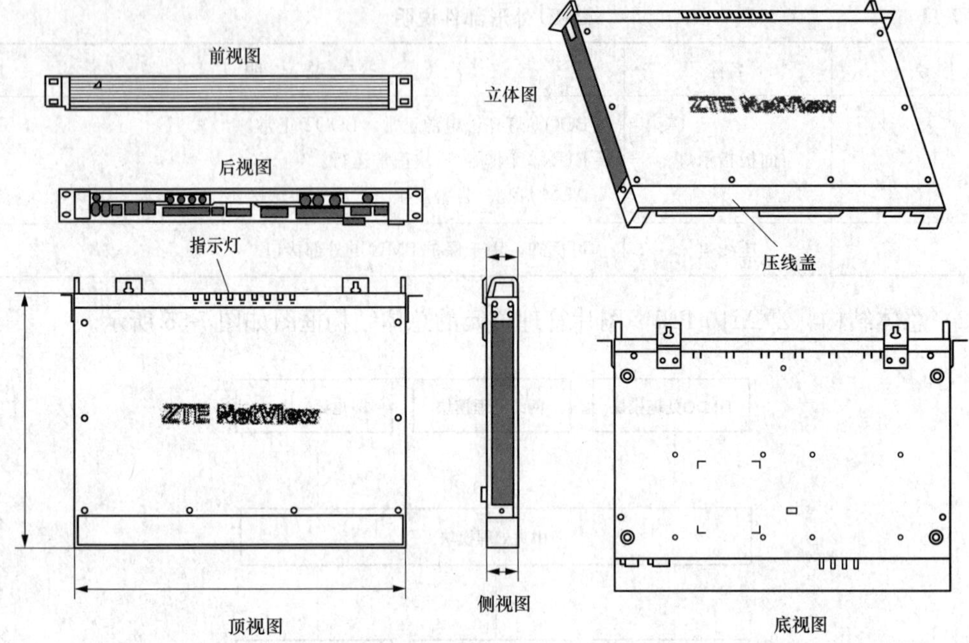

图 7-56　EISU 外形示意图

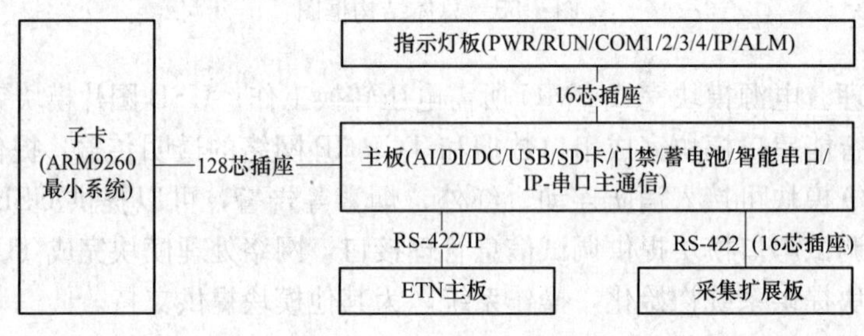

图 7-57　总体结构框图

2）EISU 主板（EISUM）提供一路主通信串口（RS-232/RS-422）作为维护配置接口和一般智能串口。通过该接口，便携机可以连接 EISU 对其进行参数设置（在不进行配置时可用作一般智能串口）。另外提供 4 路智能串口接口（一路 RS-232/RS-422，一路 RS-232/RS-422/RS-485，两路 RS-232）对智能设备（如开关电源、专业空调）进行协议转换。提供 4 路传感器用＋12V 电源、12 路通用 AI/DI 输入、两路专用数据输入 DI、4 路数据输出 DO 控制，两路蓄电池电压采集通道、一路温度传感器专用通道、一路烟感专用通道、一路门禁专用 RS-485 专用通道、两路 USB host 接口（可用于连接摄像头等 USB 接口器件）、一路 USB device 接口（可使 EISU 作为 USB 设备直接与 PC 机相连读取 SD 卡中的存储信息）、两路 RJ45 以太网口（其中一路可用作主通信口对 EISU 进行维护配置）。

3）ETN 主板（ETNM）通过 RS-422 或以太网口与 EISU 主板进行通信连接，并提供两路 E1 接口和两路 RJ45 以太网口，可以通过数字公务通道 V. 11/RS-232 接口/ E1 接口与中心通信机进行连接。

4）EISU 子卡（EISUP）完成 CPU 最小系统电路，负责数据处理和图片存储等功能，通过 128 芯连接器完成 EISU 主板连接，为了减少干扰，抛弃原电缆连接方式，直接采用连接器对接。

5）EISU 采集扩展板（EISUS）通过内部接口 RS-422 与主板连接，并提供 8 路通用 AI/DI 输入采集、两路专用数据输入 DI 采集、4 路数据输出 DO 控制、两路传感器用＋12V 电源。

（3）工作原理。ZXM10 EISU 增强智能型采集单元为嵌入式微处理器系统，集模拟量输入、开关量输出、电池采集、E1 接口到 IP 接口转换、传输等功能于一体。它可以实现对各种基站动力设备和环境监测信号的实时监测、报警处理，并根据应用要求作出相应的继电器接点输出控制。EISU 不断采集各种基站动力设备和环境的监测信号，并将监测信号处理成可供传输通道传送的实时监测和告警信息。一般情况下，EISU 不主动上报实时数据和告警信息，只有在通信机询问该模块时才上报这些实时数据和告警信息。

7.4.2.2　软件配置与操作

1. 登录

单击计算机左下角的“开始”菜单，选择“程序”→“中兴力维动环管理系统”→“业务台”选项，弹出业务台登录窗口，如图 7-58 所示。输入用户名和密码后，登录系统。

首次登录业务台需要进行图 7-59 所示的鉴权设置。

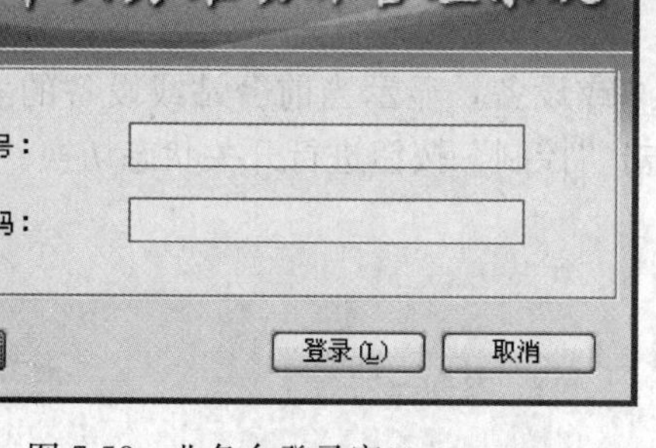

图 7-58　业务台登录窗口

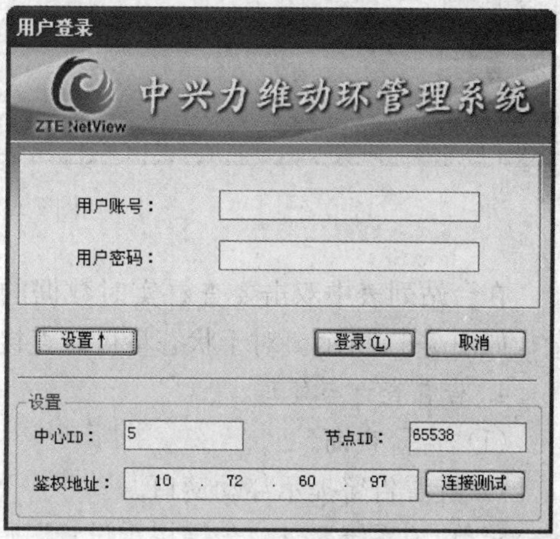

图 7-59　业务台鉴权设置

当连续 3 次输入错误密码后，该用户将被锁定，需要在配置台进行解锁。

“中心 ID”：业务台所在的监控中心的编号。

“节点 ID”：业务台的设备编号，可以从配置台中查询。

“鉴权地址”：鉴权台 IP 地址。

2. 主界面介绍

业务台登录后主界面如图 7-60 所示。主界面分为菜单栏、工具栏、列表区、告警信息栏、详细信息区五个部分。单击全屏显示按钮  全屏设置，进入全屏显示模式，单击浮动提示框的“退出全屏”按钮退出全屏模式。

3. 查看实时数据

功能：查看台站与设备的实时数据。

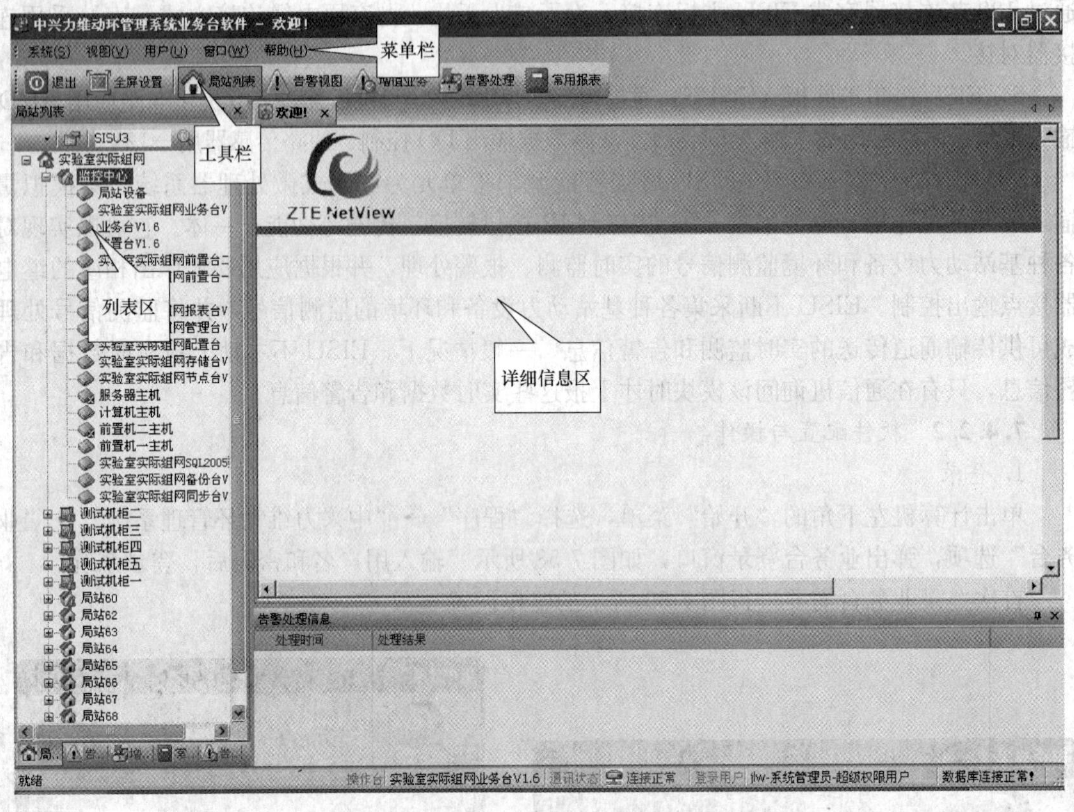

图 7-60　业务台主界面

在台站列表中双击要查看实时数据的台站或设备，显示当前台站或设备的实时数据信息，如图 7-61 所示。对于状态量可以直接单击“控制”按钮进行开关状态切换。

4. 告警查询与处理

（1）告警查询。

1）查看告警提示浮动窗口。

菜单：“系统”→“告警提示设置”。

功能：当新告警产生时，系统自动弹出浮动窗口提示。若不选中任何级别，则不提示。

操作：单击勾选相应级别。可以同时勾选多个级别。

当告警消除后，系统不会自动提示。

系统默认不启动告警提示。

2）查看单个设备告警。在台站列表中双击要查看的设备，告警级别以不同的颜色显示，如图 7-61 所示。

红色：一级告警。

橙色：二级告警。

黄色：三级告警。

蓝色：四级告警。

3）按过滤条件查看告警统计。

功能：用户自定义过滤条件，查看满足过滤条件的告警统计。

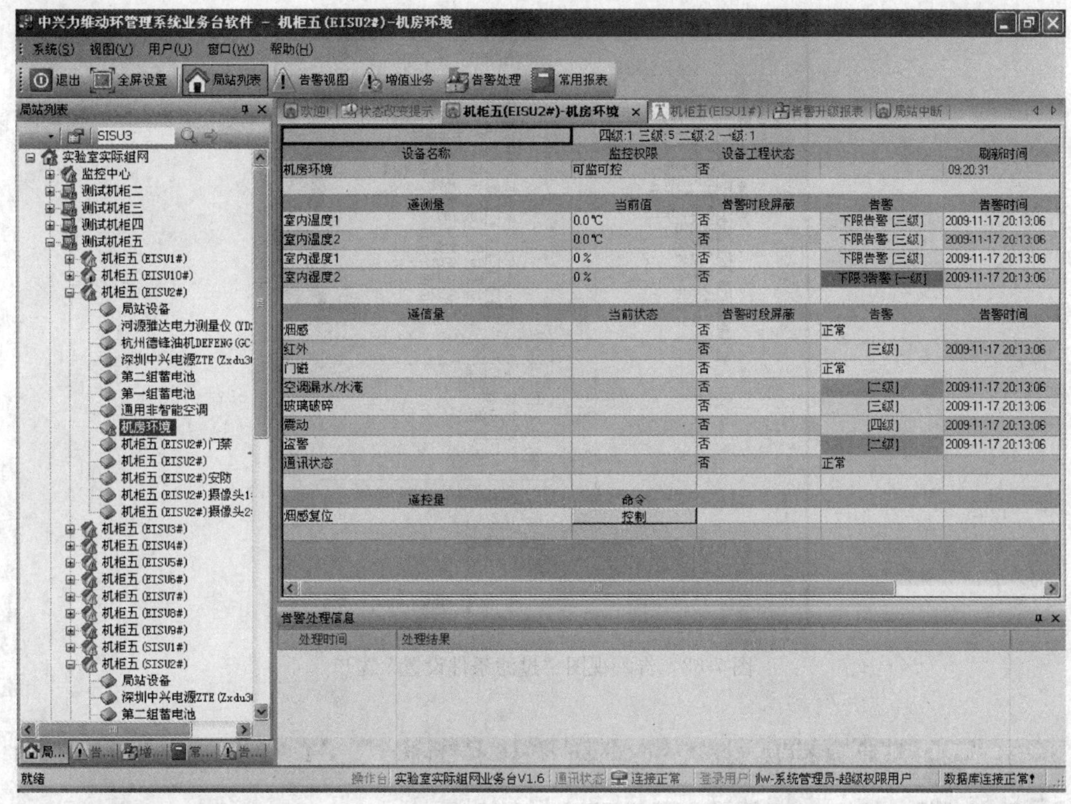

图 7-61　查看实时数据

快捷方式：告警视图 按钮。

菜单："视图"→"工具栏"→"告警视图"

4）添加自定义过滤条件。添加单一过滤条件，操作步骤如下。

a. 右击"单一告警视图"，在右键菜单中选择"添加"选项，弹出过滤条件设置窗口，如图 7-62 所示。

b. 分别选择台站名称、设备类型、告警级别，输入过滤条件名称，单击"确定"按钮保存设置。

c. 双击过滤条件，查询满足条件的告警统计，如图 7-63 所示。

单击视图底端的页签，可以分别显示该过滤条件下的活动告警、确认告警、消除告警、频繁告警信息。

报表顶端显示未消除告警的总数，包括活动告警（四级告警、三级告警、二级告警、一级告警）、确认告警、频繁告警的条数。

活动告警即已经产生未消除、未确认的告警；确认告警即用户已经确认的告警；频繁告警即频繁产生的告警；消除告警即已经消除的告警。在告警视图窗口右击，在右键菜单选择"设置"选项。不勾选"允许系统自动删除已经消除的实时告警"项，已消除告警保存并显示；勾选"允许系统自动删除已经消除的实时告警"项，并勾选告警级别，则相应告警等级的已消除告警由系统自动删除。

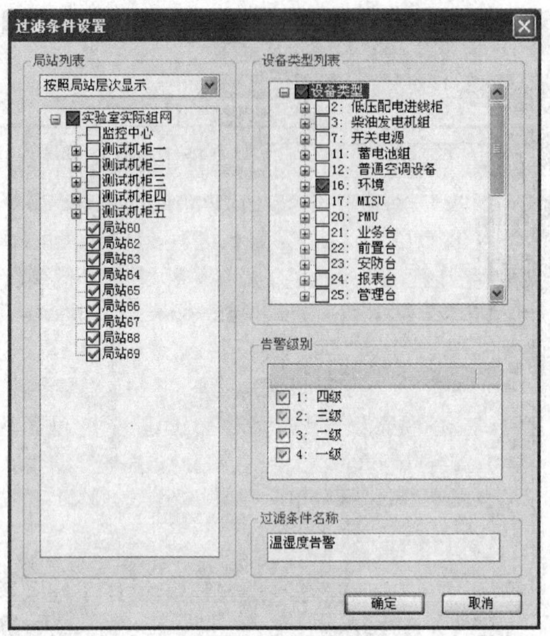

图 7-62　告警视图“过滤条件设置”窗口

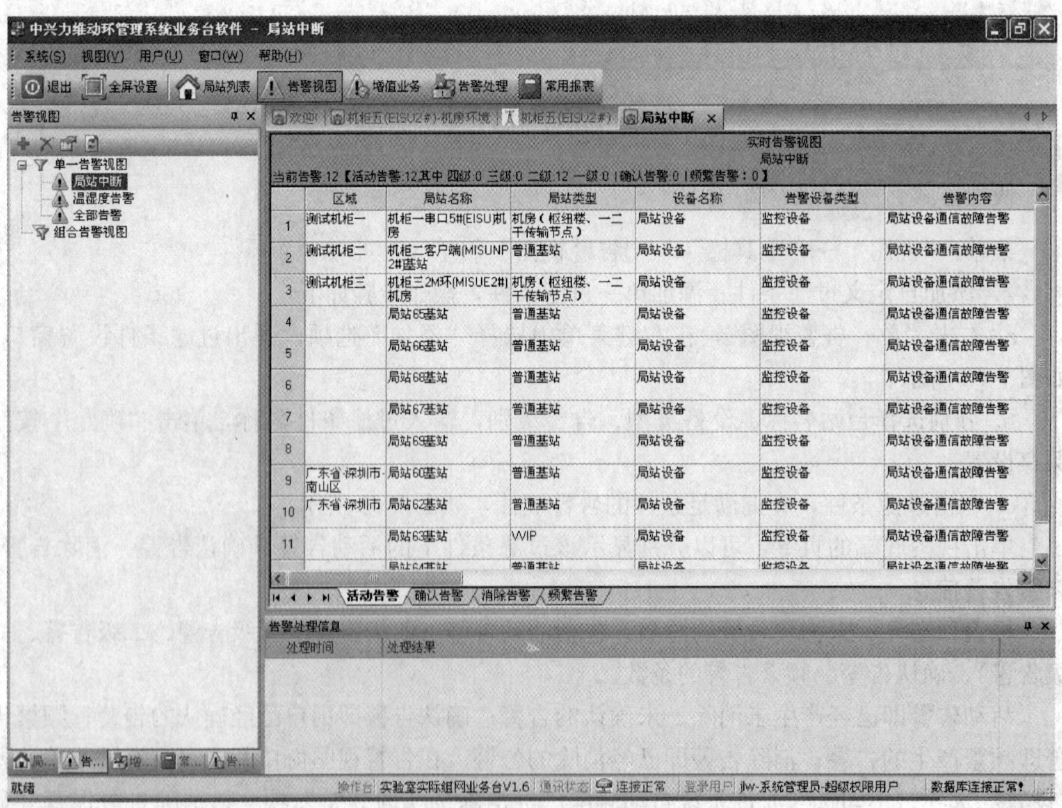

图 7-63　单一过滤条件告警视图

(2) 告警确认。

功能：对告警进行有选择的确认或者全部确认。

1) 确认单条告警。在告警视图中右击未确认的告警，从右键菜单中选择“确认选中告警”选项，确认该条告警。确认后，当前的所有活动告警将转至确认告警视图中。

2) 确认多条告警。在告警视图中按住 Ctrl 键可以选中多条告警，按住 Shift 键可以片选多条告警，右击，从右键菜单中选择“确认选中告警”选项。确认后，当前所有活动告警将转至确认告警视图中。

3) 确认全部告警。在告警视图中右击任意一条未确认的告警，从右键菜单中选择“确认全部告警”选项，确认全部告警。确认后，当前的所有活动告警将转至确认告警视图中。

(3) 告警保存。在告警视图中按住“Ctrl”键可以选中多条告警，按住 Shift 键可以片选多条告警，右击，从右键菜单中选择“保存选中告警”选项可将选中的告警导出到 Excel 文件保存。选择“保存所有告警”选项，可将当前过滤条件下的所有告警导出保存。

(4) 告警备注。

功能：对某些告警进行备注，方便后期查询管理。

选中要备注的告警，右击，在右键菜单中选择“告警备注”选项，可能在弹出的备注窗口中输入要备注的信息，如图 7-64 所示。

(5) 告警屏蔽。

功能：对不关注的告警进行屏蔽，告警屏蔽后不再显示或存储。

1) 按时段屏蔽。在详细信息区右击要屏蔽的遥测或遥信量告警，然后从右键菜单中选择“告警时段屏蔽”选项，弹出“告警屏蔽设置”窗口，如图 7-65 所示。再拖动鼠标设置告警时间。告警屏蔽设置成功后，被屏蔽的监控量以橙色显示，如图 7-66 所示。

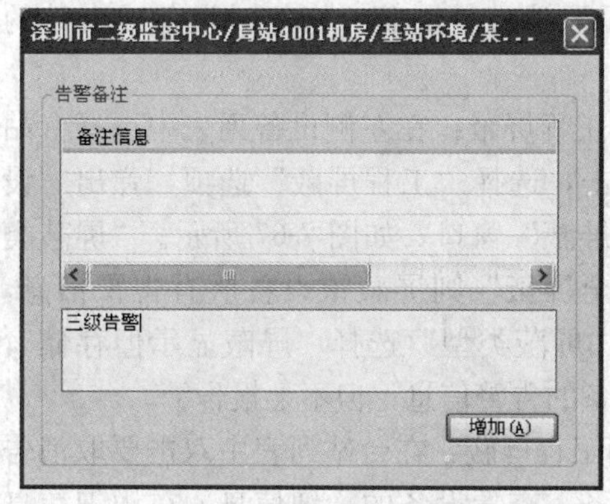

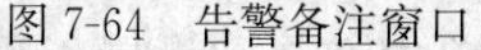
图 7-64 告警备注窗口

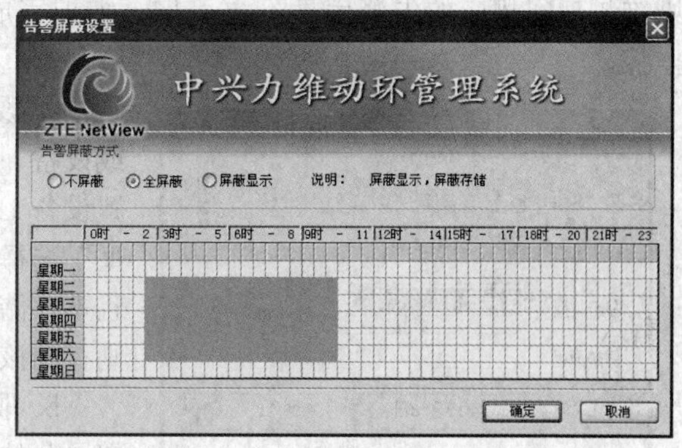

图 7-65 告警屏蔽设置窗口

告警屏蔽有三种方式，即不屏蔽、全屏蔽和屏蔽显示。不屏蔽即不进行任何屏蔽；全屏蔽即屏蔽告警的显示，同时屏蔽告警的存储；屏蔽显示即屏蔽告警的显示，但存储该告警。

告警屏蔽以周为轮回的周期，以半小时为单位将一周分为 7×48＝336 个时间段，用户可以以拖动或单击的方式进行时间段的选择，选中区域以蓝色显示。单击相应的蓝色区域可以取消选择。系统将按照用户选定的方式和时间屏蔽告警。

2) 工程屏蔽。

功能：屏蔽设备告警。对设备或台站维护前，屏蔽与该设备或台站相关的告警信息，

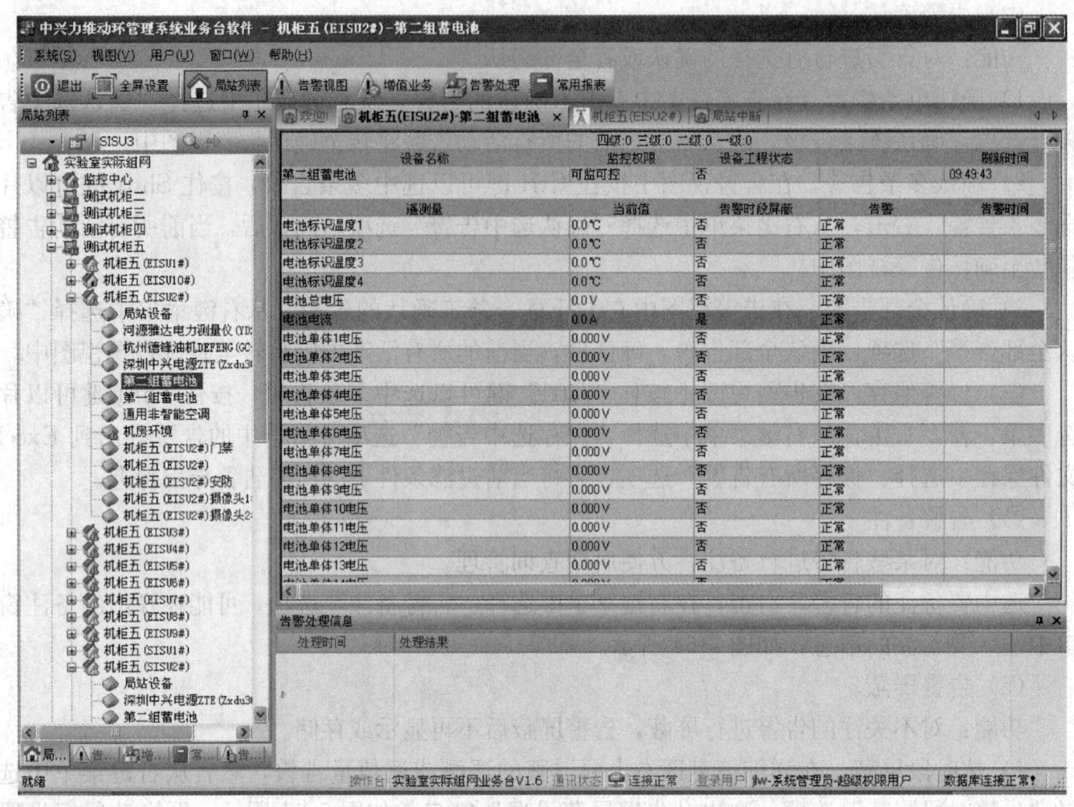

图 7-66　告警屏蔽后状态

则维护期间相应的告警信息不再上报；维护完成后取消告警屏蔽，恢复对设备或台站的监控。

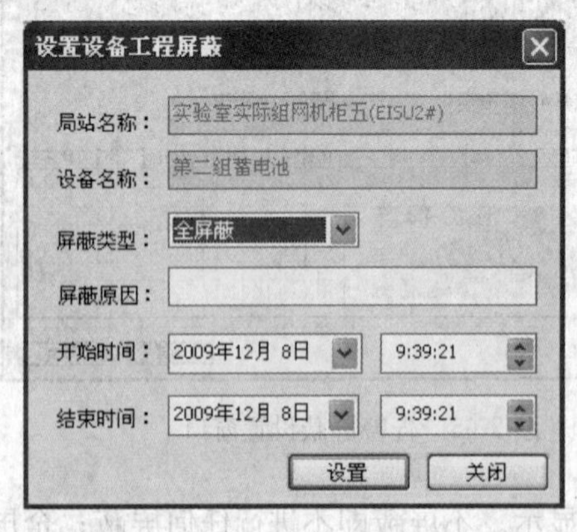

图 7-67　设置设备工程屏蔽窗口

a. 设置工程屏蔽：在左侧设备列表中选择台站或设备，右击，选择“工程屏蔽”选项，弹出“设置设备工程屏蔽”窗口，如图 7-67 所示。“屏蔽类型”选择“全屏蔽”则屏蔽该设备所有告警信息，且不存储；“屏蔽类型”选择“屏蔽显示但存储”，则存储该设备的告警信息，但不上报告警。

b. 取消工程屏蔽：在台站列表中双击要取消告警屏蔽的设备，查看设备的详细信息。在详细信息窗口右击，从右键菜单中选择“设置工程状态”→“取消”选项，则不再屏蔽该设备的相关告警信息。

3）批量设置工程屏蔽。

功能：批量设置台站或设备工程屏蔽。

批量设置台站工程屏蔽和批量设置设备工程屏蔽的方法类似，下面以批量设置台站工程屏蔽为例进行说明。操作步骤如下。

a. 在“开始”菜单中选择“系统”→“工程屏蔽”→“台站屏蔽”选项，弹出“批量设置局站屏蔽”窗口，如图 7-68 所示。

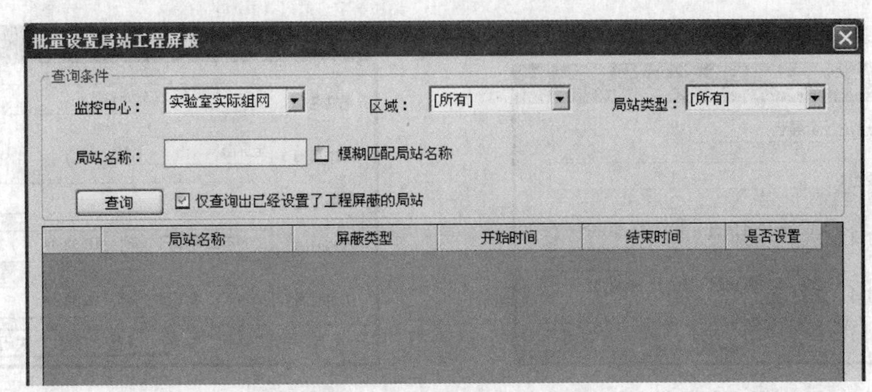

图 7-68　批量设置台站工程屏蔽窗口

b. 设置查询条件（每次只能查询一个监控中心下的台站信息），查询台站，如图 7-69 所示。选择要设置的台站，右击，选择“设置屏蔽”→“设置选择局站”选项。

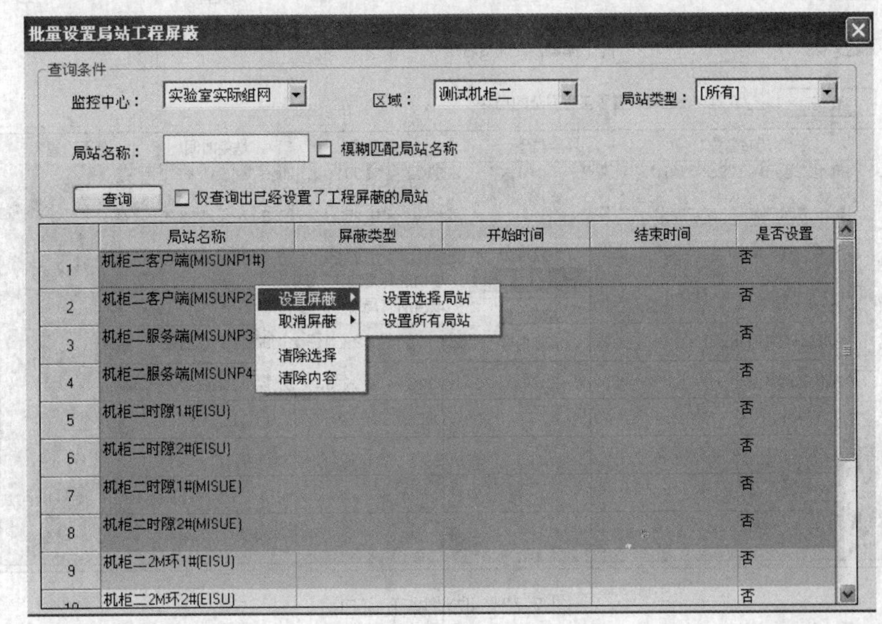

图 7-69　选择台站查询条件

c. 弹出［批量设置屏蔽参数］窗口，如图 7-70 所示。设置屏蔽参数后，单击“设置”按钮，保存设置，完成批量设置。

d. 通过在查询出的台站列表中，双击某个台站，可以在弹出的对话框中设置单个台站的工程状态，如图 7-71 所示。

4）取消屏蔽。如图 7-72 所示，单击选择需要取消屏蔽的台站或设备，右击，在弹出的菜单中选择“取消屏蔽”→“取消选择局站”选项。

若要取消查询出的所有台站的工程状态，右击，在弹出的菜单中选择“取消屏蔽”→“取消所有局站”选项。

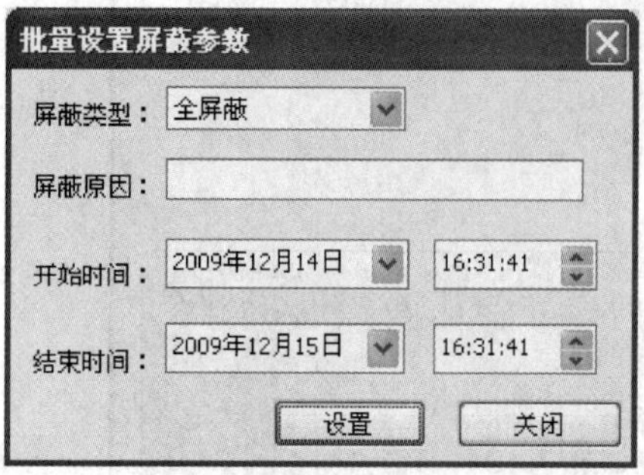

图 7-70　批量设置屏蔽参数窗口

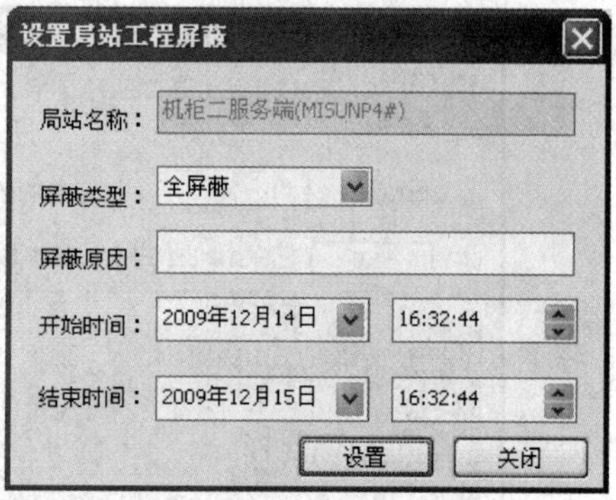

图 7-71　台站工程屏蔽设置窗口

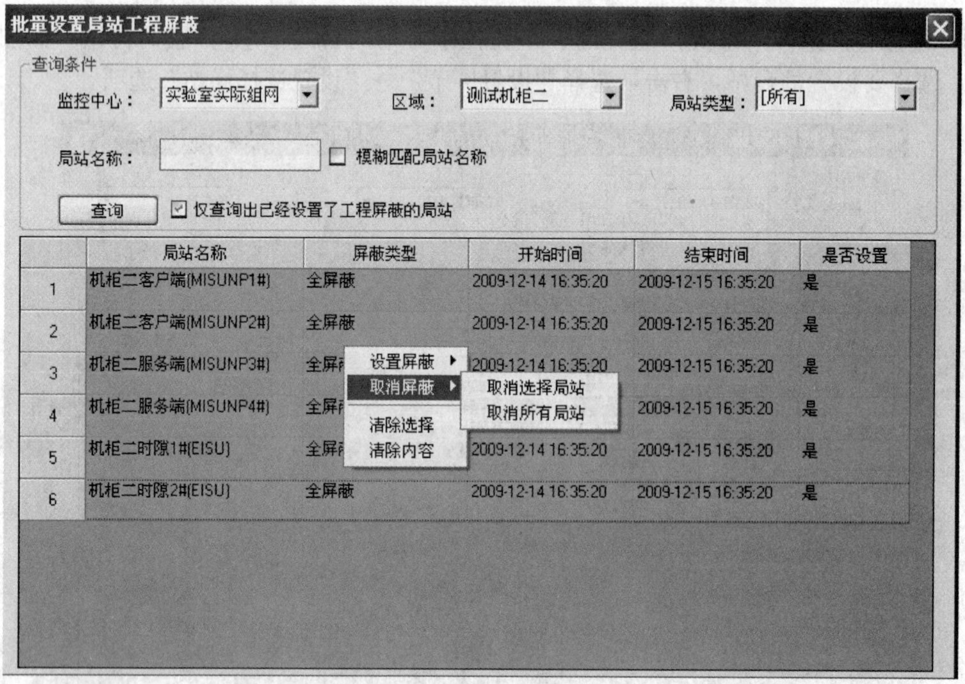

图 7-72　取消屏蔽窗口

（6）告警处理。

功能：当告警产生时可以选择四种处理方式提示，分别为声光告警箱、语音告警、简单语音告警和声卡告警。在告警消除或确认后，停止播放。

单击打开“视图”→“工具栏”，确保“告警处理”项呈高亮显示。单击列表区“告警处理”项，切换到告警处理窗口。

1）添加告警模块。

a. 单击 图标，进入加载告警模块动态库窗口，如图 7-73 所示。在业务台安装目录下选择告警箱模块，如声光告警模块“Alarm.dll”，单击“打开”按钮，加载模块。添加完成效果如图 7-74 所示。

b. 选择过滤条件。告警处理模块只处理指定过滤条件下的告警。

图 7-73　加载告警模块动态库窗口

在“告警处理”窗口单击选中告警模块，单击图标，弹出“过滤条件设置”窗口，如图 7-75 所示。勾选相应的过滤条件后，单击“确认”按钮。

c. 高级配置。在［告警处理］窗口单击选中告警模块，单击图标，设置进行配置，不同的告警模块需要进行不同的配置。

2）运行/停止告警处理模块。

a. 设置启动方式。单击属性按钮，打开“属性”窗口，如图 7-76 所示。单击“启动方式”所在的记录栏，出现按钮，单击该按钮选择启动方式。

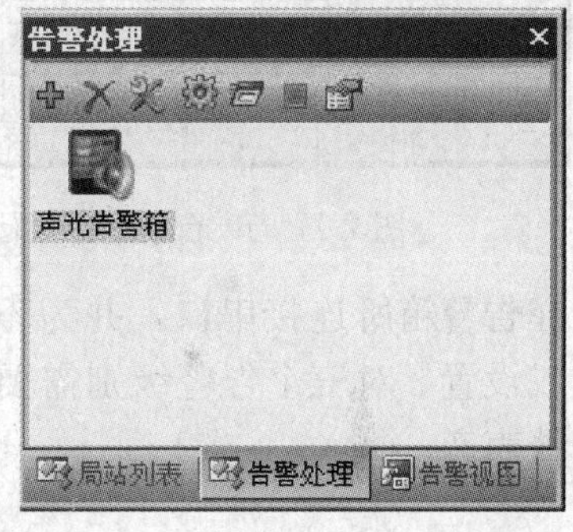

图 7-74　声光告警箱模块添加完成

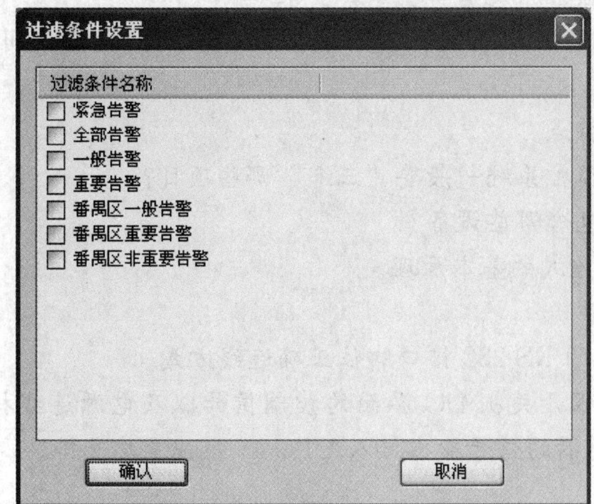

图 7-75　过滤条件设置

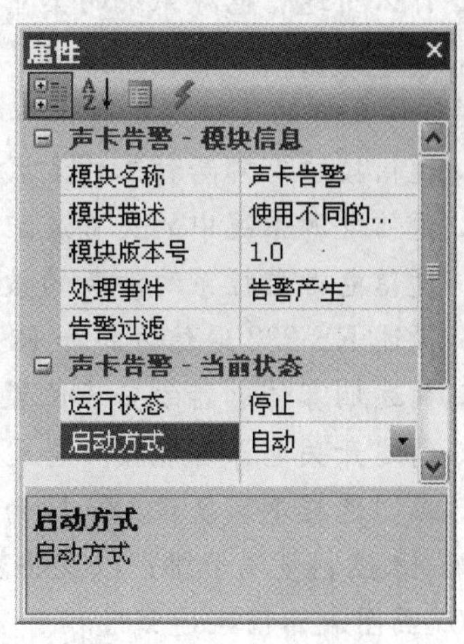

图 7-76　告警处理模块属性窗口

自动：系统启动时，告警处理模块自动运行。

手动：手动启动告警处理模块。

b. 手动启动/停止告警处理模块。

运行：在“告警处理”窗口单击选中声卡告警，单击运行图标，运行模块。

停止：在“告警处理”窗口单击选中声卡告警，单击停止图标，停止模块运行。

3）修改告警处理模块。选中要修改的告警处理模块，单击和图标，可以修改告警处理模块设置。

4）删除告警处理模块。若告警处理模块为停止状态，则选中要删除的模块，单击按钮删除；若告警处理模块为运行状态，则先停止该模块，再单击按钮删除。

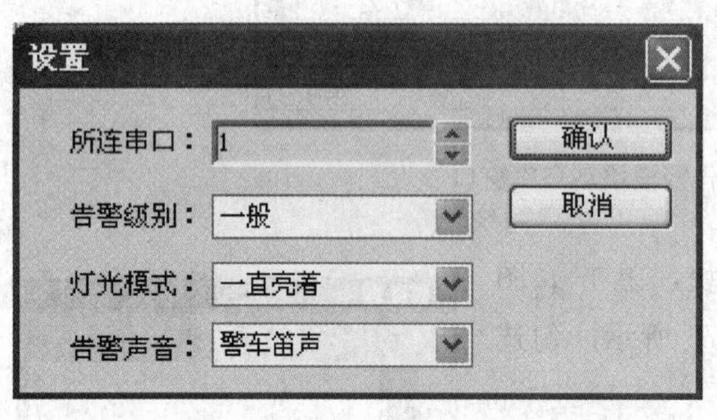

图 7-77　声光告警模块配置窗口

5）声光（Alarm Box）告警处理模块。

功能：当告警产生时，通过报警音和灯光闪烁提示告警。不同的告警等级可以设置成不同的声音和灯光闪烁方式。当告警被确认后，系统会静音。

条件：需要外接声光告警箱。

高级配置：在“告警处理”窗口单击选中声光告警模块，单击图标，弹出声光告警配置窗口，如图 7-77 所示。选择告警箱所连接串口，并为不同的告警级别设置不同的声光类型，单击“确认”按钮完成设置。对三个告警级别需要分别设置，先选择告警级别，再为级别选择灯光模式和告警声音。

习题与思考题

1. 什么叫通信电源系统的集中监控？对监控系统有哪些基本要求？

2. 在监控系统中，监控主机与现场监控器、现场监控器与被控设备、被控设备之间，一般通过什么样的接口实现通信？

3. 通信接口有哪两种工作方式？各有何特点？

4. 通信电源系统中的交直流配电设备、监控系统一般要“三遥”哪些项目？

5. 通信电源监控系统涉及的被监控对象包含哪些设备？

6. 简述 RS-232 通信方式和 RS-485 通信方式的基本原理。

7. 简述烟雾传感器的安装位置和安装方法。

8. 简述开关电源智能接口与 UPCU 对应的 RS-232 接口脚位正确连线方式。

9. 画图连接烟雾复位 DO 界面、空调远程开关机 DO 界面的控制信号以及电源连线接入 UPC-48 控制量端子排；以及将温湿度传感器的信号输出接入 UPC-48 模拟量端子排。

10. 画图表示门磁连线过程。

11. 画图表示温湿度传感器的连接过程。

12. 中达监控设备的主采集器有哪几种？

13. 简述中达监控智能型一体化采集器 UPC－48 的基本原理。
14. 简述中达监控蓄电池组采集器 BCMS 的基本原理。
15. 中达监控系统中 AI、DI、DO 分别表示什么含义？
16. 中达监控系统中，F1、F2、F6 功能键的作用分别是什么？
17. 中达监控系统中 BROWSE 软件的功能是什么？
18. 如何运行客户端 Browse 和监控主机的通信配置？
19. 怎样修改 AI、DI、DO 的参数。

第8章

通信电源系统的工程设计

通信电源系统工程设计的内容是随着通信电源技术的发展而不断变化的。过去通信电源系统的设计都是围绕确保直流供电不间断这个中心考虑的，当市电停电后由蓄电池组放电，保持通信设备的正常运行。但是像数字程控交换机等现代通信设备，对工作的环境条件要求较高，需要专用空调设备的连续运行来满足对机房环境的温湿度要求。在这种情况下，机房保证用电和通信用电同等重要。为此，必须确保机房保证负荷交流供电的连续性，一旦市电供应中断，应迅速启动备用发电机组供电。所以，现代通信电源系统工程设计考虑的基点已经从传统的以直流供电保证为中心转变到确保交流供电的连续可靠，为此，应对引入市电和自备发电机组的可用性给予高度关注。

8.1 负荷计算

通信设备和其他用电负荷的功率大小、电压等级是整个通信电源系统工程的主要原始资料。准确的负荷计算是合理选择电源设备容量、电力导线截面以及确定机房面积的基础和前提，负荷计算的准确程度将直接影响整个电源系统设计、整改方案的科学性、经济性以及系统运行的安全可靠性。

通信电源系统的负荷一般分为以下三类。

(1) 通信负荷：指程控、交换等通信设备负荷。

(2) 建筑负荷：指采暖、空调、水泵、电梯、消防等动力设备负荷和照明负荷。

(3) 弱电负荷：指广播、监控、告警等负荷。

通信设备的种类不同，其所需的电压和电流也不同。即使是同一通信形式，由于通信设备的工作制式不同，因此所需电压和电流消耗量也不一样。甚至同一通信设备，在一昼夜内负荷量也不是一个恒定量，但配套电源设备的容量应能满足其一天中负荷高峰耗电量的需要。因此负荷计算是一项比较复杂的工作，需要细致地进行。

根据通信电源系统的负荷构成，工程设计中的负荷计算可分为直流负荷计算和交流负荷计算两大类。对系统负荷计算而言，直流负荷往往经由直流供配电设备折算为其前端的交流等效负荷，而交流负荷的计算主要有需要系数法、利用系数法和单位指标法等。

8.1.1 需要系数法

1. 需要系数 K_d 的定义

需要系数定义为

$$K_d = P_m / P_e \tag{8-1}$$

式中　P_m——某最大负荷工作班组用电设备的半小时最大负荷；

P_e——某最大负荷工作班组用电设备的设备功率。

需要系数的大小取决于用电设备组中设备的负荷率、平均效率、同时利用系数以及电源线路的效率等因素。实际上，人工操作的熟练程度、材料的供应、工具的质量等随机因素都对 K_d 有影响，所以 K_d 只能靠测量统计确定。用电设备组需要系数 K_d 及相应的 $\cos\varphi$ 、$\tan\varphi$ 值可以参考相关的电气工程师手册。

2. 一组用电设备的计算负荷

按需要系数法确定三相用电设备组计算负荷的基本公式如下。

有功计算负荷（kW）为

$$P_c = P_m = K_d P_e \tag{8-2}$$

无功计算负荷（kvar）为

$$Q_c = P_c \tan\varphi \tag{8-3}$$

视在计算负荷（kV·A）为

$$S_c = P_c / \cos\varphi \tag{8-4}$$

计算电流（A）为

$$I_c = \frac{S_c}{\sqrt{3} U_n} \tag{8-5}$$

式中　U_n——用电设备所在电网的标称电压，kV。

必须指出的是：有关电气工程师手册中所列需要系数值，适用于设备台数多、容量差别不大的负荷。若设备台数较少时，则需要系数值宜适当取大。当只有 1～2 台用电设备时，需要系数 K_d 可取为 1；当只有 4 台用电设备时，K_d 可取为 0.9；当只有一台电动机时，则此电动机的计算电流就取其额定电流。另外，当用电设备带有辅助装置时，如气体放电灯带有电感型镇流器时，其辅助装置的功率损耗也应计入设备容量。

3. 多组用电设备的计算负荷

在确定拥有多组用电设备的干线上或变电站低压母线上的计算负荷时，应考虑各组用电设备的最大负荷不同时出现的因素。因此，在确定低压干线上或低压母线上的计算负荷时，可以结合具体情况对其有功和无功计算负荷计入一个同时系数（又称参差系数）K_Σ。

对于配电干线，可取 $K_{\Sigma p} = 0.80 \sim 1.0$，$K_{\Sigma q} = 0.85 \sim 1.0$。对于低压母线，由用电设备组的计算负荷直接相加来计算时，可取 $K_{\Sigma p} = 0.75 \sim 0.90$，$K_{\Sigma q} = 0.80 \sim 0.95$；由干线负荷直接相加来计算时，可取 $K_{\Sigma p} = 0.90 \sim 1.0$，$K_{\Sigma q} = 0.93 \sim 1.0$。

总的有功计算负荷

$$P_c = K_{\Sigma p} \sum P_{c.i} \tag{8-6}$$

总的无功计算负荷

$$Q_c = K_{\Sigma q} \sum Q_{c.i} \tag{8-7}$$

总的视在计算负荷

$$S_c = \sqrt{P_c^2 + Q_c^2} \tag{8-8}$$

总的计算电流（A）

$$I_c = \frac{S_c}{\sqrt{3} U_n} \tag{8-9}$$

由于各组设备的 $\cos\varphi$ 不一定相同，因此总的视在计算负荷和计算电流不能用各组的视在计算负荷或计算电流相加来计算。

8.1.2 利用系数法

利用系数定义为

$$K_u = P_{av}/P_e \tag{8-10}$$

式中 P_{av} ——用电设备组在最大负荷工作班消耗的平均功率；

P_e ——该用电设备组的设备功率。

利用系数法是以概率论和数率统计为基础，把最大负荷 P_m（计算负荷）分成平均负荷和附加差值两部分。后者取决于负荷与其平均值的方均根的差，用最大系数中大于 1 的部分来体现。

最大系数 K_m 定义为

$$K_m = P_m/P_{av} \tag{8-11}$$

在通用的利用系数法中，最大系数 K_m 是平均利用系数和用电设备有效台数的函数。前者反映了设备的接通率，后者反映了设备台数和各台设备间的功率差异。采用利用系数法确定计算负荷的具体步骤如下。

(1) 求各用电设备组在最大负荷班内的平均负荷。有功功率

$$P_{av} = K_{u.i} P_{e.i} \tag{8-12}$$

无功功率

$$Q_{av.i} = P_{av.i} \tan\varphi_i \tag{8-13}$$

(2) 求平均利用系数 $K_{u.av}$。平均利用系数可表示为

$$K_{u.av} = \sum P_{av.i} / \sum P_{e.i} \tag{8-14}$$

(3) 求用电设备的有效台数 n_{eq}。为便于分析比较，从导体发热角度出发，不同功率的用电设备需归算为同一功率的用电设备，于是可得到用电设备的有效台数 n_{eq} 为

$$n_{eq} = \left(\sum P_{e.i}\right)^2 / \sum P_{e.i}^2 \tag{8-15}$$

式中 $P_{e.i}$ ——用电设备组中，各台用电设备的功率。

然后根据用电设备的有效台数 n_{eq} 和平均利用系数 $K_{u.av}$，查表 8-1 求出最大系数 K_m。

表 8-1　用电设备的最大系数 K_m

n_{eq} \ $K_{u.av}$	0.1	0.15	0.2	0.3	0.4	0.5	0.6	0.7	0.8	0.9
4	3.43	3.11	2.64	2.14	1.87	1.65	1.46	1.29	1.14	1.05
5	3.23	2.87	2.42	2.00	1.76	1.57	1.41	1.26	1.12	1.04
6	3.04	2.64	2.24	1.88	1.66	1.51	1.37	1.23	1.10	1.04
7	2.88	2.48	2.10	1.08	1.58	1.45	1.33	1.21	1.09	1.04
8	2.72	2.31	1.99	1.72	1.52	1.40	1.30	1.20	1.08	1.04
9	2.56	2.20	1.90	1.65	1.47	1.37	1.28	1.18	1.08	1.03
10	2.42	2.10	1.84	1.60	1.43	1.34	1.26	1.16	1.07	1.03

续表

n_{eq} \ $K_{u.av}$	0.1	0.15	0.2	0.3	0.4	0.5	0.6	0.7	0.8	0.9
12	2.24	1.96	1.75	1.52	1.36	1.28	1.23	1.15	1.07	1.03
14	2.10	1.85	1.67	1.45	1.32	1.25	1.20	1.13	1.07	1.03
16	1.99	1.77	1.61	1.41	1.28	1.23	1.18	1.12	1.07	1.03
18	1.91	1.70	1.55	1.37	1.26	1.21	1.16	1.11	1.06	1.03
20	1.84	1.65	1.50	1.34	1.24	1.20	1.15	1.11	1.06	1.03
25	1.71	1.55	1.40	1.28	1.21	1.17	1.14	1.10	1.06	1.03
30	1.62	1.46	1.34	1.24	1.19	1.16	1.13	1.10	1.05	1.03
35	1.56	1.41	1.30	1.21	1.17	1.15	1.12	1.09	1.05	1.02
40	1.50	1.37	1.27	1.19	1.15	1.13	1.12	1.09	1.05	1.02
45	1.45	1.33	1.25	1.17	1.14	1.12	1.11	1.08	1.04	1.02
50	1.40	1.30	1.23	1.16	1.14	1.11	1.10	1.08	1.04	1.02
60	1.32	1.25	1.19	1.14	1.12	1.11	1.09	1.07	1.03	1.02
70	1.27	1.22	1.17	1.12	1.10	1.10	1.09	1.06	1.03	1.02
80	1.25	1.20	1.15	1.11	1.10	1.10	1.08	1.06	1.03	1.02
90	1.23	1.18	1.13	1.10	1.09	1.09	1.08	1.05	1.02	1.02
100	1.21	1.17	1.12	1.10	1.08	1.08	1.07	1.05	1.02	1.02
120	1.19	1.16	1.12	1.09	1.07	1.07	1.07	1.05	1.05	1.02
160	1.16	1.13	1.10	1.08	1.05	1.05	1.05	1.04	1.02	1.02
200	1.15	1.12	1.09	1.07	1.05	1.05	1.05	1.04	1.01	1.01
240	1.14	1.11	1.08	1.07	1.05	1.05	1.05	1.03	1.01	1.01

注　表 8-1 中的 K_m 数据是按 0.5h 最大负荷计算的。计算以中小截面导线为基准，其发热时间常数 τ 为 10min，负荷热效应达到稳态的持续时间 t，按指数曲线约为 3τ，即 0.5h。对于变电站低压母线或低压干线来说，$\tau \geqslant 20$min，$t \geqslant 1$h。当 $t > 0.5$h 时，最大系数按式（8-16）换算。

$$K_{m(t)} \leqslant 1+\frac{K_m-1}{\sqrt{2t}} \tag{8-16}$$

（4）求计算负荷及计算电流。有功计算负荷

$$P_c = K_m \sum P_{av.i} \tag{8-17}$$

无功计算负荷

$$Q_c = K_m \sum Q_{av.i} \tag{8-18}$$

视在计算负荷

$$S_c = \sqrt{P_c^2 + Q_c^2}$$

计算电流（A）

$$I_c = \frac{S_c}{\sqrt{3}U_n}$$

在实际工程应用中，若用电设备在 3 台及以下，则其有功计算负荷取设备功率总和；若用电设备在 3 台以上，而有效台数小于 4 时，其有功计算负荷取设备功率的总和，再乘以

0.9 的系数。

8.1.3 单位指标法

对设备功率不明确的各类项目，可以采用单位指标法确定计算负荷。

1. 单位产品耗电量法

单位产品耗电量法用于工业企业工程。有功计算负荷的计算公式为

$$P_c = wN/T_{max} \tag{8-19}$$

式中 P_c——有功计算负荷，kW；

w——每一单位产品电能消耗量，可以查阅有关设计手册；

N——企业的年生产量；

T_{max}——年最大负荷利用小时数。

2. 单位面积功率法和综合单位指标法

单位面积功率法和综合单位指标法主要用于民用建筑工程。有功计算负荷的计算公式为

$$P_c = P_e S/1000 \text{ 或 } P_c = P'_e N/1000 \tag{8-20}$$

式中 P_e——单位面积功率，W/m^2；

S——建筑面积，m^2；

P'_e——单位指标功率，W/户、W/人或 W/床；

N——单位数量，如户数、人数、床位数等。

8.1.4 负荷计算实例

通过负荷计算基本理论的介绍可以发现，传统的负荷计算是一项复杂烦琐的工作，要考虑的因素很多，在实际应用中工作量会很大。

现在很多电气设计软件中都有负荷计算的功能模块，其理论基础主要是利用需要系数法确定负荷的大小，运用软件的这一功能可以免除繁杂的系数选择和单调的数学计算过程。

表 8-2 是应用天正电气负荷计算功能模块完成的某用电负荷组负荷统计的计算书，图 8-1 所示是该次负荷计算过程的截图。利用该软件，只需将进行负荷计算系统中的用电设备及其相关参数设定准确，就可以方便、快速地计算出负荷大小，还可以自动生成相关报表。负荷组设备数量和容量发生变化时，计算负荷值也能实现快速同步调整。

表 8-2　　某用电设备组负荷计算书

用电设备组名称	总功率	需要系数	功率因数	额定电压	设备相数	视在功率	有功功率	无功功率	计算电流
生产用通风机	15.00	0.80	0.82	380	三相	14.55	12.00	8.22	22.10
干燥箱、加热器等	10.00	0.50	1.00	220	单相	5.00	5.00	0.00	22.73
冷水机组、泵	6.00	0.70	0.80	220	单相	5.25	4.20	3.15	23.86
电子计算机主机	5.00	0.65	0.80	220	A 相	4.06	3.25	2.44	18.47
宿舍楼荧光灯（无补偿）	4.00	0.70	0.55	220	B 相	5.09	2.80	4.25	23.14
办公楼荧光灯（有补偿）	15.00	0.75	0.90	380	三相	12.50	11.25	5.45	18.99
外部照明高压钠灯	30.00	1.00	0.45	380	三相	66.67	30.00	59.54	101.29

总负荷：同时系数：1.00　　　　进线相序：三相

总功率：107.65　　　　总功率因数：0.64

视在功率：107.65　　　　　　有功功率：68.50

无功功率：83.04　　　　　　计算电流：163.56

无功补偿：补偿前：0.64　　　　　　补偿后：0.9

补偿量：49.06

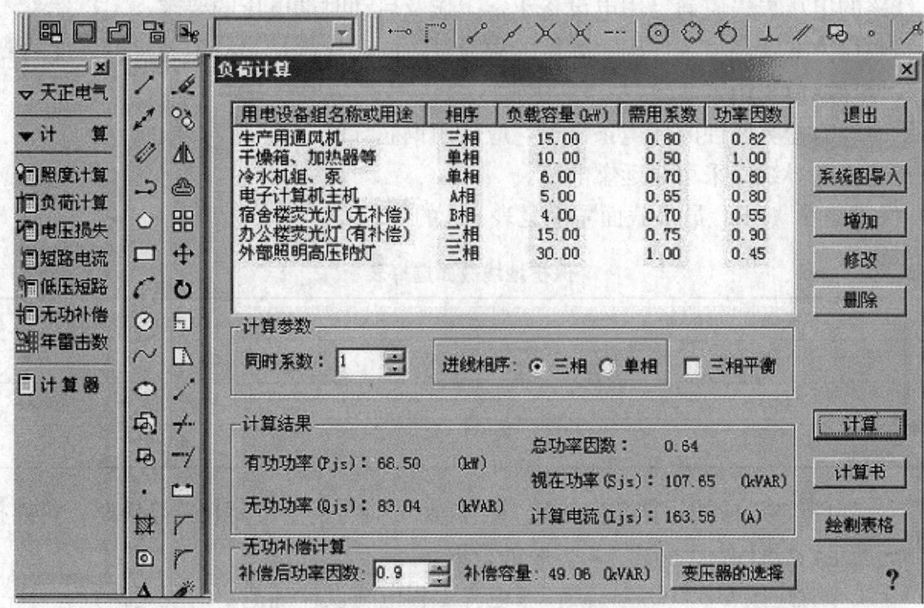

图 8-1　某用电设备组负荷计算过程截图

8.2　电力线缆的选择

通信局（站）使用的电力线缆，按照使用电压种类划分，可分为交流和直流两类。交流电力线缆除用于整流器外，用于通信负荷的较少。直流电力线缆除用于直流应急照明外，用于非通信负荷的较少。

电力线缆的选择包括型号选择和截面选择两个方面。交流电力线缆多按照线缆允许的载流量进行选择和使用；而直流电力线缆多由线路允许电压降决定。因直流电力线缆在使用中发热量小，故其使用寿命也比交流电力线缆长。

8.2.1　电力线缆选择的一般原则

电力线缆选用及布放的一般原则包括以下几点。

（1）高压柜出线、低压配电设备的交流进线导线截面宜按变压器容量计算；低压配电屏的出线截面应按被供负荷的容量计算。

（2）备用发电机组的输出导线应按其输出容量选择导线截面。

（3）按满足电压要求选取直流放电回路的导线时，直流放电回路全程压降不应大于下列规定要求值。

1）48V 电源为 3.2V。

2）24V 电源为 2.6V。

3）采用太阳电池的供电系统，太阳电池至直流配电屏的直流导线电压降可按 1.7V 计算。

（4）采用电源馈线的规格，应符合下列要求。

1）通信用交流中性线应采用与相线相等截面的导线。

2）线路的电压损失应满足用电设备正常工作及启动时端电压的要求。

3）按敷设方式及环境条件确定导体的载流量，同时应满足热稳定及机械强度的要求。

4）接地导线应采用铜芯导线。

5）沿海等有盐雾腐蚀的环境条件下，应采用铜芯导线。

6）机房内的导线应采用非延燃电缆。

（5）保护地线（PE）最小截面需满足表 8-3 的要求。

表 8-3　　保护地线截面选择表

相线截面（mm^2）	PE 线截面（mm^2）
$S\leqslant 16$	S
$16<S\leqslant 35$	16
$S>35$	$\geqslant S/2$

（6）直流电源馈线应按远期负荷确定，当近期负荷与远期负荷相差悬殊时，可以按分期敷设的方式确定，设计时应考虑将来扩装的条件。

（7）导线布置应按 GB 50217—2007《电力工程电缆设计规范》的规定执行。

（8）高压电缆和低压电缆在室外不宜同沟敷设，同沟敷设时应分开两边敷设。二次信号电缆与一次电缆不宜同沟敷设，二次电缆需采用屏蔽电缆。

（9）交流电缆与直流电缆在机房内不宜同上线井、同架、同槽敷设。交、直流电缆无法避免同架长距离并行敷设时应采取屏蔽措施。

1. 电力线缆型号的选择

电力线缆型号的选择一般有两种方法：①根据其使用的环境和敷设的方式选择，具体见表 8-4；②根据电力线缆使用的区段及敷设方式选择，具体见表 8-5。

表 8-4　　按使用环境和敷设方式选择电力线缆的型号

环境特征	线路敷设方式	常用导线、电缆型号
正常干燥环境	1. 绝缘线瓷珠、瓷夹板或铝皮卡子明配线	BBLX，BLV，BLVV
	2. 绝缘线、裸线绝缘子明配线	BBLX，BLV，LJ，LYM
	3. 绝缘线穿管明敷或暗敷	BBLX，BLV
	4. 电缆明敷或放在沟中	ZLL，VLV，YJV，XLV，ZLQ
潮湿或特别潮湿的环境	1. 绝缘线绝缘子明配线（敷设高度大于 3.5m）	BBLX，BLV
	2. 绝缘线穿塑料管、钢管明敷或暗敷	BBLX，BLV
	3. 电缆明敷	ZLL11，VLV，YJV，XLV
多尘环境（不包括火灾及爆炸危险的尘埃）	1. 绝缘线瓷珠、绝缘子明配线	BBLX，BLV，BLVV
	2. 绝缘线穿塑料管明敷或暗敷	BBLX，BLV
	3. 电缆明敷或放在沟中	ZLL，VLV，YJV，XLV，ZLQ

续表

环境特征	线路敷设方式	常用导线、电缆型号
有腐蚀性的环境	1. 塑料线瓷珠、绝缘子明配线 2. 绝缘线穿钢管明敷或暗敷 3. 电缆明敷	BLV，BLVV BBLX，BLV，BV VLV，YJV，ZLL11，XLV
有火灾危险的环境	1. 绝缘线绝缘子明配线 2. 绝缘线穿钢管明敷或暗敷 3. 电缆明敷或放在沟中	BBLX，BLV BBLX，BLV ZLL，ZLQ，VLV，YJV，XLV，XLHF
有爆炸危险的环境	1. 绝缘线穿钢管明敷或暗敷 2. 电缆明敷	BBX，BV ZL120，ZQ20，VV20
户外配线	1. 绝缘线、裸线瓷瓶明配线 2. 绝缘线钢管明敷（沿外墙） 3. 电缆埋地敷设	BLXF，BLV1，LJ1 BLXF，BBLX，BLV ZLL11，ZLQ2，VLV，YJV，YJV2

表 8-5　　按使用区段和敷设方式选择电力线缆型号

导线种类	使用区段	敷设方式	可选用导线型号
直流	−24、−60V 蓄电池—直流屏	吊挂、沿墙明敷穿管、沿支架明敷	TMY、BV、BVV、VV、BX、XQ
	±24、±60、110、+130、220V 蓄电池—直流屏	穿管、沿支架、明敷	BV、BVV、VV、BX、BQ
	整流器—直流屏	支架明敷、地槽、架间、走线架	LMY、TMY、BLX、BX
	直流屏—各专业室	支架、吊挂、上楼架、地槽、走线架、穿管	LMY、TMY、BLY、BLVV、VLV、BLX、XQ、XLQ、BX
交流	区域变电站—台站变电站	架空、直埋地	LGJ、ZLQ、ZLL
	高压柜—低压柜	沿支架明敷、穿管	LMY、ZLQ、ZLL
	变压器—低压柜	架空、沿支架明敷、地槽、穿管	LJ、LMY、TMY、BLV、BLVV、VLV、BLX、XLQ
	变压器、油机组低压屏—交流屏	支架、穿管、地槽直埋地	BLX、BX、XQ2、XLQ2、ZQ2、ZLQ2、VV2、VLV2
	交流屏—整流器	地槽	BLX、BX
	交流屏—各专业室	地槽、支架、穿管	BLX、BX、XLQ、XQ

2. 电力线缆绝缘及外护层的选择

对电力电缆而言，其进行绝缘类型的选择时，主要考虑的因素是电缆的使用寿命以及投资运行的综合经济指标。各种电力电缆的使用特性见表 8-6。

电缆的外护层则主要按电缆的敷设环境以及是否受外力作用来选择。非金属电缆外护层的类型及适用场合见表 8-7。

表 8-6　　电力电缆的使用特性

<table>
<tr><th>电缆品种</th><th colspan="2">额定电压（kV）或护套型式</th><th>长期允许最高工作温度（℃）</th><th>短路允许温度（℃）</th><th>敷设时最低环境温度（℃）</th><th>允许敷设位差（m）</th></tr>
<tr><td rowspan="4">黏性油浸纸绝缘</td><td colspan="2">0.6/1</td><td>80</td><td rowspan="4">220</td><td rowspan="4">0</td><td>无铠装 20，有 25</td></tr>
<tr><td colspan="2">6/6</td><td>65</td><td>15</td></tr>
<tr><td colspan="2">8.7/10</td><td>60</td><td>15</td></tr>
<tr><td colspan="2">26/35</td><td>50</td><td>5</td></tr>
<tr><td rowspan="2">不滴流油浸纸绝缘</td><td colspan="2">0.6/1～6/6</td><td>80</td><td rowspan="2">220</td><td rowspan="2">0</td><td rowspan="2">无限制，可垂直敷设</td></tr>
<tr><td colspan="2">8.7/10～26/35</td><td>65</td></tr>
<tr><td>聚氯乙烯绝缘</td><td colspan="2">0.6/1～6/10</td><td>70</td><td>160</td><td>0</td><td>无限制，可垂直敷设</td></tr>
<tr><td>交联聚乙烯</td><td colspan="2">0.6/1～26/85</td><td>90</td><td>250</td><td>0</td><td>无限制，可垂直敷设</td></tr>
<tr><td rowspan="4">橡皮绝缘</td><td rowspan="4">500V</td><td>裸铅套</td><td rowspan="4">66</td><td rowspan="4">150</td><td>−20</td><td rowspan="4">无限制，可垂直敷设</td></tr>
<tr><td>橡套</td><td>−15</td></tr>
<tr><td>聚氯乙烯套</td><td>−15</td></tr>
<tr><td>有外护层</td><td>−7</td></tr>
</table>

表 8-7　　非金属外护层类型及适用场合

型号	名称	主要适用敷设场所									
		敷设方式							特殊环境		
		室内	隧道	缆沟	管道	埋地	竖井	水下	易燃	腐蚀	拉力
12	连锁钢带铠装聚氯乙烯外套	△	△	△		△			△	△	
22	钢带铠装聚氯乙烯外套	△	△	△		△			△	△	
23	钢带铠装聚乙烯外套	△		△		△				△	
32	细圈钢带铠装聚氯乙烯外套					△	△	△	△	△	△
33	细圈钢丝铠装聚乙烯外套					△	△	△		△	△
41	粗圈钢丝铠装纤维外套							△		○	△
42	粗圈钢丝铠装聚氯乙烯外套						△	△	△	△	△
43	粗圈钢丝铠装聚乙烯外套						△	△		△	△
62	铝带铠装聚氯乙烯外套	△	△	△		△			△	△	
63	铝带铠装聚乙烯外套	△		△		△				△	
241	钢带-粗圈钢丝铠装纤维外套							△		○	△

注　△表示适用；○表示当采用涂塑钢丝或具有良好非金属防护层的钢丝适用

8.2.2　直流电力线截面的选择

直流供电回路的电力线，包括除远供电源架空线以外的所有电力线，如蓄电池组至直流配电设备，直流配电设备至变换器、通信设备、电源架、列柜、安装在交流屏上的事故照明供电、控制回路进线端子和高压控制或信号设备的接线端子，电源架、列柜和变换器至通信设备，事故照明控制回路出线端子至事故照明设备，列柜至信号设备，以及各种整流器至直流配电设备或蓄电池的连接导线等。

上述各段各类导线中，直流配电设备至高压控制及信号设备的电力线，应按允许电流选择，并在必要时按允许线路压降进行校验；整流器至直流配电屏的导线，一般应按导线的允许载流能力选择，但在该段导线使用母线时，可按机械强度选择，而后按允许电流校验；其余部分的导线，均应按蓄电池至用电设备的允许线路压降来选择。

对于直流通信电源而言，其电气特点是电压低、线路电流大，其供电质量的保证主要体现在降低线路电压损失，以及满足通信设备受电端子上的电压要求。当然，按允许线路压降计算选择直流电力线时，要按照导线可能承担的最大负荷电流来计算。

按允许线路压降确定直流供电回路电力线截面积通常有以下三种方法。

1. 电流矩法

该方法以欧姆定律为依据，即有

$$\Delta U = IR = I\rho\frac{L}{S} = \frac{I \cdot L}{r \cdot S} \tag{8-21}$$

故有

$$S = \frac{I \cdot 2L}{r \cdot \Delta U} \tag{8-22}$$

式中　ΔU ——允许电压降，V；

I ——流过导线的电流，即负载电流，A；

R ——导线电阻，Ω；

ρ ——导体电阻率，$\Omega \cdot mm^2/m$；

r ——导体电导率，$m/\Omega \cdot mm^2$（25℃时，$r_{铜}=57$，$r_{铝}=34$，单股钢导体 $r_{钢}=7$）；

S —导体截面积，mm^2；

L ——导线长度，$2L$ 即为回路长度，m。

在上述计算过程中用到了参数 I 和 L 的乘积，俗称电流矩，故这种方法称为电流矩法，它是其后两种计算方法的基础。

必须注意的是，所谓线路导体的总压降 ΔU，是指从直流电源设备（如蓄电池组、变换器等）的输出端子到用电设备（如变换器、通信设备等）进线端子的最大允许压降中，扣除设备和元器件的实际压降后所余下的那一部分。而配电设备和元器件的实际压降 ΔU，则须根据它们的额定压降按下式算得

$$\Delta U = \frac{I_{max}}{I_N} \cdot \Delta U_N \tag{8-23}$$

式中　I_{max} ——通过配电设备和元器件的最大电流，A；

I_N ——配电设备和元器件的额定电流，A；

ΔU_N ——额定电流下配电设备和元器件的额定压降，V。

常用配电设备和元器件的直流参考额定压降值见表 8-8。

表 8-8　配电设备和元器件直流额定压降参考值

名　称	额定电流下直流压降（mV）
刀型开关	30～50
RT0 型熔断器	80～200
RL1 型熔断器	200
分流器	有 45 及 75 两种，一般按 75 计算
直流配电屏	≤500
直流电源架	≤200
列熔断器及机器引下线	≤200

整个供电回路机线设备的最大允许压降，是根据通信设备要求的允许电压变动范围和采用蓄电池浮充供电时的浮充电压、合理的放电终止电压值等情况统筹规定的。－48V 系列组合电源回路全程允许压降为 3.2V；＋24V 系列组合电源回路全程允许压降为 1.8V（原有窄范围供电系统）或 2.6V（新建宽范围供电系统）。

2. 固定压降分配法

所谓固定分配压降法，就是把要计算的直流供电系统全程允许压降的数值，根据经验适当地分配到每个压降段落上去，从而计算各段落导线的截面面积。当然每段导线截面的确定仍采用电流矩法。

若先后两段计算所得的导线截面显然不合理，则应适当调整分配压降重新计算。实践经验表明这种方法可以简化计算，只是精确性较差，适用于中小型通信工程线路设计。

对于－48V 基础电源而言，根据通信电源维护规程规定，其放电回路全程压降为 3.2V（通信设备受电端子上电压变动范围为－57～－40V，当通信设备受电端子上的电压变动范围不同时，－48V 放电回路全程压降应不同）。

各段落放电回路压降分配可参照图 8-2 和表 8-9（可根据具体情况进行调整）。

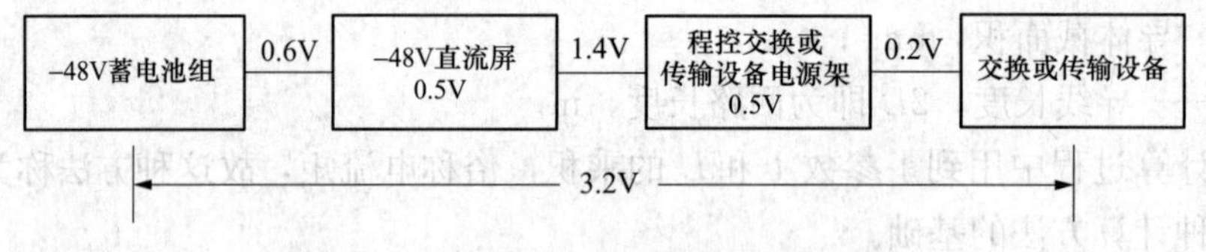

图 8-2　－48V 基础电源线路压降固定分配值

表 8-9　各种电压基础电源线路压降固定分配值

电压种类（V）	蓄电池至专业室母线接点或电源架分配压降（V）	专业室母线接点或电源架及其以后至末端设备分配压降（V）
±24	1.2	0.6
－48	2.5	0.7

事实上，某段直流导线截面的选定，除满足基本的线路允许压降要求外，还要考虑筹料方便、布线美观，特别是主干母线各段规格相差不多时，一般按较大的一种规格选取，以减少导线品种、规格和所用接头的数量。

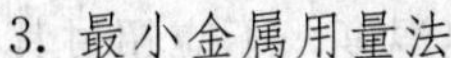

3. 最小金属用量法

最小金属用量法是从节约有色金属着眼的一种导线选择法。其数学基础是利用求多变量函数极值的方法计算直流供电系统中金属用量最合理的各段导线电压降的分配数值，从而计算并选取各段导线的截面。这种方法计算复杂，在实际工程中一般很少采用。

8.2.3　交流电力线截面的选择

这里的交流电力线指的是通信配电工程中的低压交流电力线，其导线截面积的选择与计算一般有四种方法。

1. 按机械强度允许的导线最小截面选择

导线在安装和使用过程中要受到外力的影响，另外导线本身也有自重，这样就要受到多种张力的作用。如果导线不能承受这些张力的作用，就容易折断。因此，在选择导线时，必须考虑导线的机械强度，不过对通信台站供配电系统而言，一般无需计算，只需按最小允许截面进行校验就行了。绝缘导线和架空裸导线满足机械强度要求的最小允许截面见表 8-10 和表 8-11。对于电力电缆而言，由于其敷设方式决定了在运行中受到外力因素的影响较小，因此一般不必考虑其机械强度的影响。

表 8-10　绝缘导线满足机械强度要求的最小允许截面

用途或敷设方式			线芯最小截面（mm^2）	
			铜芯	铝芯
照明用灯头引下线			1.0	2.5
敷设在绝缘支持件上的绝缘导线，其支持点距 L 为	室内	$L \leqslant 2m$	1.0	2.5
	室外	$L \leqslant 2m$	1.5	2.5
		$2m < L \leqslant 6m$	2.5	4
		$6m < L \leqslant 15m$	4	6
		$15m < L \leqslant 25m$	6	10
穿管敷设、槽板、护套线扎头明敷，线槽			1.0	2.5
PE 线和 PEN 线	有机械保护时		1.5	2.5
	无机械保护时		2.5	4

表 8-11　架空裸导线满足机械强度要求的最小截面积

导线种类	高　压		低压（mm^2）
	居民区（mm^2）	非居民区（mm^2）	
铝及铝合金线	35	25	16
钢芯铝线	25	16	16
铜线	16	16	3.2（直径）

2. 按允许温升选择导线截面

由于导线存在自身阻抗，通过电流就要发热，因此截面积相同的导线，通过电流越大，其发热强度越大。如果导线的发热超过一定的限度，其绝缘就会迅速老化和损坏，严重时会引发火灾，因此必须对导线、电缆的温升程度作出限制，也就是对导线、电缆的载流量作出限制。

导线和电缆（包括母线）在通过正常最大负荷电流时达到的发热温度，不应超过其正常运行时的最高允许温度，即表 8-12 中的所列值。

表 8-12　导体在正常情况和短路时的最高允许温度及热稳定系数

导线种类和材料			最高允许温度（℃）		热稳定系数 C
			正常 θ_0	短路 θ_k	
母线	铜		70	300	171
	铜（接触面有锡层时）		85	200	164
	铝		70	200	87
油浸纸绝缘电缆	铜芯	1～3kV	80	250	140
		6kV	65	220	145
		10kV	60	220	148
	铝芯	1～3kV	80	200	84
		6kV	65	200	90
		10kV	60	200	92
橡皮绝缘导线和电缆		铜芯	65	150	112
		铝芯	65	150	74
聚氯乙烯绝缘导线和电缆		铜芯	65	130	100
		铝芯	65	130	65
交联聚乙烯绝缘电缆		铜芯	80	230	140
		铝芯	80	200	84
有中间接头的电缆（不包括聚氯乙烯绝缘电缆）		铜芯		150	
		铝芯		150	

按发热条件选择三相电路中的相线截面时，应使其允许载流量 I_{al} 不小于通过相线的计算电流 I_c，即 $I_{al} \geqslant I_c$。

所谓导线的允许载流量，就是在规定的环境温度条件下，导线能够连续承受而不致使其稳定温度超过规定值的最大电流。不同截面的 BLX 型铝芯橡皮绝缘导线明敷时的允许载流量见表 8-13。

表 8-13　BLX 型铝芯橡皮绝缘导线明敷时允许的载流量（A）和单位长度的阻抗值

芯线截面积（mm^2）	环境温度				单位长度阻抗（Ω/km）	
	25℃	30℃	35℃	40℃	R_0	X_0
2.5	57	25	23	21	14.63	0.327
4	35	32	30	27	9.15	0.312
6	45	42	38	35	6.10	0.300
10	65	60	56	51	3.66	0.280
16	85	79	73	67	2.29	0.265
25	110	102	95	87	1.48	0.251
35	138	129	119	108	1.06	0.241

续表

芯线截面积 (mm^2)	环境温度				单位长度阻抗 (Ω/km)	
	25℃	30℃	35℃	40℃	R_0	X_0
50	175	163	151	138	0.75	0.229
70	220	206	190	174	0.53	0.219
95	265	247	229	209	0.39	0.206

如果导线敷设点的温度与导线允许载流量所采用的环境温度不同，则导线的允许载流量应乘以温度校正系数，即

$$K_\theta=\sqrt{\frac{\theta_{al}-\theta_0'}{\theta_{al}-\theta_0}} \tag{8-24}$$

式中　θ_{al}——导线正常工作时的最高允许温度；

θ_0——导线允许载流量所采用的环境温度；

θ_0'——导线敷设地点的实际环境温度。

按规定，选择导线（包括母线和绝缘导线）所用的环境温度为：室外采用当地最热月平均最高气温；室内取当地最热月平均最高气温加 5℃。而选择电缆所采用的环境温度为：室外电缆沟和室内电缆沟均取当地最热月平均最高气温；采用电缆隧道或土中直埋方式的，取当地最热日平均最高气温。

电线电缆在不同环境温度下的温度校正系数及常用电线电缆的允许载流量，需要时可以查阅有关设计手册。对于铜线，其允许载流量约为相同截面铝线允许载流量的 1.3 倍，因此可以利用铝导线的载流量表经过换算得到其值。

必须注意的是，按发热条件选择的导线和电缆截面，还必须校验它与保护装置（熔断器或低压断路器的过流脱扣器）配合是否得当，即不允许发生导线或电缆已经过热或起燃而保护装置不动作的情况，否则应改进保护装置，或者适当加大导线或电缆的芯线截面。

3. 按经济电流密度选择导线截面

导线或电缆截面越大，电能损耗就越小，但线路投资、维修管理费用和有色金属消耗量都要增加。因此，从经济方面考虑，导线和电缆应选择一个比较合理的截面，既使电能损耗小又不致过分增加线路投资、维修管理费用和有色金属的消耗量。

图 8-3 所示是线路全年费用 C 对导线截面 A 的一些关系曲线。其中，曲线 1 表示线路的年折旧费（即线路投资除以折旧年限）及线路的年维修管理费之和与导线截面的关系曲线；曲线 2 表示线路的年电能损耗费与导线截面的关系曲线；曲线 3 为曲线 1 和曲线 2 的叠加，表示线路的年运行费（包括线路年折旧费、维修费、管理费和电能损耗费）与导线截面的关系。

由该曲线可知，与年运行费用最小值 C_a（a 点）相对应的导线截面 A_a 不一定是很经济合理的导线截面。因为 a 点附近曲线 3 比较平坦，如果将导线截面再选小一些，如选择 A_b（对应于曲线 3 上的 b 点），年运行费用 C_b 增加不多，而导线截面即有色金属的消耗量却显著减少。因此从全面的经济效益来衡量，导线截面选 A_b 比选 A_a 更加合理。

这个从全面经济效益考虑，既使线路年运行费用趋于最小而又符合节约有色金属条件的导线截面，称为经济截面，用符号 A_{ec} 表示。

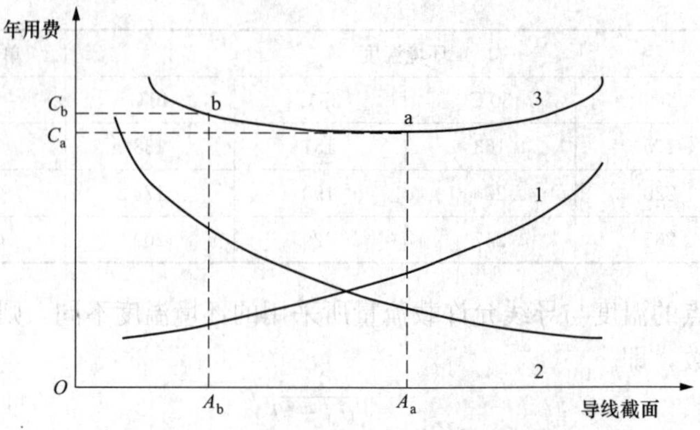

图 8-3　年运行费用与导线截面的关系

根据我国有色金属资源状况规定的导线和电缆经济电流密度 j_{ec} 见表 8-14。

经济截面与经济电流密度的关系式为

$$A_{ec}=I_c/I_{ec} \tag{8-25}$$

式中　I_c——线路计算电流。

按上式计算出 A_{ec} 后，应选最接近的标准截面，可取稍小的标准截面。

表 8-14　　**我国规定的导线和电缆经济电流密度 j_{ec}**　　(A/mm^2)

线路类型	导线材料	年最大负荷利用小时 T_{max}		
		3000h 以下	3000～5000h	5000h 以上
架空线路	铝	1.65	1.15	0.90
	铜	3.00	2.25	1.75
电缆线路	铝	1.92	1.73	1.54
	铜	2.50	2.25	2.00

4. 按允许电压损失选择导线截面

(1) 电压损失的含义及标准。由于线路存在着阻抗，故在负荷电流通过线路时要产生电压损耗，即电压损失。线路越长，负荷电流越大，导线越细，电压损失就越大。电压损失的大小直接决定了用电设备能否正常工作，因此对各种线路都规定了允许的电压损失范围。

按规定：高压配电线路的电压损失，一般不超过线路额定电压的 5%；从变压器低压侧母线到用电设备端的低压线路电压损失，一般不超过用电设备额定电压的 5%；对视觉要求较高的照明线路，则为 2%～3%。在选择导线的截面时，必须使其上的电压损失不要超过规定的要求值。

(2) 电压损失的计算方法。不同配电方式的电压损失，其计算方法和结果是不一样的。在三相交流线路中，当各相负荷平衡时，可先计算一相的电压损失，再按一般的方法换算到线电压损失。

终端有一集中负荷的三相电路如图 8-4 (a) 所示。此时则可以终端相电压为基准，作出一相的电压矢量图，如图 8-4 (b) 所示。

图 8-4 中，始端电压 U_A 和终端电压 U_B 之差 ΔU 称为电压降。ΔU 在 U_B 相量方向上的投

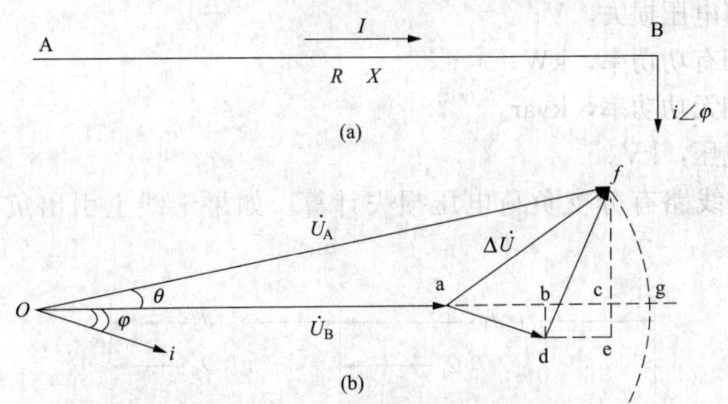

图 8-4　计算线路上的电压损失

(a) 电路图；(b) 向量图

影称为电压降的纵分量 U_{ac}，与 U_B 相量方向垂直的投影为电压降的横分量 U_{fc}。

图 8-4 中，U_{ab} 为系统电阻所引起的电压降的纵分量且 $U_{ab}=I\cdot R\cdot\cos\varphi$；$U_{ab}$ 为系统电抗能引起的电压降的纵分量且 $U_{bc}=I\cdot X\cdot\sin\varphi$ 故电压降的纵分量为

$$\Delta U_Z=IR\cos\varphi+IX\sin\varphi \tag{8-26}$$

用同样的方法可求出电压降的横分量为

$$\Delta U_H=IX\cos\varphi-IR\sin\varphi \tag{8-27}$$

因此，该系统电压关系式为

$$\dot{U}_A=\dot{U}_B+\Delta\dot{U}=(U_B+\Delta U_Z)+j\,\Delta U_H$$

或

$$\begin{aligned}U_A^2&=(U_B+\Delta U_Z)^2+(\Delta U_H)^2\\&=(U_B+IR\cos\varphi+IX\sin\varphi)^2+(IX\cos\varphi-IR\sin\varphi)^2\end{aligned} \tag{8-28}$$

通常，我们在讨论电压对用户电气设备的实际影响时，往往只注意电压幅值的大小、线路电压、首末端存在的相差 θ 并不影响设备的正常运行。而且一般而言，线路上的电压降相对于线路电压而言很小，所以线路始末端电压间的相差 θ 实际很小，$ac\approx ag$，以 ac 代替 ag 所引起的误差，一般还达不到 ag 值的 5%。

所以电压降的横分量 ΔU_H 对 ΔU_Z 幅值的影响是很小的，可以忽略，则系统相电压关系就简化为

$$U_A=U_B+(IR\cos)\varphi+IX\sin\varphi \tag{8-29}$$

将上述电压降的概念推广，电压降即线路两端电压的相量差 $\Delta\dot{U}=\dot{U}_A-\dot{U}_B$，而线路两端电压的幅值差 $\Delta U=U_A-U_B$ 称为电压损失。

显然由上述近似可知，电压损失约等于电压降的纵分量，即

$$\Delta U=IR\cos\varphi+IX\sin\varphi \tag{8-30}$$

将上式三相电路相电压换算为三相交流电路线电压，则三相电路电压损失表示式为

$$\Delta U=\sqrt{3}(IR\cos\varphi+IX\sin\varphi) \tag{8-31}$$

用功率表示则有

$$\Delta U=\frac{\sqrt{3}}{U_N}(U_N IR\cos\varphi+U_N IX\sin\varphi)=\frac{PR+QX}{U_N}$$

式中　ΔU——线路电压损失，V；

P——三相有功功率，kW；

Q——三相无功功率，kvar。

U_N——线电压，kV。

(3) 平衡三相线路有分支负荷电压损失计算。如果干线上引出负荷支路，如图 8-5 所示。

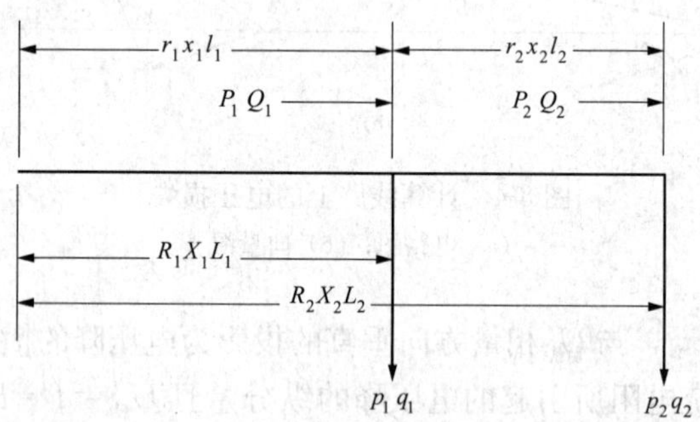

图 8-5　计算电压损失的网路图

图中支线上的负荷均用 p、q 表示，通过各段干线上的负荷均用 P、Q 表示，各段线路的长度、每相电阻和电抗分别用 l、r、x 来表示，各负荷点到线路首端的长度、每相电阻和电抗分别用 L、R、X 来表示，则有

$$\left.\begin{array}{ll} P_1=p_1+p_2 & Q_1=q_1+q_2 \\ P_2=p_2 & Q_2=q_2 \end{array}\right\} \tag{8-32}$$

$$\left.\begin{array}{ll} R_1=r_1 & X_1=x_1 \\ R_2=r_1+r_2 & R_2=x_1+x_2 \end{array}\right\} \tag{8-33}$$

线路上的各段电压损失为

$$\Delta U_1=\frac{P_1}{U_N}r_1+\frac{Q_2}{U_N}x_1$$

$$\Delta U_2=\frac{P_2}{U_N}r_2+\frac{Q_2}{U_N}x_2$$

故线路首端至末端的电压损失为

$$\begin{aligned}\Delta U=\Delta U_1+\Delta U_2&=\frac{P_1}{U_N}r_1+\frac{Q_1}{U_N}x_1+\frac{P_2}{U_N}r_2+\frac{Q_2}{U_N}x_2\\&=\sum_{i=1}^{n}\frac{P_ir_i}{U_N}+\sum_{i=1}^{n}\frac{Q_ix_i}{U_N}\end{aligned} \tag{8-34}$$

若将式 (8-32) 和式 (8-33) 代入式 (8-34) 可得

$$\Delta U=\sum_{i=1}^{n}\frac{p_iR_i}{U_N}+\sum_{i=1}^{n}\frac{q_ix_i}{U_N} \tag{8-35}$$

式 (8-34) 是按照线路上流过的功率以及该段电阻和电抗计算所得的导线中的电压损失，式 (8-35) 是按照负荷功率与负荷所在地到电源的总电阻和总电抗计算所得的导线中的电压损失，显然二者的计算结果是一样的。

(4) 电压损失的百分比表达式。电压损失通常是以其对额定电压的百分比来表示的，即

$$\Delta U\% = \frac{\Delta U}{1000U_{\mathrm{N}}} \times 100\% = \frac{1}{10U_{\mathrm{N}}^2}\left(\sum_{i=1}^{n} P_i \cdot r_i + \sum_{i=1}^{n} Q_i x_i\right)\%$$

$$= \frac{1}{10U_{\mathrm{N}}^2}\left(\sum_{i=1}^{n} P_i R_i + \sum_{i=1}^{n} q_i x_i\right)\% \tag{8-36}$$

式中：U_{N}以 kV 表示；ΔU 以%表示；P_i、p_i、Q_i、q_i 分别以 kW 和 kvar 表示。

如果导线截面相同，则有

$$\Delta U\% = \frac{1}{10U_{\mathrm{N}}^2}\left(r_0 \sum_{i=1}^{n} P_i l_i + x_0 \sum_{i=1}^{n} Q_i l_i\right)\%$$

$$= \frac{1}{10U_{\mathrm{N}}^2}\left(r_0 \sum_{i=1}^{n} P_i L_i + x_0 \sum_{i=1}^{n} q_i L_i\right)\% \tag{8-37}$$

式中：r_0、x_0 是单位长度导线的电阻与电抗值，单位为 Ω/km；L_i 是导线长度，单位是 km。

例题：某 220/380V 的 TN-C 线路负荷分布如图 8-6 所示。线路拟采用 BLX 型导线明敷，环境温度为 35℃，允许电压损失为 5%，试选择该线路导线截面。

解：由图 8-6 所给的两集中负荷已知条件可得

$$p_1 = 20\mathrm{kW},\ \cos\varphi_1 = 0.8$$

故　$\tan\varphi_1 = 0.75$，$q_1 = p_1 \tan\varphi_1 = 15\mathrm{kvar}$

$p_2 = 30\mathrm{kW}$，$\cos\varphi_2 = 0.7$

故　$\tan\varphi_2 = 1$　$q_2 = p_2 \tan\varphi_2 = 30\mathrm{kvar}$

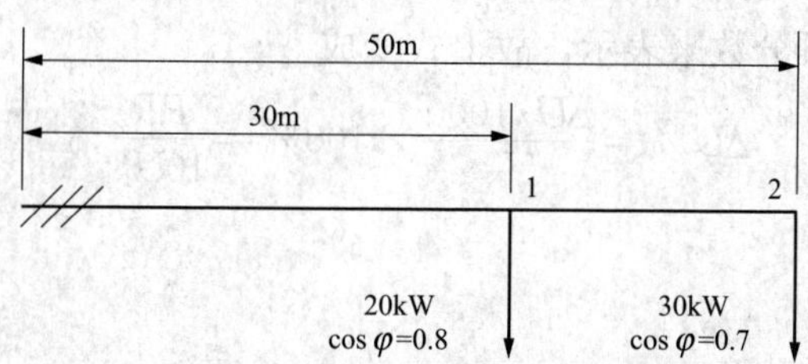

图 8-6　某 TN-C 线路负荷分布图

1）按发热条件选择导线截面。线路中最大负荷为

$$P = p_1 + p_2 = 20 + 30 = 50\mathrm{kW}$$

$$Q = q_1 + q_2 = 15 + 30 = 45\mathrm{kvar}$$

$$S = \sqrt{P^2 + Q^2} = \sqrt{50^2 + 45^2} \doteq 67.3\mathrm{kVA}$$

$$I = S/\sqrt{3}U_{\mathrm{N}} = 67.3/(\sqrt{3} \times 0.38) = 102\mathrm{A}$$

按此电流值查 BLX 型导线允许载流量见表 8-13，得 BLX 型导线 $A=35\mathrm{mm}^2$。在 35℃时的 $I_{\mathrm{al}} = 119\mathrm{A} > I = 102\mathrm{A}$，因此可选 BLX-500-1×35 型导线三根作相线，另选 BLX-500-1×25 型导线一根作 PEN 线明敷。

2）校验机械强度。查阅表 8-10 按敷设在绝缘支持件上，且支持点间距最大来考虑，其最小允许截面为 $10\mathrm{mm}^2$，因此以上所选相线和保护中性线均满足机械强度要求。

3）校验电压损耗。按 $A = 35\mathrm{mm}^2$ 查表 8-13，得明敷铝芯线的 $R_0 = 1.06\Omega/\mathrm{km}$，$X_0 = 0.241\Omega/\mathrm{km}$，因此线路的电压损失百分数按式（8-37）计算为

$$\Delta U\% = \frac{1}{10U_N^2}(r_0 \sum_{i=1}^{n} p_i L_i + x_0 \sum_{i=1}^{n} q_i L_i)\%$$

$$= \frac{1}{10 \times 0.38^2}[1.06(20 \times 0.03 + 30 \times 0.05) + 0.241(15 \times 0.03 + 30 \times 0.05)]\%$$

$$\approx 1.87\%$$

由于 $\Delta U\% = 1.87\%$ 小于 $\Delta U_{al}\% = 5\%$，因此所选导线也满足电压损失要求。

(5) 感抗可忽略不计线路 $\Delta U\%$ 的计算。下面我们讨论对线路感抗可以忽略不计或负荷 $\cos\varphi \approx 1$ 的线路，其电压损失的计算可以得到简化。在通信电源局（站）中，输配电线路距离都比较短，线路的电抗比其线路的电阻要小得多，可忽略不计，则式（8-30）可简化为

$$\Delta U = IR \cdot \cos\varphi \tag{8-38}$$

需要指出的是，按式（8-38）计算的是一个回路一根线的电压损失，即相线与中性线间的电压损失，在不同的线路配电方式中需经换算才能得到线路的电压损失。

显然对单相电路而言有

$$\Delta U = 2IR\cos\varphi \tag{8-39}$$

对于三相电路，则变成线电压损失为

$$\Delta U = \sqrt{3}\, IR\cos\varphi \tag{8-40}$$

下面分析以三相交流电路为例进行。若负载功率用 kW 表示，线路电压以 kV 表示，则由于 $P = \sqrt{3}UI\cos\varphi$，则式（8-40）可写成 $\Delta U = PR/U$，式中 ΔU 的单位为 V。

在实际计算中，常以线路的额定电压 U_N 来代替负载上的实际电压 U，且电压损失通常用其占线路额定电压的百分数来表示，故上式变成

$$\Delta U\% = \frac{\Delta U/1000}{U_N} \times 100\% = \frac{PR}{10U_N^2}\%$$

式中：ΔU 单位为 kV。

因线路电阻 R 为

$$R = \frac{L}{r \cdot A}$$

则线路电压损失百分数为

$$\Delta U\% = \frac{PL}{10rU_N^2 A}\% \tag{8-41}$$

$$= \frac{M}{C \cdot A}\% \tag{8-42}$$

式中 L——导线长度，m；

A——导线截面积，mm^2；

r——导线材料电导率［25℃时，铜线 $r_{铜} = 53m/(\Omega \cdot mm^2)$，铝线 $r_{铝} = 32m/(\Omega \cdot mm^2)$，$m/(\Omega \cdot mm^2)$；

C——电压损失计算常数，$C = 10U_N^2 \cdot r$，三相电路；

M——负荷距，$M = PL$，kW·m。

这样，根据不同的线路额定电压的不同的导线材料便可以计算出相应的电压损失计算常数 C，只要知道输送的功率和距离及线路允许的电压损失，便可以依据式（8-42）计算出所需导线截面的大小。

表 8-15 是导线工作温度为 50℃时的计算出的常数 C 值的大小。不同的配电线路形式，其电压损失百分数均有如式（8-42）一样的计算公式，只是其电压损失计算常数 C 不同而已。

当有数个用电设备时，线路上总的电压损失（由始端到最远用电设备处）为线路各段电压损失总和，式（8-42）中的负荷为总负荷矩，用 $\sum M$ 表示。

表 8-15　　公式 $\Delta U\%=\sum M/(C\cdot A)\%$ 中的计算系数 C 值

线路额定电压 U_N（kV）	线路接线	C 的计算公式	C	
			铝线	铜线
0.22/0.38	三相四线制	$10U_N^2\cdot r$	46.2	76.5
	两相三线制	$4.44U_N^2\cdot r$	20.5	34.0
0.22	单相及直流	$5U_N^2\cdot r$	7.74	12.8
0.11			1.94	3.21

根据式（8-42）求得导线截面积 A 后，必须根据导线的标准型号选择一种与计算结果相近的标准导线。

以上介绍了正确选择导线和电缆截面所必须依据的四条准则。在实际设计计算中，还有一些经验可以借鉴。例如，低压动力线因其负荷电流较大，一般应按发热条件来选择截面，再校验其电压损失和机械强度；低压照明因其对电压水平要求较高，一般先按允许电压损失条件来选择截面，然后校验其发热条件和机械强度；而高压线路则往往先按经济电流密度来选择截面，再校验其他条件。按以上经验选择，通常较容易满足要求，返工亦较少。

8.3　系统设备的配置与布置

在通信电源系统工程设计中，其设备容量配置考虑的基本前提主要包括三个方面：①市电电网供电等级，用以确定蓄电池组的支撑时间和后备（柴油）发电机组台数容量的配置；②市电电网运行状态，用以确定蓄电池组的充电策略；③系统近期或终期负荷大小。而通信电源系统容量的配置设计也应从三个方面考虑：①通信设备计算负荷；②蓄电池组充电电流；③系统或设备备份的冗余量。与此同时，机房的设备布置也应符合相关规定要求，使各种电源设备发挥应有的效能，整个通信电源系统处于最佳工作状态。

8.3.1　市电分类及供电

（1）通信用交流电源宜利用市电作为主用电源。

（2）根据通信局（站）所在地区的供电条件、线路引入方式及运行状态，将市电供电分为四类，其划分条件应符合下列要求。

1）一类市电供电为从两个稳定可靠的独立电源各自引入一路供电线。这两路不应同时出现检修停电现象，平均每月停电次数不应大于一次，平均每次故障时间不应大于 0.5h。两路供电线宜配置备用市电电源自动投入装置。

2）二类市电供电线路允许有计划检修停电，平均每月停电次数不应大于 3.5 次，平均每次故障时间不应大于 6h。

供电应符合下列条件之一的要求：①由两个以上独立电源构成稳定可靠的环形网上引入一路供电线；②由一个稳定可靠的独立电源或从稳定可靠的输电线路上引入一路供电线。

3）三类市电供电为从一个电源引入一路供电线，供电线路长、用户多、平均每月停电次数不应大于4.5次，平均每次故障时间不应大于8h。

4）四类市电供电应符合下列条件之一的要求：①由一个电源引入一路供电线，经常昼夜停电，供电无保证，达不到第三类市电供电要求；②有季节性长时间停电或无市电可用。

（3）通信局（站）宜采用专用变压器。

（4）通信局（站）局内低压供电线路不宜采用架空线路。

（5）市电引入线路过长或无市电的通信站，当年日照时数大于2000h，负荷小于1kW时，主用电源宜采用太阳能电源供电。

8.3.2 设备配置原则

1. 通信电源设备的配置要求

（1）市电发生异常情况时，为保证对通信负荷和重要动力负荷可靠供电，应配置备用发电机组为备用电源。

（2）通信负荷要求不间断和无瞬变的交流供电时，宜采用UPS电源或逆变器电源。

（3）要求无瞬间停电的直流供电时，应设置蓄电池组；负荷小或电压低的，宜设置直流-直流变换器。

（4）当市电电压超出设备允许输入电压范围时，宜采用调压设备。

2. 电源设备容量及满足期限

（1）配电设备。

1）高压配电设备远期负荷发展不大时应按远期负荷配置。

2）低压配电设备中配电柜的变压器输入总开关及母线应按本段低压母线的远期负荷配置；配电柜数量可按满足近期负荷并考虑一定发展负荷的需要配置，应考虑扩容方便。

3）一个供电系统远期发展负荷不大时，应按远期负荷配置；一个供电系统远期发展负荷超出现有配电设备容量时，交流设备按现有最大配电设备容量配置。

4）一个系统的直流配电设备宜按远期负荷配置。

（2）换流设备。整流器、变换器、逆变器的容量应按近期负荷配置。交流不间断电源设备的容量应按近期负荷配置，远期负荷增加不大时可按远期负荷配置。

（3）组合电源。组合电源整流模块数可按近期负荷配置，但满架容量应考虑远期负荷发展，单独建立的移动通信基站组合电源应具备低电压两级切断功能（二次下电功能）。

（4）蓄电池组。蓄电池组的容量应按近期负荷配置，依据蓄电池的寿命，适当考虑远期发展。

（5）发电设备。

1）市电供电为一、二类的局（站），远期发展负荷大时，可按满足近期负荷并考虑一定的发展负荷需要配置。

2）市电供电为三类的局（站），宜按近期负荷配置。

以上市电类别的局（站）远期发展负荷不大时，宜按远期负荷配置。

3）市电供电为四类的局（站），应按近期负荷配置。

4）固定使用的发电设备宜选用柴油发电机组，对于单机容量超过1600kW的局（站），可以采用燃气轮发电机组；车载发电机组容量在800kW及以上的宜选用燃气轮发电机组。容量小于10kW的机动发电机组可选用便携式汽油发电机组。

（6）太阳电池。

1）与市电相结合的混合供电方式电源系统中的太阳电池，当远期发展负荷不大时，应按分担的远期负荷配置；远期负荷发展大时，可按满足分担的近期负荷并考虑一定的发展负荷需要配置。

2）单独使用太阳电池与蓄电池构成的电源系统中，太阳电池的容量配置除按照上述原则承担全部负荷配置以外，尚应考虑蓄电池充电的需要。

（7）变电设备。

1）当高压市电电压变动范围超出额定电压的±7%时，宜采用有载调压变压器。

2）专用变压器（包括有载调压变压器）的容量应按满足近期负荷并考虑一定发展负荷的需要配置，并使经常运行负荷不宜小于其额定容量的50%。

3）季节性负荷变化较大时，宜设置两台或多台变压器，其中一台承担季节性负荷，另一台应能承担长期性负荷。

4）地市级以上通信局（站）变压器宜采用两台或多台变压器，在其中一台变压器故障或检修时，其余的变压器可以满足保证负荷用电。

5）室内安装的变压器应采用干式变压器，变压器与配电设备同室安装时应配置防护罩。

（8）调压设备。调压器或稳压器的容量应按近期负荷并考虑一定发展负荷的需要配置。稳压器的容量不宜超过200kVA，当超过时可采用有载调压变压器。

（9）补偿设备。补偿电容器柜的容量应按近期负荷配置并考虑一定发展，应配置自动补偿装置。补偿电容器柜应配置一定比例的电抗器。

（10）滤波设备。当交流供电系统内总谐波电流含量（THD）大于10%时应配置滤波器。

8.3.3 备用发电机组配置

1. 配置要求

备用发电机组的台数，应根据局（站）市电供电类别按表8-16的规定配置。由三类或四类市电供电的移动通信基站、微波和光（电）缆的有人站、多局制的市话局中，可以根据实际需要增配移动备用发电机组供临时调度用。

表8-16　备用发电机组台数和蓄电池组放电小时数配置表

市电类别	配置油机台数及电池放电小时数	台站类别									
		通信枢纽①	中小型综合通信局	交换局	市话模块局	光缆微波有人站	光缆微波无人站②	移动通信基站		卫星通信地球站	无线电台
								无线设备	传输设备		
一类市电	自备发电机组台数	1	1	1	—	—	—	—	—	1	1
	电池总放电小时数	1	1	1	—	—	—	—	—	1	—
二类市电	自备发电机组台数	2	2	2	1～2	2	2	—	—	2	2
	电池总放电小时数	1	1～2	1～2	1～3	3	③	1～3	12	1	—
三类市电	自备发电机组台数	—	2	—	1～2	2	2	④		2	2
	电池总放电小时数	—	2～3	—	2～4	6～8	③	2～4	20	1	—

续表

市电类别		配置油机台数及电池放电小时数	台站类别						移动通信基站		卫星通信地球站	无线电台
			通信枢组①	中小型综合通信局	交换局	市话模块局	光缆微波有人站	光缆微波无人站②	无线设备	传输设备		
四类市电	1	自备发电机组台数	—	—	—	—	2	2	⑤		—	—
四类市电	1	电池总放电小时数	—	—	—	—	8～10	③	3～5	24	—	—
四类市电	2	自备发电机组台数	—	—	—	—	2	2	⑤		—	—
四类市电	2	电池总放电小时数	—	—	—	—	20～24	③	3～5	24	—	—

① 包含大型综合通信局。

② 无人通信站的电池放电小时数应根据以下因素考虑确定。

使用无人值守柴油发电机组的站：①接到故障信号后应有一定的准备时间（一般不超过 1h）；②从维护点到无人站的行程时间（按正常汽车行驶速度计算）；③故障排除时间（一般不超过 3h）；④一般夜间不派技术人员检修（最长等待时间不超过 12h）；⑤对配备具有延时启动性能的备用发电机组的局（站），延时时间应保证电池放出容量不超过 20%的储备容量。

使用太阳能供电的站，放电小时数按当地（最大）连续阴雨天数计算。

③ 采用太阳电池等新能源时，可视维护条件多站共用一台移动发电机组。

④ 在三类市电时，山区的移动通信基站宜每 5 个站配置一台移动发电机组，平原宜每 10 个站配置一台移动发电机组，在电力资源供应紧张或交通不便的地区可适当调整。

⑤ 处于四类市电的基站至少每站应配置 1 台固定使用的发电机组，另外每 5 个此种类型的站配置一台移动发电机组。

2. 每台备用发电机组的容量要求

(1) 一、二类市电供电的局（站），应按各种直流电源的浮充功率、蓄电池组的充电功率、交流供电的通信设备功率、保证空调功率、保证照明功率及其他必须保证设备的功率等确定。

(2) 三类或四类市电供电的局（站），除按第（1）条各项设备的功率确定外，尚应包括部分生活用电设备的功率，四类市电供电的局（站）应包括全部生活用电设备的功率。

(3) 对交流不间断电源设备（UPS），核定其需要发电机组保证的功率时应根据其输入电流谐波含量的大小确定，当输入电流谐波含量在 5%～15%时，其需要的发电机组保证功率按 UPS 容量的 1.5～2 倍计算。

(4) 无线电台每台备用发电机组容量应按设计任务书中提出的保证设备功率确定。无线电台有启闭电报的瞬变负荷时，每台备用发电机组的容量应按大于该类负荷设备总功率的 2 倍校核。

(5) 有异步电动机负载的局（站），备用发电机组的单台容量应按不小于异步电动机额定容量的 2 倍校核。

(6) 若一个城市内的通信局多于 3 个且每一个局的发电机组为单台配置时，可增配车载发电机组，其功率根据保证负荷最大的局确定，同时考虑一定的余量。

8.3.4 蓄电池组配置

(1) 直流供电系统的蓄电池一般设置两组。交流不间断电源设备（UPS）的蓄电池组一般每台设一组。当容量不足时可以并联，蓄电池最多的并联组数不要超过 4 组。

(2) 不同厂家、不同容量、不同型号、不同时期的蓄电池组严禁并联使用。

(3) 蓄电池总容量应按表 8-16 的规定配置。铅酸蓄电池的总容量为

$$Q \geqslant \frac{K \cdot I \cdot T}{\eta[1+\alpha(t-25)]} \tag{8-43}$$

式中 Q——蓄电池容量，Ah；

K——安全系数，取 1.25；

I——负荷电流，A；

T——放电小时数，h，见表 8-16；

η——放电容量系数，见表 8-17；

t——实际电池所在地最低环境温度数值，所在地有采暖设备时，按 15℃考虑，无采、暖设备时，按 5℃考虑；

α——电池温度系数（1/℃），当放电小时率大于等于 10 时，取 $\alpha=0.006$；当 1≤放电小时率<10 时，取 $\alpha=0.008$；当放电小时率小于 1 时，取 $\alpha=0.01$。

表 8-17　铅酸蓄电池放电容量系数表

电池放电小时数（h）		0.5			1			2	3	4	6	8	10	≥20
放电终止电压（V）		1.65	1.70	1.75	1.70	1.75	1.80	1.80	1.80	1.80	1.80	1.80	1.80	≥1.85
放电容量系数 η	防酸电池	0.38	0.35	0.30	0.53	0.50	0.40	0.61	0.75	0.79	0.88	0.94	1.00	1.00
	阀控电池	0.48	0.45	0.40	0.58	0.55	0.45	0.61	0.75	0.79	0.88	0.94	1.00	1.00

(4) UPS 电池的总容量，应按 UPS 容量，采用下式估算出蓄电池的计算放电电流 I，再根据式（8-43）算出蓄电池的容量，即

$$I = \frac{0.8S}{\mu U} \tag{8-44}$$

式中 S——UPS 额定容量，kVA；

I——蓄电池的计算放电电流，A；

μ——逆变器的效率；

U——蓄电池放电时逆变器的输入电压（单体电池电压 1.85V 时），V。

8.3.5　换流设备配置

(1) 整流器的容量及数量应按下列要求配置。

1) 采用高频开关型整流器的局（站），应按 $n+1$ 冗余方式确定整流器配置，其中 n 只主用，$n \leqslant 10$ 时，一只备用；$n>10$ 时，每 10 只备用一只。主用整流器的总容量应按负荷电流和电池的均充电流（10 小时率充电电流，无人站除外）之和确定。

2) 对于采用太阳电池等新能源混合供电系统供电的局站，当蓄电池 10 小时率充电电流远大于通信负荷电流时，主用整流器的容量应按负荷电流和 20 小时率的充电电流之和确定。采用交流电源车上站充电的局站，整流器的总容量按负荷电流和蓄电池 10 小时率或 20 小时率的充电电流之和确定。

3）采用电启动备用发电机组，无随机附带充电整流器时，应配置启动电池充电用整流器。电力室应配置处理落后电池用充电整流器。

（2）采用直流-直流变换器时，按 $N+1$ 冗余配置。

（3）采用交流不间断电源设备时，其容量应按最大负荷功率确定；备用设备的配置，应根据通信负荷的重要性确定。

（4）采用逆变器时，主用逆变器按最大负荷功率确定，配置一台备用。

（5）单独使用太阳电池的供电系统，以及太阳电池与市电构成的混合供电系统中的太阳电池方阵总容量按下述方法计算。

太阳电池方阵是由若干个太阳电池子阵构成的，每个太阳电池子阵又由若干个太阳电池组件串联、并联在一起构成。每个太阳电池组件一般由若干个单体太阳电池互相串联和必要的封装材料构成。目前常用的太阳电池组件多为平板式组件。地面用中、小型太阳电池方阵通常由平板式组件构成，并且多为固定安装、能按季节作向日调整的平面形式。太阳电池子阵是将太阳电池方阵根据调压需要划分为电压相等、容量不同的几个部分。太阳电池方阵的容量计算，就是根据供电系统中的电压要求、太阳电池电源所分担的负荷电流大小和使用地点的日照条件等情况，计算出太阳电池方阵的总组件数，并根据每个组件在标准测试条件下的额定功率计算方阵的总功率，以便满足设计需要。

单独使用太阳电池与蓄电池构成的半浮充制供电电源系统中，太阳电池方阵总容量为

$$P=\frac{V_P I[8760-(1-\eta_b)T](V_0 N_b+V_1)F_C}{\eta_b \eta T[V_P+\alpha(t_2-t_1)N_m]} \tag{8-45}$$

式中 P——太阳电池方阵总容量，W；

V_P——一个太阳电池组件在标准测试条件下取得的工作点电压，V；

I——负荷电流，A；

η_b——蓄电池充电安时效率，铅蓄电池取 $\eta_b=0.84$；

T——当地年日照时数，h；

V_0——每只蓄电池浮充电压，V；

N_b——每组蓄电池只数；

V_1——串入太阳电池至蓄电池供电回路中的元器件和导线在浮充供电时引起的压降，V；

F_C——影响太阳电池发电量的综合修正系数，一般取 1.2～1.5；

η——根据当地平均每天日照时数折合成标准测试条件下光照时数所取的光强校正系数，一般取 $\eta=0.6\sim2.3$；

α——一个太阳电池组件中单体太阳电池的电压温度系数，其值一般取为 $-0.002\sim-0.0022$ V/℃；

t_2——太阳电池组件工作温度，℃；

t_1——太阳电池标准测试温度，℃；

N_m——一个太阳电池组件中单体太阳电池串联只数；

8760——平年每年小时数，h。

在与市电组合的混合供电方式电源系统中，太阳电池方阵总容量仍可用上式计算，只是式中的 I 取太阳电池所分担的负荷电流。

采用加、撤太阳电池子阵方法调整供电电压的太阳电池控制器，其基本原理是根据光照强弱适时撤出或加入太阳电池子阵，借以保持供电电压基本稳定。一般情况下，规定一个太阳电池子阵固定接入，其容量应为一年中光照最好的一天中午一段时间内，该子阵所发出的电量恰能满足通信负荷要求，而不使蓄电池过充电。该子阵的容量的计算方法为

$$P_g = \frac{V_P I(V_0 N_b + V_1)F_C}{\eta_z[V_P + \alpha(t_2 - t_1)N_m]} \tag{8-46}$$

式中　P_g——固定接入的太阳电池子阵总容量，W；

η_z——根据当地平均中午日照时数折合成标准测试条件下光照时数所取的光强校正系数，一般取 $\eta_z = 0.95 \sim 2.50$；

上式中的其他参数的含义与式（8-45）完全相同。

式（8-45）中 η、式（8-46）中的 η_z 选取方法见表 8-18。

表 8-18　　η 与 η_z 的选取方法

年总辐射量［kcal/(cm² · 年)］	η	η_z
90	0.6	0.95
110	0.8	1.00
130	1.00	1.20
150	1.20	1.50
170	1.50	1.80
190	1.80	2.20
210	2.20	2.40

太阳电池方阵总组件数，除去固定接入的子阵组件数，其余的组件可以根据调压级数和日光照曲线进行分组，使依次接入的子阵数等于调压级数，而依次接入的子阵容量由小到大不等，以保持供电电压变化不大。例如，分三级调压的太阳电池方阵，假如除去固定接入的子阵容量后尚余 1800W，则可以根据日照变化曲线，将其按 1∶3∶5 分组，使首先接入的子阵为 200W，其次接入的子阵为 600W，最后接入的子阵为 1000W。太阳电池子阵的切除，则按由大到小的顺序进行。

（6）采用多个太阳电池子阵分别调压的电源系统，太阳电池保留子阵的容量应按负荷电流与蓄电池补充充电电流之和计算确定，使其在日照最好的条件下发出的电流不会导致对蓄电池过充电。其余子阵的容量可按投入的先后顺序和日照曲线从小到大分级确定。

8.3.6　系统设备配置实例

对通信局站电源系统来说，系统设备的容量配置主要是针对直流电源设备而言的。

直流电源的设备配置应在选定直流供电系统后，依据各种电源设备的性能、型号进行具体计算，并且做到技术先进，经济合理。

我们以某一类市电供电的 20k 线 S-1240 程控交换局电源设备的选配为例，对系统设备容量配置过程进行详细的分析和示例说明。

1. 蓄电池容量

如前面所述，蓄电池总容量应为

$$Q \geqslant \frac{K \cdot I \cdot T}{\eta[1+\alpha(t-25)]} \tag{8-47}$$

(1) 负荷电流 I。通信负荷的大小由本期装机直流负荷与近期内预计业务增长负荷决定。依据 S-1240 交换机耗电功率曲线（见图 7-12）可以计算本期负荷电流大小。

S-1240 程控交换机推荐基础电压范围为 43～56V，由图 8-7 可知，20k 线程控交换机耗电功率为 50kW（0.2Erl/户）。故可以选择某型 VRLA 电池 24 只组成电池组，浮充电压取为 2.25V/只（25℃），则负荷电流为

$$I=\frac{P}{U}=\frac{50\,000}{2.25\times 24}=925.9\approx 1000(\mathrm{A})$$

上式中 I 的选择考虑了近期可能增加的部分其他负荷。

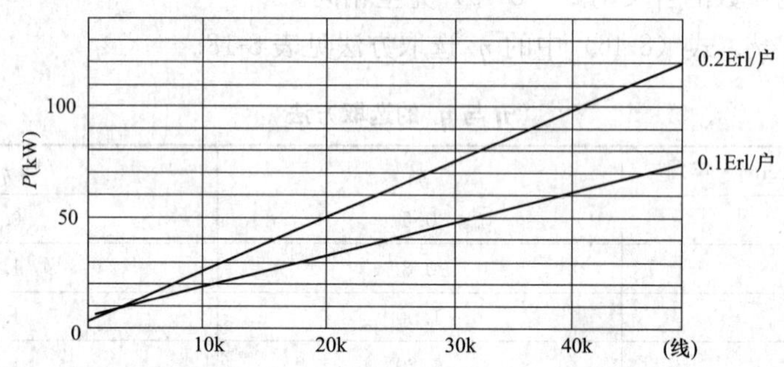

图 8-7 S-1240 程控交换机耗电功率曲线

(2) 放电小时数 T。YD/T 5040—2005《通信电源设备安装工程设计规范》规定，一类市电供电的台站，电池单独供电时间按 1h 考虑（参见表 8-16）；本示例中台站市电供电引入为一类市电，故电池单独供电时间可取为 1h。

(3) 放电容量系数 η。由表 8-17 铅酸蓄电池放电容量系数表所示数据可以看出，在本示例中由于蓄电池组单独放电时间为 1h，故其放电容量系数可取为 $\eta=0.45$

(4) 电池温度系数 α。由式（8-43）可知，当放电小时率≥10 时，取 $\alpha=0.006$；当 1≤放电小时率＜10 时，取 $\alpha=0.008$；当放电小时率＜1 时，取 $\alpha=0.01$。本示例中取 $\alpha=0.008$。

(5) 环境温度 t。实际电池所在地最低环境温度视机房条件而定，机房有取暖设备时，按 15℃考虑；机房没有采暖设备时，按 5℃考虑。本计算中，电池放置机房环境温度有空调调节，故最低环境温度可取 15℃。

综合上述 (1)～(5) 项，可计算出该站所需蓄电池组的容量大小为

$$\begin{aligned} Q &\geqslant \frac{K \cdot I \cdot T}{\eta[1+\alpha(t-25)]} \\ &= \frac{1.25\times 1000\times 1}{0.45\times[1+0.008\times(15-25)]} \\ &= 3019 \end{aligned}$$

故可以选择两组 48V（3000Ah——蓄电池组的容量，通常用 C_{10} 表示）的电池构成通信用蓄电池组。

2. 整流器容量

通信用整流设备的容量应依据直流供电系统的输出电压、电流、功率以及蓄电池的工作方式等因素确定。

(1) 输出电压。以对蓄电池在线充电时的电压计算，此过程整流器采用均衡电压(2.35V/只)，在向负荷供电的同时又对电池充电，因此有

$$U_{充} = 2.25N = 2.25 \times 24 = 56.4(\mathrm{V})$$

(2) 输出电流。整流器输出电流既要满足系统通信设备与其他负荷的需要，又要满足电池恶劣环境下100%放电的完全充电需要。而蓄电池充电电流一般规定取$0.15C_{10}$ (A)，故整流器最大输出电流应为

$$I_{max} = I + 0.15C_{10} = 1000 + 0.15 \times 3000 = 1540(\mathrm{A}) \tag{8-48}$$

(3) 输出功率。显然，整流器最大输出功率为

$$\begin{aligned} P_{max} &= U_{充}(I + 0.15C_{10}) \\ &= 56.4 \times (1000 + 0.15 \times 3000) \\ &= 81.78 \end{aligned}$$

式中功率的单位为kW。

(4) 整流模块个数。整流模块个数n由系统最大输出功率P_{max}、每个模块最大输出功率P'_{max}以及模块备用个数等因素决定，有

$$n = \frac{P_{max}}{P'_{max}} + n' \tag{8-49}$$

若选用珠江公司SMPS5000SIL模块，其最大输出功率P'_{max}为5.4kW。

采用高频开关型整流器的局（站），应按$n+n'$冗余方式确定整流器配置，其中n只主用，n'只备用；当$n \leqslant 10$时，一只备用；$n > 10$时，每10只备用一只。

因此，整流模块个数$n = 81.78/5.4 + 2 = 18$（块）。

3. 配电屏容量

(1) 交流配电屏。交流屏容量除应满足机房整流设备耗电外，还应满足空调装置供电（设为20kW）以及其他设备（设为5kW）供电容量的需要。

依据有关设计规范，交流屏容量（额定电流）I_e应按下式确定

$$I_e \geqslant \frac{P_e \times 10^3}{\sqrt{3} \times 380 \times \cos\varphi} \tag{8-50}$$

式中：P_e为交流配电屏所保证交流负荷的最大值；通常$\cos\varphi$取为0.85～0.90。

又依据SMPS5000SIL模块技术参数，其满载时效率为0.93，故整流设备输入总功率P_{el}为

$$P_{el} = \frac{18 \times 5.4}{0.93} = 104.5(\mathrm{kW})$$

故

$$I_e \approx \frac{(104.5 + 20 + 5) \times 10^3}{\sqrt{3} \times 380 \times 0.85} = 231.5(\mathrm{A})$$

故可以选择PRP-400AC交流屏，其主要功能有以下几个。

1) 两路市电人工倒换，输入容量400A。

2）输出 3×100A 共 5 组；1×60A 共 12 组。

3）可连接 PRS 电源机架，便于近期扩容。

4）当交流停电时，可自动送出－48V/100A 事故照明电源。

（2）直流配电屏。直流配电屏一般按终期负荷选用，故可以选用 RPD-1800DCL（低阻）配电屏，其主要功能有以下几个。

1）可与最大容量为 2100A 的整流模块配接。

2）其中主电路为 8 路（630A），辅助电路为 4 路（50A）、2 路（100A）。

3）每路输出都配有与之匹配的同容量熔断器。

8.3.7 系统设备布置

1. 各种机房的设置

通信电源各种机房的设置应按实际需要确定。各种机房的功能划分应符合下列要求。

（1）高压配电室：安装高压配电设备及操作电源。

（2）变压器室：安装变压器设备。

（3）低压配电室：安装低压配电设备和无功功率补偿设备。

（4）变配电室：安装变压器与配电设备。

（5）发电机室：安装备用发电机组及附属设备。

（6）储油库：储备备用发电机组的用油。储油库的容量应按远期备用发电机组需要配置。市内的通信局应按不少于连续运行两 d 的储油量配置；郊外的通信局（站）应按不少于连续运行 5d 的储油量配；储油库容量最大不宜超过 10t。油源方便的，也可以采用油桶储油，油量不应少于连续运行 12h 用油。

（7）电力室：安装通信用的交流配电屏、直流配电屏、整流器、直流-直流变换器、屏式调压（稳压）器、组合式整流配电设备、交流不间断电源及逆变设备等整流配电设备。

（8）电池室：安装蓄电池组。使用防酸隔爆蓄电池时，电池室宜附设储酸室，存储硫酸、蒸馏水等。

（9）电力电池室：安装电力室和电池室的设备。

（10）集中监控室：安装集中监控终端设备。

2. 有人通信局（站）的设置

有人通信局（站）一般应设置电力值班室。规模容量较大的局（站）还应设置修机室、储藏室等辅助生产房间。

3. 电力机房的设置

电力机房应尽量靠近负荷中心，在条件允许的通信局（站），电力电池室宜与通信机房合设。

4. 多水灾地区通信局（站）的设置

在经常发生水灾地区的通信局（站），电源设备应设置在当地水位警戒线以上的机房内或采取其他防水灾措施。

5. 发电机室设备布置要求

（1）备用发电机组周围的维护工作走道净宽不应小于 1m，操作面与墙之间的净宽不应小于 1.5m。

（2）两台相邻机组之间的走道净宽不宜小于机组宽度的 1.5 倍。

(3) 发电机室内装控制、转换、配电设备时，各设备背面与墙之间的走道净宽不应小于 0.8m；其正面与设备（或墙）之间的走道净宽不应小于 1.5m；其侧面与墙之间的走道一般不小于 0.8m。

(4) 发电机组的排气管路不宜多于两个 90°弯，当排气管路过长或 90°弯头超过两个时，排气管应加大截面积满足机组排气背压的要求。

(5) 发电机室根据环保要求采取消噪声措施时，应达到 GB3096—2008《声环境质量标准》的要求；机组由于消噪声工程所引起的功率损失应小于机组额定功率的 5%。

6. 配电屏及各种换流设备的布置要求

(1) 配电屏及各种换流设备的正面之间的主要走道净宽不应小于 2m。

(2) 配电屏及各种换流设备的正面与侧面之间的维护走道净宽不应小于 1.2m。

(3) 配电屏及各种换流设备的正面与背面之间的维护走道净宽不应小于 1.5m。

(4) 配电屏及各种换流设备的背面与背面之间的维护走道净宽不应小于 1m。

(5) 配电屏及各种换流设备可以与通信设备同列安装；配电屏及各种换流设备的正面与通信设备的正面或背面之间的走道不应小于 2m。

(6) 配电屏及各种换流设备的背面与通信设备的正面或背面之间的净宽应按通信设备相应的布置要求确定。

(7) 配电屏及各种换流设备的正面与墙之间的主要走道净宽不应小于 1.5m。

(8) 配电屏及各种换流设备的背面与墙之间的维护走道净宽不应小于 0.8m。

(9) 配电屏及各种换流设备的侧面与墙之间的次要走道净宽不应小于 0.8m；如为主要走道时，其净宽不应小于 1m。

7. 蓄电池组的布置要求

(1) 立放蓄电池组之间的走道净宽不应小于单体电池宽度 1.5 倍，最小不应小于 0.8m；立放双层布置的蓄电池组，其上下两层之间的净空距离为单体电池高度的 1.2～1.5 倍。

(2) 立放双列布置的蓄电池组，一组电池的两列之间的净宽应满足电池抗震架的结构要求。

(3) 立放蓄电池组侧面与墙之间的次要走道净宽不应小于 0.8m；如为主要走道时，其净宽不宜小于电池宽度的 1.5 倍，最小不应小于 1m；立放单层双列布置的蓄电池组可以沿墙设置，其侧面与墙之间的净宽一般为 0.1m。

(4) 立放蓄电池组一端靠墙设置时，列端电池与墙之间的净宽一般不小于 0.2m。

(5) 立放蓄电池组一端靠近机房出入口时，应留有主要走道，其净宽一般为 1.2～1.5m，最小不应小于 1m。

(6) 卧放阀控式蓄电池组侧面之间的净宽不应小于 0.2m。

(7) 卧放阀控式蓄电池组的正面与墙之间，或正面与侧面或背面之间的走道净宽不应小于电池总高度的 1.5 倍，最小不应小于 1.2m。

(8) 卧放阀控式蓄电池组的正面与墙之间的走道净宽不应小于电池总高度的 1.5 倍，最小不应小于 1m。

(9) 卧放阀控式蓄电池组可以靠墙设置，其背面与墙之间的净宽一般为 0.1m。

(10) 卧放阀控式蓄电池组的侧面与墙之间的净宽不应小于 0.2m。

8. 阀控式蓄电池组的布置要求

阀控式蓄电池组可与通信设备、配电屏及各种换流设备同机房安装，采用电池柜时还可以与设备同列布置；立放阀控式蓄电池组的侧面或列端电池与通信设备、配电屏及各种换流设备的正面之间的主要走道净宽不应小于 2m；放阀控式蓄电池组的侧面与通信设备、配电屏及各种换流设备的侧面或背面之间的维护走道净宽不应小于 0.8m；卧放阀控式蓄电池组的正面与通信设备、配电屏及各种换流设备的正面之间的主要走道净宽不应小于 2m；卧放阀控式蓄电池组的侧面或背面与通信设备、配电屏及各种换流设备之间的维护走道净宽不应小于 0.8m，同列安装时可以靠紧。

9. 移动通信基站的布置要求

移动通信基站不能满足上述要求时，其设备布置应满足安装、操作及最小维护距离的要求。

10. 墙式盘的安装

墙式盘不得安装在暖气散热片的上方或下方。

11. 抗震设防的要求

在要求抗震设防的通信局站，加固措施按 YD5459—2005《电信设备安装抗震设计规范》进行设计。

12. 太阳电池的布置要求

(1) 太阳电池应尽量靠近负荷中心设置。

(2) 太阳电池方阵宜布置在平面的机房屋顶或地面支架上。

(3) 太阳电池方阵四周应留维护走道，其净宽不小于 0.8m。

(4) 太阳电池方阵采光面应向正南放置。方阵前方应无建筑物、树木等遮挡物。太阳电池与遮挡物之间的距离应根据不同地区、不同遮挡时限要求和遮挡物高度计算确定。

(5) 前后排列的太阳电池方阵，应以前排方阵的高度，根据当地纬度和遮挡时限要求计算两排之间最小间距。当受面积限制，采取提高后排基础高度的办法缩短前后排间距时，基础需要提高的高度应为

$$\Delta H' = (1 - D'/D)H \tag{8-51}$$

式中 $\Delta H'$——基础需要提高的高度，mm；

D'——缩短后的前后排间距，mm；

D——原定前后排间距，mm；

H——前排太阳电池方阵的高度，mm。

8.4 系统要素连接

通信电源系统的要素主要包括：变配电设备、柴油发电机组、UPS、高频开关电源、蓄电池组、集中监控系统（设备）等。本节以高频开关电源系统的安装与接线为例，说明通信电源系统的要素连接方法。其他电源设备或系统的安装可参照相关步骤实施。

8.4.1 安装准备

1. 现场检查

设备安装前要对机房做施工勘查，主要检查以下几项。

(1) 设备安装所需的走线装置情况检查，如地沟、走线架、地板、走线孔等。

(2) 设备安装施工所需的环境项目检查，如温度、湿度、粉尘等。

(3) 设备安装施工所需的外部条件检查，如供电、照明、机械等。

2. 工具与材料准备

(1) 电源设备安装要求的工具。工具使用前要做好绝缘和防静电处理。

(2) 安装用电气连接材料。包括交流电缆、直流负载连接电缆、电池负载连接电缆、接地连接电缆、接地汇流排、照明用连接电缆等，应根据设计材料清单采购。

(3) 条件许可时，应对购置物料进行必要的检验。例如，对电缆的耐温、防潮、阻燃、耐压性能进行检验。

(4) 需要厂家协作加工的物料，应提供加工图，提前交付加工。

(5) 电源安装施工所需的辅料。包括膨胀螺钉、接线端子、线扎带、绝缘胶布等。

3. 开箱验货

为了保证安装工作的顺利进行，必须对设备进行严格的开箱检验，验货要求参看系统装箱说明。通过观察检验物品的完好性，检查是否有因运输而松动的电气连接或损坏的元器件。检验内容包括以下几项。

(1) 按系统装箱数检验箱体标识的数量和序号。

(2) 按装箱清单检验设备装箱的正确性。

(3) 按附件清单检验附件的数量和类型。

(4) 按系统配置检验设备配置的完备性。

8.4.2 机架安装

1. 机架安装要求

根据现场具体情况，选定机架安放位置。

机架安放的位置应考虑设备进出线合理，操作维护方便，便于观察监控显示，同时兼顾通风散热要求。

机架应水平安装，机柜的垂直倾斜度不得超过5°。机架的安装推荐采用螺栓固定在机座或地板上和固定在支架上两种安装方式。

若要求不使用膨胀螺栓进行固定，则可以采用在机架底部安装支脚的方式放置机架，这种安装方式可以通过调整机架底部的支脚高度确保机架无倾斜。

2. 机架安装步骤

(1) 确定机架安装的地面位置。根据设备布放“空间位置要求”的规定，结合电源系统合理的进出线位置、需安装设备的外形尺寸、设备操作维护的方便、机房大小、具体环境条件等因素确定机架的地面安装位置。机架安装位置通用要求如图8-8所示。

(2) 确定机架的安装方式。确定是否需要安装支架。机房铺设有防静电地板时，应在机架的下方安装支架。支架的制作需要根据地板和地面的高度、机架外形尺寸和底座固定孔的位置、支架承重能力等因素定制。当机房没有防静电地板时，一般采用在地面直接安装螺栓固定机架的方式进行安装。

(3) 确定安装孔位、安装膨胀螺栓。在确定机架的安放地面位置后，按机架放置方位和机架固定孔位置确定安装孔位置，并标示出安装孔的中心点。如果是支架安装方式，则孔位根据支架与地面固定面的安装孔位尺寸来确定。

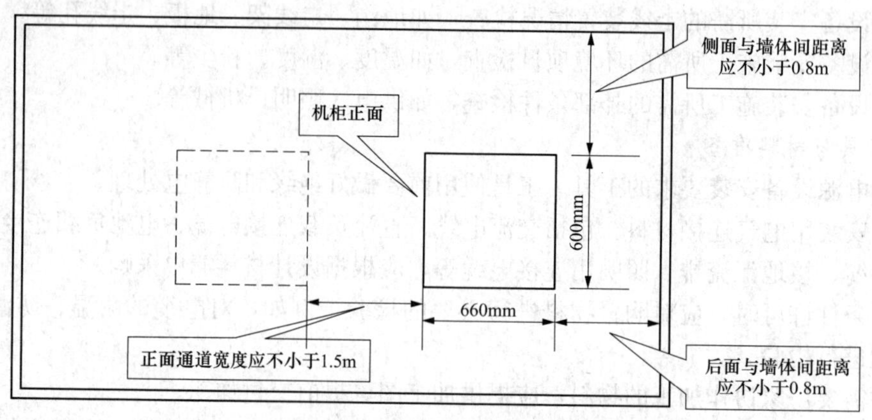

图 8-8　设备机架按照位置通用要求

安装孔位确定以后，用冲击钻开挖安装孔。冲孔时要防止电钻震动导致偏心，另外，孔位应尽量保持与地面垂直。安装膨胀螺栓时应将螺杆加上垫片和螺帽，插入孔中用扳手顺时针旋转螺帽，使膨胀螺栓在孔中固定，然后取下螺帽和垫片。

（4）机架就位。膨胀螺栓固定好后，露出地面部分应为 30mm 左右，机架不能水平就位，通常由多人把机架抬离地面，对准孔位后落地，有条件的地方可以使用滑轮吊架，利用机架上方的吊装环吊装到位。

支架安装方式与上述方法类似，把支架在膨胀螺栓上固定好，把机架抬到或吊装到支架上即可。

（5）机架固定。机柜就位后要作适当的水平与垂直调整，一般使用铁片塞在机柜着地点较低的边上或角上，使机架的垂直倾角小于 5°，最后在膨胀螺栓上加装垫片、弹垫和螺母固定机架。

机柜在支架上安装时，用长度适宜的螺栓把支架和机架固定在一起，同样需要调整机架的垂直倾角。从不同的角度摇动机架，以感觉不到明显的松动和摇晃为合格。

8.4.3　整机组装

整机组装，指将分开包装的监控模块和整流模块装配到机架上。

监控模块安装固定：将监控模块插入机柜监控模块的安装位置，拧紧固定螺钉（一般情况下监控模块随机架一同运输，通常已经到位并完成电气连接）。

整流模块的安装固定：拆开整流器包装箱，将整流器取出，仔细检查有无破损。安装时要一手握紧把手，一手托起整流模块，缓慢推入整流模块槽位，使整流模块上的多用插头与机架上的相应插座正确可靠地连接，再拧紧面板的固定螺钉。整流模块位置分配按三相平衡及有利于散热的原则确定，通常按从左到右、自上而下的顺序排列。

8.4.4　电气连线

通常组合电源系统的内部连线出厂前已经连接好，现场安装的电气连接主要包括：机架内部各部分之间的线缆连接、交流输入线安装、直流输出负载线安装、蓄电池连线安装、地线连接。当系统为上走线时应采用架空布线，下走线则走暗沟槽。电气连接应坚持安全可靠的原则。

1. 交流电气线的连接

交流配电部分的连线包括三部分：交流输入线、交流备用输出和应急照明。

系统交流输入线采用三相五线制输入，输入线的相线引入端为机架背面的交流输入接线排的端子 U1、V1、W1，零线引入端为 N 端子，地线引入端为 PE 端子。引入线的线径应根据实际负载和蓄电池的情况进行选择，一般可以采用截面积 16～35mm^2 的铜芯软电缆，输入线与机架的连接端上锡后插入输入接线排的相应端子拧紧，地线若无接线端则接到机架下方的接地螺栓上，连接时要在线头压接或焊接上大小合适的铜接线端子。

交流备用输出的相线接在备用输出的空气开关上，零线接在零线铜排上，其中相线的端头需上锡，零线端头要压接或焊接上大小合适的铜接线端子。

应急照明的连线分别接在应急照明空气开关和工作地铜排上。

交流部分电气连线应特别注意两点：①操作过程一定要确保交流输入断电，相关开关要加挂“禁止操作”标牌，或派专人值守；②交流线路端子、接点及其他不必要的裸露之处，要采取充分的绝缘措施。

2. 直流负载线的连接

直流输出根据负载电流的大小，选用相应截面积的导线或汇流排。连接处熔丝和汇流排采用相应大小的接线铜鼻子进行连接，与空气开关的连接线头要上锡。直流输出的负极接到对应的负载输入分路上，正极接到机架后上方的正汇流排（工作地）上。直流负载线的安装流程如下。

（1）选好负载线的连接端子，连接到熔断器的电缆连接采用接线端子，连接到断路器的电缆头应上锡，每一路负载线都应作好相应的标记。

（2）断开对应的负载熔断器或断路器。

（3）连接负载工作地线于电源工作地母排。

（4）连接负载线于熔断器座或断路器输出端。

（5）视负载端情况决定是否合上熔断器或断路器。

直流负载线连接时应特别注意：①直流带电增加负载时须采取严格的安全措施，防止操作时引发短路事故；②正确区分负荷性质，把主要供电设备接在二次下电组上。

3. 蓄电池连线的连接

电池一般由电池厂家负责安装。

小容量电池一般安装在电池架上，当选用电池容量较大时，电池应分层安装。

电池安装工具要经过绝缘处理，安装过程中不要碰伤电池塑料外壳和输出端子。多层安装电池时最好先分层连接，再作层间连接。充放电电缆在安装过程中暂时不要连接。

蓄电池连线和连接处的铜鼻较负载连线需要加大。具体的连接步骤如下。

（1）按所配蓄电池的容量和最大充电电流，选择粗细（截面）合适的导线，作好接线端子和正负极标识。

（2）取下蓄电池熔丝，布置好电池连接线。

（3）将开关电源系统的正汇流排和蓄电池熔丝上的直流－48V 对应接至蓄电池的正、负极，注意一定不要接反。

（4）在整个系统上电后，开启 1～2 个整流器，待输出工作正常后，用熔丝起拔器将电池熔丝插上。

注意：要开启整流器并使其输出正常后，才可以插入熔丝。此时，熔丝两端的电压差比较小，不会打火。

4. 接地线的连接

保护地和工作地最好单独引出，分别接于接地体的不同点上，也可以各自引出集中接于接地汇流排上。

接地线尺寸应符合通信设备接地标准。

工作地连接：工作地一端接至工作地母排（正汇流排），另一端用接线端子接用户地线排或机柜内接地螺栓。

保护地连接：用16mm²以上导线将机壳接地点和接地螺栓连接。保护地和防雷地在设备出厂前已经连接到一起。

8.4.5 线缆敷设

电源线的敷设方式主要有架空、沿墙或沿支架明敷、穿管、PVC线槽、走线架、槽道（桥架）、直埋、地沟等。不同的敷设方式需要选择不同类型的电力线缆。

1. 一般要求

（1）按电源的额定容量选择一定规格、型号的导线，根据布线路由、导线的长度和根数进行敷设。

（2）沿地槽、壁槽、走线架敷设的电源线要卡紧绑牢，布放间隔要均匀、平直、整齐；不得有急拐弯或凹凸不平现象。

（3）沿地槽敷设的橡皮绝缘导线（或铅包电缆）不应直接与地面接触、槽盖应平整、密缝并油漆，以防潮湿、霉烂或其他杂物落入。

（4）通信机房内一般要求交流电源线、直流电源线、通信线分开走线，采用走线架上走线方式；室外交流电源线一般采用地下直埋、穿管、地沟等方式敷设。

（5）当线槽和走线架同时采用时，一般是将交流导线放入线槽、直流导线敷设在走线架上。若只有线槽或走线架，交、直流导线亦应分两边敷设，以防交流电对通信的干扰。

（6）电源线与信号电缆同向敷设时，根据有关规定，电力电缆与信号线缆间的净距应符合表8-19的规定。

（7）电源线布放好后，两端均应腾空，在相对湿度不大于75%时，以500V绝缘电阻表测量其绝缘电阻是否符合要求（2MΩ以上）。

表8-19　信号电缆与低压电力电缆间距规定

容量（kVA）	间距（mm）	
	平行敷设	一方经接地金属线槽或金属管敷设
＜2	130	70
2～5	300	150
＞5	600	300

2. 颜色要求

根据负载支路与极性的不同，电池线与负载线每根电缆应备有线号和正负极标记，标记隔一定距离粘贴在电缆上。

电池线、直流配电电缆的正极连接电缆应使用红色或黑色，负载连接电缆应使用蓝色，接地电缆应采用黄绿（相间）色。交流电缆线A相、B相、C相及零线N分别与红、绿、黄及浅蓝色相对应。当电缆线均采用同一颜色时，应选用黑色，但必须做好线缆标识，避免相互混淆。

3. 连接要求

（1）一般线缆的连接。电线电缆与设备连接以及电线电缆彼此连接，除裸导线以外，一般都采用接线端子或接续套管。常用DT系列铜接线端子的外形尺寸见表8-20。

表8-20　　DT系列铜接线端子外形尺寸

端子型号	线芯型号截面		接线柱直径（mm）	端子安装孔洞直径（mm）
	P（普通型）	R（软线）		
DT-16	16	16	6	6.5
	20		8	8.5
DT-25	25	20	6	6.5
			8	8.5
DT-35	35	25	8	8.5
			10	10.5
DT-50	50	35	8	8.5
			10	10.5
DT-70	70	50	10	10.5
			12	12.5
DT-95	95	70	10	10.5
			12	12.5
DT-120	120	95	12	12.5
			14	15
DT-150	150	120	12	12.5
			14	15
DT-185	185	150	14	15
			16	17
DT-240	240	185	16	17
			18	20
DT-300	300	240	20	22
DT-400	400	300	24	26
DT4-400R		400	24	26

（2）母线的连接。通信工程中采用母线，是因为在大电流流过时母线的线路压降较小，容易保证通信设备端电压的变化在其允许变化范围内。常用的母线有圆铜母线和矩形截面母线两种。圆铜母线截面范围较小，多用于负荷电流较小的情况下；矩形截面母线并装扩容较易，截面范围也大，适用于负荷电流较大的情况。铝母线一般使用矩形截面。对于近期、远期负荷相差较大的通信局站，也可以考虑铝母线并装扩容的做法。

对有抗震防护要求的母线与蓄电池的连接，或母线直线部分线路过长时母线的延长接续，都应采用母线软连接头，以避免震害损坏设备和减少母线热胀冷缩时产生的应力。

(3) 特殊连接。在潮湿的环境条件或屋外装置中，因电器设备接头均系铜质，此时若与铝导线直接相连，当有水分存在时，则铜和铝接触处的铝将受到强烈的电化学腐蚀作用，很容易导致连接处的故障，此时应当选用铜铝接线端子。同样，铜铝母线之间的连接或铝母线与设备的铜端子连接也应采用铜铝过渡板。SG 型铜铝过渡板的外形尺寸如图 8-9 所示，其型号规格见表 8-21。

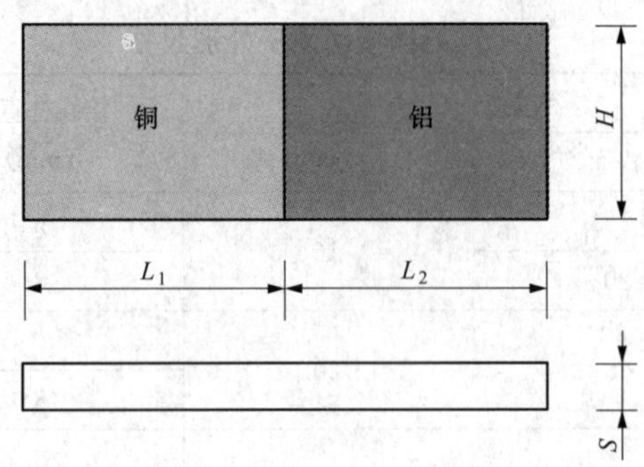

图 8-9 SG 型铜铝过渡板外形尺寸

表 8-21 铜铝过渡板型号规格

型号	接续矩形母线规格	各部分尺寸（mm^2）				重量(kg)
		L_1	L_2	H	S	
SG-1	50×5	50	60	50	5	0.15
SG-2	60×6	60	80	60	6	0.27
SG-3	80×6	80	100	80	6	0.47
SG-4	60×8	60	80	60	8	0.36
SG-5	80×8	80	100	80	8	0.63
SG-6	60×10	60	80	60	10	0.45
SG-7	80×10	80	100	80	10	0.70
SG-8	100×10	100	120	100	10	1.20
SG-9	120×10	120	150	120	10	1.77

注 各型过渡板均分闪光焊和钎焊两种。

8.5 系统验收

系统设备的安装与验收是通信电源系统建设的一项重要内容，作为电源专业人员，必须要了解与设备验收相关的内容、标准和方法等，本节以表格的形式示例给出通信电源系统主要设备安装验收的基本要求，具体内容见表 8-22～表 8-29。

8.5.1 交流配电设备的验收

交流配电设备检测记录见表 8-22。

表 8-22　　交流配电设备检测记录表

局（站）名称：　　　　验收时间：　　　　编号：

检测项目		指标及要求	测试方法	测试结果	备注
绝缘电阻		不小于 2MΩ	安装通电前		
防雷装置		安装相应等级的浪涌保护器，性能应符合技术指标要求	现场检验		
市电油机自动转换	市电停电	发出油机启动信号，自动转换油机供电，并具有告警指示信号	现场检验		
	市电恢复	发出声光告警信号，发出油机停机信号，自动切断油机供电，转为市电供电，并具有指示信号	现场检验		
事故照明自动转换	市电停电	自动闭合事故照明电路，发出声光告警信号	现场检验		
	市电恢复	自动切断事故照明电路	现场检验		
市电/油机人工手动转换		应能手动转换供电，并具有可靠的电气及机械连锁功能	现场检验		
电压检测		实测输入电压，应在允许范围内	现场测试		
电流检测		实测输出电流，不超过额定值	现场测试		
仪表检测		应正确显示测试项目，计量数值准确	现场检验		
告警	市电停电	发出声光告警	现场检验		
	市电恢复	发出声光告警	现场检验		
	输入过压	超过设定值，发出声光告警	现场检验		
	输入欠压	超过设定值，发出声光告警	现场检验		
	输入电源缺相	电源缺相，发出声光告警	现场检验		
	频率超标	超过设定值，发出声光告警	现场检验		
	输出过载	主要断路器跳闸，发出声光告警	现场检验		
监控接口		具有 RS-485/232 或 RJ45 通信接口，各种告警信号输出正常	现场检验		
设备型号：		制造厂家：			
测试仪表：		测试人员：			
测试日期：		测试地点：			

注　交流配电设备包括：油机/市电转换柜、转换配电柜、交流配电柜等。

8.5.2　直流配电设备的验收

直流配电设备检测记录见表 8-23。

表 8-23　　　　直流配电设备检测记录表

局（站）名称：　　　　验收时间：　　　　编号：

检测项目		指标及要求	测试方法	测试结果	备 注
绝缘电阻		不小于 2MΩ	通电前检验		
防雷装置		输出端安装相应等级的浪涌保护器，性能应符合技术指标要求	现场检验		
电压检测		实测输出电压，应在指标范围内	现场测试		−48V −40V～−57V
电流检测		实测输出电流，不超过额定值	现场测试		
仪表检测		应正确显示测试项目，计量数值准确	现场测试		
设备电压降		屏内放电回路压降不大于 0.5V	现场检验		
告警	输出电压过高	超过设定值，发出声光告警	现场检验		
	输出电压过低	超过设定值，发出声光告警	现场检验		
	输出过载	主要输出熔断器断开，发出声光告警	现场检验		
监控接口		具有 RS-485/232 或 RJ-45 通信接口，各种告警信号输出正常	现场检验		
设备型号：			制造厂家：		
测试仪表：			测试人员：		
测试日期：			测试地点：		

8.5.3 发电机组的验收

发电机组检测记录见表 8-24。

表 8-24　　　　发电机组检测记录表

局（站）名称：　　　　验收时间：　　　　编号：

测试项目			指标及要求	测试方法	测试结果	备 注
机组启动	人 工		人工启动正常	现场检验		
	自动	市电停电，机组自动启动	≤30s	现场测试		
		机组连续启动时间间隔	10～30s	现场测试		
		备用机组自动倒换	主用机组连续三次启动失败，自动启动备用机组	现场测试		
		启动成功到可开关合闸	≤15s	现场测试		
机组停机	人工	正常停机		现场检验		
		紧急停机		现场检验		
	自动	市电恢复，自动卸载	≤5min	现场测试		
		卸载后停机运行时间	3～5min	现场测试		

续表

测试项目		指标及要求	测试方法	测试结果	备　注
机组保护告警	过电压	声光告警	现场检验		
	欠电压	声光告警	现场检验		
	过　频	声光告警	现场检验		
	超　速	声光告警	现场检验		
	过　载	声光告警	现场检验		
	水温过高	声光告警，立即停机	现场检验		
	油压过高	声光告警，立即停机	现场检验		
	油压过低	声光告警，立即停机	现场检验		
机组监控接口继电器干接点告警功能		具有 RS-485/232 通信接口，各种告警信号输出正常	现场检验		
设备型号：		制造厂家：			
测试仪表：		测试人员：			
测试日期：		测试地点：			

注　所有新装机组都应进行测试，测试指标可按机组技术说明书要求进行，以上指标值供参考。

8.5.4　不间断电源（UPS）设备的验收

不间断电源（UPS）检测记录见表 8-25。

表 8-25　　**不间断电源（UPS）设备检测记录表**

局（站）名称：　　　　验收时间：　　　　编号：

测试项目	指标及要求	测试方法	测试结果	备　注
绝缘电阻	不小于 2MΩ	通电前检验		
输入电压	实测输入电压，应在允许范围内	现场测试		Ⅰ类±25%；Ⅱ类±20%
输入频率	实测输入频率，不超过 50±2Hz	现场测试		
输出电压	实测输出电压，应在指标范围内	现场测试		
输出频率	实测输出频率，不超过 50±0.5Hz	现场测试		电池逆变工作方式
稳压精度	Ⅰ类±1%；Ⅱ类±3%	现场测试		
转换时间	0ms	现场检验		市电/电池切换
自动旁路功能	逆变器回路出现异常或输出过载，自动转为旁路工作状态	现场检验		
蓄电池供电的保证时间	8kVA 及以下的 UPS 电源保证供电时间不少于 15min；8kVA 以上的 UPS 电源，保证供电时间不少于 30min	现场检验		

续表

测试项目		指标及要求	测试方法	测试结果	备　注
告警	输　入过/欠电压	超过设定输入过、欠电压值时，应发出声光告警，并转电池放电状态，输出电压正常	现场检验		
	输　出过/欠电压	超过设定输出过、欠电压值时，应发出声光告警，并转旁路供电	现场检验		
	输出过载	输出过载时，应发出声光告警；超出过载能力时，应自动转旁路供电	现场检验		
	蓄电池组欠电压	逆变器工作方式，电压达到设定保护值时，发出声光告警，停止供电	现场检验		
	熔断器断	主要输出熔断器断，发出声光报警	现场检验		
监控接口		具有 RS-485/232 或 RJ-45 通信接口，各种告警信号输出正常	现场检验		
设备型号：			制造厂家：		
测试仪表：			测试人员：		
测试日期：			测试地点：		

8.5.5　逆变设备的验收

逆变设备检测记录见表 8-26。

表 8-26　　**逆变设备检测记录表**

局（站）名称：　　　　验收时间：　　　　编号：

测试项目		指标及要求	测试方法	测试结果	备　注
绝缘电阻		不小于 2MΩ	通电前检验		
输入直流电压		实测输入电压，应在允许范围内	现场测试		40V～57.6V
输入交流电压		实测输入电压，应在允许范围内	现场测试		85%～110%
输入交流频率		实测输入频率，不超过 50±2.5Hz	现场测试		
输出电压		实测输出电压，应在指标范围内	现场测试		220V；380V
输出频率		50±1Hz	现场测试		
稳压精度		≤±5%	现场测试		
转换时间		0ms	现场检验		逆变器与市电
并联工作均分性能		多台并联工作时，具有均分负载性能，均分负载不平衡度不大于额定电流值的±10%	现场测试		
告警	输出过电压	超过设定过电压值时，应发出声光告警，并转旁路供电	现场检验		
	输出欠电压	超过设定欠电压值时，应发出声光告警，并转旁路供电	现场检验		
	熔断器断	主要输出熔断器断，发出声光报警	现场检验		

续表

测试项目	指标及要求	测试方法	测试结果	备　注
监控接口	具有 RS-485/232 或 RJ-45 通信接口，各种告警信号输出正常	现场检验		
设备型号：	制造厂家：			
测试仪表：	测试人员：			
测试日期：	测试地点：			

8.5.6 （太阳能）组合电源的验收

（太阳能）组合电源检测记录见表 8-27。

表 8-27　　太阳能组合电源检测记录表

局（站）名称：　　　　验收时间：　　　　编号：

测试项目		指标及要求	测试方法	测试结果	备注
绝缘电阻		不小于 2MΩ	通电前检验		
输入交流电压		实测交流电源输入电压，应在允许范围内	现场测试		±25%
太阳能电池电压		实测太阳能电池电压	现场测试		
输出电压		实测输出电压，应在指标范围内	现场测试		53V～57.6V
输出电流		实测输出电流	现场测试		
交流配电单元	防雷装置	安装相应浪涌保护器，性能符合技术指标要求	现场检验		
	交流电源接口	具有交流电源接口，能接入三相或单相电源	现场检验		
直流配电单元	电池方阵的接入	能分路接入太阳能电池方阵，分路数量满足设计要求，各分路设断路器保护，容量不低于方阵最大输出电流	现场检验		
	设备电压降	屏内放电回路电压降不大于 0.5V	现场测试		
整流器单　元	衡重杂音	≤2mV	现场测试		
	峰-峰值杂音	≤200mV(0～20MHz)	现场测试		
	宽频杂音	≤50mV(3.4～150kHz)	现场测试		
		≤20mV(0.15～30MHz)	现场测试		
	油机供电稳定性	工作稳定，不振荡	现场检验		
控制器单　元	电池方阵投入、撤除控制	当蓄电池组电压低于 52.8V 时，能控制太阳能电池方阵自动逐个加入，当太阳能电池电压高于 57.6V 时，能控制太阳能电池方阵自动逐个撤除	现场检验		视现场情况确定电压值
	浮充/均充电压控制	控制器输出浮充电压应能在 54.0～55.6V 设定，输出均充电压应能在 56.0～57.6V 设定	现场检验		视现场情况确定电压值

续表

测试项目	指标及要求	测试方法	测试结果	备注
监控接口	具有 RS-485/232 或 RJ-45 通信接口，各种告警信号输出正常	现场检验		
设备型号：	制造厂家：			
测试仪表：	测试人员：			
测试日期：	测试地点：			

8.5.7 蓄电池组的验收

蓄电池组安装工艺检测记录见表 8-28。

表 8-28　　蓄电池组安装工艺检测记录表

局（站）名称：　　验收时间：　　编号：

序号	检查项目	指标及要求	测试方法	测试结果	备注
1	规格数量	安装的电池型号、规格、数量应符合要求，电池架（柜）材质、规格、尺寸、承重应满足安装蓄电池的要求	现场检查		
2	电池架（柜）安装位置	安装位置符合设计要求，偏差不大于 10mm，通风良好、远离热源、避免阳光直射和腐蚀场所	现场测量		
3	电池架安装	排列平整稳固，水平偏差每米不大于 3mm	现场测量		
4	电池柜垂直度	排列整齐，柜间缝隙不大于 3mm，垂直度误差不超过高度的 0.1%	现场测量		
5	电池柜平直度	与设备列架机面呈一直线，每米偏差不大于 3mm，全列偏差不大于 15mm	现场测量		
6	电池架（柜）外观	电池架（柜）漆面完整，脱落处应补喷（刷）防腐漆，螺栓、螺母经过防腐处理	现场检查		
7	电池外观	不得有变形、漏液、裂纹及污迹、标志要清晰，电池外壳及安全阀不得有损坏现象，安全阀拧紧牢固	现场检查		
8	电池安装	应排放整齐，保持垂直与水平，前后位置、间距适当，间隔偏差不大于 5mm。每列外侧应在一直线上，其偏差不大于 3mm。底部应均匀着力，如不平整，应垫实。当安装在铁架上时，应垫缓冲胶垫，使之牢固可靠	现场检查		
9	电池连接	电池之间的连接条应平整，连接螺栓、螺母应拧紧，并在连接条和螺栓、螺母上涂一层防氧化物或加装塑料盒盖。电池组正、负极接线位置合理，极性连接正确	现场检查		
10	电池标识	在电池架、台或电池体外侧，应有用防腐材料制作的编号标志	现场检查		
11	电池端电压差	浮充状态 24h 后，测量各电池之间的端电压差应不大于 90mV（2V）、240mV（6V）、480mV（12V）	现场测量		

续表

序号	检查项目	指标及要求	测试方法	测试结果	备注
12	抗震加固	电池架（柜）及蓄电池，按设计要求采取相应加固措施	现场检查		
设备型号：　　　　制造厂家： 验收结论： 存在问题： 验收小组及测试人员（签字）： 年　月　日					

8.5.8　接地与防雷安装工艺的验收

接地与防雷安装工艺检测记录见表 8-29。

表 8-29　　接地与防雷安装工艺检测记录表

局（站）名称：　　　　验收时间：　　　　编号：

序号	检测项目	指标及要求	测试方法	测试结果	备 注
1	接地体材质	接地体所用材料的材质、规格、型号、数量等应符合工程设计要求	随工检查 检验签证		
2	接地体敷设	接地体敷设位置、埋设深度及间距应符合工程设计要求	现场检查		随工检查 检验签证
3	接地装置连接	接地体之间的连接必须采用焊接，焊接应牢固可靠，搭焊的长度、宽度应符合规范要求，焊接处必须作防腐处理	现场检查		随工检查 检验签证
4	接地引入线	出土部位应采取防机械损伤及防腐保护措施，在腐蚀性强的地段应作防腐处理。引接点避开雷电引下线接入点，在入孔内应留有余长。不应敷设在污水沟下，不与暖气管同沟敷设。穿越建筑物及其他可能使其受到损害处应穿管保护	现场检查		随工检查 检验签证
5	接地回填土	回填土应分层夯实，不得将石块、乱砖、垃圾等杂物填入沟内。需要外取回填土时，土壤不得有腐蚀性	现场检查		随工检查 检验签证
6	接地汇流排安装	安装位置符合工程设计要求，安装端正、牢固，接地引入线与接地汇流排连接可靠，并有明显的标志	现场检查		
7	出、入局（站）缆线的接地与防雷	出、入局（站）的电源缆线应符合防雷要求，并埋地出、入，埋入地下的长度应符合工程设计要求，金属外护套或金属管两端应就近接地。由楼顶引入机房的电缆在采取了相应的防雷措施后方可进入机房	现场检查		随工检查 检验签证
8	电源设备的接地	电源设备的保护接地应从接地汇集线或接地汇流排就近引接，交流配电屏的中性线汇集排与机架绝缘，中性线严禁作交流保护地线。直流电源工作接地应从接地汇集线或第一级接地汇流排上引接	现场检查		

续表

序号	检测项目	指标及要求	测试方法	测试结果	备注
9	接地线要求	设备的接地线应单独与接地汇集线或接地汇流排相连，不得串接。保护地线、工作地线应采用绝缘铜导线，严禁使用裸导线，其截面积应符合工程设计要求。接地线布放路由应合理，敷设应短直，严禁盘绕	现场检查		
验收结论：					
存在问题：					
验收小组及测试人员（签字）： 年 月 日					

8.6 通信电源系统的可靠性设计

统计数据表明，通信系统的故障有近 1/3 是由其电源系统的故障造成的，这应当引起我们对通信电源系统可靠性的高度重视，在系统设计阶段就应对电源系统的可靠性作出估算，以便通过优化系统运行方式和合理选择电源设备等手段提高系统的可靠性。

8.6.1 可靠性理论基础

通信电源系统是由各个电源设备构成的，其可靠性必然与构成系统的各设备有关。而每一电源设备的可靠性又是衡量该产品质量的重要指标，其定义为：产品在规定的条件（工作时所处的环境、使用和维护条件等）下，规定的时间（考察产品是否正常工作的起止时间）内，完成规定功能（产品应当实现的功能）的能力。

1. 常用可靠性指标

为了科学地研究可靠性问题，必须把本来是定性概念的可靠性进行量化，以便达到定量分析的目的。为此，通常要用到下列一些常用的可靠性指标。

（1）可靠度。产品在规定的条件下和规定的时间内完成规定功能的概率称为该产品的可靠度。其表达式为

$$R(t_1,\ t_2)=\frac{N_s(t_1,\ t_2)}{N_0(t_1,\ t_2)} \tag{8-52}$$

式中 $R(t_1,\ t_2)$——产品的可靠度，$0 \leqslant R(t_1,\ t_2) \leqslant 1$；

$N_s(t_1,\ t_2)$——被考察产品在从 t_1 到 t_2 运行时间内，未发生故障的个数；

$N_0(t_1,\ t_2)$——被考察的同样产品总数。

在实际使用时产品的可靠度亦称为工作可靠度，它是产品的固有可靠度 R_i（取决于设计和制造）和使用可靠度 R_u（取决于使用、保养和环境）的乘积。由于使用可靠度与人有关并且较难衡量，故这里所说的可靠度仅指产品的固有可靠度。产品的可靠度 R（即不发生故障的概率）与产品的故障概率之和为 1。

（2）平均失效率。被考察的产品运行到 t 时刻后的单位时间内发生故障的产品数与时刻

t 内完好的产品数之比称为产品的瞬时失效率。设 N_0 个产品的可靠度为 $R(t)$，从 t 时刻到 $t+\Delta t$ 时刻失效的产品数为 $N_0[R(t)-R(t+\Delta t)]$，则在 t 时刻后的单位时间内失效数为 $N_0[R(t)-R(t+\Delta t)]/\Delta t$。在 t 时刻内完好的产品数为 $N_0R(t)$，设产品的瞬时失效率为 $\lambda(t)$，则其表达式

$$\lambda(t)=\frac{N_0[R(t)-R(t+\Delta t)]/\Delta t}{N_0R(t)}=\frac{R(t)-R(t+\Delta t)}{R(t)\Delta t} \tag{8-53}$$

将上式改写成微分形式，得到

$$\lambda(t)=-\frac{1}{R(t)}\frac{\mathrm{d}R(t)}{\mathrm{d}t}\quad 即：R(t)=\mathrm{e}^{-\int_0^t\lambda(t)\mathrm{d}t}$$

$\lambda(t)$ 的单位是时间的倒数，其与时间 t 的关系一般为图 8-10 所示的“浴盆曲线”。

图 8-10 所示的“浴盆曲线”可分为三部分：第一部分为早期失效期；第二部分为偶然失效期；第三部分为损耗失效期。一般说来，通常所研究的可靠性是指产品在偶然失效期的可靠性指标。电子产品在偶然失效期内，其瞬时失效率 $\lambda(t)$ 几乎与时间 t 无关，可近似表示为一个很小的常数，即

$$\lambda(t)=\lambda \tag{8-54}$$

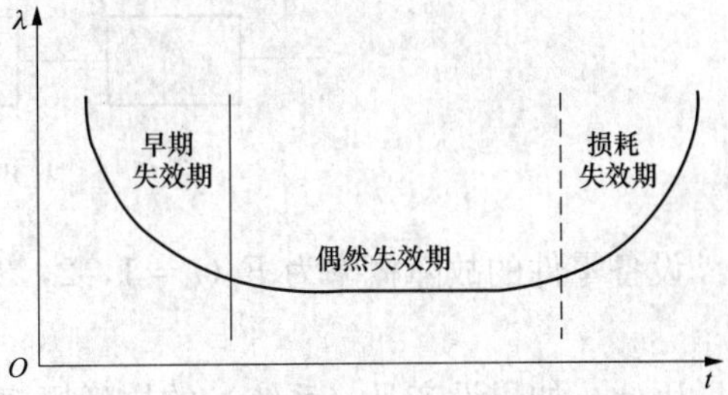

图 8-10　产品可靠性的“浴盆曲线”

此时的可靠度可表示为

$$R(t)=\mathrm{e}^{-\lambda t}$$

平均失效率就是规定时间区间（t_1，t_2）内的瞬时失效率的均值，即

$$\lambda(t_1,\ t_2)=\frac{1}{t_2-t_1}\int_{t_1}^{t_2}\lambda(t)\mathrm{d}t \tag{8-55}$$

（3）使用寿命与平均维修时间。使用寿命是指产品在规定的条件下从规定时刻开始，到失效密度变到不可接受或产品的故障被认为不可修理时止的时间区间。

使用寿命的分布符合指数分布规律。根据可靠度的定义，一种产品在 t 时刻内正常工作的概率为 $R(t)$，则按照统计理论，该产品寿命的数学期望值亦即使用寿命 T，可表示为

$$T=\int_0^{-\infty}R(t)\mathrm{d}t=\int_0^{-\infty}\mathrm{e}^{-\lambda t}\mathrm{d}t=\frac{1}{\lambda} \tag{8-56}$$

从这里可以看出，产品的平均寿命是其失效率的倒数。

若产品出现的故障无法修复，则其平均寿命 T 又可以称为平均失效前时间 MTTF（mean time to failures）。若产品的故障可以修复，则其平均寿命 T 代表平均失效间隔时间 MTBF（mean time between failures）。对于故障可以修复的产品，还有个平均恢复前时间 MTTR（mean time to restoration）。MTTR 也是一个统计值，一般远小于 MTBF。

（4）稳态可用度。稳态可用度是指稳态条件下，规定时间区间内的瞬时可用度的均值。在某些条件下，如失效率与修复率均为恒定，则稳态可用度可表示为

$$A=\frac{\mathrm{MUT}}{\mathrm{MUT}+\mathrm{MDT}} \tag{8-57}$$

式中　A——产品的稳态可用度；

MDT——产品的平均不可用时间，h；

MUT——产品的平均可用时间，h。

（5）稳态不可用度。稳态不可用度是指稳态条件下，规定时间区间内的瞬时不可用度的均值。在某些条件下，如失效率与修复率均为恒定，则稳态不可用度可表示为

$$U=\frac{\mathrm{MDT}}{\mathrm{MDT}+\mathrm{MUT}} \tag{8-58}$$

式中 U——产品的不可用度。

产品的可靠性一般不用不可用度表示，但不可用度常用来衡量电源系统的可靠性。

2. 串联系统的可靠性

作为组件、设备或系统的产品是由许多元件构成的，如果其中任一零件故障都会导致整个设备发生故障，那么这种组成方式就称为串联方式。串联方式的构成如图 8-11 所示。

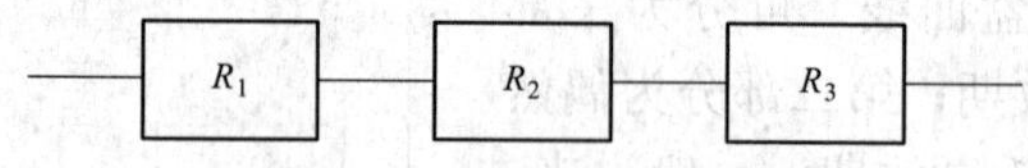

图 8-11 产品零件串联组成方式

设备零件的故障概率为 $F_i(i=1, 2, 3, \cdots, n)$，各零件的可靠度为 R_i，则

$$R_i=1-F_i$$

因此，如果设产品（系统）的故障概率为 F_s，那么产品（系统）的可靠度 R_s 就是各零件可靠度的乘积：

$$R_s=1-F_s=(1-F_1)(1-F_2)(1-F_3)\cdots(1-F_n)=R_1R_2R_3\cdots R_n$$

由上述公式可以知道，当零件数目增大时，设备的可靠度就急剧下降。

两台设备串联组成的子系统的稳态不可用度略小于电路中各设备稳态不可用度的和，即

$$U_i=U_1+U_2-U_1U_2 \tag{8-59}$$

式中 U_i——两台设备串联子系统的稳态不可用度；

U_1——第一台设备的稳态不可用度；

U_2——第二台设备的稳态不可用度。

两台设备串联子系统的平均恢复前时间的估算公式如下

$$\mathrm{MTTR}_i=\frac{(U_1+U_2)\,\mathrm{MTTR}_1\,\mathrm{MTTR}_2}{U_1\,\mathrm{MTTR}_2+U_2\,\mathrm{MTTR}_1} \tag{8-60}$$

式中 MTTR_i——两台设备串联子系统的平均恢复前时间；

MTTR_1——第一台设备的平均恢复前时间，h；

MTTR_2——第二台设备的平均恢复前时间，h。

3. 并联系统的可靠性

如果其中任一零件发生故障时，整个系统的其他设备仍能正常工作，那么这种组成方式就称为并联方式。并联方式的构成如图 8-12 所示。

设备零件的可靠度如果用 R_i 表示，则有

$$R_s=1-F_s=1-(1-R_1)(1-R_2)(1-R_3)\cdots(1-R_n)$$

式中：$(1-R_1)(1-R_2)(1-R_3)\cdots(1-R_n)$ 是产品总损坏率。从理论上说，并联设备越多，系统的稳态不可用度越小。

两台设备并联组成子系统的稳态不可用度估算公式为

$$U_i = U_1 U_2 \tag{8-61}$$

式中　U_i——两台设备并联子系统的稳态不可用度；

U_1——第一台设备的稳态不可用度；

U_2——第二台设备的稳态不可用度。

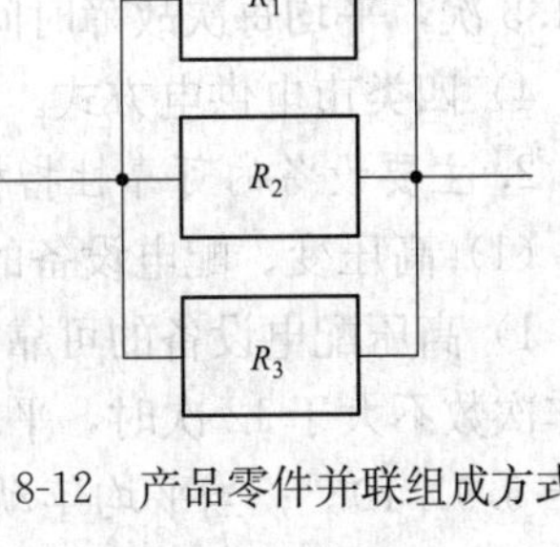

图 8-12　产品零件并联组成方式

两台设备并联子系统的平均恢复前时间的估算公式为

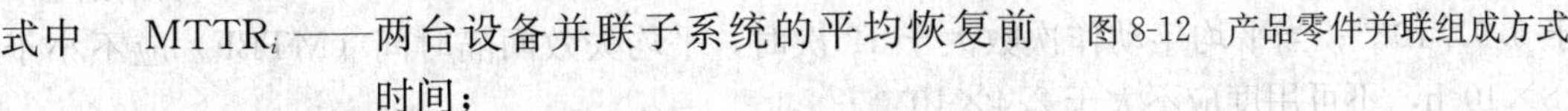

$$\mathrm{MTTR}_i = \frac{\mathrm{MTTR}_1\ \mathrm{MTTR}_2}{\mathrm{MTTR}_1 + \mathrm{MTTR}_2} \tag{8-62}$$

式中　MTTR_i——两台设备并联子系统的平均恢复前时间；

MTTR_1——第一台设备的平均恢复前时间，h；

MTTR_2——第二台设备的平均恢复前时间，h。

4. 并联冗余系统的可靠性

通过组合备用零件或备用装置以提高产品或系统的可靠度，就叫作冗余性。

对于 $N+1$ 并联冗余电路，其子系统稳态不可用度的估算公式为

$$U_{N+1} = \frac{1}{2}(N+1)NU^2 \tag{8-63}$$

式中　U_{N+1}——$N+1$ 并联冗余电路子系统的稳态不可用度；

N——满足负荷要求的相同设备并联数；

U——单个设备的稳态不可用度。

$N+1$ 并联冗余电路子系统平均恢复前时间的估算公式为

$$\mathrm{MTTR}_{N+1} = \frac{1}{2}\mathrm{MTTR} \tag{8-64}$$

式中　MTTR_{N+1}——$(N+1)$ 个并联冗余电路子系统的平均恢复前时间，h；

MTTR——单个设备的平均恢复前时间，h。

对于（$N+2$）或（$N+3$）的系统，其备用设备数量有增加，是因为主用设备数量比（$N+1$）系统多，故仍可以用上述公式对其电路子系统的稳态不可用度和平均恢复前时间进行估算。

8.6.2　通信供电设备及系统的可靠性指标

1. 市电供电的可靠性指标

（1）市电的不可用度。市电的可靠性指标以市电的不可用度来表征。市电的不可用度是指市电的不可用时间与可用时间和不可用时间之和的比，即

$$\text{市电不可用度} = \frac{\text{不可用时间}}{\text{不可用时间} + \text{可用时间}} \tag{8-65}$$

市电的电压、频率不符合通信局（站）电源系统要求的时间为不可用时间。

（2）市电供电方式的不可用度指标。

1）一类市电供电方式。一类市电供电方式的不可用度指标为：平均月市电故障次数不大于一次，平均每次故障时间不大于 0.5h；市电的年不可用度应小于 6.8×10^{-4}。

2）二类供电方式。二类市电供电方式的不可用度指标为：平均月市电故障次数不大于 3.5 次，平均每次故障时间不大于 6h；市电的年不可用度应小于 3×10^{-2}。

3）三类市电供电方式。三类市电供电方式的不可用度指标：平均月市电故障次数不大于4.5次，平均每次故障时间不大于8h。市电的年不可用度应小于5×10^{-2}。

4）四类市电供电方式。市电的年不可用度小于5×10^{-2}。

2. 主要设备的可靠性指标

（1）高压变、配电设备的可靠性指标。

1）高压配电设备的可靠性指标。高压配电设备，在15年使用时间内，当主开关年平均动作次数不大于12次时，平均失效间隔时间（MTBF）应不小于1.4×10^{5}h，不可用度应不大于6.9×10^{-6}；当平均年动作次数大于12次时，平均失效间隔时间（MTBF）应不小于4.18×10^{5}h，不可用度应不大于2.4×10^{-6}。

2）变压器的可靠性指标。变压器在20年使用时间内，其平均失效间隔时间（MTBF）应不小于1.75×10^{5}h，不可用度如下。

a. 无载调压变压器：不可用度应不大于9.14×10^{-4}。

b. 有载调压变压器：不可用度应不大于1.22×10^{-3}。

（2）低压配电设备的可靠性指标。

1）交流低压配电设备，在15年使用时间内，关键部件年平均动作次数小于等于12次时，平均失效间隔时间（MTBF）应不小于5×10^{5}h，不可用度应不大于2×10^{-6}；平均年动作次数大于12次时，平均失效间隔时间（MTBF）应不小于10^{5}h，不可用度应不大于1.0×10^{-5}。

2）直流配电设备，在15年使用时间内，平均失效间隔时间（MTBF）应大于等于10^{6}h，不可用度应不大于1.0×10^{-6}。

（3）发电设备。

1）柴油发电机组，在规定的寿命周期内，在规定的使用条件下，平均失效间隔时间（MTBF）应大于等于800h，不可用度应不大于3.75×10^{-3}。在常温下启动失败率小于等于0.6%。

2）燃气轮机发电机组，在规定的寿命周期内，在规定的使用条件下，平均失效间隔时间（MTBF）应大于等于2500h，不可用度应不大于5×10^{-4}。启动失败率不大于0.6%。

3）太阳电池方阵的平均寿命应不小于1.31×10^{5}h。

4）太阳电池控制器在15年使用时间内，其平均失效间隔时间（MTBF）应不小于5×10^{4}h，不可用度应不大于2.4×10^{-4}。

（4）交流不间断电源（UPS）。

1）在使用寿命期间内，通信用交流不间断电源设备的平均失效间隔时间（MTBF）应不小于2×10^{4}h，不可用度应不大于2.5×10^{-5}。

2）在使用寿命期间内，通信用交流不间断电源系统的平均失效间隔时间（MTBF）应不小于1×10^{5}h，不可用度应不大于5×10^{-6}。

（5）整流设备。高频开关整流设备在15年使用时间内，平均失效间隔时间（MTBF）应不小于5×10^{4}h，不可用度应不大于6.6×10^{-6}。

（6）直流—直流变换器设备。在15年使用时间内，平均失效间隔时间（MTBF）应不小于5×10^{4}h，不可用度应不大于6.6×10^{-6}。

（7）蓄电池组。阀控式密封铅酸蓄电池组全浮充工作方式，在10年使用时间内平均失

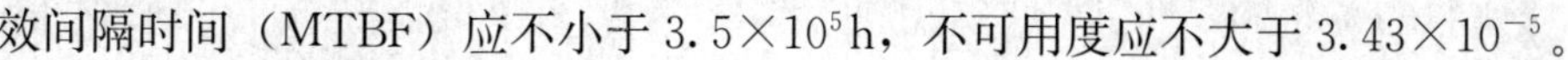

效间隔时间（MTBF）应不小于 3.5×10^5h，不可用度应不大于 3.43×10^{-5}。

3. 系统的不可用度指标

通信电源系统是通信系统的一个重要组成部分，其可靠性指标理论上应根据通信系统的可靠性指标分配而定。电源系统的可靠性指标应根据系统组成、规模容量、维护条件及经济性等因素综合考虑。

电源系统的可靠性指标通常用不可用度表征，即

$$电源系统不可用度=\frac{故障时间}{故障时间+正常供电时间} \tag{8-66}$$

根据通信局（站）在整个通信网中的地位和作用，对不同规模的电源系统可靠性指标要求如下。

(1) 一类局（站）电源系统的稳态不可用度应不大于 5×10^{-7}，即平均 20 年时间内，每个电源系统故障的累积时间应不大于 5min。

(2) 二类局（站）电源系统的稳态不可用度应不大于 1×10^{-6}，即平均 20 年时间内，每个电源系统故障的累积时间应不大于 10min。

(3) 三类局（站）电源系统的稳态不可用度应不大于 5×10^{-6}，即平均 20 年时间内，每个电源系统故障的累积时间应不大于 50min。

8.6.3　通信电源系统的可靠性估算

电源系统是由处在不同位置的各种电源设备构成的，而每个电源设备又是由处在不同位置的各种元器件构成的一个小的电源子系统。对于每个电源设备，作为产品可以用估算的方法估算其可靠性，再通过调查统计验证其可靠性估算的准确程度，从而最后确定该产品的可靠性。对于电源系统，则要根据具体的电路结构、构成系统各种电源设备在考察条件下的可靠性，用估算的方法估算其可靠性。为此，必须首先把物理结构的供电系统图改变成表示构成电源系统的各个部分在电路中关于可靠性逻辑关系的方框图，即电源系统可靠性逻辑框图，然后，再根据各个部分在可靠性逻辑框图中的串、并联关系逐步估算出各部分乃至整个系统的可靠性。

例如，某通信局（站）采用市电与油机电源并配以整流设备和蓄电池组等，构成直流不间断电源系统。设备配置为：二类市电一路，备用柴油发电机组两台，主、备用整流器各一台，能支持放电 2h 的蓄电池组分作两组。其供电系统方框图如图 8-13 所示。

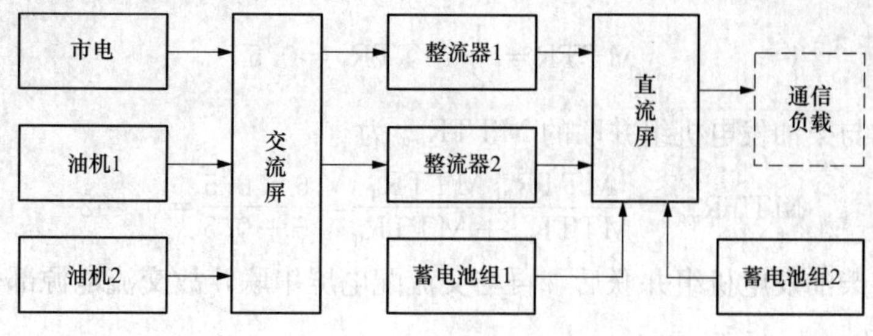

图 8-13　市电与油机电源供电系统

若将上图改画成相应的电源系统可靠性逻辑框图，且将蓄电池充电回路相关整流配电设备对其可靠性的影响归结到整流器浮充时的可靠性已包含这部分内容，则其逻辑框图如图

8-14 所示。

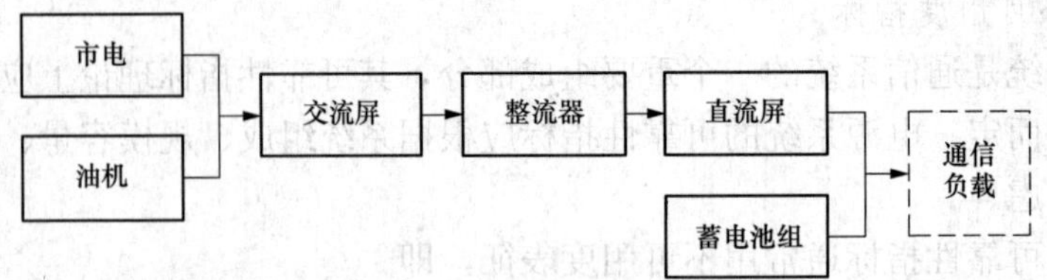

图 8-14 市电与油机电源供电系统可靠性逻辑框图

1. 交流电源部分

二类市电的年稳态不可用度应小于 3×10^{-2}，平均故障持续时间应不大于 6h。柴油发电机组运行过程中的故障率极低，其平均失效间隔时间 $MTBF_{qy}$ 应不小于 800h，远低于启动失败率，可靠性估算中可予以忽略。柴油发电机组的启动成功率 A_q 不低于 99%，启动失败后平均恢复前时间 $MTTR_q$ 不大于 1h；交流配电屏的平均失效间隔时间 $MTBF_j$ 不小于 1.0×10^6h，平均恢复前时间 $MTTR_j$ 不大于 1h。

由于市电与柴油发电机组并联，再与交流配电屏串联，因此先计算并联柴油发电机组的 U_q。

单台柴油发电机组的 U 为 $U=(1-A)=(1-99\%)=1\%$，两台柴油发电机组并联的 U_q 为 $U_q=UU=1\%\times1\%=1\times10^{-4}$，

再计算市电与柴油发电机组并联的 U_{mq} 为

$$U_{mq}=U_mU_q=3\times10^{-2}\times1\times10^{-4}=3\times10^{-6}$$

再利用串联公式计算 U_{ac} 为

$$U_{ac}=U_{mq}+U_j-U_{mq}U_j$$

式中
$$U_j=\frac{MTTR_j}{MTTR_j+MTBF_j}=\frac{1}{1+1\times10^6}=1\times10^{-6}$$

故有

$$U_{ac}=U_{mq}+U_j-U_{mq}U_j=3\times10^{-6}+1\times10^{-6}-3\times10^{-6}\times1\times10^{-6}\approx4\times10^{-6}$$

交流电源部分的平均恢复前时间 $MTTR_{ac}$ 计算如下。

先计算两台柴油发电机组并联的 MTTR 为

$$MTTR=\frac{1}{2}MTTR_1=0.5$$

再计算市电与柴油发电机组并联的 $MTTR_{mq}$ 为

$$MTTR_{mq}=\frac{MTTR_m\,MTTR_q}{MTTR_m+MTTR_q}=\frac{6\times0.5}{6+0.5}=0.462$$

由于市电与柴油发电机组并联后，再与交流配电屏串联，故交流电源部分的平均恢复前时间 $MTTR_{ac}$ 为

$$MTTR_{ac}=\frac{(U_{mq}+U_j)\,MTTR_{mq}\,MTTR_i}{U_{mq}\,MTTR_j+U_j\,MTTR_{mq}}$$
$$=\frac{(3\times10^{-6}+1\times10^{-6})\times0.42\times1}{3\times10^{-6}\times1+1\times10^{-6}\times0.42}=0.534$$

2. 整流器以前部分

首先计算两台整流器并联的稳态不可用度 U_{ac}。

根据 YD/T1051—2010《通信局（站）电源系统总技术要求》规定，高频开关整流器在15年使用时间内，其 MTBF 应不小于 5×10^4 h，稳态不可用度应不大于 6.6×10^{-6}。由于两台整流器并联，故

$$U_{zs}=6.6\times10^{-6}\times6.6\times10^{-6}=4.356\times10^{-11}$$

再计算两台整流器并联的平均恢复前时间 $MTTR_{zs}$。

单台整流器的平均失效间隔时间 MTBF 为 5×10^4 h。由以下公式可以求出单台整流器的 MTTR。

$$U=\frac{MTTR}{MTTR+MTBF}$$

$$6.6\times10^{-6}=\frac{MTTR}{MTTR+5\times10^4}$$

$$MTTR=\frac{6.6\times10^{-6}\times5\times10^4}{1-6.6\times10^{-6}}=0.33(h)$$

由于两台整流器并联，故有

$$MTTR_{zs}=\frac{1}{2}\times0.33=0.165(h)$$

交流部分与整流器串联，故整流器以前部分的稳态不可用度 U_{az} 为

$$U_{az}=U_{ac}+U_{zs}=4\times10^{-6}+4.356\times10^{-11}\approx4\times10^{-6}$$

整流器以前部分的 $MTTR_{az}$ 为

$$MTTR_{az}=\frac{(U_{ac}+U_{zs})\,MTTR_{ac}\,MTTR_{zs}}{U_{ac}\,MTTR_{zs}+U_{zs}\,MTTR_{ac}}$$

$$=\frac{(4\times10^{-6}+4.356\times10^{-11})\times0.534\times0.165}{4\times10^{-6}\times0.165+4.356\times10^{-11}\times0.534}$$

$$=0.534$$

3. 直流不间断供电系统

直流配电屏以前的蓄电池组是与整流器及其以前的电路并联的，它们并联后，再与直流配电屏串联。全浮充工作方式的阀控式密封铅酸蓄电池组在10年使用时间内，其 MTBF 应不小于 3.5×10^5 h，稳态不可用度应不大于 3.43×10^{-5}。蓄电池组放电时，蓄电池组与整流器及其以前的电路并联的稳态不可用度可用以下公式估算

$$U=U_b e^{-T_b/MTTR_s}$$

式中 U ——忽略充电影响时，有蓄电池组直流不间断供电系统的稳态不可用度；

U_b ——蓄电池组的稳态不可用度；

$MTTR_s$ ——与蓄电池组并联系统平均恢复时间，h。

故
$$U=U_b e^{-T_b/MTTR_s}=1.72\times10^{-5}\times e^{-2/0.534}$$

$$=1.72\times10^{-5}\times0.024=4\times10^{-7}$$

直流配电屏在15年使用时间内，其主回路的 MTBF 应不小于 9.6×10^8 h；整机的 MTBF 应不小于 10^6 h，稳态不可用度应不大于 1×10^{-6}。由于直流配电屏与其以前的电路串联，故直流不间断供电系统的稳态不可用度 U_s 为

$$U_s = U + U_z = 4\times10^{-7} + 1\times10^{-6} = 1.4\times10^{-6}$$

必须注意的是，上述供电系统可靠性指标的计算是一个纯粹的理论计算过程，而实际上研究通信电源系统的可靠性时还需要考虑大系统故障和小系统故障产生的社会影响问题。当通信局（站）的规模比较大时，可以考虑采用分散供电模式，设置两个或多个独立的直流供电系统，这些措施都可以有效提高通信电源系统的可靠性。

8.6.4 供电系统可靠性的提高

在通信电源系统的运行维护中，电源设备的可靠性问题比较突出。要保证系统的可靠性，就必须在电源设备设计、选购、验收、维护的各个环节中，为提高系统可靠性而做好各项专业工作。

1. 减少设备的早期失效

由产品可靠性的“浴盆曲线”可知，产品的早期失效发生在设备开始工作之初，失效率 $\lambda(t)$ 随使用时间的增加而迅速下降，主要对应于设备设计和制造的质量缺陷。

故障内容可分为：不能工作、工作不稳定、功能劣化及其他异常现象。

表现 1：开关电源模块的交流输入滤波电容耐压不合格、机内元件安装绝缘不良等，导致开机瞬间损坏。

表现 2：交流接触器线圈发热、信号转接电路板辅助电源质量低劣、缺少液晶显示屏的对比度低、温补偿电路及熔丝状态检测电路设计不合理、温度补偿电路误差偏大等，导致设备工作一段时间后才发生故障或者误告警。

解决设备早期失效率高的关键在于通信电源设备生产厂家要严格操作规程，加强对原材料、半成品以及外购件的检验和质量控制，进行工艺筛选和老化试验，及时处理设备的质量反馈意见，找出产生故障的根本原因并及时解决。

2. 提高设备的可靠性指标

偶然失效阶段是设备的最佳状态期，电源设备的使用寿命主要取决于这一阶段的时间。按照设备可靠性指标要求，有对高频开关电源的平均失效间隔时间（MTBF）应不小于 5×10^4 h 的规定，据此，我们可计算出 MTBF=1×10^5 h 和 MTBF=5×10^4 h 的设备在不同时间段内相对故障发生的概率，具体见表 8-30。

表 8-30　设备在不同时间段内相对故障发生的概率

设备运行时间段	各时间段内瞬时故障率 $\lambda(t)$	
	MTBF=1×10^5 h	MTBF=5×10^4 h
1 天	0.024%	0.048%
1 周	0.168%	0.336%
1 个月	0.720%	1.440%

由此可见 MTBF=1×10^5 h 和 MTBF=5×10^4 h 时，相对应设备的瞬时故障率相差一倍，即系统维护量相差一倍，所以选购设备时应以 MTBF 为主要质量考核指标。提高设备的可靠性指标是减少电源设备故障率和维护的工作量的主要途径之一。

同样，我们也可计算出 MTBF=1×10^5 h 和 MTBF=5×10^4 h 的设备在不同时间段内的可靠度，具体见表 8-31。

不难看出，设备的可靠性随着运行时间的增加呈指数降低。在设备运行的中后期，

MTBF 对设备的可靠性影响较大。无论对单台设备还是整批设备的运行可靠性，我们都应该参考表 8-31，越到设备运行后期越应加强设备的维护检查，做到及时发现故障，及时解决故障，采取人工方式尽量提高设备的可靠性。

表 8-31　　设备在不同时间段内的可靠度

设备运行时间段	可靠度指标 $R(t)$	
	MTBF=1×10^5h	MTBF=5×10^4h
1 个月	99%	99%
6 个月	96%	92%
1 年	92%	84%
2 年	84%	71%
3 年	77%	60%
4 年	71%	50%
5 年	65%	42%
6 年	60%	35%
7 年	55%	30%
8 年	50%	25%
9 年	46%	21%
10 年	42%	18%

3. 优化供电系统的可靠性设计

组成设备的各单元的可靠性从功能上可以分为串联系统、并联系统、备用冗余系统和串并联系统。

(1) 串联系统的可靠性小于任一组件的可靠性。串联系统比较常见，如开关电源的交流单元、整流模块、直流单元就组成了串联可靠性系统。由于串联系统任何一个部分的可靠度 $R(t)$ 都小于 100%，即小于 1，所以串联的部分越多，系统的总可靠度越小，所以减少系统的串联组成部分可以提高设备的可靠性，即结构简化就是可靠。

(2) 并联冗余系统的可靠性大于任一组件的可靠性。当一种设备的可靠性指标可能无法满足系统的要求时，便可以采取并联系统、备用冗余系统来提高系统的可靠性。

并联系统即设备并机热备份系统，其结构模型如图 8-15 (a) 所示。

由于开关电源整流模块、UPS 的内部串联组成部分较多，而且包含功率元件，因此如果采取单一工作方式，可靠性必然较低，而 $N+1$ 并联工作方式很好地解决了这个问题。

开关电源整流模块 $N+1$ 并联工作就是把以最佳工作电流并联运行的整流模块数量再加上一个相同的冗余模块；UPS 的 $N+1$ 并联工作则一般是采取两台相同的 UPS 并联工作，平时每台 UPS 各负担 50%的负荷容量，总负荷容量一般小于一台 UPS 的最大容量。

(3) 备用系统关键在于可靠切换。备用系统如图 8-15 (b) 所示，由完全独立的分系统并联组成，平时只有一个分系统工作，其余不参加工作，处于备用状态，当一个分系统发生故障时，需要用切换开关转换到其他分系统上去，保证系统正常输出。

如某通信局（站）的交流保证供电系统由两路市电和固定式柴油发电机组构成，平时只使用其中一路市电，当主用市电发生故障时，首先应切换到另一路市电，两路市电都发生故

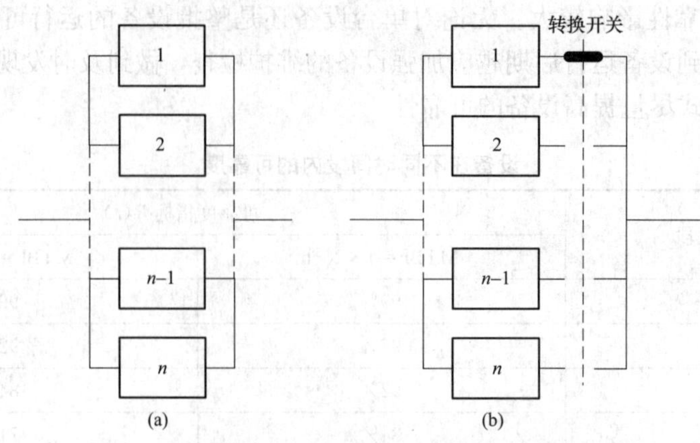

图 8-15　并联可靠性系统组成

(a) 并联系统（设备热备份系统）结构模型；(b) 备用系统结构模型

障时，则必须启动自备柴油发电机组供电。这种系统中备用分系统的可靠性最高，但是由于转换开关与备用设备是串联系统，所以转换开关直接影响系统的可靠性。如能解决故障检测和切投转换这个可靠性瓶颈，那么备用冗余系统的总可靠性将比并联系统高很多。

转换开关有自动和手动两种工作方式，受各种外界因素的影响，实际工作中往往采用手动切投转换。因此设立可靠的故障报警装置、实行先进运维管理方法对于提高系统的可靠性都是必不可少的。

4. 提高设备的使用和环境可靠性

制定科学的运行维护规程，加强技术培训，提高使用的可靠性；完善施工和配套设备管理，提高环境的可靠性，这些措施都有助于提高设备的可靠性。

提高使用可靠性就是能够保证设备在使用寿命内，合理地安装和正确地操作维护，杜绝操作失误。例如，通信用空调的安装和使用，通信用空调的主要作用是夏季制冷，如果是北方地区，考虑冬季气温较低，则一般应选用热泵式空调；室外机如果安装在向阳的地方，那么夏季制冷时室外机的散热效果就不如安装在北侧的室外机，会导致冷凝器温度高，内压大，势必增加压缩机的负荷，缩短空调的使用寿命；如果两台通信用空调采取自动备份式工作模式，即平时一台空调工作，一台空调备用，当机房室温升高超过设定标准时，两台空调一起工作，既能分担负荷，又能避免工作的空调发生故障时，导致通信机房温度骤升。当然，对空调设备进行及时的检查维护也非常重要。

提高环境可靠性就是加强市电和环境管理，当市电的变化范围或谐波超标时，必须配套交流净化稳压器。据有关资料显示：当环境温度升高 10℃时，电子计算机的可靠性下降 25%，因此保证设备环境温度、湿度等在允许范围内是保证设备可靠性和延长使用寿命的必要条件。

总之，通信电源系统的可靠性贯穿于通信电源设备的设计、选购、验收、运行维护等各个环节中，对于从事通信供配电工程的技术人员，我们更应关注在系统设计、运行、维护阶段的可靠性问题，这是确保通信供电质量的关键。

习题与思考题

1. 负荷计算有何现实意义？常用负荷计算的基本方法有哪些？

2. 试描述通信电源系统工程设计中主要电源设备容量配置的基本原则和方法。

3. 电力电缆由哪几部分组成？有哪些常用的型号？

4. 电力线缆的命名有何规定？其型号中各部分字母代号的具体含义是什么？

5. 通信用电力线的选择一般遵循什么原则？

6. 直流电力线截面的选择有哪几种计算方法？实际工作中我们通常是如何操作的？

7. 交流电力线截面选择的四个原则是什么？

8. 通信局（站）电力线路电压损失百分数可用什么样的简化公式来描述，为什么？

9. 试推导 380/220V 两相三线制线路电压损失计算常数计算表达式。

10. 研究通信电源系统的可靠性有何意义？有哪些提高系统供电可靠性的常见措施？

11. 通信电源设备的可靠性一般用什么参数来表示？

12. 通信电源系统引入市电按可靠性来分有哪几个等级？每一类市电形式的不可用度指标是如何规定的？

13. 某 220/380V 的 TN-C 线路，如下图所示，线路拟采用 BLX 型导线明敷，环境温度为 30℃，允许电压损失为 5%，试选择导线截面。

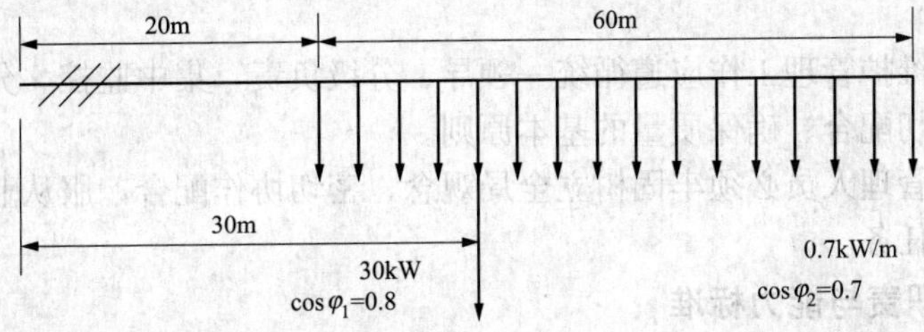

通信供电管理与勤务

通信电源是通信系统的重要组成部分，是保证通信设备正常运行的能源。为通信系统提供稳定、可靠、不间断的电源是电源站全体值勤维护人员的共同任务。

通信电源站通常由变电室、电力室、电池室、发电机组（油机）房和控制室等五部分组成，是通信局（站）的动力之源。为保证通信电源无瞬间中断，通常采用市电、油机（发电机组）和蓄电池组三种供电方式构成通信电源系统。因此，电源站全体人员必须熟悉本站组成和供电方式，正确实施通信供电管理与勤务。

9.1 组织管理

电源系统值勤维护管理工作应遵循统一领导、分级负责，集中监控、分散值守，集中维修、分散维护，密切配合、确保质量的基本原则。

全体值勤维护管理人员必须牢固树立全局观念，密切协作配合，服从业务指导，落实工作责任，圆满完成任务。

9.1.1 岗位职责与能力标准

通信枢纽台站（一级通信局站）值勤人员类别分为：站长（分队长）、通信电源工程师（监控中心值班人员）、领班员和值机员。

1. 站长（分队长）

（1）职责标准。电源站站长（分队长）对通信枢纽台站通信电源值勤负主要管理责任，其职责分为日常管理、业务管理、训练管理三大类，具体见表9-1。

表9-1　站长（分队长）职责

序号	项目		内容
01	日常管理	组织电源分队会	总结讲评局（站）一周的电源值勤维护工作完成情况
02			组织分析电源运行状况
03			针对现有设备运行问题制定改进措施
04			教育所属人员增强大局意识
05			教育所属人员不断改进值勤维护工作
06			领导所属人员，落实值勤维护管理规章制度和上级指示，圆满完成各项值勤维护任务
07			正规值勤秩序，严格值勤作风

续表

序号	项　目		内　容
08	日常管理	组织业务分析会	通报设备运行状况
09			测量分析主要技术指标
10			讲评日常值勤维护工作和专业技术训练情况
11			组织交流维护工作经验
12			组织查找存在的问题
13			研究制定改进措施
14	业务管理	重大通信保障	全面掌握电源设备运行状况
15			组织完成站内设备日常维护，确保设备处于良好工作状态
16			定期组织对电源设备运行参数测试，掌握设备运行情况
17			组织全体人员认真学习应急保障方案与抢代通方案
18	训练管理	组织业务训练	制定周训练计划
19			严格落实训练制度
20			组织考核

(2) 能力标准。站长（分队长）必须掌握通信电源值勤维护的各种能力，熟悉各种法规制度，具有统筹管理能力。其能力标准见表 9-2。

表 9-2　站长（分队长）能力标准

序号	项　目	内　容
01	基础知识	熟悉高压配电、变压器、低压配电、发电机组、UPS、开关电源、蓄电池组、防雷接地系统和监控系统基本原理
02		掌握供电性质、台站基本状况和连接关系
03	通信法规	熟悉 YD/T 1051—2010《通信局（站）电源系统总技术要求》；YD/T 1970—2009《通信局（站）电源系统维护技术要求》和相关保密制度
04	应急（战备）值勤	熟练掌握本要素等级应急（战备）通信保障方案
05		熟练掌握重大任务通信保障要素的组织实施方法、流程、要求
06		熟练掌握本要素各种应急预案、抢代通方案
07		能够迅速、快捷地组织人员处置各种突发情况
08		了解所属人员的业务技术状况，合理调配值勤维护力量
09	维护工作	熟悉站内设备日常维护项目
10		熟练掌握常用仪表的操作使用，设备技术性能、主要指标测试方法

2. 电源工程师（监控中心值班人员）

(1) 职责标准。电源工程师主要指导值勤人员进行业务处理，其职责分为制度落实、专业职能、业务指导三大类，具体见表 9-3。

表 9-3　　电源工程师职责

序号	项　目	内　容
01	制度落实	执行上级指示，遵守规章制度
02		掌握维修区域内电源系统（设备）运行状况
03		指导值勤人员进行设备日常维护
04	专业技能	熟悉站内设备技术性能，熟练掌握常用仪表、工具的使用方法
05		按照规定完成设备维护与测试
06	业务指导	制定和完善抢代通方案
07		按时限完成任务，及时处理电源设备故障并上报
08		负责建立和管理表报资料和技术档案
09		学习专业技术知识，提高业务水平

（2）能力标准。电源工程师必须具有较好的专业基础知识、实际工作经验、数据统计分析能力及业务指导能力。其能力标准见表 9-4。

表 9-4　　电源工程师能力标准

序号	项　目	内　容
01	基础知识	熟悉交流、直流基础电源、接地防雷系统和集中监控系统原理
02		掌握各种电源设备工作原理
03		具备重大业务处理能力
04		熟练运用 Office、CAD、Protel 等软件
05	通信法规	熟悉《通信局（站）电源系统总技术要求》（YD/T 1051—2010）；《通信局（站）电源系统维护技术要求》（YD/T 1970—2009）和相关保密制度
06	应急（战备）值勤	能够制定完善的应急通信保障方案、应急预案和抢代通方案
07		熟练掌握重大任务通信保障的组织实施方法、流程、要求
08	维护工作	熟悉本要素机线设备使用维护情况
09		熟悉本要素机线设备技术性能、主要指标测试方法
10		熟练掌握设备维护与维修技能

3. 领班员

（1）职责标准。领班员为本班次通信值勤维护负责，其职责分为日常管理、正规值勤、业务训练三大类，具体见表 9-5。

（2）能力标准。领班员须熟悉通信电源值勤维护标准，具备业务指导能力及与相关单位的沟通协调能力。其能力标准见表 9-6 所示。

表 9-5　　领班员职责

序号	项目		内容
01	落实日常制度管理	接班	组织电源分队列队接班
02			检查、校对值班日记
03			值班日记签字
04		交班	填写、检查、整理值班日记
05			督促本班人员按照职责分工做好交班准备
06			向接班分队宣读本班值勤情况
07		组织班前会	讲评上一循环班值勤维护工作
08			布置本循环班工作任务
09			组织学习《通信局（站）电源系统总技术要求》（YD/T 1051—2010）；《通信局（站）电源系统维护技术要求》（YD/T 1970—2009）和相关保密制度
10			组织学习重大任务保障方案
11		受理执行上级通知	受理上级业务部门通知，准确记录通知人、通知时间和通知内容
12			拟定通知处理办法，合理分工，检查相关岗位执行情况
13			交循环班，及时请示汇报
14	正规化值勤情况	任务保障	组织对保障点机线设备检查
15			熟悉抢代通方案，准备好抢代通器材
16			向上级汇报任务保障情况
17		机线故障处理	组织供电系统抢代通，同时向上级汇报故障时间、现象、影响及处理意见
18			按照分工组织相关人员迅速排查故障，向上级汇报故障处理情况［内容包括：故障恢复时间、处理过程（方法）、最终故障定位、故障处理期间上级来人或电话询问情况、用户申告情况等］
19			本班故障未处理完毕，向接班领班员交接清楚，直至处理完毕
20		机线设备维护	负责落实机线设备的日常维护工作
21		日常值班	受理用户申告，迅速处理，及时向上级汇报并回告用户
22			严格落实操作规程，做好安全防护工作
23			严格落实通信保密制度，杜绝失泄密问题发生
24			检查值勤作风，及时纠正问题，保持正规值勤秩序
25			积极配合、主动协调上下级及友邻局（站）、用户业务关系；超越本级权限的应及时向上级汇报
26			利用动环监控系统掌握设备运行、环境情况
27		上级检查友邻来访	向上级业务部门及本单位直接领导报告
28			介绍机房情况
29	组织业务训练		根据训练计划，严格落实训练日活动
30			增强本班人员训练积极性
31			严格落实训练时间
32			训练中切实抓好理论和实际的结合

表 9-6　　领班员能力标准

序号	项　目	内　　容
01	基础知识	熟练掌握常用仪表的操作使用，设备技术性能、主要指标测试方法
02		熟悉供电基本状况和连接关系
03		熟悉设备维护指标和法规制度
04	通信法规	熟悉《通信局（站）电源系统总技术要求》（YD/T 1051—2010）；《通信局（站）电源系统维护技术要求》（YD/T 1970—2009）和相关保密制度
05	战备值勤	熟悉本要素应急通信保障方案、应急预案和抢代通方案
06		熟练掌握重大任务通信保障的组织实施方法、流程、要求
07		准确掌握本要素与其他要素的业务关系和业务处理流程
08		熟练组织本班人员处置本要素各种突发情况
09		了解本班人员的业务技术状况，合理调配值勤维护力量
10	维护工作	熟悉本要素机线设备开通使用情况
11		熟悉本要素机线设备技术性能、主要指标测试方法
12		熟练掌握设备日常维护技能

4．值机员

（1）职责标准。值机员在领班员的领导下对本班次的通信电源值勤维护负责，其职责分为制度落实、业务处理、设备维护三大类，具体见表 9-7。

表 9-7　　值机员职责

序号	项　目		内　　容
01	制度落实	接　班	检查工具、器材、仪表完好情况
02			检查设备工作状态
03			报告正班检查情况
04		交班	负责检查、整理器材、工具、仪表
05			陪同接班人员巡视检查设备
06	业务处理	机线故障处理	临时代通用户供电
07			报告正班故障处理情况
08		日常业务处理	查看各种电源设备主要技术参数
09			故障申请上报及机房内故障处理
10			处理日常值勤维护业务，做好登记
11			30min 巡视电源设备一次，查看告警，报告正班
12			控制机房人员进出，做好登记
13	设备维护		统计循环班本分队业务量
14			配合本要素电源设备的预检维护等工作

（2）能力标准。值机员须具备通信电源值勤维护的基本能力，能独立处理日常业务，能在工程师和领班员的指导下进行复杂业务处理。其能力标准见表 9-8。

表 9-8　　值机员能力标准

序号	项　目	内　　容
01	基础知识	了解高压配电、变压器、低压配电、发电机组、UPS、开关电源、蓄电池组、防雷接地系统和监控系统的基本工作原理
02		了解通信电源设备维护基本知识
03		了解常用仪表操作规范
04	通信法规	熟悉《通信局（站）电源系统总技术要求》（YD/T 1051—2010）；《通信局（站）电源系统维护技术要求》（YD/T 1970—2009）和相关保密制度
05	应急（战备）值勤	准确掌握供电线路开设、停闭情况
06		掌握重保要素设备运行情况
07	维护测试	掌握供电电压、电流的测试
08		掌握蓄电池性能指标及测试方法
09		掌握万用表和地阻仪的操作使用方法

9.1.2　基本工作制度

通信局（站）电源站供电勤务的基本工作制度主要包括管理制度、值班制度、维护制度等计三大类十四种制度。

1. 管理制度

（1）请示报告制度。在值勤维护管理工作中，遇有下列情况，要及时请示报告。

1）上级指示执行情况和遇到的重大问题。

2）接到越级指示，在执行的同时向直接上级报告，当越级指示与正在执行的指示矛盾时，应当向有关上级说明情况。

3）发生电源系统故障。

4）变更设备配置、性能指标，更改维护计划，检修设备需临时中断供电。

5）发生通信事故或者严重差错，损坏设备和贵重仪表、器材。

6）危及人身或者通信设施安全及其他特殊情况。

（2）管理干部查岗（跟班）制度。

1）管理干部要坚持查岗（跟班）作业，加强工作跟踪指导。

2）模范遵守各项制度，严格履行工作职责。

3）深入实际掌握系统运行情况，及时处理存在的问题。

4）熟知值勤维护人员思想、技术状况，督促落实各项工作任务。

（3）业务会议制度。通信局电源站每月、班（组）每周召开一次业务会议，总结讲评值勤维护工作情况。其主要内容如下。

1）通报设备运行状况，说明主要设备主要技术性能指标。

2）讲评日常值勤维护工作和专业技术训练情况，查找存在的问题。

3）总结交流工作经验，研究制定改进措施。

（4）通信保密制度。

1）严格遵守《通信保密守则》及相关保密规定。

2）未经上级批准不得在工作间内及其附近拍照、录像。

3）妥善保管通信值勤维护管理文件、资料、图纸和存储数据的载体，严防丢失，未经允许不得复制或者带出工作间。

（5）检查讲评制度。值勤维护管理工作检查讲评由通信局（站）统一组织，采用经常性检查和集中检查相结合的方法进行。通常总局每年、省（直辖市）局每半年、地市级局每季度、县市级局（站）每个月分别开展一次，其主要内容包括以下几项。

1）各项指标完成情况。

2）值勤维护管理工作落实情况。

3）系统设备运行状况及存在的问题。

4）通信应急（战备）与抢代通方案执行情况。

5）值勤维护人员理论知识和操作技能现状。

6）加强和改进工作的措施落实情况。

2. 值班制度

（1）（第三级）通信网络技术管理中心。（第三级）通信网络技术管理中心实行 24 小时值班制。值班人员必须做到以下几点。

1）认真执行上级的命令、指示，并及时上报有关情况。

2）指导台站完成日常值勤维护任务。

3）掌握区域内设备运行状况，组织完成设备故障抢代通和修复工作。

4）协调处理区域内站际及电力部门的业务关系。

（2）维修机构（监控中心）。维修机构实行 24 小时值班制。值班人员必须做到以下几点

1）严守岗位，认真履行职责，遇有重大问题及时请示报告。

2）受理维修区域内的故障通报，组织故障修复。

3）运用集中监控系统，掌握维修区域内设备运行状况，指导相关人员及时完成维护任务、处理设备故障。

4）认真填写值班记录并做好交接班。交接班主要内容：上级指示、通知和执行情况，机线设备运行、巡修和变动情况，重大问题处理情况及遗留问题，车辆、仪表、工具的使用情况。

（3）担负电源设备维护任务的台站。

1）实行 24 小时值班制，两人以上值班应当设领班员。

2）经考核能独立完成值勤维护任务的人员方可正式担负值班工作。

3）值班必须做到：①坚守工作岗位，认真履行职责，不做与值勤无关事项；②经常巡视设备工作情况，严格遵守操作规程，认真处理各项业务，迅速、准确处理障碍，保证设备正常运行；③遵守纪律，服从指挥，及时请示报告，严禁违章操作，不得擅自中断供电；④主动了解用电单位对供电的要求，不断提高供电质量；⑤按计划完成设备日常维护任务，保持机房环境整洁，及时整理、核对有关业务资料，录入、备份有关数据，认真填写值班日记和各种表报。

（4）交接班。

1）交班前半小时清洁机房卫生，整理仪表、工具，做好交班准备。

2）交接班必须做到交接清楚，接班人员对交接内容核对无误后，交班人员方可离开。

3）交接班时，如果电源设备发生故障，原则上由交班人员负责处理，而后再进行交接。凡由于漏交、错交而发生的问题，由交班人员负责；凡由于错接、漏接而发生的问题，由接班人员负责。

4）本班未处理完的事项，交接班后由接班人员继续处理。

5）交接班的主要内容：上级指示、通知和执行情况，电源设备运行、检修和变动情况，重大问题处理情况及遗留问题，仪表、工具、资料的完好情况。

3. 维护制度

（1）工作间制度。

1）严格遵守规章制度和操作规程，认真履行职责。

2）保持良好的工作秩序，禁止喧哗、打闹和嬉笑。

3）爱护设备、仪表和工具，防止丢失损坏，不得随意拆改挪用。

4）保持工作间内整洁，仪表、工具、器材、图纸、资料等物品应放置有序。

5）业务资料不得擅自带出工作间；未经上级批准，严禁无关人员进入工作间。

6）加强防火安全检查，配齐灭火器材，熟练掌握其使用技巧，严禁吸烟和擅自带入易燃易爆物品。

（2）应急（战备）保障制度。

1）进入等级战备、重大节日战备和执行重要通信保障任务前，应当根据上级要求和担负的任务进行战备动员，对电源设备和战备器材进行检修，制定和完善抢代通方案及其他保障措施。各级领导要检查战备工作落实情况，发现问题及时解决。

2）等级战备、重大节日战备和执行重要通信保障任务期间，停止一切中断性维护检修作业。

3）遇有突发事件，应当立即请示报告，并按等级战备要求迅速组织力量，全力保障通信供电。

4）战备任务结束后，及时进行总结讲评。

（3）（通信局站）巡检、巡修制度。

1）每年巡检、巡修电源设备应当不少于一次。

2）完成规定项目的测试、维护。

3）检查台站设备运行状况，及时解决存在的问题。

4）检查台站仪表、工具和备品备件使用管理情况。

5）掌握设备维护情况，及时整理资料并归档。

6）运用集中监控系统，定期分析、汇总运行数据。

（4）包机制度。电源设备（含备用设备）维护实行包机责任制，包机人员要相对稳定。

1）维护责任分工到人，主要设备由技术骨干维护。

2）按维护规定和技术标准，精心检修设备，使之处于良好状态。

3）包机人员变动时，原始随机技术资料及机历本列出清单一并移交。

4）包机人员要密切协作，共同做好设备维护工作。

（5）表报资料管理制度。

1）种类。通信枢纽台站（一级通信局站）应填写和保存的表报资料种类见表 9-9。

表 9-9　　通信枢纽台站的表报资料

序号	表报资料种类	分类	电子版	纸质	所属系统
1	值班日记	登记	●		值勤维护管理系统
2	故障登记		●		值勤维护管理系统
3	发电机组工作测试记录		●		值勤维护管理系统
4	开关电源（系统）工作测试记录		●		值勤维护管理系统
5	蓄电池测试记录		●		值勤维护管理系统
6	接地电阻测试记录		●		值勤维护管理系统
7	附属设备日常维护记录		●		值勤维护管理系统
8	质量管理活动登记		●		值勤维护管理系统
9	机历本		●		值勤维护管理系统
10	竣工资料	方案	●	●	值勤维护管理系统
11	技术说明书		●	●	值勤维护管理系统
12	应急（战备）保障方案		●	●	值勤维护管理系统
13	抢代通方案		●	●	值勤维护管理系统
14	设备机房平面布置图	资料		●	
15	交、直流供电系统图			●	
16	供电系统布线图			●	
17	监控系统工程资料			●	
18	监控系统操作维护手册			●	
19	地线布置图			●	
20	备品备件和工具、仪表登记			●	

2）管理要求。

a. 电子资料严格按照规定数据格式进行填写，在规定时间节点内完成。安装含电子资料的计算机的硬件、软件由专人负责维护，定期查杀系统漏洞和木马、病毒。不准安装使用与维护无关的软件。纸质资料定期核对，按照实际情况及时更新。

b. 根据机线设备、信道配置变更情况，及时核实修改表报资料。维护人员、责任人员变动时，原随机技术资料、机历本、负责资料应列出清单一并移交。接手人员完全熟悉后才能正式交接。

c. 每项登记类表报由专人负责填写，完成时间点的当班领班员负责检查。

d. 值班日记、维护测试记录应定期备份，集中存放，三年内不得删除。工程竣工资料、机线设备故障修复记录和年度质量统计表应永久保存，不得擅自销毁，并由专人负责，专柜存放。

e. 对于失效的资料和废除的表报资料定期统一销毁。

3）填写要求。

a. 填写数据项内容，必须核对填写数据的准确性和核对数据格式的正确性。

b. 填写文字项内容，简明扼要、描述准确、用词适当，不夸大、歪曲事实。

c. 填写及时，每班次需填写的表报资料在交班前完成；每日需填写的表报资料在 18：00 时完成。事件类填写的表报资料在事件发生的 8 个小时内完成。

d. 根据设备变更情况，及时核实修改有关技术资料。

9.1.3　执勤维护管理与奖惩

1. 值勤维护管理指标

(1) 供电时限。当有备用电源时（即两路市电），供电应不中断。当无备用电源，市电突然中断，有蓄电池组时供电应不中断；无蓄电池组供电时，200kW（含）以上的发电机组（油机）在 5min 内、200kW 以下的发电机组（油机）在 3min（高原、寒区增加 2min）内应保证正常供电。

(2) 设备日常维护完成率和合格率。设备日常维护项目的完成率和合格率均应达到 100%。

$$完成率=\frac{完成项目}{规定项目}\times 100\%$$

$$合格率=\frac{合格项目}{完成项目}\times 100\%$$

(3) 供电质量标准。

1) 交流供电标准。交流市电供电电压、频率及允许变化范围见表 9-10。

表 9-10　市电交流电压、频率标准

供电标准	额定电压（V）	额定频率（Hz）
	220/380	50
受电端子处的允许变化范围	−15～+10%	±4%

当市电供电电压不能满足上述规定或通信设备有更高要求时，可以通过配置交流稳压器或调压器达到目的。电压波形正弦畸变率不大于 5%；三相供电电压不平衡度不大于 4%；功率因数 100kVA 以下变压器不小于 0.85；100kVA 以上变压器不小于 0.90。

交流工频发电机组（油机）供电标准应符合表 9-11 的要求。供电质量达不到规定要求或不能保证通信质量和设备安全时应查明原因，采取有效措施予以解决。

表 9-11　油机交流电压、频率标准

供电标准	额定电压（V）	额定频率（Hz）	功率因数
	220/380	50	
受电端子处的允许变化范围	−5～+5%	±2%	≥0.8

2) 直流供电标准。直流供电回路接头压降（直流配电屏以外的接头）应满足 1000A 以下每百安培不超过 5mV，1000A 以上每百安培不超过 3mV 的要求；温升不应超过允许值。直流电源的电压变动范围，脉动电压和全程最大允许压降应符合表 9-12 的要求。

表 9-12　　　　直流电压质量标准

<table>
<tr><td colspan="2">标准电压（V）</td><td>−48</td></tr>
<tr><td colspan="2">通信设备受电端子上电压允许变动范围（V）</td><td>−40～−57</td></tr>
<tr><td rowspan="4">杂音电压（mV）</td><td>电话衡重</td><td>≤2</td></tr>
<tr><td>峰-峰值</td><td>≤400（0～300Hz）</td></tr>
<tr><td>宽频（有效值）</td><td>≤100（3.4～150kHz）
≤30（150kHz～30MHz）</td></tr>
<tr><td>离散频率（有效值）</td><td>≤5（3.4～150kHz）
≤3（150～200kHz）
≤2（200～500kHz）
≤1（500kHz～30MHz）</td></tr>
<tr><td colspan="2">供电回路全程最大允许压降（V）</td><td>3</td></tr>
</table>

2. 质量管理基本目标与主要内容

（1）基本目标。通过开展质量管理活动，强化值勤维护人员的责任观念和标准意识，积极预防、及时发现和解决问题，确保设备安全、稳定、可靠运行，不断提高供电质量。

（2）主要内容。

1）建立健全质量管理组织。各级建立相应的组织机构，负责组织开展质量管理活动。

2）落实维护管理责任制。实行值勤维护人员包机和维修人员包片的维护责任制。

3）开展业务交流活动。认真总结经验，不断改进值勤维护管理工作。

4）完善质量监督检查机制。定期检查评定质量管理活动开展情况。

3. 奖惩与事故差错

（1）奖惩。充分调动值勤维护管理人员积极性，根据其实际工作表现，依照有关规定，给予奖励或者惩处。

在值勤维护管理工作中，对有下列表现之一者，应当视情况给予奖励。

1）模范遵守有关法规制度，表现突出。

2）顾全大局，密切协作配合，认真处理业务，表现突出。

3）在执行重大通信保障任务中，出色完成任务。

4）刻苦钻研业务技术，熟练掌握本职业务技能，明显改善供电质量，成绩显著。

5）遇有突然情况，及时处理，保证人员和设备安全，避免事故。

在值勤维护管理工作中，对有下列表现之一者，应当根据具体情况给予批评教育，情节严重者应当给予处分。

1）违反有关法规制度，后果严重。

2）造成通信事故。

3）屡次出现差错，造成不良后果。

4）值勤作风松散，弄虚作假，拒绝或者故意拖延处理业务。

（2）事故差错。凡因工作责任心不强，违反通规通纪和操作规程等人为因素导致的问题，分别定为事故、严重差错和差错。

事故须报地市级通信局（站）或者省市级通信主管部门审定，严重差错由县市级通信局（站）审定，差错由一般通信台站审定，并报上级备案。

1）事故。造成失火或者人身伤亡；中断全局性或者重要用户供电，并且造成严重后果；严重损坏供电设备或者损坏、丢失贵重仪表；违反通规通纪，错（漏）交上级重要指示、通知及值班重要事项，造成严重后果。

2）严重差错。中断一般性用户供电，影响工作；损坏、丢失重要器材或者仪表；违反操作规程，造成故障，影响工作；遗失文件、业务资料，造成失泄密。

3）差错。错漏交接，影响工作；违反操作规程，未造成后果。

9.1.4　通信电源设备管理

1. 设备更新周期

(1) 高压配电设备：20 年或者按供电部门规定。

(2) 交、直流配电设备：15 年。

(3) 柴油发电机组累计运行小时数超过大修规定的时限或者使用 10 年以上。

(4) UPS 设备主机：10 年。

(5) 直流供电系统中全浮充供电方式的 2V 阀控式密封铅酸蓄电池使用 8 年以上或者容量低于 80%额定容量，6V 以上蓄电池使用 5 年或者容量低于 80%额定容量；UPS 系统中的蓄电池，使用 5 年或者容量低于 80%额定容量。

(6) 高频开关电源：12 年。

(7) 光伏电池：15 年。

(8) 普通空调：10 年。

(9) 监控系统前端采集设备：10 年。

2. 更新改造要求

(1) 设备未到规定使用年限，但达不到指标要求需要更新改造时，应当经过技术鉴定，报主管部门审批后实施。

(2) 设备达到规定使用年限，经检测性能仍然良好，经主管部门批准后，可以继续使用，但要适当缩短维护周期。

(3) 设备达到使用年限，经专业维修达不到质量要求时，可以向主管部门提出更新改造计划。

(4) 设备更新选型应当由主管部门统一管理。设备应当具有标准的通信接口，提供通信协议，便于集中监控。

(5) 更新改造后的设备，应当组织工程初验，合格后投入试运行。试运行时间为三个月，在此期间出现问题，由组织更新改造部门负责协调处理，试运行合格，终验后方可交付维护单位投入使用。

3. 其他要求

(1) 设备和贵重仪表应当建立机历本，设备的结构、性能更改时，其图纸、资料应当记入机历本。

(2) 在用、备用或者停用的设备，应当保持机件、部件和技术资料完整，不准任意拆改。

(3) 电源设备不得随意处置，调整、停闭、封存、报废等应当按照装（设）备管理的有关规定执行。

(4) 终验合格投入运行的新设备或者批准报废的旧设备要及时变更装备实力。

9.1.5 机房维护管理

实践证明，要使老机房适应新设备运行需要，除了对机房设备进行技术改造外，还须在维护管理方面做好工作。

1. 分组各设地线，减少相互影响

在原来的通信机房中，多数为交流地线、直流地线和防雷地线共用一组复合式的地线。这样运用地线有许多弊病：①交流电不平衡或其他原因引起的交流地线波动电位容易窜入直流电源，造成直流工作设备工作不稳定；②交流电的杂音通过公用地直接进入直流用电设备，形成交流杂音；③防雷放电设备工作时，容易通过公用地线反击通信设备；④光通信设备和程控交换设备因地线复合使用而增加了外界干扰，影响通信质量。因此，机房安装新设备，必须进行地线改造。

(1) 交流地线和直流地线不能混用。在有些通信台站中，交流三相电的零线（地线）和直流电源的地线（直流电正极）合用一组地线，且通过走线架与设备的机壳相接，使交流电的杂音和波动造成了直流电源波动，引起供电质量的下降。因此，台站的交流电必须设独立的地线，其接地电阻应小于 4Ω。

(2) 工作地和防雷地不能复连。工作地线一般是指直流电的正极接地线，为了保护设备，厂家都把直流电的正极与机壳相接。所以可以认为，机壳也是工作地线。如果工作地线与防雷地线复连在一起，当放电设备工作时，就会有雷电电荷注入防雷地线，从而引起工作地线零电位瞬间波动，以致容易反向击坏机盘。因此，机房的交流地线、直流工作地线、防雷地线都必须相互独立。一般要求机房的直流工作地线的接地电阻在 2Ω 以下，防雷地线在 4Ω 以下。各组地线的接地体之间距离要大于 15m。

(3) 使用旧地线应严格检查、修缮。一些通信局（站）在安装新设备时，除另做地线之外，一般都把原来的地线利用起来。由于旧地线已使用多年，接地体腐烂严重，地阻值很难符合要求，因此应当仔细检查修缮后再用：①要测试这组地线的接地电阻值，如果旧地线的地阻值不合格，应重新建一组地线；②测试时要把引线断开，因引线较长，容易与其他机架连接，造成测试值不准确；③旧地线上的所有连接点要进行检查和重新焊接。这些连接点最易发生锈蚀、接触不良等问题。

(4) 要严格把握地线引接线在机房的布线。各组地线做好后，其地线的引接线在机房外不要相互接触，在机房内要采用塑封式粗线引接，防止相互间接触或通过走线架间接接触。否则，机房地线的改造就会前功尽弃。

(5) 光缆金属加强芯和金属防护层在进入机房前必须接地。有金属加强芯和金属防护层的光缆同电缆一样会遭到雷电袭击。因此，为了防止线路上的雷电进入机房，光缆金属加强芯和金属防护层入机房前必须接地，将线路上的感应雷电释放在机房外，以保障机房安全和设备工作稳定。

2. 结合实际情况，合理配置电源

(1) 对智能电源也应加强维护。智能电源装进机房后，确实减小了使用者的许多维护工作量，如蓄电池不用添加电解液、高频开关电源模块代替了笨重的整流设备，既降低了故障

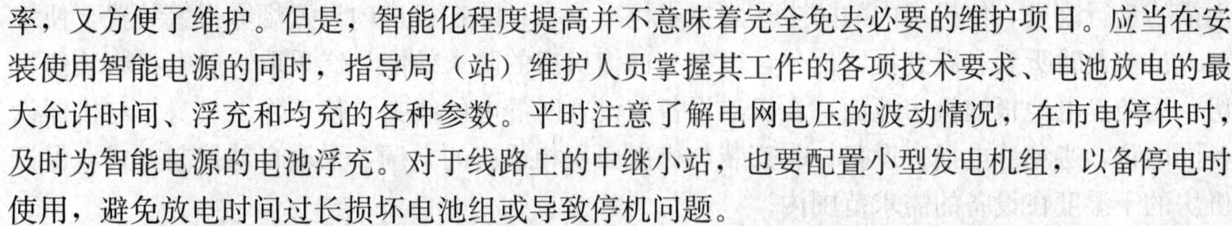

率，又方便了维护。但是，智能化程度提高并不意味着完全免去必要的维护项目。应当在安装使用智能电源的同时，指导局（站）维护人员掌握其工作的各项技术要求、电池放电的最大允许时间、浮充和均充的各种参数。平时注意了解电网电压的波动情况，在市电停供时，及时为智能电源的电池浮充。对于线路上的中继小站，也要配置小型发电机组，以备停电时使用，避免放电时间过长损坏电池组或导致停机问题。

（2）旧配电设备的电池组切换装置应进行改进。新通信设备是不允许电源瞬间停止供电的，即使是非常短的时间，也会造成程控交换机数据丢失和停机，使一个地区或一个局方向通信瘫痪。因此，不能再用老式的倒闸刀方式来切换电池组供电，必须改用既可以两组并供、又可单组分供的方式进行浮充供电，同时要指导维护人员正确使用两组电池不停供电的切换方法，以避免切换瞬间的停机问题。

（3）公用电源要通过配电柜接入负载，直流总线的配置要留有充足的富裕量。为了维护管理方便，并适应将来局（站）的扩容需要，直流电源应当通过配电柜再接入负载，使某一负载的变化不至于影响其他负载供电。与此同时，配置直流电源总线时，其线径要留有充足的富裕量，一次性布线后，保证以后扩容时不再更换电源主线。

（4）对旧整流设备改造的注意事项。一是利用改造后的老式相控整流器对新设备进行供电时，要注意整流器的输出电压波动和杂音。因为一般老式整流器的容量较大，新设备的用电量较小，整流器工作在小电流范围，其可控硅导通角就小，容易使输出电压产生较大的波动和较强的杂音，不仅会使传输电路中产生杂音，而且在高压电源波动时，容易烧毁负载设备。建议新安装的传输设备应尽量使用高频开关电源供电。暂时使用旧设备供电时，应尽量加大用电负载，使整流器输出趋于稳定。二是改造旧配电盘时，应尽量改用空气开关装置。这样使用的好处是：当负载短路或电流超过额定值时，其空气开关自动跳开，待维护人员检查后，手动复原。这样既可以自动保护设备，又减少了更换保险丝的工作量。

3. 规划调整机位，规范机房布线

规划好新机器的位置非常重要。坐落位置不适当，会导致机位反复动迁、多次割接引线、反复调整配线等既重复又浪费的工作，有时会造成设备的损害。

（1）在装机时须为将来系统扩容留有余位。在老机房安装新设备时，要考虑到本机房今后的扩容量以及老通信设备尤其是模拟通信设备将逐步迁机、撤除的问题，要把目前的设备和将来要装的设备通盘考虑，统一规划，并按照规划进行安装。

（2）注意新机器安装的机械强度要求。新设备的集成化、智能化程度高，插拔式的接口也较多，抗震动的能力比分立元件设备弱，因此，新设备的机械强度要求高。装机时必须使新机器牢固稳定，避免晃动和震动。另外，新设备面板指示灯多，智能维护手段多，机体周围应便于维护人员巡视，便于自动巡检系统监视。同时，机器坐落的位置与墙壁、暖气设备应保持适当距离，防止维修其他设备时影响新机器的机械强度。

（3）严格机房布线标准。在安装设备的同时，应安装标准型号的走线架和走线槽道，使通信机房布线合理、美观、规范，同时对新的布线要及时做好登记和明显标志，避免乱布线、乱跳线、重复调整的问题发生，使其既利于今后增加设备时布线的需要，又便于维护作业和管理调控。

4. 改善机房环境，搞好值勤维护

（1）对老通信机房的防尘、防火、防静电，温度、湿度设施进行改造：①对机房内外防尘措施进行改进，使机房内的防尘达到技术标准要求；②在机房内设置烟雾报警装置，使维护人员能及时听到和看到报警信号，以提高通信机房的防火效能；③采取防静电材料装修机房，用防静电地板铺机房地面，在机器设备上设置防静电的线夹，使工作人员身体与机器设备同电位，避免静电损害设备；④安装与机房面积相适应的空调，采取自动控制方式，保证机房的干湿度在设备的需求范围内。

(2) 维护好机房的供水、供暖、排潮以及排风设备，改造机房环境。这些设备的工作好坏，直接影响机房的工作环境和维护质量，因此，必须保障供水、供暖、排潮、排风、防漏水设备的完好率达到100%，以保证机器设备和工作人员有良好的环境。

(3) 培训好局（站）技术骨干：①让局（站）人员参加装机、调试、布线和设备改造项目，使其熟悉装机情况；②主要技术作业项目可让局（站）相关工作人员重复操作，达到完全掌握，便于将来维护；③技术资料由本局（站）人员亲手整理，便于今后使用和修改；④抓住机会，让厂家技术人员给局（站）技术骨干讲课，为维护新设备留下宝贵经验。

9.2 值班勤务

通信局（站）电源系统主要包括：高低压变配电设备、（柴油）发电机组、交流不间断电源（UPS）、逆变设备、高频开关电源（整流设备）、蓄电池组、太阳能组合电源、防雷接地和集中监控系统等。电源站全体人员必须熟悉本站系统的组成和供电方式，正确地实施供电勤务。

9.2.1 电源站值班勤务

1. 值班任务与要求

通信局（站）电源站的值班任务是保证电源设备的正常运转，不间断地供给通信要求电能。为此，电源站全体人员必须认真履行职责，严守工作岗位；熟悉本站设备的性能、供电方式和标准；严守操作规程，正确使用和维护电源设备。站长（分队长、领班员）要教育全体人员严格遵守各项规章制度和规则，认真填写各种登记；督促值班人员经常巡视电源设备，掌握其工作状况，灵活处置设备故障；经常检查值班人员的值勤质量和值勤作风，发现问题及时解决；认真组织专业训练，不断提高本站人员的业务水平；正确地组织值班勤务，保证供电不间断。

2. 值班准备

做好值班的准备工作是保证值班顺利进行，减少忙乱，避免事故的重要措施。值班准备的主要内容通常有：接班；熟悉设备工作情况和待处理事项；检查机器、设备是否良好；检查准备工具、表报资料和用品；查看有关登记等。领班员要督促本站人员切实做好各项准备，并检查落实情况，发现问题及时纠正。

3. 电源站设备维护工作的基本任务

(1) 保证向通信设备不间断地供电，供电质量符合标准。

(2) 保证电源系统设备的电气性能、机械性能、维护技术指标符合标准。

(3) 合理调整系统设备配置，提高设备利用率，延长电源系统设备使用时间，使其发挥其最大效能。

(4) 迅速准确地排除故障，尽力减少故障造成的损失。

(5) 在保证通信畅通的前提下，降低能耗，节约维护费用。

(6) 积极采用新技术，改进维护方法，提高设备工作效率。逐步实现集中监控，少人或无人值守。

(7) 保证设备和环境整洁。

4. 值勤维护要素

电源要素的值勤维护和质量管理工作通常由交流要素、直流要素和发电机组（油机）要素等共同完成。

(1) 交流要素。交流要素的主要任务是负责交流市电的输电、变电、配电以及信号监视系统等设备的值勤维护。

1) 定期巡视设备工作情况。

2) 按规定要求完成设备预检、预修和日常维护工作。

3) 及时处理设备出现的故障和问题，保证安全供电。

4) 建立健全设备技术资料和各种表报登记。

(2) 直流要素。直流要素的主要任务是负责直流输配电、高频开关电源（整流器）和蓄电池组以及交流电源控制等设备的值勤维护。

1) 定期巡视设备工作情况。

2) 制定预检维修计划，完成设备预检、维修任务，保证设备安全运行。

3) 制定抢代通方案，及时排除设备出现的故障，保证不间断供电。

4) 建立健全设备技术资料和各种表报登记。

(3) 发电机组（油机）要素。发电机组（油机）要素的主要任务是负责自备电源——应急供电（柴油）发电机组及其附属设备的值勤维护。

1) 定期检查、启动（柴油）发电机组，保证其随时处于良好状态。

2) 熟悉设备操作程序，及时排除设备出现的故障，保证在需要时迅速供电。

3) 制定设备预检维修计划，完成预检维修任务。

4) 建立健全设备技术资料和各种表报登记。

5. 业务处理关系

电源站值班勤务的业务处理按照“先主后次、先急后缓；先站内、后站外；先抢通、后修复”的原则实施。

电源站和其他通信要素的业务关系如下。

(1) 当接到电源中断和有质量问题的申告时，电源站为主要要素，其他相关要素要服从电源站的技术指导。

(2) 未经通信局（站）值班室批准，任何人不得以任何理由随意接电。

(3) 装、拆电源设备或线路，必须由专职电工或在专职电工的指导下进行。

9.2.2　机房规范

1. 配置及标准

(1) 配置。机房配置应根据实际环境合理选配，以保证设备的安全运行。应分别从温湿度、照明、防静电、安全防护、防雷接地、防火、防虫防鼠、环境监控、管理手段及其他项目共十个方面来规范机房软硬件设置。具体配置见表 9-13。

表 9-13　机房具体配置

项目	内容	高压室	变压器室	低压室	蓄电池室	油机室	值班室	资料室	走廊	库房
温度湿度	温湿度计	●	●	●	●	●	○	—	—	—
	空调	●	○	●	●	—	●	○	—	—
	除湿机	○	—	○	—	—	—	—	—	—
照明	正常照明	●	●	●	●	●	●	●	●	●
	保证照明	●	●	●	●	●	●	●	○	○
	事故照明	●	●	●	●	●	●	—	—	—
预防静电	防静电地坪	—	—	—	—	—	●	—	—	—
	防静电地板	—	—	○	○	—	○	—	—	—
安全防护	绝缘垫	●	○	●	○	—	—	—	—	—
	防护栏	●	●	—	—	○	—	—	—	—
	安全防护网	●	●	—	—	○	—	—	—	—
防雷接地	防雷接地网	●	●	●	●	●	—	—	—	—
防火	消防栓	—	—	—	—	—	—	—	●	—
	灭火器	●	●	●	●	●	●	●	—	○
防虫防鼠	挡鼠板	●	●	●	●	●	—	—	—	—
环境监控	烟感探测器	●	●	●	●	—	—	—	—	—
	温感探测器	●	●	●	●	●	—	—	—	—
	红外线报警器	●	●	●	●	●	—	—	—	—
	监控摄像	●	●	●	●	●	●	—	○	—
	报警器	●	—	●	—	●	●	—	—	—
	水位感应器	○	○	○	○	○	—	—	—	—
	门磁	●	●	●	●	●	—	—	—	—
管理手段	值勤维护管理系统	—	—	—	—	—	●	—	—	—
	动力环境监控系统	—	—	—	—	—	●	—	—	—
	电力系统监控	—	—	—	—	—	○	—	—	—
其他项目	无线信号干扰器	—	—	—	—	—	●	—	—	—
	监控操作台	—	—	—	—	—	●	—	—	—
	打印机	—	—	—	—	—	○	—	—	—
	资料柜	—	—	—	—	—	●	●	—	—

注　“●”为标配项目；“○”为选配项目；“—”为不配项目。

（2）标准。

1）环境。对通信枢纽台站（一级通信局站）机房及其他类型机房，其设计和使用时对环境条件的要求应根据实际条件提出，并分别从温湿度、照明、防静电、安全防护、防火及其他项目共六大方面进行规范，以保证设备安全运行。

a. 温湿度。机房温湿度标准见表 9-14。

表 9-14　　机房温湿度标准

<table>
<tr><td>内容</td><td colspan="11">标　准</td></tr>
<tr><td rowspan="6">指标</td><td colspan="8">安装有高频开关电源设备的电源机房或有人值守的电源机房</td><td colspan="3">温度要求：5～30℃</td></tr>
<tr><td colspan="8">油机房和无人值守且没有高频开关电源、蓄电池等设备的电源机房</td><td colspan="3">温度要求：5～40℃</td></tr>
<tr><td colspan="6">蓄电池储存寿命与温度间的关系</td><td colspan="5">在正常的环境条件下，以 25℃为标准，温度每升高 10℃，其使用寿命就缩短一倍</td></tr>
<tr><td colspan="8">油机室</td><td colspan="3">湿度：30%～75%RH</td></tr>
<tr><td colspan="8">高压、低压配电室，变压器室，蓄电池室</td><td colspan="3">湿度：30%～50%RH</td></tr>
<tr><td colspan="11">使用空调的机房，室内电源设备在任何情况下均不能出现结露状态</td></tr>
<tr><td rowspan="2">温湿度计</td><td colspan="11">温湿度计的探测半径 3.5～4m</td></tr>
<tr><td colspan="11">温湿度计不得安装在太阳直晒和加湿设备附近，宜安装在便于观察的通风处</td></tr>
<tr><td rowspan="2">除湿机</td><td colspan="11">电力机房宜选用冷冻式除湿机</td></tr>
<tr><td colspan="11">湿度达标或安装具有除湿功能空调的房间可以不安装除湿机</td></tr>
<tr><td rowspan="17">空调</td><td rowspan="2">空调数量 N</td><td colspan="3" rowspan="2">$N=Q/Q_{指}$
（N——所需空调数量；
Q——机房需要的总制冷量）。
$Q=Q_4\times(1+20\%)$
（Q_4——计算的机房制冷量理论值；
$Q_{指}$——单台空调的标称制冷量）</td><td rowspan="2">$Q_{指}$</td><td colspan="2">类型</td><td>1P</td><td>2P</td><td>3P</td><td>5P</td></tr>
<tr><td colspan="2">制冷量</td><td>2500W</td><td>5000W</td><td>7500W</td><td>12500W</td></tr>
<tr><td>总制冷量 Q_4</td><td colspan="10">$Q_4=Q_1+Q_2+Q_3$
Q_1＝机房面积（m^2）$\times k\times\Delta t$；（k——房体热交换系数，一般机房取值为 10；Δt——为室内外温度差）；
Q_2＝设备电压×电流；
Q_3——其他因素产生的热量，如人体、红外辐射、窗户等；
人体的发热量＝66＋13.7×体重（kg）＋5.0×身高（cm）－6.8×年龄，一般成年人发热量约为 1500W</td></tr>
<tr><td rowspan="6">安装要求</td><td colspan="10">避开易燃气体可能发生泄漏的地方，尽量避开易产生噪声、震动的地点</td></tr>
<tr><td colspan="10">避开有强烈腐蚀气体的环境；尽量避开人员易触及的地方，以免发生危险</td></tr>
<tr><td colspan="10">尽量缩短室内机和室外机连接的长度</td></tr>
<tr><td colspan="10">安装在维护、检修方便的地方，应考虑安装在通风合理的地方</td></tr>
<tr><td colspan="10">不得为了空调器的安装，擅自改变降低建筑物的承重结构</td></tr>
<tr><td colspan="10">在房间高度大于 4m，吊顶大于 50cm 的房间，建议采用嵌入式空调</td></tr>
<tr><td rowspan="8">空调选型建议方案</td><td colspan="2">台站类型</td><td>单冷</td><td>冷暖</td><td>电热</td><td>定频</td><td>变频</td><td>挂壁式</td><td>立柜式</td><td>嵌入式</td></tr>
<tr><td rowspan="6">电源站</td><td>高压室</td><td>—</td><td>●</td><td>—</td><td>—</td><td>○</td><td>—</td><td>●</td><td>—</td></tr>
<tr><td>变压器室</td><td>—</td><td>○</td><td>—</td><td>—</td><td>○</td><td>—</td><td>○</td><td>○</td></tr>
<tr><td>油机室</td><td>—</td><td>—</td><td>—</td><td>—</td><td>—</td><td>—</td><td>—</td><td>—</td></tr>
<tr><td>低压配电室</td><td>—</td><td>●</td><td>—</td><td>—</td><td>○</td><td>—</td><td>○</td><td>○</td></tr>
<tr><td>蓄电池室</td><td>—</td><td>●</td><td>—</td><td>—</td><td>○</td><td>—</td><td>○</td><td>○</td></tr>
<tr><td>值班室</td><td>—</td><td>●</td><td>—</td><td>—</td><td>○</td><td>○</td><td>○</td><td>○</td></tr>
<tr><td colspan="10">图例：“●”为标配项目；“○”为选配项目；“—”为不配项目</td></tr>
</table>

续表

内容	标准						
空调	空调配置建议方案	对于中心机房，空调采用 $N+1$ 方式配置					
		机房	面积 S	工作电流		建议配置（任选一）	
				直流（峰值）	交流（峰值）	3P 空调	5P 空调
			$S \leqslant 50m^2$	10A	5A	2	1
			$50m^2 < S \leqslant 100m^2$	20A	10A	3	1
			$100m^2 < S \leqslant 150m^2$	25A	15A	4	2
		值班室	面积 S	主要因素		建议配置（任选一）	
				人数	交流（峰值）	3P 空调	5P 空调
			$S \leqslant 50m^2$	3 人	10A	2	1
			$50m^2 < S \leqslant 100m^2$	5 人	15A	3	2

b. 照明。

机房照明标准见表 9-15。

表 9-15　机房照明标准

内容	标准						
照明区分	正常照明：由市电供电的照明系统						
	保证照明：由机房内备用电源（发电机组）供电的照明系统						
	事故照明：在正常照明电源中断而备用电源尚未供电时，暂时由蓄电池组供电的照明系统。事故照明灯应急转换时间不应大于 5s						
选配要求	高压机房、低压机房、油机房和蓄电池机房应安装应急照明						
	建筑照明在满足视觉作业的前提下，优先选用节能型光源和高效灯具						
灯型选配建议方案	机房名称		配置				照度
			LED 照明	三基色灯	节能灯	日光灯	
	电源站	高压室	●	○	○	○	150～200lx
		变压器室	●	—	○	○	150～200lx
		油机室	○	●	○	○	75～100lx
		低压配电室	○	●	○	○	150～200lx
		蓄电池室	●	—	○	○	150～200lx
		值班室	●	蓄电池机房	○	○	75～100lx
	图例："●"为标配项目；"○"为选配项目；"—"为不配项目						

c. 防静电。机房防静电标准见表 9-16。

表 9-16　　机房防静电标准

内　容		标　　准
防静电地板	配置要求	表面电阻和系统电阻值均为 $1\times10^{5}\sim1\times10^{9}\Omega$
		铺设活动地板，敷设高度应按实际要求确定，宜为 200～350mm；活动地板下方应当设 2m×2m 左右的金属网格，供支架接地使用，该网格至少有两处从接地汇集线（汇流排）引接的地线
		防静电地板房间温度控制在 15～35℃，湿度控制在 45%～75%RH
	维护要求	地板下面和地板表面应清洁
		维护中使用吸尘器或者墩布保持地板表面清洁
		对地板下部维护时，应用吸板器吸起地板进行操作
防静电地坪	安装要求	表面电阻和系统电阻值均为 $1\times10^{5}\sim1\times10^{9}\Omega$
		耐水性：水淹 48h 表面无变化
		施工流程：基面处理，滚防静电底油，铺导电铜网（2m×2m），刮防静电砂浆，刮防静电腻子，无溶剂自流平型
	维护要求	必须要换成胶底鞋才能进入敷设防静电地坪的工作间；凡是硬件，必须将其脚用软质塑料、橡胶包裹或用纸垫起来
		表面须做打蜡处理；清洁地面时，要选用软质、吸水性好的墩布

d. 安全防护。机房安全标准见表 9-17。

表 9-17　　机房安全防护标准

内容	标　　准
绝缘垫	介电环境中工作，最大绝缘电压 10×10^{5}V
	应储存在干燥通风的库房中，远离热源，离开地面和墙壁 20cm 以上，避免受酸、碱、油等腐蚀品的影响。不要露天放置避免阳光直射
防护栏	防护栏的高度不小于 500mm
安全防护网	变压器室应设置安全警示标志或者安全防护网

e. 防火。机房防火标准见表 9-18。灭火器选型配置参考方案见表 9-19 所示。

表 9-18　　机房防火标准

内容	标　　准
防火措施	机房的吊顶、隔墙、空调通风管道、门帘、窗帘等均应采用不燃烧的材料制作
	禁止存放和使用易燃易爆物品，不准用汽油、柴油等擦地板
	根据不同部位合理配置消防器材，机房内应配置手提式灭火器或移动式灭火器
	机房内消防设施要保持完好并定期检查，无封堵、圈占、压盖等情况
	油库、油机房外应设置至少 150mm×90mm×60mm 的消防池并配备消防桶两个、消防锹两把

续表

内容	标准
灭火器	一个灭火器配置场所内的灭火器不应少于两具，每个设置点的灭火器不宜多于8具
	新购置的灭火器应每两年检验一次，以后每一年检测一次
	电源机房一般采用“1211”卤代烷灭火器和干粉灭火器，禁止使用泡沫灭火器
	当选用同一类型灭火器时，宜选用操作方法相同的灭火器
	应指定专人负责灭火器的后期维护等技术管理工作，灭火器正常维修时，不得超过配置总量的1/3
	灭火器一般设置于进入机房右手边距离机房门口50cm处
消火栓	消火栓给水系统应设水泵接合器
	室内消火栓一般设于库房出口的内侧、楼梯间的平台上、走廊与走道内的明显易于取用的地点，离地面的高度应为1.2m
	室内消火栓系统每半年检验一次
消防联动	报警系统（是探测火灾，传递信号的系统）
	联动系统（是接收到火灾报警信号后，启动气体灭火系统、机械排烟系统、火灾应急照明、消防电话系统、漏电报警系统、防火隔断等）

表 9-19　电源站灭火器选型配置参考方案

台站	手提式	推车式	储气瓶式	储压式	化学式	泡沫	干粉	1211卤代烷	二氧化碳	酸碱	清水
高压室	●	—	●	—	—	—	●	○	○	—	—
变压器室	●	●	●	—	—	—	●	○	○	—	—
油机室	●	●	●	—	—	—	●	○	○	—	—
低压配电室	●	—	●	—	—	—	○	●	○	—	—
蓄电池室	●	—	●	—	—	—	○	●	○	—	—
值班室	●	—	●	—	—	—	●	○	○	—	—

注　“●”为标配项目；“○”为选配项目；“—”为不配项目。

f. 其他。机房其他环境标准见表9-20所示。

表 9-20　机房其他环境标准

项目	内容	标准
环境监控	感温探测器	探测半径5.5～6m
		探测器安装间距不应超过10m
		探测器至墙壁，梁边的水平距离，不应小于0.5m
		探测器周围水平0.5m内，不应有遮挡物
		探测器至空调送风口最近的水平距离，不应小于1.5m
		至多孔送风顶棚孔口的水平距离，不应小于0.5m
		机房、竖井、楼道配置感烟探测器

续表

项目	内容	标　准
环境监控	感温探测器	探测半径 3.6～6.3m
		探测器安装间距不应超过 10m
		探测器至墙壁，梁边的水平距离，不应小于 0.5m
		探测器周围水平 0.5m 内，不应有遮挡物
		探测器至空调送风口最近的水平距离，不应小于 1.5m
		至多孔送风顶棚孔口的水平距离，不应小于 0.5m
		机房、竖井、楼道配置感温探测器
防潮	防潮措施	机房内应无明显积水、水浸
		机房内不应有任何水管穿越
		通信机房内不应采用水喷淋消防系统
		机房的地板、天花、墙壁不得有明显潮湿发霉和结露、滴水
防虫防鼠	措施	大楼外门窗应严丝合缝
		封堵机房范围内所有与其他区域、其他楼层相通的孔洞，在使用或施工过程中新开的孔洞应及时进行封堵
		机房内所有电缆、电线均在金属线槽、线管内敷设，与设备连接的引上线采用金属软管保护，尽量使机房无裸线
		机房范围内的新（排）风系统与大楼新（排）风管道连接处设防鼠钢网
		加强机房环境的管理，禁止可能引起鼠害的东西（如食品）带入机房
		对主变过桥、主进柜、联桥柜水平母线加装 MPG 热缩防鼠绝缘罩
		变压器室应设置安全警示标志或者安全防护网
	挡鼠板	电力机房挡鼠板尽量安装在老鼠经常出没、但人员不经常去的地方
		电力机房挡鼠板上部必须贴有反光条，夜间容易辨别，防止人员被绊倒
监控	监控操作台	监控操作台主要安装各种监控终端；前面配有推拉式键盘抽屉，预留鼠标线孔
		背板和前部面板可活动开启，便于设备安装，并且镂空设计，便于散热
		监控操作台的设计须符合人体工学要求，台面高度为 750mm
		可单独使用，可多联使用，数量按实际需求配置

2）供电系统。

a. 交流供电系统。机房交流供电系统标准见表 9-21。

表 9-21　　机房交流供电系统标准

内容		标　准
高压市电		供电等级采用一类或者二类市电的重要通信枢纽站宜引入 10kV 高压市电
		重要通信枢纽站通常由两个变电站引入两路高压电源，并且用专线引入，一路主用，另一路备用
市电供电分类	一类	为网系中一级通信局（站）供电
		从两个稳定可靠的独立电源各自引入一路供电，两路电源不应同时出现检修停电情况
		平均月市电故障不超过 1 次，每次故障持续时间不超过 0.5h

续表

<table>
<tr><th>内容</th><th colspan="3">标　　准</th></tr>
<tr><td rowspan="7">市电供电分类</td><td rowspan="3">二类</td><td colspan="2">为网系中二级通信局（站）供电</td></tr>
<tr><td colspan="2">从两个以上独立电源构成的稳定可靠的环形网上引入一路供电，或从一个稳定可靠的电源、输电线路上引入一路供电</td></tr>
<tr><td colspan="2">平均月市电故障不超过 3.5 次，每次故障持续时间不超过 6h</td></tr>
<tr><td rowspan="2">三类</td><td colspan="2">为网系中三级（含三级以下）通信局（站）供电</td></tr>
<tr><td colspan="2">从一个电源引入一路供电，平均月市电故障不超过 4.5 次，每次故障持续时间不超过 8h</td></tr>
<tr><td rowspan="2">四类</td><td colspan="2">为中断供电后无任何影响的通信局（站）供电</td></tr>
<tr><td colspan="2">四类市电供电是从一个电源引入一路供电，经常昼夜停电，供电无保证，有季节性长时间停电或无市电可用</td></tr>
<tr><td rowspan="13">变压器</td><td colspan="3">引入高压市电局（站）应使用专用变压器降压供电</td></tr>
<tr><td colspan="3">引入两路高压市电局（站），通常设置两台变压器，互为主备用</td></tr>
<tr><td colspan="3">变压器运行负荷不小于其额定容量的 50%</td></tr>
<tr><td rowspan="4">变压器选择原则</td><td colspan="2">调查当地供电局电压等级</td></tr>
<tr><td colspan="2">计算实际用电负荷</td></tr>
<tr><td colspan="2">根据调查和计算的数据，参照变压器铭牌标示的技术数据逐一选择</td></tr>
<tr><td colspan="2">选择变压器一般应从变压器容量、电压、电流及环境条件综合考虑（根据用户用电设备的容量、性质和使用时间来确定）</td></tr>
<tr><td>变压器容量配置</td><td colspan="2">公式：$S=\sqrt{3}UI$
S——额定容量，kVA；
U——线电压，一般计算时取 400V；
I——线电流</td></tr>
<tr><td rowspan="5">变压器建议配置</td><td colspan="2">变压器额定容量主要规格：30kVA、50kVA、63kVA、80kVA、100kVA、125kVA、160kVA、200kVA、250kVA、315kVA、400kVA、500kVA、630kVA、800kVA、1000kVA、1250kVA、1600kVA、2000kVA 等</td></tr>
<tr><td>三相负荷电流（I）</td><td>建议配置</td></tr>
<tr><td>$200A \leqslant I \leqslant 300A$</td><td>315kVA</td></tr>
<tr><td>$300A \leqslant I \leqslant 400A$</td><td>400kVA</td></tr>
<tr><td>$600A \leqslant I \leqslant 700A$</td><td>800kVA</td></tr>
<tr><td rowspan="9">发电机组</td><td colspan="3">一、二级供电局（站）应配置 2 台以上的发电机组，互为备用</td></tr>
<tr><td colspan="3">三级供电局（站）至少配置 1 台发电机组</td></tr>
<tr><td colspan="3">发电机组配置应根据通信负荷大小合理配置，并留有 20%～30%的余量</td></tr>
<tr><td>发电机组容量配置</td><td colspan="2">公式：$P=\sqrt{3}UI\cos\varphi$
P——额定容量，kW；
U——线电压，一般计算时取 400V；
I——线电流；
$\cos\varphi$——功率因数，一般取 0.8</td></tr>
<tr><td rowspan="5">发电机组建议配置</td><td>三相负荷电流（I）</td><td>柴油发电机组功率</td></tr>
<tr><td>$50A \leqslant I \leqslant 100A$</td><td>75kW</td></tr>
<tr><td>$100A \leqslant I \leqslant 150A$</td><td>120kW</td></tr>
<tr><td>$200A \leqslant I \leqslant 300A$</td><td>250kW</td></tr>
<tr><td>$300A \leqslant I \leqslant 400A$</td><td>300kW</td></tr>
</table>

续表

<table>
<tr><th>内容</th><th colspan="4">标　　准</th></tr>
<tr><td rowspan="12">UPS</td><td colspan="4">UPS 供电设备尽量靠近负荷中心</td></tr>
<tr><td colspan="4">UPS 设备在市电频率变化过快地区工作时，采用内同步方式工作</td></tr>
<tr><td colspan="4">UPS 设备应采用阀控式密封铅酸蓄电池组</td></tr>
<tr><td rowspan="2">UPS 容量配置</td><td colspan="3">UPS 配置应使负荷不超过额定容量的 70%</td></tr>
<tr><td colspan="3">公式：$S=P(1+30\%)/\cos\varphi$
S——UPS 容量，kVA；
P——负载总功率，W；
$(1+30\%)$——为冗余量；
$\cos\varphi$——功率因数，通常取 0.8</td></tr>
<tr><td>UPS 蓄电池容量配置</td><td colspan="3">公式：$C=ST\cos\varphi/U$
C——蓄电池容量，Ah；
S——UPS 的容量，kVA；
T——放电时间，h；
$\cos\varphi$——功率因数，通常取 0.8；
U——该 UPS 主机的启动直流电压，V</td></tr>
<tr><td rowspan="4">UPS 建议配置表</td><td>负荷功率</td><td>UPS 容量</td><td>蓄电池容量（按配置 2 小时计算）</td></tr>
<tr><td>6kW</td><td>10kVA</td><td>100Ah</td></tr>
<tr><td>12kW</td><td>20kVA</td><td>65Ah 两组</td></tr>
<tr><td>20kW</td><td>30kVA</td><td>65Ah 两组</td></tr>
<tr><td rowspan="5">逆变器</td><td colspan="4">主用逆变器按最大负荷功率确定</td></tr>
<tr><td colspan="4">市电与逆变器输出的转换，根据需要可分为不间断转换和间断转换两种，间断转换的中断时间<10ms</td></tr>
<tr><td rowspan="2">整机效率</td><td colspan="3">功率<1kVA 的，效率≥75%；</td></tr>
<tr><td colspan="3">功率≥1kVA 的，效率≥80%</td></tr>
<tr><td colspan="4">过载能力：负载电流为额定值的 150%时，允许持续时间≥10s</td></tr>
</table>

b. 直流供电系统。机房直流供电系统标准见表 9-22。

表 9-22　　机房直流供电系统标准

<table>
<tr><th>内容</th><th colspan="2">标　　准</th></tr>
<tr><td rowspan="4">高频开关电源</td><td>高频开关电源容量配置</td><td>计算公式：$I_{总}=I_{实}+I_{10}$
$I_{总}$——开关电源总容量；
$I_{实}$——负载容量；
I_{10}——蓄电池充电电流</td></tr>
<tr><td>整流模块配置公式</td><td>计算公式：$N=I_{总}/I_{模}$
N——开关电源配置模块数量；
$I_{总}$——开关电源总容量；
$I_{模}$——单个模块容量</td></tr>
<tr><td rowspan="2">整流模块配置原则</td><td>整流模块数量应采用 $N+1$ 冗余配置方式</td></tr>
<tr><td>主用模块数 N 小于 10 块时，备用一块；主用模块数 $N\geqslant10$ 时，每 10 块备用一块</td></tr>
</table>

续表

<table>
<tr><th>内容</th><th colspan="3">标准</th></tr>
<tr><td rowspan="6">高频开关电源</td><td>高频开关电源建议配置表</td><td colspan="2">
<table>
<tr><th rowspan="2">设备负载</th><th colspan="2">蓄电池组</th><th rowspan="2">总负载</th><th colspan="3">建议配置模块数量（任选 1）</th></tr>
<tr><th>容量</th><th>组数</th><th>25A</th><th>50A</th><th>100A</th></tr>
<tr><td>$I \leqslant 50A$</td><td>100Ah</td><td>2</td><td>$I \leqslant 70A$</td><td>4</td><td>3</td><td>2</td></tr>
<tr><td>$50A < I \leqslant 100A$</td><td>250Ah</td><td>2</td><td>$70A < I \leqslant 140A$</td><td>8</td><td>4</td><td>2</td></tr>
<tr><td>$100A < I \leqslant 200A$</td><td>500Ah</td><td>2</td><td>$180A < I \leqslant 280A$</td><td>14</td><td>7</td><td>4</td></tr>
</table>
</td></tr>
<tr><td>高频开关电源蓄电池容量</td><td colspan="2">通信用蓄电池组应当采用阀控式密封铅酸蓄电池<hr>$Q=I \times T$
Q——蓄电池额定容量，Ah；
I——放电电流，A，即为实际工作负载；
T——放电时间，h<hr>蓄电池放电容量为额定容量的 30%至 40%</td></tr>
<tr><td>高频开关电源蓄电池配置建议</td><td colspan="2">
<table>
<tr><td>总负载（实际工作负载）</td><td>50～100A</td><td>100～200A</td><td>200～500A</td></tr>
<tr><td>建议配置电池容量（T 取 1 小时）/组（放出额定容量 40%）</td><td>250Ah</td><td>500Ah</td><td>1250Ah</td></tr>
</table>
</td></tr>
<tr><td>蓄电池间连接条总压降</td><td colspan="2">$\Delta U=(5.5 \times I_{10} \times U_{实})/I_{实}$
ΔU——蓄电池间连接条总压降（在 10 小时放电率放电状态下测试）；
I_{10}——放电电流，$I_{10}=0.1C_{10}$（$C_{10}=Q$，Q——蓄电池额定容量）；
$U_{实}$——两蓄电池间连接条压降；
$I_{实}$——蓄电池实际放电电流（实质上为工作电流）<hr>测量 ΔU 的仪表精度应当不低于 0.5 级（仪表等级），电压表内阻不少于 1kΩ/V
指标：$\Delta U \leqslant 10mV$</td></tr>
<tr><td>开关电源和蓄电池运行方式</td><td colspan="2">直流供电系统应采用在线充电方式以全浮充制运行</td></tr>
<tr><td>开关电源输出可调范围</td><td colspan="2">直流输出电压范围：在－57.6～－43.2V</td></tr>
<tr><td rowspan="8">直流配电</td><td>直流供电方式</td><td colspan="2">直流供电系统采用分散或集中供电方式供电</td></tr>
<tr><td rowspan="7">直流配电柜（屏）</td><td rowspan="6">配置原则以及功能要求</td><td>直流负荷比较小，供电回路需求少的通信局（站），原则上不配置直流配电柜（屏）</td></tr>
<tr><td>直流负荷比较大，供电回路需求多的通信局（站），可以配置独立直流配电柜（屏）</td></tr>
<tr><td>直流配电柜（屏）具备监控、声光告警，电压、电流显示和双路输入等功能</td></tr>
<tr><td>同型号设备应能并联工作</td></tr>
<tr><td>应具有遥信和遥测功能</td></tr>
<tr><td>输出分路的数量和容量的配置应满足通信设备的需要</td></tr>
<tr><td>屏内压降</td><td>指标：直流配电柜（屏）屏内压降不大于 0.5V</td></tr>
</table>

续表

<table>
<tr><th>内容</th><th colspan="3">标　　准</th></tr>
<tr><td rowspan="12">直流配电</td><td>全程压降</td><td colspan="2">$\Delta U \leqslant 3.2V$；
$\Delta U = \Delta U_1 + \Delta U_2 + \Delta U_3$
ΔU——蓄电池至设备输入端间的全程压降；
ΔU_1——蓄电池至直流配电柜（屏）间压降值；
ΔU_2——直流配电柜（屏）内部压降值；
ΔU_3——直流配电柜（屏）输出端至设备输入端压降值</td></tr>
<tr><td rowspan="2">熔断器</td><td colspan="2">直流熔断器的额定电流值应当不大于最大负载电流的2倍</td></tr>
<tr><td colspan="2">指标：熔断器压降不大于0.2V</td></tr>
<tr><td rowspan="3">接头压降</td><td colspan="2">直流配电柜（屏）以外的“接头压降”应当符合下列要求（在温升≤60℃时测量）</td></tr>
<tr><td colspan="2">1000A以下，每百安培不大于5mV</td></tr>
<tr><td colspan="2">1000A以上，每百安培不大于3mV</td></tr>
<tr><td rowspan="8">−48V杂音电压</td><td rowspan="2">杂音电压（mV）</td><td>指标：−48V衡重杂音不大于2mV</td></tr>
<tr><td>指标：−48V峰-峰值杂音不大于200mV（0～20MHz）</td></tr>
<tr><td rowspan="2">−48V宽频杂音</td><td>≤50mV（3.4～150kHz）</td></tr>
<tr><td>≤20mV（0.15～30MHz）</td></tr>
<tr><td rowspan="4">−48V电压的离散杂音电压允许值</td><td>3.4～150kHz，≤5mV（有效值）</td></tr>
<tr><td>150～200kHz，≤3mV（有效值）</td></tr>
<tr><td>200～500kHz，≤2mV（有效值）</td></tr>
<tr><td>500kHz～30MHz，≤1mV（有效值）</td></tr>
</table>

c. 防雷接地系统。机房防雷接地系统标准见表9-23。

表9-23　　　　机房防雷接地系统标准

<table>
<tr><th>内容</th><th colspan="2">标　　准</th></tr>
<tr><td rowspan="6">防雷系统</td><td rowspan="4">建筑防雷</td><td>通信大楼应按一级防雷建筑物的保护措施设计，采用四级防雷设置</td></tr>
<tr><td>接闪器采用针带组合接闪器</td></tr>
<tr><td>避雷带采用25×4（mm^2）镀锌扁钢在屋顶组成不大于10×10（m^2）的网格，该网格与建筑组成多层屏蔽的笼形防雷体系</td></tr>
<tr><td>各类防雷接地装置的工频接地电阻应符合小于10Ω要求</td></tr>
<tr><td rowspan="2">设备防雷</td><td>高频开关电源和UPS设备等电子器件集中、电磁脉冲反应强的电源设备等采用D级防雷</td></tr>
<tr><td>交流供电系统的高压配电柜、低压配电柜、变压器、UPS电源设备等均应安装相应的避雷器、浪涌保护器</td></tr>
<tr><td rowspan="3">接地系统</td><td rowspan="3">接地网</td><td>机房接地方式采用联合接地方式，即通信设备的工作接地、保护接地、建筑防雷接地共同合用一组接地体</td></tr>
<tr><td>接地引入线应作绝缘防腐处理</td></tr>
<tr><td>工作接地排和保护接地排在接地网接入时，在地网上接入点间隔2m以上，一级综合供电局（站）小于1Ω</td></tr>
</table>

续表

内容		标准	
防雷系统	接地网	接地体通常设置为环形接地体，环形接地体应与建筑物基础地网每隔 5～10m 相互作一次连接	
		垂直接地体宜采用长度为 2.5m 的不小于 50mm×50mm×5mm 热镀锌角钢，使用钢管不应小于 ϕ50mm，壁厚不应小于 3.5mm；埋设密度为自身长度的 1.5～2 倍，其上顶部埋深应不少于 0.7m，每隔 3～5m 相互连通一次	
		水平接地体和接地引线采用热镀锌扁钢（或铜材），扁钢规格不小于 40mm×4mm	
		设备的金属外壳、机架、金属管、槽、信息设备防静电接地、安全保护接地以及浪涌保护器接地端等均应以最短距离与等电位连接网络的接地端子连接	
		每半年检查一次接地电阻值并详细记录，地线测试应当在干燥季节进行，采用接地电阻测试仪在线测试	
	直流工作地线	地网至接地总汇集排：不小于 120mm^2 的多股铜线	
		接地总汇集排至各机房汇集排：不大于 50mm^2 的多股铜线	
	通信设备保护地线	地网至接地总汇集排：不小于 120mm^2 的多股铜线	
		接地总汇集排至各机房汇集排：不大于 35mm^2 的多股铜线	
		设备机架间的接地线：不大于 16mm^2 的多股铜线	
		负荷相线截面（S）	PE 线截面（S）
		$S \leqslant 16$mm^2	Smm^2
		16mm$^2 < S \leqslant 35$mm^2	16mm^2
		$S > 35$mm^2	$\geqslant S/2$mm^2

3）管理手段。管理手段通常是指通信枢纽台站（一级通信局站）的智能化、集约化管理手段，具体见表 9-24。

表 9-24　　管理手段

序号	系统名称		设备名称	配置标准		主要功能
				高压配电室	低压配电室	
1	动力环境监控系统	前端采集系统	门磁系统	1	1	对电源设备运行参数、环境、视频情况进行采集
			MISU（电源设备及机房环境数据采集）	1	1	
			BMU（蓄电池组数据采集器）	1	4	
			PMU（协议转换）	1	1	
			视频摄像头	1	1	
			PU6000（视频编码器）	4	4	
		数据交换	网络交换机	1	1	对采集数据向值勤终端传输
		值勤终端	动环业务台	—	1	提供设备运行参数、机房环境、故障信息查询功能；视频实时监控；按设置告警级别提供声音告警
			视频业务台	—	1	
			声光告警箱	—	1	

续表

序号	系统名称	设备名称		配置标准		主要功能
				高压配电室	低压配电室	
2	值勤维护管理系统	值勤维护管理系统录入终端		1	1	可实现值班日记填写、维护测试记录填写等
3	电力系统监控	前端采集器	编码器	1	—	电源设备运行参数采集
		数据交换	交换机	1	—	对采集数据向终端传输
		电力系统监控	监控操作台	2	—	电源设备主备用倒换、开关分合闸、开关状态、设备运行参数查询以及提供声音告警
			监控屏	1	—	

注　"—"为不配项目

2. 机线规范

(1) 布线。通信枢纽局（站）机房的缆线布放必须规范、整齐、美观，而且满足互不干扰、安全可靠的要求，具体见表9-25。

表9-25　　机房布线规范

序号	走线方式	标　准
1	走线架	如果采用上走线时，需在机柜上方铺设走线架，线缆从机柜顶部的走线架通过，交直流线缆应分开敷设
2		线缆布防的规格、路由、截面和位置应预先设计好，线缆排列必须整齐，外皮无损伤
3		电源线缆须与信号、数据电缆分离布防
4		不同电压等级的线缆不宜布防在同一走线架上
5		线缆转弯应均匀圆滑，电力线缆转弯的最小弯曲半径应大于60mm
6		交流三芯电力电缆，在普通支吊架上不宜超过一层；桥架上不宜超过两层。交流单芯电力电缆，应布置在同侧支架上。当按紧贴的正三角形排列时，应每隔1m用绑带扎牢
7		并列敷设的电缆，其接头的位置宜相互错开
8	穿管	穿管布线时，同一根管内电源线总根数不应超过8根，电线总截面积（包括绝缘外皮）不应超过管内截面积的40%
9		每根电缆管的弯头不应超过3个，直角弯不应超过两个
10		利用电缆的保护钢管作接地线时，应先焊好接地线；有螺纹的管接头处，应用跳线焊接，再敷设电缆
11	埋地	电缆管的埋设深度不应小于0.7m

(2) 标签。通信枢纽站（一级通信局站）的各类缆线和设备应设置不同的标志标牌，便于维护使用，具体见表9-26。

表 9-26　　　　　　　　　　　　　　机房标签规范

<table>
<tr><th colspan="2">类型</th><th>规　范</th><th>内容</th><th>图例</th></tr>
<tr><td>空气开关标签</td><td>开关</td><td>字体：黑体 18 号字，居中
粘贴位置：空气开关正面</td><td>通达方向</td><td>开关电源</td></tr>
<tr><td>信号线</td><td>动环采集线</td><td>线缆两端应分别粘贴标签，粘贴时对折后两端平齐，开口统一朝左。
规格：长 80mm，宽 12mm。
字体：黄底黑字，仿宋 14 号字，文字居中，当字数较少时，适当调整字体间距。
粘贴位置：距采集设备接口处 30mm</td><td>用途</td><td>PMU　PMU</td></tr>
<tr><td rowspan="2">蓄电池标签</td><td>蓄电池</td><td>字体：黑体，居中
粘贴位置：蓄电池中间</td><td>蓄电池编号</td><td>1</td></tr>
<tr><td>标示电池</td><td>字体：黑体，居中
粘贴位置：蓄电池中间</td><td>标示电池</td><td>标 1</td></tr>
</table>

（3）标牌。标牌分为机柜标牌、设备承包卡、电源线标牌等。标牌以内容精简、美观大方、便于察看为原则，具体见表 9-27。

表 9-27　　　　　　　　　　　　　　机房标牌规范

<table>
<tr><th>类　型</th><th colspan="2">规　范</th><th>内　容</th><th>图　例</th></tr>
<tr><td>机柜标牌</td><td colspan="2">长 200mm，宽 95mm，白色框与底边间距 7mm。蓝底白字或红底白字，华文中宋 120 号字，文字居中，字数最多不超过 7 个，当字数较少时，适当调整字体间距</td><td>机柜名称。用于标注机柜放置设备的功能类别</td><td>励磁调节设备</td></tr>
<tr><td rowspan="4">设备承包卡</td><td colspan="2">标签尺寸：55mm×90mm</td><td rowspan="4">主要包括单位名称、设备承包卡、名称、技术状况、启用时间和承包人姓名</td><td rowspan="4">重庆永川电信局　设备承包卡
名　称：UPS
型　号：SANTAK-3C15KS　技术状况：良好
启用时间：2017.01　承包人：杨嘉豪</td></tr>
<tr><td colspan="2">白底（R255G255B255）黑字（R0G0B0）</td></tr>
<tr><td colspan="2">字体：栏目项，仿宋加粗；填写项，方正小标宋</td></tr>
<tr><td colspan="2">备承包卡应贴在机架顶部或者机柜门中上部，位于机柜标签下沿</td></tr>
<tr><td rowspan="4">电源线标牌</td><td>标牌尺寸</td><td>58mm×35mm，下划线长度为 28mm</td><td rowspan="4">通达方向、电缆类型、电缆长度</td><td rowspan="4">通达方向：低压配电室-三楼传输
电缆型号：VVRX70
电缆长度：12米
湖北省武汉市青山区电信局</td></tr>
<tr><td rowspan="2">字体</td><td>项目为黑体 12 号字，内容为仿宋 10 号字</td></tr>
<tr><td>单位名称为隶书 12 号字，下划线内文字居中，蓝底白字</td></tr>
<tr><td>粘贴位置</td><td>用所带固定在线缆两头</td></tr>
</table>

3. 物品配置与管理

（1）物品配置。通信枢纽台站的物品配置可依据表 9-28 所示种类和数量执行。

表 9-28 通信枢纽台站物品配置

序号	种类		单位	供电站
1	资料柜		个	1
2	工具柜		个	1
3	备品柜		个	1
4	大屏幕显示器		套	选配
5	打印机		台	选配
6	电话		部	选配
7	管理手段	值勤维护管理系统	台	1
8		动力环境监控系统	台	1
9		视频监控图像系统	台	1
10		电力监控管理系统	台	1
11		备用显示器	台	选配
12	其他	无线信号干扰器	台	2
13		除湿机	台	1
14		防护栏	个	2

（2）工具仪表的配置与管理。工具、仪表是专用器材，应认真管理，并做到以下几点。

1）专人管理，放置整齐，账、卡、物一致。

2）定期检验检定工具、仪表，不合格的工具和仪表不得使用。

3）重要工具、仪表使用手续清楚，禁止私自借用。

表 9-29、表 9-30 列出了电源要素执勤维护中常用的一些工具、仪表清单，各通信枢纽台站的工具仪表配置可以参照执行。

表 9-29 电源要素应配置的常用工具

名称	数量	用途
尖嘴钳	1 件	器件管脚成形，管脚上裸线绕线，密集元件面焊接与装配的辅助夹具
偏口钳（斜口钳）	1 件	剪多余导线、剪焊接面管脚、剪尼龙扎线卡
镊子	1 件	焊接辅助夹持工具、清洁夹持工具、小型元件摄取、细小导线绕线
一字型螺丝刀	1 套	装、拆一字槽螺钉、开箱工具
十字型螺丝刀	1 套	装、拆十字槽螺钉
固定扳手	1 套	搬动六角和四角螺栓、螺母（注：固定扳手有双头形、梅花形等形状）
套筒扳手	1 套	螺丝面无操作空间时旋具
活动扳手	1 套	搬动六角和四角螺栓、螺母（注：使用中活动舌头朝向旋转方向内侧）
焊接组合工具	1 套	元器件焊接
常用电工工具	1 套	
绝缘器材	1 套	主要包括：绝缘手套、绝缘靴和电工梯等
应急电筒	1 个	条件许可的情况下，配置可充电应急电筒
吸板器	1 个	

续表

名称	数量	用途
排刷	1套	清理箱体内部灰尘、清扫设备
手锯	1件	锯母线与电缆（注：锯条齿口方向不能朝向手柄）
电工刀	1件	电缆剥皮等
电工橡皮锤	1件	电缆整形、设备位形矫正
应急、抢代通工具	1套	
强代通电缆	1套	
辅料（非备件类）	常用辅料包括：绝缘胶带、不干胶标签纸、焊锡、尼龙扎带等	

表 9-30　电源要素应配置主要仪器仪表

名　称	数量（台、部）	用　途
万用表	2～3	测量交直流电压、电流，电阻
手摇式接地地阻测试仪	1	测量接地电阻
钳形接地电阻测试仪	1	测量接地电阻
转速表（0～3000r/min）	1	发电机组等设备转速测量
绝缘电阻表（耐压500V、1000V）	各1	耐压测试
交、直流钳形电流表	1	电流测量
点温度计	1	设备表面、连接点温度测量
示波器	1	电压、电流波形观察、峰值杂音测试
高低频杂音测试仪	1	杂音测量
*安时计	1	电池容量测量
*相序表	1	发电机组、电网相序检查
*交直流负载器	1	电网、整流器、电池负载能力测量与试验

注　带*的仪器仪表，可视情况配置。

图 9-1　值勤资料与工具仪表柜摆放示意图

(3) 资料柜放置规范。

1) 资料柜放置说明。

a. 摆放的基本原则是便于使用，存放有序，整齐美观。

b. 资料柜内的值勤资料和工具器材应分门别类整齐存放，并指定专人负责管理，建立使用、维修登记。

c. 备品备件应标明型号、规格、数量等，并建立请领、消耗、送修登记。

2) 值勤资料与工具仪表柜摆放示意图（见图 9-1）。

(4) 备品备件和维护材料的管理。电源要素的备品备件和维护材料，实行集中管理，专人保管。

1) 加强备品备件的计划管理，每年按时汇总，并办理申报手续。

2) 贮备一定数量的易损零备件，并根据消耗情况及时补充。为防止零备件变质和性能劣化，存放环境应与机房环境要求相同。

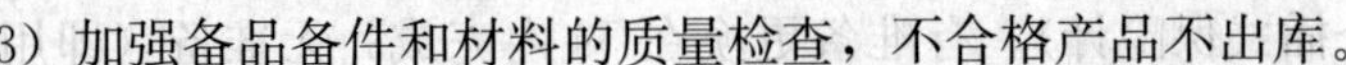

3）加强备品备件和材料的质量检查，不合格产品不出库。

4）无人值守站配置标准。对无人值守台站，其设备配置标准见表 9-31。

表 9-31　　无人值守站配置标准

序号	设备名称		配置数量	配置方案	功能
1	消防联动系统	摄像头	2	传输机房、油机房各 1 个	消防联动系统可探测温度异常、火情、烟情，摄像头采集现场画面。通过网络将情况和图像传回监控中心，启动语音播报系统向本地人员播报告警信息，同时启动自动灭火装置
2		感温探测器	2	传输机房、油机房各 1 个	
3		感烟探测器	2	传输机房、油机房各 1 个	
4		语音播报系统	2	传输机房、油机房各 1 套	
5		消防联动计算机	1	传输机房	
6	安全防护系统	门禁系统	2	传输机房、油机房各 1 套	安全防护系统能探测到是否有无关人员和动物进入机房，并将告警信息回传给监控中心
7		红外报警器	2	根据具体情况配置	
8		安防处理系统	1	传输机房	
9	照明系统	灯控	2	传输机房、油机房各 1 套	照明系统可以被远程控制，为远端采集图像提供照明
10		照明	2	传输机房、油机房各 1 套	
11	供电系统	发电机组	1		供电系统为机房内各种系统提供稳定的电力供应，并可以被监控中心远程控制。自动实行市电油机发电倒换，蓄电池自动充放电
12		蓄电池组	2	2V/200Ah	
13		开关电源	2	100A 以上，配置 3 个模块	
14		UPS	1	6kVA 以上	
15		油机市电转换柜	1	160A 以上	
16	动力环境监控系统	机柜	1		动力环境监控系统可监控机房动力环境、使监控中心远程管理无人机房电源设备运行状况，包括远程启动机组、空调等设备，具备高清视频和双向语音功能，在日常值勤维护工作中，主要发挥实时视频监控、运行参数、故障信息上传和查询、机房环境联动视频录像等功能
17		BMU 蓄电池管理单元	1		
18		MISU 监控单元	1		
19		EJSU 采集单元	1		
20		交换机	1		
21		PU5000 硬盘录像机	1		
22		PMU 图片管理单元	1		
23		前端采集单元		按实际需求数量配置	
24		水位感应器	2	传输机房、油机房各 1 个	
25		空调		按实际需求功率配置	

9.2.3　值勤工作

1. 值班方式

通信电源站实行 24 小时昼夜值班，通常按三班三倒（或四班三倒）制（B 班 8 点至 12 点、C 班 12 点至 18 点、DA 班 18 点至次日 8 点）安排班次，最低值班人数两人。未经批准，不得擅自更改最低值班人数及方式。

2. 故障处理

（1）故障处理原则。先抢通后修复，先站内后站外，先本机后线路。

（2）障碍处理时限。

1）通信用电保险（以单个插式保险计）。有准备更换在5s内完成；无准备（即用户或其他原因造成电源室保险烧断）更换，接到用户申告后30min内完成。

2）通信照明保险。有准备更换在10min内完成；无准备更换在45min内完成。

3）生活用电保险。有准备更换在15min内完成；无准备更换在一分钟内完成。

4）凡是用螺旋式保险，在更换时限均比上述时限增加5min。

（3）设备倒换时限。正在运行中的设备发生故障，不能正常供电时，值班人员应立即倒入备用设备供电（指无自动倒换装置的设备），并切断故障机。

1）高压设备更换应在5min内（含）完成。

2）高频开关电源设备（整流器）更换应在10s内（含）完成。

3）发电机组供电。200kW以上机组在5min内（含）完成；200kW以下机组在3min内（含）完成（高原、寒区加2min）；有自动倒换装置的机组在2min内（含）完成。

（4）障碍责任区分。值勤人员操作超过规定时限［交流1min（含）或直流2min（含）］均计为断电。

电源站与用户故障区分以电缆进入用户室内第一个接线柱或端子为界，接线柱或端子（含）以后为用户机线故障，接线柱或端子以前为电源站故障。

3. 供电管理

（1）电源站供电性质区分。

1）正常供电。市电保证，一切设备运行正常。

2）紧急供电。当市电突然中断，值班人员应立即倒入备份电源（含机组、蓄电池组供电）。

3）强行送电。当某种原因引起电源高压开关掉闸时，值班人员应视情况进行强行送电。

（2）强行送电要求。

1）当配电线路为架空线，开关掉闸时。

装有一次重合闸而重合未成功者，隔1min后允许试送一次。

装有二次重合闸而重合两次未成功者，不允许手动试送电（若重合闸未动作可试送一次）。

无重合闸或重合闸失灵者，可允许手动试送两次（间隔1min）。

开关掉闸、喷油严重者，不准送电。

2）变压器、电容器及全线为电缆的线路，开关掉闸时不允许强行送电。

3）装有短路保护开关掉闸后，不允许送电，需待查明原因和排除故障后方可送电。

（3）供电管理原则。

1）两路及两路以上电源（包括自备电源）的用电单位，必须保证电源间连锁装置完整、可靠，没有安装连锁装置的单位，则须严格遵守倒闸操作规程。

2）电源站有权对所有用户的安全用电给以技术指导。对违反规定的用户，可向上级反映，限其纠正，拒不纠正者，电源站有权停止供电［通信设备用电，可通过通信局（站）值班室协助纠正］，以确保供电线路的安全。

3）电源站应定期对供电线路进行检查维修，影响供电线路安全的设施、杂物应及时处理。

（4）电源保险容量的选择。

1）电源室配电盘至用户的保险容量应小于或等于其输出线路安全电流。但是，当实际负荷电流远小于线路安全电流时，保险容量可大于实际用电负荷的三倍。

2）用户输入端的总保险应小于或等于配电盘容量，且必须小于电源输出保险容量。

3）用户配电盘各支路（包括无配电盘的配电支路）的保险容量选择：静负荷按1.2～1.5倍，冲击性负荷按4～6倍电流选取。

4）任何配电支路的保险容量都必须小于或等于其输入端的总保险容量。

（5）工作间（工作楼）照明系统管理。

1）照明系统配电盘（箱）的保险容量应按规定选择，不得随意加大。

2）严禁用墙电取暖（坑道工程除外），当确属工作需要装电热器时，须验证墙壁电源容量并报上级批准后方可拉线。

3）有专职电工的单位，由电工负责维护；无专职电工的单位应由电源站指定专人负责，其他人不得随意更改照明系统的设备。

4）照明线路明敷时应避开易燃物，确实不能避开时要采取防护隔离措施。

（6）供电指标。

1）倒电时限（市电倒市电、市电倒自备电、自备电倒自备电）。

人工倒电：有准备的倒电在5s内完成；无准备的倒电在15s内完成。

设有自动倒换装置的倒电应在1s内完成。

仅负责给直流通信负荷供电的电源站，在市电突然中断时，直流供电应不中断（由蓄电池组供电）。

2）交流供电质量标准。在负载稳定条件下，输出电压波动不超过±5V，频率变化不超过±1Hz。

3）直流供电质量标准。按整流器和高频开关电源设备的型号确定（详见整流器和高频开关电源设备维护质量标准）。

4. 高压操作程序

（1）高压停电操作程序为：①停电准备。报请上级值班室批准；通知有关用户；准备好安全用具；熟悉或组织学习抢代通方案；②倒入备份电源（无备份电源时可用发电机组供电）；③填写停电操作票；④停电操作（一人操作一人监护）；⑤验电；⑥装设接地线；⑦挂标示牌（或设立遮拦）；⑧记录交班。

（2）高压试验工作程序及要求。

1）工作程序。

a. 填写高压试验工作票。

b. 处理试验现场：将现场用红绳或临时遮拦围起来，并向外悬挂“止步、高压危险”标示牌，必要时设专人监护。

c. 试验前检查：被验设备绝缘电阻；实验用具、导线及调压器；有电容的设备（如电容器电缆等）应充分放电，有静电感应的设备应接地。

d. 试验。

e. 试验后检查，并请运行人员进行验收。

2）要求。

a. 试验人员不得少于两人。

b. 试验负责人要对全体试验人员布置安全措施。

c. 试验人员在加电过程中，应精力集中，传达口令清楚、准确。操作人员应穿戴绝缘用具。

d. 试验用的电源应有断路明显的双刀开关和电源指示灯。

(3) 倒闸操作。

1) 填写倒闸操作票。

2) 工作人员先在模拟板上进行模拟操作。

3) 倒闸操作时须两人以上，操作人员应严格按调度员的操作命令进行操作。

4) 凡双路电源（含自发电）用电单位严禁并路倒闸（先停常用电后加备用电）。

5) 检查备用电运行情况，正常后方可离开。

6) 记录交班。

5. 安全操作规程

(1) 高压变电站。高压变电站内应备有下列安全作业用具：高压绝缘杆、绝缘夹钳；高、低压试电笔；绝缘手套；绝缘靴、鞋及绝缘台、垫；有足够数量的接地线；各种标示牌；有色护目眼镜；有效的消防器材；急救箱。

安全操作规程如下。

1) 在不影响通信（供电）或能代通的情况下，不得带电作业。

2) 带电作业时，首先检查工具绝缘是否良好，操作者应穿戴绝缘手套、靴、鞋等并站在绝缘体上。

3) 停电检修设备应设“禁止送电”标牌，经检查确实无电后才能检修，必要时可增设临时地线，作业完毕认真复查检修情况，清点器材，确认无误后才能送电。

4) 检修变压器要断开高、低压电源，并进行放电处理。

5) 检修高压设备的工具，要定期检查，保持绝缘良好。

6) 不允许用标号不明的保险丝或金属丝代替熔丝。

7) 值班巡视时，应按要求站在安全距离以外，以免发生危险。

8) 使用喷灯时，要先从室外点燃并确认喷火正常后方可带进工作间。

9) 维护设备时，不允许带钢笔、小刀、手表等金属物。

(2) 发电机组机房（油机房）。

1) 油机房内禁止明火。

2) 非紧急情况下，不得高速开机。

3) 机组供电时，要待机油、水温达到要求后方可加负荷（紧急供电除外）。

4) 机组运转时门窗应打开，使室内、外空气流通；坑道内机组工作时，要启动机房进、排风机进行通风。

5) 谨防排烟管漏气，不允许无排烟管的机器在室内试机。

6) 注意防冻、保持机房温度在 8℃以上。

7) 汽油发电机组在运转过程中，禁止加添燃油。

8) 油库应设有“严禁烟火”标记和完好的灭火设备。

9) 机房的电池、电气设备的安全操作同电力室、电池室操作规程。

10) 机组运行期间，必须有人值班监视。

（3）电池室。

1）电池室内禁止吸烟点火，室内禁止安装产生火花的一切隔离开关、开关等设备，照明要采用防爆灯。

2）配电解液时，要着耐酸围裙、手套、靴子、戴眼镜、口罩等防护物。

3）配电解液时，要先加蒸馏水，然后将硫酸慢慢倒入蒸馏水中，并边倒边用玻璃棒搅动，严禁将蒸馏水倒入硫酸内。

4）电池室内应备有苏打水等碱性溶液，以防酸烧伤，如果酸液飞溅到眼睛里，要迅速用清水冲洗，禁止用苏打水洗，以免烧伤眼睛。

5）无苏打水时，可用自来水冲洗衣服或皮肤上的硫酸。

6）充电时应及时排风，以防酸气过浓，损害维护人员的身体健康、腐蚀工具或引起氢气爆炸。

7）正在充放电的电池组禁止拆卸或紧固电池连接线的螺钉，以防打火引起爆炸。

8）用充电机充电时，夹子要牢固，充电前要用仪表检查正负接线是否正确，充电时，不允许动夹子或公共电线，以免引起事故。

9）在电池室焊接时，必须停止一切充电，并且排风一小时以上，在焊接过程中必须连续排风，保持室内空气流通。

9.2.4　勤务用语

通信供电执勤中常用的勤务用语示例见表 9-32。

表 9-32　　常用勤务用语示例

（一）业务受理用语规范

序号	情况	用　语
1	接听电话	（1）××站××号，请讲。 （2）对不起！未听清，请您再讲一遍好吗？谢谢
2	受理上级通知指示	（1）应答："到!"、"请讲。" （2）未听清对方是谁时："请问您是哪位领导?" （3）受理完毕时回答："我复述一遍。"或"清楚了。" （4）不清楚时："对不起，首长请您再讲一遍，好吗?" （5）受理完毕："谢谢您，再见。"
3	接受用户业务申告	好的，我检查一下。等会给您回电话，请问您怎么称呼

（二）请示报告用语规范

序号	情况	用　语
1	向上级报告通知指示完成情况	××部门：我是××站××号，根据×××通知（指示），×时×分已完成…….任务。请问首长如何称呼
2	事故差错报告	××上级部门：我是××站××号，×时×分××站出现××事故（差错），原因是……（或原因待查），我们正在处理。请问首长如何称呼
3	事故差错完结报告	××上级部门：我是××站××号，×时×分××站××事故（差错），已经处理完毕（或已经恢复），原因是……。请问首长如何称呼
4	重大安全事件报告	××上级部门：我是××站××号，经监测×时×分××站出现××安全事件，事件危害是……，原因是……（或原因待查），我们正在处理。请问首长如何称呼
5	重大安全事件处理报告	××上级部门：我是××站××号，×时×分××站××安全事件，已经处理完毕，原因是……。请问首长如何称呼

续表

(三)机线故障处理用语		
序号	情况	用　　　语
1	某方向供电中断(供电局)	××(站),我是××站××号,××至××供电中断(或监控中断),请您查看一下,有什么影响
2	××站电源设备发生故障,通报有关站	××(站),我是××站××号,××站××设备出现故障,正在处理,请问您是哪位(工号)
3	故障通报	××(站),我是×××站××号,××供电出现故障,原因是××,××故障,请问您是哪位(工号)
4	故障处理后	××(站),我是××(站)××号,××供电(设备)恢复,请您密切关注你们站内设备运行状况,如有问题请与我们联系,请问您是哪位(工号)

9.2.5 业务流程

1. 业务处理标准流程

(1)市电、机组(油机)倒换处理流程如图 9-2 所示。

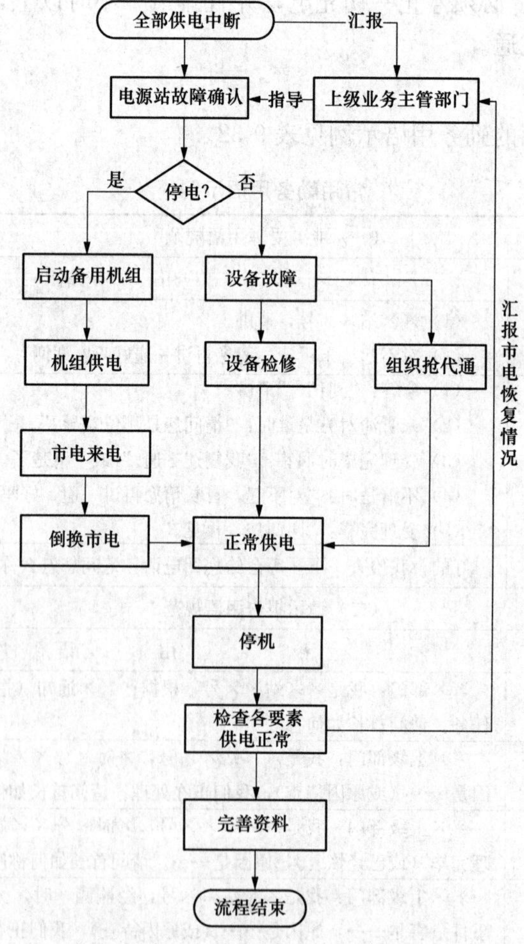

图 9-2　市电、机组(油机)倒换处理流程

（2）开关电源蓄电池组放电流程如图9-3所示。

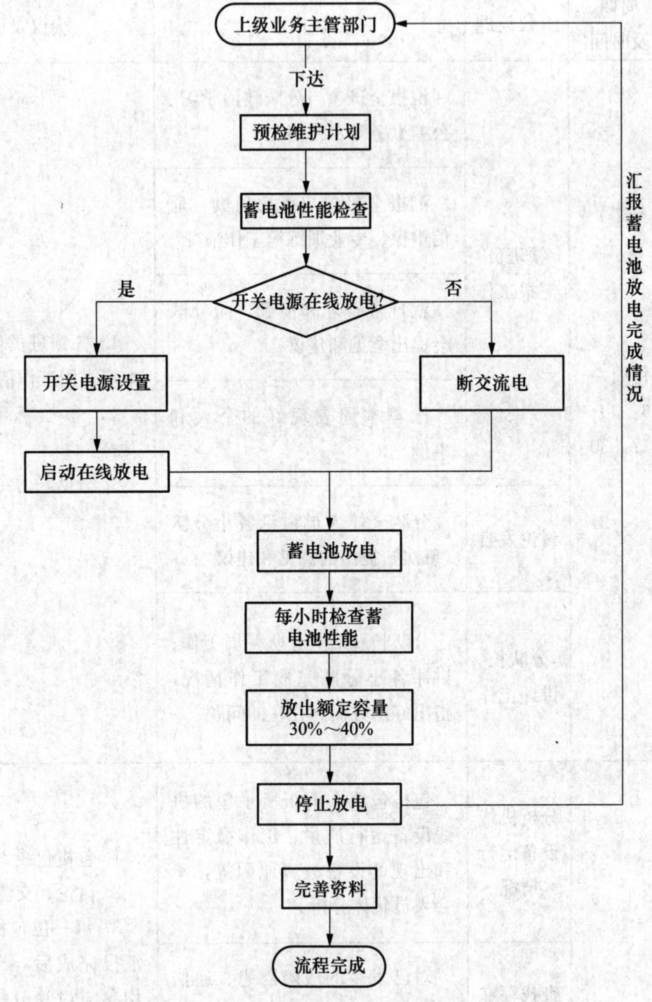

图9-3　开关电源蓄电池组放电流程

2. 会议流程

通信供电执勤活动中常见会议的类型及议程见表9-33。

表9-33　　**会议流程**

序号	名称	周期及时间	会议议题	会议内容	会议议程	主持人员
1	班务会	每周五 16：30～17：30	值机员汇报工作	汇报个人思想、工作和学习情况	1. 各值机员依次汇报情况 2. 各值机员提出意见和建议 3. 领班员总结讲评	领班员
				对分队建设提出意见和建议		
			讨论发言	就日常管理和值勤，向班务会提出意见和建议		
			领班员讲评工作	总结讲评全班本周工作完成情况，指出好的方面和存在的问题		

续表

<table>
<tr><th>序号</th><th>名称</th><th>周期
及时间</th><th>会议议题</th><th>会议内容</th><th>会议议程</th><th>主持人员</th></tr>
<tr><td rowspan="6">2</td><td rowspan="6">分队会</td><td rowspan="6">每周一
16：30～
17：30</td><td rowspan="4">领班员
汇报工作</td><td>汇报全班参与分队政治学习、公差勤务等工作情况</td><td rowspan="6">1. 各领班员依次汇报本班本周工作情况
2. 参会人员讨论、发言
3. 分队长总结讲评</td><td rowspan="6">分队长</td></tr>
<tr><td>汇报全班参与机房值勤、通信重保、专业训练等工作情况</td></tr>
<tr><td>就日常管理和值勤，向分队会提出意见和建议</td></tr>
<tr><td>推荐本周表现好的个人和事例</td></tr>
<tr><td>讨论发言</td><td>分队全体人员讨论各小分队（班次）提出的意见和建议</td></tr>
<tr><td>分队长
讲评工作</td><td>分队长总结全分队一周工作；讲评各小分队完成工作情况，指出好的方面和存在的问题</td></tr>
<tr><td rowspan="4">3</td><td rowspan="4">业务
分析会</td><td rowspan="4">每周四
16：30～
17：30</td><td>分析机线
设备运行
情况</td><td>包机包线人汇报所承包的机线设备运行质量、工作稳定性和出现的设备故障原因等，参会人员集体分析</td><td rowspan="4">1. 包机包线人汇报；
2. 讨论、交流；
3. 每一位包机包线人汇报完成后，与会人员均参与讨论分析，一起查找存在问题，共同研究制定改进措施；
4. 召开专项业务分析会时，会议组织者要先通报会议背景，提出会议议题；参会人员根据会议议题分别作发言，提出意见或建议；
5. 分队长或上级领导总结讲评</td><td rowspan="4">分队长或
上级领导</td></tr>
<tr><td>查找存在
问题</td><td>对已发生的故障隐患、通信事故、差错等情况进行分析，查明原因</td></tr>
<tr><td>交流维护
工作经验</td><td>每个人将一周工作过程中遇到过的疑难问题详细情况与参会人员交流，共同提高维护水平</td></tr>
<tr><td>研究制定
改进措施</td><td>针对会议过程中提到的所有问题、隐患等情况认真探讨和分析，制定出改进措施，解决问题，消除隐患</td></tr>
</table>

3. 交接班流程

通信供电执勤活动中交接班流程见表 9-34。

表 9-34　　　　　　　　　　　**交接班流程**

项目	周期及时间	步骤		内　容		负责人
交接班	每班次	交班准备	填写值班日记	值机员向领班汇报本班工作情况	执行上级通知落实情况	交班领班员
					机线设备变动情况	
					业务处理情况	
				领班员汇总值勤情况，在值勤维护管理系统上详细准确填写值班日记		
			打扫卫生	清洁操作台面，打扫地面卫生		
				擦拭工具仪表		
				打扫设备积尘、机柜卫生		
			机房整理	整理仪表、工具，分门别类摆放整齐		
				整理值勤资料、文档、表报		
		交接班	机房巡查	接班值机员在交班值机员的陪同下巡查机房	机房环境卫生是否打扫彻底，工具，仪表是否完好、整齐	接班领班员
					机线设备是否正常运行	
					各种表报资料是否正确填写，并摆放整齐	
					动环监控系统上告警情况	
			交接班	交班领班员向接班领班员交班	上级指示，通知和执行情况	
					机线设备运行、检修和变动情况	
					重大问题处理情况及遗留问题	
					仪表、工具资料的完好情况	
				接班领班员接班	核查交班情况是否有遗漏，核实交班情况是否准确	
					汇总机房巡查情况，向交班人员提出疑问	
					在值勤维护管理系统上接班	
		接班完成	交班人员将垃圾带离机房			
			接班领班员向本班人员通报接班情况，并布置工作			

9.3　系统维护

通信局（站）电源系统维护工作应贯彻“以平时为主，防治结合，以预防维护为主”的原则，其维护管理的基本任务如下。

（1）落实维护计划，执行维护规程，保证设备各项性能、指标符合要求。

(2) 分析设备运行情况，及时发现故障隐患，采取有效措施，确保电源系统运行安全、稳定、可靠。

(3) 迅速准确判断故障，快速实施抢代通，及时排除故障，缩短故障历时。

(4) 改进维护方法，延长设备使用时间，充分发挥其应有效能。

通信局（站）电源设备维护管理的质量标准如下。

(1) 机械性能良好，工作正常。

(2) 电气特性符合标准。

(3) 运行安全、稳定、可靠。

(4) 技术资料、原始记录齐全。

9.3.1 设备工作条件与维护要求

通信局（站）电源系统主要包括：高低压变配电设备、（柴油）发电机组、交流不间断电源（UPS）、逆变设备、高频开关电源、蓄电池组、太阳能组合电源、机房空调设备、防雷接地系统和集中监控系统等设备与系统。合适的工作条件和科学的运行维护方法是确保系统设备效能发挥的基本前提。

1. 配电设备

通信局（站）电源系统的配电设备包括高压变配电设备及低压配电设备两大类，低压配电设备包括交流380V/220V配电设备和直流配电设备。

(1) 基本要求。

1）配电屏维护通道净宽应当符合规定，并铺设相应等级的绝缘胶垫。

2）危险地段应当设防护栏，并设置标志明显的警示牌。

3）正常供电时通常不得带电作业。必须带电作业时，应当使用绝缘良好的工具，处于绝缘体上，人体或者工具不得同时接触线路两相。

4）停电检修作业按"先停低压、后停高压，先断负荷开关、后断隔离开关"的顺序切断电源。

5）停电检修时，应当在隔离开关处设置"有人工作，禁止送电！"的警示标牌后方可作业。条件许可时，可以安排专人值守。

6）检修完成后应当按与停电检修作业相反顺序送电。

7）人工倒换备用电源设备时，必须遵守有关技术规定，严防人为差错。

8）熔断器应有备用，不应使用额定电流不明确或者不合规定要求的熔断器和空气开关（断路器）；直流熔断器的额定电流值应不大于最大负载电流的2倍；各专业机房熔断器的额定电流值应不大于最大负载电流的1.5倍；照明回路的交流熔断器额定电流值按实际负荷配置，其他回路应不大于最大负载电流的2倍；特殊负载回路的熔断器额定电流值按相关技术标准要求配置。

9）做好防雷、防水和防鼠工作。

(2) 高压变配电设备维护要求。

1）高压作业时应当两人以上配合，其中一人作业，另一人监护，实行操作口令重复制度，绝不允许单人进行高压操作。

2）值班巡视时，要距高压端1米以外，以免发生危险。

3）在切断电源、检查有无电压、安装移动地线装置、更换熔断器等工作时，均应当使用防护工具。

4）检修高压设备或者在距离10～35kV导电部位1m以内工作时，应当按操作规程断开高、低压电源，将变压器高低压两侧断开，并进行放电处理。

5）严禁用手或者金属工具触动带电母线，检查通电部位时应当用符合相应等级的试电笔或者验电器。

6）高压验电器、高压拉杆应当符合规定要求。高压防护用具（绝缘鞋、手套等）必须专用。定期检查高压工具及防护用具，保持其绝缘性能良好。

7）每年检测一次接地引线和接地电阻，其电阻值应当不大于规定值。

8）高压维护人员必须持有高压操作证，无证者不准进行高压操作。

9）雨天不准露天作业，高处作业时应当系好安全带，严禁使用金属梯子。

（3）低压配电设备维护要求。

1）低压配电机房温度应当保持在5～30℃。

2）断电保护和告警信号应当保持正常，严禁切断警铃和信号灯。

3）自动断路器跳闸或者熔断器烧断时，应当查明原因再恢复使用，必要时允许试送电一次。

4）交流用电设备采用三相四线制引入时，中性线上禁止安装熔断器。在中性线上电力变压器近端、用电设备和机房近端应当同时接地。

5）交流供电应当采用三相五线制时，中性线禁止安装熔断器，在中性线上电力变压器近端接地，用电设备和机房近端不许接地。

2. 发电机组

（1）工作条件。

1）发电机组机房（油机房）内应当光线充足，空气流通。

2）机房温度要求为5～40℃。当室温低于0℃时，应当在水箱内加防冻液。未加防冻液时，在机组停用冷却至40℃左右后，应将水箱冷却水排放干净。在气温低于0℃的环境中冷却水会结冰。若事先不将水箱内冷却水排放干净将会导致水箱、冷却管道、循环水泵及发动机缸体损坏。所以寒冷地区在接近0℃气温时，机组停用后，应将水箱内的冷却水排放干净。

3）应根据各地区气候和季节的变化选用适当标号的燃油和机油。柴油的标号有＋10号、0号、－10号、－40号等，其标号即为柴油的凝点，对气温较低的场所应选择标号较低的柴油。机油的区别主要在于粘度，气温较低时应选择粘度较低的机油。

（2）维护要求。

1）定期清洁机器表面，机组无漏油、漏水、漏电、漏气现象；无损坏、变形或者缺少零部件；机组布线合理、接线牢靠、仪表齐全、指示准确；紧固件无松动。发电机组各种管路喷油漆的颜色应符合表9-35的规定要求。

2）按规定清洗、更换机油、燃油和空气滤清器的滤芯；定期为机组运转机件添加润滑油。

3）汽油发电机组在运转过程中，不得添加燃油。

4）禁止在带负荷的情况下开机、停机。

表 9-35　　　　发电机组各种管路喷油漆的颜色规定

管路类别		颜色
进气管		天蓝色或白色
水管	进水管	浅蓝色
	出水管	深蓝色
油管	机油管	黄色
	燃油管	棕红色
排气管		银粉色
备注：管路分支处和管路明显部位应标明红色流向箭头		

5）发电机组启动蓄电池应当定期维护，以保证其性能良好。启动蓄电池的维护可以参看说明书，通常包括清洁蓄电池表面、检查密度（比重）、定期充放电、调整电解液密度（比重）、对极柱端面进行处理、检查并紧固连接导线等内容。

（3）启动前检查。

1）检查机油的液位和质量。机油的液位应在机油标尺“静满位”与“动满位”之间。机油的质量应符合机组说明书的规定要求。

2）检查燃油和冷却水的液位；维护人员应清楚燃油箱中的燃油量能保障供电的最短时间，燃油不足时应及时补充。水箱的水位应全部淹没散热片，但须距水箱口有一定距离，同时要检查溢水管是否通畅，防止冷却水受热膨胀而胀坏水箱。

3）检查发电机组的进、排气管是否畅通。

4）检查启动系统以及蓄电池的连接线是否紧固可靠。发电机组采用电启动时，由于启动电流很大，如果连接线接头松动使接触电阻增大，则启动时连接处易产生电火花，或因接触点电压降过大而使机组启动困难，所以一定要保持连接线接点接触紧密。

5）检查风扇皮带松紧度。柴油机工作时，三角皮带应保持一定的松紧度。正常情况下，用手在三角皮带上加适当的力（29～49N），即能将皮带按下10～20mm。皮带过紧将导致充电发电机、风扇和水泵上的轴承磨损加剧，太松则会使驱动的附件达不到需要的转速，导致充电发电机电压下降，风扇风量和水泵流量降低，冷却系统工作不良，从而影响柴油机的正常运转。因此应定期对三角皮带松紧度进行检查。柴油机三角皮带的松紧度，可以借改变充电发电机的支架位置进行调整。当三角皮带松紧度调整合适后，应将撑条固定。

6）机房温度低于5℃时，启动前应当对机组进行预热。

7）检查各种开关是否置于正确位置。

8）清理机组周围放置的工具及其他物品，以免机组运转时卷入发生意外。

（4）运行检查。

1）检查润滑油压力与温度。机油压力与温度应与发电机组随机说明书相符。若机油压力不符合要求，应通过调节机油泵后部的压力调节螺丝进行调整，其调整要求及方法见随机说明书。机油压力从刚启动到热机后会有微弱下降，应在发动机热机一段时间后进行调整。

2）检查冷却水温度。冷却水温若不符合要求，则应仔细检查冷却水循环系统，重点检查水位、水垢、水泵、风扇、节温器和管路。

3）检查各种仪表、信号灯指示是否正常。

4）观察机组运转时有无剧烈振动和异常声响，排烟是否正常。发动机若出现剧烈热振动或异常声响，可能原因有某气缸不工作、供油时间不对、气门间隙不当、燃油雾化不良、机件损坏等。排烟颜色不正常包括冒白烟、冒蓝烟、冒黑烟等。冒白烟可能是燃烧室有水引起的，应检查燃油和机油中是否混有水分、冷却水循环系统（特别是气缸垫）密封是否良好、气缸壁有无裂纹等；冒蓝烟可能是燃烧室窜入机油，应检查燃油质量、活塞环（特别是油环）和气缸壁有无磨损；冒黑烟可能是机组负载过重或燃油燃烧不充分所致，首先检查机组工作负载情况，再检查燃油质量、供油时间、配气相位、进/排气通道、供油量、燃油雾化情况（主要查检喷油器的喷油压力）、气门间隙以及气门/气缸密封情况等。

5）机组启动后，不得立即加载。应当观察温度、油压、电压、频率（转速）等达到规定要求并运行稳定2～3min后，方可供电。

（5）停机。

1）机组正常停机前，应当先切断负荷，逐步降低转速后，最后关闭油门停机。

2）当机组出现油压低、水温高、转速高、供电异常等情况时，应迅速停机检查。

3）当机组出现飞车（转速过快）或者其他危及人机安全的情况时，应当立即切断气路和油路紧急停机。

4）机组故障未排除时，不得重新开机运行。

3. UPS与逆变器

UPS电源的主要作用是为交流用户提供不间断的交流电源。从工作方式上讲，UPS电源主要有后备式和在线式两种，其主要区别就是UPS内部逆变器工作状态的区别。后备式UPS在交流输入正常时，逆变器不工作，交流电通过UPS内部旁路直接向负载供电；当交流输入中断、交流电压和频率过高或过低时，逆变器开始工作，将蓄电池提供的直流电能逆变为标准的交流电能向负载供电。在线式UPS则无论交流输入正常与否，逆变器始终处于工作状态。当交流电输入正常时，交流电经整流器整流后输出直流电，一方面为逆变器提供输入直流电源，并将直流电逆变成稳定的交流电；另一面为蓄电池充电。当交流电中断时，由UPS配置的蓄电池直接为逆变器提供输入直流电源，并将直流电逆变成交流电，向负载提供交流电源。逆变器设备始终将直流电源逆变为稳定交流电源向负载供电，其输入直流电源由外界单独提供。

（1）工作条件。UPS设备的输入交流电压应在其工作电压的允许变动范围内，且最大负载不应超过额定输出功率的70%；各种控制、告警和保护功能正常；安装UPS设备、逆变器的房间室温应保持在5～30℃。

（2）维护要求。

1）UPS配套使用的蓄电池组应当采用阀控式密封铅酸蓄电池。交流市电工作稳定的通信机房，对UPS进行放电维护时，应当以实际工作负荷作为负载，放出蓄电池额定容量的30%～40%，掌握UPS工作负荷有效供电时间和蓄电池运行情况。

一般情况下UPS的输出功率可以通过监控单元提供。如果UPS没有此功能，则可以通过钳形表测量其输出电压、电流值，计算输出功率的大小与额定功率进行比较（最大负载不应超过额定输出功率的70%）。三相UPS的功率计算与单相UPS电源类似，分别计算出每一相的实际输出功率，取其最大值的三倍与额定功率进行比较。

2）应当根据当地市电频率的变化情况，选择合适的跟踪速率。对于市电频率变化过快的地区，UPS的工作方式宜采用内同步方式。

4. 高频开关电源

(1) 工作条件。高频开关电源应当工作在干燥、通风良好、无腐蚀性气体的房间，机房温度应当保持在5～30℃。

(2) 维护要求。

1) 输入电压变化范围应当在允许工作电压变动范围之内，工作电流不应当超过额定值，各种自动、告警和保护功能均正常。

2) 整流模块宜在稳压、并机、均分负荷的方式下运行。

3) 布线整齐，各种开关、熔断器、插接件、接线端子等部位接触良好、无电蚀。

4) 机架应当有良好的接地。

5) 备用模块应当每年试验一次，保持性能良好。

6) 高频开关电源的各种性能参数设置应由专人负责，不得随意改动。

高频开关电源有各种参数，如电池组数、电池容量、输入欠电压/过电压告警值、过流告警点、浮充电压值、均充电压值、充电过流告警值、最大充电限流值、均浮充转换电流值、均充时间间隔、均充定时时间、电池欠压告警值、负载下电电压以及电池保护电压等，这些参数在很大程度上决定着高频开关电源的保护或工作性能。不正常的参数范围可能会使电源保护失效或引起错误保护。所以有密码设置的开关电源一定要设置好密码，密码的设置由专人负责，不得随意改动。相关人员在参数设置改动后，必须在《值班日记》和《设备日常维护记录》上记录。安装有动环集中监控系统的单位要定期核查“参数设置”中的相关参数。

5. 阀控式密封蓄电池

(1) 工作条件。阀控式密封铅酸蓄电池（包括UPS蓄电池，后简称蓄电池）运行环境应当满足以下要求。

1) 机房温度应当保持在5～30℃。

2) 独立的蓄电池机房应当配有通风换气装置。

3) 避免阳光对蓄电池直射。

4) UPS蓄电池组的维护通道应当铺设绝缘胶垫。

(2) 维护要求。

1) 厂家、规格、型号、新旧程度、设计使用寿命不同的蓄电池禁止在同一电池组中混合使用。

2) 每组选两只以上标示电池，作为了解全组工作情况的参考。

3) 蓄电池在使用前应当进行补充充电，补充充电方式及充电电压应当按产品技术说明书规定进行。一般情况下应当采取恒压限流充电方式，补充充电电流不得大于$0.2C_{10}$A，充电的电压和充电时间见表9-36。表9-36列出的充电时间适用于环境温度25℃，如环境温度降低则充电时间应当延长，如环境温度升高则充电时间也可以相应缩短。

(3) 蓄电池的均衡充电。均衡充电应当采用恒压限流方式，遇有下列情况之一时，蓄电池组应当进行均衡充电（如有特殊技术要求的，则以其产品技术说明书为准），充电电流不大于$0.2C_{10}$A，时间不超过12h。

表 9-36 充电时间-电压对照表

单体电池额定电压（V）	单体电池充电电压 U（V）	充电时间（h）
2	$2.30 \leqslant U \leqslant 2.35$	24
2	$2.35 < U \leqslant 2.40$	12
6	$6.90 \leqslant U \leqslant 7.05$	24
6	$7.05 < U \leqslant 7.20$	12
12	$13.80 \leqslant U \leqslant 14.10$	24
12	$14.10 < U \leqslant 14.40$	12

1）整组蓄电池（−48V 系统，2V 蓄电池 24 只）浮充电压有两只以上低于 2.18V。

2）搁置不用的时间超过三个月。

3）全浮充运行六个月。

4）放电深度超过额定容量的 20%。

（4）蓄电池放电。

1）蓄电池组每年应当以实际负荷做一次核对性放电试验（UPS 使用的蓄电池组，每季度一次），放出额定容量的 30%～40%。

2）2V 单体蓄电池，每三年应当做一次容量试验，使用三年后每年一次。6V 及 12V 蓄电池组每年一次。

3）蓄电池放电期间，定时测量电池单体端电压和电池组放电电流，测量时间间隔应当根据蓄电池容量确定。

（5）蓄电池充电终止的依据。达到下列条件之一，可视为蓄电池充电终止。

1）充电量不小于放出电量的 1.2 倍。

2）充电后期充电电流小于 $0.005C_{10}$A。

3）充电后期，充电电流连续 3 小时不变化。

（6）蓄电池放电终止的依据。达到下列条件之一，可视为放电终止。

1）核对性放电试验，放出额定容量的 30%～40%。

2）容量试验，放出额定容量的 80%。

3）蓄电池组中任意单体放电终止电压为：放电电流不大于 $0.25C_{10}$A，放电终止电压为 1.8V；放电电流大于 $0.25C_{10}$A，放电终止电压为 1.75V。

（7）蓄电池全浮充运行。

1）蓄电池平时处于浮充状态。

2）蓄电池的浮充电压：按产品说明书要求设定，并注意温度补偿。一般情况下，浮充电压为 2.23～2.27V（25℃，2V 单体电池），温度补偿为

$$U = U_{25℃} + (25 - t) \times 0.003$$

式中 $U_{25℃}$——25℃时 2V 单体电池电压；

t——环境温度。

3）蓄电池组浮充时各单体端电压的最大差值应满足下述要求：2V 蓄电池不大于 90mV，12V 蓄电池组不大于 120mV（产品有特殊说明的除外）。

6. 太阳能组合电源系统

太阳能组合电源中交流配电单元、直流配电单元、整流器、监控器和蓄电池的维护参照

高频开关电源和阀控式密封蓄电池相关内容实施。其他维护要求如下。

(1) 检查输出导线连接是否牢固，及时更换损坏的组件。风沙、雨、雪天气过后及时清洁方阵表面。

(2) 雷雨后必须及时检查防雷装置及太阳能电池控制器。

(3) 对于多冰雹的地区，应当加装防雹网。

7. 机房空调设备

机房空调设备包括窗式、壁挂式、柜式、吸顶式等型式，其维护要求如下。

(1) 机房空调设备应当能够满足长时间运转的要求，并具备停电保存温度设置，来电自启动功能。

(2) 换季停用时清扫滤清器，拔掉电源插头，干燥机体，室外机套上保护罩。

(3) 重新使用时检查滤清器是否清洁，并确认安装；取下室外机的保护罩，移走遮挡物体；清洗室外机散热片；试机检查运行是否正常。

(4) 运行期间，每月做一次来电自启动功能试验，清洗室外机冷凝器翅片、疏通排水管道。

(5) 要经常检查空调设备室外机电源线部分的保护套管、室外电源端子板的防水防晒措施是否完好。

8. 防雷接地系统

通信枢纽局（站）的防雷接地系统主要包括避雷针、避雷带等直击雷防护装置，避雷器、浪涌保护器等感应雷防护装置，以及接地线、接地汇集线、接地引入线、接地体等装置。其维护要求如下。

(1) 台站接地系统应当采取联合接地，所有设备机架必须接地保护，不得使用裸导线作为接地线。接地电阻值应当满足表 9-37 的要求。

表 9-37　各类联合接地装置的接地电阻值

接地体类别	接地电阻值（Ω）
一级综合供电台站	<1
二级综合供电台站、2000 门以上程控交换局的一级单一供电台站	<3
其他台站	<5
电力电缆与架空电力线接口处防雷接地	<10（适用于大地电阻率小于 100 Ω·m）
	<15（适用于大地电阻率 100～500 Ω·m）
	<20（适用于大地电阻率 501～1000 Ω·m）

(2) 定期检查地线连接性能，每半年检查一次接地电阻值并详细记录。地线测试应当在干燥季节进行，采用地阻测试仪在线测试。

(3) 交流供电系统的高压配电柜、低压配电柜、变压器以及其他电源设备等，均应当安装相应的避雷器、浪涌保护器。

(4) 交流供电系统中应当采取多级防护措施，雷雨后应当及时检查防雷设施。

(5) 地线系统使用 20 年以上时，应当增设接地电阻值满足要求的新接地装置，并与原有的接地系统连接。

（6）遭受雷击设备损坏时，要查明原因，采取相应措施及时解决。

9. 集中监控系统

集中监控系统设备包括各级监控系统主机和配套设备、计算机监控网络、监控模块及前端采集设备等。

（1）维护要求。

1）操作系统和监控系统软件应当备有安装盘。

2）系统配置参数应当有备份盘，当配置参数发生变化时，应当及时备份。

3）数据库内保存的历史数据在定期倒入外存后，应做上标签妥善保管。

4）集中监控系统应当具备完善的安装手册、用户手册与技术手册，整套软件和文档由专人保管。

（2）安全管理要求。

1）按照管理权限，维护人员分为一般用户、系统操作员和系统管理员。

2）不同操作人员应当使用相应的口令，并严格保密，必要时系统管理员可以更改账号口令。

3）所有系统登录、注销、交接班以及遥控操作、设定参数等记录必须保存在不可修改的数据库内。

4）下级监控单位对设备遥控具有优先权。遥控关键设备时，须确认设备无人维修或者调试；维修或者调试设备时，应当通知监控单位设置禁止远端遥控功能，维修或者调试结束后，通知恢复。

5）监控系统中的所有计算机均不得安装和使用与监控系统无关的软件，不得与其他无关网络互联；系统使用的所有磁盘、光盘、磁带必须保证无病毒。

（3）告警处置。集中监控系统的告警分为紧急告警、重要告警和一般告警三类。紧急告警、重要告警、一般告警的告警内容、故障现象及处理方法分别见表 9-38～表 9-40。

各级监控中心、台站在处理故障告警过程中须做好详细登记，各类登记表详见表 9-41～表 9-43。

表 9-38　　紧急告警及其处理

告警设备	告警内容	告警现象	处理方法
烟雾传感器	烟雾传感器异常	通信机房内烟雾浓度超过限定值，可能存在起火点	1. 区域监控中心值班人员需在告警发起3分钟内通知并跟踪指导台站进行故障处理，做好相应登记，实时向省市级监控中心汇报故障处理情况。
传输信道	2M信道中断	不能监控部分台站	
交流配电设备	电压超过限定值	交流市电中断或输入电压超出额定电压85%～110%	
高频开关电源	交流输入电压电流超出限定值	交流输入电压中断或相电压超出（176～264V）、线电压超出（304～456V），交流输入电流超出该设备输出负载电流50%	
	整流模块故障	一个或几个整流模块工作异常或停止工作	
发电机组	输出电压超出限定值	发电机组输出无电压或稳态电压偏差大于1%	
	输出电流超出限定值	发电机组输出电流超出额定输出电流或限定输出电流	
	转速异常	发电机组转速超出额定转速110%及以上	

续表

告警设备	告警内容	告警现象	处理方法
UPS和逆变器	电池容量异常	蓄电池容量低于电源设备规定容量	2. 故障台站积极组织技术人员进行故障排查、处理，并及时将故障原因和处理结果上报区域监控中心。 3. 省市级监控中心及时核查故障处理结果，并做好详细登记
	负载保护状态异常	电源设备所带负载出现过流等故障	
	过载告警	电源设备输出负载超出额定值	
	旁路供电状态	电源设备出现故障，输出转旁路供电	
	逆变器电压异常	电源设备出现故障，逆变器输入输出电压异常	
	逆变器关闭	不间断电源设备出现故障，逆变器停止工作	
蓄电池组	蓄电池组总电压异常	蓄电池组总电压高于57V或低于47V	
	蓄电池组总电流异常	蓄电池组输出电流超出限定值	
	单节电池电压异常	蓄电池组中出现单节电池电压高于2.4V或低于1.8V	

表9-39　　重要告警及其处理

告警设备	告警内容	告警现象	处理方法
监控采集设备	MISU工作状态异常	MISU采集数据错误或停止工作	1. 区域监控中心值班人员需在告警发起10分钟内通知并跟踪指导台站进行故障处理，做好相应登记，实时向省市级监控中心汇报故障处理情况。 2. 故障台站积极组织技术人员进行故障排查与处理，并及时将故障原因和处理结果上报区域监控中心。 3. 省市级监控中心及时核查故障处理结果，并做好详细登记
	BMU工作状态异常	BMU采集数据错误或停止工作	
	PMU工作状态异常	PMU上传数据错误或停止工作	
	交换机工作状态异常	网络交换机工作状态异常或停止工作	
	视频采集设备工作异常	无视频或视频采集设备工作异常	
交流配电设备	交流输入电压异常	交流输入电压缺相或不平衡	
	电流超出限定值	输出电流超出额定电流的50%	
	输出功率超出限定值	输出功率超出额定功率的50%	
	输出频率超出限定值	输出频率高于51Hz或低于49Hz	
高频开关电源	交流输入频率超出限定值	交流输入频率高于51Hz或低于49Hz	
	直流输出电压电流超出限定值	直流输出电压高于57V，或低于47V，直流输出电流超出额定电流的50%	
发电机组	输出功率超出限定值	发电机组输出功率超出额定输出功率或限定输出功率	
	输出频率超出限定值	发电机组输出频率高于51Hz或低于49Hz	
	机油压力异常	发电机组机油压力超出规定机油压力	
	冷却水温异常	发电机组冷却水温超出规定值	
	电池电压异常	发电机组启动电池电压低于规定值	
	输出电压异常	交流输出电压超出不间断电源设备或逆变设备规定输出电压	
	输出电流异常	交流输出电流超出不间断电源设备或逆变设备规定输出电流	
UPS和逆变器	输出频率异常	不间断电源设备和逆变设备输出频率超出规定值	
	交流输入电压异常	交流输入电压中断或超出电源设备规定输入电压	
蓄电池组	蓄电池状态异常	蓄电池处于充电或放电状态	
	蓄电池组温度异常	蓄电池组温度高于35℃，或低于0℃	

表 9-40　　　　　　　　　　　　**一般告警及其处理**

告警设备	告警内容	告警现象	处理方法
动力环境	水淹传感器异常	通信机房内有积水	区域监控中心值班人员需在告警发起 20 分钟内通知台站处理，每周检查汇总故障处理情况，并对处理情况进行通报
	红外传感器异常	通信机房内可能有人或动物非法进入	
	门禁系统异常	通信机房内可能有人或动物闯入，机房门未关闭	
	温湿度异常	通信机房内温湿度超过规定值（温度高于 30℃，低于 10℃，湿度大于 85%，小于 30%）	
	空调工作状态异常	空调工作异常或停止工作	
监控采集设备	摄像头工作状态异常	摄像头工作状态异常或停止工作	
高频开关电源	通信状态异常	高频开关电源监控模块通信异常或中断	
发电机组	通信状态异常	发电机组监控模块通信异常或中断	
UPS 和逆变器	通信异常	UPS 或逆变器通信状态异常或中断	

表 9-41　　　　　　　　**集中监控系统每日作业记录表**

提交人：　　　　　　　　　　　　　　　　　　　　日期：　年　月　日

值班时间：　时至　时		交班人：	接班人：	
类　别	项　目	检查结果	检查结论	备　注
监控中心机房环境	机房（供电、火警、烟尘、雷击等）		□正常　□不正常	
	温度（正常 15～30℃）		□正常　□不正常	
	湿度（正常 30%～85%）		□正常　□不正常	
	机房清洁度（好、差）		□好　□差	
网管维护项目	网管登录		□正常　□不正常	
	每天告警记录		□正常　□不正常	
	每天历史数据		□正常　□不正常	
	查询日志记录		□正常　□不正常	
	日报表打印（每天下午进行）		□打印　□未打印	
	告警录像		□正常　□不正常	
	数据库剩余空间		□正常　□不正常	
	网管数据备份（每周五进行）		□完成　□未完成	若数据发生改变，则立即进行备份
系统运行情况	业务台、服务器、前置机等		□正常　□不正常	
紧急告警处理情况	紧急告警名称	是否已通知处理	处理结果	
		□是　□否	□已处理　□未处理	
		□是　□否	□已处理　□未处理	
		□是　□否	□已处理　□未处理	
问题处理记录				
遗留问题				
告警分析维护建议				
班长核查				

表 9-42　　集中监控系统月（季）度作业记录表

提交人：　　　　　　　　　　　　　　　　　　　　　　日期：　年　月　日

类别	项	目	检查结果	检查结论	备注
网管测试项目	告警测试	遥信量告警测试		□正常　□不正常	
		遥测量告警测试		□正常　□不正常	
		告警反应时间		□正常　□不正常	
		告警历史数据查询		□正常　□不正常	
	数据测试	遥测量精度测试		□正常　□不正常	
		遥调测试		□正常　□不正常	
		遥控量测试		□正常　□不正常	
		历史数据查询		□正常　□不正常	
		遥测量曲线		□正常　□不正常	
	图像设备测试	图像清晰度		□正常　□不正常	
		摄像头控制		□正常　□不正常	
		告警录像		□正常　□不正常	
		录像带（硬盘）备份		□完成　□未完成	
		录像和回放功能		□正常　□不正常	
网管维护项目	各种资料归档检查			□正常　□不正常	
	打印月报表			□完成　□未完成	
	每月历史数据备份			□完成　□未完成	保存半年
	系统操作记录数据备份			□完成　□未完成	每季度备份
	网管计算机杀毒（每周一进行）			□正常　□不正常	
发现问题处理情况记录					
遗留问题说明					
告警分析维护建议					
班长核查					

表 9-43　　集中监控系统年度作业记录表

提交人：　　　　　　　　　　　　　　　　　　　　　　日期：　年　月　日

类别	项　目	检查结果	检查结论	备　注
机房环境检查	地线、电源线连接检查		□正常 □不正常	
	信号线连接检查		□正常 □不正常	
	机房安全检查		□正常 □不正常	
	机房清洁检查		□正常 □不正常	
	设备清洁检查		□正常 □不正常	
端局维护检查	端局维护记录检查		□正常 □不正常	
	问题处理情况检查		□正常 □不正常	

续表

类别	项目	检查结果	检查结论	备注
网管维护检查	网管维护记录检查		□正常 □不正常	
	数据库备份和数据库空间检查		□正常 □不正常	
	历史数据备份检查		□正常 □不正常	
	日、月、半年报表检查		□正常 □不正常	
	问题处理情况检查		□正常 □不正常	
备件检查	备件维护记录检查		□正常 □不正常	
	问题处理情况检查		□正常 □不正常	
定期测试项目检查	定期测试记录检查		□正常 □不正常	
	问题处理情况检查		□正常 □不正常	
资料整理检查	资料整理记录检查		□正常 □不正常	
	问题处理情况检查		□正常 □不正常	
设备运行分析和维护建议				
发现问题处理情况记录				
遗留问题说明				

9.3.2 日维护

通信电源系统及设备的日维护依据计划由当班人员完成，通常时间安排为每日中班。

1. 低压配电设备

(1) 日维护项目。

1) 继电器、开关的动作是否正常，接触是否良好。

2) 熔断器的温升是否低于80℃。

3) 电表指示是否正常。

(2) 维护操作。日维护检测情况应填写在《设备日常维护记录》上，完成情况应填写在《值班日记》上。安装有动环集中监控系统的单位要定期核查“参数设置”中的相关参数（参数取值要符合《规程》及设备要求）。

2. 发电机组

(1) 日维护项目。清洁机器和启动电池，测试启动蓄电池电压。

(2) 维护操作。用干净的抹布擦拭，用万用表测试启动电池电压。

3. 高频开关电源

(1) 日维护项目。

1) 检查交流输入电压、电流，直流输出电压、电流。

2) 安装远程监控系统的台站，实时监测各站开关电源工作情况。

(2) 维护操作。在日维护测试项目中，开关电源监控单元能监测到的数据，用观测法读取数据，无法监测的数据通过交直流钳型表测试。在测试过程中，如果是使用三相电源输入，则必须检测各相电压、电流的相关数据。

日维护测试的主要目的是观察输入电压是否符合规定的指标要求；直流输出电压是否为设定值（正常情况下，蓄电池组的浮充电压是按电池维护标准设定其数值，其两者数据在理论上是一致的）；所以观察开关电源输出电压也就是观察蓄电池的浮充电压是否符合标准。如果开关电源的输出电压设置过高，可能会使蓄电池长期过压充电而损伤蓄电池，缩短蓄电池的寿命；如果开关电源输出电压设置过低，会使蓄电池的电量始终不满，一旦停电后蓄电池能有效供电的时间将会很短。

测量电压的仪表精度应当不低于 0.5 级，电压表内阻不少于 1kΩ/V。测试数据应填写在《值班日记》上。

4. 阀控式密封蓄电池

（1）日维护项目。检查蓄电池组浮充电压、电流和温度。

（2）维护操作。在日维护检查项目中，蓄电池的浮充电压与开关电源输出电压基本相同，可以从开关电源设备的监控单元中读取。电流是指蓄电池的浮充充电电流，不是负载电流，一般很小，只有零点几安（多数情况下监控单元显示的浮充电流为零安培），只有当蓄电池放出一定电量后，蓄电池的浮充电流增大，其数值才可以通过开关电源监控单元读取。

在有条件的情况下，应对蓄电池进行温度测量。当其充电电流很大，内部化学反应强烈时就需测量蓄电池的温度。当电池温度高于 40℃时，则应相应减小充电电流或停止充电，待电池温度下降后方可继续充电，否则会严重影响蓄电池的使用寿命。

安装有动环集中监控系统的单位要定期核查“参数设置”中的相关参数，测试数据应填写在《值班日记》上。

5. 集中监控系统

（1）日维护项目。检查前端采集设备（有人站）。

（2）维护操作。人工巡视检查前端采集设备工作情况。

9.3.3 周维护

1. 发电机组

（1）周维护项目。

1）检查机油、燃油和冷却水，空载试机 20 分钟。

2）检查启动电池连接线。

3）检查各机件紧固情况。

（2）维护操作。在周维护项目中，发电机组每周要空载试机 20min。平时试机时，要检查“两油一水”（机油、燃油、冷却水）是否正常，并要将电压调整到 400/230V 左右，以便同时检查机组控制屏的工作情况。发电机组空载运行时间不宜过长。测试数据应填写在《发电机组工作试机记录本》上，完成情况应填写在《值班日记》上。

2. 阀控式密封蓄电池

（1）周维护项目。检查标示电池浮充端电压。

（2）维护操作。周维护检查项目中的标示电池一般是指定电池组中的任意两块电池（也可多指定几块电池为标示电池）。标示电池的作用是：通过确定的电池进行日常维护数据跟踪，从而能及时了解整组电池的质量变化情况和工作性能。

需要说明的是标示电池是任意的，但同时又是固定的，即标示电池一旦确定后，就不应随意更改。其目的就是使测量具有连续性。标示电池若随意改变，就不能达到对蓄电池组工

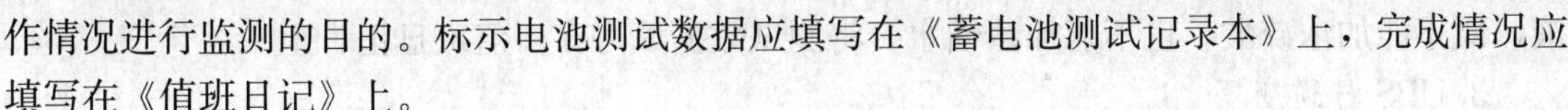

作情况进行监测的目的。标示电池测试数据应填写在《蓄电池测试记录本》上，完成情况应填写在《值班日记》上。

9.3.4　月维护

1. 低压配电设备

(1) 月维护项目。

1）检查接触器、开关接触是否良好，螺丝有无松动。

2）检查信号指示、告警是否正常。

3）测量熔断器的温升或者压降。

4）检查功率补偿屏的工作是否正常。

5）检查充放电电路是否正常。

6）清洁设备。

(2) 维护操作。低压配电屏配置仪表指示准确，误差在其精度范围内；低压配电屏的机架稳固，平正垂直，各部件连接牢固，元件无缺损，布线整齐美观，接点无损、接触良好，线路走向标志清楚，电缆、母线颜色正常，符合表9-44的规定。

表9-44　　通信电源系统电缆、母线颜色规定

电缆、母线		颜色
交流系统	A相	黄色
	B相	绿色
	C相	红色
	中性线	黑色
	保护线	黄/绿色
直流系统	正极	
	负极	

月维护测检测情况应填写在《设备日常维护记录》上，完成情况应填写在《值班日记》上。安装有动环集中监控系统的单位要定期核查“参数设置”中的相关参数（参数取值要符合《规程》及设备要求）。

2. 发电机组

(1) 月维护项目。

1）检查启动电池，定期充、放电，调整电解液密度（比重）。

2）试机或试车（只适用于移动式发电机组）。

3）机组和汽车启动电池充电（只适用于移动式发电机组）。

4）检查润滑油和燃油箱的油量（只适用于移动式发电机组）。

(2) 维护操作。在机组月测项目中，每月检查启动电池，外观有无异常、是否有极化/硫化现象。若密度不符合标准，则应对蓄电池进行充电。当充电结束其电解液密度仍不在1.28～1.30g/cm³时，就需要调整电解液密度。密度过低，可加密度大于1.30g/cm³的浓电解液（硫酸溶液）。密度过高，可加少量蒸馏水或稀硫酸溶液（具体选择要看液面的高度）。调整电解液密度须是在电池充电终了时，此时电解液中没有铅离子，不会影响密度的测量精度。要保持液面高出极板1cm左右，如果电解液密度合适而液面偏低，则需添加标准电解液，既不能加浓硫酸，也不能加蒸馏水。将测试数据填写在《值班日记》上。

3. UPS与逆变器

(1) UPS月维护项目。

1) 检查告警指示、显示功能。

2) 接地保护检查。

3) 测量直流熔断器压降和温升。

4) 检查继电器、断路器、风扇是否正常。

5) 清洁设备。

(2) 逆变器月维护项目。

1) 检查告警性能。

2) 检查接线。

3) 检查开关、接触器件。

4) 检查主备用模块切换功能。

5) 检查输出电压。

4. 高频开关电源

(1) 月维护项目。

1) 检查告警指示、显示功能。

2) 接地保护检查。

3) 检查继电器、断路器、风扇是否正常。

4) 检查负载均分性能。

5) 清洁设备。

(2) 维护操作。在高频开关电源的月维护目中，第二项是接地保护检查，主要是检查接地接点是否紧固，以确保工作接地和保护接地接点电阻最小。若发现有螺钉松动现象，应立即加以紧固。第三项维护项目中继电器的检查，主要检查蓄电池主/备用转换、控制方式手/自动转换、均/浮充转换用控制继电器工作是否正常，这些检查都是为了使高频开关电源能在各种情况下正常工作。第三项维护项目中断路器工作性能检查，主要是指通过断路器上的保护试验触点操作来检查断路器的保护动作是否灵敏、可靠。测试数据应填写在《设备日常维护记录》上，完成情况应填写在《值班日记》上。

5. 阀控式密封蓄电池

(1) 月维护项目。

1) 检查电池组的单体浮充电压、端电压均匀性和温度。

2) 检查极柱、安全阀周围有无酸雾酸液，壳体有无渗漏和变形。

(2) 维护操作。阀控式密封蓄电池月维护项目中，浮充时蓄电池端电压的均匀性检查，其实质就是将测得的单体电压进行比较，满足在浮充状态下各单体电池电压与平均电压的偏差不大于0.05V的要求即可。不满足可以进行几次均充和放电维护，若仍不能满足上述要求则需要对单体电池进行处理，可以采用反复充放电的方法进行处理。如果还不满足其均匀性指标要求，则应联系厂家进行处理。蓄电池浮充电压差过大说明蓄电池内阻不一致，可能有某些电池始终没有充足电，蓄电池组的容量不足。如果浮充端电压差别太大就说明某只蓄电池已经损坏，必须更换。

测试数据、外观情况和电池均匀性测试数据分别填写在《蓄电池测试记录》上，其中第一项的测试情况填在《蓄电池浮充电压测试记录表》的“处理情况”栏，第二项的检查情况填在《蓄电池浮充电压测试记录表》的“电池外观检查”栏上。

安装有动环集中监控系统的单位要定期核查“参数设置”中的相关参数。完成情况应填写在《值班日记》上。

6. 机房空调设备

(1) 维护项目。清洗空调滤网。

(2) 维护操作。每月清洗一次空调过滤网不仅可以使室内空气中的尘埃及时清除，而且还可以使空调更高效地工作。合理设置出风口风向叶片，有助于更好地平衡室内各处的温度。完成情况应填写在《值班日记》上。安装有电源监控系统（“环境监控”）的单位要定期核查“参数设置”中的相关参数（温度参数取值 23℃±2℃）。

7. 集中监控系统

(1) 月维护项目。

1) 清洁监控设备。

2) 备份上月监控数据。

3) 检查器件线缆连接及固定状况。

4) 检查前端采集设备（无人站）。

5) 查看系统操作记录、操作系统和数据库日志。

(2) 维护操作。按要求实施具体维护操作。

9.3.5 季维护

1. 发电机组

(1) 季维护项目。

1) 检查启动、冷却、润滑、燃油系统。

2) 加载试机 30min。

(2) 维护操作。

1) 检查启动系统：启动电池工作情况；各接点是否接触紧密、导电是否良好；缆线的绝缘性能是否良好；启动回路是否正常；高压油泵油量控制杆是否灵活；充电回路是否正常等。

2) 检查冷却系统：有无漏水；工作时节温器是否正常；水温升高是否过快；水箱散热效果是否良好；冷却水是否出现沸腾现象（若有出现沸腾现象表明冷却循环系统有故障，应立即停机检查）；排气管是否有冒白烟现象；发动机是否过热。

3) 检查润滑系统：机油质量；机油油面；机油工作压力；机油粗滤器滤芯和机油细滤器滤芯是否需要清洗或更换；发动机工作时排气管是否有冒蓝烟现象。

4) 检查燃油系统：油面是否达到要求；滤清器是否需要清洗或更换；高、低压油泵工作是否正常；根据发动机的工作状况，还应检查喷油压力、喷油嘴雾化情况、供油提前角、气门间隙及高压油泵各缸供油是否基本一致（需专业人员和设备进行调校）。

以上检测情况应填写在《值班日记》上。

5) 发电机组每季度加载试机 30min，有条件的可以用电子负载做加载实验，无电子负载可以利用通信设备或其他用电器做加载试验。测试数据应填写在《发电机组工作试机记录本》上，完成情况应填写在《值班日记》上。

2. UPS与逆变器

(1) 检查、清洁风扇及通风散热通道。

(2) 检查保护电路。

(3) 检查接线端子的接触是否良好。

(4) 检查开关、接触器件接触是否良好。

(5) 测试中性线电流。

(6) 检查自动旁路性能。

(7) 检查旁路性能、切换功能及告警电路工作情况。

(8) 检查负载均分性能。

3. 高频开关电源

(1) 季维护项目。

1) 检查防雷保护。

2) 检查接线端子、开关、接触器件是否良好。

3) 测量直流熔断器压降、直流放电回路全程压降。

(2) 维护操作。在季维护项目中，主要维护内容是测量直流熔断器压降、直流放电回路全程压降，看相关测试数据是否达到标准。

1) 直流熔断器压降测量。

2) 直流放电回路全程压降测量。测试方法：电池组单独供电时，电池组端电压与光端机受电端子的电压之间的差值即为全程压降；测试数据应填写在《设备日常维护记录》上，完成情况应填写在《值班日记》上。

4. 太阳能组合电源系统

(1) 检查清洁太阳能电池。

(2) 检查防雷装置。

(3) 检查太阳能电池控制器。

9.3.6 半年维护

1. UPS与逆变器

(1) 半年维护项目。

1) 检查UPS主备机倒换功能。

2) 核对性放电试验。

(2) 维护操作。UPS蓄电池相关要求与阀控式密封铅酸蓄电池的维护要求类似。核对性放电的主要目的是掌握UPS承担实际工作负荷时的有效供电时间和配套蓄电池运行情况。

放电维护操作方法：关闭UPS的输入交流电，使UPS工作在蓄电池放电状态，一般情况下UPS有电池容量的指示条，可以直接判断出电池容量的消耗情况。如果UPS没有此项功能或此功能指示有误，就应采用人工方法测量，其方法为：计算出UPS的输出功率后，除以UPS的逆变器的转换效率（设定为80%，如UPS说明书有具体值，以其值为准）为蓄电池的输出功率，将此值除以电池的实际电压即为蓄电池的放电电流（有直流电流表的单位可直接从输出母线上测量），放电电流乘以放电时间即为蓄电池的放电容量（不考虑放电电流大小对蓄电池容量的影响）。保持放出电池容量在30%～40%。另外，蓄电池的容量随使用年限的不同，实际容量与额定容量会存在大小不等的差值，如果电池的使用年限较长，则可以适当减少放电时间。一旦UPS出现蓄电池电压过低的告警信号，应立即停止放电，打开UPS电源的交流输入开关，并及时接入市电或启动发电机组供电，同时对蓄电池进行补充电。

UPS与逆变器的半年维护检测数据填写在《设备日常维护记录》上，完成情况应填写在《值班日记》上。

2. 高频开关电源

(1) 半年维护项目。

1) 测试中性线电流。

2) 检查整流模块限流功能。

(2) 维护操作。

1) 中性线电流：用钳形表测量。

2) 整流模块限流性能检查：主要是通过关闭部分整流模块和结合增加负载电流的方法检测。

将高频开关电源的半年维护检测数据填写在《设备日常维护记录》上，完成情况应填写在《值班日记》上。

3. 阀控式密封蓄电池

(1) 半年维护项目。

1) 核对性放电试验和均衡充电。

2) 检查馈电母线、电缆、连接头及连接条压降。

(2) 维护操作。

1) 阀控式密封蓄电池核对性放电试验。蓄电池组手动充放电试验，放出额定容量30%～40%。蓄电池定期放电，可以防止蓄电池极板钝化，从而保持蓄电池的蓄电能力。

对蓄电池放电时最好保持10小时率放电，即放电电流一般采用$0.1C_{10}$（注：C_{10}为蓄电池10h率额定容量，一般情况下，蓄电池说明书上标明的容量就是其10小时率额定容量。例如，当蓄电池容量为200Ah，则C_{10}为200Ah，$0.1C_{10}$的电流为20A，根据放出容量30%～40%的放电要求，在选择放电电流为20A时，放电时间应控制在3～4小时内）。在实际维护中对蓄电池放电，一般都采取关闭开关电源的交流输入开关，用负载进行放电。在放电电流小于$0.1C_{10}$时，需适当延长放电时间，使放电容量大致在30%～40%（若蓄电池组容量为200Ah，用负载放电，放电电流仅为10A，则放电时间应控制在6～8h内）。不过蓄电池长时间小电流放电对蓄电池也有一定损害，应尽量避免在放电电流远小于$0.1C_{10}$时的放电维护。有条件的单位如有放电假负载及蓄电池有主备用（或两组并用）的情况下，可以将一组蓄电池独立出来，用放电假负载专门放电，放电电流可以精确控制在$0.1C_{10}$。

将阀控式密封蓄电池核对性放电试验测试数据填写在《蓄电池测试记录本》上，完成情况应填写在《值班日记》上。

2) 阀控式密封蓄电池的均衡充电。

a. 阀控式密封铅酸蓄电池组遇有下列情况之一时应进行均衡充电：整组蓄电池中有两只以上单体电池的浮充电压低于2.18V；搁置不用时间超过三个月；全浮充供电时间超过六个月；放出额定容量20%以上。

蓄电池的均衡充电（简称均充）是通过提高蓄电池浮充电压，使落后蓄电池恢复容量的一种方法。各厂家蓄电池的说明书都有均充电压范围的规定，不同厂家电池要求不一样（目前，部分厂家免维电池已做到在使用中低压浮充电不需均衡充电），所以在维护蓄电池时要看清蓄电池说明书，调整开关电源的输出电压以改变蓄电池均充电压。

b. 阀控式密封铅酸蓄电池均衡充电时间不宜过长，充电电流不能超过 $0.15C_{10}$（充电电流的设定要结合厂家电池的要求、开关电源最大充电限流值取值范围和《规程》要求），充电时间一般不宜超过 12h，对于进行深度放电的电池充电时间最长不超过 24h；电池充电期间每小时应测量电池电压、电流和温度。

蓄电池在均充时应注意：充电电流、充电时间及充电时的电池温度等。若开关电源设有定时均充功能，则可以通过调节定时均充的时间，使充电时间不超过 12h。蓄电池在进行深度放电后，最长均充时间不要超过 24h。这是因为蓄电池在进行深度放电后的充电反应剧烈，当充电时间过长时，蓄电池的充放电效率将变低，使其寿命缩短。如果有条件，正确的方法是在蓄电池充电后，放置 3～4d，待蓄电池内部的化学反应完全停止后，再用小电流补充充电。

c. 阀控式密封铅酸蓄电池正常使用温度为 25℃，环境温度应在 5～30℃；蓄电池浮充电压参考范围为 2.23～2.27V，蓄电池均充电压参考范围为 2.30～2.35V，具体充电电压参见电池说明书。

根据维护经验，从蓄电池的寿命考虑，浮充电压的取值一般取参考范围 2.23～2.27V 的下限，均充电压取值一般取参考范围 2.30～2.35V 的上限。考虑到“浮充时蓄电池端电压均匀性测试”时指标要求采用 2.24V/只的设置（浮充状态下各单体电池电压与平均电压的偏差不大于 0.05V/只），为减少频繁改动浮充数据，故将单体电池的浮充电压设置为 2.24V，即标称电压－48V 电池组浮充时端电压为－53.76V。

安装有电源监控系统的单位要定期核查“参数设置”中的相关参数。

3）检查馈电母线、电缆、连接头及连接条压降。通过检测馈电母线、电缆、连接头及连接条的压降来判定直流供电回路（蓄电池独立供电时）能否满足全程压降不大于 3.2V 的指标（仅指－48V 的标称电压指标）。由于蓄电池在浮充时电流相当小，根据公式 $U=IR$ 可以知道蓄电池在浮充时，测得连接电压降相当小，几乎为零。所以在测试接头压降时，应与蓄电池手动充放电（均充）实验一并进行，即当关闭开关电源用蓄电池对负载供电时，蓄电池各部分都承载负载电流，此时测量值才准确。在测试电压降时要选用 0.5 级以上的数字万用表或毫伏表，使测量结果更为准确。各直流供电回路接头压降（直流配电屏以外的接头）应符合以下标准：1000A 以下，每百安培不大于 5mV；1000A 以上，每百安培不大于 3mV 的要求。

此项检查情况填写在《值班日记》上。

4. 防雷接地系统

（1）半年维护项目。

1）检查地线各连接点接触是否可靠，测试接地电阻值。

2）变压器接地电阻值测试。

（2）维护操作。变压器接地电阻值测试禁止带电操作，可利用供电部门停电检修时机进行测试。地线测试应放在干燥季节进行，利用地阻测试仪测试。

1）用ZC-8型等传统型地阻测试仪进行接地电阻测试时，应先将接地引入线与接地排分开，测试时要求接地极、电位探针、电流探针间各相距20m，并且三点在同一直线上（为便于接地电阻的测试，可设置辅助接地电极）。

2）用钳式数字地阻测试仪可以直接在线测试，不用接地引入线与接地排分开。

地阻测试仪的操作注意事项：①检查接地电阻测试仪时，不允许做开路实验；②被测极和辅助接地极连接的导线不要与高压架空线、地下金属管线平行；③在雷雨季节阴雨天气时，禁止测量避雷装置的接地电阻值；④禁止带电测量供电系统的接地装置（地阻在线测试仪除外）。

检测情况应填写在《值班日记》和《设备日常维护记录》上。

9.3.7　年维护

1. 高压配电设备

（1）年维护项目。

1）检查熔断器接触是否良好，温升是否符合要求；检查各接头处有无氧化、螺钉有无松动现象。

2）检查接触器、隔离开关、负荷开关是否正常。

3）测试布线和机盘的绝缘性能。

4）清洁电缆沟和绝缘子。

5）检测避雷器及接地引线。

6）检验高压防护用具。

7）检查变压器和电力电缆的绝缘；检测安装在室外的电力变压器、调压器绝缘油；调整继电保护装置。

8）校正仪表。

9）检测安装在室内的电力变压器、调压器绝缘油（两年一次）。

10）检查主要元器件的耐压（两年一次）。

（2）维护操作。按现行执勤维护管理规定，高压配电设备的年维护项目通常由维修机构和台站配合上级指定的、具备相应资质的维护单位完成。

2. 低压配电设备

（1）年维护项目。

1）测量直流供电系统的脉动电压。

2）检查避雷器是否良好。

3）测量地线电阻（干季）。

4）检查各接头处有无氧化、螺钉有无松动。

5）校正仪表。

（2）维护操作。按维护项目具体技术要求操作。

3. 高频开关电源

（1）年维护项目。

1）设备内部及整流模块清洁。

2）测试直流输出杂音电压及设备接地电阻。

3）校正设备电压、电流指示精度。

(2) 维护操作。

1) 测试直流输出杂音电压：用杂音计测试输出杂音电压是否符合指标要求。

2) 测试接地电阻阻值：用地阻测试仪测试其接地电阻是否符合指标要求。具体测试方法为：采用地阻测试仪在线测试（ZC-8 地阻测试仪在使用过程中，应保持电位、电流探针及接地体必须同向，其中电位、电流探针间距必须保持 20m 距离）。测试目的：检测接地系统接点是否有氧化现象；接地体、接地引入线有无腐蚀现象。

3) 校正设备电压、电流指示精度：联系厂家技术人员进行校验。

将测试数据填写在《设备日常维护记录》上，完成情况填写在《值班日记》上。

4. 太阳能组合电源系统

(1) 年维护项目。测试太阳能电池方阵输出功率。

(2) 维护操作。按维护项目具体技术要求操作。

5. 阀控式密封蓄电池

(1) 年维护任务：蓄电池容量检查，6V 和 12V 电池每年一次，2V 电池运行 3 年后每年一次。

(2) 维护操作。蓄电池容量检查是指用假负载进行放电试验，以核查电池的蓄电性能。指标：在寿命周期内不低于 80%。

测试方法如下。

1) 对电池进行均充至终了状态。

2) 用 10h 率电流值放电。

3) 放电过程中每小时测标识电池电压，并记录环境温度，每 3 小时测全组单体电池电压并记录环境温度。

4) 放出规定容量，当全组有单体电池电压降为 1.8V 时即停止放电。

5) 电池容量为

$$Q=I\times T$$

其中：Q 为放出容量，Ah；I 为放电电流，A；T 为放电时间，h。

将测试数据填写在《蓄电池测试记录本》上，完成情况填写在《值班日记》上。

6. 防雷接地系统

(1) 年维护项目。防雷接地装置性能测试

(2) 维护操作。通信局（站）每年对所有防雷接地系统进行检查测试，对不合格的防雷接地装置应立即更换；变压器避雷器应请电力部门专业人员进行检测。年维护检测情况填写在《设备日常维护记录》上，完成情况填写在《值班日记》上。

9.4 情况处置

通信电源设备与系统的情况处置主要包括：各种电源设备故障、通信电源设备的割接以及应急预案等。有关各种通信电源设备的常见故障处置请参阅作者编著的《通信电源设备使用与维护》（中国电力出版社，2016），在此不再赘述。本节着重讲述读者比较关注的通信电源设备的割接以及通信电源系统应急预案。

9.4.1 通信电源设备的割接

随着通信网络规模的不断增长，通信电源的规模和容量不断扩大，设备扩容更新工程越

来越多，也越来越复杂。而且，多数工程都要求对在网运行设备进行不间断在线割接，因此，对在线电源系统带电割接的安全及风险控制就尤为重要。

所谓割接，就是把电源供电始端（或末端）从一个点移向或延伸至另一个点。在线电源系统的割接主要指直流供电系统、UPS交流供电系统或其中部分设备的割接。

1. 割接前的准备

割接是一项技术含量很高的综合性工作，割接前必须做好充分的准备。

（1）成立割接项目组。为了确保割接工程顺利完成，每一割接步骤都能按照计划流程严格执行，必须有一个组织机构对每一层具体人员的工作内容、责任权限作出明确定义与说明，以便统一指挥、协调行动，具体职责分工见表9-45。

表9-45 割接项目组成员职责分工表

小组成员	工作职责	备注
组长	（1）整个施工和割接的总指挥； （2）对割接全过程中出现的非正常事项的应急处理，并报告相关领导； （3）对割接过程中出现的问题有最终裁决权，或授权技术组长裁决	
技术组长	（1）协助组长开展割接工作； （2）割接过程中技术问题处理的责任人、每一操作过程的现场总指挥	
现场督导	监督、指导和协助每一操作过程的实施	
厂方督导	配合现场督导监督、指导和协助每一操作过程的实施	
割接操作员	（1）是割接的实施者。按组长的命令，完成割接中的全部工程类工作； （2）应了解割接的全过程，对自己工作内容的步骤和责任应十分清楚； （3）负责施工事故的应急处理，如紧急关闭系统，紧急开启系统，紧急系统强制恢复等，熟练掌握应急处理步骤	
相关专业配合人员	负责本专业的数据备份、应急处理及相关技术支持	
记录员	按割接程序逐一检查并记录割接工作内容，为后续资料变更提供可靠依据	
其他组员	工程割接施工配合	

（2）割接资料收集。割接涉及的资料包括以下几项。

1）台站建筑或相关机房的土建竣工资料。这些资料用以制定平面设计图、设备迁移路线和方式、了解原有土建设施的位置、结构与分布，以便提出新的土建要求和对机房进行相应改造。

2）前期工程的机房施工竣工文件。了解原有设备安装情况，线路配置、走向及布置情况，利用这些资料制定旧设备、旧线路的利用和报废拆除方案。

3）供电情况和历史记录。供电方面的资料收集是为了了解原有供电方式、供电负载的使用与运行情况、供电质量（如历史最高最低电压、供电停电频率、故障情况等）等方面的情况，根据这些资料制定新的供电方案或提出供电方式整改要求。

4）原有通信电源和通信设备运行情况。主要是流水记录、故障记录，这些资料用以分析原设备再利用的可行性和对新接入设备的性能、负载能力（容量）提出要求。

（3）割接现场勘测。割接现场需要勘测以下内容。

1）核查原有资料（土建、设备、线路、配置等）的完整性和准确性，利用原有资料为查勘工作及割接奠定基础。

2）新设备切换和原设备迁移、拆除等项目勘测，以确定设备的移入、移出线路、线缆的存放与拆除方向等，同时还要确认改造后机房的平面布置，并绘制出机房平面设计图，一般用虚线标出原有设备。

3）在机房平面布置确认后，勘测线路配置情况，制定线路配置总表，总表的主要内容包括：序号、来源去向、线缆结构与型号、长度、连接方式、负载大小、负载的重要等级、是否需新设线路等。

4）相关部门和设备勘查，了解各相关部门的设备运行情况，提出割接施工的配合要求，对相关设备（非施工对象）的运行状态进行考查，确认各设备能满足割接需要，或提出设备准备要求，确定施工时间。

5）在部分设备更换时，要考虑设备间的协同工作技术要求，特别是新更换设备和原设备为不同厂家时，要由割接方案制订人员协同新设备厂家技术人员进行技术论证；需要对原设备进行技术改造时，要制定详实的改造方案。改造方案需要主管领导、电源主管、新设备厂家技术人员共同审定。改造方案和图纸随设备说明书、机历簿存放。

（4）割接资料整理。资料的整理，主要是针对割接施工对象及相关设备进行清理列表说明，整理后的资料应包括以下内容。

1）设备调整情况表。内容包括：设备序号、名称、型号、运行年限、功率、负载情况、历史故障与维修记录，利旧或报废要求等。

2）线路调整情况表。内容包括：线缆序号、来源与去向、线缆结构与型号、线路长度、线路载流量、利旧与报废要求等。

3）相关设备与部门，如配电设备、发电机组（油机）、相关通信局（站）等；列表内容包括序号、设备名、局（站）名、运行状态、与工程相关程度（等级）。

4）割接涉及的相关用电单位，分析割接风险。

（5）割接方案编写。割接方案的内容包括：割接项目组成员名单、设备迁移方案、原设备利旧与报废方案、系统切换方案、复杂情况处理方案、应急方案等。

初步方案制定完成后要提交维护主管部门和割接涉及的相关部门会审，即对资料的完备性、步骤与方案的可行性及合理性进行评审。形成正式报告逐级审批。

1）割接方案的制订原则。

a. 稳妥、可靠：稳妥可靠是割接方案制订的最高原则，必须充分保证割接施工中的安全性及新旧设备的过渡连续平稳性，任何失误都可能造成严重后果。

b. 完整、详细：是割接方案制订的基本要求，方案要从人、材、物的运用，过程的设计与控制各方面加以考虑。

c. 经济合理：指如何取得最少的人力、物力和资金的消耗。

d. 割接方案制订一般分为初步割接方案和详细割接方案。对于大系统或重要通信局（站）的割接工程而言，既要制订初步方案，又要制定详细方案。小型割接工程只需做详细割接方案即可。

2）割接方案涉及的内容。割接方案中涉及的具体内容至少包括以下几点。

a. 待割接设备范围、割接原因及其他基本情况。

b. 割接前后的电源系统走线方框图，注明割接前后容量和负载变化情况。

c. 涉及的所有负载业务网元和设备列表。

d. 计划割接时间、割接地点。

e. 对新设备技术指标的要求。

f. 准备工作完成情况：所用物料、工具、仪表是否到位，各个需要用电单位（专业）的数据备份、应急预案是否落实。

g. 割接项目组成人员和人员分工、联系电话（包括厂家技术支持人员）。

h. 详细的割接步骤、实施时间以及操作人、监督人，关键和重要的操作必须有人操作、有人监督。

i. 割接后的检测内容和责任人。

j. 操作风险分析及应急倒回措施。

3）初步割接方案的制定。初步割接方案，一般作为方案报告文件。制定初步割接方案之前，应先获取工程设计和割接工程原则性指导文件，以便了解使用单位对旧设备和线路的利用要求、建设单位的时间要求、资金计划、人力、物力使用协议、割接所需的材料清单等。

初步割接方案应包括以下内容。

a. 设备迁移方案。割接过程中设备位置需要替换的，迁移方案尤为重要。

b. 原设备与线路的利用与报废（拆除）方案。主要涉及原设备的主、备方式和用途转变后要做出的利用方案，以及原线路再利用但连接关系已变而要做出的利用方案等。

c. 系统切换方案。指割接施工中对新设备、原设备的运行进行切换，将新设备投入运行，原设备（不再利用的）脱离运行状态，并撤除整个系统。切换方案要求保持切换的连续平稳性，或必须将不连续过渡时间限制在允许的范围内。

4）详细割接方案的制定。详细割接方案是将初步方案中的割接内容分解为具体的操作指导，制定程序化的割接实施步骤，施工的过程控制依步骤而行，其内容包括以下几点。

a. 割接实施对象详细资料编制、列表说明。

b. 割接的人员配置、组织方式、指挥方式、权限定义、任务划分。

c. 割接物料的筹备与需先期处理加工的准备，包括工具、物料、设备、资料备份等，要列出详细清单。

d. 割接步骤的制定，包括割接的次序、操作方法及规范要点、工具的使用、时间分配、安全要点等详细内容，并制定割接进程表，以便实施过程控制。

e. 特殊情况和意外事故处理方案：指割接过程中发生意外，如停电、掉电、异常或故障等时提出的应急性系统状态恢复方案。

f. 割接不成功时，相关专业的退回方案（由相关专业制定）。

g. 工程验收方案，割接要按在线工程的特点制定详实的验收方案，以确认割接工程的完成情况。

详细割接方案制定完成后，要经过维护主管部门与相关部门会审，对较复杂的问题要经过答辩或模拟试验证实，割接前还要对相关人员进行培训及安全风险教育。

5）编制割接流程。割接步骤流程是割接工程得以完成的关键，它通过对割接各方案报告的分解，对人力、工具、物料、设备的合理组织和安排，形成一个动态有序的工作程序。割接流程如图 9-4 所示。

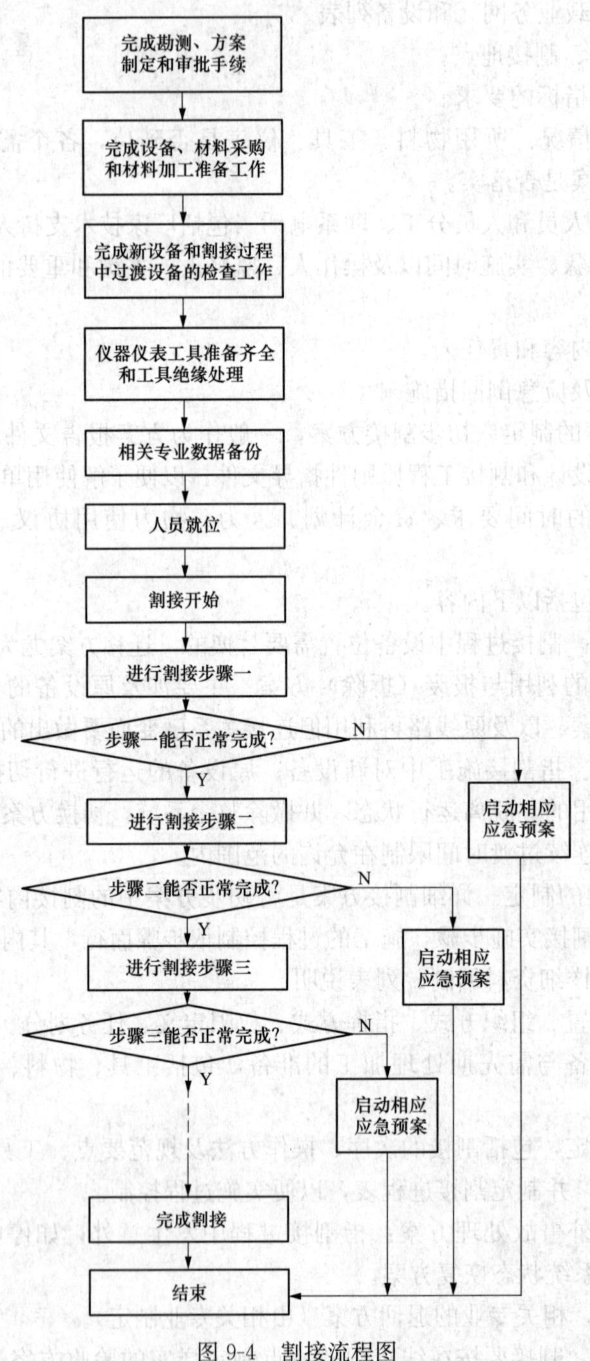

图 9-4　割接流程图

2. 割接方法

为了保证割接中通信不中断，必须针对实际情况采用不同的割接方法。典型的直流电源割接方法包括以下几种。

（1）断电割接法。该方法是指中断直流后进行割接操作，这种方法简单可靠，易操作实现，基本无风险，但直流割接很少采用断电割接。

（2）并联割接法。该方法一般适用于设备端电源头柜或直流配电屏的割接，该方法的主要特点是要求被割接电源头柜或直流配电屏输入端子上有空余点，数量与原来端子数至少相等，且直流供电系统端（直流配电屏）上有空余熔断器。

进行并联割接时要预先布放好电源线至被割接端子，断开（将要割接到上面的）熔断器，并接上新电源线负极，同时并接上正极，然后在割接端接上正负极，注意在并接负极时割接端带电，操作时一定要小心。

合上熔断器，此时是两路同时对该直流配电屏供电（即并联供电，故其称为并联割接法）。用钳形电流表测量新布放电源线的电流，正常应为原直流电源的1/2，拆除旧电源线，割接成功。

并联割接应特别注意以下两点：①几个带电操作环节应特别小心，即并接新电源线、断旧电源线以及在供电系统端并接时；②在断旧电源线之前一定要确认新电源线已有电流，否则断旧电源线时会造成供电中断。

（3）临时代替法。这种方法适用于割接单个负载且负载端有接线的地方。该负载的两个接线端子均可以想办法并接到一根线上去，这样就可以找一对临时的电源线替代原来电源线，可以将原来的下走线改为上走线。具体方法是：先将临时替代电源线布放好并接在负载两接线端子上，根据并联割接的原理，拆除旧的电源线后重新布放正式电源线，电源线有电流后再拆除替代电源线。

这种割接存在两次割接，故又称二次割接法。这种方法还适用于新旧开关电源的更新换代和交换机换代时的直流电源割接。采用临时代替法需特别注意的是：带电操作和两次割接的思路一定要清晰，断某一路的电源时要确定同时供电的另外一路电源线上要有电流通过，否则割接会失败。

（4）倒送电法。这种方法适用于负载电流不大的负载端电源头柜或直流配电屏的直流割接。

例如，有一个直流电源柜（或直流配电屏），其正负极接线母排端已没有空余的端子，可是其输出熔断器没有用完，恰好其负载电流不大，小于或等于其某一空余熔断器的额定电流。这种情况下要将该配电屏直流输入电缆下走线改为上走线即可以采用倒送电法，即临时直流电源从熔断器倒送至该电源头柜负载。具体方法是：先将临时电源线布放好至熔断器，接通电源后测量熔断器是否有电流流过，有电流后拆除旧电源线，重新布放正式电源线至原来端子处接上，待有电流后拆除临时电源线，割接完毕。该方法集并联法和临时替代法于一体。

3. 电源割接现场管理

（1）工具的使用与摆放。割接现场所用工具应摆放有序，摆放位置要便于施工操作。

（2）现场安全灭火措施。割接现场必须放置消防器材，安全救护设备应准备到位。

（3）割接与绝缘处理。

1）靠近或相邻带电部位的施工操作，应尽可能使用绝缘胶垫进行隔离。

2）在割接过程中，不论是拆除的电缆还是复接的电缆，都必须对其端头、复接处或接线端子进行绝缘处理，以防电缆在设备内穿绕时造成意外短路故障。

（4）割接过程中的电压调整和监控设置。

1）调整新设备的浮充电压略低于原设备（如调整新设备的浮充电压略低于原设备0.1V，能够避免复接过程中的打火现象）。

2）关闭原设备和新设备的均充功能，避免割接过程中新老设备发生均、浮充状态的转换。

3）复接过程完成后，调整新设备浮充电压略高于原设备（如调整新设备浮充电压高于原设备 0.2V），使负载电流过渡到新设备输出。

4）拆除原设备后，恢复新设备浮充电压至正常值。

5）割接过程中进行系统电压调整的时候，按照 0.1V 的步进值缓慢增加或下降，保证电压升降幅度较小，避免引起电压与电流的较大波动。

6）整个工程结束后，恢复新系统的均充功能。

（5）割接步骤的申请和确认。

1）割接过程中应严格按照割接流程中的步骤逐步执行。

2）每执行完一步，由技术组长下达下一步执行命令。

（6）割接语言描述标准化。由于通信系统的直流供电描述的是负值，用电压高、低描述容易产生歧义，应采用数值描述（如避免使用"比－53.6V 高 0.1V"这类容易产生歧义的描述，而直接描述为"将系统电压调整为－53.7V 或－53.5V"）。

（7）割接过程中的电缆连接。

1）割接过程中进行接线或接熔丝等操作前，必须测量电压进行确认；拆线或拔熔丝等操作前必须测量电流确认。

2）直流电缆的拆卸、安装、连接时应注意：接线时，应按先正（＋）极、后负（－）极的顺序进行操作；拆线时，按照先负（－）极、后正（＋）极的顺序进行。不可中断的新旧直流用电替换，应严格按照先接后拆的原则进行操作。

3）大型局站的直流配置线路连接较多，并常用到 185mm^2 以上的电缆，同时未就位的直流配电设备与整流设备之间无法用母排连接，也要用到更大截面或多根的临时电缆连线。连线将产生很大的扭力矩，最终可能影响线路连接端子的强度，甚至导致脱落事故，所以此类操作必须慎重对待、注意安全。

4）电缆复接线的制作要求。在割接过程中，要求直流用电设备不能断电，而可能遇到设备上又没有连接临时供电复接线的输入端子，这对负载线又是不可替换的。此时唯一可以采取的方法是从负载线靠近直流配电设备的地方，剥开一段线缆绝缘层，然后在此处分叉连接一条复接线（又称开天窗），对电缆进行割接。等割接完主线后，再拆除复接线。

a. 对于小于 35mm^2 小截面电缆的复接，一般采用电缆剥皮、芯线直接缠绕并接的方法。

b. 对于大于 50mm^2 大截面电缆的复接，采用铜制并沟线夹复接的方法比较好，推荐使用带绝缘护套的并沟线夹。

（8）电缆标签处理。根据原电源设备交直流电缆接线位置编写电缆编号等电源线标识标签格式信息，确保割接后每条电缆及交流零线两端都有标签，以防电缆拆装过程中错接错拆、断零等造成事故。设备电源标签主要包含电源正极标签、负极标签、地线标签 、零线标签、蓄电池正极标签（＋）、蓄电池负极标签（－）等。其内容规格要求如下。

内容包含：电源屏信息属性、所属网元系统名称、主备关系、From 本端信息、To 对端信息、电缆线径、电缆长度、布放日期等。

参考规格：4cm×3cm（或成比例放大），白纸黑字，宋体，小 5 号字，居中；正反两面标注，双面过塑；若内容过多则长度可略大于 4cm。

过塑后规格：4.5cm×4cm（或成比例放大），顶端留出约1cm，中间打孔，孔直径约为0.5cm。

标签数量及悬挂位置：视具体情况（线缆过长在中间位置、楼层孔洞位置增加悬挂等）而定，但至少一式两份，使用扎带固定于电源线两端。

（9）割接后的现场清理。割接完毕，清理割接现场，尤其是电缆沟内、走线槽架上无用的线缆、线头及地面上的杂物等要切实清理干净。

（10）割接后的现场培训。现场培训主要是让用户维护人员掌握新电源产品的日常使用与维护，并能进行简单的故障处理和应急操作，引导用户了解电源新产品，培训内容以注重适用的实践知识为主，以《用户手册》作为主要教材，必要时由电源维护工程师自备相关资料。

（11）割接后的运行监测。

1）在过渡电源设备与原电源设备割接完毕后，应密切关注过渡电源设备的运行工作状态，加强对新系统设备的运行观察。

2）割接完成后，安排人员对系统进行全面观察，并记录24小时运行数据。

3）一周内，更新相关基础维护资料。根据批复要求，按时上报割接总结。

4. 在线直流供电系统割接

依据在线直流供电系统原有设备情况、需新增或更换的设备以及场地要求不同，在线直流供电系统的割接可以分为以下四种典型类别。

（1）直流供电系统换位更新。

第一步：在计划好的位置，安装好新的交流配电屏、高频开关电源（或开关整流器）和直流配电屏，并调测系统。

第二步：如果通信负载至新直流供电系统直流配电屏的电缆不能利旧使用的，则需要事先敷设好通信负载至新直流配电屏的连接电缆。新敷设的电缆要求做好两端的铜鼻子，新直流配电屏一侧的电缆应可靠连接到位，通信负载一侧的电缆在割接前应做好绝缘包扎处理。

第三步：相关通信专业应提前做好重要设备的数据备份、应急预案等准备工作，并安排相应技术骨干在割接期间进行现场值守。

第四步：检查后备发电机组，确保后备发电机组状态良好，并能够随时投入使用（一旦主用电源故障后，后备机组应立即投入运行，如出现意外，则必须在后备电池放电终止前输出合格的交流电源），确保燃油等消耗品储备充足。

第五步：对原系统电池组进行放电试验，并进行恢复充电。确保准确掌握现有电池组的后备时间，如果后备时间过短或电池有损坏，则应先进行维护处理或更换电池。

第六步：调节新旧两套高频开关电源（开关整流器）到手动工作模式（即关闭自动均浮充转换等自动调节功能）。

第七步：调整新直流供电系统输出电压比原直流供电系统输出电压稍低（如低0.1V），检查系统运行状况，确保系统能够正常运行（在操作方便的情况下，还可以选择合适容量的电缆，将两套系统的母排并接）。

第八步：割接现有的一组电池至新直流供电系统。

第九步：对于主备电源供电的通信负载，逐个断开原直流供电系统至通信负载的一路电源，连接至新直流供电系统。直到所有主备电源均从新旧两套直流系统供电为止（注意：本步骤操作后，所有主备电源均分别来自新旧两套直流系统，但负载仍主要由原有系统供电）。

第十步：对于单电源供电的通信负载，为确保割接过程中不断电，可以有下列三种方案：①方案一：如果二级配电柜输入端还有空余的接线端子，可以考虑从新直流配电屏直接敷设一路供电电缆至二级配电柜，也可以考虑就近从机房内的其他二级配电柜引接临时供电电源（如果是两套不同的直流系统，引接时要注意两套直流系统的供电电压要一致）；②方案二：如果该路电缆是多根并接，两端连接是从多个接线端子上引接的，且每根电缆载流量均能够满足供电需求，则可以逐个将部分供电电缆割接至新系统；③方案三：上述两种方法均不能实现，而供电负载又必须进行不断电割接的，可以考虑在电缆上开天窗，利用并沟线夹的方法，使通信负载的供电同时跨接在两套直流系统上。

注意：①本步骤操作后，所有通信负载的供电均来自新旧两套直流系统，但负载仍主要由原有系统供电；②在电缆上开天窗存在一定风险，一定要注意操作安全。

第十一步：调整新直流供电系统的输出电压，使其与原直流供电系统的输出电压一致；然后再稍许调低原直流供电系统输出电压（如降低 0.2V），检查系统运行状况，确保系统能够正常运行。

注意：本步骤操作后，所有通信负载的供电均来自新旧两套直流系统，但负载变更为主要由新系统供电。

第十二步：逐个完成第九步与第十步中剩余未割接的分路。

注意：本步骤操作后，所有通信负载的供电均来自新直流系统。

第十三步：割接另一组电池至新直流供电系统。

第十四步：拆除原有系统及相关电缆。

第十五步：调节新直流供电系统，恢复均浮充转换等自动控制功能，整个直流供电系统换位更新割接过程结束。

（2）直流供电系统原位更新。对于直流供电系统的原位更新，本要求推荐利用临时电源作为中转进行二次割接的方案，相当于进行两次直流供电系统的换位更新。只要容量和分路能够满足割接时的需要，临时电源可以是为割接专门准备的直流系统，也可以是同机房内正在运行的其他直流系统。割接的总体步骤如下。

第一步：选定临时电源（应选择容量、分路满足割接需求，性能稳定、状况良好的电源），并将其在原系统附近安装好（如果是现有其他直流系统，则不需要安装）。安装地点要充分考虑通风散热、割接时的操作空间以及电缆的长度等因素，选取最适合的位置，如图 9-5 所示。

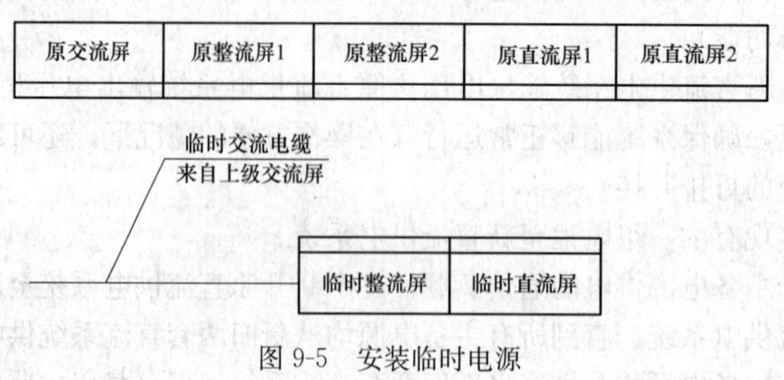

图 9-5　安装临时电源

第二步：按照直流供电系统换位更新的步骤，将原直流供电系统的所有负载割接至临时电源上供电（包括蓄电池组）。

第三步：拆除原有直流供电系统，如图 9-6 所示。

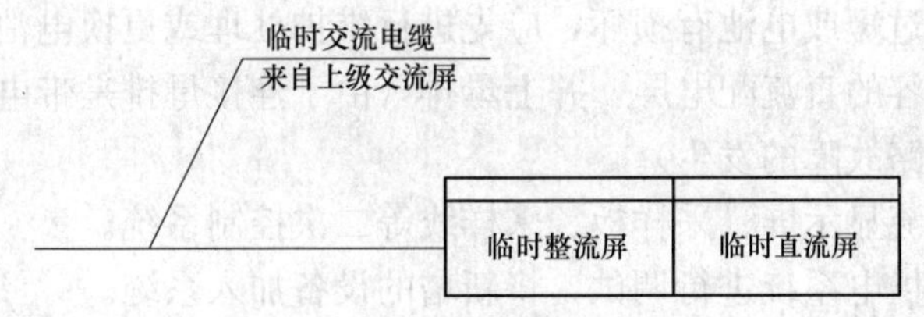

图 9-6　拆除原直流供电系统

第四步：在原有直流供电系统的位置安装新直流供电系统，如图 9-7 所示。

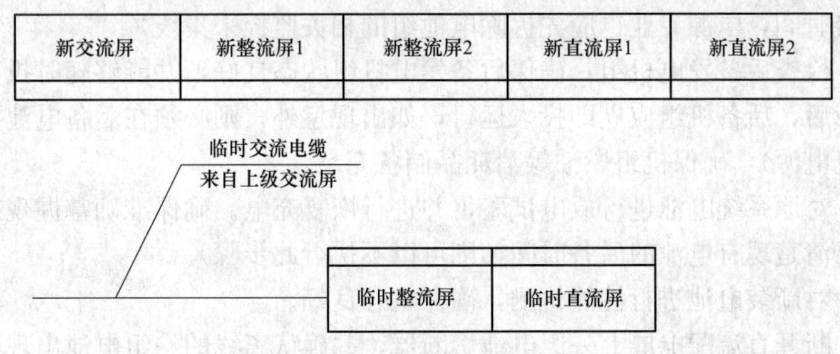

图 9-7　安装新直流供电系统

第五步：按照直流供电系统换位更新的步骤，将临时电源上的所有负载割接至新直流供电系统供电（包括蓄电池组）。

第六步：拆除临时电源，恢复整个系统的正常供电（如果是利用现有其他直流供电系统作为临时电源，则不必做拆除工作，但要注意该电源自动控制功能的恢复）。

（3）扩容高频开关电源机架或直流配电屏。

1）扩容高频开关电源机架。

第一步：相关通信专业应提前做好重要设备数据备份、应急预案等准备工作。

第二步：检查后备发电机组，确保后备机组状态良好，并能够随时投入使用（一旦主用电源故障后，后备机组应立即投入运行，如出现意外，则必须在后备电池放电终止前输出合格的交流电源），确保燃油等消耗品储备充足。

第三步：对原系统电池进行放电试验，并进行恢复充电。确保准确掌握现有电池的后备时间，如果后备时间过短或电池有损坏，应先进行维护处理或更换电池。

第四步：安装扩容的高频开关电源机架，并上母排（由于连接母排是带电操作，因此，应特别注意操作过程中避免短路故障的发生）。

第五步：安装相关二次控制系统并调试，将新增设备加入直流供电系统。

第六步：检查系统运行状态，割接完毕。

2）扩容直流配电屏。

第一步：相关通信专业应提前做好重要设备数据备份、应急预案等准备工作。

第二步：检查后备发电机组，确保后备发电机组状态良好，并能够随时投入使用（一旦主用电源故障后，后备机组必须在后备电池放电终止前输出合格的交流电源），确保机组燃油等消耗品储备充足。

第三步：对原系统电池进行放电试验，并进行恢复充电。确保准确掌握现有电池的后备时间，如果后备时间过短或电池有损坏，应先进行维护处理或更换电池。

第四步：安装扩容的直流配电屏，并上母排（由于连接母排是带电操作，因此应特别注意操作过程中避免短路故障的发生）。

第五步：安装直流显示屏、采样板、采样线等二次控制系统。

第六步：对直流供电系统进行调试，将新增的设备加入系统。

第七步：检查系统运行状态，割接完毕。

（4）原位更换蓄电池组。

第一步：相关通信专业应提前做好重要设备的数据备份、应急预案等准备工作（注意：为了缩短割接时间，电源专业也应先拆除电池组的相关监控采集线）。

第二步：检查后备发电机组，确保后备发电机组状态良好，并能够随时投入使用（一旦主用电源故障后，后备机组应立即投入运行，如出现意外，则必须在后备电池放电终止前输出合格的交流电源），确保机组燃油等消耗品储备充足。

第三步：对原系统电池进行放电试验，并进行恢复充电。确保准确掌握现有电池的后备时间（如果已清楚现有电池的后备时间，则可以不执行此步骤）。

第四步：对新装电池进行性能检测，确保状态良好。

第五步：断开直流配电屏上一组电池熔断器，并确认离线的一组电池出现明显的电压变化（电压有几伏的下降），拆除该分路上连接的原有电池组及相关电缆（如电缆可利旧使用则不拆除，但应注意电缆头的绝缘包扎处理）。

第六步：在空出的位置上安装新增的一组蓄电池，并重新连接好蓄电池至直流配电屏之间的电缆。

第七步：闭合新电池组分路上的电池熔断器（注意压差、避免打火），将新电池组接入系统。此时系统上有一组原有电池，一组新电池。

第八步：在保证新接入电池组充满电的情况下，重复第五步至第七步，将另一组新电池接入系统。

第九步：检查系统运行状态，割接完毕。

5. 在线 UPS 交流供电系统的割接

依据在线 UPS 交流供电系统原有系统结构形式、需新增或更换的设备以及场地要求不同，在线 UPS 交流供电系统的割接可以分为以下四种典型类别。

（1）并联冗余 UPS 系统换位更新。UPS 系统换位更新，可以先将新的 UPS 系统独立安装好，然后再将负载逐个割接至新的 UPS 系统。在割接过程中，首先要确认负载是双电源设备还是单电源设备，若设备是主备用供电且可以不同源则视作双电源设备，否则视为单电源设备（含同源假双电源设备）。对于双电源设备可以确保不断电割接；对于单电源设备应优先考虑断电割接，通过通信设备的备份来保证通信业务不中断；若设备不能断电，则只要设备满足相关条件也可实现不断电割接，但风险较大，其具体割接过程如下。

第一步：检查后备发电机组，确保其状态良好，能够长时间连续供电，并能够随时投入使用（一旦主用电源故障后，后备机组应立即投入运行，如出现意外，则必须在后备电池放电终止前输出合格的交流电源)，确保机组燃油等消耗品储备充足。

第二步：对原系统电池进行放电试验，并进行恢复充电。确保准确掌握现有电池的后备时间，如果后备时间过短或电池有损坏，则应先进行维护处理或更换电池。

第三步：在预定位置安装好新的并联冗余 UPS 系统及输入、输出配电屏。

第四步：检查调测新 UPS 系统至正常工作状态，然后断开所有输出开关。

第五步：如果通信负载至新 UPS 系统的电缆不能利旧使用，则可以事先敷设好通信负载至新 UPS 系统的连接电缆。新敷设电缆要求做好两端的铜鼻子，新 UPS 系统一侧的电缆应可靠连接到位，通信负载一侧的电缆在割接前应做好绝缘包扎处理（所有三相交流电缆的连接均应注意相序一致，此注意事项以后不再重复说明)。

第六步：相关通信专业提前做好重要设备的数据备份、应急预案等准备工作。

第七步：检查新旧两套 UPS 系统运行状况，确保系统能够正常运行。

第八步：割接现有的一组电池至新 UPS 系统，并闭合电池开关。

第九步：对于单电源供电的通信负载有以下几点说明。

1）如果一、二级配电柜输入端还有空余的接线端子，则可以实现割接过程中不断电，具体方法如下。

a. 从新 UPS 系统输出端直接敷设一路供电电缆至一或二级配电柜。

b. 启动备用机组供电，然后将新、旧两套 UPS 系统均调整至旁路工作（即所有负载均由备用机组直接供电)。

c. 闭合新系统的相关出线开关，使负载由新旧两套系统同时供电（实际是由备用机组直接供电)。

d. 断开老系统上的相关出线开关（备用机组仅通过新系统给负载供电)。

e. 恢复 UPS 主回路供电。

f. 恢复市电供电，完成该分路的割接。

2）对于单电源供电的通信负载，若二级配电柜上有容量足够大的可用输出端子，则也可以从新 UPS 系统敷设一路电缆至该输出端子上，然后采用与 1）类似的步骤完成该分路的割接（注意：若以上两种条件均不能满足，则供电系统很难做到不停电割接，最好通过通信设备的备份来保证业务不中断)。

第十步：对于假双电源供电的通信负载，如果二级配电柜上有容量足够大的可用输出端子，则可以实现割接过程中不断电，具体方法如下。

1）将二级配电柜输出端子采用同相环回方式进行复接。

2）撤除备用端子连线，然后采用与第九步中类似的步骤完成该分路的割接。

注意：若这些条件均不能满足，则供电系统很难做到不停电割接，最好通过通信设备的备份来保证业务不中断。

第十一步：对于双电源供电的通信负载，可以直接断开原 UPS 系统至通信负载的一路电源开关，拆除相关电缆，然后连接至新 UPS 系统，再闭合新系统上的相关分路开关（注意：本步骤操作后，该双电源设备的主备用电源分别来自新旧两套 UPS 系统)。

第十二步：断开给该设备供电的原 UPS 系统上的另一个输出分路开关，拆除相关电缆，然后连接至新 UPS 系统，再闭合新系统上的相关分路开关，完成该设备的割接（注意：本步骤操作后，该双电源设备的主备用电源均来自新 UPS 系统)。

第十三步：重复第十一步和第十二步，直到所有双电源设备均完成割接为止。

第十四步：割接另一组电池至新 UPS 系统。

第十五步：检查新 UPS 系统，恢复正常供电。

第十六步：拆除原有系统，整个割接结束。

（2）带并机柜的并联冗余 UPS 系统扩容。带并机柜的并联冗余 UPS 系统扩容，其扩容容量不能超过并机柜预留的容量和预留的扩容开关，而且要考虑到各种 UPS 系统的控制模式可能不同。所以，在实际扩容时，一定要根据各品牌、各型号 UPS 系统的不同控制功能，制定具体割接方案。本要求提供的割接过程参考如下。

第一步：检查后备发电机组，确保其状态良好，能够长时间连续供电，并能够随时投入使用（一旦主用电源故障后，后备机组应立即投入运行，如出现意外，则必须在后备电池放电终止前输出合格的交流电源），确保机组燃油等消耗品储备充足。

第二步：对原系统电池进行放电试验，并进行恢复充电。确保准确掌握现有电池的后备时间，如果后备时间过短或电池有损坏，则应先进行维护处理或更换电池。

第三步：检查原有 UPS 并联系统运行是否正常，如有故障则需提前进行处理。

第四步：在设计好的位置安装好要扩容的 UPS，并连接好该设备的进出线电缆（注意新增 UPS 的输入应与原有 UPS 同源）。检查新增 UPS 能否正常工作。

第五步：确认原有 UPS 和新增 UPS 软件的版本是否相同，如不同则应提前进行升级，确保软件版本一致。

第六步：相关通信专业提前做好重要设备的数据备份、应急预案等准备工作。

第七步：启动后备机组，断开市电电源，使 UPS 由后备机组供电。

第八步：将 UPS 系统的输出从主回路调整至自动旁路供电，然后再调整至手动维修旁路供电，将主回路、自动旁路与系统输出隔离开（注意：①本步骤的调整过程中全程不应有断电操作；②本步骤要结合各设备的实际情况，如果不需要调整至手动维修旁路即可实现扩容，则可以在自动旁路状态下进行）。

第九步：按照各型号 UPS 系统和各厂家的要求，连接相关的并机线，并对 UPS 进行参数设置，完成并机调试。

第十步：将 UPS 系统的输出从手动维修旁路调整至自动旁路供电，然后再调整至主回路供电（本步骤的调整过程中全程不应有断电操作）。

第十一步：关闭后备发电机组，恢复市电供电。

第十二步：确认 UPS 供电系统供电正常，整个割接过程完毕。

（3）多机直接并联的并联冗余 UPS 系统扩容。多机直接并联的并联冗余 UPS 系统的扩容如图 9-8 所示。图 9-8 中，UPS3 为扩容的 UPS 设备，其他 UPS（UPS1、UPS2）为原系统。本图反映的 UPS 系统由原来 1＋1 并联冗余升级为了 2＋1 并联冗余。

但是，从系统运行的可靠性上考虑，并联工作的台数也不宜过多。而且，考虑到各种 UPS 系统的控制模式不同，所以在实际扩容时，一定要根据各品牌、各型号 UPS 系统的不同控制功能，制定具体割接方案。本要求提供的割接过程参考如下。

第一步：检查后备发电机组，确保机组状态良好，能够长时间连续供电，并能够随时投入使用（一旦主用电源故障后，后备机组应立即投入运行，如出现意外，则必须在后备电池放电终止前输出合格的交流电源），确保机组的燃油等消耗品储备充足。

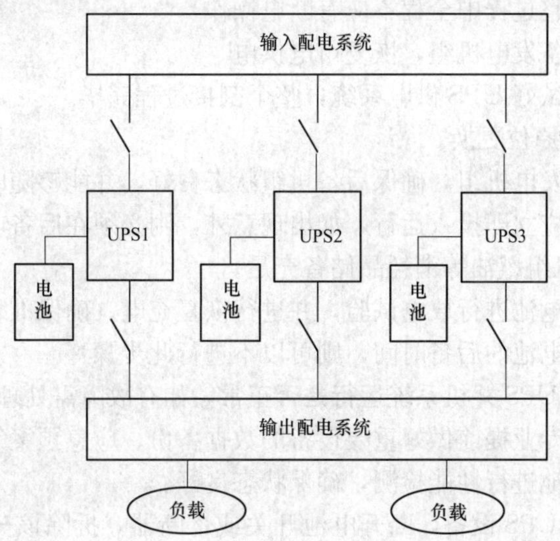

图 9-8　多机直接并联的并联冗余 UPS 系统的扩容

第二步：对原系统电池进行放电试验，并进行恢复充电。确保准确掌握现有电池的后备时间，如果有后备时间过短或电池有损坏的情况，则应先进行电池更换工作，然后再进行 UPS 系统的割接。

第三步：检查原有 UPS 并联系统运行是否正常，如有故障需提前处理。

第四步：检查输入和输出开关是否满足新增 UPS 设备的接入，如果不能满足上述要求，则需扩容相关分路。

第五步：断开预留给新增 UPS 设备的输入和输出开关。

第六步：安装好新增的 UPS 设备，连接好该设备的输入输出电缆（注意新增 UPS 设备的输入应与原有设备同源且相序一致）。

第七步：闭合新增 UPS 设备的输入开关，启动新增 UPS 设备。

第八步：检查调试新增 UPS 设备。

第九步：确认原有 UPS 和新增 UPS 软件的版本是否相同，如不同则应提前进行升级，以确保软件版本一致。

第十步：相关通信专业提前做好重要设备的数据备份、应急预案等准备工作。

第十一步：启动后备发电机组，使 UPS 系统转换由机组供电。

第十二步：将 UPS 系统的输出从主回路转换至自动旁路供电，然后再转换至手动维修旁路供电，将主回路、自动旁路与系统输出隔离开。

（注意：①本步骤的调整过程中全程不应有断电操作；②本步骤要结合各设备的实际情况，如果不需要 UPS 系统调整至手动维修旁路即可实现扩容，则可以在自动旁路状态下进行）。

第十三步：按照各型号 UPS 系统和各厂家的具体要求，设备厂家人员连接相关的并机线，并逐个将 UPS 打到逆变并联运行状态，调整新增 UPS 设备和原有 UPS 设备的输出电压。直到新旧 UPS 设备实现正常并联工作。

第十四步：将 UPS 系统的输出从手动维修旁路转换至自动旁路供电，然后再转换至主回路供电（本步骤的调整过程中全程不应有断电操作）。

第十五步：关闭后备发电机组，恢复市电供电。

第十六步：检查调试好 UPS 供电系统，整个割接过程完毕。

（4）UPS 蓄电池组原位更换。

第一步：检查后备发电机组，确保后备机组状态良好，并能够随时投入使用（一旦主用电源故障后，后备机组应立即投入运行，如出现意外，则必须在后备电池放电终止前输出合格的交流电源），确保机组燃油等消耗品储备充足。

第二步：对原系统电池进行放电试验，并进行恢复充电。确保准确掌握现有电池的后备时间（如果已清楚现有电池的后备时间，则可以不进行此步骤）。

第三步：检查原有 UPS 并机系统运行是否正常，如有故障需处理后才能更换。

第四步：相关通信专业提前做好重要设备的数据备份、应急预案等准备工作。

第五步：对新装电池进行性能检测，确保状态良好。

第六步：任选一台 UPS 设备，断开电池开关或熔断器，拆除该分路上连接的原有电池组及相关电缆（如电缆可利旧使用则不拆除，但应注意电缆头的绝缘包扎处理）。

第七步：安装一组新增的蓄电池，并连接蓄电池至 UPS 的电缆。

第八步：闭合新电池组分路上的电池开关或熔断器，将新电池组接入系统（此时系统上有一组原有电池，一组新电池）。

第九步：在保证新接入电池组充满电的情况下，重复第五步至第七步，完成其他 UPS 设备的后备电池组的割接。

第十步：检查系统使其处于正常运行状态，割接完毕。

9.4.2 通信电源系统故障防范与应急预案

随着计算机技术和控制技术的不断进步，新一代通信电源设备，如自动智能化柴油发电机组、高频开关电源（整流器）、阀控式密封铅酸蓄电池、动力（空调）环境监控设备、自动智能化空调等设备的相继投入运行，通信电源设备的动态性能、可靠性、自动化程度以及智能化程度等有了很大提高。通信电源系统已具备了遥信、遥控、遥测和遥调灯功能，正逐步实现少人或无人值守。通信电源设备运行维护的实际工作经验表明，通信电源设备故障出现的特点往往都是突发性和整体性的，有些故障甚至会影响到整个通信电源系统的正常工作。

1. 通信电源系统的故障分析

通信局（站）电源系统一般包括：10kV 高压系统，含进站的 10kV 高压电力电缆和高压配电设备；10kV/380V 的低压变配电系统，含 10kV/380V 的三相变压器和低压配电设备；备用固定发电机组或移动式发电机组供电系统，含备用机组及输出配电柜、市电/油机电转换柜、移动式机组及其接口柜；高频开关电源系统（整流及配电系统），含交流配电屏、高频开关电源整流器、直流配电屏和蓄电池；UPS 电源系统，含交流配电屏、UPS 设备及输出交流配电屏和蓄电池；通信用空调系统，含空调用交流配电屏和空调设备；还有其他用电负荷。通信电源系统的基本组成如图 9-9 所示。

在图 9-9 中，A、B、C、D、E、F 分别表示故障影响的层面。根据实际的维护工作和电源抢修工作经验，我们总结出一些通信局（站）电源系统出现的典型故障，通信电源系统故障及其统计分析见表 9-46 和表 9-47。

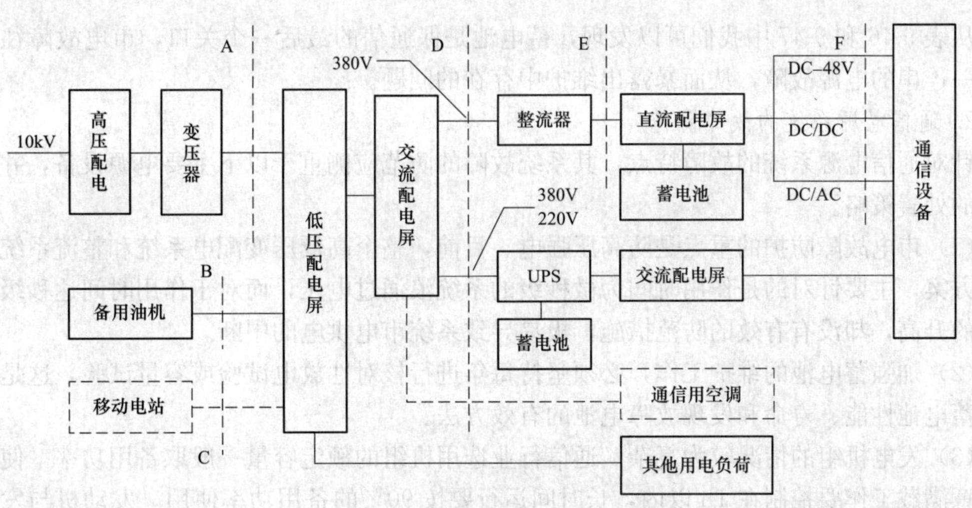

图 9-9 通信电源系统的组成

表 9-46 **通信电源系统故障分析**

故障影响层面	可能原因	故障的可控性	允许可持续的时间	后果	抢修的基本思路
A	例行停电、外供电事故、跳闸、操作失误等	操作可控 其他不可控	不定	无市电	与供电局联系的同时启动备用机组
B	机组冷却系、润滑系、机械系统与传感系统故障、转换柜和电池故障等	部分可控	不定	无备用机组供电	争取市电，启动备用发电机组
C	以上故障同时出现或交流配电设备或线路故障中断	部分可控	2h 左右	无交流输入 蓄电池放电	以上抢修工作仍然继续，同时考虑通信系统备份和停机
D	以上故障同时出现或高频开关电源故障，不能工作	部分可控	2h 左右	蓄电池放电	以上抢修工作仍应继续，同时考虑通信系统备份和停机
E	以上故障同时出现，且蓄电池无放电能力或电力线路中断	部分可控	0	通信供电全阻	考虑系统的恢复方案，并组织落实

表 9-47 **通信电源系统故障发生的统计分析**

故障种类	A 层面	B 层面	C 层面	D 层面	E 层面	次数	占总数的百分比
第一类	√	√	√	√	√	0	0
第二类	√	√	√	√	×	3	18.75%
第三类	√	√	√	×	×	0	0
第四类	×	×	×	×	×	2	12.5%
第五类	√	×	×	√	×	3	18.75%
第六类	√	√	×	×	×	8	50%

注 1. “√”表示故障出现，“×”表示故障不出现；

2. 第一类故障为通信供电系统全阻；第二类故障为通信供电系统没有交流或高频开关电源（整流设备）故障引起的直流系统全阻；第三类故障为通信供电系统的市电和发电机组电（包括备用发电机组电）系统全阻；第四类故障为直流系统全阻；第五类故障为由市电故障引起的直流系统全阻；第六类故障为通信枢纽的市电和发电机组电系统全阻。

从表 9-46 和 9-47 中我们可以发现，蓄电池是保通信的最后一个关口，市电故障往往会引起一连串的电源故障，从而暴露出维护中存在的问题。

2. 通信电源系统的故障防范

针对通信电源系统的故障特点，其系统故障的防范应侧重于以下主要电源设备，并采取合理的处置策略。

（1）市电故障防护的重点是防高压强电。目前，整个高低压变配电系统和整流系统的防强电方案，主要针对的是作用时间为微秒级的系统浪涌过电压，而对于作用时间达秒级的相电压的升高，却没有有效的防范措施，极易导致系统市电供电的中断。

（2）加强蓄电池的维护工作，必须坚持每年进行核对性放电试验或容量试验，这是目前提高蓄电池性能、寿命和发现故障电池的有效方法。

（3）发电机组的情况较为复杂。通信行业选用机组的额定容量一般取备用功率，使用时要注意满载工作要控制在 1h 以内，长时间运行要按 90％的备用功率使用。发动机与发电机功率配比至少要在 1.2 以上，发电机优先选用永磁发电机，能有效避免负载谐波干扰。机组与市电之间的自动切换要有电气连锁，要考虑发电机组机房的通风、排烟、避震和消噪等事项，还要定期做好机组的维护保养，经常检查启动电池和自动抽油系统等。

机组的故障类型比较多，如冷却水管破裂、智能油机传感系统老化、水箱散热不好等，可能是油路故障，也可能是电路故障；可能是机械故障，也可能是电气故障。发电机组的故障通常可以通过加强日常维护巡视以及定期对传感系统进行测试等手段，将发电机组出现故障的几率降低到最低。与此同时，（柴油、汽油）发电机组尽量不使用并机运行工作方式。

（4）通过动力环境集中监控系统通常可以及时发现事故隐患，缩短故障抢修时间。目前的动力环境监控系统在故障监测、判断等方面多将重点放在实时、准确发现故障上，而实际上电源系统或设备的故障往往是有先兆的。因此在动力环境监控系统中，当条件许可时应建立预警机制，使系统和设备的预检预修工作有方向性的指导。

总之，我们在通信供电系统故障的技术方案、日常维护和预检预修、故障预警以及监控等方面还有许多工作要做。电源系统维护工作人员的目标是：提高电源系统的预警、预检、预修能力，降低系统故障率，实现电源系统的低故障率。当然这只是我们努力的方向，在现阶段条件下，电源系统及设备的故障几乎不可避免，为此我们还必须作好各类电源设备的应急处置预案。

3. 通信电源系统应急预案

为了做好应急通信保障工作，确保通信网络安全、设备运行稳定可靠，加强全网电源统一协调合作与调度，每个通信台站必须结合自身实际拟定动力保障应急预案，作为处理突发事件及重大通信障碍的原则、方案和具体实施计划。其目的是统一领导、统一指挥、分级负责，争取时间，严密组织，密切协同，保障有力，力争科学、有效地在最短时限内安全、稳妥的处理突发事件，保证全网通信用电的安全。

（1）组织保障。通信电源系统应急预案通常要求建立组织指挥、技术支持、现场抢修以及厂家协同的四级应急保障组织。

（2）处理流程。通信电源系统或设备发生重大故障时，应以通信电源站为指挥要素，通常按图 9-10 所示应急抢修流程展开工作。

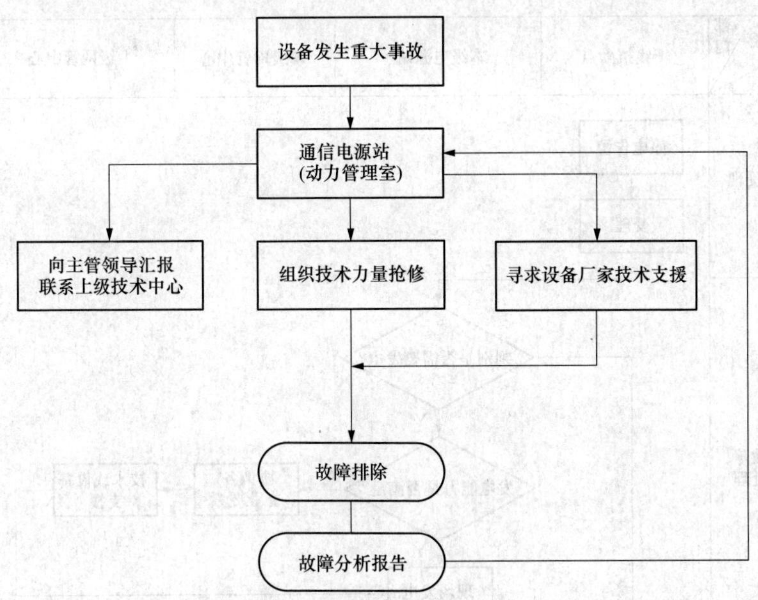

图 9-10　通信电源系统应应急抢修流程

(3) 基本原则。为使通信电源系统应急预案充分发挥功效，在预案的编制和实施过程中必须遵循以下基本原则。

1) 加强全局观念，密切协同配合，应急抢修应坚持组织调度协调为主、技术方案抢修调度为辅的原则。

2) 确保人身和设备安全，抢修单位应准确无误地执行调度方案。

3) 应科学有序地组织调度抢修预案的执行，局部服从全局，个别服从整体。

4) 当遇到重大故障时，应以保证安全供电为前提，应首先切断可能引起更大故障的故障源，尽一切可能缩短故障历时，尽快保证供电畅通。

5) 当遇到设备或元器件损坏需立即更换时，应以保证通信畅通为首要原则，采取应急措施进行购置或赊欠，事后再补齐相关手续。

6) 重大故障应按相关规定向主管领导及相关部门逐级汇报。

7) 在故障解除后 24 小时内应将故障分析报告提交到上级技术管理部门。

(4) 交流供电中断预案。重要枢纽台站要争取引入两路不同变电站的高压线路，提高市电引入的可靠性。在通信交流供电系统中，要逐步引入自动倒换装置，并具备机械手动切换功能，以备紧急时使用。在大容量（2000kVA 以上）交流供电系统中，提倡采用低压母线分段运行方式供电，分段母线采用联络柜互为备用。由于大容量低压断路器一般不留备件，一旦损坏，判断故障原因和维修的时间比较长，应及时启动应急预案，用电缆跨接临时供电(要排除短路因素)，避免因停电时间过长导致电池容量不够使用的恶性事故发生。交流供电中断预案如图 9-11 所示。

(5) 直流供电中断预案。单套高频开关电源容量不宜过大。高频开关电源模块开机数量要依据环境和故障情况确定，具有整体破坏性因素（如市电过压）的局站，开机数量不宜过多。电池充电电流限制在 $0.1C_{10}$ 左右为宜。直流熔丝的额定电流应不大于最大负载电流的 2 倍，保证负载端短路时熔丝能及时熔断，避免导致整个直流供电系统的输出电压大幅瞬降。

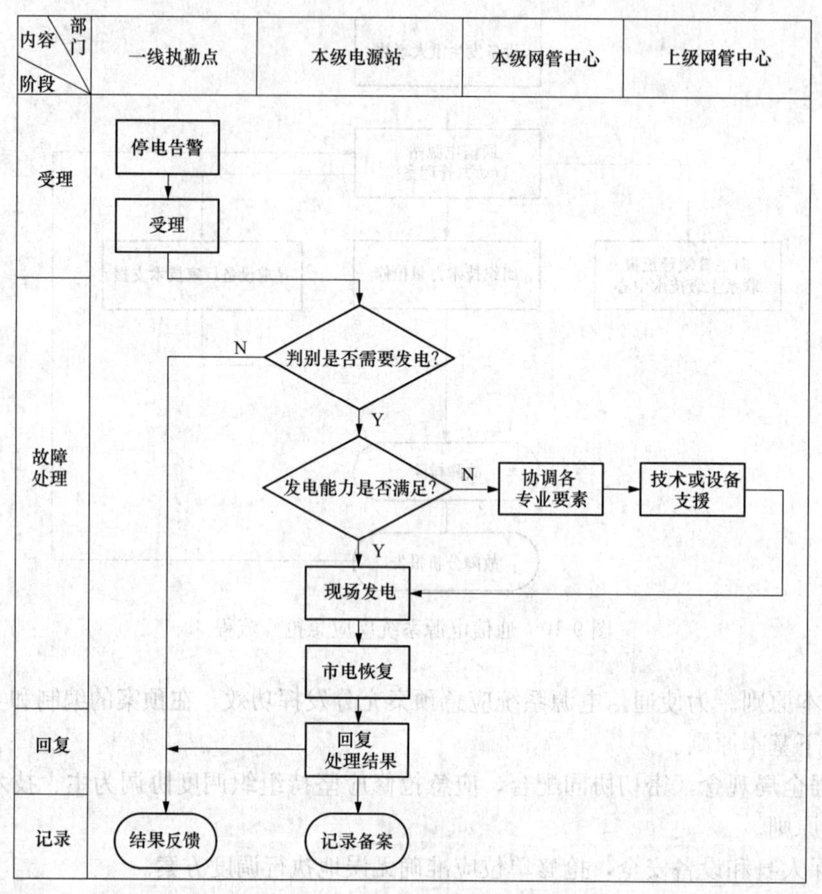

图 9-11 交流供电中断预案

大容量 UPS 组网应优先选用"$N+1$"并机方式，应重点关注输入功率因数和谐波含量等重要性能指标，特别要协调好 UPS 与发电机组的配合，发电机组的容量与 UPS 容量比应在 2 以上，确保机组和 UPS 都能正常工作。此外 UPS 主路和旁路供电最好由两个空气开关分别供电；电池尽量使用单体为 2V 的阀控密封式蓄电池；UPS 输出零地电压过高会造成网络数据丢包率升高，因此要采取措施将 UPS 输出零地电压降低到 1V 以下。直流供电中断预案如图 9-12 所示。

(6) ××通信电源供电应急预案。

1) 组织架构。为保证通信电源应急处理顺利进行，××（单位）成立通信电源应急指挥小组，成员名单如下。

组　　长：×××。

副 组 长：×××。

领导成员：×××、×××、×××、×××、×××、×××、×××。

组长全面负责通信电源重大事故的应急抢修工作的领导及指挥工作。副组长协助组长完成通信电源重大事故的应急抢修工作中的各项调度、协调指挥工作。领导成员共同负责完成通信电源重大事故的应急抢修工作。为了做到有条不紊地、有效地执行通信电源应急抢修工作，对通信电源应急抢修人员安排如下。

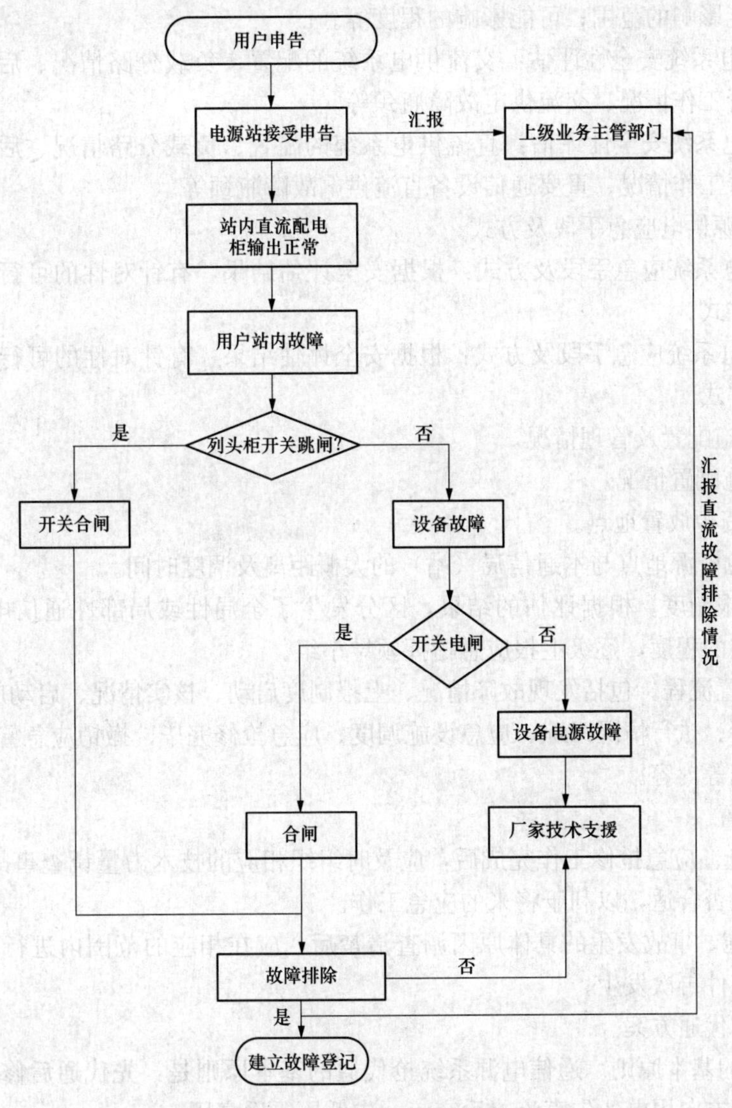

图 9-12　直流供电中断预案

a. 交流供电系统应急抢修小组。负责评估和实施交流系统故障应急抢修工作。

b. 直流供电系统应急抢修小组。负责评估和实施直流系统故障应急抢修工作。

c. 供冷系统应急抢修小组。负责评估和实施供冷系统故障应急抢修工作。

d. 后备电源应急保障小组。负责管理、调度（移动式）交流供电系统和直流供电系统的工作。

e. 应急设施保障小组。负责管理、保养、调度应急所需的各类设施、工具、仪器仪表、材料、车辆、应急照明器材、消防器材等工作。

f. 厂家应急小组。具备 24h 应急响应支撑，在规定时间内到达现场。

2）本通信局（站）交直流供电网络配置图（略）。

3）通信电源供电安全性评估。

a. 本通信局（站）在通信网络的重要性评估：评估本站（各类通信设备）在通信网络

中的地位；可能影响的范围；可能影响的程度等。

b. 交流供电系统安全性评估：交流供电系统的配置、负载分路情况、后备交流系统的情况、设备运行工作情况、交流供电故障瓶颈等。

c. 直流供电系统安全性评估：直流供电系统的配置、负载分路情况、后备直流系统的情况、设备运行工作情况、重要通信设备直流供电故障瓶颈等。

4）通信电源供电应急手段及方式。

a. 交流供电系统应急手段及方式：根据安全评估结果，有针对性的可行适用的交流应急供电手段及方式。

b. 直流供电系统应急手段及方式：根据安全评估结果，有针对性的可行适用的直流应急供电手段及方式。

5）应急设施配置及管理情况。

a. 应急设施配置情况。

b. 应急用资源放置地点。

c. 调用应急资源地点与本通信局（站）的大概距离及调度时间。

6）应急上报制度。根据评估的结果，区分发生了全局性或局部性通信电源供电故障，影响或可能影响的程度，逐级上报应急指挥领导小组。

7）应急处置流程。包括发现故障情况、上报制度启动、核实情况、启动应急预案条件、应急预案的执行、执行情况跟踪、应急设施调度、应急抢修完毕、撤销应急警告、故障事故调查、改进措施等内容。

8）后期处置。

a. 事故调查。应急抢修工作完成后，应及时组织相应的技术力量调查事故发生的原因，核查应急预案是否合适，以利于将来的应急工作。

b. 改进措施。事故发生的具体原因调查清楚后，应在相应的范围内进行有针对性的排查，避免类似事件再次发生。

（7）电源抢代通方案。

1）抢代通的基本原则。通信电源系统抢代通的基本原则是：先代通后修复；先主要方向用电，后次要方向用电；先直流、后交流；先低压、后高压。

2）联系方式。

a. 相关领导和有关单位联络方式。

局站值班室：********。

局站工程师：********。

电源站站长：********。

电源值班室：********。

城区供电调度室：********。

b. 设备有关单位联络方式。

××交流配电屏：********。

××柴油发电机组厂家：********。

××UPS不间断电源：********。

××高频开关电源：********。

××蓄电池组：********。

××电源集中监控系统：********。

3）应急（战备）工具、仪表。

a. 仪表：万用表1只；钳型表1只。

b. 工具：平口起子大小各1把；梅花起子大小各1把；活动扳手1把；老虎钳1把；斜口钳1把；尖嘴钳1把；剥线钳1把；锉刀1把；电烙铁1只；电工刀1把；（电压）试电笔1把。

c. 备品备件：绝缘胶布1圈。

4）抢代通方法。

a. 当市电中断时，值班员应迅速启动自备发电机组进行供电，并在3分钟内完成且保证正常供电；同时与供电部门联系，查明原因。

b. 当发电机组发生故障时，应迅速启动自备的另一台发电机组供电（通信局站通常备用两台发电机组）；同时立即对有故障机组进行检修。

c. 当高频开关电源系统发生故障时，对有故障的电源系统进行故障分析，确定故障原因后，根据具体情况确定解决方法。

d. 当蓄电池组发生故障时，应迅速查明原因，并切断有故障的蓄电池组，确保工作正常的蓄电池组安全可靠工作；及时对有故障的电池组进行处理。

e. 当发电机组（油机）配电屏至配电室交流配电屏，直流配电屏至蓄电池组或传输配电屏，开关电源至电池组或传输、程控、数据配电屏等之间的电缆有故障时，先切断有故障线路的电源，同时迅速组织人员对故障线路进行抢修。

f. 当高压配电柜出现故障时，应立即切断高压侧的电源，启用备用的发电机组供电，保证供电正常，分析并解决发生的故障。

g. 当变压器出现故障时应立即切断高压侧电源，同时启用备用发电机组供电，保证供电正常；并与城区供电调度联系，组织抢修工作。

h. 值班人员应加强责任心，严守岗位，发现问题及时请示报告并迅速处理设备和线路发生的故障，同时做好登记工作，做到有据可查。

i. 当通信供电全部中断时，进行组织抢修的同时，应及时向站首长和通信值班室报告，并及时做好登记。

j. 抢代通的实施必须严格遵守业务处理原则和操作规程。

习题与思考题

1. 通信电源站值班勤务的任务是什么？请简述不同岗位的岗位标准和岗位职责。
2. 通信电源系统的供电质量指标是如何规定的？
3. 简述通信供电值班勤务的主要任务。
4. 通信枢纽站（一级通信局站）应常备哪些工具仪表？
5. 简述通信电源站的值班方式及故障处置原则。
6. 通电供电执勤应掌握哪些勤务用语？
7. 简述通信局（站）供电勤务日维护、周维护、月维护、年维护的主要内容。

8. 在实际测量通信接地系统电阻时，是否可以将地网与通信系统暂时脱离，以求测量的准确性？为什么？

9. 通信电源设备割接工作前应做好哪些准备工作？

10. 简述几种常用割接方法的特点及适用场合。

11. 简述直流系统割接和交流系统割接的异同点。

12. 为保障通信供电的连续优质，试草拟一份通信局（站）电源系统应急预案。

参考文献

[1] 杨贵恒，卢明伦，李龙．通信电源设备使用与维护［M］．北京：中国电力出版社，2016.

[2] 聂金铜．开关电源设计入门与实例剖析［M］．北京：化学工业出版社，2016.

[3] 杨贵恒，向成宣，龙江涛．内燃发电机组技术手册［M］．北京：化学工业出版社，2015.

[4] 杨贵恒，张海呈，张颖超．太阳能光伏发电系统及其应用［M］．2 版．北京：化学工业出版社，2015.

[5] 强生泽，杨贵恒，贺明智．电工实用技能［M］．北京：中国电力出版社，2015.

[6] 文武松，王璐，杨贵恒．单片机原理及应用［M］．北京：机械工业出版社，2015.

[7] 杨贵恒，常思浩，贺明智．电气工程师手册（供配电）［M］．北京：化学工业出版社，2014.

[8] 文武松，杨贵恒，王璐．单片机实战宝典［M］．北京：机械工业出版社，2014.

[9] 杨贵恒，刘扬，张颖超．现代开关电源技术及其应用［M］．北京：中国电力出版社，2013.

[10] 杨贵恒，张海呈，张寿珍．柴油发电机组实用技术技能［M］．北京：化学工业出版社，2013.

[11] 杨贵恒，王秋虹，曹均灿．现代电源技术手册［M］．北京：化学工业出版社，2013.

[12] 陈兆海．应急通信系统［M］．北京：电子工业出版社，2012.

[13] 杨贵恒、龙江涛、龚伟．常用电源元器件及其应用［M］．北京：中国电力出版社，2012.

[14] 张颖超，杨贵恒，常思浩．UPS 原理与维修［M］．北京：化学工业出版社，2011.

[15] 龚利红，刘晓军．机械设计公式及应用实例［M］．北京：化学工业出版社，2011.

[16] 杨贵恒，张瑞伟，钱希森．直流稳定电源［M］．北京：化学工业出版社，2010.

[17] 强生泽，杨贵恒，李龙．现代通信电源系统原理与设计［M］．北京：中国电力出版社，2009.

[18] 杨贵恒，贺明智，袁春．柴油发电机组技术手册［M］．北京：化学工业出版社，2009.

[19] 武文彦．军事通信网电源系统及维护［M］．北京：电子工业出版社，2009.

[20] 杨贵恒，贺明智，金钊．发电机组维修技术［M］．北京：化学工业出版社，2007.

[21] 漆逢吉．通信电源［M］．4 版．北京：北京邮电大学出版社，2015.

[22] 刘宝庆．现代通信电源技术及应用［M］．北京：人民邮电出版社，2012.

[23] 何明山．空调器原理与检修［M］．2 版．北京：高等教育出版社，2003.

[24] 贾继伟，蔡仁治，杜珉．通信电源的科学管理与集中监控［M］．北京：人民邮电出版社，2004.

[25] 钱希森．小型 UPS 原理及应用［M］．北京：科学出版社，2000.

[26] 袁春，张寿珍．柴油发电机组［M］．北京：人民邮电出版社，2003.

[27] 许绮川，樊啟洲．汽车拖拉机学（第 1 册）［M］．北京：中国农业出版社，2009.

[28] 高连兴，吴明．拖拉机汽车学（第 1 册）［M］．北京：中国农业出版社，2009.

[29] 李明海，徐小林，张铁臣．内燃机结构［M］．北京：中国水利水电出版社，2010.

[30] 管从胜，杜爱玲，杨玉国．高能化学电源［M］．北京：化学工业出版社，2005.

[31] 裴云庆，杨旭，王兆安．开关稳压电源的设计和应用［M］．北京：机械工业出版社，2010.

[32] 钟炎平．电力电子电路设计［M］．武汉：华中科技大学出版社，2010.

[33] 周洁敏．开关电源磁性元件理论及设计［M］．北京：北京航空航天大学出版社，2014.

[34] ［美］马尼克塔拉．精通开关电源设计［M］．2 版．王健强等，译．北京：人民邮电出版社，2015.

[35] 陈坚．电力电子学——电力电子变换和控制技术［M］．北京：高等教育出版社，2011.

[36] 沙占友．开关电源优化设计［M］．北京：中国电力出版社，2012.

[37] ［美］伦克（Ron Lenk）．实用开关电源设计［M］．王正仕，张军明，译．北京：人民邮电出版社，2006．

[38] ［英］布朗（Brown. M.）．开关电源设计指南［M］．2 版．徐德鸿等，译．北京：机械工业出版社，2004.